KB060586

증보판

양자역학
Guardian for
Quantum Mechanics

박환배 저
Hwanbae Park

If any of you lacks wisdom, you should ask God, who gives generously to all without finding fault, and it will be given to you.

(James 1:5)

머리말

    양자역학을 가르치면서 학부학생들이 관련 수식을 이해하고 따라가는 데 어려워하고 또 관계식들을 어디에 어떻게 사용하고 적용하는지에 대한 궁금증을 가지고 있다는 것을 알았다. 양자역학을 배우는 학생들의 입장과 눈높이에 맞추어 본문 내용을 준비하려고 노력하였고 가능한 한 수식들의 중간과정을 생략하지 않고 자세히 기술하여 학생들이 따라올 수 있도록 하였고 난이도를 달리하는 예제 또는 예시들을 본문 내용에 포함시켰다. 그리고 본문 내용에 포함되어 있지 않은 관계식 유도 또는 증명 등은 각 장의 뒷부분에 있는 "보충자료"에 기술하였고 배운 내용을 얼마나 잘 이해하는지 스스로 알아보는 문제들과 문제풀이는 맨 마지막 장 뒤에 실었다.

    이 책을 집필하는 동안 내용표현과 수식을 꼼꼼히 검토해 준 김지혜양과 최은진양의 수고에 깊이 감사드리며, 오늘이 있기까지 함께 해 주며 힘이 되어준 나의 기쁨인 가족들, 아내 그리고 진효, 조량, 윤형, 지민에게 이 자리를 빌어서 감사와 사랑을 표한다.

    책의 내용이 많이 부족하고 교정에 신중을 기하였으나 오탈자 및 내용표현에 미숙한 점들이 많으리라 생각되며 독자들의 지도와 조언을 구하는 바이다.

    그리고 책을 준비하는 데 도움을 준 북스힐 조승식 대표님 그리고 이승한 부장님, 박예슬 선생님과 편집직원 분들의 수고와 노고에 깊이 감사드린다.

2024년 2월
저자

차례

CHAPTER 1

양자물리학의 필요성

19세기말과 20세기 초에 고전물리학으로 설명이 되지 않는 실험결과들을 얻으면서 새로운 물리이론이 필요하게 되었다. 이 장에서는 아래의 5가지 물리현상들에 대해 고전적으로 이해하는 데 어떤 어려움이 있었고, 어떤 새로운 물리이론을 가지고 이들 현상들을 이해할 수 있었는지에 대해 알아보도록 한다.

1. 흑체복사(1900년, Planck)
2. 광전효과(1905년, Einstein)
3. 컴프톤 효과(1923년, Compton)
4. 물질파(1924년, de Broglie)
5. 원자모델(1913년, Bohr)

1 흑체복사(Blackbody radiation)

입사하는 전자기 복사를 완전히 흡수하는 흑체가 일정한 온도의 열평형 상태에 놓여 있을 때 흑체가 방출하는 전자기 복사를 흑체복사라 한다. 빌헬름 **빈(Wien)의 변위법칙**과 **레일리-진스(Rayleigh-Jeans)의 법칙**은 일정한 온도에 놓여있는 흑체가 방출하는 복사를 이해하고자 한 법칙이다.

(1) 먼저 실험법칙(empirical law)인 빈의 변위법칙 관계식

$$\lambda_{\max} T = b$$

을 구해보자. 여기서 T은 온도, b은 상수 그리고 $\lambda_{\max}$은 단위시간당 단위면적당 방출되는 에너지(방출능)가 최대일 때의 파장이다.

흑체에서 방출하는 복사 에너지 밀도가 $u(\lambda, T)$일 때 미소 부피 dV 내의 에너지는

$$u(\lambda, T)dV = u(\lambda, T)r^2 \sin\theta\, dr\, d\theta\, d\phi$$

로 표현된다.

미소면적 dA을 통해 빠져 나오는 복사 에너지 $\xi(\lambda, T)$은 다음의 비례식으로부터 구할 수 있다.

$$u(\lambda, T)dV : 4\pi r^2 = d\xi(\lambda, T) : dA\cos\theta$$

$$\Rightarrow d\xi = \frac{udV}{4\pi r^2}dA\cos\theta = \frac{u(\lambda, T)\sin\theta\cos\theta dr d\theta d\phi}{4\pi}dA$$

$$\Rightarrow \xi = \int d\xi = \frac{u(\lambda, T)}{4\pi}dA\int_0^{c\Delta t}dr\int_0^{2\pi}d\phi\int_0^{\frac{\pi}{2}}\sin\theta\cos\theta d\theta$$

여기서 $\displaystyle\int_0^{\frac{\pi}{2}}\sin\theta\cos\theta\, d\theta = \frac{1}{2}\int_0^{\frac{\pi}{2}}\sin 2\theta = -\frac{1}{4}\cos 2\theta\Big|_0^{\frac{\pi}{2}} = \frac{1}{2}$ 이므로 위 식은

$$\Rightarrow \xi = \frac{u(\lambda, T)}{4\pi}dA(c\Delta t)(2\pi)\frac{1}{2} = \frac{u(\lambda, T)}{4}dA(c\Delta t) \quad (1.1.1)$$

가 된다. 이때, 단위시간당 단위면적당 방출하는 에너지인 방출능(P)은 식 (1.1.1)으로부터

$$P = \frac{\xi}{\Delta t dA} = \frac{u(\lambda, T)c}{4} \quad (1.1.2)$$

가 되어 방출능 P은 에너지 밀도 $u(\lambda, T)$에 비례함을 알 수 있다.

파장 λ와 $\lambda + d\lambda$ 사이의 값을 가지는 에너지 밀도는 $u(\lambda, T)d\lambda$이며

$$\lambda = \frac{c}{\nu} \Rightarrow \left|\frac{d\lambda}{d\nu}\right| = \frac{c}{\nu^2}$$

로부터

$$u(\nu, T)d\nu = u(\lambda, T)d\lambda \Rightarrow u(\nu, T) = u(\lambda, T)\left|\frac{d\lambda}{d\nu}\right| \Rightarrow u(\nu, T) = \frac{c}{\nu^2}u(\lambda, T) \quad (1.1.3)$$

을 얻을 수 있다.

빈은 실험결과로부터

$$u(\lambda, T) = \frac{1}{\lambda^5} f(\lambda, T), \quad \text{여기서 } f(\lambda, T) \text{은 파장과 온도의 함수}$$

을 제안했고, 이를 식 (1.1.3)을 이용하여 진동수 ν에 대한 관계식으로 바꾸면

$$\frac{\nu^2}{c} u(\nu, T) = \frac{1}{\lambda^5} f(\lambda, T) \implies u(\nu, T) = C\nu^3 e^{-\frac{\beta\nu}{T}} \tag{1.1.4}$$

$$\text{여기서 } C \text{와 } \beta \text{은 상수}$$

가 된다.

이때 식 (1.1.2)로부터 방출능은 에너지 밀도에 비례하므로 최대의 방출능을 주는 진동수 ν_0은 식 (1.1.4)을 진동수에 관해 미분했을 때 0의 값을 주는 진동수를 구하면 된다.

$$\frac{du(\nu, T)}{d\nu}\bigg|_{\nu_0} = 0 \implies 3C\nu_0^2 e^{-\frac{\beta\nu_0}{T}} = C\nu_0^3 \frac{\beta}{T} e^{-\frac{\beta\nu_0}{T}} \implies \nu_0 = \frac{3T}{\beta}$$

$$\implies \lambda_{\max} = \frac{c}{\nu_0} = \frac{c\beta}{3T} = \frac{b}{T}$$

$$\text{여기서 } b = \frac{c\beta}{3} \text{인 상수, } (b = 2897.8 \ \mu\text{m K})$$

$$\therefore \lambda_{\max} T = b \tag{1.1.5}$$

높은 온도에 놓인 흑체일수록 최대 방출능을 주는 파장은 짧아진다는 빈의 변위법칙을 구할 수 있다.
결과적으로 차가운 별은 파장이 긴 붉은색으로 보이고 온도가 높은 별들은 파장이 짧은 푸른색으로 보인다.

그러나 빈의 법칙은 그림 1.1과 같이 짧은 파장영역에서는 실험결과와 잘 맞지만 긴 파장영역에서는 잘 맞지 않는 문제점이 있다.

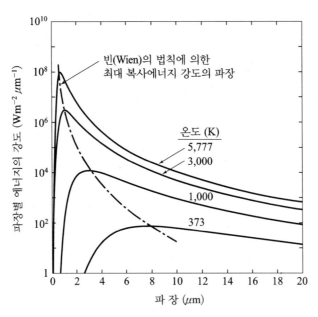

그림 1.1 짧은 파장영역에서 파장의 함수로서의 방출능

(2) 레일리-진스의 법칙

지금부터는 긴 파장영역에서의 흑체복사 실험결과를 잘 설명하는 레일리-진스의 법칙에 대해 알아보자.

계가 열적 평형상태에 놓여 있고, 에너지 분포가 **볼츠만(Boltzmann) 분포**를 따른다고 가정하면, 평균 에너지는

$$< E > = \frac{\int_0^\infty E e^{-\frac{E}{k_B T}} dE}{\int_0^\infty e^{-\frac{E}{k_B T}} dE} \tag{1.1.6}$$

로 표현된다. 이 식의 적분은 치환방법으로 계산할 수도 있고, 특수함수인 감마함수를 써서도 계산할 수 있다.

(i) 먼저 치환방법으로 적분을 수행해보자. $\frac{E}{k_B T} = x$로 치환을 하면, 식 (1.1.6)은

$$< E > = \frac{(k_B T)^2 \int_0^\infty x e^{-x} dx}{k_B T \int_0^\infty e^{-x} dx} = \frac{k_B T \int_0^\infty x e^{-x} dx}{\int_0^\infty e^{-x} dx} \tag{1.1.7}$$

가 되고 여기서 분모는 $-e^{-x}\big|_0^\infty = 1$가 되고 분자는 다음과 같이 부분적분으로 계산 될 수 있다.

$$k_B T \int_0^\infty x(-e^{-x})' dx = k_B T \left[(-xe^{-x})\big|_0^\infty + \int_0^\infty e^{-x} dx \right] = k_B T$$

그러므로 계의 평균 에너지는

$$<E> = k_B T \tag{1.1.8}$$

가 되어 고전통계역학에서 배운 열평형상태의 모드(상태)에 대한 **에너지등분배법칙**을 얻을 수 있다.

(ii) **감마함수** $\Gamma(n) = \int_0^\infty e^{-x} x^{n-1} dx$로 적분을 계산해보자.

> **감마 함수(Gamma function):** $\Gamma(n) \equiv \int_0^\infty e^{-x} x^{n-1} dx$
>
> **감마 함수 성질:** ① $\Gamma(1) = 1$, ② $\Gamma(n+1) = n!$

식 (1.1.7)을 감마함수로 나타내면

$$<E> = k_B T \frac{\Gamma(2)}{\Gamma(1)} \tag{1.1.9}$$

가 되고 여기서 감마함수의 정의 식으로부터 다음의 관계식을 얻는다.

$$\begin{aligned} \Gamma(n+1) &= \int_0^\infty e^{-x} x^n dx = \int_0^\infty (-e^{-x})' x^n dx \\ &= -x^n e^{-x}\big|_0^\infty + n\int_0^\infty e^{-x} x^{n-1} dx = n\Gamma(n) = n\Gamma(n-1+1) \\ &= n(n-1)\Gamma(n-1) = n(n-1)\Gamma(n-2+1) \\ &= n(n-1)(n-2)\Gamma(n-3+1) = \cdots\cdots = n! \end{aligned}$$

그러므로 식 (1.1.9)은

$$<E> = k_B T \frac{\Gamma(1+1)}{\Gamma(1)} = k_B T \frac{1 \cdot \Gamma(1)}{\Gamma(1)} = k_B T \tag{1.1.10}$$

가 된다. 즉 감마함수를 써서 계산한 결과도 식 (1.1.8)과 같은 결과를 준다.

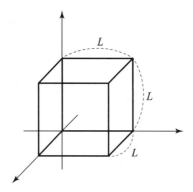

그림 1.2 길이가 L인 정육면체 흑체

위의 (i) 또는 (ii)로부터 열적평형상태에 있는 상태(모드)의 평균 에너지는 $k_B T$임을 알았다.

이제 그림 1.2와 같은 길이가 L인 정육면체 흑체에 있는 정상파($\Psi \sim e^{i\vec{k} \cdot \vec{r}}$)인 상태 함수에 의한 복사 에너지 밀도를 진동수의 함수로서 구해보자.

경계조건 $\Psi(0) = \Psi(L) = 0$으로부터 $(x, y, z) = (0, 0, 0)$에서 정상파가 0이 되기 위해서 sin 함수를 解로 택해야 한다.

그리고

$$\begin{cases} \sin k_x L = 0 \Rightarrow k_x L = n_x \pi \\ \sin k_y L = 0 \Rightarrow k_y L = n_y \pi \\ \sin k_z L = 0 \Rightarrow k_z L = n_z \pi \end{cases} \Rightarrow \begin{cases} k_x = \dfrac{n_x \pi}{L} \\ k_y = \dfrac{n_y \pi}{L} \\ k_z = \dfrac{n_z \pi}{L} \end{cases}$$

여기서 $n_x = n_y = n_z = 1, \ 2, \ \cdots\cdots$

이때, $\vec{k}$와 $d\vec{k}$ 사이에 있는 상태 수 dN은

$$dN = 2 \times \frac{1}{2^3} \times \frac{4\pi k^2 dk}{\left(\dfrac{\pi}{L}\right)^3} \tag{1.1.11}$$

로 주어진다. 여기서 오른편의 첫 번째 항 2는 편광 자유도에 의한 것이고, 두 번째 항 $\frac{1}{2^3}$은 (k_x, k_y, k_z) 공간에서 $\vec{k}$가 가질 수 있는 한 사분면에 해당하는 것이며, 마지막 항은 k-공간에서의 단위 부피당 상태 수이다.

$k = \dfrac{2\pi}{\lambda} = \dfrac{2\pi\nu}{c}$ 관계식을 식 (1.1.11)에 대입하면

$$dN = \frac{1}{4} V \frac{4\pi}{\pi^3} \frac{4\pi^2\nu^2}{c^2} \left(\frac{2\pi}{c} d\nu \right) = V \frac{8\pi}{c^3} \nu^2 d\nu$$

가 되어 $\vec{k}$와 $\vec{dk}$ 사이에 있는 상태 수가 갖는 에너지는

$$E d\nu = <E> dN = k_B T \left(V \frac{8\pi}{c^3} \nu^2 d\nu \right)$$

가 된다.

그때의 에너지 밀도는

$$\therefore \ u(\nu, T) = \frac{E}{V} = \frac{8\pi}{c^3} \nu^2 k_B T \qquad (1.1.12)$$

식 (1.1.12)은 진동수가 짧은(즉 긴 파장) 영역에서 실험결과와 잘 일치하는 레일리-진스의 법칙이다. 그러나 식 (1.1.12)은 진동수가 큰(즉 자외선과 같은 짧은 파장) 경우 에너지 밀도가 발산하는 문제[**자외선 재앙**(파탄), ultraviolet catastrophe]가 있다.

(3) 플랑크의 법칙

레일리-진스 법칙에서의 '자외선재앙' 문제를 해결하기 위해 플랑크(Planck)는 복사에너지는 연속적이 아니고 진동수와 관계되는 $\epsilon = h\nu$(여기서 h은 플랑크 상수) 양의 정수배만 갖는다고 가정(에너지 양자화 개념)을 했고, 결과적으로 모든 파장 영역에서 실험결과를 잘 설명하는 관계식을 얻을 수 있었다.

에너지 양자화 개념을 평균 에너지를 계산하는 식 (1.1.6)에 적용하면

$$<E> = \frac{\displaystyle\sum_{n=0}^{\infty} n\epsilon e^{-\frac{n\epsilon}{k_B T}}}{\displaystyle\sum_{n=0}^{\infty} e^{-\frac{n\epsilon}{k_B T}}} = \frac{\epsilon e^{-\frac{\epsilon}{k_B T}} + 2\epsilon e^{-\frac{2\epsilon}{k_B T}} + 3\epsilon e^{-\frac{3\epsilon}{k_B T}} + \cdots\cdots}{1 + e^{-\frac{\epsilon}{k_B T}} + e^{-\frac{2\epsilon}{k_B T}} + e^{-\frac{3\epsilon}{k_B T}} + \cdots\cdots}$$

여기서 $e^{-\frac{\epsilon}{k_B T}} = x$로 놓으면 위 식은

$$< E > = \frac{\epsilon x + 2\epsilon x^2 + 3\epsilon x^3 + \cdots\cdots}{1 + x + x^2 + x^3 + \cdots\cdots} = \frac{\epsilon x \dfrac{1}{(1-x)^2}}{\dfrac{1}{1-x}}$$

※ 이항정리: $(1+x)^n = \sum_{k=0}^{n} \binom{n}{k} x^k = \dfrac{n!}{k!(n-k)!} x^k$

$$= \frac{\epsilon x}{1-x} = \frac{\epsilon}{1/x - 1}$$

$$\therefore\ < E > = \frac{h\nu}{e^{\frac{h\nu}{k_B T}} - 1} \tag{1.1.13}$$

식 (1.1.13)의 결과를 다음과 같은 방법으로도 구할 수 있다.

$$< E > = \frac{\displaystyle\sum_{n=0}^{\infty} n\epsilon e^{-\frac{n\epsilon}{k_B T}}}{\displaystyle\sum_{n=0}^{\infty} e^{-\frac{n\epsilon}{k_B T}}} = (k_B T)^2 \frac{\partial}{\partial(k_B T)} \ln \sum_{n=0}^{\infty} e^{-\frac{n\epsilon}{k_B T}} \qquad ※\ (\ln x)' = \frac{x'}{x} = \frac{1}{x}$$

$$= (k_B T)^2 \frac{\partial}{\partial(k_B T)} \ln\left(\frac{1}{1 - e^{-\frac{\epsilon}{k_B T}}}\right) = -(k_B T)^2 \frac{\partial}{\partial(k_B T)} \ln\left(1 - e^{-\frac{\epsilon}{k_B T}}\right)$$

$$= -(k_B T)^2 \frac{-\dfrac{\epsilon}{(k_B T)^2} e^{-\frac{\epsilon}{k_B T}}}{1 - e^{-\frac{\epsilon}{k_B T}}} = \frac{\epsilon e^{-\frac{\epsilon}{k_B T}}}{1 - e^{-\frac{\epsilon}{k_B T}}} = \frac{\epsilon}{e^{\frac{\epsilon}{k_B T}} - 1} = \frac{h\nu}{e^{\frac{h\nu}{k_B T}} - 1}$$

이 결과는 식 (1.1.13)과 같음을 알 수 있다.

레일리-진스의 법칙을 구할 때 했던 것처럼 상태 수에다 위에서 구한 평균 에너지를 곱하면 다음의 관계식을 얻는다.

$$Ed\nu = < E > dN = \frac{h\nu}{e^{\frac{h\nu}{k_B T}} - 1}\left(V\frac{8\pi}{c^3}\nu^2 d\nu\right)$$

이때의 에너지 밀도는

$$\therefore\ u(\nu, T) = \frac{8\pi h}{c^3}\nu^3 \frac{1}{e^{\frac{h\nu}{k_B T}} - 1} \tag{1.1.14}$$

(i) 진동수가 큰(즉 짧은 파장) 경우, 식 (1.1.14)는

$$u(\nu, T) \approx \frac{8\pi h}{c^3} \nu^3 e^{-\frac{h\nu}{k_B T}}$$

가 되어 이 결과는 짧은 파장 영역에서 실험결과와 잘 일치하는 식 (1.1.4)의 빈의 법칙과 잘 일치한다. 또한 레일리-진스 법칙의 '자외선재앙' 문제도 플랑크가 에너지의 양자개념을 도입함으로서 자연스럽게 해결됨을 알 수 있다.

(ii) 진동수가 짧은(즉 긴 파장) 경우,

$$\frac{1}{e^{\frac{h\nu}{k_B T}} - 1} = \frac{1}{1 + \frac{h\nu}{k_B T} + \cdots\cdots - 1} \approx \frac{k_B T}{h\nu}$$

$$※ \text{ 테일러 전개 } e^x = \sum_{n=0}^{\infty} \frac{x^n}{n!} = 1 + x + \frac{x^2}{2!} + \frac{x^3}{3!} + \cdots\cdots$$

이기 때문에 식 (1.1.14)는

$$u(\nu, T) \approx \frac{8\pi \nu^2}{c^3} k_B T$$

가 되어 이 결과는 긴 파장 영역에서 흑체복사열에 대한 실험결과를 잘 설명하는 식 (1.1.12)의 레일리-진스의 법칙과 잘 일치함을 알 수 있다.

결과적으로 (i)과 (ii)로부터 플랑크가 도입한 에너지의 양자개념은 진동수의 모든 영역에 걸쳐 실험결과를 잘 설명함을 보여준다.

식 (1.1.14)을 모든 진동수 영역에 대해 적분함으로서 총 복사 에너지를 구해보자.

$$U(T) = \int_0^\infty u(\nu, T) d\nu = \frac{8\pi h}{c^3} \int_0^\infty \frac{\nu^3}{e^{\frac{h\nu}{k_B T}} - 1} d\nu \tag{1.1.15}$$

등식의 오른편에 있는 적분을 수행하기 위해 $\frac{h\nu}{k_B T} = x$로 놓으면 적분 항은

$$\int_0^\infty \frac{\nu^3}{e^{\frac{h\nu}{k_B T}} - 1} d\nu = \left(\frac{k_B T}{h}\right)^4 \int_0^\infty \frac{x^3}{e^x - 1} dx = \left(\frac{k_B T}{h}\right)^4 \int_0^\infty \frac{x^3 e^{-x}}{1 - e^{-x}} dx$$

$$= \left(\frac{k_B T}{h}\right)^4 \int_0^\infty x^3 e^{-x} \sum_{n=0}^{\infty} e^{-nx} dx = \left(\frac{k_B T}{h}\right)^4 \sum_{n=0}^{\infty} \int_0^\infty x^3 e^{-(1+n)x} dx$$

가 되고, 여기서 $(1+n)x = y$로 치환을 하면 위의 식은 다음과 같다.

$$\int_0^\infty \frac{\nu^3}{e^{\frac{h\nu}{k_B T}} - 1} d\nu = \left(\frac{k_B T}{h}\right)^4 \sum_{n=0}^\infty \frac{1}{(1+n)^4} \int_0^\infty y^3 e^{-y} dy$$

$$= \left(\frac{k_B T}{h}\right)^4 \sum_{n=0}^\infty \frac{1}{(1+n)^4} \Gamma(4) = \left(\frac{k_B T}{h}\right)^4 \sum_{n=0}^\infty \frac{1}{(1+n)^4} 3!$$

이 결과를 식 (1.1.15)에 대입하면

$$\therefore \ U(T) = \frac{8\pi h}{c^3} \left(\frac{k_B T}{h}\right)^4 \sum_{n=0}^\infty \frac{1}{(1+n)^4} 3! = a T^4 \qquad (1.1.16)$$

여기서 a는 상수이다. 식 (1.1.16)은 흑체에서 방출하는 에너지는 온도의 4승에 비례한다는 스테판 법칙이다.

예제 1.1

가시광선의 파장영역은 400 nm~700 nm이다. (a) 파장이 600 nm일 때 에너지를 구하세요. 플랑크 상수 값은 6.63×10^{-27} erg·sec로 주어진다. (b) 100 Watt의 전구에서 시간당 방출하는 파장이 600 nm인 광자 수를 구하세요.

풀이

(a) $E = h\nu = (6.63 \times 10^{-34} \text{ J·s}) \times \dfrac{3 \times 10^8 \text{ m/s}}{600 \times 10^{-9} \text{ m}} = 3.3 \times 10^{-19} \text{ J}$

(b) $100 \text{ Watt} = 100 \text{ J/s} \Rightarrow \dfrac{100 \text{ J/s}}{3.3 \times 10^{-19} \text{ J}} = 3 \times 10^{20}$ 개/s ∎

지금까지 배운 흑체복사에 대해 정리하면 다음과 같다.

- **빈 변위법칙**($\lambda_{max} T = b$)은 짧은 파장영역에서 잘 맞음(긴 파장 영역에서는 잘 맞지 않은 문제점이 있음)

$$\left(\lambda_{max} \approx \frac{3 \times 10^{-3} \ K^0 \text{m}}{T} = \frac{3 \times 10^{-3}}{5777} \text{ m} \approx 0.5 \ \mu\text{m}\right)$$

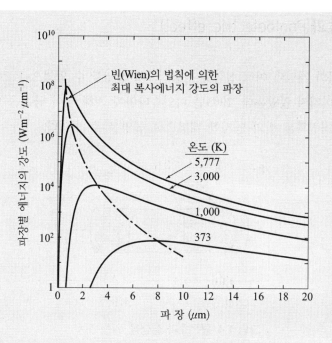

레일리-진스 법칙, $u(\nu, T) = \dfrac{E}{V} = \dfrac{8\pi}{c^3} \nu^2 k_B T$은 긴 파장 영역에서 잘 맞음 ('자외선 재앙' 문제점이 있음)

- 빈 변위법칙과 레일리-진스 법칙이 갖고 있는 문제점을 해결하는 방안으로 에너지 양 자개념을 도입한 플랑크 법칙은 모든 파장영역에서 그림 1.3의 실험결과를 잘 설명함

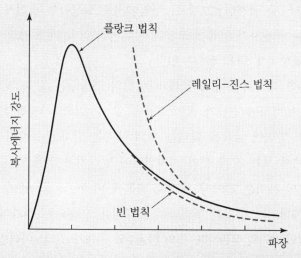

그림 1.3 모든 파장 영역에서 빈 법칙. 레일리-진스 법칙과 플랑크 법칙의 비교

❷ 광전효과(Photoelectric effect)

플랑크의 양자화 개념이 여러 실험을 성공적으로 설명할 수 있었으나 복사의 양자화 개념은 잘 받아들여지지 않았는데, 1905년 아인슈타인에 의해 빛이 금속을 때릴 때 광전자가 발생하는 실험결과를 빛의 양자화 개념으로 설명할 수 있었다.

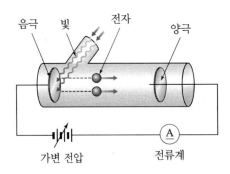

음극   빛   전자   양극

가변 전압   전류계

그림 1.4 광전효과 실험을 위한 장치

그림 1.4와 같이 실험을 설계하면 발생된 광전자는 양극판에 도달하여 전류가 흐르게 되고 전류계가 전류를 측정한다. 양극판에 역 전압을 걸어주면 양극에 도달하는 광전자수가 줄어들게 되고 흐르는 전류의 값도 줄어들게 될 것이다. 광전자가 양극에 도달할 수 없을 만큼 충분한 역 전압(이때의 역 전압을 **저지전압** V_s이라고 부르자)을 걸어주면 전류는 흐르지 않게 된다. 즉 저지전압보다 큰 전압에서는 발생하는 광전자에 의해 전류가 흐르고, 발생하는 모든 광전자가 양극에 도달하게 되면 전압이 더 커져도 그림 1.5의 실험결과처럼 전류가 포화상태가 됨을 알 수 있다.

그림 1.5의 오른쪽 결과처럼 금속을 때리는 빛의 진동수는 같고 빛의 세기(I)만 다를 경우, 빛의 세기에 비례하여 전류가 많이 흐름을 알 수 있고, 저지전압은 빛의 세기와 무관함을 할 수 있다. 반면에 금속을 때리는 빛의 세기는 같고 진동수가 다른 경우에 대해서는 왼쪽의 결과에서 보는 것과 같이 저지전압이 달라지는 것을 알 수 있다. 이 결과는 전자기이론에서 빛의 세기는 전기장 세기의 제곱에 비례($I \propto E^2$)하기 때문에 세기가 커지면 전자의 운동에너지가 증가할 것이라는 기대와는 모순되는 결과이다.

즉 **저지전압은 빛의 세기와 무관하며, 빛의 진동수와 관계가 있다.** 이러한 결과를 이해하기 위해서 아인슈타인은 빛은 입자(즉 빛의 에너지가 양자화 된 $E = h\nu$)라고 가정하여 다음과 같은 관계식을 제안했다.

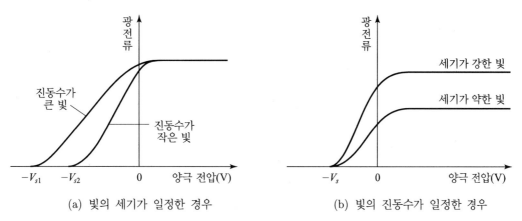

(a) 빛의 세기가 일정한 경우   (b) 빛의 진동수가 일정한 경우

그림 1.5 실험 결과 빛의 세기가 일정한 경우 모든 광전자가 양극에 도달하게 되면 전류가 포화상태가 된다. (a) 빛의 세기는 같고 진동수가 다른 경우에는 저지전압이 달라짐 (b) 빛의 진동수가 일정한 경우 저지전압은 빛의 세기와 무관함.

$$\frac{1}{2}m_e v^2 = h\nu - W \tag{1.2.1}$$

여기서 왼편 항은 전자의 운동에너지, 오른편 첫 번째 항은 빛을 광자로 간주했을 때의 빛의 에너지, 두 번째 항은 금속 원자로부터 전자를 떼어내는 데 필요한 에너지에 해당한다. 왼편의 전자의 운동에너지는 eV_s이고 $W = h\nu_0$(여기서 ν_0은 금속 고유의 문턱 진동수)이므로, 식 (1.2.1)은

$$V_s = \frac{h}{e}\nu - \frac{h}{e}\nu_0 \tag{1.2.2}$$

이 된다. 식 (1.2.2)은 x-축을 ν로 하고 y-축을 저지전압으로 하면 직선방정식에 해당한다.

빛의 진동수 ν의 함수로서 저지전압을 구하면, 그림 1.6의 직선의 기울기에 해당하는 $\frac{h}{e}$을 구할 수 있기 때문에, 플랑크 상수를 얻을 수 있다. 그러면 금속의 고유의 문턱 진동수 ν_0도 y-축(서지전압의 축)과 만나는 값으로부터 구할 수 있다. 만약 금속면을 바꾸면 금속의 문턱 진동수만 변하고 직선의 기울기는 변하지 않는다.

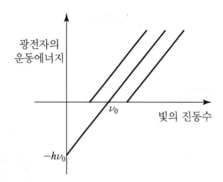

광전자의 운동에너지

ν_0

빛의 진동수

$-h\nu_0$

그림 1.6 금속을 때리는 빛의 진동수 함수로서 광전자의 운동에너지

예제 1.2

광자(빛)의 속도가 c일 때, 광자의 질량 m_γ은 0임을 보이세요.

풀이

$$E = \frac{p^2}{2m_\gamma} \implies dE = \frac{pdp}{m_\gamma} \implies \frac{dE}{dp} = \frac{p}{m_\gamma} = v$$

한편,

$$E^2 = m_\gamma^2 c^4 + p^2 c^2 \implies 2EdE = 2pc^2 dp \implies \frac{dE}{dp} = \frac{pc^2}{E}$$

$$\implies v = \frac{pc^2}{E} = \frac{pc^2}{\sqrt{m_\gamma^2 c^4 + p^2 c^2}} \quad \therefore \quad \frac{dE}{dp} = v$$

빛의 속도는 c이므로 이 식에서 $v = c$을 만족하기 위해서는 $m_\gamma = 0$이어야 한다. ■

광전효과 정리

- 금속판에 입사하는 빛의 세기가 아무리 강하더라도 그 진동수가 문턱 진동수보다 작으면 광전효과가 일어나지 않고, 광전자의 에너지가 입사광의 진동수에 선형 비례함을 고전적으로 설명할 수가 없음
- 아인슈타인은 이러한 실험결과를 빛이 입자성질을 가지고 있음으로 이해함
- 빛의 진동수의 함수로서 저지전압을 구하면, 직선의 기울기로부터 플랑크 상수를 구할 수 있고, 이 값은 플랑크가 처음 구한 값과 잘 일치함

⬡3 컴프턴 효과(Compton effect)

 광전효과로부터 전자기파인 빛이 입자의 성질을 가지고 있음을 배웠다. 전자기파가 입자 성질을 가지고 있다는 보다 확실한 실험으로는 **짧은 파장의 전자기파인 X-선을 금박에 때렸을 때, 산란되는 X-선의 파장이 변하는 컴프턴 산란**으로부터 알 수 있다. 고전적 개념으로는 산란되는 X-선은 연속적 에너지 스펙트럼을 갖는다.

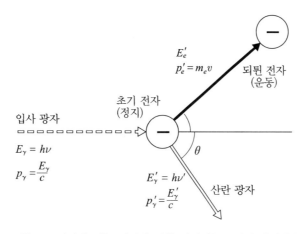

그림 1.7 정지해 있는 전자에 의한 입사하는 X선의 탄성산란

 광전효과와 컴프턴 효과의 차이점은 광전효과에서는 입사광 에너지 전부를 금속의 원자에서 나오는 전자에게 주는 반면에, 컴프턴 효과에서는 입사 X-선 에너지의 일부만 전자에게 주고, 입사 X-선의 진동수와 다른 진동수를 가지는 X-선이 나간다는 점이다.

 컴프턴 산란 실험결과는 산란된 X-선은 특정한 산란각에서 특정한 진동수를 가짐을 보여주었고(이는 연속적인 에너지 스펙트럼을 기대하는 고전적 개념과 모순됨), 진동수의 변화는 진동수의 크기나 입사하는 X-선의 에너지와 무관함을 보여 주었다.

 입사하는 X-선을 광자로 간주해서 에너지와 운동량을 가진 입자로 생각하여, 컴프턴 산란을 그림 1.7과 같이 광자와 전자의 두 입자 충돌로 설명하고자 했다.

 (i) 먼저 운동량 보존법칙과 에너지 보존법칙을 사용하여 산란된 X-선의 진동수 변화를 계산해보자. 충돌 전과 후의 변수들을 각각 프라임 부호가 없는(unprime) 것과 프라임 부호(prime)가 있는 것으로 표시를 하면 운동량 보존법칙으로부터

$$\vec{p_\gamma} + \vec{p_e} = \vec{p_\gamma'} + \vec{p_e'} \Rightarrow (\vec{p_\gamma} + \vec{p_e} - \vec{p_\gamma'})^2 = \vec{p_e'}^2$$

여기서 충돌 전 전자는 정지해 있으므로 $\vec{p_e} = 0$가 되어 위 식은

$$p_\gamma^2 + p_\gamma'^2 - 2\vec{p_\gamma} \cdot \vec{p_\gamma'} = p_e'^2 \tag{1.3.1}$$

가 된다. 광자의 질량이 0이므로 $p_\gamma = \dfrac{E}{c} = \dfrac{h\nu}{c}$가 되어, 식 (1.3.1)은

$$\frac{h^2\nu^2}{c^2} + \frac{h^2\nu'^2}{c^2} - 2\frac{h\nu}{c}\frac{h\nu'}{c}\cos\theta = p_e'^2 \tag{1.3.2}$$

가 되며 여기서 θ은 입사하는 광자와 산란하는 광자와의 사이 각이다.

식 (1.3.2)의 좌·우편에 c^2을 곱하면

$$h^2\nu^2 + h^2\nu'^2 - 2h^2\nu\nu'\cos\theta = p_e'^2c^2$$
$$\Rightarrow h^2(\nu^2 + \nu'^2) - 2h^2\nu\nu'\cos\theta = p_e'^2c^2 \tag{1.3.3}$$

을 얻는다.

또한, 에너지 보존법칙으로부터

$$E_\gamma + E_e = E_\gamma' + E_e' \Rightarrow (E_\gamma + E_e - E_\gamma')^2 = E_e'^2$$
$$\Rightarrow E_\gamma^2 + E_e^2 + E_\gamma'^2 + 2E_\gamma E_e - 2E_e E_\gamma' - 2E_\gamma E_\gamma' = E_e'^2$$
$$\Rightarrow h^2\nu^2 + m_e^2c^4 + h^2\nu'^2 + 2h\nu m_ec^2 - 2m_ec^2h\nu' - 2h^2\nu\nu' = m_e^2c^4 + p_e'^2c^2$$
$$\Rightarrow h^2(\nu^2 + \nu'^2 - 2\nu\nu') + 2hm_ec^2(\nu - \nu') = p_e'^2c^2$$
$$\Rightarrow h^2(\nu - \nu')^2 + 2hm_ec^2(\nu - \nu') = p_e'^2c^2 \tag{1.3.4}$$

을 얻고 식 (1.3.3)과 (1.3.4)을 비교하면 다음과 같은 관계식을 얻는다.

$$h^2(\nu^2 + \nu'^2) - 2h^2\nu\nu'\cos\theta = h^2(\nu - \nu')^2 + 2hm_ec^2(\nu - \nu')$$
$$\Rightarrow -2h^2\nu\nu'\cos\theta = -2h^2\nu\nu' + 2hm_ec^2(\nu - \nu')$$
$$\Rightarrow h\nu\nu'(1 - \cos\theta) = m_ec^2(\nu - \nu')$$
$$\Rightarrow hc^2\frac{1}{\lambda}\frac{1}{\lambda'}(1 - \cos\theta) = m_ec^2\left(\frac{c}{\lambda} - \frac{c}{\lambda'}\right)$$
$$\Rightarrow \frac{1}{\lambda} - \frac{1}{\lambda'} = \frac{h}{m_ec}\frac{1}{\lambda\lambda'}(1 - \cos\theta)$$
$$\Rightarrow \lambda' - \lambda = \frac{h}{m_ec}(1 - \cos\theta)$$

$$\therefore \quad \Delta\lambda = \lambda' - \lambda = \frac{h}{m_e c}(1 - \cos\theta) \tag{1.3.5}$$

그러므로 X-선의 파장변화는 입사하는 X-선의 에너지와 파장의 크기와 무관하고, 특정한 산란각에서 특정한 파장을 가짐을 알 수 있다.

예제 1.3

그림 1.8의 실험과 같이 입사하는 광파장이 $\lambda = 0.0709$ nm 일 때, 산란각 45°, 90°, 135°에서 각각 관측한 산란된 빛의 파장을 구하세요.

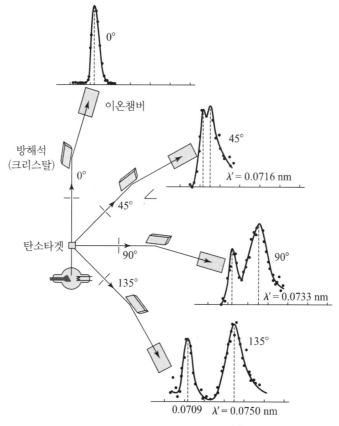

그림 1.8 컴프턴 산란 실험[1]

풀이

식 (1.3.5)로부터 $\lambda' = \lambda + \dfrac{h}{m_e c}(1 - \cos\theta) = \lambda + \dfrac{2\pi\hbar c}{m_e c^2}(1 - \cos\theta)$ 을 얻는다.

---

(1) A. H. Compton, Phys. Rev. 21, 483; 22, 409(1923).

여기서 전자의 정지질량에너지는 0.511 MeV이고 $\hbar c = 197.33$ MeV·fm [여기서 $\hbar = \dfrac{h}{2\pi}$은 **환산 플랑크**(reduced Planck) 상수].

산란각이 45°일 때는

$$\lambda' = 0.0709 + \frac{2\pi \times 197.33 \text{ MeV} \times 10^{-6} \text{ nm}}{0.511 \text{ MeV}}(1 - \cos 45°)$$

$$= 0.0709 + 0.0007 = 0.0716 \text{ nm}$$

산란각이 90°일 때는

$$\lambda' = 0.0709 + \frac{2\pi \times 197.33 \text{ MeV} \times 10^{-6} \text{ nm}}{0.511 \text{ MeV}}(1 - \cos 90°)$$

$$= 0.0709 + 0.0024 = 0.0733 \text{ nm}$$

산란각이 135°일 때는

$$\lambda' = 0.0709 + \frac{2\pi \times 197.33 \text{ MeV} \times 10^{-6} \text{ nm}}{0.511 \text{ MeV}}(1 - \cos 135°)$$

$$= 0.0709 + 0.0041 = 0.0750 \text{ nm}$$

(ii) 이번에는 **4원 에너지**(four energy) $\widetilde{P} \equiv (\vec{p}c, iE)$(여기서 $\vec{p}$와 E은 각각 입자의 운동량 벡터와 에너지)을 이용하여 산란 후의 X-선의 파장변화를 구해서 앞의 (i)의 결과와 비교해 보자.

충돌 전·후의 4원 에너지는 보존이 되기 때문에

$$\widetilde{P}_\gamma + \widetilde{P}_e = \widetilde{P'}_\gamma + \widetilde{P'}_e \Rightarrow (\widetilde{P}_\gamma + \widetilde{P}_e - \widetilde{P'}_\gamma)^2 = \widetilde{P'}_e^{\,2}$$

$$\Rightarrow \widetilde{P}_\gamma^{\,2} + \widetilde{P}_e^{\,2} + \widetilde{P'}_\gamma^{\,2} + 2\widetilde{P}_\gamma\widetilde{P}_e - 2\widetilde{P}_e\widetilde{P'}_\gamma - 2\widetilde{P}_\gamma\widetilde{P'}_\gamma = \widetilde{P'}_e^{\,2} \qquad \text{(예 1.3.1)}$$

여기서 4원 에너지의 제곱은

$$\widetilde{P}^2 = \vec{p}^{\,2}c^2 - E^2 = \vec{p}^{\,2}c^2 - (m^2c^4 + p^2c^2) = -m^2c^4$$

정지질량 에너지의 자승이므로

$$\widetilde{P}_\gamma^{\,2} = \widetilde{P'}_\gamma^{\,2} = -m_\gamma^2 c^4 = 0 \;\; \text{그리고} \;\; \widetilde{P}_e^{\,2} = \widetilde{P'}_e^{\,2} = -m_e^2 c^4$$

또한

$$\widetilde{P_\gamma}\widetilde{P_e} = c^2 \vec{p}_\gamma \cdot \vec{p}_e - E_\gamma E_e = -E_\gamma E_e \quad (\because \vec{p}_e = 0)$$

$$\widetilde{P_e}\widetilde{P_\gamma'} = c^2 \vec{p}_e \cdot \vec{p}_\gamma' - E_e E_\gamma' = -E_e E_\gamma'$$

$$\widetilde{P_\gamma}\widetilde{P_\gamma'} = c^2 \vec{p}_\gamma \cdot \vec{p}_\gamma' - E_\gamma E_\gamma' = c^2 \frac{E_\gamma}{c}\frac{E_\gamma'}{c}\cos\theta - E_\gamma E_\gamma'$$

$$= E_\gamma E_\gamma'(\cos\theta - 1)$$

이 관계식들을 식 (예 1.3.1)에 대입하면

$$-m_e^2 c^4 - 2E_\gamma E_e + 2E_e E_\gamma' - 2E_\gamma E_\gamma'(\cos\theta - 1) = -m_e^2 c^4$$

$$\Rightarrow -h\nu m_e c^2 + m_e c^2 h\nu' - h^2 \nu\nu'(\cos\theta - 1) = 0$$

$$\Rightarrow \nu' - \nu = \frac{h\nu\nu'}{m_e c^2}(\cos\theta - 1) \Rightarrow \frac{c}{\lambda'} - \frac{c}{\lambda} = \frac{hc^2}{m_e c^2}\frac{1}{\lambda\lambda'}(\cos\theta - 1)$$

$$\Rightarrow \lambda' - \lambda = \frac{h}{m_e c}(1 - \cos\theta)$$

$$\therefore \Delta\lambda = \lambda' - \lambda = \frac{h}{m_e c}(1 - \cos\theta)$$

이 4원 에너지를 사용한 결과는 기대한 대로 운동량 보존법칙과 에너지 보존법칙을 사용해서 산란된 X-선의 파장변화를 구한 식 (1.3.5)와 같음을 볼 수 있다. 복잡한 충돌과정의 문제를 다룰 때 종종 4원 에너지로 기술하는 것이 편리할 때가 많다.

④ 물질파

흑체복사 결과의 이해를 위한 플랑크의 양자개념, 아인슈타인의 광전효과 이해, 컴프턴 산란에 대한 이해는 전자기파가 입자의 성질도 가지고 있다는 것이다. 이와 마찬가지로 드브로이(De Broglie)는 입자(질량이 0이 아닌 입자도 포함해서)도 파의 성질을 가졌다고 봤고 이를 **드브로이 물질파**라 부른다. 그림 1.9에서 이 개념을 도식적으로 보여준다.

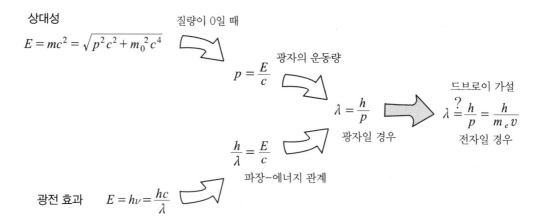

그림 1.9 질량이 0이 아닌 물질도 파동성을 가지고 있다는 드브로이 물질파의 개념의 도식화

(i) 질량이 0인 광자의 경우 운동량은 $p = \dfrac{E}{c} = \dfrac{h\nu}{c} = \dfrac{h}{\lambda}$ 이다.

$$\therefore \lambda = \frac{h}{p} \qquad (1.4.1)$$

빛의 이중성(입자성과 파동성을 동시에 가짐)에 의한 빛의 파장과 운동량과의 관계식이다.

(ii) 파장과 운동량의 관계식 (1.4.1)은 질량이 0이 아닌 입자의 경우에도 적용을 할 수가 있어

$$\lambda = \frac{h}{p} = \frac{h}{mv} \qquad (1.4.2)$$

인 **드브로이 파장식**을 얻을 수 있다. 여기서 m과 v은 각각 입자의 질량과 속도이다.

예제 1.4

그림 1.10(a)와 같이 **데이비슨**(Davison)과 **거머**(Germer)는 전자를 니켈결정(니켈의 격자구조 상수 $d = 0.91 \times 10^{-10}$ m)에 때리면 산란된 전자의 수가 입사방향에 따라 극대 또는 극소를 갖는 **전자회절 현상**을 발견했다. 산란각이 $\theta = 65°$에서 첫 번째 극대 값을 갖는 실험결과를 얻었다. X-선 회절방법과 비교해서 전자가 가져야 할 파장이 드브로이 파장식과 일치함을 보이세요.

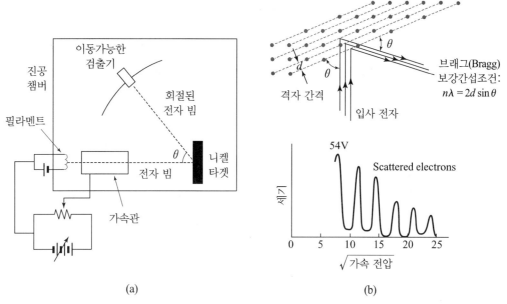

(a) (b)

그림 1.10 (a) 데이비슨과 거머의 전자회절 현상 실험과 (b) 보강간섭에 대한 브래그 산란 공식[2]

> **풀이**

실험에서와 같이 54 V로 니켈결정을 때리는 전자의 에너지를 먼저 계산해보면

$$E_e = e\,V = (1.60 \times 10^{-19}) \times 54\ \text{J} = 54\ \text{eV}$$

이때 전자의 운동량은

$$E_e = \frac{p^2}{2m_e} \Rightarrow p = \sqrt{2m_e E_e}$$

이 되고 이에 대응하는 파장은 드브로이 파장식인 식 (1.4.2)으로부터

$$\lambda = \frac{h}{p} = \frac{h}{\sqrt{2m_e E_e}} = \frac{2\pi\hbar c}{\sqrt{2m_e c^2 E_e}} = \frac{2\pi \times 197.33\ \text{MeV} \cdot \text{fm}}{\sqrt{2 \times 0.511\ \text{MeV} \times 54 \times 10^{-6}\ \text{MeV}}}$$

$$= 1.7 \times 10^{-10}\ \text{m}$$

을 얻는다. 그리고 그림 1.10(b)에서와 같이 보강간섭에 대한 **브래그**(Bragg) **법칙** $2d\sin\theta = n\lambda$로부터 첫 번째 극대 값을 갖는 파장은

$$\lambda = \frac{2d\sin\theta}{n} = \frac{2 \times 0.91 \times 10^{-10} \times \sin 65°}{1} = 1.7 \times 10^{-10}\ \text{m}$$

이 되어 회절현상으로부터 얻은 파장의 값과 드브로이 파장식으로부터 얻은 값이 잘 일치함을 알 수 있다. ■

---

(2) C. J. "Are Electrons Waves?", Franklin Institute Journal 205, 597(1928).

- 전자빔에서 나온 전자가 표본의 원자에 의해 산란됨으로 상이 형성되는 **전자현미경**은 전자의 파동성을 응용한 기구로서 전자의 파장이 가시광선의 파장에 비해 약 100배 정도 짧아서 분해능이 좋기 때문에 광학현미경(광학현미경은 표본의 빛을 흡수함으로써 상이 형성이 됨)보다 약 100배 정도 더 작은 미세한 것을 구분할 수 있다. 광학현미경은 실제의 상을 볼 수 있지만 전자현미경은 형광판이나 사진판, 모니터 등을 통해 영상을 볼 수 있다.
- 에너지가 높을수록 파장이 짧아서 더 미세한 물질의 구조를 볼 수 있기 때문에 소립자의 물리현상을 연구하기 위해서는 고에너지 가속기가 필요하다.

⑤ 원자모델

톰슨(Thomson)은 원자가 중성이므로 전자의 전하량에 대응하는 원자핵(양성자)이 고르게 퍼져 있고, 전자의 질량이 양성자의 질량에 비해 약 2000배 적으며, 고르게 퍼져있는 원자핵에 전자가 박혀 있다고 한 **건포도 푸딩 모델**을 제안했다.

그 후 그림 1.11과 같이 **러더퍼드**(Rutherford)는 α입자(2개의 중성자와 2개의 양성자로 이루어진 입자, 알파입자) 산란실험을 통해 원자 질량의 대부분을 차지하는 원자핵은 중심에 몰려있고, 그 주위를 전자가 돌고 있는 원자모델을 제시하였다.

그러나 러더퍼드 원자모델은 고전 전자기이론에서 하전입자가 가속운동을 하게 되면 전자기파를 내므로 전자가 에너지를 잃게 되어 결국 전자가 원자핵 속에 떨어져 전자가

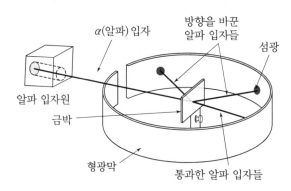

그림 1.11 러더퍼드의 알파입자 산란 실험

없어진다는 문제점과 그 당시에 관측된 수소원자에서 나오는 여러 종류의 에너지 선 스펙트럼에 대해 설명을 할 수 없는 문제점이 있었다.

이러한 문제점들을 해결하고 이해하기 위해 **보어**(Bohr)는 아래의 두 가지 가설을 제안했다.

① **전자의 각 운동량(L)은 $\hbar$의 정수배이다.**

즉
$$L = n\hbar \tag{1.5.1}$$

전자가 반경이 r인 원운동을 속도 v로 돌기 위해서 정전기적 쿨롱 힘과 구심력은 같아야 하므로

$$\frac{Ze^2}{r^2} = m_e \frac{v^2}{r} \implies r = \frac{Ze^2}{m_e v^2} \quad \text{(CGS 단위계에서)} \tag{1.5.2}$$

의 관계식을 얻고 각운동량 $L = |\vec{r} \times \vec{p}| = m_e vr$이므로 식 (1.5.1)로부터

$$v = \frac{n\hbar}{m_e r} \tag{1.5.3}$$

가 된다. 식 (1.5.3)을 (1.5.2)에 대입하면 다음의 관계식을 얻는다.

$$r = \frac{Ze^2}{m_e} \frac{m_e^2 r^2}{n^2 \hbar^2}$$
$$\implies 1 = Ze^2 \frac{m_e r}{n^2 \hbar^2} \implies r = \frac{n^2 \hbar^2}{Z m_e e^2} \tag{1.5.4}$$

이 식은 궤도 양자화 되어 있음을 보여준다.

$Z = 1$인 수소원자에서 가장 작은 반경의 값인 $n = 1$일 때의 반경을 **보어반경** a_0로 정의를 한다.

$$a_0 = \frac{\hbar^2}{m_e e^2}$$

보어반경을 계산해보면[3]

$$a_0 = \frac{(1.054 \times 10^{-27})^2}{9.109 \times 10^{-28} \times (4.803 \times 10^{-10})^2} \approx 0.5 \times 10^{-8} \text{ cm} = 0.5 \text{ Å}$$

---

(3) 상수는 [보충자료 1]을 참조하세요.

이다. 그리고 **미세 구조상수**(fine structure constant)를 다음과 같이 정의한다.

$$\alpha = \frac{e^2}{\hbar c} \tag{1.5.5}$$

미세 구조상수를 계산해보면

$$\alpha = \frac{(4.803 \times 10^{-10})^2}{1.054 \times 10^{-27} \times 3 \times 10^{10}} \approx 7.3 \times 10^{-3} \approx \frac{1}{137}$$

이다. 수소유사 원자(hydrogenlike atom)의 총 에너지는 운동에너지와 쿨롱 포텐셜 에너지의 합이므로

$$E = \frac{1}{2} m_e v^2 - \frac{Ze^2}{r} \tag{1.5.6}$$

가 되며 이 식에 식 (1.5.2)을 대입하면

$$E = -\frac{1}{2} m_e v^2 = -\frac{1}{2} \frac{n^2 \hbar^2}{m_e r^2} \qquad \because \text{식 (1.5.3)에 의해}$$

을 얻는다.

$$\therefore E_n = -\frac{1}{2} Z^2 \frac{m_e e^4}{n^2 \hbar^2} = -\frac{1}{2} m_e c^2 \frac{(Z\alpha)^2}{n^2} \tag{1.5.7}$$

에너지가 양자화되어 있음을 보여준다. 에너지가 음의 값을 갖는다는 것은 전자가 구속되어 있음을 의미하며, 전자를 떼어내기 위해서는 양의 일을 해 주어야 한다는 뜻이다.

이때 $Z=1$ 그리고 $n=1$인 수소원자의 바닥상태 에너지 크기를 구해보면

$$E_1 = \frac{1}{2} m_e c^2 \alpha^2 = \frac{1}{2} \times 0.511 \times 10^6 \text{ eV} \times \left(\frac{1}{137} \right)^2 \approx 13.6 \text{ eV}$$

그때 식 (1.5.7)은 $E_n = -13.6 \dfrac{Z^2}{n^2}$ eV로 표현된다.

② **전자는 한 궤도에서 다른 궤도로 옮겨 갈 수 있으며, 이때 두 궤도의 에너지 차이만큼의 에너지를 갖는 광자를 방출한다.**

n 에너지 준위에서 n' 준위로 전자가 전이할 때 $h\nu$만큼의 에너지를 방출한다고 가정하

면, $h\nu = E_n - E_{n'}$가 되어 식 (1.5.7)로부터

$$h\nu = -\frac{1}{2}Z^2\frac{m_e e^4}{\hbar^2}\left(\frac{1}{n^2} - \frac{1}{n'^2}\right)$$

$$\Rightarrow \frac{1}{\lambda} = \frac{1}{4\pi}Z^2\frac{m_e e^4}{\hbar^3 c}\left(\frac{1}{n'^2} - \frac{1}{n^2}\right) \qquad (1.5.8)$$

여기서 오른편 항의 계수를 **리드버그**(Rydberg) **상수** $R_y = \frac{1}{4\pi}Z^2\frac{m_e e^4}{\hbar^3 c}$로 정의한다. 그러면 식 (1.5.8)은

$$\frac{1}{\lambda} = R_y\left(\frac{1}{n'^2} - \frac{1}{n^2}\right) \qquad (1.5.9)$$

그림 1.12와 같이 $n' = 1$일 때를 라이먼(Lyman) 계열, $n' = 2$일 때를 발머(Balmer) 계열, $n' = 3$일 때를 파셴(Pascheon) 계열, $n' = 4$일 때를 브래킷(Brackett) 계열이라고 하는데 라이먼 계열은 자외선 영역, 발머 계열은 가시광선 영역, 파셴 계열은 적외선 영역을 나타낸다.

리드버그 상수 값을 수소원자에 대해 계산하면

$$R_y = \frac{1}{4\pi}\frac{9.109\times10^{-28}\times(4.803\times10^{-10})^4}{(1.054\times10^{-27})^3\times3\times10^{10}} \approx 1.1\times10^5 \text{ cm}^{-1} = 1.1\times10^7 \text{ m}^{-1}$$

이 된다.

식 (1.5.3)과 식 (1.5.4)로부터 $v = \frac{Ze^2}{n\hbar}$이므로, 가장 빠른 경우는 궤도반경이 가장 작은 $n = 1$의 경우에 해당하므로, 수소원자에서 가장 빠른 전자의 속도는

$$v = \frac{e^2}{\hbar} \qquad (1.5.10)$$

그때 빛의 속도에 대한 가장 빠른 전자속도의 비를 구할 수 있다.

$$\frac{v}{c} = \frac{e^2}{\hbar c} = \alpha = \frac{1}{137}$$

즉, 전자의 속도는 빛의 속도에 비해 아주 많이 느리므로, 전자의 운동을 비상대론적인 고전적인 개념으로 근사적으로 다룰 수 있다.

아래의 수소원자 에너지 스펙트럼을 위에서 구한 식들을 가지고 이해해 보자.

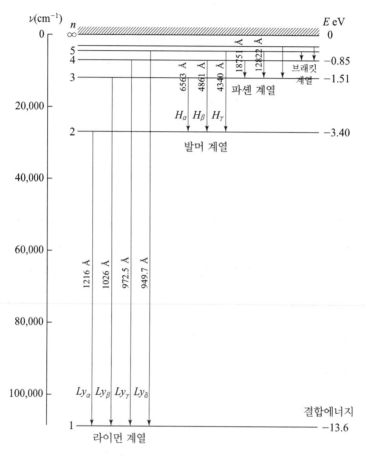

그림 1.12 수소원자 선 스펙트럼

풀이

(i) 식 (1.5.7)로부터 수소원자의 경우

$$E_n = -\frac{1}{2} m_e c^2 \frac{\alpha^2}{n^2} \Rightarrow E_n = -\frac{1}{2} \times 0.511 \times 10^6 \times \left(\frac{1}{137}\right)^2 \frac{1}{n^2} \approx -13.6 \frac{1}{n^2} \text{ eV}$$

이 되어 광자를 방출하는 전이에 대한 식은

$$h\nu = 13.6 \left(\frac{1}{n'^2} - \frac{1}{n^2}\right) \text{ eV}$$

이므로 $n = 2 \rightarrow n' = 1$의 전이에서 방출되는 광자의 파장은

$$\lambda = \frac{hc}{13.6\left(\frac{1}{1^2} - \frac{1}{2^2}\right)} = \frac{2\pi\hbar c}{10.2 \text{ eV}} = \frac{2\pi \times 197.33 \times 10^6 \text{ eV} \times 10^{-15} \text{ m}}{10.2 \text{ eV}}$$

$$\approx 1215 \times 10^{-10} \text{ m} = 1215 \text{ Å}$$

가 되고 다른 전이에 대해서도 비슷한 방법으로 얻을 수 있다. 또는 식 (1.5.8)로부터 바로 구할 수도 있다.

$n = 2 \rightarrow n' = 1$의 전이에서 방출되는 광자의 파장은

$$\frac{1}{\lambda} = 1.1 \times 10^7 \times \left(1 - \frac{1}{2^2}\right) \text{ m}^{-1} \approx 0.825 \times 10^7 \text{ m}^{-1}$$

$$\Rightarrow \lambda \approx 1.212 \times 10^{-7} \text{ m} = 1212 \times 10^{-10} \text{ m} = 1212 \text{ Å}$$

추가로 $n = 3 \rightarrow n' = 1$의 전이에서 방출되는 광자의 파장을 구해보면

$$\frac{1}{\lambda} = 1.1 \times 10^7 \times \left(1 - \frac{1}{3^2}\right) \text{ m}^{-1} \approx 0.9777 \times 10^7 \text{ m}^{-1}$$

$$\Rightarrow \lambda \approx 1023 \text{ Å}$$

지금까지 배운 원자모델에 대해 간략하게 정리해 보면 다음과 같다.

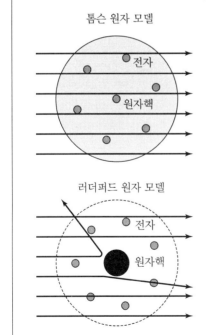

알파입자의 산란실험 결과를 러더퍼드의 원자모델로 잘 설명할 수 있으나 러더퍼드 모델은 다음과 같은 문제점이 있다.

(문제점)
· 고전 전자기이론에서, 하전입자가 가속운동을 하게 되면 전자기파를 내므로 전자가 에너지를 잃게 되어 결국 전자가 원자핵 속에 떨어져 전자가 없어져야 함
· 수소원자에서 나오는 여러 가지 종류의 에너지 선 스펙트럼에 대한 설명이 필요함

$\Downarrow$

(보어: 문제해결을 위한 가정)
① 전자의 각 운동량은 $\hbar$의 정수배이다.
② 전자는 한 궤도에서 다른 궤도로 옮겨 갈 수 있으며, 이때 두 궤도의 에너지 차이만큼의 에너지를 갖는 광자를 방출한다.

⬡ 6 윌슨-조머펠트 양자화

보어이론의 각운동량 양자화의 일반화인 **윌슨-조머펠트**(Wilson-Sommerfeld) **양자화 조건**은, 주기운동을 하는 입자는 다음의 관계식을 만족하는 궤도를 따라 운동한다는 것이다.

$$\oint p_i dq_i = nh, \quad \text{여기서} \ n = 1, 2, \cdots\cdots \tag{1.6.1}$$

여기서 q_i와 p_i은 각각 **일반화 좌표**(generalized coordinates)와 그에 대응하는 **정준**(正準) **공액**(canonical conjugate) **운동량**이다.

예제 1.6

평면 극 좌표계에서의 질량이 m인 전자 운동에 대해서 윌슨-조머펠트 양자화 조건을 사용하여 전자의 각운동량을 구하세요.

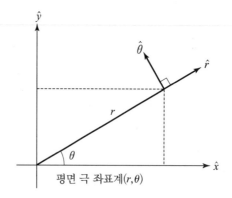

평면 극 좌표계(r, θ)

풀이

평면 극 좌표계에서

$$\begin{cases} x = r\cos\theta \\ y = r\sin\theta \end{cases} \Rightarrow \begin{cases} \dot{x} = \dot{r}\cos\theta - r\dot{\theta}\sin\theta \\ \dot{y} = \dot{r}\sin\theta + r\dot{\theta}\cos\theta \end{cases}$$

$$\Rightarrow v^2 = \dot{x}^2 + \dot{y}^2 = \dot{r}^2 + r^2\dot{\theta}^2$$

그때 **라그랑전**(Lagrangian)은

$$\mathcal{L} = \frac{1}{2}mv^2 - U(r) = \frac{1}{2}m(\dot{r}^2 + r^2\dot{\theta}^2) - U(r)$$

이 문제는 각운동량을 구하는 것이기 때문에 일반화 좌표 r과 θ 중에서 회전운동과 관계있는 θ에 관해서 살펴보는 것으로 충분하다.

일반화 좌표 중 θ에 대한 **라그랑게**(Lagrange) 방정식으로부터

$$\frac{\partial}{\partial \theta} \mathcal{L} - \frac{d}{dt}\left(\frac{\partial}{\partial \dot{\theta}} \mathcal{L}\right) = 0$$

$$\Rightarrow \frac{d}{dt}(mr^2\dot{\theta}) = 0 \Rightarrow mr^2\dot{\theta} = 상수$$

또한 $p_\theta = \dfrac{\partial}{\partial \dot{\theta}} \mathcal{L}$ 이므로

$$p_\theta = mr^2\dot{\theta} = 상수$$

그때 윌슨-조머펠트 양자화 조건으로부터

$$\oint p_\theta d\theta = nh \Rightarrow \oint mr^2\dot{\theta} d\theta = nh$$

$$\Rightarrow mr^2\dot{\theta} \oint d\theta = nh \Rightarrow mr^2\dot{\theta}(2\pi) = nh$$

$$\Rightarrow mr(r\dot{\theta}) = n\hbar$$

$$\Rightarrow mrv = n\hbar \qquad \qquad \therefore \triangle s = r\triangle \theta \rightarrow v = r\dot{\theta} = r\omega$$

$$\Rightarrow r(mv) = n\hbar$$

$\therefore L = n\hbar$, 여기서 L은 각운동량　■

원운동이 아니더라도 주기운동을 한다면 보어의 각운동량 양자화 조건이 성립함을 보여준다.

즉 윌슨-조머펠트 양자화 조건은 보어의 양자화 조건을 보다 일반화한 것이다.

예제 1.7

윌슨-조머펠트 양자화 조건을 사용하여 1차원 조화 진동자의 에너지 준위를 구하세요.

풀이

두 가지 방법으로 구해볼 수 있다.

(i) 1차원 조화 진동자 운동에 관한 라그랑젼은

$$\mathcal{L} = \frac{1}{2}m\dot{x}^2 - \frac{1}{2}kx^2$$

그리고 라그랑게 방정식

$$\frac{\partial}{\partial x}\mathcal{L} - \frac{d}{dt}\left(\frac{\partial}{\partial \dot{x}}\mathcal{L}\right) = 0 \;\Rightarrow\; m\ddot{x} + kx = 0 \;\Rightarrow\; \ddot{x} + \omega_0^2 x = 0$$

$$여기서 \; \omega_0 = \sqrt{\frac{k}{m}}$$

으로부터 $\sin\omega_0 t$ 또는 $\cos\omega_0 t$가 解가 될 수 있다.

초기조건으로 $x(0) = 0$일 경우 $\sin\omega_0 t$만 解가 된다.

$$\therefore\; \begin{cases} x(t) = A\sin\omega_0 t \\ \dot{x}(t) = A\omega_0\cos\omega_0 t \end{cases}$$

이때 조화 진동자의 에너지는

$$E = \frac{1}{2}m\dot{x}^2 + \frac{1}{2}kx^2 = \frac{1}{2}mA^2\omega_0^2\cos^2\omega_0 t + \frac{1}{2}m\omega_0^2 A^2\sin^2\omega_0 t = \frac{1}{2}mA^2\omega_0^2$$

이제 진폭 A를 구해보자. 정준 공액 운동량 $p_x = \dfrac{\partial}{\partial \dot{x}}\mathcal{L} = m\dot{x}$ 이므로

$$p_x = mA\omega_0\cos\omega_0 t$$

그러므로 윌슨-조머펠트 양자화 조건은

$$\oint p_x dx = nh \;\Rightarrow\; \oint mA\omega_0\cos\omega_0 t \; dx = nh$$

$$\Rightarrow\; \oint mA\omega_0\cos\omega_0 t \,(A\omega_0\cos\omega_0 t\,dt) = nh$$

$$\Rightarrow\; mA^2\omega_0^2 \oint \cos^2\omega_0 t\,dt = nh$$

$$\Rightarrow\; \frac{1}{2}mA^2\omega_0^2 \oint (1 + \cos 2\omega_0 t)dt = nh$$

$$\Rightarrow\; \frac{1}{2}mA^2\omega_0^2\left[t + \frac{1}{2\omega_0}\sin 2\omega_0 t\right]_0^T = nh$$

여기서 T는 주기이다.

그러므로

$$\Rightarrow\; \frac{1}{2}mA^2\omega_0^2 T = nh$$

$$\Rightarrow\; \frac{1}{2}mA^2\omega_0^2\frac{2\pi}{\omega_0} = nh \;\Rightarrow\; \frac{1}{2}mA^2\omega_0 = n\hbar$$

$$\therefore\; A = \sqrt{\frac{2n\hbar}{m\omega_0}}$$

이 결과를 에너지에 대한 식에 대입하면

$$\therefore \ E = \frac{1}{2}m\frac{2n\hbar}{m\omega_0}\omega_0^2 = n\hbar\omega_0$$

조화 진동자의 에너지 준위가 양자화되어 있는 결과를 보여준다.

※ 나중에 구하겠지만 조화 진동자 에너지 준위의 정확한 값은 슈뢰딩거(Schrödinger) 방정식(확률 개념의 파동함수 방정식)으로부터 구할 수 있으며, 그때의 에너지 준위는 $E_n = \left(n + \frac{1}{2}\right)\hbar\omega_0$이다.

(ii) 조화 진동자 에너지는

$$E = \frac{1}{2}m\dot{x}^2 + \frac{1}{2}kx^2 = \frac{p^2}{2m} + \frac{1}{2}kx^2$$

$$\Rightarrow \ \frac{p^2}{2mE} + \frac{k}{2E}x^2 = 1$$

$$\Rightarrow \ \left(\frac{x}{\sqrt{2E/k}}\right)^2 + \left(\frac{p}{\sqrt{2mE}}\right)^2 = 1$$

이 식은 $x - p$ 평면에서 타원방정식이다.

이때 $\oint p\,dx = nh$ 에서 식의 왼편 적분은 $x - p$ 평면에서 타원의 면적에 해당하므로 윌슨-조머펠트 양자화 조건은 다음의 관계식을 준다.

$$\pi\sqrt{2E/k}\,\sqrt{2mE} = nh, \quad \text{즉 등식의 왼편은 타원의 면적}$$

$$\Rightarrow \ \frac{E}{\omega_0} = n\hbar$$

$$\therefore \ E = n\hbar\omega_0$$

이는 위의 (i)과 같은 결과이다. ▪

예제 1.8

윌슨-조머펠트 양자화 조건을 사용하여 **강체**의 회전운동에서의 에너지 준위를 구하세요.

풀이

$$\oint p_\theta d\theta = nh \ \Rightarrow \ I\omega\oint d\theta = nh \ \Rightarrow \ I\omega 2\pi = nh$$

$$\Rightarrow \ I\omega = n\hbar \ \Rightarrow \ \omega = \frac{n\hbar}{I},$$

여기서 I는 강체의 관성모멘트이다.[4]

그러므로

$$E = \frac{1}{2}I\omega^2 = \frac{1}{2}I\frac{n^2\hbar^2}{I^2}$$

$$\therefore \ E = \frac{n^2\hbar^2}{2I}$$

에너지 준위가 양자화되어 있는 결과를 보여준다. ■

예제 1.9 ──

가로, 세로, 그리고 높이의 길이가 각각 a, b, c인 직육면체 내부에서 운동하는 질량이 m인 입자의 에너지 준위를 윌슨-조머펠트 양자화 조건을 사용하여 구하세요.

풀이

$$\begin{cases} \oint p_x dx = n_x h \\ \oint p_y dy = n_y h \\ \oint p_z dz = n_z h \end{cases} \Rightarrow \begin{cases} p_x(2a) = n_x h \\ p_y(2b) = n_y h \\ p_z(2c) = n_z h \end{cases} \Rightarrow \begin{cases} p_x = \dfrac{n_x h}{2a} \\ p_y = \dfrac{n_y h}{2b} \\ p_z = \dfrac{n_z h}{2c} \end{cases}$$

입자의 에너지는

$$\therefore \ E = \frac{1}{2m}\left(p_x^2 + p_y^2 + p_z^2\right) = \frac{h^2}{8m}\left[\left(\frac{n_x}{a}\right)^2 + \left(\frac{n_y}{b}\right)^2 + \left(\frac{n_z}{c}\right)^2\right]$$

만약 $a = b = c$인 정육면체이면 입자의 에너지는

$$E = \frac{h^2}{8ma^2}\left(n_x^2 + n_y^2 + n_z^2\right) = \frac{\pi^2\hbar^2}{2ma^2}\left(n_x^2 + n_y^2 + n_z^2\right)$$

이 된다. ■

⑦ 대응원리(correspondence principle)

고전역학 이론은 양자이론의 특별한 경우로 설명될 수 있다는 것이 고전이론과 양자이론 사이의 **대응원리**이다.

────────────────────────────────

(4) 대응관계: $p = mv \leftrightarrow L = I\omega$; $E = \dfrac{p^2}{2m} \leftrightarrow E = \dfrac{L^2}{2I} = \dfrac{1}{2}I\omega^2$

전자기이론에 따라 일정한 속도로 원운동하는 전자는 전자기파를 방출한다. 고전역학에서 질량이 m인 입자가 속도 v로 반경이 r인 원 주위를 돌 때 한 바퀴 도는 데 걸리는 시간인 주기 T는

$$T = \frac{2\pi r}{v} \Rightarrow \frac{1}{\nu} = \frac{2\pi r}{v} \Rightarrow \nu = \frac{v}{2\pi r} \qquad \text{여기서 } \nu \text{은 진동수}$$

$$\Rightarrow \nu = \frac{1}{2\pi}\frac{n\hbar}{mr^2} \qquad \because \text{식 (1.5.3)으로부터}$$

$$\Rightarrow \nu = \frac{n\hbar}{2\pi m}\frac{Z^2 m^2 e^4}{n^4 \hbar^4} \qquad \because \text{식 (1.5.4)로부터}$$

$$\Rightarrow \nu = \frac{1}{2\pi}\frac{Z^2 m e^4}{n^3 \hbar^3}\frac{c^2}{c^2}$$

$$\Rightarrow \nu = \frac{1}{2\pi}\frac{Z^2 \alpha^2}{n^3 \hbar}mc^2 \qquad \because \text{식 (1.5.5)로부터}$$

그러므로 원운동하는 전자가 방출하는 전자기파의 진동수는

$$\nu = \frac{(Z\alpha)^2}{2\pi \hbar n^3}m_e c^2 \tag{1.7.1}$$

이 된다.

이제 보어이론에서 전자가 에너지 준위 $(n+1) \rightarrow n$로 전이할 때, 방출되는 광자의 진동수를 구해보자.

$$h\nu = E_{n+1} - E_n = -\frac{1}{2}m_e c^2 (Z\alpha)^2 \left[\frac{1}{(n+1)^2} - \frac{1}{n^2}\right]$$

$$= \frac{1}{2}m_e c^2 (Z\alpha)^2 \left[\frac{1}{n^2} - \frac{1}{(n+1)^2}\right] \tag{1.7.2}$$

여기서 n값이 큰 경우, 이식의 우편 괄호 안은

$$\frac{1}{n^2} - \frac{1}{(n+1)^2} = \frac{2n+1}{n^2(n+1)^2} \approx \frac{2}{n^3}$$

가 되므로 식 (1.7.2)은 큰 n 값에 대해

$$\nu = \frac{m_e c^2}{h}\frac{1}{n^3}(Z\alpha)^2 = \frac{1}{2\pi}\frac{(Z\alpha)^2}{\hbar n^3}m_e c^2 \tag{1.7.3}$$

이 결과는 고전이론으로 계산한 식 (1.7.1)과 같다.

즉 양자수(n)가 큰 경우에 양자물리는 고전물리에 대응된다는 것을 알 수 있다.

유용한 물리 상수

빛 속도: $c = 3.0 \times 10^8 \ \mathrm{m \cdot s^{-1}}$

기본 전하량: $e = 1.602 \times 10^{-19} \ C = 4.803 \times 10^{-10} \ \mathrm{esu}$

진공의 유전율: $\epsilon_0 = 8.854 \times 10^{-12} \ \mathrm{F/m}$

진공의 투자율: $\mu_0 = 4\pi \times 10^{-7} \ \mathrm{H/m}$

플랑크 상수: $h = 6.626 \times 10^{-34} \ \mathrm{J \cdot s}$

환산 플랑크 상수: $\hbar = \dfrac{h}{2\pi} = 1.054 \times 10^{-34} \ \mathrm{J \cdot s}$ 또는 $6.58 \times 10^{-16} \ \mathrm{eV \cdot s}$

전자 질량: $m_e = 9.109 \times 10^{-31} \ \mathrm{kg}$

전자 정지질량 에너지: $m_e c^2 = 0.511 \ \mathrm{MeV}$

양성자 질량: $m_p = 1.673 \times 10^{-27} \ \mathrm{kg} \ \left(\dfrac{m_p}{m_e} \approx 1840 \right)$

양성자 정지질량 에너지: $m_p c^2 = 938.272 \ \mathrm{MeV}$

보어반경: $a_0 = \dfrac{\hbar^2}{m_e e^2} = 0.529 \times 10^{-10} \ \mathrm{m}$

국제표준단위계에서 $a_0 = \dfrac{\hbar^2}{4\pi\epsilon_0 m_e e^2}$ 이므로 보어반경을 계산해보면

$$a_0 = \frac{4\pi \times 8.85 \times 10^{-12}}{9.11 \times 10^{-31} \times (1.60 \times 10^{-19})^2} \times (1.05 \times 10^{-34})^2 = 5.25 \times 10^{-11} \ \mathrm{m} \approx 0.5 \ \text{Å}$$

Rydberg 상수(R_y): $R_y = 1.1 \times 10^7 \ \mathrm{m^{-1}}$

미세 구조상수: $\alpha = \dfrac{e^2}{\hbar c} \approx \dfrac{1}{137}$

미세 구조상수를 국제표준단위계에서 계산해보면

$$\alpha = \frac{(1.60 \times 10^{-19})^2}{4\pi \times 8.85 \times 10^{-12} \times 1.05 \times 10^{-34} \times 3 \times 10^8} \approx 7.3 \times 10^{-3} \approx \frac{1}{137}$$

유용한 단위변환

$\hbar c = 197.326 \text{ MeV} \cdot \text{fm}, \ (\hbar c)^2 = 0.389 \text{ GeV}^2 \text{mbarn}, \ 1 \text{ eV}/c^2 = 1.782 \times 10^{-36} \text{ kg}$

$1 \text{ esu} = 3.33564 \times 10^{-10} \text{ C}, \ 1 \text{ kg}^{0.5}\text{m}^{1.5}\text{s}^{-1} = 1.05482 \times 10^{-5} \text{ C}$

$1 \ C = 6.241506 \times 10^{18} \text{ electrons}, \ |e| = 1.51899 \times 10^{-10} \text{ kg}^{0.5}\text{m}^{1.5}\text{s}^{-1}$

$1 \text{ eV} = 1.602 \times 10^{-19} \text{ J}, \ 1 \text{ Å} = 10^{-10} \text{ m}, \ 1 \text{ barn} = 10^{-28} \text{ m}^2, \ 1 \text{ erg} = 10^{-7} \text{ J}$

CHAPTER 2

양자역학의 확률적 개념과 파동방정식

로피탈 정리(L'Hopital's rule):

$$\lim_{x \to a} \frac{f(x)}{g(x)} = \lim_{x \to a} \frac{f'(x)}{g'(x)} \ \text{ for } \ \lim_{x \to a} \frac{f(x)}{g(x)} = \frac{0}{0} \ \text{ or } \ \frac{\infty}{\infty}$$

테일러 전개:

$$f(x) = f(a) + (x-a)f'(a) + \frac{(x-a)^2}{2!}f''(a) + \cdots\cdots + \frac{(x-a)^n}{n!}f^{(n)}(a) + \cdots\cdots$$

$$= \sum_{n=0}^{\infty} \frac{(x-a)^n}{n!} f^{(n)}(a)$$

① 입자의 파동성

(1) 푸리에(Fourier) 변환

고전역학에서는 입자의 위치와 속도로 입자의 운동을 기술하는 반면에 양자이론에서는 파의 성질을 기술하는 파(wave) 이론이 중요하다.

파속(wave packet)은 그림 2.1과 같이 파가 어떤 공간의 영역에서만 큰 값을 가지고 나머지 영역에서는 거의 0이 되는, 즉 **국소화되어**(localized) 있으며 약간씩 다른 진동수를 가지는 파동들의 무리로 정의된다.

먼저 시간과 무관한 파속에 대해 살펴보고 난 뒤 시간에 따라 파속이 어떻게 진행 하는지 살펴보도록 하자.

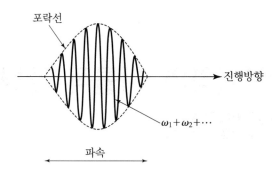

포락선

진행방향

$\omega_1 + \omega_2 + \cdots$

파속

그림 2.1 파속은 여러 진동수의 파동의 중첩으로 공간적으로 모여 있는 상태

함수 $f(x)$가 함수 $g(k)$의 **푸리에 변환**일 때 관계식은 다음과 같다.

$$f(x) = \int_{-\infty}^{\infty} dk\, g(k) e^{ikx} \tag{2.1.1}$$

여기서

$$g(k) \equiv e^{-\alpha(k-k_0)^2} \tag{2.1.2}$$

은 여러 파수로 이루어진 함수이다. 즉 $e^{-\alpha(k-k_0)^2}$은 파수가 k_0에서 멀어질수록 감소함을 의미한다. 그리고 e^{ikx}은 평면파의 표현이다.

그때,

$$f(x) = \int_{-\infty}^{\infty} dk\, e^{-\alpha(k-k_0)^2} e^{ikx} = \int_{-\infty}^{\infty} dk\, e^{-\alpha(k-k_0)^2} e^{ikx} e^{-ik_0 x} e^{ik_0 x}$$

$$= e^{ik_0 x} \int_{-\infty}^{\infty} dk\, e^{-\alpha(k-k_0)^2} e^{i(k-k_0)x}, \quad \text{여기서} \ k-k_0 \equiv k' \text{로 치환하면}$$

$$= e^{ik_0 x} \int_{-\infty}^{\infty} dk'\, e^{-\alpha k'^2} e^{ik'x} = e^{ik_0 x} \int_{-\infty}^{\infty} dk'\, e^{-\alpha\left(k'^2 - \frac{i}{\alpha}k'x\right)}$$

$$= e^{ik_0 x} \int_{-\infty}^{\infty} dk'\, e^{-\alpha\left[k'^2 - \frac{i}{\alpha}k'x + \left(\frac{ix}{2\alpha}\right)^2 - \left(\frac{ix}{2\alpha}\right)^2\right]}$$

$$= e^{ik_0 x} e^{-\frac{x^2}{4\alpha}} \int_{-\infty}^{\infty} dk'\, e^{-\alpha\left(k' - \frac{ix}{2\alpha}\right)^2} = e^{ik_0 x} e^{-\frac{x^2}{4\alpha}} \int_{-\infty}^{\infty} dk'\, e^{-\left[\sqrt{\alpha}\left(k' - \frac{ix}{2\alpha}\right)\right]^2}$$

여기서 $\sqrt{\alpha}\left(k' - \dfrac{ix}{2\alpha}\right) = y$로 치환한 결과를 오른편 적분에 대입하면 위 식은

$$f(x) = e^{ik_0 x} e^{-\frac{x^2}{4\alpha}} \frac{1}{\sqrt{\alpha}} \int_{-\infty}^{\infty} dy\, e^{-y^2}$$

가 되어 이 식의 적분을 계산하면[5] 다음의 식을 얻는다.

$$f(x) = e^{ik_0 x} e^{-\frac{x^2}{4\alpha}} \sqrt{\frac{\pi}{\alpha}} \tag{2.1.3}$$

그리고 이 식으로부터

$$f(x)^* f(x) = |f(x)|^2 = \frac{\pi}{\alpha} e^{-\frac{x^2}{2\alpha}}$$

임을 알 수 있다. 여기서 $\frac{x^2}{2\alpha} = 1$일 때 $x = \pm\sqrt{2\alpha}$가 된다. 즉, $\Delta x = \sqrt{2\alpha}$로 나타낼 수 있다. 이를 그래프로 그리면 아래와 같다.

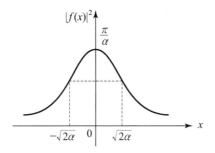

우리가 정의한 함수 $g(k) = e^{-\alpha(k-k_0)^2}$로부터 $|g(k)|^2 = e^{-2\alpha(k-k_0)^2}$가 되고 이를 그림으로 나타내면

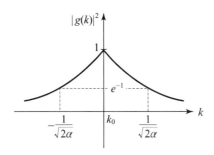

이 되며, 여기서 $2\alpha k^2 = 1$일 때 $k = \pm\frac{1}{\sqrt{2\alpha}}$가 된다. 즉 $\Delta k = \frac{1}{\sqrt{2\alpha}}$로 나타낼 수 있다. α 값이 클수록 $|g(k)|^2$은 날카롭게 되는 반면에 Δx 값은 커진다. 즉 $|f(x)|^2$은 더 퍼진다.

---

(5) 증명은 [보충자료 1] 참고하세요.

결론적으로 $|f(x)|^2$와 $|g(k)|^2$은 긴밀한 상관관계가 있다. 이 상관관계를 수식적으로 나타내면, 위에서 구한 결과로부터

$$(\Delta x)(\Delta k) = \sqrt{2\alpha}\,\frac{1}{\sqrt{2\alpha}} = 1$$

가 되어

$$(\Delta x)(\Delta k) = 1 \;\Rightarrow\; \hbar(\Delta x)(\Delta k) = \hbar \;\Rightarrow\; (\Delta x)(\hbar\Delta k) = \hbar$$

을 얻는다. 여기서 $p = \dfrac{h}{\lambda} = \dfrac{2\pi\hbar}{\lambda} = \hbar k$ 관계식을 사용하면

위 식으로부터 다음의

$$(\Delta x)(\Delta p) = \hbar \tag{2.1.4}$$

하이젠베르크 불확정성 원리 관계식을 얻는다. 이 식이 의미하는 바는 위치와 운동량을 동시에 정확히 측정하는 것은 불가능하다는 것이며 이것은 또한 푸리에 변환 관계에 있는 두 변수 사이의 일반적 성질이다.

푸리에 변환의 다른 예로서, 앞에서 살펴본 파속 대신에 아래의 다른 형태의 파속을 갖는 예를 살펴보자.

예제 2.1

파속이 **사각파**(square-wave)인 경우

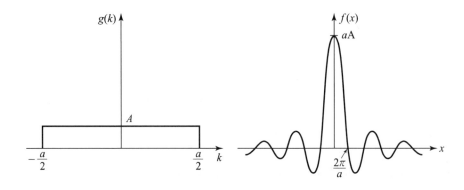

즉,
$$g(k) = \begin{cases} 0 & k < -\dfrac{a}{2} \text{일 때} \\ A & -\dfrac{a}{2} < k < \dfrac{a}{2} \text{일 때} \\ 0 & k > \dfrac{a}{2} \text{일 때} \end{cases}$$

이를 식 (2.1.1)에 대입하면

$$f(x) = \int_{-\infty}^{\infty} dk\, g(k) e^{ikx} = A \int_{-\frac{a}{2}}^{\frac{a}{2}} dk\ e^{ikx} = A \frac{e^{i\frac{ax}{2}} - e^{-i\frac{ax}{2}}}{ix} = A \frac{2i \sin\frac{ax}{2}}{ix}$$

이 되어

$$\therefore\ f(x) = \frac{2A \sin\dfrac{ax}{2}}{x} \tag{예 2.1.1}$$

이를 그래프로 나타내기 위해 x축과 만나는 지점과 $f(0)$값을 구하면 다음과 같다.

(i) x축과 만나는(즉 $f(x) = 0$) x값을 구해보면

$$\sin\frac{ax}{2} = 0 \ \Rightarrow\ \frac{ax}{2} = n\pi$$

$$\Rightarrow\ x = \frac{2n\pi}{a}$$

여기서 $n = \pm 1,\ \pm 2, \cdots\cdots$

그리고 x값이 커짐에 따라 식 (예 2.1.1)에 의해 $f(x)$ 값은 작아지면서 0이 된다.

(ii) $x = 0$에서의 $f(0)$ 값은 **로피탈 정리**를 사용하여 구할 수 있다.

$$\lim_{x \to 0} \frac{2A \sin\frac{ax}{2}}{x} = \lim_{x \to 0} \frac{\left(2A \sin\frac{ax}{2}\right)'}{x'} = \lim_{x \to 0} \frac{2A \frac{a}{2} \cos\frac{ax}{2}}{1} = aA$$

(2) 파속이 시간에 따라 어떻게 진행하는지에 대해 살펴보자.

앞에서 살펴본 것과 같이 파속은 값이 약간 다른 파수(k)들을 갖는 많은 평면파 ($e^{i(kx - \omega t)}$)들의 **중첩**(superposition) **결과**로 간주될 수 있으므로 다음과 같이 표현될 수 있다.

$$f(x,t) = \int_{-\infty}^{\infty} dk\, g(k) e^{i[kx - \omega(k)t]} \tag{2.1.5}$$

여기서 $g(k) = e^{-\alpha(k - k_0)^2}$

이 식의 $\omega(k)$에 대해 k_0을 중심으로 하는 **테일러 급수** 전개(Taylor power series)를 적용하면

$$\omega(k) = \omega(k_0) + (k - k_0)\frac{d\omega}{dk}\big|_{k=k_0} + \frac{1}{2!}(k-k_0)^2\frac{d^2\omega}{dk^2}\big|_{k=k_0} + \cdots\cdots$$

$$= \omega(k_0) + k'v_g + \frac{1}{2!}k'^2\beta + \cdots\cdots$$

여기서 $k - k_0 = k'$, $\dfrac{d\omega}{dk}\big|_{k=k_0} = v_g$ 인 **군속도**(group velocity)[6], 그리고 $\dfrac{d^2\omega}{dk^2}\bigg|_{k=k_0} = \beta$ 로 놓으면 그때

$$e^{-i\omega(k)t} \approx e^{-i\omega(k_0)t}e^{-ik'v_gt}e^{-i\beta\frac{k'^2}{2}t} \tag{2.1.6}$$

이 되고 이 식을 식 (2.1.5)에 대입하면,

$$f(x,t) = e^{-i\omega(k_0)t}\int_{-\infty}^{\infty}dk'\,e^{-\alpha k'^2}e^{i(k'+k_0)x}e^{-ik'v_gt}e^{-i\beta\frac{k'^2}{2}t}$$

$$= e^{-i\omega(k_0)t}e^{ik_0x}\int_{-\infty}^{\infty}dk'\,e^{-\alpha k'^2}e^{ik'x}e^{-ik'v_gt}e^{-i\beta\frac{k'^2}{2}t}$$

$$= e^{-i\omega(k_0)t}e^{ik_0x}\int_{-\infty}^{\infty}dk'\,e^{ik'(x-v_gt)}e^{-\left(\alpha+\frac{i\beta}{2}t\right)k'^2} \tag{2.1.7}$$

앞에서 아래의 적분 결과가 다음과 같음을 계산했었다.

$$\int dk'\,e^{-\alpha k'^2}e^{ik'x} = e^{-\frac{x^2}{4\alpha}}\sqrt{\frac{\pi}{\alpha}} \tag{2.1.8}$$

이 식에서 왼편의 적분 식에 $\begin{cases} x \rightarrow x - v_gt \\ \alpha \rightarrow \alpha + \dfrac{i\beta}{2}t \end{cases}$을 대입하면 식 (2.1.7)의 오른편 적분 식에 해당하므로, 이들 치환 관계를 식 (2.1.8)의 오른편에 대입하면 식 (2.1.7)의 오른편 적분 결과를 얻을 수 있어서

$$\therefore\, f(x,t) = e^{-i\omega(k_0)t}e^{ik_0x}\sqrt{\frac{\pi}{\alpha+\frac{i\beta}{2}t}}\,e^{-\frac{(x-v_gt)^2}{4\left(\alpha+\frac{i\beta t}{2}\right)}} \tag{2.1.9}$$

가 된다. 그리고 이 식으로부터 다음의 결과를 얻는다.

---

[6] 반면에 **위상속도**(phase velocity)는 $v_p = \dfrac{\omega}{k}$ 이다.

$$|f(x,t)|^2 = \frac{\pi}{\sqrt{\alpha^2 + \dfrac{\beta^2 t^2}{4}}} \quad e^{\displaystyle -\frac{(x-v_g t)^2}{4}\left[\frac{1}{\left(\alpha + \frac{i\beta t}{2}\right)} + \frac{1}{\left(\alpha - \frac{i\beta t}{2}\right)}\right]}$$

$$\therefore \ |f(x,t)|^2 = \frac{\pi}{\sqrt{\alpha^2 + \dfrac{\beta^2 t^2}{4}}} \quad e^{\displaystyle -\frac{\alpha(x-v_g t)^2}{2}\frac{1}{\alpha^2 + \frac{\beta^2 t^2}{4}}} \qquad (2.1.10)$$

이 식은 t가 증가함에 따라 그림 2.2와 같이 진폭의 값은 작아지고 파동은 점점 퍼짐을 의미한다.

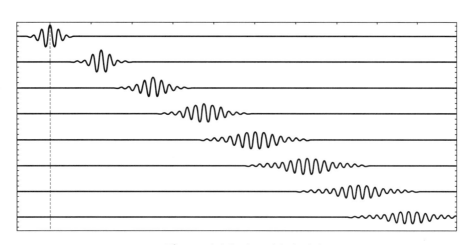

그림 2.2 시간에 따른 파속의 변화

식 (2.1.10)의 $x - v_g t$ 항으로부터 알 수 있듯이 군속도는 파속의 전파를 기술한다. 군속도는 고전역학에서의 입자속도와 같다. 반면에 위상속도는 실험적으로 관측이 되지 않는다. 즉 그림 2.3에서와 같이 개개의 파는 위상속도로 움직이고 파속은 군속도로 움직인다.

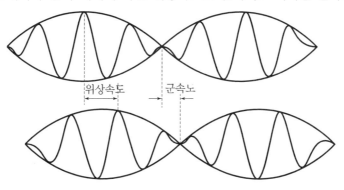

위상속도   군속노

그림 2.3 위상속도(v_p)와 군속도(v_g)의 개념도

(3) 파속 개념으로 유도되는 슈뢰딩거(Schrödinger) 방정식

파속을 위치에너지가 0이고 운동량이 p인 자유입자로 표현하면

$$v_g = \frac{d\omega}{dk} = \frac{1}{\hbar}\frac{dE}{dk} = \frac{1}{\hbar}\frac{d}{dk}\left(\frac{p^2}{2m}\right) = \frac{1}{\hbar}\frac{dp}{dk}\frac{d}{dp}\left(\frac{p^2}{2m}\right) = \frac{d}{dp}\left(\frac{p^2}{2m}\right) \quad \because \ p = \hbar k$$

$$\therefore \ v_g = \frac{p}{m} \tag{2.1.11}$$

군속도는 운동량에 대한 함수이다.

(i) 이제 파속을 운동량에 대한 식으로 표현해(평면파 ⇒ 물질파) 보자.

$f(x,t) = \displaystyle\int dk \ g(k)e^{i(kx-\omega t)}$ 에서 파수 대신에 운동량 표현으로 나타내면

$$\Rightarrow \ \Psi(x,t) = \frac{1}{\sqrt{2\pi\hbar}}\int dp\, \phi(p)e^{\frac{i}{\hbar}(px-Et)} \tag{2.1.12}$$

여기서 $\dfrac{1}{\sqrt{2\pi\hbar}}$ 은 규격화 상수(normalization constant)이다.

(ii) 식 (2.1.12)을 解로 갖는 미분방정식을 찾아보자.

$$i\hbar\frac{\partial\Psi(x,t)}{\partial t} = i\hbar\frac{1}{\sqrt{2\pi\hbar}}\int dp\, \phi(p)\frac{\partial}{\partial t}e^{\frac{i}{\hbar}(px-Et)} = \frac{1}{\sqrt{2\pi\hbar}}\int dp\, \phi(p)Ee^{\frac{i}{\hbar}(px-Et)}$$

$$= \frac{1}{\sqrt{2\pi\hbar}}\int dp\, \phi(p)\left(\frac{p^2}{2m}\right)e^{\frac{i}{\hbar}(px-Et)} \tag{2.1.13}$$

반면에

$$\frac{\partial^2\Psi(x,t)}{\partial x^2} = -\frac{1}{\hbar^2}\frac{1}{\sqrt{2\pi\hbar}}\int dp \ \phi(p)p^2 e^{\frac{i}{\hbar}(px-Et)}$$

$$\Rightarrow -\frac{\hbar^2}{2m}\frac{\partial^2\Psi(x,t)}{\partial x^2} = \frac{1}{\sqrt{2\pi\hbar}}\int dp\, \phi(p)\left(\frac{p^2}{2m}\right)e^{\frac{i}{\hbar}(px-Et)} \tag{2.1.14}$$

식 (2.1.13)과 (2.1.14)을 비교해보면 식들의 오른편이 같기 때문에 식들의 왼편은 서로 같아야 된다. 그러면 자유입자에 대해 다음의 방정식을 얻을 수 있다.

$$i\hbar\frac{\partial\Psi(x,t)}{\partial t} = -\frac{\hbar^2}{2m}\frac{\partial^2\Psi(x,t)}{\partial x^2} \tag{2.1.15}$$

위치에너지가 0이 아닌 일반적인 경우에도 위와 같은 방법으로 계산을 해보면 다음과 같은 관계식 (슈뢰딩거 방정식)을 얻는다.

$$i\hbar \frac{\partial \Psi(x,t)}{\partial t} = -\frac{\hbar^2}{2m} \frac{\partial^2 \Psi(x,t)}{\partial x^2} + U\Psi(x,t) \tag{2.1.16}$$

$$i\hbar \frac{\partial \Psi(x,t)}{\partial t} = -\frac{\hbar^2}{2m} \frac{\partial^2 \Psi(x,t)}{\partial x^2} + U\Psi(x,t) : \textbf{슈뢰딩거 방정식}$$

$$i\hbar \frac{\partial \Psi(x,t)}{\partial t} = -\frac{\hbar^2}{2m} \frac{\partial^2 \Psi(x,t)}{\partial x^2} : \textbf{자유입자에 대한 슈뢰딩거 방정식}$$

슈뢰딩거 방정식과 연산자(operator)에서 보다 자세히 다루겠지만 자유입자의 경우 에너지는 다음과 같은 관계를 갖는다.

$$E = \frac{p^2}{2m} \Rightarrow E_{op}\Psi(x,t) = \frac{p_{op}^2}{2m}\Psi(x,t)$$

이 식의 연산자에 대해 다음과 같이 변환하면

$$\begin{cases} E_{op} \rightarrow i\hbar \dfrac{\partial}{\partial t} \\ p_{op} \rightarrow \dfrac{\hbar}{i} \dfrac{\partial}{\partial x} \end{cases}$$

그 결과는 자유입자에 대한 슈뢰딩거 방정식인 식 (2.1.15)로 표현됨을 알 수 있다.

(4) 하이젠베르크 불확정성 원리

고전이론에서는 불확정도(uncertainty)라는 오차는 실험기구 결함이나 실험자의 미숙한 조작기술에 기인한다고 간주한다. 반면에 양자론에서는 불확정도가 물리량 측정에 근본적으로 존재하고 이들 불확정도 사이에 특별한 관계가 성립되며 이는 자연계의 본질이며 기본원리라고 한다.(파속을 배울 때 $(\Delta x)(\Delta k) \approx 1$이 됨을 구했었다.)

$$\Rightarrow (\Delta x)(\Delta p) \approx \hbar : \textbf{하이젠베르크 불확정성 원리}[7]$$

반면에 고전적인 개념에서는 위치와 운동량 측정이 서로 무관하다.

---

(7) Δx와 Δp가 측정에서의 표준편차로 다루어질 때, $\Delta x \Delta p \geq \dfrac{\hbar}{2}$가 되며, 이는 뒤에서 증명할 것이다. 그리고 이 결과를 적용한 것이 (예제 2.6)이다.

단일 슬릿

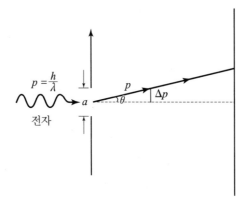

입사하는 전자의 운동량이 p이고 슬릿과 스크린 사이의 간격이 슬릿 폭에 비해 충분히 크다고 하면,

$$\sin\theta = \frac{\Delta p}{p} \Rightarrow \Delta p = p\sin\theta = p\left(\frac{\lambda}{a}\right) \quad \text{(첫 번째 간섭무늬가 나타나는 곳에서)}$$

$$= p\left(\frac{\lambda}{\Delta x}\right) = \frac{h}{\lambda}\frac{\lambda}{\Delta x}$$

$$\therefore (\Delta x)(\Delta p) \approx h$$

측정자의 미숙과 계측기의 불안정으로 인한 오차까지 고려하면 항상 h보다 크다. ∎

에너지와 시간 측정

자유입자의 에너지는 $E = \dfrac{p^2}{2m}$ 이므로

$$\Delta E = \frac{p}{m}\Delta p = \frac{m\dfrac{\Delta x}{\Delta t}}{m}\Delta p = \frac{\Delta x}{\Delta t}\Delta p$$

가 되어

$$\therefore \ (\Delta E)(\Delta t) = (\Delta x)(\Delta p) \approx \hbar$$

입자의 에너지를 정밀하게 측정하기 위해서는 물질파를 오랫동안 관찰하여 입자의 파장을 정확히 측정해야 하는데, 짧은 시간동안 관찰하면 파장(또는 에너지) 측정에 오차가 생긴다. 즉, 에너지와 시간을 동시에 정확하게 측정하는 것은 불가능하다.

고에너지 충돌에서 생성되는 수명이 짧은 입자의 실험결과[8]로부터

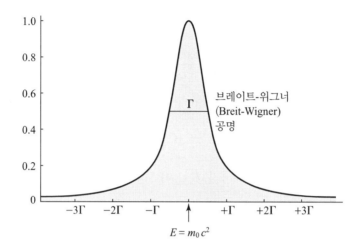

$\Gamma = 110\,\mathrm{MeV}$ 인 경우에 대해 불확정성 원리를 적용해서 붕괴시간을 구해보면

$$\tau = \frac{\hbar c}{c\Gamma} = \frac{197.33\ \mathrm{MeV \cdot fm}}{3 \times 10^{8} \times 110\ \mathrm{m/sec \cdot MeV}} = 0.6 \times 10^{-23}\ \mathrm{sec}$$

가 된다. ◼

예제 2.4 ────────────────────────────────────

수소원자에서 최소에너지를 갖는 전자의 반경을 불확정성 원리로부터 구해보세요.

풀이

수소원자의 에너지는

$$E = \frac{p^2}{2m} - \frac{e^2}{4\pi\epsilon_0 r} \approx \frac{1}{2m}\left(\frac{\hbar}{r}\right)^2 - \frac{e^2}{4\pi\epsilon_0 r} \quad \because \ pr \approx \hbar$$

---

(8) 브레이트-위그너(Breit-Wigner) 공식: $\sigma(E) = \sigma_{\max} \dfrac{\Gamma^2/4}{(E - m_0 c^2)^2 + \Gamma^2/4}$

이므로 최소에너지를 주는 반경 r_0은

$$\frac{dE}{dr}\bigg|_{r=r_0} = -\frac{\hbar^2}{m}\frac{1}{r_0^3} + \frac{e^2}{4\pi\epsilon_0 r_0^2} = 0$$

$$\Rightarrow r_0 = \frac{4\pi\epsilon_0\hbar^2}{me^2}$$

이 되어 그때 최소에너지는 다음과 같다.

$$E_{\min} = \frac{\hbar^2}{2m}\frac{1}{r_0^2} - \frac{e^2}{4\pi\epsilon_0 r_0} = \frac{me^4}{(4\pi\epsilon_0)^2 2\hbar^2} - \frac{me^4}{(4\pi\epsilon_0)^2\hbar^2}$$

$$= -\frac{me^4}{2(4\pi\epsilon_0)^2\hbar^2} = -\frac{mc^2e^4}{2(4\pi\epsilon_0)^2(\hbar c)^2} = -\frac{mc^2}{2}\alpha^2 \qquad \text{여기서 } \alpha \text{은 미세 구조상수}$$

$$= -\frac{0.51\times10^6 \text{ eV}}{2}\left(\frac{1}{137}\right)^2$$

$$\therefore E_{\min} = -13.6 \text{ eV}$$

불확정성 원리로부터 구한 최소에너지 $E_{\min}$이 1장에서 구한 수소원자의 바닥에너지와 같은 결과를 준다. ■

예제 2.5

전자가 핵의 성분이 될 수 없음을 불확정성 원리를 사용하여 증명하세요.

(※ 힌트: 베타붕괴($n \rightarrow p + e + \overline{\nu_e}$)에서 방출되는 전자에너지는 아래의 실험결과처럼 기껏해야 수 MeV 정도)

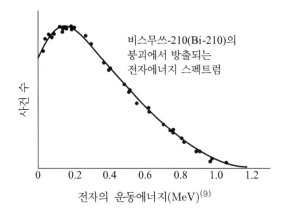

비스무쓰-210(Bi-210)의 붕괴에서 방출되는 전자에너지 스펙트럼

전자의 운동에너지(MeV)[9]

(9) G. J. Neary, Roy. Phys. Soc.(London), A175, 71(1940).

풀이

전자가 원자핵의 성분이라고 가정하면 불확정성 원리에 의해 전자가 가질 수 있는 운동량은

$$p(2r) \approx \hbar \implies p = \frac{\hbar}{2r}$$

이 되어 그때 전자의 운동에너지는

$$K = \frac{p^2}{2m_e} = \frac{1}{2m_e}\frac{\hbar^2}{4r^2} = \frac{\hbar^2}{8m_e r^2} = \frac{(\hbar c)^2}{8(m_e c^2)r^2} \qquad \text{(예 2.5.1)}$$

이 식에 대략적인 상수 값($\hbar c \approx 197.3 \text{ MeV} \cdot \text{fm}$), 전자 정지질량에너지($0.5 \text{ MeV}$) 그리고 원자핵의 반경($r \approx 10^{-15} \text{ m}$)을 대입하면, 전자의 운동에너지는

$$\implies K \approx 9730 \text{ MeV}$$

이 된다.

이 에너지는 기껏해야 수 MeV인 방출된 전자에너지에 비해 너무 큰 값이다. 그러므로 전자의 운동에너지를 작게 하기 위해서는 식 (예 2.5.1)에서 전자가 있는 위치 r이 커야한다. 이는 전자가 원자핵으로부터 멀리 떨어진 곳에 있어야 한다는 것을 의미한다.

예제 2.6

1차원 조화 진동자의 바닥상태 에너지를 불확정성 원리인 $(\Delta x)(\Delta p) \sim \hbar \implies xp \sim \frac{\hbar}{2}$ 의 관계식으로부터 구하세요.

풀이

조화 진동자의 에너지는

$$E = \frac{p^2}{2m} + \frac{1}{2}kx^2 = \frac{1}{2m}\frac{\hbar^2}{4x^2} + \frac{1}{2}kx^2 = \frac{\hbar^2}{8mx^2} + \frac{1}{2}kx^2 \qquad \text{(예 2.6.1)}$$

이고 최소에너지를 주는 x_0은 다음과 같이 구할 수 있다.

$$\left.\frac{dE}{dx}\right|_{x=x_0} = 0 \implies -\frac{\hbar^2}{4mx_0^3} + kx_0 = 0 \implies x_0^4 = \frac{\hbar^2}{4mk} = \frac{\hbar^2}{4m^2\omega_0^2} \qquad \therefore \ \omega_0^2 = \frac{k}{m}$$

이 값을 식 (예 2.6.1)에 대입하면 최소에너지인 바닥상태 에너지를 구할 수 있다.

$$E_{\min} = \frac{\hbar^2}{8m}\frac{2m\omega_0}{\hbar} + \frac{1}{2}k\frac{\hbar}{2m\omega_0} = \frac{\hbar}{4}\omega_0 + \frac{\hbar}{4}\omega_0^2\frac{1}{\omega_0}$$

$$\therefore \ E_{\min} = \frac{1}{2}\hbar\omega_0$$

② 슈뢰딩거 방정식과 연산자

• **슈뢰딩거 방정식**

$$i\hbar\frac{\partial\Psi(x,t)}{\partial t} = -\frac{\hbar^2}{2m}\frac{\partial^2\Psi(x,t)}{\partial x^2} + U\Psi(x,t)$$

자유입자의 경우

$$\Rightarrow i\hbar\frac{\partial\Psi(x,t)}{\partial t} = -\frac{\hbar^2}{2m}\frac{\partial^2\Psi(x,t)}{\partial x^2}$$

입자는 **이중성**(duality) 즉, 입자성과 파동성을 가지므로 물질파에 대한 파동함수 $\Psi(x,t)$로 표현될 수 있고, 이 파들은 **중첩**되어 있다.

슈뢰딩거 방정식을 만족하는 解는 푸리에 변환식인 식 (2.1.12)임을 배웠다.

$$\Psi(x,t) = \frac{1}{\sqrt{2\pi\hbar}}\int dp\,\phi(p)e^{\frac{i}{\hbar}(px - Et)} \qquad (2.2.1)$$

즉 파의 성질은 $\phi(p)$으로도 알 수 있다. 이는 $\Psi(x,t)$와 $\phi(p)$은 일대일 대응 관계를 가지며, 이들 중에서 하나를 알면 다른 하나는 푸리에 변환식으로부터 구할 수 있음을 의미한다. 시간 $t=0$일 때의 파동함수는 식 (2.2.1)로부터 다음과 같이 주어진다.

$$\Psi(x,0) = \frac{1}{\sqrt{2\pi\hbar}}\int dp\,\phi(p)e^{\frac{i}{\hbar}px} \qquad (2.2.2)$$

(이 관계식은 뒤에 위치 연산자 x_{op}을 구할 때 쓸 것임)

즉 $\Psi(x,0)$을 알면 식 (2.2.2)로부터 $\phi(p)$을 계산할 수 있고, 구한 $\phi(p)$을 식 (2.2.1)의 피적분함수에 대입하면 시간의 함수로서 파동함수인 $\Psi(x,t)$을 구할 수 있다.

(1) 에너지 연산자와 운동량 연산자

물리적으로 측정할 수 있는 모든 고전역학적인 양 $f(\vec{x}, \vec{p}, \cdots)$에 대하여 이에 대응하는 연산자 $f\left(\vec{x}_{op}, \dfrac{\hbar}{i}\vec{\nabla}, \cdots\right)$가 존재한다. 입자의 고전역학적 에너지 관계 $E = \dfrac{\vec{p}^2}{2m} + U(\vec{x})$에 아래와 같이 연산자를 적용하는 **양자화** 과정을 통하면

$$E_{op} \rightarrow i\hbar\frac{\partial}{\partial t} \qquad \vec{p}_{op} \rightarrow \frac{\hbar}{i}\vec{\nabla} \qquad \text{※ (예제 2.7)에서 유도함}$$

$$\Rightarrow i\hbar\frac{\partial \Psi(\vec{x}, t)}{\partial t} = H\left(\vec{x}_{op}, \frac{\hbar}{i}\vec{\nabla}\right)\Psi(\vec{x}, t)$$

와 같이 표현될 수 있다.

양자역학에서 해밀토니안 연산자와 파동함수의 관계를 다음과 같이 나타낼 수 있다.

$$H_{op}\Psi = E\Psi$$

등식의 좌우편에 같은 함수(이 경우에는 파동함수 Ψ, 이를 **고유함수**라 부른다)를 가지며, 왼편에 연산자(이 경우 H_{op}), 그리고 오른편에 **고유치**(이 경우 파동함수 Ψ가 갖는 에너지 값 E)를 갖는 관계식을 **고유치 방정식**(eigenvalue equation)이라 부른다.

(2) 슈뢰딩거 방정식 解의 확률적 해석(Born interpretation)

- $|\Psi(x, t)|^2 = \Psi^*(x, t)\Psi(x, t)$: **확률밀도**

  이때 $\Psi(x, t)$은 **확률밀도진폭**이며, 일반적으로 위상 항을 갖는 복소수이다.

- $|\Psi(x, t)|^2 dx$: 시간 t에서 x와 $x + dx$ 사이에서 입자를 발견할 확률

입자는 그 어딘가에는 반드시 존재한다는 **규격화 조건**(normalization condition)으로부터

$$\int_{-\infty}^{\infty} |\Psi(x, t)|^2 dx = 1 \tag{2.2.3}$$

가 되고 이때의 $\Psi(x, t)$은 규격화된 파동함수에 해당한다.

(3) 상대적 위상(relative phase)의 간섭결과로서의 중요성

파들은 중첩될 수 있으므로 두 파동함수 $\Psi_1(x,t)$, $\Psi_2(x,t)$에 대해 중첩원리를 적용하면 $\Psi(x,t) = \Psi_1(x,t) + \Psi_2(x,t)$가 되고, 그때 합성파의 확률밀도는

$$|\Psi(x,t)|^2 = \Psi^*\Psi = (\Psi_1^* + \Psi_2^*)(\Psi_1 + \Psi_2) = |\Psi_1|^2 + |\Psi_2|^2 + \Psi_1^*\Psi_2 + \Psi_1\Psi_2^*$$

가 된다.

편의상 복소수인 파동함수를 $\Psi_1 = R_1 e^{i\theta_1}$와 $\Psi_2 = R_2 e^{i\theta_2}$(여기서 R_1, R_2은 실수)로 나타내면, 위 식은

$$\Rightarrow |\Psi(x,t)|^2 = R_1^2 + R_2^2 + R_1 R_2 e^{-i\theta_1}e^{i\theta_2} + R_1 R_2 e^{i\theta_1}e^{-i\theta_2}$$
$$= R_1^2 + R_2^2 + R_1 R_2 \left[e^{i(\theta_1 - \theta_2)} + e^{-i(\theta_1 - \theta_2)} \right]$$
$$\therefore |\Psi(x,t)|^2 = R_1^2 + R_2^2 + 2R_1 R_2 \cos(\theta_1 - \theta_2)$$

등식 오른편의 마지막 항은 두 파의 위상차이로 인해 생기는 간섭결과이다. 그러므로
(i) 각 파동함수의 위상 항에 $e^{i\delta}$를 곱해도 확률밀도는 변하지 않는다. 즉, 각 파동함수의 위상에 임의의 위상을 곱하여 임의로 바꿀 수 있다.

(ii) 그러나 확률밀도가 $|\Psi|^2 = |\Psi_1|^2 + |\Psi_2|^2$와 같이 각 함수의 확률밀도의 합으로 표시될 경우에는 간섭현상을 설명할 수 없다.

(4) 확률흐름밀도(probability current density)

• 확률흐름밀도

$$j(x,t) \equiv \frac{\hbar}{2im}\left[\Psi^*(x,t)\frac{\partial\Psi(x,t)}{\partial x} - \Psi(x,t)\frac{\partial\Psi^*(x,t)}{\partial x} \right]$$

(나중에 **투과율**과 **반사율** 등을 계산할 때 쓰는 관계식이다)

자유입자의 슈뢰딩거 방정식으로 확률흐름밀도를 어떻게 구할 수 있는지에 대해 살펴보자.

자유입자에 대한 슈뢰딩거 방정식으로부터

$$i\hbar\frac{\partial\Psi(x,t)}{\partial t} = -\frac{\hbar^2}{2m}\frac{\partial^2\Psi(x,t)}{\partial x^2} \Rightarrow i\hbar\Psi^*\frac{\partial\Psi}{\partial t} = -\frac{\hbar^2}{2m}\Psi^*\frac{\partial^2\Psi}{\partial x^2} \tag{2.2.4}$$

또한 파동함수의 공액 복소수에 대한 슈뢰딩거 방정식으로부터

$$-i\hbar\frac{\partial \Psi^*(x,t)}{\partial t}=-\frac{\hbar^2}{2m}\frac{\partial^2\Psi^*(x,t)}{\partial x^2} \Rightarrow -i\hbar\Psi\frac{\partial\Psi^*}{\partial t}=-\frac{\hbar^2}{2m}\Psi\frac{\partial^2\Psi^*}{\partial x^2} \tag{2.2.5}$$

식 (2.2.5)을 (2.2.4)로부터 빼면

$$i\hbar\left(\Psi^*\frac{\partial\Psi}{\partial t}+\Psi\frac{\partial\Psi^*}{\partial t}\right)=-\frac{\hbar^2}{2m}\left(\Psi^*\frac{\partial^2\Psi}{\partial x^2}-\Psi\frac{\partial^2\Psi^*}{\partial x^2}\right) \tag{2.2.6}$$

$$\Rightarrow i\hbar\frac{\partial}{\partial t}(\Psi^*\Psi)=-\frac{\hbar^2}{2m}\frac{\partial}{\partial x}\left(\Psi^*\frac{\partial\Psi}{\partial x}-\Psi\frac{\partial\Psi^*}{\partial x}\right)$$

$$\Rightarrow \frac{\partial}{\partial t}(\Psi^*\Psi)=-\frac{\hbar}{2im}\frac{\partial}{\partial x}\left(\Psi^*\frac{\partial\Psi}{\partial x}-\Psi\frac{\partial\Psi^*}{\partial x}\right) \tag{2.2.7}$$

의 관계식을 얻을 수 있다. 이 식에서

$$\frac{\hbar}{2im}\left[\Psi^*(x,t)\frac{\partial\Psi(x,t)}{\partial x}-\Psi(x,t)\frac{\partial\Psi^*(x,t)}{\partial x}\right]=j(x,t) \tag{2.2.8}$$

인 **확률흐름밀도**로 정의하면 $\Psi^*(x,t)\Psi(x,t)\equiv P(x,t)$인 **확률밀도**이므로
식 (2.2.7)은

$$\therefore \ \frac{\partial P(x,t)}{\partial t}+\frac{\partial j(x,t)}{\partial x}=0 \tag{2.2.9}$$

로 표현된다. 이 식은 전자기학에서 전류밀도의 발산이 전하밀도의 시간변화의 감소율과 같다는 것을 나타내는 전하에 대한 **연속방정식** $\frac{\partial\rho}{\partial t}+\overrightarrow{\nabla}\cdot\overrightarrow{J}=0$(여기서 ρ은 전하밀도이며 $\overrightarrow{J}$은 전류밀도)와 유사하며, 물리적으로 의미하는 바는 시간에 따라 물질파를 발견할 확률밀도가 증가(감소)하면 확률흐름밀도가 감소(증가)함을 뜻한다.

예제 2.7

식 (2.2.8)은 1차원에 관한 식이다. 3차원에서의 확률흐름밀도를 구하세요.

풀이

식 (2.2.6)을 3차원에 대한 식으로 나타내면

$$i\hbar\left(\Psi^*\frac{\partial\Psi}{\partial t}+\Psi\frac{\partial\Psi^*}{\partial t}\right)=-\frac{\hbar^2}{2m}(\Psi^*\nabla^2\Psi-\Psi\nabla^2\Psi^*) \tag{예 2.7.1}$$

이 된다. 이제, 등식의 오른편에 있는 항들에 대해 살펴보자.

$$[\overrightarrow{\nabla} \cdot (\Psi^* \overrightarrow{\nabla} \Psi)] = \sum_i \partial_i (\Psi^* \overrightarrow{\nabla} \Psi)_i \qquad (\text{여기서 } \partial_i \equiv \frac{\partial}{\partial x_i})$$

$$= \sum_i \partial_i (\Psi^* \partial_i \Psi) = \sum_i (\partial_i \Psi^*)(\partial_i \Psi) + \sum_i \Psi^* \partial_i^2 \Psi$$

$$\Rightarrow \Psi^* \partial_i^2 \Psi = \partial_i (\Psi^* \partial_i \Psi) - (\partial_i \Psi^*)(\partial_i \Psi) = \partial_i (\Psi^* \partial \Psi)_i - (\partial \Psi^*)_i (\partial \Psi)_i$$

$$\Rightarrow \Psi^* \nabla^2 \Psi = \overrightarrow{\nabla} \cdot (\Psi^* \overrightarrow{\nabla} \Psi) - (\overrightarrow{\nabla} \Psi^*) \cdot (\overrightarrow{\nabla} \Psi) \qquad (\text{예 } 2.7.2)$$

비슷한 방법으로 다음의 관계식을 구할 수 있다.

$$\Psi \nabla^2 \Psi^* = \overrightarrow{\nabla} \cdot (\Psi \overrightarrow{\nabla} \Psi^*) - (\overrightarrow{\nabla} \Psi) \cdot (\overrightarrow{\nabla} \Psi^*) \qquad (\text{예 } 2.7.3)$$

식 (예 2.7.1)에 식 (예 2.7.2)과 (예 2.7.3)을 대입하면 다음과 같다.

$$i\hbar \left[\Psi^* \frac{\partial \Psi}{\partial t} + \Psi \frac{\partial \Psi^*}{\partial t} \right] = -\frac{\hbar^2}{2m} \left[\overrightarrow{\nabla} \cdot (\Psi^* \overrightarrow{\nabla} \Psi) - \overrightarrow{\nabla} \cdot (\Psi \overrightarrow{\nabla} \Psi^*) \right]$$

$$\Rightarrow i\hbar \frac{\partial}{\partial t} (\Psi^* \Psi) = -\frac{\hbar^2}{2m} \overrightarrow{\nabla} \cdot \left[\Psi^* \overrightarrow{\nabla} \Psi - \Psi \overrightarrow{\nabla} \Psi^* \right]$$

$$\Rightarrow \frac{\partial}{\partial t} \left[\Psi^*(\vec{r},t) \Psi(\vec{r},t) \right] = -\frac{\hbar}{2im} \overrightarrow{\nabla} \cdot \left[\Psi^*(\vec{r},t) \overrightarrow{\nabla} \Psi(\vec{r},t) - \Psi(\vec{r},t) \overrightarrow{\nabla} \Psi^*(\vec{r},t) \right]$$

$$\therefore \frac{\partial P(\vec{r},t)}{\partial t} + \overrightarrow{\nabla} \cdot \vec{j}(\vec{r},t) = 0$$

여기서, $\vec{j}(\vec{r},t) = \dfrac{\hbar}{2im} \left[\Psi^*(\vec{r},t) \overrightarrow{\nabla} \Psi(\vec{r},t) - \Psi(\vec{r},t) \overrightarrow{\nabla} \Psi^*(\vec{r},t) \right]$

(5) 기댓값(expectation value)[10]: 여러 번 측정했을 경우의 평균값에 해당함

$$< f(x) > \equiv \int \Psi^*(x,t) f(x) \Psi(x,t) dx : (\text{확률밀도} \times \text{함수})\text{의 적분}$$

예제 2.8

운동량 연산자 $p_{op} = \dfrac{\hbar}{i} \dfrac{\partial}{\partial x}$ 을 $<p> = m \dfrac{d}{dt} <x>$ 관계로부터 구하세요.

$$p_{op} = \frac{\hbar}{i} \frac{\partial}{\partial x} \xrightarrow{\text{3차원}} \vec{p}_{op} = \frac{\hbar}{i} \overrightarrow{\nabla}$$

$$x_{op} = i\hbar \frac{\partial}{\partial p} \quad (\text{예제 2.10에서 증명함})$$

---

[10] 기대치라고도 한다.

풀이

$$< p >= m\frac{d}{dt}< x >= m\frac{d}{dt}\int \Psi^* x\Psi dx$$

$$= m\int \left[\frac{\partial \Psi^*}{\partial t}x\Psi + \Psi^* x\frac{\partial \Psi}{\partial t}\right]dx \qquad (\text{예 } 2.8.1)$$

여기서 자유입자의 슈뢰딩거 방정식으로부터

$$\Rightarrow \begin{cases} \dfrac{\partial \Psi}{\partial t}=-\dfrac{\hbar}{2im}\dfrac{\partial^2\Psi}{\partial x^2} \\ \dfrac{\partial \Psi^*}{\partial t}=\dfrac{\hbar}{2im}\dfrac{\partial^2\Psi^*}{\partial x^2}\end{cases}$$

얻고 이들 관계식을 식 (예 2.8.1)에 대입하면

$$< p >= \frac{\hbar}{2i}\int \left(\frac{\partial^2\Psi^*}{\partial x^2}x\Psi - \Psi^* x\frac{\partial^2\Psi}{\partial x^2}\right)dx \qquad (\text{예 } 2.8.2)$$

여기서, 오른편 적분항의 첫 번째에 대해 부분적분을 적용하면

$$\int \frac{\partial^2\Psi^*}{\partial x^2}x\Psi dx = \int \left(\frac{\partial \Psi^*}{\partial x}\right)' x\Psi dx = \left[\left(\frac{\partial \Psi^*}{\partial x}\right)x\Psi\right]_{-\infty}^{\infty} - \int \frac{\partial \Psi^*}{\partial x}\frac{\partial}{\partial x}(x\Psi)dx$$

(여기서 오른쪽 항의 첫 번째는 $\Psi(-\infty)=\Psi(\infty)=0$이므로 0이 된다.)

$$=-\int (\Psi^*)'\frac{\partial}{\partial x}(x\Psi)dx = -\left[\Psi^*\frac{\partial}{\partial x}(x\Psi)\right]_{-\infty}^{\infty} + \int \Psi^*\frac{\partial^2}{\partial x^2}(x\Psi)dx$$

(여기서 등식의 우편 첫 번째는 0이 된다.)

$$=\int \Psi^*\frac{\partial}{\partial x}\left(\Psi + x\frac{\partial \Psi}{\partial x}\right)dx = \int \Psi^*\left(2\frac{\partial \Psi}{\partial x}+x\frac{\partial^2\Psi}{\partial x^2}\right)dx$$

$$=2\int \Psi^*\frac{\partial \Psi}{\partial x}dx + \int \Psi^* x\frac{\partial^2\Psi}{\partial x^2}dx$$

이 되고 이 결과를 식 (예 2.8.2)에 대입하면 다음과 같다.

$$< p >= \frac{\hbar}{i}\int \Psi^*\frac{\partial \Psi}{\partial x}dx = \int \Psi^*\left(\frac{\hbar}{i}\frac{\partial}{\partial x}\right)\Psi dx$$

$$\therefore\ p_{op}=\frac{\hbar}{i}\frac{\partial}{\partial x}\ \text{ 또는 3차원의 경우 } \overrightarrow{p}_{op}=\frac{\hbar}{i}\overrightarrow{\nabla}$$

또한

$$\Rightarrow\ < p^2 >= \int \Psi^*(x,t)\left(-\hbar^2\frac{\partial^2}{\partial x^2}\right)\Psi(x,t)dx$$

운동량의 기댓값은 항상 실수임을 보이세요. 이 경우 이 연산자는 **에르미트**(Hermite) 연산자(또는 에르미티안, Hermitian)라고 합니다. 모든 측정가능한 물리량은 에르미트 연산자로 고유방정식 문제가 기술됩니다.

풀이

$$<p> = \int \Psi^* \left(\frac{\hbar}{i} \frac{\partial}{\partial x} \right) \Psi dx$$

$$\Rightarrow <p>^* = \int \left[\Psi^* \left(\frac{\hbar}{i} \frac{\partial}{\partial x} \right) \Psi \right]^* dx = \int \Psi \left(\frac{\hbar}{-i} \frac{\partial}{\partial x} \right) \Psi^* dx$$

위의 두 관계식을 빼면

$$<p> - <p>^* = \frac{\hbar}{i} \int \left(\Psi^* \frac{\partial \Psi}{\partial x} + \Psi \frac{\partial \Psi^*}{\partial x} \right) dx = \frac{\hbar}{i} \int \frac{\partial}{\partial x} (\Psi^* \Psi) dx$$

$$= \frac{\hbar}{i} [\Psi^* \Psi]_{x=-\infty}^{x=\infty} = 0$$

가 되고 여기서 $<p> \equiv a + ib$라고 가정하면(여기서 a와 b은 실수), $<p>^* = a - ib$ 가 되므로 위 식은

$$<p> - <p>^* = 2ib = 0 \Rightarrow b = 0$$

$$\therefore \text{운동량의 기댓값은 실수}$$

(참고) 연산자 A에 대해,

$A^+ = A$: 에르미트 연산자 또는 자기수반(self adjoint) 연산자

$A^+ = A^{-1}$: **유니터리**(unitary) 연산자

예로 시간진전(time evolution) 연산자 $e^{-\frac{i}{\hbar} Ht}$

(6) 운동량 공간에서 파동함수 표현

델타 함수(delta function)의 정의 식: $\begin{cases} \dfrac{1}{2\pi\hbar} \int e^{\frac{i}{\hbar} p(x-x')} dp = \delta(x-x') \\ \dfrac{1}{2\pi} \int_{-\infty}^{\infty} e^{ik(x-x')} dk = \delta(x-x') \end{cases}$

이미 배웠듯이 공간에서의 파동함수는 다음과 같이 나타낼 수 있다.

$$\Psi(x) = \frac{1}{\sqrt{2\pi\hbar}} \int dp\, \phi(p)\, e^{\frac{i}{\hbar}px} \qquad (2.2.10)$$

위 식의 **역 푸리에 변환**으로부터

$$\phi(p) = \frac{1}{\sqrt{2\pi\hbar}} \int dx\, \Psi(x)\, e^{-\frac{i}{\hbar}px} \qquad (2.2.11)$$

(이 관계식은 아래의 예제에서 사용됨)

가 되고 이 식을 식 (2.2.10)에 대입하면,

$$\Psi(x) = \frac{1}{2\pi\hbar} \int\int dp\,dx'\, \Psi(x')\, e^{\frac{i}{\hbar}p(x-x')} \qquad (2.2.12)$$

이 된다. 이 식에서

$$\frac{1}{2\pi\hbar} \int e^{\frac{i}{\hbar}p(x-x')}\, dp = \delta(x-x') \qquad (2.2.13)$$

로 놓으면 등식이 성립한다. 식 (2.2.13)은 델타 함수[11]의 적분형 정의 식이다. 또한 $p = \frac{h}{\lambda} = \frac{2\pi\hbar}{\lambda} = \hbar k$ 이므로 식 (2.2.13)은 다음과 같이 표현될 수도 있다.

$$\frac{1}{2\pi} \int_{-\infty}^{\infty} e^{ik(x-x')}\, dk = \delta(x-x') \qquad (2.2.14)$$

식 (2.2.11)을 이용하여 다음의 적분을 계산해보면

$$\int_{-\infty}^{\infty} \phi^*(p)\phi(p)\,dp = \frac{1}{2\pi\hbar} \int dp \int dx\, \Psi^*(x)\, e^{\frac{i}{\hbar}px} \int dx'\, \Psi(x')\, e^{-\frac{i}{\hbar}px'}$$

$$= \frac{1}{2\pi\hbar} \int dp \int\int dx\, dx'\, \Psi^*(x)\, e^{\frac{i}{\hbar}p(x-x')}\, \Psi(x')$$

이 적분 식에 델타함수에 대한 식 (2.2.13)을 대입하면 위 식은

$$\int_{-\infty}^{\infty} \phi^*(p)\phi(p)\,dp = \int\int dx\, dx'\, \Psi^*(x)\Psi(x')\delta(x-x')$$

가 되어 다음의 관계를 만족한다.

---

(11) 다른 델타함수의 정의 및 성질은 [보충자료 2]를 참조하세요.

$$\int_{-\infty}^{\infty} \phi^*(p)\phi(p)dp = \int dx \ \Psi^*(x)\Psi(x) = \int dx \ |\Psi(x)|^2 = 1$$

$$\therefore \ \int_{-\infty}^{\infty} \phi^*(p)\phi(p)dp = 1 \tag{2.2.15}$$

즉, 함수 $\Psi(x)$가 규격화되어 있다면, 그것의 푸리에 변환 함수인 $\phi(p)$도 규격화된다. 이를 푸리에 변환에 대한 **파시발의 정리**(Parseval's theorem)[12]라 한다. $|\phi(p)|^2 dp$은 p와 $p+dp$ 사이의 운동량을 가지는 입자를 발견할 확률로서, 파시발 정리가 의미하는 바는 위치-공간(position-space) 표현 또는 운동량-공간(momentum-space) 표현에서 확률밀도가 보존된다는 것이다.

예제 2.10

$x_{op} = i\hbar \dfrac{\partial}{\partial p}$ 임을 보이세요.

[증명] $<x> = \int \Psi^* x \Psi dx = \dfrac{1}{\sqrt{2\pi\hbar}} \int\int dx\Psi^* x dp\phi(p)e^{\frac{i}{\hbar}px}$

$$= \frac{1}{\sqrt{2\pi\hbar}}\frac{\hbar}{i} \int\int dxdp \ \Psi^*\phi(p)\frac{\partial}{\partial p}e^{\frac{i}{\hbar}px}$$

$$= \frac{1}{\sqrt{2\pi\hbar}}\frac{\hbar}{i} \int dx \ \Psi^* \left[\phi(p)e^{\frac{i}{\hbar}px}\Big|_{p=-\infty}^{p=\infty} - \int dp \ e^{\frac{i}{\hbar}px}\frac{\partial\phi}{\partial p} \right]$$

$$= \frac{1}{\sqrt{2\pi\hbar}}\frac{-\hbar}{i} \int\int dx\Psi^* dp e^{\frac{i}{\hbar}px}\frac{\partial\phi}{\partial p}$$

여기서 식 (2.2.11)으로부터 $\phi^*(p) = \dfrac{1}{\sqrt{2\pi\hbar}} \int dx \ \Psi^*(x)e^{\frac{i}{\hbar}px}$ 이므로 위 식은

$$<x> = -\frac{\hbar}{i} \int dp\phi^*(p)\frac{\partial\phi}{\partial p} = \int dp\phi^*(p)\left(i\hbar\frac{\partial}{\partial p}\right)\phi(p)$$

이 관계식은 운동량-공간 표현에서의 위치 연산자의 기댓값이다.

$$\therefore \ x_{op} = i\hbar\frac{\partial}{\partial p} \tag{예 2.10.1}$$

---

(12) 더 일반적으로 프란셰렐(Plancherel) 정리라고 한다.

함수가 $\Psi(x) = \begin{cases} 2\alpha\sqrt{\alpha}\,xe^{-\alpha x} & x > 0 \\ 0 & x < 0 \end{cases}$ 로 주어질 때

(i) $|\Psi(x)|^2$ 값이 최대가 되는 x_0을 구하세요.

(ii) 기댓값 $<x>$와 $<x^2>$을 구하세요.

　　(힌트: 감마 함수 $\Gamma(n) = \int_0^\infty e^{-x} x^{n-1} dx$)

(iii) 입자를 $x = 0$과 $x = \dfrac{1}{\alpha}$ 사이에서 발견할 확률을 구하세요.

(iv) $\phi(p)$을 구한 뒤 이를 이용해서 기댓값 $<p>$와 $<p^2>$을 구하세요.

(v) 문제에서 주어진 함수를 가지고 기댓값 $<p>$와 $<p^2>$을 구한 뒤, 운동량-공간에서 구한 결과와 비교해보세요.

풀이

(i)
$$|\Psi(x)|^2 = \Psi^*(x)\Psi(x) = 4\alpha^3 x^2 e^{-2\alpha x}$$

이고 최대가 되는 x_0은 다음과 같이 구할 수 있다.

$$\frac{d|\Psi(x)|^2}{dx}\Big|_{x=x_0} = 0 \implies 4\alpha^3(2x_0 - x_0^2 2\alpha)e^{-2\alpha x_0} = 0$$

$$\therefore\ x_0 = \frac{1}{\alpha}$$

(ii) 　$<x> = 4\alpha^3 \displaystyle\int_0^\infty x^3 e^{-2\alpha x} dx$ 　　　　여기서 $2\alpha x = y$로 놓으면

$$= 4\alpha^3 \frac{1}{8\alpha^3}\frac{1}{2\alpha}\int_0^\infty y^3 e^{-y} dy = \frac{1}{4\alpha}\Gamma(4) = \frac{1}{4\alpha}3!$$

$$\therefore\ <x> = \frac{3}{2\alpha}$$

그리고 비슷한 방법으로 다음의 기댓값을 구할 수 있다.

$$<x^2> = 4\alpha^3 \int_0^\infty x^4 e^{-2\alpha x} dx = 4\alpha^3 \frac{1}{16\alpha^4}\frac{1}{2\alpha}\int_0^\infty y^4 e^{-y} dy = \frac{1}{8\alpha^2}\Gamma(5) = \frac{1}{8\alpha^2}4!$$

$$\therefore\ <x^2> = \frac{3}{\alpha^2}$$

(iii) 　$\displaystyle\int_0^{\frac{1}{\alpha}} \Psi^*\Psi dx = 4\alpha^3 \int_0^{\frac{1}{\alpha}} x^2 e^{-2\alpha x} dx$ 　　　　여기서 $2\alpha x = y$로 치환하면

$$= 4\alpha^3 \frac{1}{4\alpha^2} \frac{1}{2\alpha} \int_0^2 y^2 e^{-y} dy = \frac{1}{2} \int_0^2 y^2 e^{-y} dy$$

오른편의 적분을 계산해보면

$$\int_0^2 y^2 (-e^{-y})' dy = [-y^2 e^{-y}]_0^2 + 2 \int_0^2 y e^{-y} dy$$

$$= -4e^{-2} + 2 \int_0^2 y (-e^{-y})' dy$$

$$= -4e^{-2} - 2 [y e^{-y}]_0^2 + 2 \int_0^2 e^{-y} dy$$

$$= -4e^{-2} - 4e^{-2} + 2 [-e^{-y}]_0^2$$

$$= -4e^{-2} - 4e^{-2} - 2e^{-2} + 2 = -10e^{-2} + 2$$

$$\therefore \int_0^{\frac{1}{\alpha}} \Psi^* \Psi dx = \frac{1}{2} (-10e^{-2} + 2) = -5e^{-2} + 1 \approx 0.323$$

(iv) $\phi(p)$에 대한 식 (2.2.11)에 문제에서 주어진 파동함수 $\Psi(x)$을 대입하면

$$\phi(p) = \frac{1}{\sqrt{2\pi\hbar}} \int_0^\infty dx\, 2\alpha \sqrt{\alpha}\, x e^{-\alpha x} e^{-\frac{i}{\hbar} p x} = \frac{2\alpha \sqrt{\alpha}}{\sqrt{2\pi\hbar}} \int_0^\infty dx\, x e^{-\left(\alpha + \frac{i}{\hbar} p\right) x}$$

여기서 $\left(\alpha + \dfrac{i}{\hbar} p\right) x = y$로 놓으면, 오른편의 적분은

$$\frac{1}{\left(\alpha + \frac{i}{\hbar} p\right)^2} \int_0^\infty dy\, y e^{-y} = \frac{1}{\left(\alpha + \frac{i}{\hbar} p\right)^2} \Gamma(2) = \frac{1}{\left(\alpha + \frac{i}{\hbar} p\right)^2}$$

그러므로 원 식은

$$\phi(p) = \frac{2\alpha \sqrt{\alpha}}{\sqrt{2\pi\hbar}} \frac{1}{\left(\alpha + \frac{i}{\hbar} p\right)^2} = \frac{2\alpha \sqrt{\alpha}}{\sqrt{2\pi\hbar}} \frac{1}{\alpha^2 - \frac{p^2}{\hbar^2} + 2i \frac{\alpha}{\hbar} p}$$

그때

$$< p > = \int dp\, \phi^*(p) p \phi(p)$$

$$= \frac{4\alpha^3}{2\pi\hbar} \int \frac{p}{\left(\alpha^2 - \frac{p^2}{\hbar^2} - 2i \frac{\alpha}{\hbar} p\right)\left(\alpha^2 - \frac{p^2}{\hbar^2} + 2i \frac{\alpha}{\hbar} p\right)} dp$$

여기서 오른편의 피적분함수의 분모를 먼저 계산해보면

$$\left(\alpha^2 - \frac{p^2}{\hbar^2}\right)^2 + 4\left(\frac{\alpha}{\hbar}p\right)^2 = \alpha^4 + \frac{p^4}{\hbar^4} + 2\frac{p^2}{\hbar^2}\alpha^2 = \left(\alpha^2 + \frac{p^2}{\hbar^2}\right)^2$$

그러므로

$$<p> = \frac{4\alpha^3}{2\pi\hbar}\int \frac{p}{\left(\alpha^2 + \frac{p^2}{\hbar^2}\right)^2}dp = \frac{4}{2\pi\hbar\alpha}\int \frac{p}{\left[1 + \left(\frac{p}{\hbar\alpha}\right)^2\right]^2}dp$$

여기서 $\dfrac{p}{\hbar\alpha} = \tan\theta$로 치환하면 $dp = \hbar\alpha\dfrac{d\theta}{\cos^2\theta}$가 되어 이때 오른편의 적분은 다음과 같다.

$$\hbar^2\alpha^2\int_{-\frac{\pi}{2}}^{\frac{\pi}{2}}\frac{d\theta}{\cos^2\theta}\frac{\sin\theta}{\cos\theta}\cos^4\theta = \hbar^2\alpha^2\int_{-\frac{\pi}{2}}^{\frac{\pi}{2}}d\theta\sin\theta\cos\theta = \frac{\hbar^2\alpha^2}{2}\int_{-\frac{\pi}{2}}^{\frac{\pi}{2}}d\theta\sin2\theta$$

$$= \frac{\hbar^2\alpha^2}{2}\left[-\frac{1}{2}\cos2\theta\right]_{-\frac{\pi}{2}}^{\frac{\pi}{2}} = 0$$

$$\therefore \ <p> = 0$$

그리고

$$<p^2> = \frac{4\alpha^3}{2\pi\hbar}\int \frac{p^2}{\left(\alpha^2 + \frac{p^2}{\hbar^2}\right)^2}dp = \frac{4\alpha^3}{2\pi\hbar}\hbar^3\alpha^3\frac{1}{\alpha^4}\int_{-\frac{\pi}{2}}^{\frac{\pi}{2}}\frac{d\theta}{\cos^2\theta}\frac{\sin^2\theta}{\cos^2\theta}\cos^4\theta$$

$$= \frac{4\alpha^3}{2\pi\hbar}\hbar^3\alpha^3\frac{1}{\alpha^4}\int_{-\frac{\pi}{2}}^{\frac{\pi}{2}}d\theta\sin^2\theta \qquad 여기서 \ \sin^2\theta = \frac{1}{2}(1-\cos2\theta)\,이므로$$

$$= \frac{2\alpha^2\hbar^2}{\pi}\frac{1}{2}\left[\theta - \frac{1}{2}\sin2\theta\right]_{-\frac{\pi}{2}}^{\frac{\pi}{2}} = \alpha^2\hbar^2$$

$$\therefore \ <p^2> = \alpha^2\hbar^2$$

(v) $<p> = \displaystyle\int_0^\infty dx \ \Psi^*\frac{\hbar}{i}\frac{\partial}{\partial x}\Psi = \frac{\hbar}{i}\int_0^\infty dx \ \Psi^*\frac{\partial\Psi}{\partial x}$ 이다.

여기서 $\dfrac{\partial\Psi}{\partial x} = 2\alpha\sqrt{\alpha}\left(e^{-\alpha x} - \alpha x e^{-\alpha x}\right) = 2\alpha\sqrt{\alpha}\,e^{-\alpha x}(1-\alpha x)$ 이므로

$$\int_0^\infty dx \ \Psi^*\frac{\partial\Psi}{\partial x} = 4\alpha^3\int_0^\infty dx \ xe^{-2\alpha x}(1-\alpha x)$$

$$= 4\alpha^3\left[\int_0^\infty dx \ xe^{-2\alpha x} - \alpha\int_0^\infty dx \ x^2e^{-2\alpha x}\right]$$

$$= 4\alpha^3 \left[\frac{1}{4\alpha^2} - \alpha \frac{2!}{8\alpha^3} \right] = 0$$

$$\therefore \ <p> = 0$$

그리고

$$<p^2> = \int_0^\infty dx \ \Psi^* \left(-\hbar^2 \frac{\partial^2}{\partial x^2} \right) \Psi = -\hbar^2 \int_0^\infty dx \ \Psi^* \frac{\partial^2 \Psi}{\partial x^2}$$

여기서 $\dfrac{\partial^2 \Psi}{\partial x^2} = 2\alpha^2 \sqrt{\alpha}\, e^{-\alpha x}(-2 + \alpha x)$ 이므로

$$-\hbar^2 \int_0^\infty dx \ \Psi^* \frac{\partial^2 \Psi}{\partial x^2} = -\hbar^2 \int_0^\infty dx \ 4\alpha^4 x e^{-2\alpha x}(-2 + \alpha x)$$

$$= -4\hbar^2 \alpha^4 \left[-2 \int_0^\infty dx \ x e^{-2\alpha x} + \alpha \int_0^\infty dx \ x^2 e^{-2\alpha x} \right]$$

$$= -4\hbar^2 \alpha^4 \left[-\frac{1}{2\alpha^2} + \frac{1}{4\alpha^2} \right] = \hbar^2 \alpha^2$$

$$\therefore \ <p^2> = \alpha^2 \hbar^2$$

즉, 위치-공간 표현에서 구한 기댓값과 운동량-공간 표현에서 구한 기댓값은 예상과 같은 결과를 준다.

(7) 에너지 값을 주는 연산자인 해밀토니안 연산자

슈뢰딩거 방정식으로부터 해밀토니안 연산자에 대한 표현을 구할 수 있다.

$$i\hbar \frac{\partial \Psi(x,t)}{\partial t} = -\frac{\hbar^2}{2m} \frac{\partial^2 \Psi(x,t)}{\partial x^2} + U(x)\Psi(x,t) = \left[\frac{p_{op}^2}{2m} + U(x) \right] \Psi(x,t) = H\Psi(x,t)$$

$$\therefore \ H_{op} = \frac{p_{op}^2}{2m} + U \tag{2.2.16}$$

(8) 에렌페스트 이론(Ehrenfest's theorem)

에렌페스트 이론은 고전입자의 운동과 파속운동 사이의 대응관계에 대한 이론이다.

예로서
$$m\frac{dx}{dt} = p \ \leftrightarrow \ m\frac{d<x>}{dt} = <p_{op}>$$

파속이 질점으로 고려되는 것은 불확정성 원리에 위배가 된다. 즉, 불확정성은 양자역

학과 고전역학을 다르게 하는 원리이다.

파속의 운동에 대해 살펴보자.

$$m\frac{d<x>}{dt} = m\frac{d}{dt}\int \Psi^* x \Psi\,dx = m\int \left[\frac{\partial \Psi^*}{\partial t}x\Psi + \Psi^* x \frac{\partial \Psi}{\partial t}\right]dx$$

$$= m\int \left[\left(\frac{\hbar}{2im}\frac{\partial^2 \Psi^*}{\partial x^2} - \frac{U\Psi^*}{i\hbar}\right)x\Psi + \Psi^* x\left(-\frac{\hbar}{2im}\frac{\partial^2 \Psi}{\partial x^2} + \frac{U\Psi}{i\hbar}\right)\right]dx$$

$$= \frac{\hbar}{2i}\int \left(\frac{\partial^2 \Psi^*}{\partial x^2}x\Psi - \Psi^* x\frac{\partial^2 \Psi}{\partial x^2}\right)dx \qquad (2.2.17)$$

여기서 오른편의 첫 번째 적분 식에 부분적분을 적용하면

$$\int \frac{\partial}{\partial x}\left(\frac{\partial \Psi^*}{\partial x}\right)x\Psi\,dx = -\int \frac{\partial \Psi^*}{\partial x}\frac{\partial}{\partial x}(x\Psi)\,dx = \int \Psi^* \frac{\partial^2}{\partial x^2}(x\Psi)\,dx$$

$$= \int \Psi^* \left(2\frac{\partial \Psi}{\partial x} + x\frac{\partial^2 \Psi}{\partial x^2}\right)dx$$

이 결과를 식 (2.2.17)에 대입하면

$$m\frac{d<x>}{dt} = \frac{\hbar}{2i}2\int \Psi^* \frac{\partial \Psi}{\partial x}\,dx = \int \Psi^* \left(\frac{\hbar}{i}\frac{\partial}{\partial x}\right)\Psi\,dx = \int \Psi^* p_{op}\Psi\,dx$$

$$\therefore\ m\frac{d<x>}{dt} = <p_{op}> \qquad (2.2.18)$$

또한

$$\frac{d<p_{op}>}{dt} = \frac{d}{dt}\int \Psi^* \left(\frac{\hbar}{i}\frac{\partial}{\partial x}\right)\Psi\,dx = \frac{\hbar}{i}\int \left(\frac{\partial \Psi^*}{\partial t}\frac{\partial \Psi}{\partial x} + \Psi^* \frac{\partial}{\partial t}\frac{\partial \Psi}{\partial x}\right)dx$$

$$= \frac{\hbar}{i}\int \left(\frac{\partial \Psi^*}{\partial t}\frac{\partial \Psi}{\partial x} + \Psi^* \frac{\partial}{\partial x}\frac{\partial \Psi}{\partial t}\right)dx$$

$$= \frac{\hbar}{i}\int \left[\left(\frac{\hbar}{2im}\frac{\partial^2 \Psi^*}{\partial x^2} - \frac{U\Psi^*}{i\hbar}\right)\frac{\partial \Psi}{\partial x} + \Psi^* \frac{\partial}{\partial x}\left(-\frac{\hbar}{2im}\frac{\partial^2 \Psi}{\partial x^2} + \frac{U\Psi}{i\hbar}\right)\right]dx$$

$$= -\frac{\hbar^2}{2m}\int \left[\frac{\partial^2 \Psi^*}{\partial x^2}\frac{\partial \Psi}{\partial x} - \Psi^* \frac{\partial}{\partial x}\left(\frac{\partial^2 \Psi}{\partial x^2}\right)\right]dx + \int \left[U\Psi^* \frac{\partial \Psi}{\partial x} - \Psi^* \frac{\partial}{\partial x}(U\Psi)\right]dx$$

$$\qquad (2.2.19)$$

등식의 오른편의 첫 번째 적분에서 두 번째 피적분 항은

$$\int \Psi^* \frac{\partial}{\partial x}\left(\frac{\partial^2 \Psi}{\partial x^2}\right)dx = \Psi^* \frac{\partial^2 \Psi}{\partial x^2}\bigg|_{-\infty}^{\infty} - \int \frac{\partial \Psi^*}{\partial x}\frac{\partial^2 \Psi}{\partial x^2}\,dx = -\int \frac{\partial \Psi^*}{\partial x}\frac{\partial^2 \Psi}{\partial x^2}\,dx$$

이 결과를 등식의 오른편의 첫 번째 적분에 대입하면

$$-\frac{\hbar^2}{2m}\int\left(\frac{\partial^2\Psi^*}{\partial x^2}\frac{\partial\Psi}{\partial x}+\frac{\partial\Psi^*}{\partial x}\frac{\partial^2\Psi}{\partial x^2}\right)dx=-\frac{\hbar^2}{2m}\int\frac{\partial}{\partial x}\left(\frac{\partial\Psi^*}{\partial x}\frac{\partial\Psi}{\partial x}\right)dx$$

$$=-\frac{\hbar^2}{2m}\left[\frac{\partial\Psi^*}{\partial x}\frac{\partial\Psi}{\partial x}\right]_{-\infty}^{\infty}=0 \text{ [13]}$$

이 된다.

그리고 등식의 오른편의 두 번째 적분은

$$\int\left(U\Psi^*\frac{\partial\Psi}{\partial x}-\Psi^*\frac{\partial U}{\partial x}\Psi-\Psi^*U\frac{\partial\Psi}{\partial x}\right)dx=\int\Psi^*\left(-\frac{\partial U}{\partial x}\right)\Psi dx=\left\langle-\frac{\partial U}{\partial x}\right\rangle$$

이 되어 이들을 식 (2.2.19)에 대입하면 다음의 관계식을 얻는다.

$$\frac{d<p_{op}>}{dt}=\left\langle-\frac{\partial U}{\partial x}\right\rangle=<F> \tag{2.2.20}$$

질점으로 고려될 때 위 식은 우리가 알고 있는 고전역학적 관계식

$$\frac{dp}{dt}=F$$

이 된다.

③ 교환자

두 연산자 A와 B의 **교환자**(commutator)는 다음과 같이 정의된다.

$$[A,\ B]\ =\ AB-BA \tag{2.3.1}$$

일반적으로 연산자의 교환법칙이 성립하지 않기 때문에 두 연산자의 교환자 결과는 0이 아니다. 교환자 결과가 0이 될 때 두 연산자가 교환(commute)한다고 한다. 반면에 두 연산자의 다음 관계

$$\{A,\ B\}=AB+BA \tag{2.3.2}$$

을 **반교환자**(anticommutator)로 정의한다.

---

[13] $\Psi(\infty)=0$을 만족하는 $\frac{1}{x}$와 e^{-x} 함수 그리고 $\Psi(-\infty)=0$을 만족하는 $\frac{1}{x}$와 e^{x} 함수를 고려해보면 된다.

예제 2.12

운동량 연산자와 위치 연산자의 교환자가 다음의 관계식을 만족함을 보이세요.

$$[p,\ x] = \frac{\hbar}{i} = -i\hbar \Rightarrow [x,\ p] = i\hbar$$

[증명] $[p,\ x]\Psi = \frac{\hbar}{i}\left[\frac{\partial}{\partial x},\ x\right]\Psi = \frac{\hbar}{i}\left\{\frac{\partial}{\partial x}(x\Psi) - x\frac{\partial\Psi}{\partial x}\right\} = \frac{\hbar}{i}\left(\Psi + x\frac{\partial\Psi}{\partial x} - x\frac{\partial\Psi}{\partial x}\right) = -i\hbar\Psi$

$\therefore\ [p,\ x] = -i\hbar$ (예 2.12.1)

그리고

$$[x,\ p] = -[p,\ x] = i\hbar \qquad\qquad (예\ 2.12.2)$$

일반적으로 연산자는 교환법칙이 성립하지 않기 때문에 연산자의 경우 연산하는 순서가 중요하며 이는 고전물리와 양자물리의 차이점이기도 하다.

고전적 개념		연산자 개념
xp	$\rightarrow$	$\frac{1}{2}(xp + px)$
$x^2 p$	$\rightarrow$	$\frac{1}{4}(x^2 p + 2xpx + px^2)$

예제 2.13

반대칭(antisymmetry) 성질인 $[A,\ B] = -[B,\ A]$임을 보이세요.

예제 2.14

라이프니츠 규칙(Leibniz rule)인

$[A,\ BC] = B[A,\ C] + [A,\ B]C$ (또는 $[AB,\ C] = A[B,\ C] + [A,\ C]B$)

임을 보이세요.

예제 2.15

선형성(linearity)인 관계인 $[A,\ bB+cC]=b[A,\ B]+c[A,\ C]$ 또는 $[aA+bB,\ C]=a[A,\ C]+b[B,\ C]$임을 보이세요. ∎

예제 2.16

야코비 항등식(Jacobi Identity)인 $[A,\ [B,\ C]]+[B,\ [C,\ A]]+[C,[A,\ B]]=0$임을 보이세요.

※ 쉬운 예로 $[x,\ [y,\ z]]+[y,\ [z,\ x]]+[z,[x,\ y]]=0$을 쉽게 보일 수 있다. ∎

예제 2.17

반교환자의 예로서 아래의 성질을 증명하세요.

(i) $\{A,\ BC\}=\{A,\ B\}C-B[A,\ C]$

(ii) $\{AB,\ C\}=A\{B,\ C\}-[A,\ C]B$

(iii) $[AB,\ C]=A\{B,\ C\}-\{A,\ C\}B$ ∎

④ 슈뢰딩거 묘사 대 하이젠베르크 묘사

슈뢰딩거 방정식은 연산자는 시간에 독립이면서 파동함수가 시간에 따라 어떻게 변하는가를, 즉 $\Psi(x,t)$을 묘사한다. 이를 **슈뢰딩거 묘사**(picture)라 한다.

반면에 **하이젠베르크 묘사**는 파동함수는 시간에 독립이면서 연산자가 시간 종속되는 기술 방법이다.

(**하이젠베르크 묘사 일반식**) $\qquad \dfrac{d<A>}{dt}=\dfrac{1}{i\hbar}<[A,\ H]>+\left\langle \dfrac{\partial A}{\partial t} \right\rangle$

비록 두 묘사의 접근 방법은 다르지만 두 묘사는 같은 기댓값 결과를 준다.

이제 연산자가 시간에 따라 어떻게 변하는가를 기술한 하이젠베르크 묘사의 일반식을 증명해 보자.

포텐셜 에너지가 실수(즉 $U^{+}=U$인 에르미트 연산자)이면서 x만의 함수(즉 $U=U(x)$)로 가정한다. 그때 아래의 관계식을 얻는다.

$$\begin{cases} i\hbar \dfrac{\partial \Psi}{\partial t} = H\Psi \\[2mm] -i\hbar \dfrac{\partial \Psi^*}{\partial t} = H^* \Psi^* = H\Psi^* \end{cases} \qquad (2.4.1)$$

(p 연산자는 에르미트 연산자임을 이미 배웠다.)

그때 A 연산자의 시간변화를 구해보면

$$\frac{d<A>}{dt} = \frac{d}{dt}\int \Psi^* A\Psi dx = \int \left(\frac{\partial \Psi^*}{\partial t} A\Psi + \Psi^* A \frac{\partial \Psi}{\partial t} \right) dx + \int \Psi^* \frac{\partial A}{\partial t}\Psi dx$$

식 (2.4.1)을 대입하면

$$= \frac{1}{i\hbar}\int dx \left(-H\Psi^* A\Psi + \Psi^* A H\Psi \right) + \left\langle \frac{\partial A}{\partial t} \right\rangle$$

$$= \frac{1}{i\hbar}\int dx \left(\Psi^* A H\Psi - \Psi^* H A\Psi \right) + \left\langle \frac{\partial A}{\partial t} \right\rangle \qquad \because \ H\text{은 에르미트 연산자}^{(14)}$$

$$= \frac{1}{i\hbar}\int dx \left\{ (\Psi^* (AH - HA)\Psi \right\} + \left\langle \frac{\partial A}{\partial t} \right\rangle$$

$$= \frac{1}{i\hbar}\int dx \ \Psi^* [A, \ H]\Psi + \left\langle \frac{\partial A}{\partial t} \right\rangle$$

$$= \frac{1}{i\hbar}<[A, \ H]> + \left\langle \frac{\partial A}{\partial t} \right\rangle$$

가 되어 다음의 결과를 얻는다.

$$\frac{d<A>}{dt} = \frac{1}{i\hbar}<[A, \ H]> + \left\langle \frac{\partial A}{\partial t} \right\rangle$$

예제 2.18 ─────────────────────────

하이젠베르크 묘사의 일반식을 이용하여 식 (2.2.20)에서 구한 $\dfrac{d<p_{op}>}{dt} = <F>$ 관계를 구하세요.

풀이

하이젠베르크 묘사의 일반식에 연산자 A 대신에 운동량 연산자 p_{op}을 넣으면

$$\frac{d<p_{op}>}{dt} = \frac{1}{i\hbar}<[p, \ H]> + \left\langle \frac{\partial p}{\partial t} \right\rangle = \frac{1}{i\hbar}<[p, \ H]> \quad \because \ \text{운동량은 시간과 무관}$$

가 되며 여기서

─────────────────────
(14) [보충자료 3]에서 증명하였음

$$[p,\ H]\Psi = \frac{\hbar}{i}\left[\frac{\partial}{\partial x},\ H\right]\Psi = \frac{\hbar}{i}\left\{\frac{\partial}{\partial x}(H\Psi) - H\frac{\partial\Psi}{\partial x}\right\} = \frac{\hbar}{i}\frac{\partial H}{\partial x}\Psi = \frac{\hbar}{i}\frac{\partial U}{\partial x}\Psi$$

$$\because \text{운동에너지는 } x \text{의 함수 아니기 때문에}$$

$$\Rightarrow\ <[p,\ H]> = \frac{\hbar}{i}\left\langle\frac{\partial U}{\partial x}\right\rangle$$

이므로

$$\therefore\ \frac{d<p_{op}>}{dt} = \frac{1}{i\hbar}\frac{\hbar}{i}\left\langle\frac{\partial U}{\partial x}\right\rangle = \left\langle -\frac{\partial U}{\partial x}\right\rangle = <F>$$

$$\int_{-\infty}^{\infty} e^{-x^2}dx = \sqrt{\pi}$$

[증명] $\int_{-\infty}^{\infty} e^{-x^2}dx = I$로 놓으면

$$I^2 = \int_{-\infty}^{\infty} e^{-x^2}dx \int_{-\infty}^{\infty} e^{-y^2}dy = \int_{-\infty}^{\infty}\int_{-\infty}^{\infty} e^{-(x^2+y^2)}dxdy$$

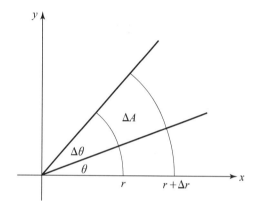

여기서 평면 극좌표계(즉, $x = r\cos\theta,\ y = r\sin\theta$)에서 위의 변수를 나타내면
$x^2 + y^2 = r^2$ 그리고 $dxdy = rdrd\theta$가 되므로, 위 적분은

$$I^2 = \int_{0}^{\infty}\int_{0}^{2\pi} e^{-r^2}rdrd\theta = 2\pi\int_{0}^{\infty} e^{-r^2}rdr = 2\pi\int_{0}^{\infty} d\left(-\frac{1}{2}e^{-r^2}\right)$$

$$= -\pi e^{-r^2}\Big|_{0}^{\infty} = \pi$$

$$\Rightarrow I^2 = \pi \Rightarrow I = \sqrt{\pi}$$

이 된다.

$$\therefore \int_{-\infty}^{\infty} e^{-x^2}dx = \sqrt{\pi} \quad (\text{또는 } \int_{0}^{\infty} e^{-x^2}dx = \frac{\sqrt{\pi}}{2})$$

보충자료 2

• 델타 함수의 정의

크로네커 델타(Kronecker delta): $\delta_{ij} = \begin{cases} 1 & i = j \\ 0 & i \neq j \end{cases}$

디락 델타(Dirac delta): $\delta(x) = \begin{cases} +\infty & x = 0 \\ 0 & x \neq 0 \end{cases}$

예제

정규분포 또는 가우시안 분포의 극한과 델타 함수의 관계는 $\delta(x) = \lim\limits_{\sigma \to 0} \dfrac{1}{\sigma\sqrt{2\pi}} e^{-\frac{x^2}{2\sigma^2}}$
로 주어진다. 이때 $\displaystyle\int_{-\infty}^{\infty} \delta(x) dx = 1$ 임을 보이세요.

풀이

$$\int_{-\infty}^{\infty} \delta(x) dx = \int_{-\infty}^{\infty} \frac{1}{\sigma\sqrt{2\pi}} e^{-\frac{x^2}{2\sigma^2}} dx \qquad \text{여기서} \ \frac{x}{\sqrt{2}\,\sigma} = y \text{로 놓으면}$$

$$= \frac{\sqrt{2}\,\sigma}{\sigma\sqrt{2\pi}} \int_{-\infty}^{\infty} e^{-y^2} dy = \frac{1}{\sqrt{\pi}} \sqrt{\pi} = 1$$

다음은 델타함수의 중요한 몇 가지 성질이다.

(i) $\displaystyle\int_{-\infty}^{\infty} \delta(x - x_0) f(x) dx = f(x_0)$

(ii) $\delta(-x) = \delta(x)$

[증명] $\displaystyle\int_{-\infty}^{\infty} \delta(-x) f(x) dx \xrightarrow{-x = y} \int_{\infty}^{-\infty} \delta(y) f(-y)(-dy)$

$$= \int_{-\infty}^{\infty} \delta(y) f(-y) dy = f(0) = \int_{-\infty}^{\infty} \delta(x) f(x) dx$$

그러므로 등식이 성립하기 위해서는

$\therefore \ \delta(-x) = \delta(x)$

(iii) $\delta(ax) = \dfrac{1}{|a|} \delta(x)$

[증명] $\displaystyle\int_{-\infty}^{\infty}\delta(ax)f(x)dx \xrightarrow{ax\,=\,y} \frac{1}{a}\int_{-\infty}^{\infty}\delta(y)f\!\left(\frac{y}{a}\right)dy = \frac{1}{a}f(0)$

$$= \frac{1}{a}\int_{-\infty}^{\infty}\delta(x)f(x)dx$$

$$= \int_{-\infty}^{\infty}f(x)\left[\frac{1}{a}\delta(x)\right]dx$$

또는

$$= \frac{1}{a}\int_{-\infty}^{\infty}f(x)\delta(-x)dx \quad (\because \ \delta(-x)=\delta(x))$$

$$= \int_{-\infty}^{\infty}f(x)\left[\frac{1}{a}\delta(-x)\right]dx$$

그러므로 등식이 성립하기 위해서는

$$\therefore \ \delta(ax)=\frac{1}{|a|}\delta(x)$$

(1) $f(x) = e^{i(kx - \omega t)}$일 때 $p_{op}f(x)$을 계산하세요.

풀이 $p_{op}f(x) = \dfrac{\hbar}{i}\dfrac{\partial}{\partial x}e^{i(kx-\omega t)} = \dfrac{\hbar}{i}(ik)e^{i(kx-\omega t)} = \hbar k e^{i(kx-\omega t)} = pf(x)$

$\Rightarrow p_{op}f(x) = pf(x)$

이 결과는 고유함수(이 함수는 평면파) $f(x) = e^{i(kx-\omega t)}$와 그에 대응하는 고유치 $p = \hbar k$을 갖는 운동량 연산자에 대한 고유치 방정식이다.

(2) 연산자 x가 에르미트 연산자임을 보이세요.

풀이 $<x> = \displaystyle\int \phi^*(p)x\phi(p)dp = \int dp\ \phi^*(p)\left(i\hbar\dfrac{\partial}{\partial p}\right)\phi(p)$

그때

$$<x>^* = \int dp\ \phi(p)\left(-i\hbar\dfrac{\partial}{\partial p}\right)\phi^*(p)$$

두 관계식을 빼면

$$<x> - <x>^* = i\hbar\int dp\ \left(\phi^*\dfrac{\partial\phi}{\partial p} + \phi\dfrac{d\phi^*}{dp}\right)$$

$$= i\hbar\int dp\ \dfrac{\partial}{\partial p}(\phi^*\phi) = i\hbar\left[\phi^*(p)\phi(p)\right]_{p=-\infty}^{p=\infty} = 0$$

즉, $<x>$은 실수 값이므로 연산자 x은 에르미트 연산자이다.

(3) 연산자 H가 에르미트 연산자임을 보이세요.

풀이

$<H> - <H>^* = \displaystyle\int dx\Psi^*H\Psi - \int dx\Psi H^*\Psi^*$

$$= \int dx\Psi^*\left(-\dfrac{\hbar^2}{2m}\dfrac{\partial^2}{\partial x^2} + U\right)\Psi - \int dx\Psi\left(-\dfrac{\hbar^2}{2m}\dfrac{\partial^2}{\partial x^2} + U\right)\Psi^*$$

$$= \int dx\left[\Psi^*\left(-\dfrac{\hbar^2}{2m}\dfrac{\partial^2}{\partial x^2}\right)\Psi - \Psi\left(-\dfrac{\hbar^2}{2m}\dfrac{\partial^2}{\partial x^2}\right)\Psi^*\right] - \int dx\left(\Psi^*U\Psi - \Psi U\Psi^*\right)$$

여기서 오른편의 첫 번째 적분은

$$- \frac{\hbar^2}{2m} \int dx \left(\Psi^* \frac{\partial^2 \Psi}{\partial x^2} - \Psi \frac{\partial^2 \Psi^*}{\partial x^2} \right)$$

인데 이 적분의 첫 번째 항에 부분적분을 적용하면

$$\int dx \Psi^* \left(\frac{\partial \Psi}{\partial x} \right)' = \Psi^* \frac{\partial \Psi}{\partial x} \Big|_{-\infty}^{\infty} - \int dx \frac{\partial \Psi^*}{\partial x} \frac{\partial \Psi}{\partial x} = - \int dx \frac{\partial \Psi^*}{\partial x} \frac{\partial \Psi}{\partial x}$$

이고 적분의 두 번째 항에 부분적분을 적용하면

$$\int dx \ \Psi \left(\frac{\partial \Psi^*}{\partial x} \right)' = \Psi \frac{\partial \Psi^*}{\partial x} \Big|_{-\infty}^{\infty} - \int dx \frac{\partial \Psi}{\partial x} \frac{\partial \Psi^*}{\partial x} = - \int dx \frac{\partial \Psi}{\partial x} \frac{\partial \Psi^*}{\partial x}$$

이 되어서 오른편의 첫 번째 적분 결과는 0이다.

그리고 오른편의 두 번째 적분은

$$\int dx \, (\Psi^* U \Psi - \Psi U \Psi^*) = \int dx \ (U \Psi^* \Psi - U \Psi \Psi^*) = 0$$

이므로

$$\therefore \ < H > - < H >^* = 0$$

즉, $< H >$ 은 실수 값이므로 연산자는 에르미트 연산자이다.

(4) 하이젠베르크 묘사의 일반식 $\frac{d < A >}{dt} = \frac{1}{i\hbar} < [A, \ H] > + \left\langle \frac{\partial A}{\partial t} \right\rangle$ 을 사용하여 (8)
절에서 살펴본 고전입자의 운동과 파속운동 사이의 대응관계인 에렌페스트 이론을
증명하세요.

풀이

$$\frac{d < x >}{dt} = \frac{1}{i\hbar} < [x, \ H] > + \left\langle \frac{\partial x}{\partial t} \right\rangle = \frac{1}{i\hbar} < [x, \ H] >$$

$$= \frac{1}{i\hbar} \left\langle \left[x, \ \frac{p^2}{2m} + U \right] \right\rangle = \frac{1}{i\hbar} \left\langle \left[x, \ \frac{p^2}{2m} \right] + [x, \ U] \right\rangle$$

$$= \frac{1}{i\hbar} \frac{1}{2m} < [x, \ p^2] > = \frac{1}{2im\hbar} < [x, \ pp] >$$

$$= \frac{1}{2im\hbar} < p[x, \ p] + [x, \ p]p >$$

$$= \frac{1}{2im\hbar} \left(- \frac{2\hbar}{i} \right) < p > = \frac{1}{m} < p >$$

$$\therefore \ m \frac{d < x >}{dt} = < p >$$

CHAPTER 3

고유치 방정식

고유치 문제(eigenvalue problem): $A_{op}\Psi = a\Psi$

고유치 문제는 주어진 연산자 A_{op}에 대해 고유치 a와 그에 대응하는 고유함수(또는 고유상태) Ψ을 구하는 문제이다. 이는 연산자를 행렬로 표현했을 때, 이 행렬을 **대각화**(diagonalize)한다는 의미와 같다.

① 시간 의존(time-dependent) 슈뢰딩거 방정식

위치에너지가 시간의 함수가 아닐 경우 파동함수 $\Psi(x,t)$는 다음의 관계를 만족한다.

$$H\Psi(x,t) = E\Psi(x,t) \Rightarrow \left(\frac{p^2}{2m} + U\right)\Psi = E\Psi$$

이 식을 양자화하면

$$\xrightarrow{\quad E \to i\hbar \frac{\partial}{\partial t},\; p \to \frac{\hbar}{i}\frac{\partial}{\partial x} \quad} \quad i\hbar \frac{\partial \Psi(x,t)}{\partial t} = -\frac{\hbar^2}{2m}\frac{\partial^2 \Psi(x,t)}{\partial x^2} + U(x)\Psi(x,t) \qquad (3.1.1)$$

(※ 만약에 위치에너지가 시간의 함수이면, 에너지는 더 이상 상수가 아님)

식 (3.1.1)의 解를 구하기 위해, $\Psi(x,t) \equiv u(x)T(t)$로 놓은 뒤, 원 식에 대입하면

$$i\hbar u(x)\frac{dT(t)}{dt} = -\frac{\hbar^2}{2m}T(t)\frac{d^2 u(x)}{dx^2} + U(x)u(x)T(t) \qquad (3.1.2)$$

이 되고, 식 (3.1.2)의 좌·우편을 $\Psi(x,t) = u(x)T(t)$로 나누면

$$i\hbar \frac{1}{T(t)} \frac{dT(t)}{dt} = -\frac{\hbar^2}{2m} \frac{1}{u(x)} \frac{d^2 u(x)}{dx^2} + U(x) \tag{3.1.3}$$

이 된다.

식 (3.1.3)의 왼편은 시간에 관한 식이며 오른편은 위치에 관한 식이다. 등식이 모든 시간과 위치에 대해 항상 성립하기 위해서는 왼편과 오른편은 상수 값을 가져야 한다. 이 상수 값을 E로 놓으면 다음과 같다.

$$\begin{cases} i\hbar \dfrac{1}{T(t)} \dfrac{dT(t)}{dt} = E \\ -\dfrac{\hbar^2}{2m} \dfrac{1}{u(x)} \dfrac{d^2 u(x)}{dx^2} + U(x) = E \end{cases} \tag{3.1.4}$$

식 (3.1.4)의 첫 번째 관계식으로부터 다음을 얻는다.

$$\frac{dT(t)}{T(t)} = \frac{E}{i\hbar} dt \implies \ln T(t) = -\frac{i}{\hbar} Et + C_1 \qquad \text{여기서 } C_1\text{은 적분상수}$$

$$\therefore T(t) = C e^{-\frac{i}{\hbar} Et} \tag{3.1.5}$$

식 (3.1.4)의 두 번째 관계식은

$$\left[\frac{p_{op}^2}{2m} + U(x) \right] u(x) = E u(x) \tag{3.1.6}$$

이다. 이 식은 $H u_E(x) = E u_E(x)$에 해당하는, 고유치 E와 그에 대응하는 고유함수 $u_E(x)$을 갖는 고유치 문제이다. 위치에 관한 관계식인 식 (3.1.6)은 다음과 같이 나타낼 수 있다.

$$\frac{d^2 u(x)}{dx^2} + \frac{2m}{\hbar^2} (E - U) u(x) = 0 \tag{3.1.7}$$

이 식을 만족하는 고유함수 $u_E(x)$을 구한 뒤 아래 식 (3.1.8)에 대입하면 일반 解인 $\Psi(x,t)$을 구할 수 있다.

고유치 E가 연속적인 값을 가질 때와 불연속적인 값을 가질 때를 모두 고려하면 일반 解는 다음과 같이 표현된다.

$$\Psi(x,t) = u(x) T(t) = \int dE \ C(E) u_E(x) e^{-\frac{i}{\hbar} Et} + \sum_n C_n u_n(x) e^{-\frac{i}{\hbar} E_n t} \tag{3.1.8}$$

식 (3.1.7) $\dfrac{d^2u(x)}{dx^2} + \dfrac{2m}{\hbar^2}(E - U)u(x) = 0$을 푸는 기본적이며 중요한 문제로 아래 그림과 같은 무한 포텐셜 우물(infinite potential well)에 갇혀 있는 입자의 고유치 문제를 풀어보자.

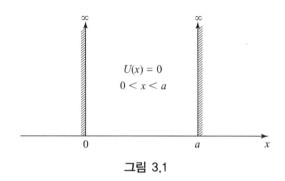

$$U(x) = 0$$
$$0 < x < a$$

그림 3.1

풀이

입자가 우물 벽 안에 갇혀 있기 때문에 $0 < x < a$ 영역을 살펴보면 된다. 이 영역에서 위치에너지 $U(x) = 0$이다.

(i) $E < 0$인 경우, 식 (3.1.7)은

$$\frac{d^2u(x)}{dx^2} - \frac{2m}{\hbar^2}|E|u(x) = 0$$

이 된다.

$$\Rightarrow \frac{d^2u(x)}{dx^2} - \kappa^2 u(x) = 0, \qquad 여기서 \ \kappa^2 = \frac{2m}{\hbar^2}|E|$$

$$\Rightarrow u(x) \sim e^{\pm \kappa x}$$

이 함수는 경계조건 $u(0) = u(a) = 0$을 만족시키지 못하므로 解가 될 수 없다.

(ii) $E > 0$일 경우, 식 (3.1.7)은

$$\frac{d^2u(x)}{dx^2} + \frac{2m}{\hbar^2}Eu(x) = 0$$

이 된다.

$$\Rightarrow \frac{d^2u(x)}{dx^2} + k^2 u(x) = 0 \qquad 여기서 \ k^2 = \frac{2m}{\hbar^2}E \qquad (예 \ 3.1.1)$$

$$\therefore \ u(x) = A\sin kx \ \ 또는 \ A\cos kx$$

이 중에서 경계조건 $u(0) = 0$을 만족시키는 解는 $u(x) = A \sin kx$이다.

또한 解는 경계조건 $u(a) = 0$을 만족시켜야 하므로

$$u(a) = A \sin ka = 0 \implies ka = n\pi \qquad \text{여기서 } n = 1, 2, \cdots^{(15)}$$

$$\therefore \ k = \frac{n\pi}{a} \tag{예 3.1.2}$$

식 (예 3.1.1)과 (예 3.1.2)로부터, 고유치를 구할 수 있다.

$$E_n = \frac{\hbar^2}{2m} k^2 = \frac{\hbar^2}{2m} \frac{n^2 \pi^2}{a^2} \qquad \text{여기서 } n = 1, 2, \cdots \tag{예 3.1.3}$$

그리고 고유치 E_n에 대응하는 고유함수는

$$u_n(x) = A \sin kx = A \sin\left(\frac{n\pi}{a} x\right) \tag{예 3.1.4}$$

이제 식 (예 3.1.4)에 있는 고유함수에 직교규격화 조건[16] $\int |u_n(x)|^2 dx = 1$을 적용해서 규격화 상수 A을 다음과 같이 구할 수 있다.

$$|A|^2 \int_0^a \sin^2 \frac{n\pi x}{a} dx = 1 \implies \frac{1}{2} |A|^2 \int_0^a \left(1 - \cos \frac{2n\pi}{a} x\right) dx = 1$$

$$\implies \frac{1}{2} |A|^2 a = 1$$

$$\therefore \ A = \sqrt{\frac{2}{a}}$$

이 결과를 식 (3.1.4)에 대입하면 무한 포텐셜 우물에 갇혀 있는 에너지가 E인 입자가 가질 수 있는 고유함수를 구할 수 있다.

$$u_n(x) = \sqrt{\frac{2}{a}} \sin \frac{n\pi x}{a} \tag{예 3.1.5}$$

무한 포텐셜 우물 문제의 결과를 종합하면

---

(15) 파수인 k가 양의 값을 갖도록 함.

(16) 증명은 [보충자료 1]을 참조하세요.

무한 포텐셜 우물에 갇혀 있는 질량이 m인 자유입자의 고유함수와 이에 대응하는 양자화된 고유치는 각각 다음과 같다.

$$\begin{cases} u_n(x) = \sqrt{\dfrac{2}{a}}\sin\dfrac{n\pi x}{a} \\ E_n = \dfrac{\hbar^2}{2m}\dfrac{n^2\pi^2}{a^2} \end{cases} \quad \text{여기서 } n = 1, 2, \cdots$$

즉, 슈뢰딩거 방정식의 解는 식 (3.1.8)으로부터 다음과 같다.

$$\therefore \; \Psi(x,t) = \sum_n C_n \left(\sqrt{\frac{2}{a}}\sin\frac{n\pi x}{a} \right) e^{-\frac{i}{\hbar}E_n t} \tag{3.1.9}$$

입자는 특정한 에너지 상태에만 있는 것이 아니고 n 값에 따른 여러 에너지 상태에 있을 수 있다.[17] 슈뢰딩거 방정식의 解('상태함수') $\Psi(x,t)$은 여러 고유함수 u_n들로 이루어져 있다.

$t=0$일 때의 입자 상태가 알려진다면, 위 식의 C_n을 얻을 수 있고 결과적으로 시간 t에서의 입자 상태를 구할 수 있다.

고전적인 개념에서는 가장 낮은 상태인 바닥상태의 자유입자($U=0$) 에너지는 운동량 $p=0$일 때, 즉 $E = \dfrac{1}{2m}p^2 + U = 0$이지만, 양자이론에서는 바닥상태의 에너지는 우리가 구한 것처럼 식 (예 3.1.3)으로부터 0이 아닌 $E_1 = \dfrac{\hbar^2}{2m}\dfrac{\pi^2}{a^2}$임을 알 수 있다.

예제 3.2

(예제 3.1)의 무한 포텐셜 우물에 갇혀 있는 입자 문제에서 운동량과 운동량의 제곱의 기댓값 그리고 운동에너지의 기댓값 $<K>$가 아래와 같음을 보이세요.

$$\begin{cases} <p> = 0 \\ <p^2> = \dfrac{n^2\pi^2\hbar^2}{a^2} \end{cases} \Rightarrow <K> = \dfrac{n^2\pi^2\hbar^2}{2ma^2}$$

풀이

(i) 운동량의 기댓값은 다음과 같이 주어진다.

---

(17) (예제 3.1) 참고하세요.

$$<p> = \int_0^a dx \; u_n^*(x) p u_n(x) = \frac{\hbar}{i} \int_0^a dx \; u_n^*(x) \frac{du_n(x)}{dx}$$

$$= \frac{\hbar}{i} \int_0^a dx \; u_n(x) \frac{du_n(x)}{dx} \quad (\because \; u_n^*(x) = u_n(x))$$

$$= \frac{\hbar}{2i} \int_0^a dx \; \frac{du_n^2(x)}{dx} = \frac{\hbar}{2i} u_n^2(x)|_0^a$$

$$= \frac{\hbar}{2i} \frac{2}{a} \sin^2 \frac{n\pi x}{a} \bigg|_0^a = \frac{\hbar}{ia} \sin^2 n\pi = 0$$

(ii) 고유치 방정식으로부터

$$Hu_n(x) = E_n u_n(x) \;\Rightarrow\; \frac{p^2}{2m} u_n(x) = E_n u_n(x) \;\Rightarrow\; p^2 u_n(x) = 2m E_n u_n(x)$$

이므로 운동량의 제곱의 기댓값은 다음과 같이 주어진다.

$$<p^2> = \int_0^a dx \; u_n^*(x) p^2 u_n(x) = 2m E_n \int_0^a dx \; u_n^2(x)$$

그리고 고유함수 $u_n(x)$의 직교규격화 조건으로부터 $\int_0^a dx \; u_n^2(x) = 1$ 이므로

$$<p^2> = 2m E_n = 2m \frac{\hbar^2 n^2 \pi^2}{2ma^2} = \frac{n^2 \pi^2 \hbar^2}{a^2}$$

(iii) 이제 운동에너지의 기댓값을 구해보자.

$$<K> = \frac{1}{2m} <p^2> = \frac{n^2 \pi^2 \hbar^2}{2ma^2} = E_n$$

여기서 파장은

$$\lambda = \frac{2\pi}{k} = \frac{2\pi}{n\pi/a} = \frac{2a}{n} \;\Rightarrow\; \begin{cases} \lambda_1 = 2a \\ \lambda_2 = a \\ \lambda_3 = \dfrac{2}{3}a \\ \lambda_4 = \dfrac{a}{2} \\ \vdots \end{cases}$$

가 된다.

그때, 규격화된 고유함수와 대응하는 고유치인 에너지는 각각 다음과 같이 주어진다.

$$u_n(x) = \sqrt{\frac{2}{a}}\sin\frac{n\pi x}{a} \Rightarrow \begin{cases} u_1(x) = \sqrt{\frac{2}{a}}\sin\frac{\pi x}{a} \\[2mm] u_2(x) = \sqrt{\frac{2}{a}}\sin\frac{2\pi x}{a} \\[2mm] u_3(x) = \sqrt{\frac{2}{a}}\sin\frac{3\pi x}{a} \\[2mm] u_4(x) = \sqrt{\frac{2}{a}}\sin\frac{4\pi x}{a} \\[2mm] \vdots \end{cases}$$

$$E_n = <K> = \frac{n^2\pi^2\hbar^2}{2ma^2} \Rightarrow \begin{cases} E_1 = \frac{\pi^2\hbar^2}{2ma^2} \\[2mm] E_2 = \frac{2^2\pi^2\hbar^2}{2ma^2} = 4E_1 \\[2mm] E_3 = \frac{3^2\pi^2\hbar^2}{2ma^2} = 9E_1 \\[2mm] E_4 = \frac{4^2\pi^2\hbar^2}{2ma^2} = 16E_1 \\[2mm] \vdots \end{cases}$$

위에서 구한 파장 λ_n 그리고 고유함수 $u_n(x)$와 대응하는 에너지 E_n을 한 그래프에 같이 나타내면 다음과 같다.

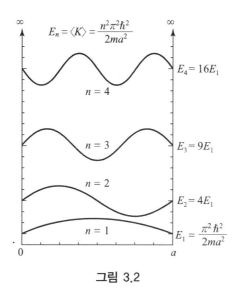

그림 3.2

고유함수의 진동수가 높을수록, 즉 고유함수가 많이 진동할수록, 고유함수가 갖는 운동에너지도 높아짐을 알 수 있다. ◾

예제 3.3

윌슨-조머펠트 양자화조건$\left(\oint p_i dq_i = nh, \ n = 1, 2, \cdots\right)$을 써서 (예제 3.1)과 같은 결과를 얻을 수 있음을 보이세요.

풀이

포텐셜 에너지가 0인 경우, 어떤 힘도 받지 않는 자유입자의 경우에 해당한다. $\dfrac{dp}{dt} = F = 0 \Rightarrow 0 = \dfrac{dx}{dt}\dfrac{dp}{dx}, \ \dfrac{dx}{dt} \neq 0$와 같이 운동량은 모든 위치에서 일정해서 적분 밖으로 나올 수 있다. 그때 양자화 조건식은

$$\oint p_i dq_i = nh \Rightarrow p \oint dx = nh$$

가 되어

$$\Rightarrow p(2a) = nh \Rightarrow p = \frac{nh}{2a} = \frac{n\pi\hbar}{a}$$

자유입자의 에너지는

$$\therefore \ E = \frac{p^2}{2m} = \frac{n^2\pi^2\hbar^2}{2ma^2}$$

가 된다. 이 결과는 (예제 3.1)에서 슈뢰딩거 방정식을 풀어서 얻은 고유치와 같은 결과이다. ■

② 선형 연산자[18]의 판별법

아래의 조건을 만족하는 연산자 L을 선형 연산자(linear operator)라 한다.

$$\begin{cases} L[f_1(x) + f_2(x)] = Lf_1(x) + Lf_2(x) \\ L[cf(x)] = cLf(x) \end{cases} \Rightarrow L[c_1f_1(x) + c_2f_2(x)] = c_1Lf_1(x) + c_2Lf_2(x)$$

여기서 c, c_1, c_2은 복소수이다.

---

(18) $L[c_1f_1(x) + c_2f_2(x)] = c_1^*Lf_1(x) + c_2^*Lf_2(x)$을 만족하는 연산자는 비선형(nonlinear) 연산자라 한다.

연산자 $\dfrac{\hbar}{i}\dfrac{d}{dx} - \beta x$ 가 (i) 선형 연산자인지 아닌지를 판별하고 (ii) x의 범위가 $-a < x < a$ 이며 경계조건은 $f(a) = f(-a)$ 라고 가정할 때 주어진 연산자의 고유치 방정식을 풀어서 고유치와 그에 대응하는 규격화된 고유함수를 구하세요.

풀이

(i) $\left(\dfrac{\hbar}{i}\dfrac{d}{dx} - \beta x\right)\left[c_1 f_1(x) + c_2 f_2(x)\right] = c_1 \dfrac{\hbar}{i}\dfrac{df_1}{dx} + c_2 \dfrac{\hbar}{i}\dfrac{df_2}{dx} - c_1 \beta x f_1(x) - c_2 \beta x f_2(x)$

$$= c_1 \left[\dfrac{\hbar}{i}\dfrac{d}{dx} - \beta x\right] f_1(x) + c_2 \left[\dfrac{\hbar}{i}\dfrac{d}{dx} - \beta x\right] f_2(x)$$

$$= c_1 L f_1(x) + c_2 L f_2(x)$$

∴ 주어진 연산자는 선형 연산자이다.

(ii) 이 연산자의 고유치 방정식은 다음과 같이 표현될 수 있다.

$$L f(x) = \lambda f(x)$$

여기서 λ와 $f(x)$은 각각 우리가 구해야할 고유치와 규격화된 고유함수이다. 주어진 연산자를 고유치 방정식에 대입하면

$$\left(\dfrac{\hbar}{i}\dfrac{d}{dx} - \beta x\right) f(x) = \lambda f(x) \implies \dfrac{\hbar}{i}\dfrac{df(x)}{dx} = (\lambda + \beta x) f(x)$$

$$\implies \dfrac{df(x)}{f(x)} = \dfrac{i}{\hbar}(\lambda + \beta x)dx \implies \ln f(x) = \dfrac{i}{\hbar}\left(\lambda x + \dfrac{1}{2}\beta x^2\right) + C$$

$$\therefore \ f(x) = A e^{\frac{i}{\hbar}\left(\lambda x + \frac{1}{2}\beta x^2\right)}$$

규격화 상수 A은 규격화 조건 $\displaystyle\int_{-a}^{a} f^*(x) f(x) dx = 1$ 으로부터 구할 수 있다.

$$\implies |A|^2 \int_{-a}^{a} dx = 1 \implies A = \dfrac{1}{\sqrt{2a}}$$

그러므로 규격화된 고유함수는 다음과 같다.

$$f(x) = \dfrac{1}{\sqrt{2a}} e^{\frac{i}{\hbar}\left(\lambda x + \frac{1}{2}\beta x^2\right)}$$

그리고 경계조건 $f(a) = f(-a)$ 을 적용하여 다음과 같이 고유치 λ을 구할 수 있다.

$$\Rightarrow \quad \frac{1}{\sqrt{2a}} e^{\frac{i}{\hbar}\left(\lambda a + \frac{1}{2}\beta a^2\right)} = \frac{1}{\sqrt{2a}} e^{\frac{i}{\hbar}\left(-\lambda a + \frac{1}{2}\beta a^2\right)}$$

$$\Rightarrow \quad e^{2\frac{i}{\hbar}\lambda a} = 1 \quad \Rightarrow \quad \cos\frac{2\lambda a}{\hbar} + i\sin\frac{2\lambda a}{\hbar} = 1$$

$$\Rightarrow \quad \frac{2\lambda a}{\hbar} = 2n\pi \qquad \text{여기서 } n = \pm 1, \ \pm 2, \ \cdots$$

$$\therefore \quad \lambda_n = \frac{n\pi\hbar}{a}$$

③ 전개 공리와 물리적 해석

앞 절에서 무한 포텐셜 우물에 갇혀 있는 입자에 대한 슈뢰딩거 방정식의 解는 식 (3.1.9)에서

$$\Psi(x,t) = \sum_n C_n \left(\sqrt{\frac{2}{a}} \sin\frac{n\pi x}{a} \right) e^{-\frac{i}{\hbar}E_n t}$$

임을 구하였다. $t = 0$일 때의 입자 상태 $\Psi(x,0)$가 알려진다면, 이 식으로부터 $t = 0$일 때의 C_n을 구할 수 있다. 또한 C_n을 알게 되면, 이 식으로부터 시간 t에서의 입자 상태 $\Psi(x,t)$을 구할 수 있게 된다. 또한 고유함수의 직교규격화 조건을 사용해서 C_n을 구할 수 있어서 일반 解를 완전히 얻을 수 있다.

이 방법은 다음과 같다. 먼저 $t = 0$일 때의 입자의 상태함수는 규격화된 고유함수 u_n 들로 다음과 같이 표현할 수 있다.

$$\Psi(x) = \sum_{n=1}^{\infty} C_n u_n(x) \tag{3.3.1}$$

이 식의 좌·우편에 $u_m^*(x)$을 곱하고 적분을 취한 뒤, 고유함수 $u_n(x)$의 직교규격화 조건을 사용하면 C_n을 다음과 같이 구할 수 있다.

$$\int_0^a dx \ u_m^*(x)\Psi(x) = \sum_{n=1}^{\infty} C_n \int_0^a dx \ u_m^*(x)u_n(x) = \sum_{n=1}^{\infty} C_n \delta_{mn} = C_m$$

$$\therefore \quad C_n = \int_0^a u_n^*(x)\Psi(x)dx \tag{3.3.2}$$

이제, C_n의 물리적 의미를 알기 위해 임의의 상태함수 $\Psi(x)$의 에너지 기댓값인 $<H>$을 계산해보자.

(i) $$<H> = \int_0^a dx\ \Psi^*(x) H\Psi(x) = \int_0^a dx \left(\sum_{m=1}^{\infty} C_m^* u_m^*(x) \right) H \sum_{n=1}^{\infty} C_n u_n(x)$$

$$= \sum_{m=1}^{\infty} \sum_{n=1}^{\infty} C_m^* C_n \int_0^a dx\ u_m^*(x) H u_n(x)$$

$$= \sum_{m=1}^{\infty} \sum_{n=1}^{\infty} C_m^* C_n E_n \int_0^a dx\ u_m^*(x) u_n(x) = \sum_{m=1}^{\infty} \sum_{n=1}^{\infty} C_m^* C_n E_n \delta_{mn}$$

$$= \sum_{n=1}^{\infty} |C_n|^2 E_n$$

(ii) $\Psi(x,t)$의 직교규격화 조건 $\int_0^a |\Psi(x)|^2 dx = 1$으로부터

$$\sum_n |C_n|^2 \int_0^a |u_n(x)|^2 dx = 1 \Rightarrow \sum_n |C_n|^2 = 1$$

의 관계식을 얻는다.

위의 (i)와 (ii)의 결과로부터 다음의 관계식을 얻는다.

$$\begin{cases} <H> = \sum E_n |C_n|^2 = E_1 |C_1|^2 + E_2 |C_2|^2 + \cdots\cdots + E_n |C_n|^2 + \cdots\cdots \\ \sum |C_n|^2 = 1 \Rightarrow |C_1|^2 + |C_2|^2 + \cdots\cdots = 1 \end{cases}$$

(3.3.3)

즉, 이 식이 물리적으로 의미하는 바는 $|C_n|^2$은 입자의 임의의 상태함수(또는 파동함수) $\Psi(x)$가 에너지 값(고유치) E_n을 가질 확률이다.

예제 3.5

(예제 3.1)의 무한 포텐셜 우물에 갇혀 있는 입자의 상태함수 $\Psi(x)$가 아래와 같을 때 측정한 에너지 값이 고유치 E_n이 되는 확률을 계산하세요. 그리고 주어진 A 값이 규격화 상수임도 확인해보세요.

$$\Psi(x) = \begin{cases} A\dfrac{x}{a} & 0 < x < \dfrac{a}{2} \\ A\left(1 - \dfrac{x}{a}\right) & \dfrac{a}{2} < x < a \end{cases} \qquad 여기서\ A = \sqrt{\dfrac{12}{a}}$$

상태함수의 직교규격화 조건으로부터 먼저 A을 구해보자.

$$\int_0^a |\Psi(x)|^2 dx = 1 \implies |A|^2 \left[\int_0^{\frac{a}{2}} \left(\frac{x}{a}\right)^2 dx + \int_{\frac{a}{2}}^a \left(1 - \frac{x}{a}\right)^2 dx \right] = 1$$

여기서 왼편의 괄호 안 첫 번째 적분결과는

$$\frac{1}{a^2} \frac{1}{3} x^3 \Big|_0^{\frac{a}{2}} = \frac{1}{3a^2} \frac{a^3}{8} = \frac{a}{24}$$

이다.

왼편의 괄호 안 두 번째 적분 계산을 위해 $1 - \dfrac{x}{a} = y$로 치환을 해서 적분을 계산하면

$$-a \int_{\frac{1}{2}}^0 y^2 dy = a \int_0^{\frac{1}{2}} y^2 dy = \frac{a}{3} y^3 \Big|_0^{\frac{1}{2}} = \frac{a}{24}$$

가 된다.

그러므로 직교규격화 조건으로부터 다음의 결과를 얻는다.

$$|A|^2 \frac{a}{12} = 1 \implies A = \sqrt{\frac{12}{a}}$$

이제, 측정한 에너지 값이 고유치 E_n이 되는 확률을 식 (3.3.2)을 사용하여 계산해보자.

$$C_n = \int_0^a u_n^*(x) \Psi(x) dx = \sqrt{\frac{2}{a}} \int_0^a \sin\left(\frac{n\pi x}{a}\right) \Psi(x) dx$$

$$= \sqrt{\frac{2}{a}} A \left[\int_0^{\frac{a}{2}} dx \, \sin\left(\frac{n\pi x}{a}\right) \frac{x}{a} + \int_{\frac{a}{2}}^a dx \, \sin\left(\frac{n\pi x}{a}\right)\left(1 - \frac{x}{a}\right) \right] \quad \text{(예 3.5.1)}$$

여기서,

(i) 오른편의 첫 번째 적분은 $\dfrac{\pi x}{a} = y$로 치환을 하면

$$\frac{a}{\pi^2} \int_0^{\frac{\pi}{2}} dy \, y \sin n y$$

로 표현된다.

(ii) 오른편의 두 번째 적분은 $\dfrac{\pi x}{a} = \pi - y$로 치환을 하면

$$-\frac{a}{\pi^2}\int_{\frac{\pi}{2}}^{0}dy\ y\sin(n\pi-ny)=\frac{a}{\pi^2}\int_{0}^{\frac{\pi}{2}}dy\ y\sin(n\pi-ny)$$

로 표현된다.

위의 (i)와 (ii)을 식 (예 3.5.1)에 넣으면 식의 오른편 괄호 안은 다음과 같다.

$$\Rightarrow \frac{a}{\pi^2}\int_{0}^{\frac{\pi}{2}}dy\ y[\sin ny+\sin(n\pi-ny)]$$

$$\left(\because\ \sin A\pm\sin B=2\sin\frac{A\pm B}{2}\cos\frac{A\mp B}{2}\right)$$

$$=\frac{a}{\pi^2}\int_{0}^{\frac{\pi}{2}}dy\ y\left[2\sin\left(\frac{ny+n\pi-ny}{2}\right)\cos\left(\frac{ny-n\pi+ny}{2}\right)\right]$$

$$=\frac{2a}{\pi^2}\int_{0}^{\frac{\pi}{2}}dy\ y\left[\sin\left(\frac{n\pi}{2}\right)\cos\left(\frac{2ny-n\pi}{2}\right)\right]$$

여기서,

(a) $n=1$일 때, 적분은

$$\frac{2a}{\pi^2}\int_{0}^{\frac{\pi}{2}}dy\ y\left[\sin\left(\frac{\pi}{2}\right)\cos\left(\frac{2y-\pi}{2}\right)\right]=\frac{2a}{\pi^2}\int_{0}^{\frac{\pi}{2}}dy\ y\cos\left(\frac{\pi}{2}-y\right)$$

$$=\frac{2a}{\pi^2}\int_{0}^{\frac{\pi}{2}}dy\ y\sin y$$

$$=\frac{2a}{\pi^2}\int_{0}^{\frac{\pi}{2}}dy\ y(-\cos y)'$$

$$=\frac{2a}{\pi^2}\left[-y\cos y\Big|_{0}^{\frac{\pi}{2}}+\int_{0}^{\frac{\pi}{2}}dy\ \cos y\right]$$

$$=\frac{2a}{\pi^2}\sin y\Big|_{0}^{\frac{\pi}{2}}=\frac{2a}{\pi^2}$$

이 되어 식 (예 3.5.1)으로부터

$$\therefore\ C_1=\sqrt{\frac{2}{a}}\,A\frac{2a}{\pi^2}=\sqrt{\frac{2}{a}}\,\sqrt{\frac{12}{a}}\,\frac{2a}{\pi^2}=\frac{2}{\pi^2}\sqrt{24}$$

가 되어 에너지 값으로 E_1을 가질 확률은

$$|C_1|^2=\frac{96}{(1^2\pi^2)^2}=\frac{96}{\pi^4}$$

이 된다.

(b) $n = 2$일 때, 적분은

$$\frac{2a}{\pi^2} \int_0^{\frac{\pi}{2}} dy \ y[\sin\pi\cos(2y-\pi)] = 0$$

이 되어 $C_2 = 0$이 된다.

그러므로 에너지를 E_2을 가질 확률은 다음과 같다.

$$\therefore \ |C_2|^2 = 0$$

(c) $n = 3$일 때, 적분은

$$\frac{2a}{\pi^2} \int_0^{\frac{\pi}{2}} dy \ y\left[\sin\left(\frac{3\pi}{2}\right)\cos\left(\frac{6y-3\pi}{2}\right)\right] = -\frac{2a}{\pi^2} \int_0^{\frac{\pi}{2}} dy \ y\cos\left(\frac{3\pi}{2}-3y\right)$$

$$= \frac{2a}{\pi^2} \int_0^{\frac{\pi}{2}} dy \ y\sin 3y = \frac{2a}{\pi^2}\left[\int_0^{\frac{\pi}{2}} dy \ y\left\{-\frac{1}{3}\frac{d(\cos 3y)}{dy}\right\}\right]$$

$$= \frac{2a}{\pi^2}\left[-\frac{1}{3}y\cos 3y\Big|_0^{\frac{\pi}{2}} + \frac{1}{3}\int_0^{\frac{\pi}{2}} dy\cos 3y\right] = \frac{2a}{\pi^2}\left(\frac{1}{3}\right)\frac{1}{3}\sin 3y\Big|_0^{\frac{\pi}{2}} = -\frac{2a}{\pi^2}\frac{1}{3^2}$$

$$\Rightarrow C_3 = -\sqrt{\frac{2}{a}}\,A\,\frac{2a}{3^2\pi^2} = -\sqrt{\frac{2}{a}}\sqrt{\frac{12}{a}}\,\frac{2a}{3^2\pi^2} = -\frac{2}{3^2\pi^2}\sqrt{24}$$

그러므로 에너지를 E_3을 가질 확률은

$$\therefore \ |C_3|^2 = \frac{96}{(3^2\pi^2)^2} = \frac{32}{27\pi^4}$$

(d) $n = 4$일 때, 적분은

$$\frac{2a}{\pi^2} \int_0^{\frac{\pi}{2}} dy \ y[\sin 2\pi \ \cos(4y-2\pi)] = 0$$

이므로 $C_4 = 0$이 되어 에너지를 E_4을 가질 확률은

$$\therefore \ |C_4|^2 = 0$$

가 된다.

$$\vdots$$

그러므로 n이 짝수일 때 확률 값은 0이 되며, 홀수일 때는 $|C_n|^2 = \dfrac{96}{n^4\pi^4}$이 됨을 알 수 있다. 또한 식 (3.3.3)의 두 번째 관계식으로부터 아래의 관계를 만족해야 한다.

$$\sum_{n=\text{홀수}}^{\infty} |C_n|^2 = 1 \ \Rightarrow \ \frac{96}{\pi^4}\sum_{n=\text{홀수}}^{\infty}\frac{1}{n^4} = 1$$

$$\therefore \sum_{n=\text{홀수}}^{\infty} \frac{1}{n^4} = \frac{\pi^4}{96}$$

또한 $\sum_{n}^{\infty} \frac{1}{n^4} = \frac{\pi^4}{90}$ 이므로[19]

$$\Rightarrow \sum_{n=\text{짝수}}^{\infty} \frac{1}{n^4} = \sum_{n}^{\infty} \frac{1}{n^4} - \sum_{n=\text{홀수}}^{\infty} \frac{1}{n^4} = \pi^4 \left(\frac{1}{90} - \frac{1}{96} \right) = \frac{1}{16} \frac{\pi^4}{90} = \frac{1}{16} \sum_{n}^{\infty} \frac{1}{n^4} \quad\blacksquare$$

예제 3.6

포텐셜 에너지가 아래와 같은 경우에 대해 $n=1,\ 2,\ 3$에 대한 고유함수와 고유치를 구하고 무한 포텐셜 우물(예제 3.2)의 경우처럼 그림(그래프)으로 고유함수와 고유치를 나타내보세요.

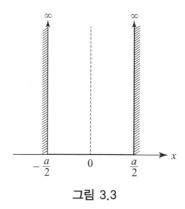

그림 3.3

풀이

이 문제에 맞는 고유함수는 구간이 $0 < x < a$인 무한 포텐셜 우물에 대한 고유함수 $u_n(x) = \sqrt{\dfrac{2}{a}} \sin \dfrac{n\pi x}{a}$을 x-축 방향으로 $-\dfrac{a}{2}$만큼 평행이동시키면 된다. 즉 고유함수는

$$u_n(x) = \sqrt{\frac{2}{a}} \sin \frac{n\pi}{a}\left(x + \frac{a}{2}\right) \qquad \text{여기서 } n=1,\ 2,\ \cdots\cdots$$

$$\Rightarrow \begin{cases} u_1(x) = \sqrt{\dfrac{2}{a}} \sin \dfrac{\pi}{a}\left(x + \dfrac{a}{2}\right) = \sqrt{\dfrac{2}{a}} \sin\left(\dfrac{\pi}{2} + \dfrac{\pi x}{a}\right) = \sqrt{\dfrac{2}{a}} \cos \dfrac{\pi x}{a} \\[2mm] u_2(x) = \sqrt{\dfrac{2}{a}} \sin \dfrac{2\pi}{a}\left(x + \dfrac{a}{2}\right) = \sqrt{\dfrac{2}{a}} \sin\left(\pi + \dfrac{2\pi x}{a}\right) = -\sqrt{\dfrac{2}{a}} \sin \dfrac{2\pi x}{a} \\[2mm] u_3(x) = \sqrt{\dfrac{2}{a}} \sin \dfrac{3\pi}{a}\left(x + \dfrac{a}{2}\right) = \sqrt{\dfrac{2}{a}} \sin\left(\dfrac{3\pi}{2} + \dfrac{3\pi x}{a}\right) = -\sqrt{\dfrac{2}{a}} \cos \dfrac{3\pi x}{a} \end{cases}$$

---

[19] 증명은 《수리물리학(북스힐)》 by Hwanbae Park, p.476~477을 참고하세요.

가 되고, 이들 고유함수에 대응하는 고유치는

$$k_n = \frac{n\pi}{a} \;\Rightarrow\; E_n = \frac{p^2}{2m} = \frac{\hbar^2}{2m}k^2 = \frac{\hbar^2}{2m}\frac{n^2\pi^2}{a^2}$$

$$\therefore \; E_n = \frac{n^2\pi^2\hbar^2}{2ma^2} \;\Rightarrow\; \begin{cases} E_1 = \dfrac{\pi^2\hbar^2}{2ma^2} \\[2mm] E_2 = \dfrac{2^2\pi^2\hbar^2}{2ma^2} = 4E_1 \\[2mm] E_3 = \dfrac{3^2\pi^2\hbar^2}{2ma^2} = 9E_1 \end{cases} \qquad \text{(예 3.6.1)}$$

이다.

고유함수는 경계조건 $u_n\!\left(-\dfrac{a}{2}\right) = u_n\!\left(\dfrac{a}{2}\right) = 0$을 만족함을 알 수 있다.

또한 구한 고유함수들을 살펴보면, n이 홀수일 때 코사인(cosine) 함수를 解로 가지기 때문에 $u_n(x) = u_n(-x)$가 되어 고유함수는 우(even)함수가 되며, n이 짝수일 때 사인 (sine) 함수를 解로 가지기 때문에 $u_n(x) = -u_n(-x)$가 되어 고유함수는 기(odd)함수 가 된다. 그리고 파장은 $\lambda_n = \dfrac{2\pi}{k_n} = \dfrac{2a}{n}$이다. 이를 그림으로 나타내면 아래와 같다.

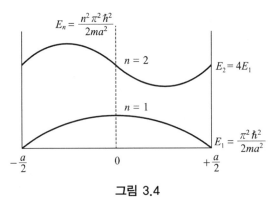

그림 3.4

이 결과는 (예제 3.2)의 무한 포텐셜 우물의 경우에 비해, 그림(그래프)이 x-축 방향으로 $-\dfrac{a}{2}$만큼 평행이동한 것이다.

④ 운동량 고유함수의 소개

모든 영역$(-\infty < x < +\infty)$에서 $U(x) = 0$인 자유입자의 경우를 다루어보자. 이 경우는 앞에서 살펴본 (예제 3.6)의 무한 포텐셜 우물 문제에서 $a \to \infty$에 해당한다. 이때 식 (예 3.6.1)의 $E_n = \dfrac{n^2\pi^2\hbar^2}{2ma^2}$에서 $a \to \infty$이면 $E \to 0$가 된다. 즉, 분모 a의 변화에 비해서 n의 변화가 상대적으로 아주 작은 것으로 간주될 수 있기 때문에 에너지는 **연속적으로** 변하는 것으로 볼 수 있다. 이는 $E = \dfrac{p^2}{2m}$이고 에너지가 연속적으로 변하면 운동량 p도 연속적으로 변한다고 간주할 수 있다.

이러한 자유입자의 슈뢰딩거 방정식의 解는 $u(x) = Ae^{\pm ikx}$임을 알고 있다.

그때 규격화를 위해 다음 식을 계산해보면

$$\int_{-\infty}^{\infty} dx \; |u(x)|^2 = |A|^2 \int_{-\infty}^{\infty} dx$$

가 되어, 적분 결과가 $|A|^2 \displaystyle\int_{-\infty}^{\infty} dx = \infty$로 발산하여 위 식의 왼편이 유한한 값을 가져야 하는 조건을 만족하지 못한다.

즉, $-\infty < x < +\infty$ 영역에서 자유입자의 解인 $u(x) = Ae^{\pm ikx}$은 $|A|^2 \displaystyle\int_{-\infty}^{\infty} dx = \infty$가 되는 **문제점**이 있다.

이러한 문제점을 해결하기 위해서 $-\dfrac{a}{2} < x < \dfrac{a}{2}$ 영역에서의 자유입자에 대한 解 $u(x) = Ae^{\pm ik\left(x + \frac{a}{2}\right)}$로부터 먼저 규격화 상수를 구한 뒤에 $a \to \infty$가 되는 경우를 고려하면

$$|A|^2 \int_{-\frac{a}{2}}^{\frac{a}{2}} dx = 1 \;\Rightarrow\; A = \frac{1}{\sqrt{a}}$$

가 된다. 그러면 모든 영역에서 $u^*(x)u(x) = \dfrac{1}{a}$인 일정한 값을 가진다. 이는 모든 영역에 입자가 널리 퍼져 있음을 의미하고, 이 경우에는 불확정성 원리에 의해 위치 대신에 운동량으로 살펴보는 것이 좋다.

운동량 연산자 p_{op}에 대해 연속적인 값을 갖는 고유치인 운동량 p을 갖는 자유입자의 고유함

수 $u_p(x)$을 고유치 방정식으로부터 구해보자.

$$p_{op}u_p(x) = pu_{p(x)} \implies \frac{\hbar}{i}\frac{d}{dx}u_p(x) = pu_p(x) \implies \frac{du_p(x)}{u_p(x)} = \frac{i}{\hbar}pdx$$

$$\therefore \ u_p(x) = Ce^{\frac{i}{\hbar}px} \tag{3.4.1}$$

적분형태의 델타 함수 $\delta(x-x') = \dfrac{1}{2\pi\hbar}\displaystyle\int e^{\frac{i}{\hbar}p(x-x')}dp$은 또한 다음과 같이 나타낼 수도 있다.

$$\delta(p-p') = \frac{1}{2\pi\hbar}\int e^{\frac{i}{\hbar}(p-p')x}dx$$

이제 식 (3.4.1)에 있는 상수 C을 구해보자.

$$\int_{-\infty}^{\infty} u_{p'}^*(x)u_p(x)dx = |C|^2\int_{-\infty}^{\infty}e^{-\frac{i}{\hbar}p'x}e^{\frac{i}{\hbar}px}dx = |C|^2\int_{-\infty}^{\infty}e^{\frac{i}{\hbar}(p-p')x}dx$$

$$= 2\pi\hbar|C|^2\delta(p-p') \tag{3.4.2}$$

고유함수 $u_p(x)$은 규격화된 고유함수이므로, $p = p'$에 대해 식 (3.4.2)의 왼편 적분 값은 1이 되므로, 규격화 상수 C은

$$\therefore \ C = \frac{1}{\sqrt{2\pi\hbar}}$$

이 된다.

이를 식 (3.4.1)에 대입하면, 고유치 p에 대응하는 고유함수를 얻을 수 있다.

$$\therefore \ u_p(x) = \frac{1}{\sqrt{2\pi\hbar}}e^{\frac{i}{\hbar}px} \tag{3.4.3}$$

임의의 파동함수 $\Psi(x)$은 운동량 연산자의 고유함수 $u_p(x)$들로 표시될 수 있고, 이미 살펴본 것과 같이 운동량은 연속적인 값을 가지므로 파동함수는 다음과 같이 적분형태로 표시된다.

$$\Psi(x) = \int_{-\infty}^{\infty}dp \ \phi(p)u_p(x) = \frac{1}{\sqrt{2\pi\hbar}}\int_{-\infty}^{\infty}dp \ \phi(p)e^{\frac{i}{\hbar}px} \tag{3.4.4}$$

이제, 파동함수를 고유치 p에 대응하는 고유함수 $u_p(x)$의 중첩으로 표현할 때 사용된 위 식에 있는 $\phi(p)$의 물리적 의미에 대해 알아보자.

$$\int_{-\infty}^{\infty} u_{p'}^*(x)\Psi(x)dx = \frac{1}{\sqrt{2\pi\hbar}} \int\int \frac{1}{\sqrt{2\pi\hbar}} e^{-\frac{i}{\hbar}p'x}\phi(p)dp\ e^{\frac{i}{\hbar}px}dx$$

$$= \frac{1}{2\pi\hbar} \int\int dx\ e^{\frac{i}{\hbar}(p-p')x}\phi(p)dp$$

$$= \int_{-\infty}^{\infty} \phi(p)\delta(p-p')dp$$

$$\therefore\ \phi(p) = \int_{-\infty}^{\infty} u_p^*(x)\Psi(x)dx \tag{3.4.5}$$

(※ $\Psi(x) = \sum_n C_n u_n(x)$ 일 때 $C_n = \int_{-\infty}^{\infty} u_n^*(x)\Psi(x)dx$와 비교해 보세요.)

즉, $\phi(p)$은 파동함수 $\Psi(x)$가 고유치 p을 갖는 확률밀도 진폭이다. 그리고 $|\phi(p)|^2$은 파동함수 $\Psi(x)$가 고유치 p을 가질 확률밀도이다. 임의의 파속은 다음과 같이 위치와 시간의 고유함수로 나타낼 수 있다.

$$\Psi(x,t) = \int_{-\infty}^{\infty} dp\ \phi(p)\frac{1}{\sqrt{2\pi\hbar}}e^{\frac{i}{\hbar}px}e^{-\frac{i}{\hbar}E_p t} \tag{3.4.6}$$

여기서 $E_p = \dfrac{p^2}{2m}$

예제 3.7

$\Psi(x) = \begin{cases} A & -a < x < a \\ 0 & x < -a,\ x > a \end{cases}$ 의 자유입자에 대한 $\Psi(x,t)$을 구하세요. 그리고 a가 매우 작은 경우에 대해 $|\Psi(x,0)|^2$와 $|\phi(p)|^2$의 결과를 비교해보세요.

풀이

규격화 조건 $\displaystyle\int_{-a}^{a} |\Psi(x)|^2 dx = 1$으로부터

$$\Rightarrow |A|^2 \int_{-a}^{a} dx = 1 \Rightarrow 2a|A|^2 = 1$$

그러므로

$$A = \frac{1}{\sqrt{2a}} \tag{예 3.7.1}$$

식 (3.4.4)에 시간 의존 항을 포함하면

$$\Psi(x,t) = \int_{-\infty}^{\infty} dp \ \phi(p) u_p(x) e^{-\frac{i}{\hbar} E_p t} \tag{예 3.7.2}$$

이 되고, 식 (3.4.5)로부터 다음을 얻는다.

$$\phi(p) = \int_{-\infty}^{\infty} u_p^*(x) \Psi(x) dx = \frac{1}{\sqrt{2\pi\hbar}} \int_{-a}^{a} dx \ e^{-\frac{i}{\hbar} p x} A$$

$$= \frac{A}{\sqrt{2\pi\hbar}} \int_{-a}^{a} dx \ e^{-\frac{i}{\hbar} p x} = \frac{A}{\sqrt{2\pi\hbar}} \left(-\frac{\hbar}{ip}\right) \left[e^{-\frac{i}{\hbar} p a} - e^{\frac{i}{\hbar} p a}\right]$$

$$= \frac{A}{\sqrt{2\pi\hbar}} \left(\frac{\hbar}{ip}\right) \left[2i \sin\left(\frac{pa}{\hbar}\right)\right] = \frac{2A}{\sqrt{2\pi\hbar}} \left(\frac{\hbar}{p}\right) \sin\left(\frac{pa}{\hbar}\right)$$

$$= \frac{2}{\sqrt{2\pi\hbar}} \frac{1}{\sqrt{2a}} \left(\frac{\hbar}{p}\right) \sin\left(\frac{pa}{\hbar}\right) = \sqrt{\frac{\hbar}{\pi a}} \frac{1}{p} \sin\left(\frac{pa}{\hbar}\right)$$

이 결과를 (예 3.7.2)에 대입하면

$$\Psi(x,t) = \sqrt{\frac{\hbar}{\pi a}} \int_{-\infty}^{\infty} dp \ \frac{1}{p} \sin\left(\frac{pa}{\hbar}\right) u_p(x) e^{-\frac{i}{\hbar} E_p t}$$

$$= \sqrt{\frac{\hbar}{\pi a}} \frac{1}{\sqrt{2\pi\hbar}} \int_{-\infty}^{\infty} dp \ \frac{1}{p} \sin\left(\frac{pa}{\hbar}\right) e^{\frac{i}{\hbar} p x} e^{-\frac{i}{\hbar} E_p t}$$

$$= \frac{1}{\sqrt{2a}\,\pi} \int_{-\infty}^{\infty} dp \ \frac{1}{p} \sin\left(\frac{pa}{\hbar}\right) e^{\frac{i}{\hbar}(px - E_p t)}$$

$$\therefore \ \Psi(x,t) = \frac{1}{\sqrt{2a}\,\pi} \int_{-\infty}^{\infty} dp \ \frac{1}{p} \sin\left(\frac{pa}{\hbar}\right) e^{\frac{i}{\hbar}\left(px - \frac{p^2}{2m}t\right)} \tag{예 3.7.3}$$

식 (예 3.7.3)에서 $t = 0$일 때

$$\Psi(x,0) = \frac{1}{\sqrt{2a}\,\pi} \int_{-\infty}^{\infty} dp \ \frac{1}{p} \sin\left(\frac{pa}{\hbar}\right) e^{\frac{i}{\hbar} p x}$$

여기서, a가 매우 작은 경우 사인 함수를 다음과 같이 근사할 수 있다.

$$\Psi(x,0) \rightarrow \frac{1}{\sqrt{2a}\,\pi} \int_{-\infty}^{\infty} dp \ \frac{1}{p} \left(\frac{pa}{\hbar}\right) e^{\frac{i}{\hbar} p x} = \sqrt{\frac{a}{2}} \frac{1}{\pi\hbar} \int_{-\infty}^{\infty} dp \ e^{\frac{i}{\hbar} p x} = \sqrt{\frac{a}{2}} \frac{1}{\pi\hbar} 2\pi\hbar\delta(x)$$

$$= \begin{cases} \sqrt{2a} & x = 0일 \ 경우 \\ 0 & x \neq 0일 \ 경우 \end{cases}$$

$$\therefore \ |\Psi(x,0)|^2 = \begin{cases} 2a & x=0\text{일 경우} \\ 0 & x \neq 0\text{일 경우} \end{cases}$$

그리고

$$\phi(p) = \sqrt{\frac{\hbar}{\pi a}}\,\frac{1}{p}\sin\!\left(\frac{pa}{\hbar}\right) \xrightarrow{\text{작은 } a} \sqrt{\frac{\hbar}{\pi a}}\,\frac{1}{p}\frac{pa}{\hbar} = \sqrt{\frac{a}{\pi\hbar}}$$

$$\therefore \ |\phi(p)|^2 = \frac{a}{\pi\hbar}$$

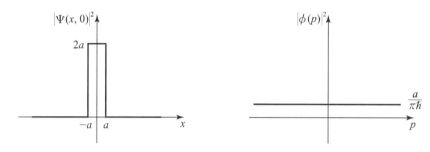

그림 3.5

즉 a가 매우 작은 경우, 위치는 잘 알아낼 수 있는 반면에 운동량은 널리 퍼져 있다는 의미이다. 얻어진 $|\Psi(x,0)|^2$와 $|\phi(p)|^2$의 결과가 의미하는 바가 바로 불확정성 원리이다.

예제 3.8 ───────────────────────────────

입자가 초기에 $0 \leq x \leq a$의 무한 포텐셜 우물 박스 안에서 바닥상태인 $\Psi(x,0) = \sqrt{\frac{2}{a}}\sin\frac{\pi x}{a}$ 에 있다. 갑자기 박스 벽의 위치가 양쪽 끝을 향해 $\pm\infty$로 움직였다.(이 의미는 앞에서 배운 자유입자에 대한 운동량 고유함수를 사용하면 된다는 뜻이다.) 이때 $|\phi(p)|^2 dp$을 구하세요. 또한 이때 계의 에너지가 보존되는지에 대해 살펴보세요.

풀이

입자의 상태함수는 $\Psi(x,t) = \displaystyle\int_{-\infty}^{\infty} dp\ \phi(p)u_p(x)e^{-\frac{i}{\hbar}E_p t}$ 이다.

여기서 $\phi(p) = \displaystyle\int_{-\infty}^{\infty} u_p^*(x)\Psi(x)dx = \frac{1}{\sqrt{2\pi\hbar}}\int_0^a e^{-\frac{i}{\hbar}px}\left(\sqrt{\frac{2}{a}}\sin\frac{\pi x}{a}\right)dx$

(적분구간은 바닥상태의 함수가 존재하는 구간으로)

$$= \frac{1}{\sqrt{2\pi\hbar}} \sqrt{\frac{2}{a}} \int_0^a dx \; e^{-\frac{i}{\hbar}px} \frac{e^{i\frac{\pi x}{a}} - e^{-i\frac{\pi x}{a}}}{2i}$$

$$= \frac{1}{\sqrt{\pi a\hbar}} \frac{1}{2i} \int_0^a dx \; e^{-\frac{i}{\hbar}px} \left(e^{i\frac{\pi x}{a}} - e^{-i\frac{\pi x}{a}} \right)$$

$$= \frac{1}{\sqrt{\pi a\hbar}} \frac{1}{2i} \int_0^a dx \; \left[e^{-i\left(\frac{p}{\hbar} - \frac{\pi}{a}\right)x} - e^{-i\left(\frac{p}{\hbar} + \frac{\pi}{a}\right)x} \right]$$

오른편의 적분을 계산해보면

$$\int_0^a dx \; \left[e^{-i\left(\frac{p}{\hbar} - \frac{\pi}{a}\right)x} - e^{-i\left(\frac{p}{\hbar} + \frac{\pi}{a}\right)x} \right] = \left[\frac{e^{-i\left(\frac{p}{\hbar} - \frac{\pi}{a}\right)x}}{-i\left(\frac{p}{\hbar} - \frac{\pi}{a}\right)} \right]_0^a - \left[\frac{e^{-i\left(\frac{p}{\hbar} + \frac{\pi}{a}\right)x}}{-i\left(\frac{p}{\hbar} + \frac{\pi}{a}\right)} \right]_0^a$$

$$= i \left[\frac{e^{-i\left(\frac{p}{\hbar} - \frac{\pi}{a}\right)a} - 1}{\frac{p}{\hbar} - \frac{\pi}{a}} - \frac{e^{-i\left(\frac{p}{\hbar} + \frac{\pi}{a}\right)a} - 1}{\frac{p}{\hbar} + \frac{\pi}{a}} \right] = i \left[\frac{-e^{-i\frac{p}{\hbar}a} - 1}{\frac{p}{\hbar} - \frac{\pi}{a}} + \frac{e^{-i\frac{p}{\hbar}a} + 1}{\frac{p}{\hbar} + \frac{\pi}{a}} \right]$$

$$\left(\because e^{i\pi} = e^{-i\pi} = -1 \right)$$

$$= i \frac{\left[-\left(\frac{p}{\hbar} + \frac{\pi}{a}\right) + \left(\frac{p}{\hbar} - \frac{\pi}{a}\right) \right](1 + e^{-i\frac{p}{\hbar}a})}{\left(\frac{p}{\hbar}\right)^2 - \left(\frac{\pi}{a}\right)^2} = -\frac{2\pi i}{a} \frac{e^{-i\frac{p}{2\hbar}a}(e^{i\frac{p}{2\hbar}a} + e^{-i\frac{p}{2\hbar}a})}{\left(\frac{p}{\hbar}\right)^2 - \left(\frac{\pi}{a}\right)^2}$$

$$= -\frac{2\pi i}{a} \frac{2\cos\left(\frac{pa}{2\hbar}\right)}{\left(\frac{p}{\hbar}\right)^2 - \left(\frac{\pi}{a}\right)^2} e^{-i\frac{p}{2\hbar}a}$$

이 적분결과를 대입하면

$$\phi(p) = \frac{1}{\sqrt{\pi a\hbar}} \frac{1}{2i} \left(-\frac{2\pi i}{a} \right) \frac{2\cos\left(\frac{pa}{2\hbar}\right)}{\left(\frac{p}{\hbar}\right)^2 - \left(\frac{\pi}{a}\right)^2} e^{-i\frac{p}{2\hbar}a}$$

$$\Rightarrow \phi(p) = \frac{1}{\sqrt{\pi a\hbar}} \left(-\frac{2\pi}{a} \right) \frac{\cos\left(\frac{pa}{2\hbar}\right)}{\left(\frac{p}{\hbar}\right)^2 - \left(\frac{\pi}{a}\right)^2} e^{-i\frac{p}{2\hbar}a}$$

그러므로 입자의 운동량이 $p \sim p + dp$ 사이의 값을 가질 확률은

$$\therefore \; |\phi(p)|^2 dp = \frac{1}{\pi a \hbar} \left(\frac{4\pi^2}{a^2} \right) \left[\frac{\cos\left(\frac{pa}{2\hbar} \right)}{\left(\frac{p}{\hbar} \right)^2 - \left(\frac{\pi}{a} \right)^2} \right]^2 dp$$

$$= \frac{4\pi}{a^3 \hbar} \left[\frac{\cos\left(\frac{pa}{2\hbar} \right)}{\left(\frac{p}{\hbar} \right)^2 - \left(\frac{\pi}{a} \right)^2} \right]^2 dp \qquad \text{(예 3.8.1)}$$

이 된다. 입자의 운동량 p가 $\frac{\pi\hbar}{a}$ 값으로부터 멀어질수록 위 식의 분모 값은 커지게 되므로 입자가 그런 운동량 값을 가질 확률은 급격하게 떨어진다는 것을 알 수 있다. 그러면 운동량이 $\frac{\pi\hbar}{a}$인 경우는 입자가 어느 상태에 있는지 살펴보면, 바닥상태에 있는 입자의 에너지는 $E_1 = \frac{\pi^2 \hbar^2}{2ma^2} = \frac{p^2}{2m}$ 이므로 운동량 $p = \frac{\pi\hbar}{a}$을 얻게 된다. 즉 $p = \frac{\pi\hbar}{a}$ 은 바닥상태가 갖는 운동량이다. 그러므로 벽을 움직인 경우에도 운동량이 $p = \frac{\pi\hbar}{a}$의 값을 갖는다면 에너지가 보존되는 것이며, 그렇지 않을 경우에는 에너지가 보존되지 않는다고 할 수 있다. 이것은 식 (예 3.8.1)에 $p = \frac{\pi\hbar}{a}$을 대입해서 확률이 1이 되는지를 확인해보면 된다. $p = \frac{\pi\hbar}{a}$을 식 (예 3.8.1)에 대입하면 분수는 $\frac{0}{0}$의 꼴을 보이므로 p에 관해 미분하기 위해 분자를 다음과 같이 나타내자.

$$|\phi(p)|^2 = \frac{4\pi}{a^3 \hbar} \left\{ \frac{\frac{1}{2}\left(1 + \cos\frac{pa}{\hbar} \right)}{\left[\left(\frac{p}{\hbar} \right)^2 - \left(\frac{\pi}{a} \right)^2 \right]^2} \right\}$$

이 식 오른편의 중괄호안의 분수에 로피탈 정리를 적용하면

$$\lim_{p \to \frac{\pi\hbar}{a}} \left\{ \frac{\frac{1}{2}\left(1 + \cos\frac{pa}{\hbar} \right)}{\left[\left(\frac{p}{\hbar} \right)^2 - \left(\frac{\pi}{a} \right)^2 \right]^2} \right\} = \lim_{p \to \frac{\pi\hbar}{a}} \frac{-\frac{1}{2}\frac{a}{\hbar}\sin\frac{pa}{\hbar}}{2\frac{2p}{\hbar^2}\left[\left(\frac{p}{\hbar} \right)^2 - \left(\frac{\pi}{a} \right)^2 \right]} = \lim_{p \to \frac{\pi\hbar}{a}} \left(-\frac{\hbar a}{8} \right) \frac{\sin\frac{pa}{\hbar}}{p\left[\left(\frac{p}{\hbar} \right)^2 - \left(\frac{\pi}{a} \right)^2 \right]}$$

이 되어, 이 식은 $p = \frac{\pi\hbar}{a}$에서 $\frac{0}{0}$의 꼴을 갖기 때문에 한 번 더 로피탈 정리를 적용하면

$$\lim_{p \to \frac{\pi\hbar}{a}} \frac{-\frac{\hbar a}{8}\frac{a}{\hbar}\cos\frac{pa}{\hbar}}{\left[\left(\frac{p}{\hbar} \right)^2 - \left(\frac{\pi}{a} \right)^2 \right] + \frac{2p^2}{\hbar^2}} = \frac{\frac{a^2}{8}}{\frac{2}{\hbar^2}\frac{\pi^2\hbar^2}{a^2}} = \frac{a^4}{16\pi^2}$$

가 된다. 이 결과를 $p = \dfrac{\pi\hbar}{a}$에 대해 (예 3.8.1)에 대입하면

$$|\phi(p)|^2 = \frac{4\pi}{a^3\hbar}\frac{a^4}{16\pi^2} = \frac{a}{4\pi\hbar} \neq 1$$

이므로 벽을 움직인 경우 입자의 운동량이 $\dfrac{\pi\hbar}{a}$일 확률이 1이 아니라는 의미가 되며 이
는 다른 운동량 값을 가질 수 있다는 뜻이고 에너지가 변했다는 의미이다. 즉 에너지는
보존되지 않는다. 이유는 포텐셜 에너지가 시간에 대한 의존성을 갖고 있기 때문이다. ∎

⑤ 축퇴

같은 고유치를 갖는 고유함수들이 존재할 때 이들 고유함수들은 축퇴(degeneracy)되어 있다
고 한다.

예로서 연산자 A에 관해 두 고유함수 $u_{n(x)}$와 $u_{m(x)}$가 같은 고유치 a를 가질 때(이중축
퇴, two-fold degeneracy) 다음과 같이 표현된다.

$$\Rightarrow \begin{cases} Au_n(x) = au_n(x) \\ Au_m(x) = au_m(x) \end{cases} \qquad \text{여기서 } m \neq n$$

보기 3.1 자유입자에 대한 슈뢰딩거 방정식은

$$\frac{d^2u(x)}{dx^2} + k^2 u(x) = 0 \qquad \text{여기서 } k^2 = \frac{2mE}{\hbar^2}$$

로 표현된다. 이 방정식의 解는 $u(x) = Ce^{\pm ikx}$이다. 여기서 C은 규격화 상수이다.
그때 고유치 방정식과 고유함수 및 고유치는 다음과 같다.

$$Hu(x) = Eu(x) \Rightarrow \begin{cases} u_+(x) = Ce^{+ikx} \to E = \dfrac{\hbar^2 k^2}{2m} \\[3mm] u_-(x) = Ce^{-ikx} \to E = \dfrac{\hbar^2 k^2}{2m} \end{cases}$$ ∎

즉, 두 고유함수 $u_+(x)$와 $u_-(x)$은 같은 고유치를 가지므로, 이들 두 고유함수는 축퇴되
어 있다고 말한다.
그러면, 이들 두 고유함수를 구별하는 방법이 있는가에 대해 알아보자.

① $p_{op}e^{\pm ikx} = \dfrac{\hbar}{i}\dfrac{d}{dx}e^{\pm ikx} = \pm\hbar k e^{\pm ikx}$

$\therefore \ p_{op}e^{\pm ikx} = \pm\hbar k e^{\pm ikx}$

이 식은 운동량 연산자에 대한 고유치 방정식에 해당하며, 각각의 고유함수에 대응하는 다른 고유치를 준다는 것을 알 수 있다. 즉 운동량 연산자를 적용하면 두 고유함수를 구별할 수 있다.

② 바로 다음 절에서 배울 **패러티**(parity) 연산자 (P)로 축퇴되어 있는 두 고유함수를 구별할 수 있다.

$$\begin{cases} P[e^{ikx}+e^{-ikx}] = e^{-ikx}+e^{ikx} = [e^{ikx}+e^{-ikx}] \\ P[e^{ikx}-e^{-ikx}] = e^{-ikx}-e^{ikx} = -[e^{ikx}-e^{-ikx}] \end{cases}$$

여기서 $u_+(x) = e^{ikx}+e^{-ikx}$ 그리고 $u_-(x) = e^{ikx}-e^{-ikx}$ 라 하면 위 식은

$$Pu_\pm(x) = \pm u_\pm(x)$$

로 나타낼 수 있다.

⑥ 패러티 연산자

(i) 1차원 함수에 대해 패러티 연산자(P)는 x을 $-x$로 위치를 바꾸는 역할을 한다.

$$P\Psi(x) = \Psi(-x)$$

$\Psi(x)$은 패러티 연산자의 고유함수가 아님을 알 수 있다.
그리고

$$[p_{op},\ P]\Psi(x) = p_{op}P\Psi(x) - Pp_{op}\Psi(x) = p_{op}\Psi(-x) - \dfrac{\hbar}{i}P\dfrac{d\Psi(x)}{dx}$$

$$= \dfrac{\hbar}{i}\dfrac{d\Psi(-x)}{dx} - \dfrac{\hbar}{i}\dfrac{d\Psi(-x)}{d(-x)} = 2\dfrac{\hbar}{i}\dfrac{d\Psi(-x)}{dx} \neq 0$$

이므로 패러티 연산자는 운동량 연산자와 교환관계가 성립하지 못한다.

(ii) $P^2\Psi(x) = PP\Psi(x) = P\Psi(-x) = \Psi(x)$이므로 $\Psi(x)$은 P^2의 고유함수이며, 고유치는 1이다.

$\Rightarrow P^2 = 1 \ \Rightarrow \ P = \pm 1$

그러므로 연산자 P는 ± 1의 값을 가질 수 있다. 이 값을 고유치로 갖는 고유함수에 대해 알아보자.

(iii) 패러티 연산자의 우함수 고유상태와 기함수 고유상태에 대해 살펴보자.

$$P\frac{1}{2}[\Psi(x)+\Psi(-x)] = \frac{1}{2}[\Psi(-x)+\Psi(x)] = \frac{1}{2}[\Psi(x)+\Psi(-x)]$$

이처럼 고유상태 $\frac{1}{2}[\Psi(x)+\Psi(-x)]$에 대해 패러티 연산자가 고유치 $+1$을 주기 때문에 우함수 고유상태를 다음과 같이 정의할 수 있다.

$$\Psi_+(x) \equiv \frac{1}{2}[\Psi(x)+\Psi(-x)]$$

그때 $P\Psi_+(x)=\Psi_+(x)$가 된다.

유사한 방법으로

$$P\frac{1}{2}[\Psi(x)-\Psi(-x)] = \frac{1}{2}[\Psi(-x)-\Psi(x)] = -\frac{1}{2}[\Psi(x)-\Psi(-x)]$$

와 같이 고유상태 $\frac{1}{2}[\Psi(x)-\Psi(-x)]$에 대해서는 패러티 연산자가 고유치 -1을 주기 때문에 기함수 고유상태를 다음과 같이 정의할 수 있다.

$$\Psi_-(x) \equiv \frac{1}{2}[\Psi(x)-\Psi(-x)]$$

그때 $P\Psi_-(x)=-\Psi_-(x)$가 된다.

(iv) 임의의 파동함수 $\Psi(x)$은

$$\Psi(x) = \frac{1}{2}[\Psi(x)+\Psi(-x)] + \frac{1}{2}[\Psi(x)-\Psi(-x)] = \Psi_+(x)+\Psi_-(x)$$

로 나타낼 수 있기 때문에 임의의 파동함수 $\Psi(x)$은 우함수 고유상태와 기함수 고유상태의 합으로 이루어져 있음을 알 수 있다.

(v) 우함수 고유상태와 기함수 고유상태는 시간이 지나도 섞이지 않는다.

시간의존 슈뢰딩거 방정식으로부터

$$i\hbar\frac{\partial \Psi(x,t)}{\partial t} = H\Psi(x,t) \implies i\hbar\frac{\partial P\Psi}{\partial t} = HP\Psi \qquad \text{여기서 } [H,\ P]=0\text{임을 가정함}$$

$$\implies i\hbar\frac{\partial P(\Psi_++\Psi_-)}{\partial t} = HP(\Psi_++\Psi_-)$$

$$\Rightarrow i\hbar \frac{\partial(\Psi_+ - \Psi_-)}{\partial t} = H(\Psi_+ - \Psi_-)$$

$$\therefore \begin{cases} i\hbar \dfrac{\partial \Psi_+}{\partial t} = H\Psi_+ \\ i\hbar \dfrac{\partial \Psi_-}{\partial t} = H\Psi_- \end{cases}$$

즉, 우함수 고유상태와 기함수 고유상태는 시간이 지나도 서로 섞이지 않는다. 이는 시간과 무관하게 초기의 우함수 고유상태와 기함수 고유상태가 시간이 지나도 그대로 유지됨을 의미한다.

⇒ 연산자 A가 시간의 양함수(explicit function)가 아니면서 $[A,\ H] = 0$을 만족하면 '**운동 상수**(constant of motion)'라 한다.

(※ 연산자를 시간의 함수로 나타내는 하이젠베르크 묘사를 생각해보세요.)

패러티 연산자 P와 해밀토니안 연산자 H의 교환 관계는 다음과 같다.

$$[P,\ H] = \left[P,\ \frac{p^2}{2m} + U(x)\right] = \left[P,\ \frac{p^2}{2m}\right] + [P,\ U(x)] = [P,\ U(x)] = 0$$

여기서, $U(x) = U(-x)$임을 가정하였다.

⑦ 슈미트 직교화 과정

에르미트 연산자($A = A^+$)에 관해, 축퇴되어 있는 규격화된 두 고유함수 u_1과 u_2로부터

$$\begin{cases} Au_1 = au_1 \\ Au_2 = au_2 \end{cases}$$

이들과 직교하는 새로운 규격화된 고유함수 u을 구하는 방법을 **슈미트 직교화 과정**(Schmidt orthogonalization procedure)이라 한다.

새로운 직교함수를 다음과 같이 정의하자.

$$u = c_1 u_1 + c_2 u_2 \qquad\qquad 여기서\ c_1과\ c_2은\ 실수인\ 상수이다.$$

먼저 이렇게 정의된 u도 연산자 A의 고유함수임을 보이자.

$$Au = A(c_1 u_1 + c_2 u_2) = c_1 A u_1 + c_2 A u_2 = c_1 a u_1 + c_2 a u_2 = a(c_1 u_1 + c_2 u_2) = au$$

$$\therefore \ Au = au$$

그러므로 $u = c_1 u_1 + c_2 u_2$도 u_1 그리고 u_2와 같은 고유치 a을 갖는 연산자 A의 고유함수이다.

이제 상수 c_1과 c_2을 구해보자. 두 함수 u와 u_1이 서로 직교함을 요구하면

$$\int u_1^* u\, dx = 0 \ \Rightarrow \int dx \ (c_1 u_1^* u_1 + c_2 u_1^* u_2) = 0 \ \Rightarrow \ c_1 + c_2 \int dx \ u_1^* u_2 = 0$$

$$\therefore \ c_1 = - c_2 \int dx \ u_1^* u_2 \tag{3.7.1}$$

그리고 규격화 조건 $\displaystyle\int u^* u\, dx = 1$으로부터

$$\int dx \ (c_1 u_1^* + c_2 u_2^*)(c_1 u_1 + c_2 u_2) = 1$$

$$\Rightarrow c_1^2 + c_2^2 + c_1 c_2 \int dx \ u_1^* u_2 + c_1 c_2 \int dx \ u_2^* u_1 = 1$$

가 되고 이 식에 식 (3.7.1)을 대입하면

$$c_2^2 \left(\int dx \ u_1^* u_2 \right)^2 + c_2^2 - c_2^2 \left(\int dx \ u_1^* u_2 \right)^2 - c_2^2 \left| \int dx \ u_1^* u_2 \right|^2 = 1$$

$$\Rightarrow \begin{cases} c_2 = \dfrac{1}{\sqrt{1 - \left| \int dx \ u_1^* u_2 \right|^2}} \\[4mm] c_1 = - \dfrac{\int dx \ u_1^* u_2}{\sqrt{1 - \left| \int dx \ u_1^* u_2 \right|^2}} \end{cases}$$

의 관계식을 얻게 된다. 그러므로 축퇴되어 있는 두 고유함수 u_1과 u_2에 직교하는 고유함수 u은 다음과 같다.

$$u(x) = \frac{- u_1(x) \int u_1^*(x) u_2(x) dx + u_2(x)}{\sqrt{1 - \left| \int u_1^*(x) u_2(x) dx \right|^2}}$$

이 장을 정리하는 의미에서 교환자의 중요한 성질 몇 가지와 문제들을 [보충자료 2]에 기술하였다.

직교규격화(orthonormality) 조건은 다음과 같다.

$$\int_0^a u_m^*(x)u_n(x)dx = \delta_{mn}; \begin{cases} \int u_m^*(x)u_n(x)dx = c\delta_{mn} : \text{직교 (orthogonal)} \\ \int u_n^*(x)u_n(x)dx = 1 : \text{규격화 (normalize)} \end{cases}$$

[증명] (i) $m \neq n$일 경우

$$\text{우편이 } 0 \text{이므로 } \int_0^a u_m^*(x)u_n(x)dx = 0$$

(ii) $m = n$일 경우

식 (예 3.1.5)을 가지고 다음의 적분을 계산하자.

$$\int_0^a u_n^*(x)u_n(x)dx = \frac{2}{a}\int_0^a \left(\sin\frac{n\pi x}{a}\right)^2 dx = \frac{2}{a}\frac{1}{2}\int_0^a \left(1 - \cos\frac{2n\pi x}{a}\right)dx$$

$$= \frac{1}{a}\left(x - \frac{a}{2n\pi}\sin\frac{2n\pi x}{a}\right)\Big|_0^a = \frac{1}{a}a = 1$$

그러므로 $\int_0^a u_n^*(x)u_n(x)dx = 1$

(i)와 (ii)의 결과로부터

$$\therefore \int_0^a u_m^*(x)u_n(x)dx = \delta_{mn}$$

1. 교환자의 중요한 성질 몇 가지를 한 번 더 정리해보자.

- $[A,\ B] = -[B,\ A]$

- $[A,\ B]^+ = [B^+,\ A^+]$

- $(i[A,\ B])^* = i[A,\ B]$

- $[AB,\ C] = A[B,\ C] + [A,\ C]B$

- $[A,\ [B,\ C]] + [B,\ [C,\ A]] + [C,[A,\ B]] = 0$

- $e^x = 1 + x + \dfrac{x^2}{2!} + \cdots\cdots = \sum_{n=0}^{\infty} \dfrac{x^n}{n!} \Rightarrow e^A = A^0 + A + \dfrac{A^2}{2!} + \cdots\cdots = \sum_{n=0}^{\infty} \dfrac{A^n}{n!}$

$\Rightarrow e^A B e^{-A} = B + [A,\ B] + \dfrac{1}{2!}[A,\ [A,\ B]] + \dfrac{1}{3!}[A,\ [A,\ [A,\ B]]] + \cdots\cdots$

(Baker-Campbell-Hausdorff expansion)

문제 1 포텐셜 에너지 $U(x) = a^2 x^2$ (a은 상수)에서 질량 m인 입자의 파동함수가 $\Psi(x) = e^{-\sqrt{\frac{ma^2}{2\hbar^2}}x^2}$로 주어진다. 이때, 이 계의 에너지를 구하세요. (힌트: 시간에 독립적인 슈뢰딩거 방정식을 사용하세요.)

풀이

$$H\Psi = E\Psi \Rightarrow \left(\frac{p^2}{2m} + U\right)\Psi = E\Psi \Rightarrow \left[-\frac{\hbar^2}{2m}\frac{d^2}{dx^2} + U(x)\right]\Psi = E\Psi$$

$$\Rightarrow \left[-\frac{\hbar^2}{2m}\frac{d^2}{dx^2} + U(x)\right]e^{-\sqrt{\frac{ma^2}{2\hbar^2}}x^2} = E e^{-\sqrt{\frac{ma^2}{2\hbar^2}}x^2} \qquad \text{(문 1.1)}$$

여기서

$$\frac{d}{dx}e^{-\sqrt{\frac{ma^2}{2\hbar^2}}x^2} = -2\sqrt{\frac{ma^2}{2\hbar^2}}\,x\,e^{-\sqrt{\frac{ma^2}{2\hbar^2}}x^2}$$

$$\Rightarrow \frac{d^2}{dx^2}e^{-\sqrt{\frac{ma^2}{2\hbar^2}}x^2} = -2\sqrt{\frac{ma^2}{2\hbar^2}}\,e^{-\sqrt{\frac{ma^2}{2\hbar^2}}x^2} + 4\frac{ma^2}{2\hbar^2}x^2 e^{-\sqrt{\frac{ma^2}{2\hbar^2}}x^2}$$

이를 식 (문 1.1)에 대입하면

$$\left[-\frac{\hbar^2}{2m}(-2)\sqrt{\frac{ma^2}{2\hbar^2}}-\frac{\hbar^2}{2m}4\frac{ma^2}{2\hbar^2}x^2+a^2x^2\right]e^{-\sqrt{\frac{ma^2}{2\hbar^2}}x^2}=Ee^{-\sqrt{\frac{ma^2}{2\hbar^2}}x^2}$$

$$\Rightarrow \frac{\hbar a}{\sqrt{2m}}\Psi=E\Psi$$

$$\therefore E=\frac{\hbar a}{\sqrt{2m}}$$

문제 2 $\dfrac{d}{dx}$ 가 선형 연산자인지 아닌지 판별하세요.

풀이

$$\frac{d}{dx}[c_1\Psi_1(x)+c_2\Psi_2(x)]=c_1\frac{d\Psi_1(x)}{dx}+c_2\frac{d\Psi_2(x)}{dx}$$

이 관계식은 선형 연산자에 대한 일반 관계식인

$$L[c_1\Psi_1(x)+c_2\Psi_2(x)]=c_1L[\Psi_1(x)]+c_2L[\Psi_2(x)]$$

에 해당하므로

$$\therefore \frac{d}{dx}\text{은 선형 연산자이다.}$$

문제 3 교환자 관계 $\left[\dfrac{d}{dx},\ x\right]$ 을 구하세요.

풀이

$$\left[\frac{d}{dx},\ x\right]\Psi=\frac{d}{dx}(x\Psi)-x\frac{d}{dx}\Psi=\Psi+x\frac{d\Psi}{dx}-x\frac{d\Psi}{dx}=\Psi$$

$$\therefore \left[\frac{d}{dx},\ x\right]=1$$

그러므로 $\dfrac{d}{dx}$ 와 x 은 교환되지 않는다.

문제 4 에르미트 연산자(A)의 고유치(a_n)가 실수임을 관계식 $A\Psi_n=a_n\Psi_n$ 을 이용하여 증명하세요. 여기서 Ψ_n 은 규격화된 고유함수이다. (**참고**: 에르미트 연산자의 곱의 결과가 반드시 에르미트 연산자일 필요는 없다. 다만 서로 다른 두 연산자 A, B가 $[A,\ B]=0$일 때만 성립함)

풀이

$$\int dx \ \Psi_n^*(A\Psi_n) = a_n \int dx \ \Psi_n^* \Psi_n = a_n \qquad \text{(문 4.1)}$$

한편

$$\int dx \ (A\Psi_n)^* \Psi_n = a_n^* \int dx \ \Psi_n^* \Psi_n = a_n^* \qquad \text{(문 4.2)}$$

식 (문 4.2)의 왼편 적분 항은

$$\int dx \ A^* \Psi_n^* \Psi_n = \int dx \ \Psi_n^* (A^*)^t \Psi_n = \int dx \ \Psi_n^* A \Psi_n \qquad \text{(문 4.3)}$$

그러므로 식 (문 4.1)에서 (문 4.2)를 빼면 $0 = a_n - a_n^*$ 이다.

∴ a_n은 실수

문제 5 에르미트 연산자 A의 두 고유함수가 다른 고유치를 가질 때, 이들 두 고유함수는 직교함을 보이세요.

풀이

주어진 문제의 조건으로부터

$$\begin{cases} A\Psi_n = a_n \Psi_n \\ A\Psi_m = a_m \Psi_m \end{cases}$$

의 관계식을 얻는다. 이로부터 다음 식을 얻을 수 있다.

$$\int dx \ \Psi_m^*(A\Psi_n) = a_n \int dx \ \Psi_m^* \Psi_n \qquad \text{(문 5.1)}$$

한편

$$\int dx \ (A\Psi_m)^* \Psi_n = a_m^* \int dx \ \Psi_m^* \Psi_n = a_m \int dx \ \Psi_m^* \Psi_n \qquad \text{(문 5.2)}$$

그리고 식 (문 5.2)의 왼편은 $\int dx \ (A\Psi_m)^* \Psi_n = \int dx \ \Psi_m^* A \Psi_n$ 이므로

식 (문 5.1)에서 (문 5.2)을 빼면

$$0 = (a_n - a_m) \int dx \ \Psi_m^* \Psi_n$$

이 된다. 여기서 고유치가 다르므로 $a_n \neq a_m$ 이 되고 위 식의 등식이 성립하기 위해서는

$$\int dx \ \Psi_m^* \Psi_n = 0$$

인 직교성의 관계식을 만족해야 한다.

1차원에서의 포텐셜 문제

고전 이론으로 예견되지 않은 현상인 **터널링**(tunneling)은 양자역학으로 이해할 수 있다. 이를 위해 어느 시간 t에서 위치의 함수로서 입자가 있을 확률밀도인 **확률밀도흐름**[20] (또는 probability current density)에 의해 정의되는 **반사율**과 **투과율**을 알아야 한다.

확률밀도흐름 $j(x)$, 반사율 R, 투과율 T은 각각 다음과 같이 정의된다.

$$j(x) = \frac{\hbar}{2im}\left[\Psi^*(x)\frac{d\Psi(x)}{dx} - \Psi(x)\frac{d\Psi^*(x)}{dx}\right]$$

$$R = \left|\frac{j_{반사}(x)}{j_{입사}(x)}\right|$$

$$T = \left|\frac{j_{투과}(x)}{j_{입사}(x)}\right|$$

양자역학의 중요한 성질인 터널링 효과는 반사율과 투과율을 구하여 설명할 수 있고, 이를 위해 포텐셜 형태에 따른 몇 가지 예시를 살펴보면 다음과 같다.

① 계단 포텐셜

입자가 그림 4.1과 같은 계단 포텐셜(potential step) $U(x)$을 가질 때 시간에 무관하고

---

(20) 이 용어의 영어 원문은 probability current density라는 표현이 자주 사용되고, 많은 번역서에서 이를 그대로 직역하여 확률흐름밀도라는 표현을 쓰고 있다. 하지만 의미상 확률밀도흐름이 적절한 표현이라 생각하여, 이 책에서는 확률밀도흐름이라는 표현을 일관되게 사용하기로 했다.

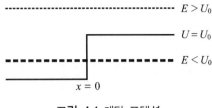

$$E > U_0$$
$$U = U_0$$
$$E < U_0$$
$$x = 0$$

그림 4.1 계단 포텐셜

단지 위치에만 의존하는 슈뢰딩거 방정식은 다음과 같다.

$$\frac{d^2 u(x)}{dx^2} + \frac{2m}{\hbar^2}[E - U(x)]u(x) = 0$$

(1) $E < 0$인 경우

① $x < 0$ 영역에서 포텐셜 에너지는 0이므로

$$\frac{d^2 u(x)}{dx^2} - \frac{2m}{\hbar^2}|E|u(x) = 0 \;\Rightarrow\; \frac{d^2 u(x)}{dx^2} - \kappa^2 u(x) = 0 \quad \text{여기서 } \kappa^2 = \frac{2m}{\hbar^2}|E|$$

$$\Rightarrow u_-(x) = Ae^{\kappa x} + Be^{-\kappa x}$$

$x < 0$ 영역에서 解가 발산하지 않기 위해서는 $B = 0$이 되어야 한다.

$$\therefore \; u_-(x) = Ae^{\kappa x}$$

② $x > 0$ 영역에서 포텐셜 에너지는 $U = U_0 > 0$이므로

$$\frac{d^2 u(x)}{dx^2} - \frac{2m}{\hbar^2}(|E| + U_0)u(x) = 0 \;\Rightarrow\; \frac{d^2 u(x)}{dx^2} - k^2 u(x) = 0 \quad \text{여기서 } k^2 = \frac{2m}{\hbar^2}(|E| + U_0)$$

$$\Rightarrow u_+(x) = Ce^{kx} + De^{-kx}$$

$x > 0$ 영역에서 解가 발산하지 않기 위해서는 $C = 0$이 되어야 한다.

$$\therefore \; u_+(x) = De^{-kx}$$

그러므로 ①과 ②로부터 슈뢰딩거 방정식을 만족하는 解는 다음과 같다.

$$\begin{cases} u_-(x) = Ae^{\kappa x} \\ u_+(x) = De^{-kx} \end{cases} \tag{4.1.1}$$

이제, 경계조건인 $u_-(0) = u_+(0)$와 $\left.\dfrac{du_-(x)}{dx}\right|_{x=0} = \left.\dfrac{du_+(x)}{dx}\right|_{x=0}$ 을 식 (4.1.1)에 적용하면

$$\begin{cases} A = D \\ \kappa A = -kD \end{cases} \Rightarrow A = D = 0$$

을 얻기 때문에 $E < 0$인 경우에는 파동함수의 解가 존재하지 않는다. 그러므로 입자는 $E < 0$인 상태에 있을 확률이 0이고 확률밀도흐름 또한 없다.

(2) $0 < E < U_0$인 경우

① $x < 0$ 영역에서 포텐셜 에너지는 0이므로

$$\frac{d^2 u(x)}{dx^2} + \frac{2m}{\hbar^2} E u(x) = 0 \Rightarrow \frac{d^2 u(x)}{dx^2} + k^2 u(x) = 0 \qquad \text{여기서 } k^2 = \frac{2m}{\hbar^2} E$$

$$\therefore \ u_-(x) = A e^{ikx} + B e^{-ikx}$$

② $x > 0$ 영역에서는

$$\frac{d^2 u(x)}{dx^2} + \frac{2m}{\hbar^2} (E - U_0) u(x) = 0 \Rightarrow \frac{d^2 u(x)}{dx^2} - \kappa^2 u(x) = 0 \quad \text{여기서 } \kappa^2 = \frac{2m}{\hbar^2} |E - U_0|$$

$$\Rightarrow u_+(x) = C e^{\kappa x} + D e^{-\kappa x}$$

$x > 0$ 영역에서 解가 발산하지 않기 위해서는 $C = 0$이 되어야 한다.

$$\therefore \ u_+(x) = D e^{-\kappa x}$$

이제, 경계조건 $u_-(0) = u_+(0)$와 $\left.\dfrac{du_-(x)}{dx}\right|_{x=0} = \left.\dfrac{du_+(x)}{dx}\right|_{x=0}$ 을 적용하면

$$\begin{cases} A + B = D \\ ik(A - B) = -\kappa D \end{cases} \tag{4.1.2}$$

$$\Rightarrow ik(A - B) = -\kappa(A + B)$$

$$\Rightarrow \frac{B}{A} = \frac{ik + \kappa}{ik - \kappa} \tag{4.1.3}$$

을 얻고 식 (4.1.3)을 (4.1.2)의 첫 번째 관계식에 대입하여 B을 소거하면

$$A\left(1 + \frac{ik + \kappa}{ik - \kappa}\right) = D \Rightarrow \frac{D}{A} = \frac{2ik}{ik - \kappa} \tag{4.1.4}$$

을 얻는다.

$x < 0$ 영역의 파동함수 $u_-(x) = A e^{ikx} + B e^{-ikx}$은 입사하는 파동함수 $u_{입사}(x)$와 포텐셜에 의해 반사된 파동함수 $u_{반사}(x)$로 이루어져 있다.

$$\therefore \begin{cases} u_{\text{입사}}(x) = Ae^{ikx} \\ u_{\text{반사}}(x) = Be^{-ikx} \end{cases} \tag{4.1.5}$$

이 식의 첫 번째 관계식을 확률밀도흐름을 정의한 식에 대입하면, 입사하는 확률밀도흐름 $j_{\text{입사}}(x)$을 다음과 같이 구할 수 있다.

$$\begin{aligned} j_{\text{입사}}(x) &= \frac{\hbar}{2im}\left[u_{\text{입사}}^*(x)\frac{du_{\text{입사}}(x)}{dx} - u_{\text{입사}}(x)\frac{du_{\text{입사}}^*(x)}{dx} \right] \\ &= \frac{\hbar}{2im}\left[A^*e^{-ikx}(ikAe^{ikx}) - Ae^{ikx}(-ikA^*e^{-ikx}) \right] = \frac{\hbar k}{m}|A|^2 \end{aligned}$$

$$\therefore \ j_{\text{입사}}(x) = \frac{\hbar k}{m}|A|^2 \tag{4.1.6}$$

유사한 방법으로, 식 (4.1.5)의 두 번째 관계식을 확률밀도흐름을 정의한 식에 대입하면, 계단 포텐셜에 의해 반사되는 확률밀도흐름 $j_{\text{반사}}(x)$을 구할 수 있다.

$$j_{\text{반사}}(x) = \frac{\hbar}{2im}\left[B^*e^{ikx}(-ikBe^{-ikx}) - Be^{-ikx}(ikB^*e^{ikx}) \right] = -\frac{\hbar k}{m}|B|^2$$

$$\therefore \ j_{\text{반사}}(x) = -\frac{\hbar k}{m}|B|^2 \tag{4.1.7}$$

그리고 투과하는 파동함수는 $u_+(x) = De^{-\kappa x}$이므로 투과 확률밀도흐름 $j_{\text{투과}}(x)$은 다음과 같다.

$$j_{\text{투과}}(x) = \frac{\hbar}{2im}\left[D^*e^{-\kappa x}(-\kappa De^{-\kappa x}) - De^{-\kappa x}(-\kappa D^*e^{-\kappa x}) \right] = 0$$

$$\therefore \ j_{\text{투과}}(x) = 0 \tag{4.1.8}$$

이 결과들로부터 반사율 $R = \left| \dfrac{j_{\text{반사}}}{j_{\text{입사}}} \right|$과 투과율 $T = \left| \dfrac{j_{\text{투과}}}{j_{\text{입사}}} \right|$을 각각 다음과 같이 구할 수 있다. 식 (4.1.6)과 (4.1.7)로부터 반사율은

$$R = \left|\frac{B}{A}\right|^2 = \left(\frac{B}{A}\right)^*\left(\frac{B}{A}\right) = \left(\frac{-ik+\kappa}{-ik-\kappa}\right)\left(\frac{ik+\kappa}{ik-\kappa}\right) \qquad \because \text{식 (4.1.3)으로부터}$$

$$= \frac{k^2+\kappa^2}{k^2+\kappa^2} = 1 \tag{4.1.9}$$

그리고 식 (4.1.6)과 (4.1.8)로부터 투과율은

$$T = 0 \tag{4.1.10}$$

가 된다. 그러므로 이 경우$(0 < E < U_0)$에 대한 $R = 1$과 $T = 0$인 결과는 입사하는 파는

전부 반사되고 투과하는 파가 없음을 의미한다.

또한

$$|j_{반사}| + |j_{투과}| = \frac{\hbar k}{m}|B|^2 + 0 \;=\; \frac{\hbar k}{m}\left(\frac{-ik+\kappa}{-ik-\kappa}\right)\left(\frac{ik+\kappa}{ik-\kappa}\right)|A|^2 \qquad \because 식\ (4.1.3)으로부터$$

$$= \frac{\hbar k}{m}|A|^2 = |j_{입사}| \tag{4.1.11}$$

즉, 입사하는 확률밀도흐름은 반사하는 확률밀도흐름과 투과하는 확률밀도흐름의 합과 같다. 식 (4.1.11)은 다시 표현하면 $R + T = 1$로 반사율과 투과율의 합이 1과 같음을 의미한다.

식 (4.1.10)이 의미하는 바는 $x > 0$ 영역에서 입자의 확률밀도흐름이 없다는 뜻이다. 그러나 식 (4.1.4)의 $\dfrac{D}{A} = \dfrac{2ik}{ik-\kappa} \Rightarrow D \neq 0$은 $x > 0$ 영역에 파동함수가 존재한다는 뜻으로 입자를 발견할 확률이 0이 아님을 뜻한다. 이러한 결과는 입자의 파동성에 의해 포텐셜 벽을 뚫고 지나가는 **터널링 효과**로서 양자역학의 중요한 성질 중의 하나이다.

(3) $E > U_0$인 경우

① $x < 0$ 영역에서

$$\frac{d^2u(x)}{dx^2} + \frac{2m}{\hbar^2}Eu(x) = 0 \;\Rightarrow\; \frac{d^2u(x)}{dx^2} + k^2u(x) = 0 \qquad 여기서\ k^2 = \frac{2m}{\hbar^2}E$$

$$\therefore\; u_-(x) = Ae^{ikx} + Be^{-ikx} \tag{4.1.12}$$

② $x > 0$ 영역에서

$$\frac{d^2u(x)}{dx^2} + \frac{2m}{\hbar^2}(E-U_0)u(x) = 0 \;\Rightarrow\; \frac{d^2u(x)}{dx^2} + \kappa^2u(x) = 0 \quad 여기서\ \kappa^2 = \frac{2m}{\hbar^2}(E-U_0)$$

$$\Rightarrow u_+(x) = Ce^{i\kappa x} + De^{-i\kappa x}$$

여기서, $x > 0$ 영역에서는 포텐셜 장벽을 이미 넘어왔기 때문에 반대 방향으로 반사하는 파는 없을 것이기 때문에 $D = 0$이 된다.

$$\therefore\; u_+(x) = Ce^{i\kappa x} \tag{4.1.13}$$

위에서 구한 파동함수에 경계조건 $u_-(0) = u_+(0)$와 $\left.\dfrac{du_-(x)}{dx}\right|_{x=0} = \left.\dfrac{du_+(x)}{dx}\right|_{x=0}$ 을 적용하면 다음의 관계식을 얻는다.

$$\begin{cases} A + B = C \\ ik(A - B) = i\kappa C \end{cases} \Rightarrow A(ik - i\kappa) = B(ik + i\kappa) \tag{4.1.14}$$

$$\therefore \frac{B}{A} = \frac{k - \kappa}{k + \kappa} \tag{4.1.15}$$

식 (4.1.15)을 (4.1.14)의 첫 번째 관계식에 대입하면

$$\therefore \frac{C}{A} = \frac{2k}{k + \kappa} \tag{4.1.16}$$

입사하는 파와 반사하는 파는 식 (4.1.12)에서 각각 $u_{입사}(x) = Ae^{ikx}$와 $u_{반사}(x) = Be^{-ikx}$이고, 투과하는 파는 식 (4.1.13)과 같이 $u_{투과}(x) = Ce^{i\kappa x}$임을 알 수 있다.

입사하는 확률밀도흐름 $j_{입사}(x)$, 반사하는 확률밀도흐름 $j_{반사}(x)$ 그리고 투과하는 확률밀도흐름 $j_{투과}(x)$을 위 결과들로부터 각각 구해보면 다음과 같다.

$$\begin{aligned} j_{입사}(x) &= \frac{\hbar}{2im}\left[u_{입사}^*(x)\frac{du_{입사}(x)}{dx} - u_{입사}(x)\frac{du_{입사}^*(x)}{dx} \right] \\ &= \frac{\hbar}{2im}[A^* e^{-ikx}(ikAe^{ikx}) - Ae^{ikx}(-ikA^* e^{-ikx})] = \frac{\hbar k}{m}|A|^2 \end{aligned} \tag{4.1.17}$$

$$j_{반사}(x) = \frac{\hbar}{2im}\left[B^* e^{ikx}(-ikBe^{-ikx}) - Be^{-ikx}(ikB^* e^{ikx}) \right] = -\frac{\hbar k}{m}|B|^2 \tag{4.1.18}$$

그리고

$$\begin{aligned} j_{투과}(x) &= \frac{\hbar}{2im}\left[u_{투과}^*(x)\frac{du_{투과}(x)}{dx} - u_{투과}(x)\frac{du_{투과}^*(x)}{dx} \right] \\ &= \frac{\hbar}{2im}[C^* e^{-i\kappa x}(i\kappa Ce^{i\kappa x}) - Ce^{i\kappa x}(-i\kappa C^* e^{-i\kappa x})] = \frac{\hbar \kappa}{m}|C|^2 \end{aligned} \tag{4.1.19}$$

이 결과들로부터 반사율 R과 투과율 T를 다음과 같이 구할 수 있다.

반사율은

$$R = \left| \frac{j_{반사}}{j_{입사}} \right| = \left| \frac{B}{A} \right|^2 = \left(\frac{k - \kappa}{k + \kappa} \right)^2 \qquad \because \text{식 (4.1.15)로부터}$$

그리고 투과율은

$$T= \left| \frac{j_{투과}}{j_{입사}} \right| = \frac{\kappa}{k} \left| \frac{C}{A} \right|^2 = \frac{\kappa}{k} \left(\frac{2k}{k+\kappa} \right)^2 \qquad \because \text{식 (4.1.16)으로부터}$$

그리고 식 (4.1.11)에서 보였듯이 이 경우에도 반사율과 투과율의 합은 항상 1이다.

$$R+ T= \left(\frac{k-\kappa}{k+\kappa} \right)^2 + \frac{\kappa}{k} \left(\frac{2k}{k+\kappa} \right)^2 = \frac{k(k-\kappa)^2 + 4k^2\kappa}{k(k+\kappa)^2}$$

$$= \frac{k[(k-\kappa)^2 + 4k\kappa]}{k(k+\kappa)^2} = \frac{k(k+\kappa)^2}{k(k+\kappa)^2} = 1$$

$$\therefore \;\; R+ T= 1$$

계단 포텐셜이 있을 때 입자의 운동을 기술하는 결과를 정리하면
• 입사하는 입자의 파동성의 결과로서 포텐셜 장벽을 만나면 반사파가 존재함
• $0 < E < U_0$인 경우, 고전적으로 $x > 0$인 영역에서 입자를 발견할 확률이 없지만, 양자이론에서는 입자의 파동성에 의해 포텐셜 벽을 뚫고 지나가는 터널링 효과에 의해 포텐셜 벽 내에서도 입자가 존재할 확률이 있음
• 에너지가 매우 커져서 $E \gg U_0$일 때 $k \approx \kappa$에 해당하므로 $T \to 1$가 되어 모든 파는 투과함

이들 결과를 종합하여 나타내면 다음과 같다.

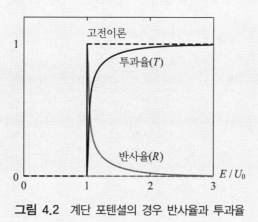

그림 4.2 계단 포텐셜의 경우 반사율과 투과율

② 네모난 포텐셜 장벽

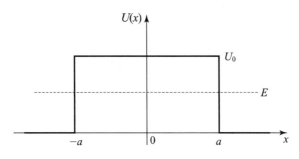

그림 4.3 네모난 포텐셜 장벽

이미 앞의 문제에서 $E < 0$인 경우 解가 존재하지 않음을 알았기 때문에 여기서는 $E > 0$인 경우만 고려하자.

(1) $0 < E < U_0$일 때

① $x < -a$인 영역에서

$$\frac{d^2u(x)}{dx^2} + \frac{2m}{\hbar^2}Eu(x) = 0 \;\Rightarrow\; \frac{d^2u(x)}{dx^2} + k^2u(x) = 0 \qquad \text{여기서 } k^2 = \frac{2m}{\hbar^2}E$$

$$\therefore\; u_I(x) = A_+e^{ikx} + A_-e^{-ikx} \tag{4.2.1}$$

② $-a < x < a$인 영역에서

$$\frac{d^2u(x)}{dx^2} + \frac{2m}{\hbar^2}(E - U_0)u(x) = 0 \;\Rightarrow\; \frac{d^2u(x)}{dx^2} - \frac{2m}{\hbar^2}|E - U_0|u(x) = 0$$

$$\Rightarrow \frac{d^2u(x)}{dx^2} - \kappa^2u(x) = 0 \qquad \text{여기서 } \kappa^2 = \frac{2m}{\hbar^2}|E - U_0|$$

$$\therefore\; u_{II}(x) = B_+e^{\kappa x} + B_-e^{-\kappa x} \tag{4.2.2}$$

③ $x > a$인 영역에서

$$\frac{d^2u(x)}{dx^2} + \frac{2m}{\hbar^2}Eu(x) = 0 \;\Rightarrow\; \frac{d^2u(x)}{dx^2} + k^2u(x) = 0 \qquad \text{여기서 } k^2 = \frac{2m}{\hbar^2}E$$

$$\Rightarrow u_{III}(x) = C_+e^{ikx} + C_-e^{-ikx} \tag{4.2.3}$$

여기서, $x > a$ 영역에서는 반사되는 파가 없기 때문에 $C_- = 0$이 된다. 그러나 이 문제에에 대한 일반식을 먼저 구한 뒤, 나중에 $C_- = 0$의 결과를 적용하자.

경계조건 $u_I(-a) = u_{II}(-a)$, $u_{II}(a) = u_{III}(a)$, $\left.\dfrac{du_I(x)}{dx}\right|_{x=-a} = \left.\dfrac{du_{II}(x)}{dx}\right|_{x=-a}$ 와

$\left.\dfrac{du_{II}(x)}{dx}\right|_{x=a} = \left.\dfrac{du_{III}(x)}{dx}\right|_{x=a}$ 을 적용하면

$$\begin{cases} A_+ e^{-ika} + A_- e^{ika} = B_+ e^{-\kappa a} + B_- e^{\kappa a} \\ B_+ e^{\kappa a} + B_- e^{-\kappa a} = C_+ e^{ika} + C_- e^{-ika} \end{cases} \tag{4.2.4}$$

그리고

$$\begin{cases} ikA_+ e^{-ika} - ikA_- e^{ika} = \kappa B_+ e^{-\kappa a} - \kappa B_- e^{\kappa a} \\ \kappa B_+ e^{\kappa a} - \kappa B_- e^{-\kappa a} = ikC_+ e^{ika} - ikC_- e^{-ika} \end{cases} \tag{4.2.5}$$

을 얻게 된다.

위 식 (4.2.4)의 첫 번째 관계식과 (4.2.5)의 두 번째 관계식을 각각 행렬표현으로 나타내면 다음과 같다.

$$\begin{pmatrix} e^{-ika} & e^{ika} \\ ike^{-ika} & -ike^{ika} \end{pmatrix}\begin{pmatrix} A_+ \\ A_- \end{pmatrix} = \begin{pmatrix} e^{-\kappa a} & e^{\kappa a} \\ \kappa e^{-\kappa a} & -\kappa e^{\kappa a} \end{pmatrix}\begin{pmatrix} B_+ \\ B_- \end{pmatrix} \tag{4.2.6}$$

$$\begin{pmatrix} e^{\kappa a} & e^{-\kappa a} \\ \kappa e^{\kappa a} & -\kappa e^{-\kappa a} \end{pmatrix}\begin{pmatrix} B_+ \\ B_- \end{pmatrix} = \begin{pmatrix} e^{ika} & e^{-ika} \\ ike^{ika} & -ike^{-ika} \end{pmatrix}\begin{pmatrix} C_+ \\ C_- \end{pmatrix} \tag{4.2.7}$$

관심 있는 물리량은 반사율과 장벽을 뚫고 나온 입자의($x > a$ 영역) 투과율이므로 이들 관계식으로부터 A_+, A_-, C_+을 구하면 된다. 이를 위해 식 (4.2.6)와 (4.2.7)을 이용하여 B_+와 B_-을 소거하자.

식 (4.2.6)의 가장 왼쪽 행렬을

$$\begin{pmatrix} e^{-ika} & e^{ika} \\ ike^{-ika} & -ike^{ika} \end{pmatrix} \equiv P$$

로 놓고 이의 역행렬을 구해보자[21]. 먼저 행렬 P의 여인수 행렬 C와 그것의 전치행렬 C^T은

$$C = \begin{pmatrix} (-1)^{1+1}|M_{11}| & (-1)^{1+2}|M_{12}| \\ (-1)^{2+1}|M_{21}| & (-1)^{2+2}|M_{22}| \end{pmatrix} = \begin{pmatrix} -ike^{ika} & -ike^{-ika} \\ -e^{ika} & e^{-ika} \end{pmatrix}$$

$$\Rightarrow C^T = \begin{pmatrix} -ike^{ika} & -e^{ika} \\ -ike^{-ika} & e^{-ika} \end{pmatrix} \tag{4.2.8}$$

---

(21) 역행렬을 구하는 방법은 [보충자료 1]을 참조하세요.

이며 행렬 P의 행렬식은

$$|P| = \begin{vmatrix} e^{-ika} & e^{ika} \\ ike^{-ika} & -ike^{ika} \end{vmatrix} = -2ik \tag{4.2.9}$$

가 된다.

그러므로 가장 왼쪽 행렬 P의 역행렬 P^{-1}을 다음과 같이 구할 수 있다.

$$P^{-1} = \frac{1}{|P|} C^T = \frac{1}{-2ik} \begin{pmatrix} -ike^{ika} & -e^{ika} \\ -ike^{-ika} & e^{-ika} \end{pmatrix} = \frac{1}{2} \begin{pmatrix} e^{ika} & \dfrac{e^{ika}}{ik} \\ e^{-ika} & -\dfrac{e^{-ika}}{ik} \end{pmatrix} \tag{4.2.10}$$

유사한 방법으로 식 (4.2.7)의 가장 왼쪽 행렬

$$\begin{pmatrix} e^{\kappa a} & e^{-\kappa a} \\ \kappa e^{\kappa a} & -\kappa e^{-\kappa a} \end{pmatrix} \equiv Q$$

의 역행렬을 다음과 같이 구할 수 있다.

$$C = \begin{pmatrix} (-1)^{1+1}|M_{11}| & (-1)^{1+2}|M_{12}| \\ (-1)^{2+1}|M_{21}| & (-1)^{2+2}|M_{22}| \end{pmatrix} = \begin{pmatrix} -\kappa e^{-\kappa a} & -\kappa e^{\kappa a} \\ -e^{-\kappa a} & e^{\kappa a} \end{pmatrix}$$

$$\Rightarrow C^T = \begin{pmatrix} -\kappa e^{-\kappa a} & -e^{-\kappa a} \\ -\kappa e^{\kappa a} & e^{\kappa a} \end{pmatrix} \tag{4.2.11}$$

그리고

$$|Q| = \begin{vmatrix} e^{\kappa a} & e^{-\kappa a} \\ \kappa e^{\kappa a} & -\kappa e^{-\kappa a} \end{vmatrix} = -2\kappa \tag{4.2.12}$$

그러므로 행렬 Q의 역행렬

$$Q^{-1} = \frac{1}{-2\kappa} \begin{pmatrix} -\kappa e^{-\kappa a} & -e^{-\kappa a} \\ -\kappa e^{\kappa a} & e^{\kappa a} \end{pmatrix} = \frac{1}{2} \begin{pmatrix} e^{-\kappa a} & \dfrac{e^{-\kappa a}}{\kappa} \\ e^{\kappa a} & -\dfrac{e^{\kappa a}}{\kappa} \end{pmatrix} \tag{4.2.13}$$

을 얻게 된다.

이들 역행렬 식 (4.2.10)과 (4.2.13)을 위의 식 (4.2.6)과 (4.2.7)에 대입하면 $\begin{pmatrix} A_+ \\ A_- \end{pmatrix}$와 $\begin{pmatrix} C_+ \\ C_- \end{pmatrix}$의 관계식을 얻을 수 있다. 식 (4.2.6)의 좌·우편에 P^{-1} 행렬을 곱하면

$$P^{-1}P \begin{pmatrix} A_+ \\ A_- \end{pmatrix} = P^{-1} \begin{pmatrix} e^{-\kappa a} & e^{\kappa a} \\ \kappa e^{-\kappa a} & -\kappa e^{\kappa a} \end{pmatrix} \begin{pmatrix} B_+ \\ B_- \end{pmatrix}$$

$$\Rightarrow \begin{pmatrix} A_+ \\ A_- \end{pmatrix} = P^{-1} \begin{pmatrix} e^{-\kappa a} & e^{\kappa a} \\ \kappa e^{-\kappa a} & -\kappa e^{\kappa a} \end{pmatrix} \begin{pmatrix} B_+ \\ B_- \end{pmatrix} \tag{4.2.14}$$

을 얻게 되고 그리고 식 (4.2.7)의 좌·우편에 Q^{-1} 행렬을 곱하면

$$Q^{-1} Q \begin{pmatrix} B_+ \\ B_- \end{pmatrix} = Q^{-1} \begin{pmatrix} e^{ika} & e^{-ika} \\ ik e^{ika} & -ik e^{-ika} \end{pmatrix} \begin{pmatrix} C_+ \\ C_- \end{pmatrix}$$

$$\Rightarrow \begin{pmatrix} B_+ \\ B_- \end{pmatrix} = Q^{-1} \begin{pmatrix} e^{ika} & e^{-ika} \\ ik e^{ika} & -ik e^{-ika} \end{pmatrix} \begin{pmatrix} C_+ \\ C_- \end{pmatrix} \tag{4.2.15}$$

을 얻는다. 이 식을 식 (4.2.14)에 대입하면

$$\begin{pmatrix} A_+ \\ A_- \end{pmatrix} = P^{-1} \begin{pmatrix} e^{-\kappa a} & e^{\kappa a} \\ \kappa e^{-\kappa a} & -\kappa e^{\kappa a} \end{pmatrix} Q^{-1} \begin{pmatrix} e^{ika} & e^{-ika} \\ ik e^{ika} & -ik e^{-ika} \end{pmatrix} \begin{pmatrix} C_+ \\ C_- \end{pmatrix} \tag{4.2.16}$$

$$= \frac{1}{2} \begin{pmatrix} e^{ika} & \dfrac{e^{ika}}{ik} \\ e^{-ika} & -\dfrac{e^{-ika}}{ik} \end{pmatrix} \begin{pmatrix} e^{-\kappa a} & e^{\kappa a} \\ \kappa e^{-\kappa a} & -\kappa e^{\kappa a} \end{pmatrix} \frac{1}{2} \begin{pmatrix} e^{-\kappa a} & \dfrac{e^{-\kappa a}}{\kappa} \\ e^{\kappa a} & -\dfrac{e^{\kappa a}}{\kappa} \end{pmatrix} \begin{pmatrix} e^{ika} & e^{-ika} \\ ik e^{ika} & -ik e^{-ika} \end{pmatrix} \begin{pmatrix} C_+ \\ C_- \end{pmatrix}$$
$$\tag{4.2.17}$$

이제 위 식에 $C_- = 0$을 대입하여 계산하면 다음과 같다.

$$\begin{pmatrix} A_+ \\ A_- \end{pmatrix} = \begin{pmatrix} \left[\cosh 2\kappa a + \dfrac{i}{2} \left(\dfrac{\kappa}{k} - \dfrac{k}{\kappa} \right) \sinh 2\kappa a \right] e^{2ika} \\ -\dfrac{i}{2} \left(\dfrac{\kappa}{k} + \dfrac{k}{\kappa} \right) \sinh 2\kappa a \end{pmatrix} C_+ = \begin{pmatrix} (\cosh 2\kappa a + i\xi \sinh 2\kappa a) e^{2ika} \\ -i\eta \sinh 2\kappa a \end{pmatrix} C_+ \tag{4.2.18}$$

여기서 $\xi = \dfrac{1}{2} \left(\dfrac{\kappa}{k} - \dfrac{k}{\kappa} \right)$, 그리고 $\eta = \dfrac{1}{2} \left(\dfrac{\kappa}{k} + \dfrac{k}{\kappa} \right)$이다.

$$\Rightarrow \begin{cases} \dfrac{C_+}{A_+} = \dfrac{1}{\cosh 2\kappa a + i\xi \sinh 2\kappa a} e^{-2ika} \\[4mm] \dfrac{A_-}{A_+} = \dfrac{-i\eta \sinh 2\kappa a}{\cosh 2\kappa a + i\xi \sinh 2\kappa a} e^{-2ika} \end{cases} \tag{4.2.19}$$

한편 식 (4.2.1)과 (4.2.3)로부터

$$u_{\text{입사}} = A_+ e^{ikx}, \quad u_{\text{반사}} = A_- e^{-ikx} \quad \text{그리고} \quad u_{\text{투과}} = C_+ e^{ikx}$$

이므로 확률흐름밀도는

$$j_{\text{입사}}(x) = \frac{\hbar}{2im} [A_+^* e^{-ikx} (ik A_+ e^{ikx}) - A_+ e^{ikx} (-ik A_+^* e^{-ikx})] = \frac{\hbar k}{m} |A_+|^2 \tag{4.2.20}$$

$$j_{\text{반사}} = \frac{\hbar}{2im}[A_-^* e^{ikx}(-ikA_- e^{-ikx}) - A_- e^{-ikx}(ikA_-^* e^{ikx})] = -\frac{\hbar k}{m}|A_-|^2 \qquad (4.2.21)$$

그리고

$$j_{\text{투과}}(x) = \frac{\hbar}{2im}[C_+^* e^{-ikx}(ikC_+ e^{ikx}) - C_+ e^{ikx}(-ikC_+^* e^{-ikx})] = \frac{\hbar k}{m}|C_+|^2 \qquad (4.2.22)$$

가 된다.

그때, 반사율은 식 (4.2.20)과 (4.2.21)로부터

$$\therefore \quad R = \left|\frac{A_-}{A_+}\right|^2 = \frac{\eta^2 \sinh^2 2\kappa a}{\cosh^2 2\kappa a + \xi^2 \sinh^2 2\kappa a} \qquad (4.2.23)$$

그리고 투과율은 식 (4.2.20)과 (4.2.22)로부터

$$\therefore \quad T = \left|\frac{C_+}{A_+}\right|^2 = \frac{1}{\cosh^2 2\kappa a + \xi^2 \sinh^2 2\kappa a} \qquad (4.2.24)$$

가 된다.

$E \ll U_0$일 때, $2\sqrt{\dfrac{2m}{\hbar^2}|E - U_0|}\, a = 2\kappa a \gg 1$가 되므로

식 (4.2.24)의 분모에서

$$\begin{cases} \cosh 2\kappa a = \dfrac{e^{2\kappa a} + e^{-2\kappa a}}{2} \approx \dfrac{e^{2\kappa a}}{2} \\[2mm] \sinh 2\kappa a = \dfrac{e^{2\kappa a} - e^{-2\kappa a}}{2} \approx \dfrac{e^{2\kappa a}}{2} \end{cases}$$

이 결과들을 식 (4.2.24)에 대입하면

$$T \to \frac{1}{\left(\dfrac{e^{2\kappa a}}{2}\right)^2 + \dfrac{1}{4}\left(\dfrac{\kappa}{k} - \dfrac{k}{\kappa}\right)^2 \left(\dfrac{e^{2\kappa a}}{2}\right)^2} = \left(\frac{2}{e^{2\kappa a}}\right)^2 \frac{1}{1 + \dfrac{1}{4}\left(\dfrac{\kappa}{k} - \dfrac{k}{\kappa}\right)^2}$$

$$= \left(\frac{4}{e^{2\kappa a}}\right)^2 \frac{1}{4 + \left(\dfrac{\kappa}{k} - \dfrac{k}{\kappa}\right)^2} = \left(\frac{4}{e^{2\kappa a}}\right)^2 \left(\frac{k\kappa}{k^2 + \kappa^2}\right)^2$$

즉, $E \ll U_0$인 경우에도 $T \neq 0$이 아니다. 고전적으로는 투과를 못하지만, 파동성에 의해 장벽보다 낮은 에너지일 때도 파가 투과를 한다는 것을 의미한다. 예로서, 이것이 상당히 높은 포텐셜 벽에 갇혀 있는 핵자가 원자핵 밖으로 나올 수 있는 원리이다.

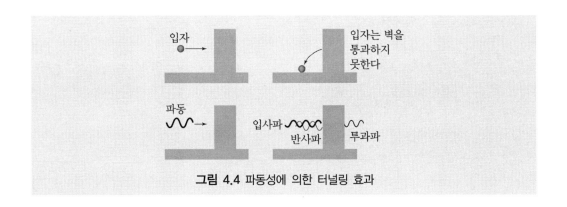

입자

입자는 벽을
통과하지
못한다

파동

입사파

반사파

투과파

그림 4.4 파동성에 의한 터널링 효과

이제 반사율과 투과율의 합을 구해보자.

$$R + T = \frac{\eta^2 \sinh^2 2\kappa a}{\cosh^2 2\kappa a + \xi^2 \sinh^2 2\kappa a} + \frac{1}{\cosh^2 2\kappa a + \xi^2 \sinh^2 2\kappa a}$$

$$= \frac{\eta^2 \sinh^2 2\kappa a + 1}{\cosh^2 2\kappa a + \xi^2 \sinh^2 2\kappa a}$$

여기서 위 식의 오른편 분수의 분모를 살펴보면

$$\cosh^2 2\kappa a + \xi^2 \sinh^2 2\kappa a = (1 + \sinh^2 2\kappa a) + \xi^2 \sinh^2 2\kappa a$$

$$= 1 + (1 + \xi^2)\sinh^2 2\kappa a = 1 + \frac{1}{4}\left[4 + \frac{(k^2 - \kappa^2)^2}{k^2 \kappa^2}\right]\sinh^2 2\kappa a$$

$$= 1 + \frac{1}{4}\frac{(k^2 + \kappa^2)^2}{k^2 \kappa^2}\sinh^2 2\kappa a = 1 + \left[\frac{1}{2}\left(\frac{\kappa}{k} + \frac{k}{\kappa}\right)\right]^2 \sinh^2 2\kappa a$$

$$= 1 + \eta^2 \sinh^2 2\kappa a$$

이 결과를 원 식에 대입하면 다음과 같은 기대한 결과를 얻는다.

$$R + T = 1$$

(2) $E > U_0$인 경우

앞의 (1)에서 다룬 내용 중 영역 ②만 解가 바뀌고 영역 ①과 ③은 동일한 조건이므로 같은 解를 가진다.

① $x < -a$ 영역에서는

$$u_I(x) = A_+ e^{ikx} + A_- e^{-ikx} \qquad \text{여기서 } k^2 = \frac{2m}{\hbar^2}E$$

② $-a < x < a$ 영역에서는

$$\frac{d^2u(x)}{dx^2} + \frac{2m}{\hbar^2}(E - U_0)u(x) = 0 \Rightarrow \frac{d^2u(x)}{dx^2} + \kappa^2 u(x) = 0 \quad \text{여기서 } \kappa^2 = \frac{2m}{\hbar^2}(E - U_0)$$

$$\therefore \ u_{II}(x) = B_+ e^{i\kappa x} + B_- e^{-i\kappa x}$$

③ $x > a$ 영역에서는

$$u_{III}(x) = C_+ e^{ikx} + C_- e^{-ikx} \qquad\qquad \text{여기서 } k^2 = \frac{2m}{\hbar^2}E$$

여기서 $x > a$ 영역에서는 반사되는 파가 없기 때문에 $C_- = 0$ 이다. 앞의 (1)에서 한 것과 같이 일반식을 먼저 구한 뒤, $C_- = 0$을 적용하자.

에너지 범위가 서로 다른 (1)과 (2)의 解를 비교해 보면, (1)에서 구한 식에 $\kappa \to i\kappa$을 넣어서 (2)에 해당하는 결과를 얻을 수 있다. 앞의 (1)에서 구한 결과에 $\kappa \to i\kappa$을 대입하면

$$\begin{cases} \cosh 2\kappa a = \dfrac{e^{2\kappa a} + e^{-2\kappa a}}{2} \xrightarrow{\kappa \to i\kappa} \dfrac{e^{i2\kappa a} + e^{-i2\kappa a}}{2} = \cos 2\kappa a \\[2mm] \sinh 2\kappa a = \dfrac{e^{2\kappa a} - e^{-2\kappa a}}{2} \xrightarrow{\kappa \to i\kappa} \dfrac{e^{i2\kappa a} - e^{-i2\kappa a}}{2} = i\sin 2\kappa a \end{cases}$$

을 얻는다.

또한 (1) 식에서의 ξ와 η은

$$\xi \xrightarrow{\kappa \to i\kappa} \frac{i}{2}\left(\frac{\kappa}{k} + \frac{k}{\kappa}\right) \quad \text{그리고} \quad \eta \xrightarrow{\kappa \to i\kappa} \frac{i}{2}\left(\frac{\kappa}{k} - \frac{k}{\kappa}\right)$$

로 바뀌게 된다.

그러므로

$$\begin{cases} \dfrac{C_+}{A_+} = \dfrac{e^{-2ika}}{\cosh 2\kappa a + i\xi\sinh 2\kappa a} \to \dfrac{e^{-2ika}}{\cos 2\kappa a - \xi\sin 2\kappa a} \\[4mm] \dfrac{A_-}{A_+} = \dfrac{-i\eta(\sinh 2\kappa a)e^{-2ika}}{\cosh 2\kappa a + i\xi\sinh 2\kappa a} \to \dfrac{i\eta(\sin 2\kappa a)e^{-2ika}}{\cos 2\kappa a - \xi\sin 2\kappa a} \end{cases} \tag{4.2.25}$$

※ $\kappa \to i\kappa$ 대입 후 ξ와 η은 $\xi \equiv \frac{1}{2}\left(\frac{\kappa}{k} + \frac{k}{\kappa}\right)$, $\eta \equiv \frac{1}{2}\left(\frac{\kappa}{k} - \frac{k}{\kappa}\right)$로 (1)에서와 다르게 정의한다.

그때, 투과율은

$$T = \left|\frac{C_+}{A_+}\right|^2 = \frac{1}{(\cos 2\kappa a - \xi\sin 2\kappa a)^2} \tag{4.2.26}$$

식 (4.2.26)에서 $2\kappa a = n\pi$이면 반사는 일어나지 않고 모두 투과하는 경우인 투과율 $T \to 1$이 된다.

즉
$$2\sqrt{\frac{2m}{\hbar^2}(E - U_0)}\,a = n\pi \qquad \text{여기서 } n = 1, 2, \cdots \text{이므로}$$

에너지가 $E = U_0 + \dfrac{n^2\pi^2\hbar^2}{8ma^2}$일 때 $T \to 1$이 된다.

이 결과를 그림으로 나타내면 다음과 같다.

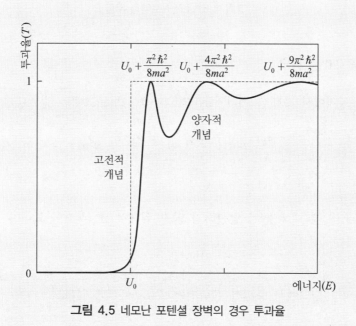

그림 4.5 네모난 포텐셜 장벽의 경우 투과율

③ 네모난 포텐셜 우물

슈뢰딩거 방정식

$$\frac{d^2 u(x)}{dx^2} + \frac{2m}{\hbar^2}[E - U(x)]u(x) = 0$$

에 이 문제를 적용해보자.

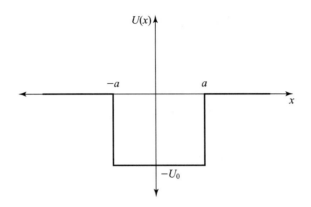

그림 4.6 네모난 포텐셜 우물

(1) $-U_0 < E < 0$인 경우

① $x < -a$ 영역에서 포텐셜 에너지는 $U(x) = 0$이므로 그때의 슈뢰딩거 방정식은

$$\frac{d^2 u(x)}{dx^2} - \frac{2m}{\hbar^2}|E|u(x) = 0 \implies \frac{d^2 u(x)}{dx^2} - \kappa^2 u(x) = 0 \text{ 여기서 } \kappa^2 = \frac{2m}{\hbar^2}|E|$$

$$\implies u_I(x) = A_+ e^{\kappa x} + A_- e^{-\kappa x}$$

여기서 $x \to -\infty$에 대해 解가 발산하지 않기 위해서 $A_- = 0$이 되어야 한다.

$$\therefore \ u_I(x) = A_+ e^{\kappa x} \tag{4.3.1}$$

② $-a < x < a$ 영역에서 포텐셜 에너지는 $U(x) = -U_0$이므로

$$\frac{d^2 u(x)}{dx^2} + \frac{2m}{\hbar^2}(-|E| + U_0)u(x) = 0 \implies \frac{d^2 u(x)}{dx^2} + k^2 u(x) = 0,$$

여기서 $k^2 = \frac{2m}{\hbar^2}(-|E| + U_0)$

$$\therefore \ u_{II}(x) = B_+ e^{ikx} + B_- e^{-ikx} \tag{4.3.2}$$

③ $x > a$ 영역의 경우 위의 ①의 경우와 같이 포텐셜 에너지는 $U(x) = 0$이므로

$$\frac{d^2 u(x)}{dx^2} - \frac{2m}{\hbar^2}|E|u(x) = 0 \implies \frac{d^2 u(x)}{dx^2} - \kappa^2 u(x) = 0 \qquad \text{여기서 } \kappa^2 = \frac{2m}{\hbar^2}|E|$$

$$\implies u_{III}(x) = C_+ e^{\kappa x} + C_- e^{-\kappa x}$$

여기서 $x \to \infty$에 대해 解가 발산하지 않기 위해서 $C_+ = 0$이 되어야 한다.

$$\therefore \quad u_{III}(x) = C_- e^{-\kappa x} \tag{4.3.3}$$

경계조건 $u_I(-a) = u_{II}(-a)$와 $u_{II}(a) = u_{III}(a)$로부터

$$\begin{cases} A_+ e^{-\kappa a} = B_+ e^{-ika} + B_- e^{ika} \\ B_+ e^{ika} + B_- e^{-ika} = C_- e^{-\kappa a} \end{cases} \tag{4.3.4}$$

을 얻고, 경계조건 $\dfrac{du_I(x)}{dx}\Big|_{x=-a} = \dfrac{du_{II}(x)}{dx}\Big|_{x=-a}$와 $\dfrac{du_{II}(x)}{dx}\Big|_{x=a} = \dfrac{du_{III}(x)}{dx}\Big|_{x=a}$로부터 다음의 관계식을 얻는다.

$$\begin{cases} \kappa A_+ e^{-\kappa a} = ik B_+ e^{-ika} - ik B_- e^{ika} \\ ik B_+ e^{ika} - ik B_- e^{-ika} = -\kappa C_- e^{-\kappa a} \end{cases} \tag{4.3.5}$$

식 (4.3.4)와 (4.3.5)을 앞의 네모난 포텐셜 장벽 문제 풀이에서처럼 행렬로 표현하면 다음과 같다.(앞 절에서 한 것과 유사하게 일반식을 먼저 구한 후에 $A_- = 0$과 $C_+ = 0$을 대입할 것이다.)

$$\begin{pmatrix} e^{-\kappa a} & e^{\kappa a} \\ \kappa e^{-\kappa a} & -\kappa e^{\kappa a} \end{pmatrix} \begin{pmatrix} A_+ \\ A_- \end{pmatrix} = \begin{pmatrix} e^{-ika} & e^{ika} \\ ik e^{-ika} & -ik e^{ika} \end{pmatrix} \begin{pmatrix} B_+ \\ B_- \end{pmatrix} \tag{4.3.6}$$

$$\begin{pmatrix} e^{ika} & e^{-ika} \\ ik e^{ika} & -ik e^{-ika} \end{pmatrix} \begin{pmatrix} B_+ \\ B_- \end{pmatrix} = \begin{pmatrix} e^{\kappa a} & e^{-\kappa a} \\ \kappa e^{\kappa a} & -\kappa e^{-\kappa a} \end{pmatrix} \begin{pmatrix} C_+ \\ C_- \end{pmatrix} \tag{4.3.7}$$

위 두 개 식의 가장 왼쪽에 있는 행렬의 역행렬을 각각 구해보면 다음과 같다.

$$\frac{1}{2} \begin{pmatrix} e^{\kappa a} & \dfrac{1}{\kappa} e^{\kappa a} \\ e^{-\kappa a} & -\dfrac{1}{\kappa} e^{-\kappa a} \end{pmatrix} \tag{4.3.8}$$

이 행렬은 식 (4.3.6)의 가장 왼쪽에 있는 행렬의 역행렬이며,

$$\frac{1}{2} \begin{pmatrix} e^{-ika} & \dfrac{1}{ik} e^{-ika} \\ e^{ika} & -\dfrac{1}{ik} e^{ika} \end{pmatrix} \tag{4.3.9}$$

이 행렬은 식 (4.3.7)의 가장 왼쪽에 있는 행렬의 역행렬이다.

이들 결과를 식 (4.3.6)과 (4.3.7)에 대입하면

$$\begin{pmatrix} A_+ \\ A_- \end{pmatrix} = \frac{1}{2} \begin{pmatrix} e^{\kappa a} & \frac{1}{\kappa} e^{\kappa a} \\ e^{-\kappa a} & -\frac{1}{\kappa} e^{-\kappa a} \end{pmatrix} \begin{pmatrix} e^{-ika} & e^{ika} \\ ike^{-ika} & -ike^{ika} \end{pmatrix} \frac{1}{2} \begin{pmatrix} e^{-ika} & \frac{1}{ik} e^{-ika} \\ e^{ika} & -\frac{1}{ik} e^{ika} \end{pmatrix} \begin{pmatrix} e^{\kappa a} & e^{-\kappa a} \\ \kappa e^{\kappa a} & -\kappa e^{-\kappa a} \end{pmatrix} \begin{pmatrix} C_+ \\ C_- \end{pmatrix}$$

(4.3.10)

의 관계를 얻을 수 있다.

解의 발산을 막기 위해 $A_- = C_+ = 0$이어야 함을 알고 있다. 즉 식 (4.3.10)은

$$\begin{pmatrix} A_+ \\ 0 \end{pmatrix} = \frac{1}{2} \begin{pmatrix} e^{\kappa a} & \frac{1}{\kappa} e^{\kappa a} \\ e^{-\kappa a} & -\frac{1}{\kappa} e^{-\kappa a} \end{pmatrix} \begin{pmatrix} e^{-ika} & e^{ika} \\ ike^{-ika} & -ike^{ika} \end{pmatrix} \frac{1}{2} \begin{pmatrix} e^{-ika} & \frac{1}{ik} e^{-ika} \\ e^{ika} & -\frac{1}{ik} e^{ika} \end{pmatrix} \begin{pmatrix} e^{\kappa a} & e^{-\kappa a} \\ \kappa e^{\kappa a} & -\kappa e^{-\kappa a} \end{pmatrix} \begin{pmatrix} 0 \\ C_- \end{pmatrix}$$

(4.3.11)

이 되고 행렬을 계산하면

$$\begin{pmatrix} A_+ \\ 0 \end{pmatrix} = \begin{pmatrix} \frac{1}{2}\left(\frac{k}{\kappa} + \frac{\kappa}{k}\right)\sin 2ka \\ e^{-2\kappa a}\left[\cos 2ka + \frac{1}{2}\left(\frac{\kappa}{k} - \frac{k}{\kappa}\right)\sin 2ka\right] \end{pmatrix} C_-$$

가 된다.

여기서 $\xi = \frac{1}{2}\left(\frac{\kappa}{k} - \frac{k}{\kappa}\right)$와 $\eta = \frac{1}{2}\left(\frac{\kappa}{k} + \frac{k}{\kappa}\right)$로 놓으면 다음과 같이 된다.

$$\begin{pmatrix} A_+ \\ 0 \end{pmatrix} = \begin{pmatrix} \eta\sin 2ka \\ e^{-2\kappa a}(\cos 2ka + \xi\sin 2ka) \end{pmatrix} C_-$$

(4.3.12)

$$\Rightarrow \begin{cases} A_+ = C_-\eta\sin 2ka \\ 0 = C_-(\cos 2ka + \xi\sin 2ka)e^{-2\kappa a} \end{cases}$$

(4.3.13)

이 식의 두 번째 관계식으로부터, $C_- \neq 0$이므로

$$\cos 2ka + \frac{1}{2}\left(\frac{\kappa}{k} - \frac{k}{\kappa}\right)\sin 2ka = 0$$

(4.3.14)

의 관계식을 얻는다. 여기서 $y = \frac{\kappa}{k}$ 그리고 $x = 2ka$로 놓으면 위 식은

$$\cos x + \frac{1}{2}\left(y - \frac{1}{y}\right)\sin x = 0$$

이 되고 이 관계식은 다음과 같이 y에 관한 이차방정식으로 나타낼 수 있다.

$$(\sin x)y^2 + (2\cos x)y - \sin x = 0 \tag{4.3.15}$$

이차방정식의 解를 구하면,

$$y = \frac{-\cos x \pm \sqrt{\cos^2 x + \sin^2 x}}{\sin x} = \frac{-\cos x \pm 1}{\sin x} \tag{4.3.16}$$

이며, 이들 解에 대해 자세히 살펴보면 다음과 같다.

(i) $y = \dfrac{-\cos x + 1}{\sin x}$ 인 경우

$$\begin{cases} \sin^2 x = \dfrac{1}{2}(1 - \cos 2x) \Rightarrow 1 - \cos x = 2\sin^2\dfrac{x}{2} \\ \sin 2x = 2\sin x \cos x \Rightarrow \sin x = 2\sin\dfrac{x}{2}\cos\dfrac{x}{2} \end{cases}$$

이므로 解는 다음과 같이 주어진다.

$$\therefore \ y = \frac{2\sin^2\dfrac{x}{2}}{2\sin\dfrac{x}{2}\cos\dfrac{x}{2}} = \tan\frac{x}{2} \tag{4.3.17}$$

(ii) $y = \dfrac{-\cos x - 1}{\sin x}$ 인 경우

$\cos^2 x = \dfrac{1}{2}(1 + \cos 2x) \Rightarrow 1 + \cos x = 2\cos^2\dfrac{x}{2}$ 이므로

$$\therefore \ y = \frac{-2\cos^2\dfrac{x}{2}}{2\sin\dfrac{x}{2}\cos\dfrac{x}{2}} = -\cot\frac{x}{2} \tag{4.3.18}$$

한편 변수 y의 정의는

$$y = \frac{\kappa}{k} = \frac{\kappa}{x/2a} \qquad\qquad \because \ x = 2ka$$

$$= \frac{\kappa a}{x/2} \tag{4.3.19}$$

으로 κa은 다시 아래와 같은 관계를 가진다.

$$\kappa^2 a^2 + k^2 a^2 = \frac{2m}{\hbar^2}|E|a^2 + \frac{2m}{\hbar^2}(-|E| + U_0)a^2 = \frac{2m}{\hbar^2}U_0 a^2 \equiv \lambda^2$$

$$\Rightarrow \kappa a = \sqrt{\lambda^2 - k^2 a^2} \tag{4.3.20}$$

여기서 λ은 상수임을 알 수 있다. 식 (4.3.19)에 대입하면

$$y = \frac{\sqrt{\lambda^2 - k^2 a^2}}{x/2} = \frac{\sqrt{\lambda^2 - \left(\frac{x}{2}\right)^2}}{x/2} \qquad (4.3.21)$$

이 된다. 이 식이 이차방정식의 근 중 식 (4.3.17)과 만나면 우함수 解를 얻고 또 다른 근인 식 (4.3.18)과 만나면 기함수 解를 얻는다. 파동함수의 홀짝성은 뒤에서 설명하고 우선이를 그래프로 그려보면 다음과 같다.

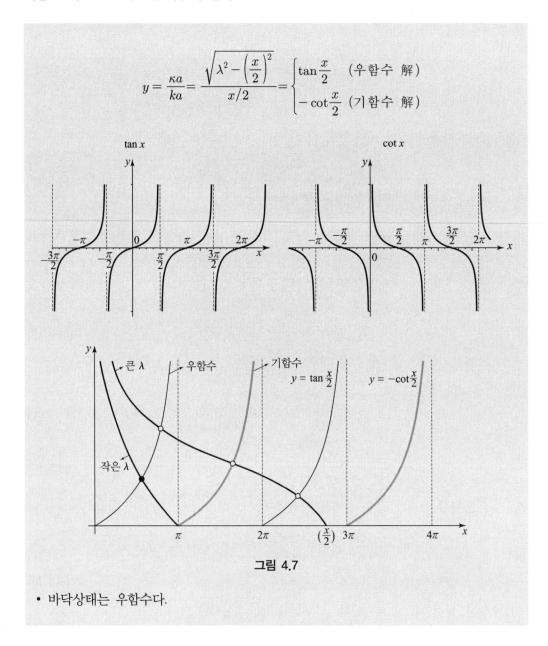

그림 4.7

- 바닥상태는 우함수다.

- 최소한 한 개의 우함수 解가 존재한다.
- 기함수의 解는 $2\lambda \geq \pi$일 때 교차점이 있기 시작한다.

즉,

$$\frac{2mU_0}{\hbar^2}a^2 \geq \frac{\pi^2}{4}$$

- 우물이 깊거나 넓어질수록 λ가 커지므로 $x-$축과 만나는 교차점(상태 수)이 많아진다.

이제, 우함수와 기함수 解에 대해 알아보자.

앞의 식 (4.3.13)

$$\begin{cases} A_+ = C_-\eta\sin 2ka \\ 0 = C_-(\cos 2ka + \xi\sin 2ka)e^{-2\kappa a} \end{cases}$$

에서 아직 사용하지 않은 첫 번째 식을 살펴보자. 이 식의 오른편에 있는 변수는

$$\eta\sin 2ka = \frac{1}{2}\left(\frac{\kappa}{k} + \frac{k}{\kappa}\right)\sin 2ka = \frac{1}{2}\left(y + \frac{1}{y}\right)\sin x \qquad (4.3.22)$$

인데,

(i) $y = \tan\dfrac{x}{2}$일 때, 식 (4.3.22)는

$$\eta\sin 2ka = \frac{1}{2}\left(\frac{\sin\dfrac{x}{2}}{\cos\dfrac{x}{2}} + \frac{\cos\dfrac{x}{2}}{\sin\dfrac{x}{2}}\right)\sin x = \frac{1}{2}\frac{\sin^2\dfrac{x}{2} + \cos^2\dfrac{x}{2}}{\cos\dfrac{x}{2}\sin\dfrac{x}{2}}2\sin\dfrac{x}{2}\cos\dfrac{x}{2} = 1 \quad (4.3.23)$$

이 된다.

(ii) $y = -\cot\dfrac{x}{2}$일 때, 위와 유사한 방법으로 계산을 하면 식 (4.3.22)는

$$\eta\sin 2ka = -1 \qquad (4.3.24)$$

가 되는 것을 알 수 있다.

결과적으로 식 (4.3.13)의 첫 번째 관계식에 $\eta\sin 2ka = \pm 1$을 대입하면 다음과 같다.

$$\therefore \; A_+ = \pm C_- \qquad (4.3.25)$$

한편 $x = +a$ 위치의 경계조건을 나타낸 식 (4.3.4)과 (4.3.5)의 각 두 번째 식은

$$\begin{cases} B_+ e^{ika} + B_- e^{-ika} = C_- e^{-\kappa a} \\ ikB_+ e^{ika} - ikB_- e^{-ika} = -\kappa C_- e^{-\kappa a} \end{cases} \tag{4.3.26}$$

이다. 이 관계식에서 C_-을 소거하여 B_+와 B_-에 대해서 계산해보자.

식 (4.3.26)의 첫 번째 식을 두 번째 식에 대입하면 다음과 같다.

$$ikB_+ e^{ika} - ikB_- e^{-ika} = -\kappa(B_+ e^{ika} + B_- e^{-ika})$$

$$\Rightarrow B_+ = \frac{ik-\kappa}{ik+\kappa} e^{-2ika} B_- = \frac{i-y}{i+y} e^{-ix} B_- = \frac{(i-y)(-i+y)}{1+y^2} e^{-ix} B_-$$

$$= \frac{(1-y^2+2iy)}{1+y^2}(\cos x - i\sin x)B_- \tag{4.3.27}$$

(i) $y = \tan\dfrac{x}{2}$ 일 때 식 (4.3.27)에서 B_-의 계수 중 분모는

$$1 + \tan^2\frac{x}{2} = \sec^2\frac{x}{2}$$

이고 분자는

$$(1-y^2+2iy)(\cos x - i\sin x) = (1-y^2)\cos x + 2y\sin x - i[(1-y^2)\sin x - 2y\cos x]$$

로 여기서 오른편 식의 허수부분은

$$(1-y^2)\sin x - 2y\cos x = \left(1 - \frac{\sin^2\frac{x}{2}}{\cos^2\frac{x}{2}}\right) 2\sin\frac{x}{2}\cos\frac{x}{2} - 2\frac{\sin\frac{x}{2}}{\cos\frac{x}{2}}\left(\cos^2\frac{x}{2} - \sin^2\frac{x}{2}\right)$$

$$= 2\sin\frac{x}{2}\cos\frac{x}{2} - 2\frac{\sin^3\frac{x}{2}}{\cos\frac{x}{2}} - 2\sin\frac{x}{2}\cos\frac{x}{2} + 2\frac{\sin^3\frac{x}{2}}{\cos\frac{x}{2}} = 0$$

인 반면에 실수부분은

$$(1-y^2)\cos x + 2y\sin x = \left(1 - \frac{\sin^2\frac{x}{2}}{\cos^2\frac{x}{2}}\right)\left(\cos^2\frac{x}{2} - \sin^2\frac{x}{2}\right) + 2\frac{\sin\frac{x}{2}}{\cos\frac{x}{2}} 2\sin\frac{x}{2}\cos\frac{x}{2}$$

$$= \cos^2\frac{x}{2} - \sin^2\frac{x}{2} - \sin^2\frac{x}{2} + \frac{\sin^4\frac{x}{2}}{\cos^2\frac{x}{2}} + 4\sin^2\frac{x}{2}$$

$$= \frac{\cos^4 \frac{x}{2} + 2\sin^2 \frac{x}{2}\cos^2 \frac{x}{2} + \sin^4 \frac{x}{2}}{\cos^2 \frac{x}{2}}$$

$$= \frac{\left(\cos^2 \frac{x}{2} + \sin^2 \frac{x}{2}\right)^2}{\cos^2 \frac{x}{2}} = \frac{1}{\cos^2 \frac{x}{2}} = \sec^2 \frac{x}{2}$$

이다. 식 (4.3.27)에 있는 B_-의 계수에 분모와 분자 값을 대입하면

$$\therefore \ B_+ = \frac{1}{\sec^2 \frac{x}{2}}\sec^2\left(\frac{x}{2}\right)B_- = B_- \tag{4.3.28}$$

(ii) $y = -\cot \frac{x}{2}$ 일 때 (i)에서 한 것과 유사한 방법으로 계산해보면

$$\therefore \ B_+ = - B_- \tag{4.3.29}$$

의 결과를 얻는다.

위의 (i)와 (ii)로부터 다음의 관계식을 얻는다.

$$\therefore \ B_+ = \pm B_- \tag{4.3.30}$$

지금까지 얻은 결과[식 (4.3.25)와 (4.3.30)]를 종합하여 정리해보면 다음과 같다.

고유함수	$y = \tan \frac{x}{2}$	$y = -\cot \frac{x}{2}$
u_I	$A_+ e^{\kappa x}$	$A_+ e^{\kappa x}$
u_{II}	$B\cos kx$	$B\sin kx$
u_{III}	$A_+ e^{-\kappa x}$	$-A_+ e^{-\kappa x}$
	$u(x) = u(-x)$: **우함수** 解	$u(x) = -u(-x)$: **기함수** 解

(2) $E > 0$인 경우

① $x < -a$ 영역에서는

$$\frac{d^2 u(x)}{dx^2} + \frac{2m}{\hbar^2}Eu(x) = 0 \ \Rightarrow \ \frac{d^2 u(x)}{dx^2} + k^2 u(x) = 0 \qquad \text{여기서} \ k^2 = \frac{2m}{\hbar^2}E$$

$$\therefore \ u_I(x) = A_+ e^{ikx} + A_- e^{-ikx}$$

② $-a < x < a$ 영역에서는 포텐셜 에너지는 $U(x) = -U_0$이므로, 그 때의 슈뢰딩거 방정식은

$$\frac{d^2 u(x)}{dx^2} + \frac{2m}{\hbar^2}(E + U_0)u(x) = 0 \;\Rightarrow\; \frac{d^2 u(x)}{dx^2} + \kappa^2 u(x) = 0 \quad \text{여기서 } \kappa^2 = \frac{2m}{\hbar^2}(E + U_0)$$

$$\therefore \; u_{II}(x) = B_+ e^{i\kappa x} + B_- e^{-i\kappa x}$$

③ $x > a$ 영역에서는 반사하는 解가 존재하지 않는다는 조건 외에는 위의 ①의 경우와 같다. 즉

$$\therefore \; u_{III}(x) = C_+ e^{ikx} + C_- e^{-ikx} \qquad\qquad \text{여기서 } C_- = 0$$

앞의 (1)에서 한 것과 같이 경계조건과 행렬표현을 통해, 다음의 결과를 얻을 수 있다.

$$\begin{pmatrix} A_+ \\ A_- \end{pmatrix} = \begin{pmatrix} (\cos 2\kappa a - i\xi\sin 2\kappa a)e^{2ika} & i\eta\sin 2\kappa a \\ -i\eta\sin 2\kappa a & (\cos 2\kappa a + i\xi\sin 2\kappa a)e^{-2ika} \end{pmatrix} \begin{pmatrix} C_+ \\ C_- \end{pmatrix} \quad (4.3.31)$$

$$\text{여기서 } \xi = \frac{1}{2}\left(\frac{\kappa}{k} + \frac{k}{\kappa}\right), \; \eta = \frac{1}{2}\left(\frac{k}{\kappa} - \frac{\kappa}{k}\right)$$

$C_- = 0$이므로 이 식으로부터

$$\begin{cases} A_+ = (\cos 2\kappa a - i\xi\sin 2\kappa a)e^{2ika}C_+ \\ A_- = (-i\eta\sin 2\kappa a)C_+ \end{cases} \qquad (4.3.32)$$

$$\Rightarrow \begin{cases} \dfrac{C_+}{A_+} = \dfrac{1}{\cos 2\kappa a - i\xi\sin 2\kappa a}e^{-2ika} \\[2mm] \dfrac{A_-}{A_+} = \dfrac{-i\eta\sin 2\kappa a}{\cos 2\kappa a - i\xi\sin 2\kappa a}e^{-2ika} \end{cases} \qquad (4.3.33)$$

을 얻는다. 이 식의 첫 번째 관계식으로 투과율 T을 구할 수 있다.

$$\therefore \; T = \left|\frac{C_+}{A_+}\right|^2 = \frac{1}{\cos^2 2\kappa a + \xi^2 \sin^2 2\kappa a} \qquad (4.3.34)$$

투과율 $T = 1$이 되는 조건을 알아보면, 식 (4.3.34)의 오른편의 분모가 1이 되어야 하므로

$$\Rightarrow 2\kappa a = n\pi \;\Rightarrow\; 2\sqrt{\frac{2m(E + U_0)}{\hbar^2}}\,a = n\pi \qquad \text{여기서 } n = 1,\, 2,\, 3,\, \cdots$$

$$\therefore \; E = \frac{n^2 \pi^2 \hbar^2}{8ma^2} - U_0$$

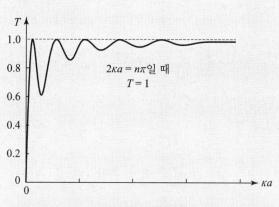

$$2\kappa a = n\pi \text{일 때}$$
$$T = 1$$

그림 4.8 네모난 포텐셜 우물의 경우 투과율

즉, 특정 에너지에서 투과율이 높다. 이를 **투과공명**(transmission resonance)이라 한다.

- **람자우어**(Ramsauer) **효과** : 원자물리학에서 저에너지의 전자가 노블가스인 네온이나 아르곤 같은 불활성 기체를 완전 투과
- **타운센트**(Townsend) **효과** : 핵물리학에서 저에너지의 중성자가 핵을 쉽게 투과하는 체적공명

정리 포텐셜 에너지가 $U(-x) = U(x)$와 같이 대칭인 경우, 슈뢰딩거 방정식의 모든 解는 x에 대해 우함수 또는 기함수가 되도록 택할 수 있다.

(우리가 다룬 '대칭 포텐셜 우물'에서 $E < 0$인 경우도 아래의 표가 보여주는 것과 같이 좋은 예가 된다.)

고유함수	$y = \tan\dfrac{x}{2}$ (우함수 解)	$y = -\cot\dfrac{x}{2}$ (기함수 解)
u_I	$A_+ e^{\kappa x}$	$A_+ e^{\kappa x}$
u_{II}	$B\cos kx$	$B\sin kx$
u_{III}	$A_+ e^{-\kappa x}$	$-A_+ e^{-\kappa x}$

[증명] 슈뢰딩거 방정식

$$\left[-\frac{\hbar^2}{2m}\frac{d^2}{dx^2} + U(x) \right] u(x) = E u(x)$$

에 $x \to -x$을 대입하면

$$\left[-\frac{\hbar^2}{2m}\frac{d^2}{d(-x)^2} + U(-x) \right] u(-x) = Eu(-x)$$

$$\Rightarrow \left[-\frac{\hbar^2}{2m}\frac{d^2}{dx^2} + U(x) \right] u(-x) = Eu(-x)$$

이 되어 위의 두 슈뢰딩거 방정식을 비교해보면, $u(x)$가 슈뢰딩거 방정식의 解일 때, $U(-x) = U(x)$인 경우 $u(-x)$도 슈뢰딩거 방정식의 解가 됨을 알 수 있다. ■

(i) 만약 이들 고유함수가 상수를 곱한 만큼 차이가 있을 경우 즉,

$$u(x) = cu(-x) \qquad\qquad \text{여기서 } c\text{은 상수}$$

가 된다. 이 관계식에 $x \rightarrow -x$을 대입하면

$$\Rightarrow u(-x) = cu(x) = c^2 u(-x) \Rightarrow c^2 = 1 \Rightarrow c = \pm 1$$

$$\therefore u(x) = \pm u(-x)$$

즉, 解 $u(x)$은 $U(-x) = U(x)$인 경우 x에 대해 우함수(상수 $c=1$인 경우) 또는 기함수(상수 $c=-1$인 경우) 관계를 가진다.

(ii) 만약 이들 고유함수가 아래의 관계를 만족한다면

$$\begin{cases} Hu(x) = Eu(x) \\ Hu(-x) = Eu(-x) \end{cases}$$

$$\Rightarrow H[u(x) \pm u(-x)] = E[u(x) \pm u(-x)]$$

가 되어 고유함수의 선형대수 합도 같은 고유치를 갖는 고유함수가 됨을 알 수 있다.

편의를 위해 패러티 연산자에 대해 $+$와 $-$ 값을 주는 고유함수를 각각 u_{even}과 u_{odd}로 정의할 때

$$\Rightarrow \begin{cases} Pu_{even}(x) = +u_{even}(x) \\ Pu_{odd}(x) = -u_{odd}(x) \end{cases}$$

로 표현된다. 그때 고유함수 u_{even}과 u_{odd}은 다음과 같이 고유함수 $u(x)$와 $u(-x)$로 나타낼 수 있다.

$$\begin{cases} u(x) + u(-x) \equiv u_{even}(x) \\ u(x) - u(-x) \equiv u_{odd}(x) \end{cases}$$

위의 식은 $Hu_{even} = Eu_{even}$ 그리고 $Hu_{odd} = Eu_{odd}$로 표현되며, 이 축퇴된 고유함수는 패러티 연산자로 구분할 수 있다. 즉, x의 우함수 解인 $u_{even}(x)$와 기함수 解인 $u_{odd}(x)$은 각각 +와 -값의 패러티 값을 갖는다.

④ 델타 함수형의 포텐셜

포텐셜이 $U(x) = U_0\delta(x-a)$인 경우, 1차 미분함수가 연속이 아니기 때문에 앞 절에서 적용한 1차 미분함수의 연속조건(예로서 $\left.\dfrac{du_I}{dx}\right|_{x=a} = \left.\dfrac{du_{II}}{dx}\right|_{x=a}$)을 경계조건으로 사용할 수 없다. 델타 함수형의 포텐셜의 경우 1차 미분함수에 관한 경계조건이 어떻게 주어지는가에 대해 알아보자.

슈뢰딩거 방정식

$$-\frac{\hbar^2}{2m}\frac{d^2u(x)}{dx^2} + U(x)u(x) = Eu(x) \;\Rightarrow\; \frac{d^2u(x)}{dx^2} + \frac{2m}{\hbar^2}(E-U)u(x) = 0$$

에서 아주 작은 값을 갖는 ϵ에 관해 $x = a \pm \dfrac{\epsilon}{2}$ 구간에서 적분을 취하면

$$\lim_{\epsilon \to 0}\left[\int_{a-\frac{\epsilon}{2}}^{a+\frac{\epsilon}{2}}\frac{d^2u(x)}{dx^2}dx + \frac{2m}{\hbar^2}\int_{a-\frac{\epsilon}{2}}^{a+\frac{\epsilon}{2}}\{E-U(x)\}u(x)dx\right] = 0 \tag{4.4.1}$$

이 되고, 이 식의 첫 번째 적분에 부분적분을 적용하면 다음과 같이 된다.

$$\lim_{\epsilon \to 0}\left[\left.\frac{du(x)}{dx}\right|_{a-\frac{\epsilon}{2}}^{a+\frac{\epsilon}{2}} + \frac{2m}{\hbar^2}E\int_{a-\frac{\epsilon}{2}}^{a+\frac{\epsilon}{2}}u(x)dx - \frac{2m}{\hbar^2}\int_{a-\frac{\epsilon}{2}}^{a+\frac{\epsilon}{2}}U(x)u(x)dx\right] = 0$$

일반적으로 슈뢰딩거 방정식을 만족하는 고유함수 $u(x)$은 x 값에 따라 급격히 변하는 함수가 아닌 부드럽게 변하는 함수이므로 이 식에서 두 번째 적분 항은

$$\lim_{\epsilon \to 0}\left[\frac{2m}{\hbar^2}E\int_{a-\frac{\epsilon}{2}}^{a+\frac{\epsilon}{2}}u(x)dx\right] = 0$$

이 된다. 그리고 세 번째 적분 항에 델타 함수형의 포텐셜 $U(x) = U_0\delta(x-a)$을 대입하면

$$\lim_{\epsilon \to 0}\left[-\frac{2m}{\hbar^2}\int_{a-\frac{\epsilon}{2}}^{a+\frac{\epsilon}{2}}U(x)u(x)dx\right] = \lim_{\epsilon \to 0}\left[-\frac{2m}{\hbar^2}U_0\int_{a-\frac{\epsilon}{2}}^{a+\frac{\epsilon}{2}}\delta(x-a)u(x)dx\right]$$

$$= \lim_{\epsilon \to 0} \left[-\frac{2m}{\hbar^2} U_0 u(a) \right] = -\frac{2m}{\hbar^2} U_0 u(a)$$

가 되어 식 (4.4.1)은

$$\lim_{\epsilon \to 0} \left(\frac{du(x)}{dx} \Big|_{a-\frac{\epsilon}{2}}^{a+\frac{\epsilon}{2}} \right) - \frac{2m}{\hbar^2} U_0 u(a) = 0$$

$$\Rightarrow \frac{du_+(x)}{dx} \Big|_{x=a} - \frac{du_-(x)}{dx} \Big|_{x=a} - \frac{2m}{\hbar^2} U_0 u(a) = 0$$

이 된다.

이 식을 좀 더 간략하게 표현하면 다음과 같다.

$$u'_+(a) - u'_-(a) = \frac{2m}{\hbar^2} U_0 u(a) \tag{4.4.2}$$

즉, 델타 함수형의 포텐셜 문제에서 고유함수 $u(x)$은 $x = a$에서 연속함수이지만 $u'(x)$은 $x = a$에서 불연속이다.

이제 1차 미분함수에 대한 경계조건 식 (4.4.2)을 사용하는 델타 함수형 포텐셜 문제를 구체적인 예로 살펴보자.

(1) 포텐셜이 $U(x) = U_0 \delta(x)$인 델타함수 장벽의 경우

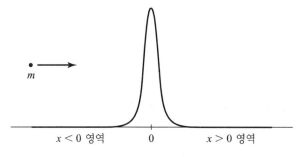

그림 4.9 델타 함수 포텐셜

① $E > 0$인 경우,

(i) $x < 0$인 영역에서는 포텐셜이 0이기 때문에 解는

$$u_-(x) = A_+ e^{ikx} + A_- e^{-ikx} \qquad \text{여기서 } k^2 = \frac{2m}{\hbar^2} E \tag{4.4.3}$$

이 된다.

(ii) $x > 0$인 영역에서도 포텐셜이 0이기 때문에 解는

$$u_+(x) = B_+ e^{ikx} + B_- e^{-ikx}$$

이 되는데 이 영역에서는 반사하는 파가 존재하지 않기 때문에 $B_- = 0$이다.

$$\therefore \ u_+(x) = B_+ e^{ikx} \tag{4.4.4}$$

위에서 구한 解가 $x = 0$에서 연속인 경계조건, 즉 $u_-(0) = u_+(0)$, 그리고 1차 미분함수가 $x = 0$에서 불연속인 경계조건 식 (4.4.2)을 적용하면

$$\begin{cases} A_+ + A_- = B_+ \\ ikB_+ - ik(A_+ - A_-) = \dfrac{2m}{\hbar^2} U_0 u_+(0) = \dfrac{2m}{\hbar^2} U_0 B_+ \end{cases} \tag{4.4.5}$$

을 얻는다. 이 식에서 B_+을 소거하면 반사율을, A_-을 소거하면 투과율을 각각 구할 수 있다. 이 식의 두 번째 관계식에 첫 번째 관계식을 대입하여 A_-을 소거하면

$$ikB_+ - ik(A_+ - B_+ + A_+) = \frac{2m}{\hbar^2} U_0 B_+ \ \Rightarrow \ B_+\left(2ik - \frac{2m}{\hbar^2} U_0\right) = 2ikA_+$$

$$\therefore \ \frac{B_+}{A_+} = \frac{ik}{ik - \dfrac{m}{\hbar^2} U_0} = \frac{1}{1 + \dfrac{im}{\hbar^2 k} U_0} \tag{4.4.6}$$

을 얻고, B_+을 소거하면

$$ik(A_+ + A_-) - ik(A_+ - A_-) = \frac{2m}{\hbar^2} U_0(A_+ + A_-)$$

$$\Rightarrow \left(2ik - \frac{2m}{\hbar^2} U_0\right) A_- = \frac{2m}{\hbar^2} U_0 A_+$$

$$\therefore \ \frac{A_-}{A_+} = \frac{\dfrac{m}{\hbar^2} U_0}{ik - \dfrac{m}{\hbar^2} U_0} \tag{4.4.7}$$

을 얻는다.

파동함수는 식 (4.4.3)과 (4.4.4)로부터 $u_{입사}(x) = A_+ e^{ikx}$, $u_{반사}(x) = A_- e^{-ikx}$ 그리고 $u_{투과} = B_+ e^{ikx}$이므로 이들 파동함수에 대응하는 확률흐름밀도는 각각 $j_{입사} = \dfrac{\hbar k}{m}|A_+|^2$, $j_{반사} = -\dfrac{\hbar k}{m}|A_-|^2$ 그리고 $j_{투과} = \dfrac{\hbar k}{m}|B_+|^2$가 된다.

그러므로 투과율은

$$T = \left| \frac{j_{투과}}{j_{입사}} \right| = \left| \frac{B_+}{A_+} \right|^2 = \frac{1}{1 + \frac{m^2}{\hbar^4 k^2} U_0^2} \tag{4.4.8}$$

이며, 여기서 $k^2 = \frac{2m}{\hbar^2} E$인 관계를 대입하면 투과율 T와 입사하는 입자의 에너지 E와의 관계인 다음의 식을 얻을 수 있다.

$$T = \frac{1}{1 + \frac{m U_0^2}{2E\hbar^2}} \tag{4.4.9}$$

입사하는 입자의 에너지가 $E \rightarrow \infty$일 때 분모가 1이므로 투과율은 $T \rightarrow 1$인 반면, $E \rightarrow 0$일 때는 분모가 무한대가 되기 때문에 $T \rightarrow 0$이 된다. 이들 결과를 그래프(실선)로 나타내면 다음과 같다.

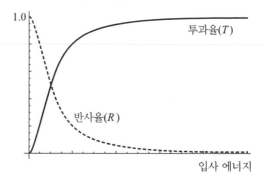

그림 4.10 델타 함수 포텐셜의 경우 투과율과 반사율

입자의 반사율은 다음과 같다.

$$R = \left| \frac{j_{ref}}{j_{inc}} \right| = \left| \frac{A_-}{A_+} \right|^2 = \frac{\frac{m^2}{\hbar^4} U_0^2}{k^2 + \frac{m^2}{\hbar^4} U_0^2} = \frac{1}{\frac{2\hbar^2 E}{m U_0^2} + 1} \tag{4.4.10}$$

이 식을 그래프로 나타내면 그림 4.10에서 점선으로 나타난다. 그때 투과율 T와 반사율 R의 합은

$$R + T = \frac{1}{\frac{2\hbar^2 E}{m U_0^2} + 1} + \frac{1}{1 + \frac{m U_0^2}{2 E \hbar^2}} = \frac{m U_0^2}{2\hbar^2 E + m U_0^2} + \frac{2\hbar^2 E}{2\hbar^2 E + m U_0^2} = 1$$

가 된다.

(2) 위의 델타함수 장벽을 뒤집어 놓은 $U(x) = -U_0 \delta(x)$ 델타 함수 우물의 경우

① $E < 0$인 경우

(i) $x < 0$인 영역에서 슈뢰딩거 방정식은

$$\frac{d^2 u(x)}{dx^2} - \frac{2m}{\hbar^2}|E|u(x) = 0 \Rightarrow \frac{d^2 u(x)}{dx^2} - \kappa^2 u(x) = 0 \qquad \text{여기서 } \kappa^2 = \frac{2m}{\hbar^2}|E|$$

가 되어 解는 $u_-(x) = A_+ e^{\kappa x} + A_- e^{-\kappa x}$이므로 $x \to -\infty$에서 解가 발산하지 않기 위해서 $A_- = 0$이어야 한다.

$$\therefore \ u_-(x) = A_+ e^{\kappa x}$$

(ii) $x > 0$인 영역에서 解는 위의 (i)과 같은 형태인 $u_+(x) = B_+ e^{\kappa x} + B_- e^{-\kappa x}$이지만 $x \to \infty$에서 解가 발산하지 않기 위해서는 $B_+ = 0$이 되어야 한다.

$$\therefore \ u_+(x) = B_- e^{-\kappa x}$$

구한 解인 $u_+(x)$와 $u_-(x)$, 그리고 델타 함수 우물 포텐셜 $U(x)$ 및 에너지 E을 그림으로 나타내면 다음과 같다.

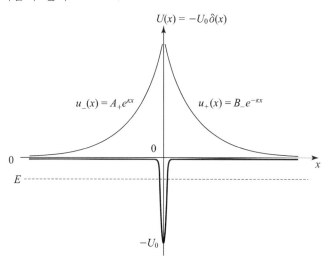

그림 4.11 우물형 델타 함수

구한 파동함수 解에 경계조건

$$
\begin{cases}
u_-(0) = u_+(0) \\
u_+'(0) - u_-'(0) = \dfrac{2m}{\hbar^2}(-U_0)u_+(0)
\end{cases}
$$

을 적용하면

$$
\begin{cases}
A_+ = B_- \\
-\kappa B_- - \kappa A_+ = \dfrac{2m}{\hbar^2}(-U_0)B_-
\end{cases}
\tag{4.4.11}
$$

을 얻을 수 있고 서로 대입하여 정리하면 다음과 같다.

$$
2\kappa = \frac{2m}{\hbar^2}U_0 \Rightarrow 2\sqrt{\frac{2m}{\hbar^2}|E|} = \frac{2m}{\hbar^2}U_0 \Rightarrow |E| = \frac{m}{2\hbar^2}U_0^2
$$

그러므로 파동함수의 계수는 $A_+ = B_-$로 같으며 이때의 에너지는

$$
E = -\frac{mU_0^2}{2\hbar^2}
\tag{4.4.12}
$$

이다.

② $E > 0$인 경우

(i) $x < 0$ 영역에서 슈뢰딩거 방정식은 다음과 같다.

$$
\frac{d^2u(x)}{dx^2} + \frac{2m}{\hbar^2}Eu(x) = 0 \Rightarrow \frac{d^2u(x)}{dx^2} + k^2u(x) = 0 \quad \text{여기서 } k^2 = \frac{2m}{\hbar^2}E
$$

이 미분방정식을 만족하는 解는 다음과 같다.

$$
\therefore \ u_-(x) = A_+e^{ikx} + A_-e^{-ikx}
\tag{4.4.13}
$$

(ii) $x > 0$ 영역에서 解는 위의 (i)과 같은 형태인 $u_+(x) = B_+e^{ikx} + B_-e^{-ikx}$이고, 이 영역에서는 반사파가 없는 경우에 해당하므로 $B_- = 0$이어야 한다.

$$
\therefore \ u_+(x) = B_+e^{ikx}
\tag{4.4.14}
$$

위에서 구한 파동함수 解에 경계조건을 적용하면

$$
\begin{cases}
A_+ + A_- = B_+ \\
ikB_+ - ik(A_+ - A_-) = \dfrac{2m}{\hbar^2}(-U_0)B_+
\end{cases}
\tag{4.4.15}
$$

을 얻을 수 있다. 이 식을 포텐셜이 델타함수 장벽일 경우의 경계조건 식 (4.4.5)와 비교해보면 식 (4.4.5)에서 포텐셜에 $U_0 \rightarrow -U_0$로 대입한 것과 같음을 알 수 있다.

이로부터 투과율을 구한 식 (4.4.9)에 $U_0 \rightarrow -U_0$을 대입하여 우물형 델타함수의 투과율을 구할 수 있음을 알 수 있다.

$$\therefore \; T = \frac{1}{1 + \dfrac{m(-U_0)^2}{2E\hbar^2}} = \frac{1}{1 + \dfrac{mU_0^2}{2E\hbar^2}} \tag{4.4.16}$$

이것은 식 (4.4.9)와 같은 결과이다. 즉 입사하는 입자의 에너지가 양의 값을 가질 때, 델타함수 장벽과 델타함수 우물의 투과율은 같은 값을 갖는다.

(3) 두 델타 함수 우물의 합으로 표시된 포텐셜 $U(x) = -\dfrac{\hbar^2}{2m}\Omega[\delta(x-a)+\delta(x+a)]$ 의 경우, 여기서 Ω은 상수

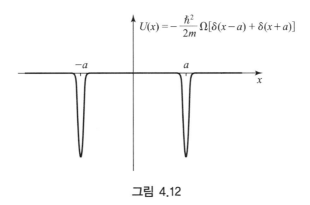

그림 4.12

이 포텐셜의 경우, $x \rightarrow -x$을 하면

$$U(-x) = -\frac{\hbar^2}{2m}\Omega\left[\delta(-x-a)+\delta(-x+a)\right]$$

이 되는데, 이 식의 오른편에 델타 함수의 성질 $\delta(ax) = \dfrac{1}{|a|}\delta(x)$을 적용하면

$$U(-x) = -\frac{\hbar^2}{2m}\Omega\left[\delta(x+a)+\delta(x-a)\right] = U(x)$$

가 된다.

$$\therefore \; U(x) = U(-x) \tag{4.4.17}$$

앞에서, 포텐셜이 $U(-x) = U(x)$로 대칭인 경우 슈뢰딩거 방정식의 解를 x에 관해 우함수 또는 기함수 解가 되도록 택할 수 있다는 사실을 배웠다.
두 델타 함수 우물의 합으로 표시되는 포텐셜 또한 식 (4.4.17)에서와 같이 대칭이므로 이 정리(定理)를 적용할 수 있다.

$x < -a$, $-a < x < a$, 그리고 $x > a$의 영역에서의 解를 각각 $u_I(x)$, $u_{II}(x)$, 그리고 $u_{III}(x)$라고 하면 각 영역에서의 우함수 解 또는 기함수 解를 아래와 같이 나타낼 수 있다.

$E < 0$일 경우, 모든 x에 관해 우함수 解와 기함수 解를 만들면 다음과 같이 정리할 수 있다.

	우함수 解	기함수 解
$u_I(x)$ ($e^{-\kappa x}$ 항은 이 영역에서 발산을 막기 위해 없어야 함)	$Ae^{\kappa x}$	$Ae^{\kappa x}$
$u_{II}(x)$	$B_+ e^{\kappa x} + B_- e^{-\kappa x} = B\cosh \kappa x$	$B_+ e^{\kappa x} - B_- e^{-\kappa x} = B\sinh \kappa x$
$u_{III}(x)$ ($e^{\kappa x}$ 항은 이 영역에서 발산을 막기 위해 없어야 함)	$Ae^{-\kappa x}$	$-Ae^{-\kappa x}$

여기서 $\kappa^2 = \dfrac{2m}{\hbar^2}|E|$

표의 두 번째 열에 해당하는 解를 살펴보면

$$u(x) = u_I(x) + u_{II}(x) + u_{III}(x) = Ae^{\kappa x} + B\cosh \kappa x + Ae^{-\kappa x}$$

이므로

$$u(-x) = Ae^{-\kappa x} + B\cosh(-\kappa x) + Ae^{\kappa x} = Ae^{\kappa x} + B\cosh \kappa x + Ae^{-\kappa x} = u(x)$$

즉, $u(-x) = u(x)$이므로 두 번째 열에 해당하는 解는 우함수 解이다.
반면에 세 번째 열에 해당하는 解에 $x \to -x$을 대입하면

$$u(-x) = Ae^{-\kappa x} + B\sinh(-\kappa x) - Ae^{\kappa x} = Ae^{-\kappa x} - B\sinh \kappa x - Ae^{\kappa x}$$
$$= -(Ae^{\kappa x} + B\sinh \kappa x - Ae^{-\kappa x}) = -u(x)$$

즉, $u(-x) = -u(x)$이므로 세 번째 열에 해당하는 解는 기함수 解이다.

(i) 우함수 解에 경계조건을 적용하면,

경계	조건
$x = -a$	$[u_I(x) = u_{II}(x)]_{x=-a} \Rightarrow A e^{-\kappa a} = B\cosh(-\kappa a)$
	$\left[\dfrac{u_{II}(x)}{dx} - \dfrac{u_I(x)}{dx}\right]_{x=-a} = \dfrac{2m}{\hbar^2}\left(-\dfrac{\hbar^2}{2m}\right)\Omega u_I(-a) = -\Omega A u_I(-a)$
	$\Rightarrow \kappa B\sinh(-\kappa a) - \kappa A e^{-\kappa a} = -\Omega A e^{-\kappa a}$
$x = +a$	$[u_{II}(x) = u_{III}(x)]_{x=a} \Rightarrow B\cosh\kappa a = A e^{-\kappa a}$
	$\left[\dfrac{u_{III}(x)}{dx} - \dfrac{u_{II}(x)}{dx}\right]_{x=a} = \dfrac{2m}{\hbar^2}\left(-\dfrac{\hbar^2}{2m}\right)\Omega u_{III}(a) = -\Omega u_{III}(a)$
	$\Rightarrow -\kappa A e^{-\kappa a} - \kappa B\sinh\kappa a = -\Omega A e^{-\kappa a}$

이 표에 있는 $x = +a$ 위치의 두 경계조건 식으로부터

$$\begin{cases} B\cosh\kappa a = A e^{-\kappa a} \\ -\kappa A e^{-\kappa a} - \kappa B\sinh\kappa a = -\Omega A e^{-\kappa a} \end{cases} \Rightarrow \kappa B\cosh\kappa a - \kappa B\sinh\kappa a = -\Omega B\cosh\kappa a$$

$$\Rightarrow \cosh\kappa a + \sinh\kappa a = \frac{\Omega}{\kappa}\cosh\kappa a \Rightarrow 1 + \tanh\kappa a = \frac{\Omega}{\kappa} \tag{4.4.18}$$

을 얻는다. 여기서 $\kappa a = x$ 그리고 상수인 $\Omega a = \lambda$로 정의하면, 이 식은

$$1 + \tanh x = \frac{\lambda}{x} \tag{4.4.19}$$

와 같다. x의 함수로서 이 식의 오른편과 왼편을 각각 그래프로 그리면 그림 4.13과 같고, 이 때 두 함수가 만나는 지점의 x 값이 우함수의 解가 된다. x 값을 알면 $x_{even} = \kappa_{even}a$ 정의에 따라 κ_{even}을 얻을 수 있어, $\kappa_{even} = \sqrt{\dfrac{2m}{\hbar^2}|E_{even}|}$ 로부터 입사하는 입자의 에너지

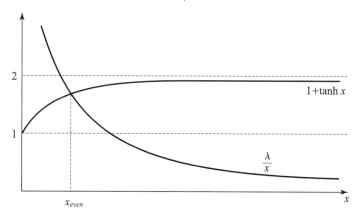

그림 4.13

크기인 $|E_{even}|$을 구할 수 있다.

(ii) 우함수와 유사한 방법을 기함수에 대해 적용하면,

경계	조건
$x=-a$	$Ae^{-\kappa a} = -B\sinh\kappa a$
	$\kappa B\cosh\kappa a - \kappa Ae^{-\kappa a} = -\Omega Ae^{-\kappa a}$
$x=+a$	$B\sinh\kappa a = -Ae^{-\kappa a}$
	$\kappa Ae^{-\kappa a} - \kappa B\cosh\kappa a = \Omega Ae^{-\kappa a}$

이 표에 있는 $x=+a$의 관계식으로부터

$$1+\coth\kappa a = \frac{\Omega}{\kappa} \;\Rightarrow\; 1+\coth x = \frac{\lambda}{x} \qquad (4.4.20)$$

을 얻을 수 있고 x의 함수로서 등식의 오른편과 왼편을 아래에 그래프로 나타냈다. 이때 만나는 지점인 x 값이 기함수의 解가 된다. $x_{odd}=\kappa_{odd}a$로 주어지므로, $\kappa_{odd}=\sqrt{\dfrac{2m}{\hbar^2}|E_{odd}|}$의 관계를 사용하여 입사하는 입자의 에너지 크기인 $|E_{odd}|$을 구한다.

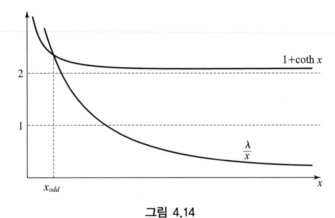

그림 4.14

위에서 구한 결과를 종합해 정리해보면

- 그래프로 알 수 있듯이 $x_{odd} < x_{even} \Rightarrow \kappa_{odd} < \kappa_{even} \Rightarrow |E_{odd}| < |E_{even}|$이다. 주어진 에너지가 음의 값이므로 $-E_{odd} < -E_{even}$가 되어

$$\therefore\; E_{even} < E_{odd}$$

즉, 기함수의 고유치가 우함수의 고유치보다 크다.
- 기함수에서 유도한 식 (4.4.20)으로부터

$$x \coth x = \lambda - x \qquad\qquad (4.4.21)$$

을 얻을 수 있고, 이 식의 좌·우에 있는 함수를 그래프로 그려서 만나는 지점을 찾아볼 때

$x \ll 1$이면,

$$\coth x = \frac{e^x + e^{-x}}{e^x - e^{-x}} = \frac{1 + x + \cdots\cdots + (1 - x + \cdots\cdots)}{1 + x + \cdots\cdots - (1 - x + \cdots\cdots)} \approx \frac{1}{x}$$

이므로 등식의 왼편은 $x \coth x \approx 1$이고 x 값이 커짐에 따라 $x \coth x$도 증가하게 된다. 반면에 등식의 오른편은 $\lambda - x \approx \lambda$가 된다.

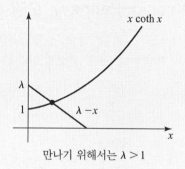

만나기 위해서는 $\lambda > 1$

그림 4.15 $x \coth x$와 $\lambda - x$ 그래프

그림 4.15의 그래프처럼 등식을 만족하는 x_{odd} 값이 존재하기 위해서는 $\lambda > 1$ ($\Rightarrow \Omega a > 1$)을 만족해야 한다.

$$\therefore\ a > \frac{1}{\Omega}$$

a와 Ω가 위 조건을 만족할 때, 기함수 解의 고유치가 존재한다.

• 우물이 무한히 깊거나, 우물의 폭이 매우 큰 경우에 대해 살펴보자.

이것은 $\lambda \rightarrow \infty$을 의미하고, 그림 4.13과 4.14에서 보는 것과 같이 $x_{odd} = x_{even}$가 되고, y-축으로는 $1 + \coth x = 1 + \tanh x = 2$이다.

이때 에너지 크기는 다음과 같이 구한다.

$$\begin{cases} 1 + \tanh x = \dfrac{\Omega}{\kappa} \\ 1 + \coth x = \dfrac{\Omega}{\kappa} \end{cases} \Rightarrow 2 = \frac{\Omega}{\kappa} \Rightarrow \kappa^2 = \frac{\Omega^2}{4} \Rightarrow \frac{2m}{\hbar^2}|E| = \frac{\Omega^2}{4}$$

$$\therefore E = -\frac{\hbar^2}{8m}\Omega^2$$

※ 포텐셜이 델타함수 우물의 경우 $E < 0$일 때 식 (4.4.12)와 같이 에너지 $E = -\frac{mU_0^2}{2\hbar^2}$을 얻었다. 주어진 포텐셜 $U(x)$을 보면 여기서는 U_0가 $\frac{\hbar^2}{2m}\Omega$에 해당하므로 이 식에 $U_0 \to \frac{\hbar^2}{2m}\Omega$을 대입하면 같은 에너지 값인 $E = -\frac{\hbar^2}{8m}\Omega^2$을 얻는다. 즉, $\lambda \to \infty$일 때 델타함수 우물의 합 문제는 앞에서 다룬 하나의 델타함수 우물과 같은 결과를 얻는다.

⑤ 크로니히-페니(Kronig-Penney) 모델

고체를 원자핵이 주기적으로 배열되어 있는 결정격자로 간주하고 전자가 이들 핵 사이를 돌아다닌다고 가정하였을 때 아래 그림과 같이 단순화한 주기 포텐셜 장벽을 갖는 모델로 나타낼 수 있다.

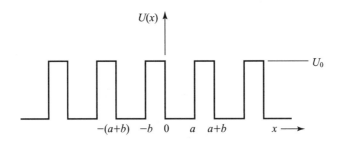

그림 4.16 격자 상수가 a인 경우

$U(x+a) = U(x)$와 같이 **주기 포텐셜**(periodic potential)이 주어졌을 때

• $u(x)$가 슈뢰딩거 방정식의 解이면 $u(x+a)$도 解이다.

[증명] 슈뢰딩거 방정식 $\left[\frac{d^2}{dx^2} + \frac{2m}{\hbar^2}\{E - U(x)\}\right]u(x) = 0$에서

$$\xrightarrow{x \to x+a} \frac{d^2u(x+a)}{dx^2} + \frac{2m}{\hbar^2}[E - U(x+a)]u(x+a) = 0$$

$$\therefore \left[\frac{d^2}{dx^2} + \frac{2m}{\hbar^2}\{E - U(x)\}\right]u(x+a) = 0$$

가 되므로 $u(x)$가 슈뢰딩거 방정식의 解이면 $u(x+a)$도 解이다. ■

- 임의의 상수를 λ로 두었을 때 두 고유함수는

$$u(x+a) = \lambda u(x)$$

의 관계를 가지므로 이 식에서 $x \to x+a$을 하면

$$u(x+a+a) = \lambda u(x+a) \quad \Rightarrow \quad u(x+2a) = \lambda u(x+a) = \lambda^2 u(x)$$

을 얻는다. 유사한 방법을 계속하면

$$\begin{cases} u(x+na) = \lambda^n u(x) \\ u(x-na) = \lambda^{-n} u(x) \end{cases} \tag{4.5.1}$$

의 관계식을 얻는다. 이 식의 첫 번째와 두 번째 관계식에서 각각 $x \to \infty$와 $x \to -\infty$에서 발산하지 않기 위해서는 각각 $|\lambda| \leq 1$과 $|\lambda| \geq 1$이어야 된다. 모든 x에 대해 이들 두 조건을 동시에 만족하는 해는 $|\lambda| = 1$이다. 이를 정리하면 다음과 같다.

$$\begin{cases} u(x+na) = \lambda^n u(x) \\ u(x-na) = \lambda^{-n} u(x) \end{cases} \Rightarrow \begin{cases} |\lambda| \leq 1, & x \to \infty \\ |\lambda| \geq 1, & x \to -\infty \end{cases} \Rightarrow |\lambda| = 1 \tag{4.5.2}$$

식 (4.5.2)의 $|\lambda| = 1$을 만족하는 λ을

$$\lambda = e^{iKa} \qquad \text{여기서 } K \text{은 전자의 정상상태의 파수이다.}$$

로 정의할 수 있다. 그때 식 (4.5.1)의 첫 번째 관계식은 다음과 같이 된다.

$$u(x+na) = \lambda^n u(x) = (e^{iKa})^n u(x) \tag{4.5.3}$$

주기 포텐셜 에너지를 가지는 파동함수 $u(x)$을 평면파와 임의의 주기성을 가지는 주기함수 $u_K(x)$의 곱으로 나타낼 수 있으면 파동함수는 다음과 같이 표현할 수 있다.

$$u(x) \equiv e^{iKx} u_K(x) \tag{4.5.4}$$

이 식에 $x \to x+na$을 대입하면

$$u(x+na) = e^{iK(x+na)} u_K(x+na) = e^{iKx} e^{iKna} u_K(x+na) \tag{4.5.5}$$

가 된다. 반면에 식 (4.5.3)의 $u(x)$에 식 (4.5.4)을 대입하면

$$u(x+na) = (e^{iKa})^n e^{iKx} u_K(x) = e^{iKx} e^{iKna} u_K(x) \qquad (4.5.6)$$

을 얻는다. 그러므로 위 두 식의 오른편끼리 같아야 하므로 다음의 관계식을 얻는다.

$$u_K(x+na) = u_K(x) \qquad (4.5.7)$$

따라서 이때의 $u_K(x)$은 포텐셜과 마찬가지로 a을 주기로 하는 함수이다.

정리를 해보면 주기 포텐셜이 있을 때 파동함수는

$$u(x) = e^{iKx} u_K(x) \qquad 여기서\ u_K(x+na) = u_K(x)$$

와 같이 평면파 e^{iKx}와 포텐셜과 같은 주기를 갖는 주기함수 $u_K(x)$의 곱으로 나타낼 수 있다.

이와 같이 주기 포텐셜 에너지를 가지는 파동함수는 평면파와 주기함수의 곱으로 나타낼 수 있다는 것을 **블로흐**(Bloch) **정리**라고 부른다.

고체를 원자이온으로 이루어진 격자로 생각하고, 전자가 자유롭게 격자사이를 움직일 수 있다고 생각할 때, 전자의 운동과 에너지를 고려하면, 이 고체의 성질에 대해서도 정성적으로 알 수 있다. 이것이 전자운동과 **에너지 띠 이론**(energy band theory)이다.

(1) 크로니히–페니 포텐셜 $U(x) = \dfrac{\hbar^2}{2m} \Omega \displaystyle\sum_{n=-\infty}^{\infty} \delta(x-na)$일 때

계단 포텐셜에서 알아본 바와 같이 전자의 에너지 $E > 0$인 경우만 解를 가지므로 $E < 0$인 경우는 여기서 고려할 필요가 없다.

(i) $0 < x < a$인 영역에서, 파동함수는

$$u_+(x) = A_+ e^{ikx} + A_- e^{-ikx} \qquad 여기서\ k^2 = \frac{2m}{\hbar^2} E \qquad (4.5.8)$$

이고

(ii) $-a < x < 0$인 영역에서는 식 (4.5.1)의 두 번째 관계식으로부터

$$u(x-a) = \lambda^{-1} u(x) = e^{-iKa}(A_+ e^{ikx} + A_- e^{-ikx})$$

$$\xrightarrow{\ x \rightarrow x+a\ } u_-(x) = e^{-iKa}[A_+ e^{ik(x+a)} + A_- e^{-ik(x+a)}] \qquad (4.5.9)$$

을 얻는다.

(i)와 (ii) 영역에서 구한 解에 $x = 0$에서 경계조건을 적용하면

$$\begin{cases} A_+ + A_- = e^{-iKa}(A_+ e^{ika} + A_- e^{-ika}) \\ ik(A_+ - A_-) - ike^{-iKa}(A_+ e^{ika} - A_- e^{-ika}) = \Omega(A_+ + A_-) \end{cases}$$

$$\Rightarrow \begin{cases} A_+(e^{iKa} - e^{ika}) + A_-(e^{iKa} - e^{-ika}) = 0 \\ A_+(ike^{iKa} - ike^{ika} - \Omega e^{iKa}) + A_-(-ike^{iKa} + ike^{-ika} - \Omega e^{iKa}) = 0 \end{cases} \tag{4.5.10}$$

을 얻는다. 이 식을 행렬로 표현하면

$$\begin{pmatrix} e^{iKa} - e^{ika} & e^{iKa} - e^{-ika} \\ e^{iKa} - e^{ika} + \dfrac{i\Omega}{k}e^{iKa} & -e^{iKa} + e^{-ika} + \dfrac{i\Omega}{k}e^{iKa} \end{pmatrix} \begin{pmatrix} A_+ \\ A_- \end{pmatrix} = 0 \tag{4.5.11}$$

가 된다.

0이 아닌 解를 갖기 위해서 위 식의 행렬식이 0이어야 한다. 즉

$$\begin{vmatrix} e^{iKa} - e^{ika} & e^{iKa} - e^{-ika} \\ e^{iKa} - e^{ika} + \dfrac{i\Omega}{k}e^{iKa} & -e^{iKa} + e^{-ika} + \dfrac{i\Omega}{k}e^{iKa} \end{vmatrix} = 0 \tag{4.5.12}$$

여기서 계산의 편의를 위해 $e^{iKa} = \eta$로 놓으면, 위 행렬식은 다음과 같이 표현된다.

$$\begin{vmatrix} \eta - e^{ika} & \eta - e^{-ika} \\ \eta - e^{ika} + \dfrac{i\Omega}{k}\eta & -\eta + e^{-ika} + \dfrac{i\Omega}{k}\eta \end{vmatrix} = 0 \tag{4.5.13}$$

$$\Rightarrow -2\eta^2 + 2\eta(e^{-ika} + e^{ika}) - \frac{i\Omega}{k}\eta(e^{ika} - e^{-ika}) - 2 = 0$$

$$\Rightarrow \eta^2 - 2\eta\cos ka - \frac{\Omega}{k}\eta\sin ka + 1 = 0 \Rightarrow \eta - 2\cos ka - \frac{\Omega}{k}\sin ka + \frac{1}{\eta} = 0$$

$$\Rightarrow e^{iKa} - \left(2\cos ka + \frac{\Omega}{k}\sin ka\right) + e^{-iKa} = 0 \Rightarrow \cos Ka = \cos ka + \frac{\Omega}{2k}\sin ka$$

여기서 $ka = x$로 놓으면 다음의 관계식을 얻는다.

$$\therefore \cos Ka = \cos x + \frac{\Omega a}{2x}\sin x \tag{4.5.14}$$

등식의 좌·우의 함수를 그래프로 그리면 아래와 같이 만나는 지점이 解가 된다.

　그림 4.17에서처럼 식 (4.5.14)을 만족하는 $x = ka$ 값은 불연속적이다. 허용하는 영역에서만 전자가 식 (4.5.14)을 만족하는 에너지 값을 가질 수 있어서 에너지가 불연속적(띄엄띄엄)인 띠 형태로 나타난다. 이를 **에너지 띠 이론**이라 한다.

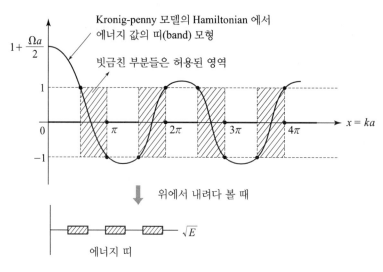

그림 4.17 에너지 띠

(i) 포텐셜 벽이 매우 약한 경우, Ω 값이 매우 작아서 식 (4.5.14)는

$$\cos Ka \approx \cos x \ \Rightarrow \ Ka = ka \ \Rightarrow \ K = \sqrt{\frac{2m}{\hbar^2}E}$$

이 되어서 에너지가 다음과 같게 된다.

$$E = \frac{\hbar K^2}{2m}$$

이는 K 파수 값을 갖는 자유전자 입자의 에너지에 해당한다.

(ii) 포텐셜 벽이 단단한 경우, Ω 값이 커서 식 (4.1.14)는

$$\cos Ka \approx \frac{\Omega a}{2x}\sin x$$

이 되어 등식의 오른편 함수 값은 매우 크고, 왼편의 함수 값은 -1과 1 사이의 값을 가지므로 등식이 성립하기 위해서는

$$x \approx n\pi \ \Rightarrow \ ka = n\pi \ \Rightarrow \ \sqrt{\frac{2m}{\hbar^2}E}\,a = n\pi$$

가 되어서 에너지가 다음과 같게 된다.

$$E = \frac{n^2\pi^2\hbar^2}{2ma^2}$$

이 결과는 폭이 a인 무한히 높은 포텐셜 장벽 문제에서 입자가 가지는 에너지 값에 해당됨을 알 수 있다. 이를 그래프로 그려보면 아래와 같은 결과를 얻을 수 있다.

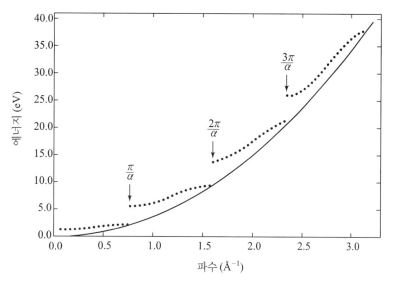

그림 4.18 크로니히-페니 모델: 파수의 함수로서 에너지

⑥ 조화 진동자

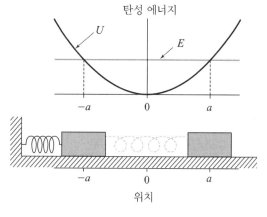

그림 4.19 조화 진동자

슈뢰딩거 방정식 $\dfrac{d^2 u(x)}{dx^2} + \dfrac{2m}{\hbar^2}(E - U)u(x) = 0$에 1차원 조화 진동자의 포텐셜 에너지 $U(x) = \dfrac{1}{2}kx^2 = \dfrac{1}{2}m\omega^2 x^2$ (여기서 $\omega = \sqrt{\dfrac{k}{m}}$)을 대입하면

$$\frac{d^2u(x)}{dx^2} - \frac{m^2\omega^2}{\hbar^2}x^2u(x) + \frac{2m}{\hbar^2}Eu(x) = 0 \qquad (4.6.1)$$

이다. 이 식의 解를 구하기 위해서 편의상 다음과 같이 치환하면

$$\alpha = \sqrt{\frac{m\omega}{\hbar}}, \quad \xi = \alpha x, \quad \lambda = \frac{2E}{\hbar\omega} \qquad (4.6.2)$$

α의 단위는 길이$^{-1}$, ξ와 λ은 무차원의 단위를 갖는다. 그리고

$$\frac{d}{dx} = \frac{d}{d\xi}\frac{d\xi}{dx} = \alpha\frac{d}{d\xi} \Rightarrow \frac{d^2}{dx^2} = \frac{d}{dx}\left(\frac{d}{dx}\right) = \alpha^2\frac{d^2}{d\xi^2}$$

이 된다. 이들을 식 (4.6.1)에 대입하면 다음과 같다.

$$\alpha^2\frac{d^2u}{d\xi^2} - \alpha^4\frac{\xi^2}{\alpha^2}u + \alpha^2\lambda u = 0$$

$$\therefore \quad \frac{d^2u}{d\xi^2} + (\lambda - \xi^2)u = 0 \qquad (4.6.3)$$

이 식은 간단해 보이지만 일반 解는 특수함수 꼴이다. 특수함수를 구하기 위해서 먼저 x 값의 극한에서 解의 형태에 대해 알아보자. $x \to \pm\infty$인 극한의 경우, $\xi = \alpha x$로부터 $\xi \to \pm\infty$가 된다. 이 경우 $\xi \gg \lambda$에 해당하므로 식 (4.6.3)은

$$\frac{d^2u}{d\xi^2} - \xi^2u = 0 \qquad (4.6.4)$$

이 된다. 이 이차 미분 방정식의 解를 구하기 위해서 식에 $2\frac{du}{d\xi}$을 곱하면 다음과 같다.

$$2\frac{du}{d\xi}\frac{d^2u}{d\xi^2} - 2\frac{du}{d\xi}\xi^2u = 0 \Rightarrow \left(2\frac{du}{d\xi}\right)\frac{d^2u}{d\xi^2} - \xi^2(2u)\frac{du}{d\xi} = 0 \Rightarrow \frac{d}{d\xi}\left(\frac{du}{d\xi}\right)^2 - \xi^2\frac{du^2}{d\xi} = 0$$

$$\Rightarrow \frac{d}{d\xi}\left(\frac{du}{d\xi}\right)^2 - \frac{d}{d\xi}(\xi^2u^2) = -2\xi u^2$$

$$\Rightarrow \frac{d}{d\xi}\left[\left(\frac{du}{d\xi}\right)^2 - \xi^2u^2\right] = -2\xi u^2$$

$x \to \pm\infty$에서 $\xi \to \pm\infty$이므로 解가 물리적 의미를 갖기 위해서는 등식의 오른편은 0이 되어야 한다. 그러므로 식은

$$\frac{d}{d\xi}\left[\left(\frac{du}{d\xi}\right)^2 - \xi^2u^2\right] = 0$$

가 되고 이 식으로부터

$$\left(\frac{du}{d\xi}\right)^2 - \xi^2 u^2 = 상수$$

을 얻는다. $\xi \rightarrow \pm\infty$ 에 대해 위의 조건을 만족하기 위해서는 왼편의 각 항이 0이 되어야 하므로

$$\left(\frac{du}{d\xi}\right)^2 = \xi^2 u^2 \;\Rightarrow\; \frac{du}{d\xi} = \pm\xi u \;\Rightarrow\; \frac{du}{u} = \pm\xi d\xi \;\Rightarrow\; u(\xi) = e^{\pm\frac{1}{2}\xi^2}$$

이 解가 $\xi \rightarrow \pm\infty$ 에서 발산하지 않기 위해서는

$$u(\xi) = e^{-\frac{1}{2}\xi^2} \tag{4.6.5}$$

만이 解가 된다.

그러므로 $\xi \rightarrow \pm\infty$ 의 극한에서 구한 解를 고려하면 일반 解는

$$u(\xi) = e^{-\frac{1}{2}\xi^2} v(\xi) \tag{4.6.6}$$

로 놓을 수 있다. 그때

$$\frac{du}{d\xi} = -\xi e^{-\frac{1}{2}\xi^2} v + e^{-\frac{1}{2}\xi^2}\frac{dv}{d\xi}$$

그리고

$$\frac{d^2 u}{d\xi^2} = -e^{-\frac{1}{2}\xi^2} v + \xi^2 e^{-\frac{1}{2}\xi^2} v - \xi e^{-\frac{1}{2}\xi^2}\frac{dv}{d\xi} - \xi e^{-\frac{1}{2}\xi^2}\frac{dv}{d\xi} + e^{-\frac{1}{2}\xi^2}\frac{d^2 v}{d\xi^2}$$

가 되어 이 결과들을 식 (4.6.3)에 대입하면

에르미트(Hermite) 미분방정식

$$\frac{d^2 v}{d\xi^2} - 2\xi\frac{dv}{d\xi} + (\lambda - 1)v = 0 \tag{4.6.7}$$

을 얻는다. 이 미분 방정식의 解를 **에르미트(Hermite) 다항식** H_n 이라 부른다.

급수 전개법을 사용하여 Hermite 미분방정식의 解를 구해보자.

$$v(\xi) = \sum_{n=0}^{\infty} a_n \xi^n \tag{4.6.8}$$

이때 $v(\xi)$의 ξ에 관한 1차 미분과 2차 미분은 다음과 같다.

$$\begin{cases} v'(\xi) = \sum_{n=1}^{\infty} n a_n \xi^{n-1} = \sum_{n=0}^{\infty} (n+1) a_{n+1} \xi^n \\ v''(\xi) = \sum_{n=1}^{\infty} (n+1) n a_{n+1} \xi^{n-1} = \sum_{n=0}^{\infty} (n+2)(n+1) a_{n+2} \xi^n \end{cases}$$

이들을 식 (4.6.7)에 대입하면

$$\sum_{n=0}^{\infty} (n+2)(n+1) a_{n+2} \xi^n - 2 \sum_{n=0}^{\infty} (n+1) a_{n+1} \xi^{n+1} + (\lambda - 1) \sum_{n=0}^{\infty} a_n \xi^n = 0$$

이 되며 여기서 두 번째 항은 $2 \sum_{n=0}^{\infty} (n+1) a_{n+1} \xi^{n+1} = 2 \sum_{n=1}^{\infty} n a_n \xi^n$ 이 되므로 원 식은

$$\sum_{n=0}^{\infty} (n+2)(n+1) a_{n+2} \xi^n = (1-\lambda) \sum_{n=0}^{\infty} a_n \xi^n + 2 \sum_{n=1}^{\infty} n a_n \xi^n \tag{4.6.9}$$

이 된다. 이 식에서 ξ의 거듭제곱의 계수를 비교해보면 다음의 결과를 얻는다.

$$\xi^0 : \ 2 \cdot 1 \cdot a_2 = (1-\lambda) \cdot a_0 \Rightarrow a_2 = \frac{1-\lambda}{2 \cdot 1} a_0$$

$$\xi^1 : \ 3 \cdot 2 \cdot a_3 = (1-\lambda) \cdot a_1 + 2 a_1 = (3-\lambda) a_1 \Rightarrow a_3 = \frac{3-\lambda}{3 \cdot 2} a_1$$

$$\xi^2 : \ 4 \cdot 3 \cdot a_4 = (1-\lambda) \cdot a_2 + 2 \cdot 2 a_2 = (5-\lambda) a_2$$

$$\Rightarrow a_4 = \frac{5-\lambda}{4 \cdot 3} a_2 = \frac{(5-\lambda)(1-\lambda)}{4 \cdot 3 \cdot 2 \cdot 1} a_0$$

$$\xi^3 : \ 5 \cdot 4 \cdot a_5 = (1-\lambda) \cdot a_3 + 2 \cdot 3 a_3 = (7-\lambda) a_2$$

$$\Rightarrow a_5 = \frac{7-\lambda}{5 \cdot 4} a_3 = \frac{(7-\lambda)(3-\lambda)}{5 \cdot 4 \cdot 3 \cdot 2 \cdot 1} a_1$$

$$\vdots$$

위에서 구한 결과들을 하나의 일반식으로 나타내면

$$\therefore \ a_{k+2} = \frac{2k+1-\lambda}{(k+2)(k+1)} a_k \tag{4.6.10}$$

인 **회귀공식**(recursive relation)을 얻는다.

이 회귀공식으로 a_0와 a_1을 알면 모든 계수 a_k을 구할 수 있다. a_0와 a_1은 각각 짝수 급수(even series)와 홀수 급수(odd series)의 解를 준다.

회귀공식은 큰 k 값에 대해서

$$\frac{a_{k+2}}{a_k} = \frac{2k+1-\lambda}{(k^2+3k+2)} \approx \frac{2}{k} \tag{4.6.11}$$

을 얻는다.

짝수 급수에 대한 解는

$$H_{even}(\xi) = \sum_{k=0}^{\infty} a_{2k}\xi^{2k} = \sum_{k=0}^{K} a_{2k}\xi^{2k} + \sum_{k=K+1}^{\infty} a_{2k}\xi^{2k} \tag{4.6.12}$$

여기서 K의 의미는 $k \leq K$인 영역에서는 회귀공식 식 (4.6.10)을 적용하고 $k > K$인 영역에서는 근사식인 식 (4.6.11)을 적용하도록 하는 경계로 쓰인다.

이 식의 오른편 두 번째 항을 먼저 계산해보면

$$\sum_{k=K+1}^{\infty} a_{2k}\xi^{2k} = a_{2K+2}\xi^{2K+2} + a_{2K+4}\xi^{2K+4} + a_{2K+6}\xi^{2K+6} + \cdots\cdots$$

$$= a_{2K+2}\xi^{2K+2}\left(1 + \frac{a_{2K+4}}{a_{2K+2}}\xi^2 + \frac{a_{2K+6}}{a_{2K+2}}\xi^4 + \cdots\cdots\right) \tag{4.6.13}$$

가 되고 여기서 괄호 안의 두 번째와 세 번째 항의 계수는 근사식인 식 (4.6.11)을 사용하면 각각

$$\begin{cases} \dfrac{a_{2K+4}}{a_{2K+2}} = \dfrac{a_{(2K+2)+2}}{a_{2K+2}} = \dfrac{2}{2K+2} = \dfrac{1}{K+1} \\[3mm] \dfrac{a_{2K+6}}{a_{2K+2}} = \dfrac{a_{2K+4}}{a_{2K+2}}\dfrac{a_{2K+6}}{a_{2K+4}} = \dfrac{1}{K+1} \cdot \dfrac{2}{2K+4} = \dfrac{1}{K+1} \cdot \dfrac{1}{K+2} \end{cases}$$

가 된다. 이들 계수 값을 식 (4.6.13)에 대입하면서 $K!$을 곱하고 나누어 주면 원 식은

$$\sum_{k=K+1}^{\infty} a_{2k}\xi^{2k} = a_{2K+2}\xi^{2K+2}K!\left[\frac{1}{K!} + \frac{\xi^2}{(K+1)K!} + \frac{\xi^4}{(K+2)(K+1)K!} + \cdots\cdots\right]$$

$$= a_{2K+2}\xi^2 K!\left[\frac{\xi^{2K}}{K!} + \frac{\xi^{2(K+1)}}{(K+1)!} + \frac{\xi^{2(K+2)}}{(K+2)!} + \cdots\cdots\right] = a_{2K+2}\xi^2 K! e^{\xi^2}$$

이 된다.

이 결과로부터 $u(\xi)$은 $\xi \to \pm\infty$ 에서의 解와 $v(\xi)$ (즉, Hermite 다항식 H_n)의 곱이므로

$$u_{even}(\xi) = e^{-\frac{1}{2}\xi^2}\left[\sum_{k=0}^{K} a_{2k}\xi^{2k} + a_{2K+2}\xi^2 K! e^{\xi^2}\right]$$

가 되어

$$\therefore \quad u_{even}(\xi) = e^{-\frac{1}{2}\xi^2}\sum_{k=0}^{K} a_{2k}\xi^{2k} + C\xi^2 e^{\frac{1}{2}\xi^2} \qquad \text{여기서} \quad C = a_{2K+2}K! \text{인 상수}$$

오른쪽의 두 번째 항은 $\xi \to \pm\infty$ 에서 발산을 하므로, 이런 문제를 해결하기 위해서는 어떤 특정한 k일 때 급수를 끝내야 한다. 이때의 k을 n이라고 하자. 즉 회귀공식에서 $k = n$일 때 분자가 0이어야 한다. 그때 관계식

$$2n + 1 - \lambda = 0 \implies \lambda = 2n + 1$$

을 얻는다. 이런 결론은 홀수 급수의 解에 대해서도 마찬가지이다.

그때 회귀공식으로부터

$$a_{k+2} = \frac{2k+1-\lambda}{(k+2)(k+1)}a_k = \frac{2k+1-(2n+1)}{(k+2)(k+1)}a_k = \frac{2(k-n)}{(k+2)(k+1)}a_k \quad (4.6.14)$$

가 된다.

n이 짝수일 때는 $a_1 = 0$으로 하는 우함수의 다항식을 解로 채택하고 n이 홀수일 때는 $a_0 = 0$으로 하는 기함수의 다항식을 解로 채택하면 $H_n = \sum_{n=0}^{\infty} a_n \xi^n$이므로 식 (4.6.14)로부터 다음의 결과를 얻는다.

$H_0(\xi) = a_0\xi^0 = a_0$

$H_1(\xi) = a_1\xi^1 = a_1\xi$

$H_2(\xi) = a_0 + a_2\xi^2 = (1-2\xi^2)a_0 \qquad\qquad \because$ 식 (4.6.14)로부터 $a_2 = \frac{2 \cdot (0-2)}{2 \cdot 1}a_0 = -2a_0$

$H_3(\xi) = a_1\xi + a_3\xi^3 = \left(\xi - \frac{2}{3}\xi^3\right)a_1 \qquad \because$ 식 (4.6.14)로부터 $a_3 = \frac{2(1-3)}{3 \cdot 2}a_1 = -\frac{2}{3}a_1$

$H_4(\xi) = a_0 + a_2\xi^2 + a_4\xi^4 = \left(1 - 4\xi^2 + \frac{4}{3}\xi^4\right)a_0$

$\qquad\qquad\qquad\qquad\qquad \because$ 식 (4.6.14)로부터 $a_2 = \frac{2 \cdot (0-4)}{2 \cdot 1}a_0 = -4a_0,$

$$a_4 = \frac{2 \cdot (2-4)}{4 \cdot 3}a_2 = \frac{2 \cdot (-2)}{4 \cdot 3}(-4)a_0 = \frac{4}{3}a_0$$

$\vdots$

관례적으로 Hermite 다항식에서 거듭제곱이 가장 큰 ξ의 계수를 2^n으로 잡는다. 그러면, 이들로부터 다음의 결과를 얻을 수 있다.[22]

$$\begin{cases} H_0(\xi) = 1, \ H_1(\xi) = 2\xi, \ H_2(\xi) = 4\xi^2 - 2 \\ H_3(\xi) = 8\xi^3 - 12\xi, \ H_4(\xi) = 16\xi^4 - 48\xi^2 + 12, \ \cdots\cdots \end{cases} \tag{4.6.15}$$

그러므로 일반 解는 다음과 같이 주어진다.

$$u_n(\xi) = c_n e^{-\frac{1}{2}\xi^2} H_n(\xi) \tag{4.6.16}$$

여기서 $\xi = \alpha x = \sqrt{\dfrac{mw}{\hbar}}\,x$이고 $H_n(\xi)$은 식 (4.6.15)와 같다.

또한 Hermite 다항식은 다음의 직교성[23]을 만족한다.

$$\int_{-\infty}^{\infty} e^{-x^2} H_m(x) H_n(x) dx = 2^n n! \sqrt{\pi}\, \delta_{mn} \tag{4.6.17}$$

식 (4.6.16)에 있는 규격화 상수 c_n을 규격화 조건 $\displaystyle\int_{-\infty}^{\infty} |u_n(x)|^2 dx = 1$으로부터 구해보면

$$|c_n|^2 \int_{-\infty}^{\infty} e^{-\alpha^2 x^2} H_n^2 dx = 1$$

여기서 $\alpha x = y$로 놓으면 $dx = \dfrac{1}{\alpha} dy$가 되어

$$|c_n|^2 \frac{1}{\alpha} \int_{-\infty}^{\infty} e^{-y^2} H_n^2 dy = 1 \tag{4.6.18}$$

가 된다. 이 식에 Hermite 다항식의 직교성인 식 (4.6.17)을 적용하면

$$|c_n|^2 \frac{1}{\alpha} 2^n n! \sqrt{\pi} = 1 \ \Rightarrow \ c_n = \left(\frac{1}{2^n n! \sqrt{\pi}}\right)^{\frac{1}{2}} \left(\frac{m\omega}{\hbar}\right)^{\frac{1}{4}}$$

을 얻을 수 있어 식 (4.6.16)의 일반 解는 다음과 같이 주어진다.

---

(22) Hermite 다항식의 발생함수를 이용하는 방법은 [보충자료 2]를 참조하세요.

(23) 증명은 [보충자료 3]을 참고하세요.

$$u_n(x) = \left(\frac{m\omega}{\hbar}\right)^{\frac{1}{4}} \left(\frac{1}{2^n n! \sqrt{\pi}}\right)^{\frac{1}{2}} e^{-\frac{m\omega}{2\hbar}x^2} H_n\left(\sqrt{\frac{m\omega}{\hbar}}\, x\right) \tag{4.6.19}$$

또한 발산문제를 해결하기 위해 급수를 끝내는 n에 대한 조건인 $\lambda - 1 - 2n = 0$으로부터

$$\lambda = 2n + 1 = \frac{2E}{\hbar\omega} \;\Rightarrow\; E = \left(n + \frac{1}{2}\right)\hbar\omega \qquad \text{여기서 } n = 0,1,2,\cdots\cdots$$

을 얻는다. 즉, 조화 진동자의 바닥상태에너지는 $\frac{1}{2}\hbar\omega$이다. 절대온도 0K에서 당연히 정지하고 있어야 할 물체가 정지하지 않고 이로 인해 절대영도에서도 초전도현상이나 초유동현상이 일어나게 된다.

임의의 **정방행렬**(square matrix) A의 역행렬 A^{-1}은 다음과 같이 구해진다.[24]

$$A^{-1} = \frac{1}{|A|} C^T$$

여기서 C은 **여인수**(cofactor) **행렬**, C^T은 그것의 **전치**(transpose) **행렬**이며 $|A|$은 행렬 A의 **행렬식** (determinant)이다. 그리고 2×2 정방행렬의 여인수 행렬은 다음과 같이 구해진다.

$$C = \begin{pmatrix} C_{11} & C_{12} \\ C_{21} & C_{22} \end{pmatrix} = \begin{pmatrix} (-1)^{1+1}|M_{11}| & (-1)^{1+2}|M_{12}| \\ (-1)^{2+1}|M_{21}| & (-1)^{2+2}|M_{22}| \end{pmatrix}$$

여기서 $|M_{ij}|$은 i번째 행, j번째 열을 제거한 **부분행렬의 행렬식**을 의미한다.

---

(24) 관계식 유도는 《수리물리학(북스힐)》 by Hwanbae Park, p.152~153을 참고하세요.

Hermite 다항식의 발생함수(generating function)는

$$e^{-t^2+2tx} = \sum_{n=0}^{\infty} \frac{t^n}{n!} H_n(x) \qquad \text{여기서 } t\text{은 가변수(dummy variable)}$$

로 주어진다.

[증명] 원 식의 왼편에 있는 지수함수에 매클로린(Maclaurin) 전개를 적용하면

$$e^{-t^2+2tx} = \sum_{n=0}^{\infty} \frac{(-t^2+2tx)^n}{n!} = \sum_{n=0}^{\infty} \frac{t^n(-t+2x)^n}{n!}$$

$$= 1 + \frac{t(-t+2x)}{1!} + \frac{t^2(-t+2x)^2}{2!} + \frac{t^3(-t+2x)^3}{3!} + \cdots\cdots$$

가 된다. 등식의 오른편을 t에 관해 같은 거듭제곱끼리 모으면 위 식은 다음과 같이 표현된다.

$$e^{-t^2+2tx} = 1 + 2tx - (1-2x^2)t^2 + \left(-2x + \frac{4}{3}x^3\right)t^3 + \cdots\cdots$$

식의 오른편에 있는 n번째 항은 (x의 다항식) 곱하기 t^n의 형태이다. 여기서 (x의 다항식)과 식 (4.6.15)의 Hermite 다항식을 비교해보면 각 (x의 다항식)이 $\dfrac{H_n(x)}{n!}$ 임을 알 수 있다. 그러므로

$$e^{-t^2+2tx} = \sum_{n=0}^{\infty} \frac{t^n}{n!} H_n(x) \tag{1}$$

가 된다. ∎

지금부터는 발생함수로부터 Hermite 다항식을 어떻게 구하는지 살펴보자.

식 (1)의 오른편 항을 t에 관해 k번 미분을 하는 경우, $n < k$면 오른편 항은 0이 될 것이고 반면에 $n > k$일 경우 k번 미분을 한 뒤에 $t=0$으로 놓으면 오른편 항은 $\dfrac{k!}{k!}H_k(x)$ $=H_k(x)$가 된다. 그러므로 발생함수로부터 Hermite 다항식을 다음과 같이 구할 수 있다.

$$H_0(x) = e^{-t^2+2tx}|_{t=0} = e^0 = 1$$

$$H_1(x) = \frac{d}{dt}(e^{-t^2+2tx})|_{t=0} = (-2t+2x)e^{-t^2+2tx}|_{t=0} = 2x$$

$$H_2(x) = \frac{d}{dt^2}\left(e^{-t^2+2tx}\right)\bigg|_{t=0} = \left[-2 + (-2t+2x)^2\right]e^{-t^2+2tx}\bigg|_{t=0} = 4x^2 - 2$$

$$\vdots$$

Hermite 다항식과 관련된 유용한 회귀공식 2개를 식 (1)을 t에 관해, 그리고 x에 관해 미분함으로써 얻을 수 있다.

(i) 식 (1)을 t에 관해 미분하면

$$(-2t+2x)e^{-t^2+2tx} = \sum_{n=1}^{\infty}\frac{t^{n-1}}{(n-1)!}H_n(x)$$

이 된다. 이 식의 왼편에 있는 지수함수에 식 (1)을 대입하면 다음의 관계식을 얻는다.

$$-2\sum_{n=0}^{\infty}\frac{t^{n+1}}{n!}H_n(x) + 2x\sum_{n=0}^{\infty}\frac{t^n}{n!}H_n(x) = \sum_{n=1}^{\infty}\frac{t^{n-1}}{(n-1)!}H_n(x) \tag{2}$$

이 식의 왼편의 첫 번째 항은

$$-2\sum_{n=0}^{\infty}\frac{t^{n+1}}{n!}H_n(x) = -2\sum_{n=1}^{\infty}\frac{t^n}{(n-1)!}H_{n-1}(x) = -2\sum_{n=1}^{\infty}n\frac{t^n}{n!}H_{n-1}(x)$$

로 나타낼 수 있고 오른편의 항은

$$\sum_{n=1}^{\infty}\frac{t^{n-1}}{(n-1)!}H_n(x) = \sum_{n=0}^{\infty}\frac{t^n}{n!}H_{n+1}(x)$$

로 나타낼 수 있어 식 (2)은 다음과 같이 된다.

$$-2\sum_{n=1}^{\infty}n\frac{t^n}{n!}H_{n-1}(x) + 2x\sum_{n=0}^{\infty}\frac{t^n}{n!}H_n(x) = \sum_{n=0}^{\infty}\frac{t^n}{n!}H_{n+1}(x) \tag{3}$$

(a) $n=0$일 경우, 식 (3)은

$$2xH_0(x) = H_1(x)$$

가 된다. 즉 $H_0(x) = 1$이면 $H_1(x) = 2x$을 얻는다.

(b) $n > 0$일 경우, 식 (3)에서 t^n의 계수를 같게 하면 다음의 회귀공식을 얻는다.

$$H_{n+1}(x) = 2xH_n(x) - 2nH_{n-1}(x)$$

(ii) 식 (1)을 x에 관해 미분하면

$$2te^{-t^2+2tx} = \sum_{n=0}^{\infty} \frac{t^n}{n!} H_n'(x)$$

이 된다. 이 식의 왼편에 있는 지수함수에 식 (1)을 대입하면 다음의 관계식을 얻는다.

$$2\sum_{n=0}^{\infty} \frac{t^{n+1}}{n!} H_n(x) = \sum_{n=0}^{\infty} \frac{t^n}{n!} H_n'(x) \Rightarrow 2\sum_{n=1}^{\infty} \frac{t^n}{(n-1)!} H_{n-1}(x) = \sum_{n=0}^{\infty} \frac{t^n}{n!} H_n'(x)$$

$$\Rightarrow 2\sum_{n=1}^{\infty} n\frac{t^n}{n!} H_{n-1}(x) = \sum_{n=0}^{\infty} \frac{t^n}{n!} H_n'(x)$$

그러므로 다음의 회귀공식을 얻는다.

$$H_n'(x) = 2nH_{n-1}(x)$$

Hermite 다항식의 직교성 증명

(1) $\displaystyle\int_{-\infty}^{\infty}e^{-x^2}H_0^2(x)dx=\int_{-\infty}^{\infty}e^{-x^2}dx=\sqrt{\pi}=2^0 0!\sqrt{\pi}$

$\qquad\therefore\ \displaystyle\int_{-\infty}^{\infty}e^{-x^2}H_0^2(x)dx=2^0 0!\sqrt{\pi}$

(2) $\displaystyle\int_{-\infty}^{\infty}e^{-x^2}H_1(x)H_0(x)dx=2\int_{-\infty}^{\infty}e^{-x^2}xdx=2\left[\int_{-\infty}^{0}e^{-x^2}xdx+\int_{0}^{\infty}e^{-x^2}xdx\right]$

여기서 $x<0$ 영역에서는 $x=-\sqrt{y}$ 로 놓으면 $dx=-\dfrac{1}{2}y^{-\frac{1}{2}}dy$이 되어

$$\int_{-\infty}^{0}e^{-x^2}xdx=\frac{1}{2}\int_{\infty}^{0}e^{-y}y^{\frac{1}{2}}y^{-\frac{1}{2}}dy=-\frac{1}{2}\int_{0}^{\infty}e^{-y}dy$$

가 되고 $x>0$ 영역에서는 $x=\sqrt{y}$ 로 놓으면 $dx=\dfrac{1}{2}y^{-\frac{1}{2}}dy$이 되어

$$\int_{0}^{\infty}e^{-x^2}xdx=\frac{1}{2}\int_{0}^{\infty}e^{-y}y^{\frac{1}{2}}y^{-\frac{1}{2}}dy=\frac{1}{2}\int_{0}^{\infty}e^{-y}dy$$

가 되어 두 적분 항을 합한 결과는 0이 된다.

$$\therefore\ \int_{-\infty}^{\infty}e^{-x^2}H_1(x)H_0(x)dx=0$$

(3) $\displaystyle\int_{-\infty}^{\infty}e^{-x^2}H_1^2(x)dx=4\int_{-\infty}^{\infty}e^{-x^2}x^2dx=4\left[\int_{-\infty}^{0}e^{-x^2}x^2dx+\int_{0}^{\infty}e^{-x^2}x^2dx\right]$

여기서 오른편의 두 적분 항은 각각

$$\int_{-\infty}^{0}e^{-x^2}x^2dx=-\frac{1}{2}\int_{-\infty}^{0}e^{-y}yy^{-\frac{1}{2}}dy=\frac{1}{2}\int_{0}^{\infty}e^{-y}y^{\frac{1}{2}}dy=\frac{1}{2}\int_{0}^{\infty}e^{-y}y^{\frac{3}{2}-1}dy$$

$$=\frac{1}{2}\Gamma\left(\frac{3}{2}\right)=\frac{1}{2}\Gamma\left(\frac{1}{2}+1\right)=\frac{1}{2}\frac{1}{2}\Gamma\left(\frac{1}{2}\right)=\frac{1}{4}\sqrt{\pi}$$

와

$$\int_{0}^{\infty}e^{-x^2}x^2dx=\frac{1}{2}\int_{0}^{\infty}e^{-y}yy^{-\frac{1}{2}}dy=\frac{1}{4}\sqrt{\pi}$$

가 되므로

$$\therefore \int_{-\infty}^{\infty} e^{-x^2} H_1^2(x)dx = 4\left(\frac{1}{4}\sqrt{\pi} \times 2\right) = 2^1 1! \sqrt{\pi}$$

(4) $\displaystyle\int_{-\infty}^{\infty} e^{-x^2} H_1(x)H_2(x)dx = 8\int_{-\infty}^{\infty} e^{-x^2}x^3 dx - 4\int_{-\infty}^{\infty} e^{-x^2}x dx$

등식의 오른편 두 번째 적분 항은 (2)에서 보였듯이 0이다. 그러므로 원 식은

$$\int_{-\infty}^{\infty} e^{-x^2} H_1(x)H_2(x)dx = 8\left[\int_{-\infty}^{0} e^{-x^2}x^3 dx + \int_{0}^{\infty} e^{-x^2}x^3 dx\right]$$

이 된다. 여기서

$$\int_{-\infty}^{0} e^{-x^2}x^3 dx = \frac{1}{2}\int_{\infty}^{0} e^{-y}y^{\frac{3}{2}}y^{-\frac{1}{2}}dy = -\frac{1}{2}\int_{0}^{\infty} e^{-y}y dy$$

그리고

$$\int_{0}^{\infty} e^{-x^2}x^3 dx = \frac{1}{2}\int_{0}^{\infty} e^{-y}y^{\frac{3}{2}}y^{-\frac{1}{2}}dy = \frac{1}{2}\int_{0}^{\infty} e^{-y}y dy$$

이 되어 두 적분 항을 더하면 0이 된다.

$$\therefore \int_{-\infty}^{\infty} e^{-x^2} H_1(x)H_2(x)dx = 0$$

(5) $\displaystyle\int_{-\infty}^{\infty} e^{-x^2} H_2^2(x)dx = 16\int_{-\infty}^{\infty} e^{-x^2}x^4 dx - 16\int_{-\infty}^{\infty} e^{-x^2}x^2 dx + 4\int_{-\infty}^{\infty} e^{-x^2}dx$

이 식의 오른편 두 번째 적분 항은 (3)으로부터 $\frac{1}{2}\sqrt{\pi}$ 이고, 세 번째 적분 항은 $\sqrt{\pi}$ 임을 쉽게 알 수 있다. 첫 번째 적분 항은

$$\int_{-\infty}^{\infty} e^{-x^2}x^4 dx = 2\int_{0}^{\infty} e^{x^2}x^4 dx = 2\frac{1}{2}\int_{0}^{\infty} e^{-y}y^2 y^{-\frac{1}{2}}dy = \int_{0}^{\infty} e^{-y}y^{\frac{3}{2}}dy$$

$$= \int_{0}^{\infty} e^{-y}y^{\frac{5}{2}-1}dy = \Gamma\left(\frac{5}{2}\right) = \Gamma\left(\frac{3}{2}+1\right) = \frac{3}{2}\Gamma\left(\frac{3}{2}\right)$$

$$= \frac{3}{2}\Gamma\left(\frac{1}{2}+1\right) = \frac{3}{2}\frac{1}{2}\Gamma\left(\frac{1}{2}\right) = \frac{3}{4}\sqrt{\pi}$$

그러므로

$$\int_{-\infty}^{\infty} e^{-x^2} H_2^2(x)dx = 16 \times \frac{3}{4}\sqrt{\pi} - 16 \times \frac{1}{2}\sqrt{\pi} + 4\sqrt{\pi} = 8\sqrt{\pi} = 2^2 \sqrt{\pi}\, 2!$$

$$\therefore \int_{-\infty}^{\infty} e^{-x^2} H_2^2(x) dx \equiv 2^2 2! \sqrt{\pi}$$

(6) $\int_{-\infty}^{\infty} e^{-x^2} H_3^2(x) dx = 64 \int_{-\infty}^{\infty} e^{-x^2} x^6 dx - 192 \int_{-\infty}^{\infty} e^{-x^2} x^4 dx + 144 \int_{-\infty}^{\infty} e^{-x^2} x^2 dx$

오른편의 두 번째와 세 번째 항의 적분을 계산하면 각각 $\dfrac{3}{4}\sqrt{\pi}$ 와 $\dfrac{1}{2}\sqrt{\pi}$ 가 됨을 알고 있다.

여기서 첫 번째 적분을 계산하면

$$\int_{-\infty}^{\infty} e^{-x^2} x^6 dx = 2 \int_{0}^{\infty} e^{-x^2} x^6 dx = 2 \int_{0}^{\infty} e^{-y} y^3 \frac{1}{2} y^{-\frac{1}{2}} dy$$

$$= \int_{0}^{\infty} e^{-y} y^{\frac{7}{2}-1} dy = \Gamma\left(\frac{7}{2}\right) = \frac{5}{2}\frac{3}{2}\frac{1}{2}\sqrt{\pi}$$

그러므로

$$\int_{-\infty}^{\infty} e^{-x^2} H_3^2(x) dx = 64 \times \frac{15}{8}\sqrt{\pi} - 192 \times \frac{3}{4}\sqrt{\pi} + 144 \times \frac{1}{2}\sqrt{\pi}$$

$$= 2^3 \sqrt{\pi}\, 3!$$

$$\therefore \int_{-\infty}^{\infty} e^{-x^2} H_3^2(x) dx = 2^3 3! \sqrt{\pi}$$

$$\vdots$$

위의 계산 결과들을 종합해 보면 아래의 Hermite 다항식의 직교성 관계식을 얻을 수 있다.

$$\therefore \int_{-\infty}^{\infty} e^{-x^2} H_m(x) H_n(x) dx = 2^n n! \sqrt{\pi}\, \delta_{mn}$$

CHAPTER
5

물리량의 디락 표현 방법

① 디락 표현

파동함수 Ψ을 행렬로 표현할 때 $|\Psi>$로 나타내면 이는 열(column) 행렬('ket' 벡터라 부름)에 해당되고 $<\Psi|$로 나타내면 이는 행(row) 행렬에 해당('bra' 벡터라 부름)한다. 양자역학에서 편리하게 연산을 수행하기 위해서 파동함수나 연산자를 이와 같이 벡터(또는 행렬)로 표현하는 방법을 **디락 표현**(Dirac notation)이라 한다.

(1) 소개

적분은 디락 표현에서 다음과 같이 표현된다.

- $\int_{-\infty}^{\infty} \phi^*(x)\Psi(x)dx \rightarrow <\phi|\Psi>$

  그때 $<\phi|\Psi>^* = \int(\phi^*\Psi)^* dx = \int \phi\Psi^* dx = \int \Psi^*\phi\, dx = <\Psi|\phi>$

- $\int_{-\infty}^{\infty} \phi^*(x)A\Psi(x)dx \rightarrow <\phi|A\Psi> = <\phi|A|\Psi>$　　　여기서 A는 임의의 연산자

  그때 $<A\phi|\Psi> = \int(A\phi)^*\Psi dx = \int \phi^*(A^*)^T\Psi dx = <\phi|A^+|\Psi>$

보기 5.1　위 표현에서 연산자 A 대신에 숫자 a가 주어지는 경우

$$<\phi|a\Psi> = \int \phi^*(a\Psi)dx = a\int \phi^*\Psi dx = a<\phi|\Psi>$$

$$<a\phi|\Psi> = \int(a\phi)^*\Psi dx = \int a^*\phi^*\Psi dx = a^* <\phi|\Psi>$$

가 된다.

고유치 방정식을 디락 표현으로 나타내면

$$A\Psi_n = n\Psi_n \ \rightarrow \ A|n> = n|n> \tag{5.1.1}$$

이 되고 여기서 $|n>$은 연산자 A을 작용하면 고유치 n을 주는 고유벡터(또는 상태벡터)로 직교규격화 조건 $<n|m> = \delta_{nm}$을 만족한다.

식 (5.1.1)과 고유벡터의 직교규격화 조건으로부터

$$<m|A|n> = n<m|n> = n\delta_{mn} \tag{5.1.2}$$

가 된다. 이 식의 왼편을 $<m|A|n> = A_{mn}$(여기서 A_{mn}은 행렬로 표현된 연산자 A의 m번째 행과 n번째 열의 행렬요소이다.)로 나타내면 식 (5.1.2)은 다음과 같이 표현된다.

$$A_{mn} = n\delta_{nm} \tag{5.1.3}$$

연산자 A을 행렬로 표현하면 대각 행렬요소만 0이 아닌 값을 갖는다.
즉, 고유치 방정식에서 연산자를 행렬로 나타내면 그 행렬은 대각화된 행렬이다.
⇒ 고유치 방정식을 푼다는 것은 연산자의 행렬을 대각화 시킨다는 뜻이다.

불연속적인 고유치를 갖는 고유벡터의 경우 임의의 파동함수는 전개정리에 의해 $|\Psi> = \sum_n C_n|n>$인 고유벡터의 합으로 표현되며 이때 계수인 C_n은 이 식의 좌·우에 $<m|$을 곱하면 다음과 같이 구할 수 있다.

$$\Rightarrow <m|\Psi> = \sum_n C_n<m|n> = \sum_n C_n\delta_{mn} = C_m$$
$$\therefore \ C_n = <n|\Psi> \tag{5.1.4}$$

여기서 $|C_n|^2$의 물리적 의미는 $|\Psi>$가 고유치 n을 가질 확률에 해당한다.

예제 5.1

불연속적인 고유치를 갖는 고유벡터에 대한 **완전성 관계**(completeness relation) $\sum_n |n><n| = \mathrm{I}$ 을 보이세요.

$$|\Psi> = \sum_n C_n |n> \;\Rightarrow\; <\phi|\Psi> = \sum_n C_n <\phi|n>$$

이 식에 식 (5.1.4)을 대입하면

$$<\phi|\Psi> = \sum_n <n|\Psi><\phi|n> = \sum_n <\phi|n><n|\Psi>$$

가 되어 등식이 성립하기 위해서는 다음의 관계를 만족해야한다.

$$\therefore \sum_n |n><n| = \mathrm{I}$$

또는

$$|\Psi> = \sum_n C_n|n> = \sum_n <n|\Psi>|n> = \sum_n |n><n|\Psi>$$

가 되어 등식이 성립하기 위해서는 다음의 관계를 만족해야한다.

$$\therefore \sum_n |n><n| = \mathrm{I} \qquad \blacksquare$$

반면에 위치 연산자와 같이 연속적인 고유치를 갖는 고유벡터 $|x>$의 경우 임의의 파동함수는 전개정리에 의해 $|\Psi> = \int_{-\infty}^{\infty} dx\, C(x)|x>$인 고유벡터의 적분으로 표현되며 이때 계수인 $C(x)$은 다음과 같이 구할 수 있다.

$$<x'|\Psi> = \int_{-\infty}^{\infty} dx\; C(x)<x'|x> = \int_{-\infty}^{\infty} dx\; C(x)\delta(x-x') = C(x')$$

$$\therefore\, C(x) = <x|\Psi> \qquad (5.1.5)$$

여기서 $|C(x)|^2$은 $|\Psi>$의 위치를 측정했을 때 측정치로 x을 얻을 확률이다.

예제 5.2

연속적인 고유치를 갖는 고유벡터에 대한 **완전성 관계** $\int_{-\infty}^{\infty} dx\; |x><x| = \mathrm{I}$ 을 보이세요.

풀이

$$|\Psi> = \int_{-\infty}^{\infty} dx\, C(x)|x> = \int_{-\infty}^{\infty} dx\; <x|\Psi>|x> = \int_{-\infty}^{\infty} dx\; |x><x|\Psi>$$

이므로 등식이 성립하기 위해서는 다음의 관계를 만족해야 한다.

$$\therefore \int_{-\infty}^{\infty} dx\; |x><x| = \mathrm{I} \qquad \blacksquare$$

스핀이 $\frac{1}{2}$인 입자의 경우 상태벡터는 스핀이 업(up)인 $|+\rangle$와 다운(down)인 $|-\rangle$ 상태로 표현될 수 있다. 이 상태벡터를 행렬로 표현하면 $|+\rangle = \begin{pmatrix} 1 \\ 0 \end{pmatrix}$, 그리고 $|-\rangle = \begin{pmatrix} 0 \\ 1 \end{pmatrix}$로 나타낼 수 있다. 이를 가지고 완전성 관계가 성립함을 보이세요.

풀이

불연속적인 고유치를 갖는 경우에 해당하므로 (예제 5.1)의 완전성 관계식을 사용하면

$$\sum_n |n\rangle\langle n| = |+\rangle\langle +| + |-\rangle\langle -|$$

$$= \begin{pmatrix} 1 \\ 0 \end{pmatrix}(1 \ \ 0) + \begin{pmatrix} 0 \\ 1 \end{pmatrix}(0 \ \ 1) = \begin{pmatrix} 1 & 0 \\ 0 & 0 \end{pmatrix} + \begin{pmatrix} 0 & 0 \\ 0 & 1 \end{pmatrix} = \begin{pmatrix} 1 & 0 \\ 0 & 1 \end{pmatrix} = I$$

을 얻을 수 있어 완전성 관계를 만족함을 알 수 있다. ∎

- $\langle x|\Psi\rangle \equiv \Psi(x)$ 또는 $\Psi^*(x) = \langle\Psi|x\rangle$

  로 나타내고 상태함수의 위치 표현이라 한다. 유사하게

- $\langle p|\Psi\rangle \equiv \phi(p)$

  로 나타내고 상태함수의 운동량 표현이라 한다.

예제 5.4

$\langle\Psi_1|\Psi_2\rangle$을 완전성 관계를 이용하여 적분형태로 나타내세요.

풀이

$$\langle\Psi_1|\Psi_2\rangle = \int_{-\infty}^{\infty} dx \langle\Psi_1|x\rangle\langle x|\Psi_2\rangle = \int_{-\infty}^{\infty} dx \ \Psi_1^*(x)\Psi_2(x)$$ ∎

예제 5.5

$\langle x|p\rangle = \dfrac{1}{\sqrt{2\pi\hbar}} e^{\frac{i}{\hbar}px}$ 임을 보이세요.

[힌트: 푸리에 변환 $\Psi(x) = \dfrac{1}{\sqrt{2\pi\hbar}} \int dp\, \phi(p) e^{\frac{i}{\hbar}px}$]

$$\Psi(x) = <x|\Psi> = \int_{-\infty}^{\infty} dp <x|p><p|\Psi> = \int_{-\infty}^{\infty} dp <x|p> \phi(p)$$

이 결과를 $\phi(p)$의 푸리에 변환과 비교하면

$$<x|p> = \frac{1}{\sqrt{2\pi\hbar}} e^{\frac{i}{\hbar}px}$$

가 됨을 알 수 있다. ■

예제 5.6

$(AB)^+ = B^+A^+$임을 보이세요.

$$<AB\phi|\Psi> = <\phi|(AB)^+|\Psi>$$

여기서 $B\phi \equiv \chi$로 놓으면, 위 식의 왼편은

$$<A\chi|\Psi> = <\chi|A^+|\Psi> = <B\phi|A^+|\Psi> = <\phi|B^+A^+|\Psi>$$

이 되어 원 식의 오른편과 같기 위해서는 다음의 관계식이 성립되어야 한다.

$$\therefore (AB)^+ = B^+A^+$$ ■

예제 5.7

두 에르미트 연산자의 곱이 에르미트 연산자일 조건을 구해보세요.

에르미트 연산자의 정의에 따라 $(AB)^+ = AB$일 조건을 구하면 된다.

$$(AB)^+ = B^+A^+ = BA \qquad \because \ A, B가 \ 각각 \ 에르미트 \ 연산자이므로$$

그때 $(AB)^+ = AB$라고 가정하면

$$\Rightarrow AB = BA \Rightarrow AB - BA = 0$$
$$\therefore [A, \ B] = 0$$

즉, 에르미트 연산자 A와 B가 교환 가능하면 그 곱도 에르미트 연산자다. ■

고유벡터 $|u_a>$가 두 연산자 A와 B의 동시(simultaneous)고유벡터일 때 (a) $[A,\ B]$ $=0$임을 보이세요. (b) $B|u_a>$ 또한 같은 고유치를 주는 연산자 A의 고유벡터임을 보이세요.

풀이

(a) $\begin{cases} A|u_a> = a|u_a> \\ B|u_a> = b|u_a> \end{cases}$ 로부터

$$AB|u_a>= bA|u_a> = ba|u_a> \text{와 } BA|u_a> = aB|u_a> = ab|u_a>$$

을 얻고 이 두 식을 서로 빼면 $(AB-BA)|u_a>=0 \Rightarrow [A,\ B]|u_a>=0$가 된다.

$$\therefore \ [A,\ B]=0$$

(b) $\quad AB|u_a> = BA|u_a> \quad \because$ 같은 고유함수를 갖는 두 연산자는 교환가능하기 때문에 그러므로 $A(B|u_a>)= B(A|u_a>)= a(B|u_a>)$을 얻을 수 있어 $B|u_a>$은 고유치 a을 갖는 연산자 A의 고유벡터이다.

그러므로 $|u_a>$가 A와 B의 동시고유벡터이면 $[A,\ B]=0$가 되며 또한 $B|u_a>$도 A의 고유벡터가 되고, 이들 $|u_a>$와 $B|u_a>$은 상수배의 관계에 놓여 있다.

(2) 투영 연산자

투영 연산자(projection operator)는

$$P_n = |n><n| \tag{5.1.6}$$

로 정의한다. 이것을 상태벡터 $|\Psi>$에 작용시키면

$$P_n|\Psi> = |n><n|\Psi> = (<n|\Psi>)|n>$$

와 같이 확률진폭 $<n|\Psi>$을 가지는 고유벡터 $|n>$으로 투영된다. 이처럼 P_n은 상태벡터 $|\Psi>$을 n축 방향으로 투영시키는 역할을 하므로 투영 연산자라 부른다.

투영 연산자의 중요한 성질에 대해 알아보자.

(i) $P_n^2 = P_n$: 두 번 투영한 상태는 원 상태가 됨

[증명] $P_m P_n = |m><m|n><n| = \delta_{mn}|m><n| \Rightarrow P_n^2 = |n><n| = P_n$

(ii) $\displaystyle\sum_n P_n = \sum_n |n><n| = I$ $\because$ 완전성 관계로부터

(iii) $H = \displaystyle\sum_n E_n P_n$: 해밀토니안 연산자 H은 대응하는 고유치 E_n과 투영 연산자 곱의 합으로 표현할 수 있다.

  [증명] $<\Psi|H|\Psi> = \displaystyle\sum_n <\Psi|n><n|H|\Psi> = \sum_n E_n <\Psi|n><n|\Psi>$

$$\text{여기서 } H|n> = E_n|n>$$

가 되어 등식의 좌·우편을 비교해보면 다음의 관계를 얻는다.

$$\therefore \quad H = \sum_n E_n|n><n| = \sum_n E_n P_n$$

보기 5.2 $H|n'> = \displaystyle\sum_n E_n P_n|n'> = \sum_n E_n|n><n|n'> = \sum_n \delta_{nn'} E_n|n> = E_{n'}|n'>$

그러므로 기대한대로 고유치 방정식 $H|n> = E_n|n>$을 얻는다.   ■

② 불확정치에 관한 정리

(1) 슈바르츠 부등식(Schwartz inequality)

$$<f|f><g|g> \;\geq\; |<f|g>|^2 \tag{5.2.1}$$

[증명] 어떤 복소함수 Ψ가 $\Psi \equiv f + \lambda g$ (여기서 λ은 복소수)라고 할 때, $<\Psi|\Psi> \geq 0$이므로

$$\Rightarrow <f+\lambda g|f+\lambda g> \geq 0$$

$$\Rightarrow <f|f> + \lambda <f|g> + \lambda^* <g|f> + |\lambda|^2 <g|g> \geq 0 \tag{5.2.2}$$

여기서 $\lambda = -\dfrac{<g|f>}{<g|g>}$ 라고 하면, $\lambda^* = -\dfrac{<f|g>}{<g|g>}$

그때 식 (5.2.2)는

$$<f|f> - \frac{<g|f><f|g>}{<g|g>} - \frac{<f|g><g|f>}{<g|g>} + \frac{|<f|g>|^2}{<g|g>^2}<g|g> \geq 0$$

$$\Rightarrow <f|f> - \frac{<g|f><f|g>}{<g|g>} \geq 0$$

가 되어

$$\therefore\ <f|f><g|g>\ \geq\ |<f|g>|^2$$

인 슈바르츠 부등식을 얻는다. ∎

보기 5.3 스칼라 곱 $\vec{a}\cdot\vec{b}=|\vec{a}||\vec{b}|\cos\theta$, 여기서 $-1\leq\cos\theta\leq1$이므로

$$(|\vec{a}||\vec{b}|)^2\geq(\vec{a}\cdot\vec{b})^2\ \Rightarrow\ a^2b^2\geq(\vec{a}\cdot\vec{b})^2$$

가 되어 아래의 관계식을 얻는다.

$$\therefore\ (\vec{a}\cdot\vec{a})(\vec{b}\cdot\vec{b})\geq(\vec{a}\cdot\vec{b})^2$$ ∎

(2) 일반적인 불확정치 정리

A값의 불확정치인 ΔA은 **제곱평균의 제곱근**(root-mean-square)이므로 다음과 같이 나타내어진다.

$$\Delta A=\sqrt{\langle(A-\langle A\rangle)^2\rangle}\tag{5.2.3}$$

서로 교환되지 않는 두 에르미트 연산자 A와 B(즉 $[A,\ B]\neq0$)의 불확정치는 다음의 조건을 만족함을 보이세요.

$$(\Delta A)^2(\Delta B)^2\geq\frac{1}{4}<i[A,\ B]>^2\tag{5.2.4}$$

[증명] $\qquad\Delta A=\sqrt{\langle(A-\langle A\rangle)^2\rangle}\ \Rightarrow\ (\Delta A)^2=\langle(A-\langle A\rangle)^2\rangle$

여기서 $(\Delta A)^2\equiv\sigma_A^2$(**분산**, variance)라 하면, 위 식은 $\sigma_A^2=\langle(A-\langle A\rangle)^2\rangle$가 되어

$$\begin{aligned}\sigma_A^2&=<\Psi|(A-<A>)(A-<A>)|\Psi>\\&=<(A-<A>)\Psi|(A-<A>)\Psi>\qquad\therefore A은\ 에르미트\ 연산자\\&=<f|f>\qquad\qquad\qquad\qquad여기서\ f=(A-<A>)\Psi\end{aligned}$$

유사한 방법으로 연산자 B에 대해서는

$$\sigma_B^2=<(B-<B>)\Psi|(B-<B>)|\Psi>=<g|g>\quad여기서\ g=(B-<B>)\Psi$$

을 얻을 수 있다.

그러므로 슈바르츠 부등식으로부터

$$\sigma_A^2 \sigma_B^2 = <f|f><g|g> \geq |<f|g>|^2 \tag{5.2.5}$$

을 얻는다. 여기서 $<f|g> \equiv Z = x + iy$라고 하면

$$|<f|g>|^2 = |Z|^2 = (x+iy)(x-iy) = x^2 + y^2 \geq y^2 = \left[\frac{1}{2i}(Z - Z^*)\right]^2$$

가 되어 이를 식 (5.2.5)에 대입하면 다음의 식을 얻는다.

$$\sigma_A^2 \sigma_B^2 \geq \left[\frac{1}{2i}(Z - Z^*)\right]^2 \tag{5.2.6}$$

이제 정의한 Z와 Z^*을 계산해보자.

$$Z = <f|g> = <(A-<A>)\Psi|(B-<B>)\Psi>$$
$$= <\Psi|(A-<A>)(B-<B>)|\Psi>$$
$$= <\Psi|AB|\Psi> - <\Psi|A<B>|\Psi> - <\Psi|<A>B|\Psi>$$
$$+ <\Psi|<A><B>|\Psi> \qquad \text{여기서 } <A>\text{와 } <B>\text{은 기대치이다.}$$
$$= <AB> - <B><A> - <A><B> + <A><B>$$
$$= <AB> - <A><B>$$

유사한 방법으로 다음의 결과를 얻을 수 있다.

$$Z^* = <f|g>^* = <g|f> = <BA> - <A><B>$$

그러므로

$$Z - Z^* = <AB> - <BA> = <[A, \ B]>$$

이 되어 이 결과를 식 (5.2.6)에 대입하면

$$\sigma_A^2 \sigma_B^2 \geq \left(\frac{1}{2i}<[A, \ B]>\right)^2$$

가 되어 아래의 일반적인 불확정치 정리(generalized uncertainty relations)를 얻는다.

$$(\Delta A)^2 (\Delta B)^2 \geq \frac{1}{4}<i[A, \ B]>^2 \qquad \blacksquare$$

예제 5.9 ────────────────────────────────

$<A^2> - <A>^2$의 의미를 찾으세요.

풀이

A값의 불확정치는 식 (5.2.3)으로부터 $\Delta A = \sqrt{<(A-<A>)^2>}$ 이므로

$$(\Delta A)^2 = <(A - <A>)^2> = <A^2 - 2A<A> + <A>^2>$$
$$= <A^2> - 2<A>^2 + <A>^2$$
$$= <A^2> - <A>^2$$

즉, $<A^2> - <A>^2$은 σ_A^2인 분산임을 알 수 있다. ■

예제 5.10

$A = x$ 그리고 $B = p$로 놓으면서 일반적인 불확정치 정리를 이용해서 $(\Delta x)(\Delta p) \geq \dfrac{1}{2}\hbar$ 가 됨을 보이세요.

풀이

$$(\Delta x)^2(\Delta p)^2 \geq \frac{1}{4}<i[x,\ p]>^2 = \frac{1}{4}\hbar^2$$
$$\therefore\ (\Delta x)(\Delta p) \geq \frac{1}{2}\hbar$$

■

예제 5.11

두 연산자 A와 B가 각각 $A = E$ 그리고 $B = t$일 때 일반적인 불확정치 정리를 이용해서 $(\Delta E)(\Delta t) \geq \dfrac{1}{2}\hbar$가 됨을 보이세요.

풀이

$$(\Delta E)^2(\Delta t)^2 \geq \frac{1}{4}<i[E,\ t]>^2$$

여기서 $[E,\ t]\Psi = \left[i\hbar\dfrac{\partial}{\partial t},\ t\right]\Psi = i\hbar\dfrac{\partial}{\partial t}(t\Psi) - ti\hbar\dfrac{\partial\Psi}{\partial t} = i\hbar\Psi + ti\hbar\dfrac{\partial\Psi}{\partial t} - ti\hbar\dfrac{\partial\Psi}{\partial t} = i\hbar\Psi$

$\Rightarrow [E,\ t] = i\hbar$

가 되어 아래의 관계식을 얻는다.

$$\therefore\ (\Delta E)(\Delta t) \geq \frac{1}{2}\hbar$$

■

③ 조화 진동자

조화 진동자가 갖는 고유치 E와 그에 대응하는 고유벡터 $|u_E>$은 고유치 방정식 문제

$H|u_E>=E|u_E>$을 풀면 구할 수 있다. 조화 진동자의 해밀토니안은 고전적으로는 $H=\frac{p^2}{2m}+\frac{1}{2}m\omega^2x^2$이고 양자역학에서는 연산자 개념을 도입하여 다음과 같이 표현할 수 있다.

$$H=\frac{p^2}{2m}+\frac{1}{2}m\omega^2q^2 \tag{5.3.1}$$

여기서 p와 q은 각각 운동량 연산자와 위치 연산자이고 $q|x>=x|x>$ 그리고 $[q,\ p]=i\hbar$을 만족한다.

계산의 편의를 위해 아래 식 (5.3.2)와 같이 무차원의 연산자 Q과 P을 새롭게 정의하자.

$$q\equiv\sqrt{\frac{\hbar}{m\omega}}\,Q,\qquad p\equiv\sqrt{m\hbar\omega}\,P \tag{5.3.2}$$

[증명] Q 앞에 있는 항의 단위를 살펴보면

$$\sqrt{\frac{\hbar\omega}{m\omega^2}}\Rightarrow\left[\sqrt{\frac{에너지}{질량/시간^2}}\right]=\left[\sqrt{\frac{질량\cdot길이^2}{시간^2}\frac{시간^2}{질량}}\right]=[길이]$$

길이의 단위이기 때문에 식의 첫 번째 관계식을 만족하기 위해서 Q은 무차원의 물리양이다. 그리고 식의 두 번째 관계식에 있는 P 앞에 있는 항의 단위를 살펴보면

$$\sqrt{m\hbar\omega}\Rightarrow[\sqrt{질량\cdot에너지}]=\left[\sqrt{\frac{질량^2\cdot길이^2}{시간^2}}\right]=[질량\cdot속도]=[운동량]$$

운동량의 단위이기 때문에 P은 무차원의 물리양이다. ∎

식 (5.3.2)에 정의된 변수들을 해밀토니안 식 (5.3.1)에 대입하면

$$H=\frac{1}{2m}m\hbar\omega P^2+\frac{1}{2}m\omega^2\frac{\hbar}{m\omega}Q^2=\frac{1}{2}(P^2+Q^2)\hbar\omega \tag{5.3.3}$$

로 표현된다. 그리고 무차원의 연산자 Q과 P 사이의 교환관계는 다음과 같다.

$$[q,\ p]=i\hbar\ \Rightarrow\ \sqrt{\frac{\hbar}{m\omega}}\,\sqrt{m\hbar\omega}\,[Q,\ P]=i\hbar\ \Rightarrow\ [Q,\ P]=i \tag{5.3.4}$$

그러므로 다음의 관계식을 얻는다.

$$\begin{cases}H=\frac{1}{2}(P^2+Q^2)\hbar\omega\\[2mm][Q,\ P]=i\end{cases}$$

소멸 또는 내림(annihilation 또는 lowering) **연산자** a와 **생성 또는 올림**(creation 또는 raising) **연산자** a^+을 아래와 같이 각각 정의하자.[25]

$$a \equiv \frac{1}{\sqrt{2}}(Q+iP), \qquad a^+ \equiv \frac{1}{\sqrt{2}}(Q-iP) \tag{5.3.5}$$

그때

$$aa^+ = \frac{1}{2}(Q+iP)(Q-iP) = \frac{1}{2}(Q^2+P^2-iQP+iPQ)$$
$$= \frac{1}{2}(Q^2+P^2-i[Q,\ P]) = \frac{1}{2}(Q^2+P^2+1)$$

을 얻고 유사한 방법으로

$$a^+a = \frac{1}{2}(Q^2+P^2-1)$$

을 얻게 된다. 위의 두 관계식을 더하면

$$aa^+ + a^+a = P^2 + Q^2$$

가 되고

이 결과를 식 (5.3.3)에 대입하면 해밀토니안은 올림 연산자와 내림 연산자로 다음과 같이 표현된다.

$$H = \frac{1}{2}(aa^+ + a^+a)\hbar\omega \tag{5.3.6}$$

식 (5.3.5)에서 정의한 연산자 a와 a^+의 성질에 대해 살펴보자.

① $[a,\ a] = [a^+,\ a^+] = 0$

② $[a,\ a^+] = aa^+ - a^+a = \frac{1}{2}(Q^2+P^2+1) - \frac{1}{2}(Q^2+P^2-1) = 1$

$$\therefore\ [a,\ a^+] = 1 \tag{5.3.7}$$

이 식으로부터

$$aa^+ = 1 + a^+a \tag{5.3.8}$$

---

(25) 연산자의 행렬표현은 [보충자료 1]을 참조하세요.

을 얻고 이 관계를 식 (5.3.6)에 대입하면

해밀토니안은 또한 다음과 같이 표현될 수 있다.

$$H = \frac{1}{2}(1 + 2a^+a)\hbar\omega = \left(a^+a + \frac{1}{2}\right)\hbar\omega \tag{5.3.9}$$

그때 해밀토니안과 내림 연산자 또는 올림 연산자 사이의 교환관계를 다음과 같이 구할 수 있다.

- $[H, a] = -a\hbar\omega \implies Ha - aH = -a\hbar\omega$

  [증명] $[H, a] = \hbar\omega\left[a^+a + \frac{1}{2}, a\right] = \hbar\omega[a^+, a]a + \hbar\omega a^+[a, a] = -a\hbar\omega$

- $[H, a^+] = a^+\hbar\omega \implies Ha^+ - a^+H = a^+\hbar\omega$

  [증명] $[H, a^+] = \hbar\omega\left[a^+a + \frac{1}{2}, a^+\right] = \hbar\omega[a^+, a^+]a + \hbar\omega a^+[a, a^+] = a^+\hbar\omega$

그러므로 해밀토니안과 올림 연산자 사이의 교환관계를 사용하면

$$Ha^+|u_E> = (a^+H + a^+\hbar\omega)|u_E> = a^+H|u_E> + \hbar\omega a^+|u_E>$$
$$= Ea^+|u_E> + \hbar\omega a^+|u_E> = (E + \hbar\omega)a^+|u_E>$$

의 관계식을 얻을 수 있다. 유사한 방법으로

$$Ha|u_E> = (aH - a\hbar\omega)|u_E> = aH|u_E> - \hbar\omega a|u_E>$$
$$= Ea|u_E> - \hbar\omega a|u_E> = (E - \hbar\omega)a|u_E>$$

의 관계식을 얻는다. 이들 결과들을 정리하면 다음과 같다.

$$\begin{cases} Ha^+|u_E> = (E + \hbar\omega)a^+|u_E> \\ Ha|u_E> = (E - \hbar\omega)a|u_E> \end{cases} \tag{5.3.10}$$

즉, $a^+|u_E>$와 $a|u_E>$은 각각 고유치 $E + \hbar\omega$와 $E - \hbar\omega$을 갖는 H의 고유함수이다. 계속해서 다음을 계산해보면

$$H(a^+)^2|u_E> = Ha^+a^+|u_E> = (a^+H + \hbar\omega a^+)a^+|u_E> = a^+Ha^+|u_E> + \hbar\omega a^+a^+|u_E>$$
$$= a^+(a^+H + \hbar\omega a^+)|u_E> + \hbar\omega(a^+)^2|u_E>$$
$$= E(a^+)^2|u_E> + 2\hbar\omega(a^+)^2|u_E> = (E + 2\hbar\omega)(a^+)^2|u_E>$$

가 되어 아래의 관계식을 얻는다.

$$H(a^+)^2|u_E> = (E+2\hbar\omega)(a^+)^2|u_E>$$

이런 식으로 계속해서 $|u_E>$에 올림 연산자를 작용하면

$$H(a^+)^n|u_E> = (E+n\hbar w)(a^+)^n|u_E> \tag{5.3.11}$$

을 얻는다. 내림 연산자에 대해서도 유사한 방법으로 다음과 같은 관계식을 얻을 수 있다.

$$Ha^n|u_E> = (E-n\hbar w)a^n|u_E> \tag{5.3.12}$$

식 (5.3.11)과 (5.3.12)로부터 a^+을 올림(또는 생성) 연산자로, a을 내림(또는 소멸) 연산자라고 부르는지 그 이유를 알 수 있다.

에너지의 기대치 $E=<u_E|H|u_E> = <u_E|\left(a^+a+\dfrac{1}{2}\right)\hbar\omega|u_E>$는 양의 값을 가져야 하므로 내림과정은 더 이상 내려갈 수 없는 **바닥상태**가 있어야 한다. 즉, $|u_0>$을 바닥상태라고 하면 내림 연산자를 바닥상태에 작용했을 때 다음과 같이 된다.

$$a|u_0> = 0 \tag{5.3.13}$$

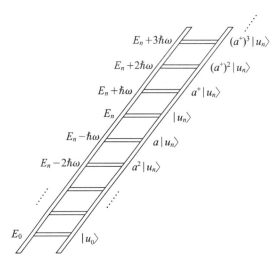

그림 5.1 조화 진동자의 고유벡터와 대응하는 고유치.
여기서 a^+는 올림연산자, a는 내림연산자이며 $|u_0>$는 바닥상태의 고유벡터이다.

그때 에너지는

$$H|u_0> = \left(a^+ a + \frac{1}{2}\right)\hbar\omega|u_0> = \frac{1}{2}\hbar\omega|u_0>$$

가 되어 바닥상태 $|u_0>$에 대응하는 고유치인 에너지는 $\frac{1}{2}\hbar\omega$이다.

(참고) $E_n = \left(n + \frac{1}{2}\right)\hbar\omega$ 여기서 $n = 0, 1, 2, \cdots\cdots$

조화 진동자의 바닥상태 에너지 $\frac{1}{2}\hbar\omega$에 대응하는 바닥상태 함수 $u_0(x)$를 구해보자.
식 (5.3.5)에 있는 내림 연산자 식에 식 (5.3.2)을 대입하면

$$a = \frac{1}{\sqrt{2}}\left(\sqrt{\frac{m\omega}{\hbar}}\,q + i\frac{1}{\sqrt{m\hbar\omega}}p\right) \tag{5.3.14}$$

가 되고, 이를 식 (5.3.13)에 대입하면

$$\left(\sqrt{\frac{m\omega}{\hbar}}\,q + i\frac{1}{\sqrt{m\hbar\omega}}p\right)|u_0> = 0 \;\Rightarrow\; (m\omega q + ip)|u_0> = 0$$

가 된다. 이 식에 $<x|$ 벡터를 곱하면

$$<x|(m\omega q + ip)|u_0> = 0 \;\Rightarrow\; <x|m\omega q|u_0> + i<x|p|u_0> = 0$$

$$\Rightarrow\; <x|m\omega q|u_0> + i<x|\frac{\hbar}{i}\frac{d}{dx}|u_0> = 0$$

$$\Rightarrow\; m\omega x<x|u_0> + i\frac{\hbar}{i}\frac{d}{dx}<x|u_0> = 0$$

$$\therefore\; q|x> = x|x>$$

이다. 여기서 $<x|u_0> = u_0(x)$인 바닥상태 함수의 위치 표현으로 나타내면 위 식은

$$m\omega x u_0(x) + i\frac{\hbar}{i}\frac{d}{dx}u_0(x) = 0 \;\Rightarrow\; m\omega x u_0(x) + \hbar\frac{d}{dx}u_0(x) = 0$$

$$\Rightarrow\; \frac{du_0(x)}{u_0(x)} = -\frac{m\omega}{\hbar}x\,dx \;\Rightarrow\; \ln u_0(x) = -\frac{m\omega}{\hbar}\frac{1}{2}x^2 + C \qquad \text{여기서 } C\text{은 적분상수}$$

가 되어 바닥상태 함수를 다음과 같이 구할 수 있다.

$$\therefore\; u_0(x) = ce^{-\frac{m\omega}{2\hbar}x^2} \tag{5.3.15}$$

이제 상수 c을 규격화 조건으로 구해보면

$$\int_{-\infty}^{\infty} u_0^*(x)u_0(x)dx = 1 \Rightarrow |c|^2 \int_{-\infty}^{\infty} e^{-\frac{m\omega}{\hbar}x^2}dx = 1$$

이 되고 여기서 $\sqrt{\frac{m\omega}{\hbar}}\,x \equiv y$로 치환을 하면, 위 적분 식으로부터 상수 c을 다음과 같이 구할 수 있다.

$$|c|^2 \sqrt{\frac{\hbar}{m\omega}} \int_{-\infty}^{\infty} e^{-y^2}dy = 1 \Rightarrow |c|^2 \sqrt{\frac{\hbar}{m\omega}}\sqrt{\pi} = 1 \Rightarrow c = \left(\frac{m\omega}{\pi\hbar}\right)^{\frac{1}{4}}$$

이를 식 (5.3.15)에 대입하면 **바닥상태의 고유함수**는 다음과 같이 된다.

$$u_0(x) = \left(\frac{m\omega}{\pi\hbar}\right)^{\frac{1}{4}} e^{-\frac{m\omega}{2\hbar}x^2} \tag{5.3.16}$$

이제 바닥상태에서 들뜬(또는 여기된) 상태를 기술하는 고유치인 에너지 E_n을 갖는 고유함수 $u_n(x)$을 구해보자.

(i) $<x|u_0> = u_0(x)$로 표현하는 것과 유사하게 $u_n(x) = <x|u_n>$으로 표현할 수 있으므로

$$u_n(x) = <x|u_n> = <x|(a^+)^n|u_0> \tag{5.3.17}$$

가 된다. 식 (5.3.5)에 있는 올림 연산자 식에 식 (5.3.2)을 대입하면

$$a^+ = \frac{1}{\sqrt{2}}\left(\sqrt{\frac{m\omega}{\hbar}}\,q - i\frac{1}{\sqrt{m\hbar\omega}}p\right)$$

이다. 이를 식 (5.3.17)에 대입하면

$$u_n(x) = \left\langle x \left| \left\{\frac{1}{\sqrt{2}}\left(\sqrt{\frac{m\omega}{\hbar}}\,q - i\frac{1}{\sqrt{m\hbar\omega}}p\right)\right\}^n \right| u_0 \right\rangle$$

$$= \left\langle x \left| \left(\sqrt{\frac{m\omega}{2\hbar}}\,q - i\frac{1}{\sqrt{2m\hbar\omega}}p\right)^n \right| u_0 \right\rangle = \left(\sqrt{\frac{m\omega}{2\hbar}}\,x - \sqrt{\frac{\hbar}{2m\omega}}\frac{d}{dx}\right)^n u_0(x)$$

가 되므로

$$u_n(x) = \left(\sqrt{\frac{m\omega}{2\hbar}}\,x - \sqrt{\frac{\hbar}{2m\omega}}\frac{d}{dx}\right)^n u_0(x) \tag{5.3.18}$$

이다.

(ii) $u_n(x)$을 규격화하는 상수를 구해보자.(즉, $|C|^2 < u_n|u_n >= 1$을 만족하는 C를 구하고자 한다.)

$$< u_n|u_n >=< u_0|a^n(a^+)^n|u_0 >=< u_0|\underbrace{a\cdots\cdots a}_{n-1}aa^+\underbrace{a^+\cdots\cdots a^+}_{n-1}|u_0 >$$

$$=< u_0|\underbrace{a\cdots\cdots a}_{n-1}(1+a^+a)\underbrace{a^+\cdots\cdots a^+}_{n-1}|u_0 >$$

$$=< u_0|a^{n-1}(a^+)^{n-1}|u_0 >+< u_0|\underbrace{a\cdots\cdots a}_{n-1}a a^+a\underbrace{a^+\cdots\cdots a^+}_{n-1}|u_0 >$$

$$=< u_0|a^{n-1}(a^+)^{n-1}|u_0 >+< u_0|\underbrace{a\cdots\cdots a}_{n-1}aa^+aa^+\underbrace{a^+\cdots\cdots a^+}_{n-2}|u_0 >$$

$$=< u_0|a^{n-1}(a^+)^{n-1}|u_0 >+< u_0|\underbrace{a\cdots\cdots a}_{n-1}aa^+(1+a^+a)\underbrace{a^+\cdots\cdots a^+}_{n-2}|u_0 >$$

$$= 2 < u_0|a^{n-1}(a^+)^{n-1}|u_0 >+< u_0|\underbrace{a\cdots\cdots a}_{n-1}aa^+a^+aa^+\underbrace{\cdots\cdots a^+}_{n-2}|u_0 >$$

$$= 2 < u_0|a^{n-1}(a^+)^{n-1}|u_0 >+< u_0|\underbrace{a\cdots\cdots a}_{n-1}aa^+a^+aa^+\underbrace{a^+\cdots\cdots a^+}_{n-3}|u_0 >$$

이 관계식은 오른편에 있는 식에서 내림 연산자 a을 오른쪽으로 2번 옮겼을 때에 해당한다. 그러므로 같은 방식으로 내림 연산자 a을 오른쪽으로 n번 옮기면 다음과 같은 관계식을 얻을 수 있다.

$$< u_0|a^n(a^+)^n|u_0 >= n < u_0|a^{n-1}(a^+)^{n-1}|u_0 >+< u_0|\underbrace{a\cdots\cdots a}_{n-1}\underbrace{a^+\cdots\cdots a^+}_{n}a|u_0 >$$

$$= n < u_0|a^{n-1}(a^+)^{n-1}|u_0 >$$

$$= n(n-1) < u_0|a^{n-2}(a^+)^{n-2}|u_0 > \qquad \therefore\ < u_0|a^n(a^+)^n|u_0 >$$
$$\qquad\qquad\qquad\qquad\qquad\qquad\qquad\qquad\qquad = n < u_0|a^{n-1}(a^+)^{n-1}|u_0 >$$

$$= n(n-1)(n-2) < u_0|a^{n-3}(a^+)^{n-3}|u_0 >$$

$$\vdots$$

$$= n(n-1)(n-2)\cdots\cdots\{n-(n-1)\}< u_0|a^{n-(n-1+1)}(a^+)^{n-(n-1+1)}|u_0 >$$

$$= n(n-1)(n-2)\cdots\cdots 1 < u_0|u_0 >= n(n-1)(n-2)\cdots\cdots 1 = n!$$

그러므로 u_n의 규격화 상수는

$$|C|^2 < u_n|u_n >= 1 \ \Rightarrow \ |C|^2 n! = 1$$

$$\therefore \ C= \frac{1}{\sqrt{n!}} \tag{5.3.19}$$

이 되어

규격화된 $u_n(x)$은 다음과 같이 된다.

$$u_n(x) = \frac{1}{\sqrt{n!}}\left(\sqrt{\frac{m\omega}{2\hbar}}\,x - \frac{\hbar}{\sqrt{2m\omega}}\frac{d}{dx}\right)^n u_0(x)$$

그리고 이 식에 바닥상태 함수식인 식 (5.3.16)을 대입하면 고유치인 에너지 E_n을 갖는 고유함수 $u_n(x)$은 다음과 같다.

$$u_n(x) = \frac{1}{\sqrt{n!}}\left(\frac{m\omega}{\pi\hbar}\right)^{\frac{1}{4}}\left(\sqrt{\frac{m\omega}{2\hbar}}\,x - \sqrt{\frac{\hbar}{2m\omega}}\frac{d}{dx}\right)^n e^{-\frac{m\omega}{2\hbar}x^2} \tag{5.3.20}$$

④ 시간에 따른 연산자의 변화

시간에 의존하는 슈뢰딩거 방정식으로부터 고유벡터 $|\Psi(t)>$을 다음과 같이 구할 수 있다.

$$H\Psi = E\Psi \;\Rightarrow\; i\hbar\frac{d}{dt}|\Psi(t)> = H|\Psi(t)>$$

$$\Rightarrow \int\frac{d|\Psi(t)>}{|\Psi(t)>} = -\frac{i}{\hbar}\int H dt = -\frac{i}{\hbar}H\int dt$$

$$\Rightarrow \ln|\Psi(t)> = -\frac{i}{\hbar}Ht + C$$

$$\therefore\; |\Psi(t)> = e^{-\frac{i}{\hbar}Ht}|\Psi(0)> \tag{5.4.1}$$

그때 어떤 시간 t에서의 연산자 B가 가지는 기대치는 다음과 같다.

$$<B>_t \,=\, <\Psi(t)|B|\Psi(t)> \,=\, <\Psi(0)|e^{\frac{i}{\hbar}Ht}Be^{-\frac{i}{\hbar}Ht}|\Psi(0)> \qquad \because \text{식 (5.4.1)로부터}$$

$$=\, <\Psi(0)|B(t)|\Psi(0)> \tag{5.4.2}$$

여기서

$$B(t) = e^{\frac{i}{\hbar}Ht}Be^{-\frac{i}{\hbar}Ht} \tag{5.4.3}$$

인 시간에 무관한 연산자 B가 시간에 따라 어떻게 바뀌는지(evolving)를 나타낸다.

식 (5.4.2)을 다시 쓰면 다음과 같다.

$$< B >_t \; = \; < B(t) >_0$$

이 식의 왼편은 상태벡터가 시간에 따라 변하고 연산자는 변하지 않는 '슈뢰딩거 묘사'에 해당하고, 오른편은 상태벡터는 시간에 따라 변하지 않고 연산자가 시간에 따라 변하는 '하이젠베르크 묘사'에 해당하므로, 위 식의 의미는 연산자의 기대치에 관해 슈뢰딩거 묘사의 결과가 하이젠베르크 묘사의 결과와 같다는 것을 말한다. 기술한 내용을 표 안에 요약하면 다음과 같다.

묘사 방법	상태벡터(Ψ)	연산자(B)
슈뢰딩거 묘사	시간에 따라 변함	시간과 무관함
하이젠베르크 묘사	시간과 무관함	시간에 따라 변함

이제 연산자 $B(t)$가 시간에 따라 어떻게 바뀌는지 살펴보자.

$$\frac{d}{dt}B(t) = \frac{d}{dt}(e^{\frac{i}{\hbar}Ht}Be^{-\frac{i}{\hbar}Ht}) = \frac{i}{\hbar}He^{\frac{i}{\hbar}Ht}Be^{-\frac{i}{\hbar}Ht} - \frac{i}{\hbar}e^{\frac{i}{\hbar}Ht}BHe^{-\frac{i}{\hbar}Ht} \quad (5.4.4)$$

지수함수를 테일러 급수전개로 표현하면 $e^{-\frac{i}{\hbar}Ht} = \sum_{n=0}^{\infty}\frac{\left(-\frac{i}{\hbar}Ht\right)^n}{n!}$ 가 되며 $[H,\ H] = 0 = [H,\ H^2],\cdots\cdots$ 이기 때문에, 식 (5.4.4)의 오른편의 두 번째 항은

$$\frac{i}{\hbar}e^{\frac{i}{\hbar}Ht}BHe^{-\frac{i}{\hbar}Ht} = \frac{i}{\hbar}e^{\frac{i}{\hbar}Ht}Be^{-\frac{i}{\hbar}Ht}H$$

가 되어 식 (5.4.4)은 다음과 같이 표현된다.

$$\frac{d}{dt}B(t) = \frac{i}{\hbar}H(e^{\frac{i}{\hbar}Ht}Be^{-\frac{i}{\hbar}Ht}) - \left(\frac{i}{\hbar}e^{\frac{i}{\hbar}Ht}Be^{-\frac{i}{\hbar}Ht}\right)H$$

$$= \frac{i}{\hbar}HB(t) - \frac{i}{\hbar}B(t)H = \frac{i}{\hbar}[H,\ B(t)]$$

$$\therefore \ \frac{d}{dt}B(t) = \frac{i}{\hbar}[H,\ B(t)] \ \text{또는} \ \frac{d}{dt}B_H = \frac{i}{\hbar}[H,\ B]_H \quad (5.4.5)$$

여기서 $B(t) = e^{\frac{i}{\hbar}Ht}Be^{-\frac{i}{\hbar}Ht} \equiv B_H$

관심 있는 연산자가 해밀토니안 연산자일 경우 즉, $B = H$인 경우에 해밀토니안이 시간에 따라 어떻게 변하는지 알아보세요.

풀이

식 (5.4.5)로부터

$$\frac{d}{dt}H(t) = \frac{i}{\hbar}[H, \ H(t)] = \frac{i}{\hbar}[H, \ e^{\frac{i}{\hbar}Ht}He^{-\frac{i}{\hbar}Ht}]$$

이 된다. 여기서 $[H, \ H] = 0 = [H, \ H^2], \cdots\cdots$ 이므로 등식의 오른편은 0이 된다.

그러므로 $\frac{d}{dt}H(t) = 0$이 되어서 $H(t) = (상수)$임을 알 수 있다.

즉, 해밀토니안이 시간과 무관하므로, 해밀토니안의 고유치인 에너지는 보존된다. ■

조화 진동자의 경우에 올림 연산자와 내림 연산자가 시간에 따라 어떻게 변하는가에 대해 살펴보세요.

풀이

하이젠베르크 묘사에서 해밀토니안은 다음과 같이 시간의 함수로 나타낼 수 있다.

$$H = \left[a^+(t)a(t) + \frac{1}{2}\right]\hbar\omega$$

그때, 식 (5.4.5)로부터 내림 연산자는 시간에 따라

$$\frac{d}{dt}a(t) = \frac{i}{\hbar}[H, \ a(t)] = \frac{i}{\hbar}[(a^+(t)a(t) + \frac{1}{2})\hbar\omega, \ a(t)]$$

$$= \frac{i}{\hbar}[a^+(t)a(t), \ a(t)]\hbar\omega = \frac{i}{\hbar}[a^+(t), \ a(t)]a(t)\hbar\omega$$

여기서 $[a^+(t), \ a(t)] = [e^{\frac{i}{\hbar}Ht}a^+e^{-\frac{i}{\hbar}Ht}, \ e^{\frac{i}{\hbar}Ht}ae^{-\frac{i}{\hbar}Ht}]$

$$= e^{\frac{i}{\hbar}Ht}a^+e^{-\frac{i}{\hbar}Ht}e^{\frac{i}{\hbar}Ht}ae^{-\frac{i}{\hbar}Ht} - e^{\frac{i}{\hbar}Ht}ae^{-\frac{i}{\hbar}Ht}e^{\frac{i}{\hbar}Ht}a^+e^{-\frac{i}{\hbar}Ht}$$

$$= e^{\frac{i}{\hbar}Ht}a^+ae^{-\frac{i}{\hbar}Ht} - e^{\frac{i}{\hbar}Ht}aa^+e^{-\frac{i}{\hbar}Ht}$$

$$= e^{\frac{i}{\hbar}Ht}[a^+, \ a]e^{-\frac{i}{\hbar}Ht} = -e^{\frac{i}{\hbar}Ht}e^{-\frac{i}{\hbar}Ht} = -1$$

$$\therefore \frac{d}{dt}a(t) = -\frac{i}{\hbar}a(t)\hbar\omega = -i\omega a(t)$$

의 관계식을 갖고 유사한 방법으로 올림 연산자는 시간에 따라

$$\frac{d}{dt}a^+(t) = \frac{i}{\hbar}\left[H, \ a^+(t)\right] = \frac{i}{\hbar}\left[\left(a^+(t)a(t) + \frac{1}{2}\right)\hbar\omega, \ a^+(t)\right]$$

$$= \frac{i}{\hbar}[a^+(t)a(t), \ a^+(t)]\hbar\omega = \frac{i}{\hbar}a^+(t)[a(t), \ a^+(t)]\hbar\omega$$

$$= \frac{i}{\hbar}a^+(t)\hbar\omega = i\omega a^+(t)$$

$$\therefore \frac{d}{dt}a^+(t) = i\omega a^+(t)$$

의 관계식을 만족한다.

이들 결과를 정리해보면, 하이젠베르크 묘사에서 조화 진동자의 경우 내림 연산자와 올림 연산자는 다음과 같이 시간의 함수로서 나타낼 수 있다.

$$\begin{cases} \dfrac{d}{dt}a(t) = -i\omega a(t) \\ \dfrac{d}{dt}a^+(t) = i\omega a^+(t) \end{cases} \Rightarrow \therefore \begin{cases} a(t) = a(0)e^{-i\omega t} \\ a^+(t) = a^+(0)e^{i\omega t} \end{cases} \quad \text{(예 5.13.1)}$$

그리고 앞에서 구한 내림 연산자와 올림 연산자의 관계식으로부터

$$\begin{cases} a(0) = \left(\sqrt{\dfrac{m\omega}{2\hbar}}\,x(0) + i\dfrac{p(0)}{\sqrt{2m\hbar\omega}}\right) \\ a^+(0) = \left(\sqrt{\dfrac{m\omega}{2\hbar}}\,x(0) - i\dfrac{p(0)}{\sqrt{2m\hbar\omega}}\right) \end{cases} \Rightarrow \begin{cases} a(t) = \sqrt{\dfrac{m\omega}{2\hbar}}\,x(t) + i\dfrac{p(t)}{\sqrt{2m\hbar\omega}} = a(0)e^{-i\omega t} \\ a^+(t) = \sqrt{\dfrac{m\omega}{2\hbar}}\,x(t) - i\dfrac{p(t)}{\sqrt{2m\hbar\omega}} = a^+(0)e^{i\omega t} \end{cases}$$

$$\text{(예 5.13.2)}$$

$$\Rightarrow \begin{cases} \sqrt{\dfrac{m\omega}{2\hbar}}\,x(t) + i\dfrac{p(t)}{\sqrt{2m\hbar\omega}} = \left(\sqrt{\dfrac{m\omega}{2\hbar}}\,x(0) + i\dfrac{1}{\sqrt{2m\hbar\omega}}p(0)\right)(\cos\omega t - i\sin\omega t) \\ \sqrt{\dfrac{m\omega}{2\hbar}}\,x(t) - i\dfrac{p(t)}{\sqrt{2m\hbar\omega}} = \left(\sqrt{\dfrac{m\omega}{2\hbar}}\,x(0) - i\dfrac{1}{\sqrt{2m\hbar\omega}}p(0)\right)(\cos\omega t + i\sin\omega t) \end{cases}$$

을 얻을 수 있다. 이 식에서 실수부분과 허수부분은 각각 등식이 성립해야한다.

$$\therefore \begin{cases} x(t) = x(0)\cos\omega t + \dfrac{p(0)}{m\omega}\sin\omega t \\ p(t) = p(0)\cos\omega t - m\omega x(0)\sin\omega t \end{cases} \quad \text{(예 5.13.3)}$$

이 결과는 시간의 함수로서 위치 연산자와 운동량 연산자가 어떻게 변하는지를 나타낸다.

하이젠베르크 묘사에서 조화 진동자의 운동방정식을 구하기 위해서 식 (예 5.13.3)의 첫 번째 식을 시간에 관해 두 번 미분하면

$$\frac{dx(t)}{dt} = -\omega x(0)\sin\omega t + \frac{p(0)}{m}\cos\omega t \qquad \text{(예 5.13.4)}$$

$$\Rightarrow \frac{d^2 x(t)}{dt^2} = -\omega^2 x(0)\cos\omega t - \frac{p(0)}{m}\omega\sin\omega t$$

$$= -\omega^2 \left[x(0)\cos\omega t + \frac{p(0)}{m\omega}\sin\omega t \right] = -\omega^2 x(t)$$

가 되어

$$\frac{d^2 x(t)}{dt^2} + \omega^2 x(t) = 0$$

의 운동방정식을 얻을 수 있다. 즉, 하이젠베르크 묘사로 기술된 $x(t)$은 고전역학의 조화운동에 대한 식을 만족함을 알 수 있다. 다시 말하면 하이젠베르크 묘사는 슈뢰딩거 묘사와 같은 결과를 준다. ■

예제 5.14

$\dfrac{p(t)}{m} = \dfrac{dx(t)}{dt}$ 을 확인하여 $m\dfrac{d^2 x(t)}{dt^2} = \dfrac{dp(t)}{dt}$ 관계가 성립함을 보이세요.

풀이

식 (예 5.13.3)의 두 번째 식을 m으로 나누면 다음과 같다.

$$\frac{p(t)}{m} = \frac{p(0)}{m}\cos\omega t - \omega x(0)\sin\omega t = \frac{dx(t)}{dt} \qquad \because \text{식 (예 5.13.4)로부터}$$

$$\Rightarrow p(t) = m\frac{dx(t)}{dt}$$

이 식을 시간에 관해 한 번 미분하면

$$m\frac{d^2 x(t)}{dt^2} = \frac{dp(t)}{dt} = F(t)$$

가 되어 뉴턴의 운동법칙과 잘 일치함을 볼 수 있다. ■

연산자의 행렬 표현

조화 진동자에서 내림 연산자와 올림 연산자가 아래의 관계식을 만족함을 보이세요.

$$\begin{cases} a|n> = \sqrt{n}\,|n-1> \\ a^+|n> = \sqrt{n+1}\,|n+1> \end{cases}$$

[증명] (i) $a|n>=c_n|n-1>$ 라고 하면

$$<n|a^+a|n> = c_n^* c_n <n-1|n-1> = |c_n|^2$$

가 된다. 등식의 왼편에 $H = \left(a^+a + \dfrac{1}{2}\right)\hbar\omega \Rightarrow a^+a = \dfrac{H}{\hbar\omega} - \dfrac{1}{2}$ 을 대입하면

$$<n|a^+a|n> = \left\langle n\left|\dfrac{H}{\hbar\omega} - \dfrac{1}{2}\right|n\right\rangle = \dfrac{1}{\hbar\omega}<n|H|n> - \dfrac{1}{2}<n|n>$$

$$= \dfrac{E_n}{\hbar\omega} - \dfrac{1}{2} = \dfrac{1}{\hbar\omega}\left(n+\dfrac{1}{2}\right)\hbar\omega - \dfrac{1}{2} = n$$

이 되어

$$|c_n|^2 = n \Rightarrow c_n = \sqrt{n}$$

이므로

$$\therefore\ a|n> = \sqrt{n}\,|n-1>$$

(ii) $a^+|n>=d_n|n+1>$ 라고 하면

$$<n|aa^+|n> = d_n^* d_n <n+1|n+1> = |d_n|^2$$

가 된다. 등식의 왼편에

$$H = \left(a^+a + \dfrac{1}{2}\right)\hbar\omega \Rightarrow H = \left[(aa^+ - 1) + \dfrac{1}{2}\right]\hbar\omega \Rightarrow aa^+ = \dfrac{H}{\hbar\omega} + \dfrac{1}{2}$$

을 대입하면

$$<n|aa^+|n> = \left\langle n\left|\left(\dfrac{H}{\hbar\omega} + \dfrac{1}{2}\right)\right|n\right\rangle = \dfrac{1}{\hbar\omega}E_n + \dfrac{1}{2} = \dfrac{1}{\hbar\omega}\left(n+\dfrac{1}{2}\right)\hbar\omega + \dfrac{1}{2} = n+1$$

이 되어

$$|d_n|^2 = n+1 \Rightarrow d_n = \sqrt{n+1}$$

이므로

$$\therefore \ a^+ |n> = \sqrt{n+1}\,|n+1>$$

이 결과들로부터 연산자를 행렬로 나타내보자.

$$a^+_{10} = \ <1|a^+|0> \ = \ \sqrt{0+1}<1|0+1> \ = \ \sqrt{1}\,,$$

$$a^+_{21} = \ <2|a^+|1> \ = \ \sqrt{1+1}<2|1+1> \ = \ \sqrt{2}\,,$$

$$a^+_{32} = <3|a^+|2> \ = \ \sqrt{2+1}<3|2+1> \ = \ \sqrt{3}\,,$$

$$\vdots$$

$$a^+_{00} = \ <0|a^+|0> \ = \ \sqrt{1}<0|1> \ = 0,$$

$$a^+_{11} = \ <1|a^+|1> \ = \ \sqrt{2}<1|2> \ = 0,$$

$$a^+_{22} = \ <2|a^+|2> \ = \ \sqrt{3}<2|3> \ = 0, \ \cdots\cdots$$

$$a^+_{12} = \ <1|a^+|2> \ = \ \sqrt{3}<1|3> \ = 0,$$

$$a^+_{23} = \ <2|a^+|3> \ = \ \sqrt{4}<2|4> \ = 0, \ \cdots\cdots$$

또한

$$a_{01} = \ <0|a|1> \ = \ \sqrt{1}<0|1-1> \ = \ \sqrt{1}\,,$$

$$a_{12} = \ <1|a|2> \ = \ \sqrt{2}<1|2-1> \ = \ \sqrt{2}\,,$$

$$a_{23} = \ <2|a|3> \ = \ \sqrt{3}<2|3-1> \ = \ \sqrt{3}\,,$$

$$\vdots$$

이므로 올림 연산자 a^+와 내림 연산자 a를 행렬로 표현하면 다음과 같다.

$$a^+ = \begin{pmatrix} a^+_{00} & a^+_{01} & a^+_{02} & \cdots\cdots \\ a^+_{10} & a^+_{11} & a^+_{12} & \cdots\cdots \\ a^+_{20} & a^+_{21} & a^+_{22} & \cdots\cdots \\ a^+_{30} & a^+_{31} & a^+_{32} & \cdots\cdots \\ \vdots & \vdots & \vdots & \ddots \end{pmatrix} = \begin{pmatrix} 0 & 0 & 0 & \cdots\cdots \\ \sqrt{1} & 0 & 0 & \cdots\cdots \\ 0 & \sqrt{2} & 0 & \cdots\cdots \\ 0 & 0 & \sqrt{3} & \cdots\cdots \\ \vdots & \vdots & \vdots & \ddots \end{pmatrix}$$

그리고

$$a = \begin{pmatrix} 0 & \sqrt{1} & 0 & \cdots\cdots\cdots\cdots \\ 0 & 0 & \sqrt{2} & \cdots\cdots\cdots\cdots \\ 0 & 0 & 0 & \sqrt{3} & \cdots\cdots \\ \vdots & \vdots & \vdots & \vdots & \ddots \end{pmatrix}$$

CHAPTER 6

각운동량

① 각운동량의 고유벡터 소개

각운동량(angular momentum) 연산자 $\vec{L}$의 고유치와 고유함수에 대해 알아보고자 한다. 고전역학에서 각운동량은 위치벡터 $\vec{r}$과 선운동량의 벡터 $\vec{p}$의 곱인 $\vec{L} = \vec{r} \times \vec{p}$로 주어진다.

$$\vec{L} = \begin{vmatrix} \hat{x} & \hat{y} & \hat{z} \\ x & y & z \\ p_x & p_y & p_z \end{vmatrix} = (yp_z - zp_y)\hat{x} + (zp_x - xp_z)\hat{y} + (xp_y - yp_x)\hat{z}$$

이므로 각운동량 벡터의 성분은 다음과 같다.

$$\begin{cases} L_x = yp_z - zp_y \\ L_y = zp_x - xp_z \\ L_z = xp_y - yp_x \end{cases} \tag{6.1.1}$$

반면에 양자역학에서는 $\vec{r}$과 $\vec{p}$을 각각 위치 연산자와 운동량 연산자로 다룬다. 각운동량 연산자가 시간에 따라 어떻게 바뀌는지 알아보기 위해서 식 (5.4.5)의 $\dfrac{d}{dt}B(t) = \dfrac{i}{\hbar}[H, B(t)]$ 관계식을 사용하면 각운동량 연산자의 경우 이 식은

$$\frac{d}{dt}\vec{L}(t) = \frac{i}{\hbar}[H, \vec{L}(t)] \tag{6.1.2}$$

가 된다. 외부에서 작용하는 토크 τ가 존재하지 않을 경우 각운동량은 보존되는 물리량이기 때문에 시간과 무관하게 각운동량이 보존되기 위해서는 식 (6.1.2)에서 $[H, \vec{L}] = 0$가 되어야 한다. 즉, 각운동량 연산자는 해밀토니안 연산자와 교환가능 해야 한다. 이는 H와

$\vec{L}$의 세 성분 연산자 (L_x, L_y, L_z)는 교환된다는 것을 의미한다.

※ 두 연산자 A와 B가 교환된다는 물리적 의미를 살펴보자.

연산자 A가 고유치 a와 고유벡터 $|a>$을 갖는 고유치 방정식 $A|a> = a|a>$을 만족하며 연산자 B와 교환자 관계가 $[A,\ B] = 0$일 때

$$A|a> = a|a> \Rightarrow AB|a> = BA|a> = aB|a>$$

이므로 $B|a>$도 A의 고유함수이다. 그러므로 고유함수 $B|a>$와 $|a>$은 상수로 연결되어 있다.

$$\therefore\ B|a> = b|a> \qquad \text{여기서 } b\text{은 상수}$$

즉, 교환 가능한 두 연산자는 같은 고유벡터를 갖는다.

각운동량 연산자는 해밀토니안 연산자와 교환 가능하므로 H와 $\vec{L} = (L_x, L_y, L_z)$은 같은 고유함수를 갖는다.

이제 H와 $\vec{L} = (L_x, L_y, L_z)$의 동시고유함수를 구해보자. 이를 위해 먼저 각운동량의 성분들 사이의 교환관계를 식 (6.1.1)을 가지고 계산해보면 다음과 같은 관계를 얻는다.

$$[L_x,\ L_y] = [yp_z - zp_y,\ zp_x - xp_z] = [yp_z,\ zp_x] + [zp_y,\ xp_z]$$
$$= y[p_z,\ z]p_x + x[z,\ p_z]p_y = -i\hbar yp_x + i\hbar xp_y = i\hbar(xp_y - yp_x)$$
$$\therefore\ [L_x,\ L_y] = i\hbar L_z$$
$$[L_y,\ L_z] = [zp_x - xp_z,\ xp_y - yp_x] = [zp_x,\ xp_y] + [xp_z,\ yp_x]$$
$$= z[p_x,\ x]p_y + y[x,\ p_x]p_z = -i\hbar zp_y + i\hbar yp_z = i\hbar(yp_z - zp_y)$$
$$\therefore\ [L_y,\ L_z] = i\hbar L_x$$

위와 유사한 방법으로 다음의 관계식을 얻는다.

$$[L_z,\ L_x] = i\hbar L_y$$

그리고

$$[L_z,\ L_z] = [xp_y - yp_x,\ xp_y - yp_x] = -[xp_y,\ yp_x] - [yp_x,\ xp_y]$$
$$= -y[x, p_x]p_y - y[p_x, x]p_y = -i\hbar yp_y + i\hbar yp_y = 0$$

이 결과들을 종합하면

$$[L_i, \ L_j] = i\hbar\epsilon_{ijk}L_k \tag{6.1.3}$$

로 나타낼 수 있다. 여기서 ϵ_{ijk}은 레비－시비타 기호(Levi-Civita symbol)이다. 즉, L_x, L_y, L_z 은 서로 교환되지 않는다. 그러므로 각운동량의 성분들의 고유함수를 동시고유함수로 표현할 수 없다.

그리고 L^2과 각운동량의 성분 사이의 교환관계에 대해 살펴보면 다음과 같은 관계를 얻는다.

$$\begin{aligned}
[L^2, \ L_z] &= [L_x^2 + L_y^2 + L_z^2, \ L_z] = [L_x^2, \ L_z] + [L_y^2, \ L_z] \\
&= L_x[L_x, \ L_z] + [L_x, \ L_z]L_x + L_y[L_y, \ L_z] + [L_y, \ L_z]L_y \\
&= -i\hbar L_x L_y - i\hbar L_y L_x + i\hbar L_y L_x + i\hbar L_x L_y = 0 \\
\therefore \ [L^2, \ L_z] &= 0
\end{aligned}$$

유사한 방법으로

$$[L^2, \ L_x] = 0 \ \ 그리고 \ \ [L^2, \ L_y] = 0$$

을 얻을 수 있다.

$$\therefore \ \ [L^2, \ L_i] = 0$$

즉, L^2과 각운동량 벡터의 성분은 교환이 가능하므로 동시고유함수를 갖는다.

그리고 해밀토니안과 각운동량 성분사이의 교환관계에 대해 살펴보면 다음과 같은 관계를 얻는다.

$$[H, \ L_z] = \left[\frac{1}{2m}(p_x^2 + p_y^2 + p_z^2) + U(r), xp_y - yp_x \right] \tag{6.1.4}$$

여기서,

(i) $\dfrac{1}{2m}[p_x^2, \ xp_y - yp_x] = \dfrac{1}{2m}[p_x^2, \ xp_y] = \dfrac{1}{2m}[p_x^2, \ x]p_y$

$\qquad = \dfrac{1}{2m}(p_x[p_x, \ x]p_y + [p_x, \ x]p_x p_y) = -\dfrac{i\hbar}{m}p_x p_y$

(ii) $\dfrac{1}{2m}[p_y^2, \ xp_y - yp_x] = -\dfrac{1}{2m}[p_y^2, \ yp_x] = -\dfrac{1}{2m}[p_y^2, \ y]p_x$

$\qquad = -\dfrac{1}{2m}(p_y[p_y, \ y]p_x + [p_y, \ y]p_y p_x) = \dfrac{i\hbar}{m}p_y p_x = \dfrac{i\hbar}{m}p_x p_y$

(iii) $\dfrac{1}{2m}[p_z^2, \ xp_y - yp_x] = 0$

(iv) $[U(r), \ xp_y - yp_x]\Psi = [U(r), \ xp_y]\Psi - [U(r), \ yp_x]\Psi$

$$= \dfrac{\hbar}{i}[U(r), \ x\dfrac{\partial}{\partial y}]\Psi - \dfrac{\hbar}{i}[U(r), \ y\dfrac{\partial}{\partial x}]\Psi$$

$$= \dfrac{\hbar}{i}\left\{ Ux\dfrac{\partial \Psi}{\partial y} - x\dfrac{\partial}{\partial y}(U\Psi)\right\} - \dfrac{\hbar}{i}\left\{ Uy\dfrac{\partial \Psi}{\partial x} - y\dfrac{\partial}{\partial x}(U\Psi)\right\}$$

$$= -\dfrac{\hbar}{i}x\Psi\dfrac{\partial U}{\partial y} + \dfrac{\hbar}{i}y\Psi\dfrac{\partial U}{\partial x}$$

여기서 $\dfrac{\partial U(r)}{\partial y} = \dfrac{\partial r}{\partial y}\dfrac{dU(r)}{dr} = \left[\dfrac{\partial}{\partial y}(x^2+y^2+z^2)^{\frac{1}{2}}\right]\dfrac{dU(r)}{dr}$

$$= y(x^2+y^2+z^2)^{-\frac{1}{2}}\dfrac{dU(r)}{dr} = \dfrac{y}{r}\dfrac{dU(r)}{dr} \text{이므로}$$

$\Rightarrow [U(r), \ xp_y - yp_x]\Psi = -\dfrac{\hbar}{i}x\Psi\dfrac{y}{r}\dfrac{dU}{dr} + \dfrac{\hbar}{i}y\Psi\dfrac{x}{r}\dfrac{dU}{dr} = 0$

위의 (i)~(iv)의 결과들을 식 (6.1.4)에 대입하면

$$[H, \ L_z] = 0$$

가 되며 또한 유사한 방법으로 다음의 관계식을 구할 수 있다.

$$[H, \ L_x] = 0 \ \text{그리고} \ [H, \ L_y] = 0$$

$$\therefore \ [H, \ L_i] = 0$$

즉, H와 각운동량 벡터의 성분은 교환이 가능하므로 동시고유함수를 갖는다.

위에서 구한 결과들을 종합해 보면 각운동량의 성분은 L^2 및 H와 교환이 가능해서 동시고유함수를 택할 수 있다. 이때 교환 가능한 각운동량의 성분 중에서 L_z을 선택하고 L^2과 L_z의 동시고유함수를 벡터 $|\ell, m>$로 나타내기로 하자.

② 각운동량 고유벡터의 양자수

이제 L^2과 L_z의 동시고유벡터인 $|\ell, m>$에 대해 살펴보자. 여기서 고유벡터는 $<\ell', m'|\ell, m> = \delta_{\ell\ell'}\delta_{mm'}$의 직교규격화 조건의 관계를 만족한다.

L^2과 L_z은 아래의 고유치 방정식을 만족한다.

$$\begin{cases} L^2|\ell,m> = \ell(\ell+1)\hbar^2|\ell,m> \\ L_z|\ell,m> = m\hbar|\ell,m> \end{cases} \quad (6.2.1)$$

여기서 $\begin{cases} n & : & \text{주(principal) 양자수} \\ \ell & : & \text{궤도(orbital) 양자수} \\ m & : & \text{자기(magnetic) 양자수} \end{cases}$ 이며 양자수는 정수 값을 갖는다.

그리고 식 (6.2.1)의 오른편의 $\hbar$은 단위(unit)를 맞추어 주는 상수이다.

[증명] [각운동량]= 길이 · 운동량 = 길이 · $\left(\text{질량} \cdot \dfrac{\text{길이}}{\text{시간}}\right)$ = 질량 · $\dfrac{\text{길이}^2}{\text{시간}}$

$\qquad\qquad$ = 질량 · $\dfrac{\text{길이}^2}{\text{시간}^2}$ · 시간 = 에너지 · 시간 = $\left[\dfrac{\hbar\omega}{\omega}\right] = [\hbar]$ ∎

고유벡터 $|\ell,m>$에 있는 ℓ과 m의 의미에 대해 알아보자.

① $$L_\pm = L_x \pm iL_y \quad (6.2.2)$$

로 놓으면

$$L_+L_- = (L_x + iL_y)(L_x - iL_y) = L_x^2 + L_y^2 - i[L_x, \ L_y] = L_x^2 + L_y^2 + \hbar L_z = L^2 - L_z^2 + \hbar L_z$$

그리고 유사한 방법으로

$$L_-L_+ = L^2 - L_z^2 - \hbar L_z$$

가 되어

$$\therefore \begin{cases} L_+L_- = L^2 - L_z^2 + \hbar L_z \\ L_-L_+ = L^2 - L_z^2 - \hbar L_z \end{cases} \quad (6.2.3)$$

의 관계식을 얻는다. 두 관계식을 더하면 다음과 같다.

$$L^2 = \frac{1}{2}(L_+L_- + L_-L_+) + L_z^2 \quad (6.2.4)$$

② 식 (6.2.4)을 이용하여 L^2의 기대치를 구해보자.

$$<\ell,m|L^2|\ell,m> = \left\langle \ell,m \left| \left\{ \frac{1}{2}(L_+L_- + L_-L_+) + L_z^2 \right\} \right| \ell,m \right\rangle \quad (6.2.5)$$

여기서 등식의 오른편 첫 번째 항과 두 번째 항은

$$< \ell, m | L_+ L_- | \ell, m > \; = \; < L_- \ell, m | L_- \ell, m > \; \geq 0,$$

$$< \ell, m | L_- L_+ | \ell, m > \; = \; < L_+ \ell, m | L_+ \ell, m > \; \geq 0$$

이고 세 번째 항은 식 (6.2.1)로부터

$$< \ell, m | L_z^2 | \ell, m > \; = \; m^2 \hbar^2$$

이다. 그리고 식 (6.2.5)의 왼편은 식 (6.2.1)로부터

$$< \ell, m | L^2 | \ell, m > \; = \; \ell(\ell+1)\hbar^2$$

이므로 다음의 관계식을 얻는다.

$$\ell(\ell+1) \geq m^2 \tag{6.2.6}$$

③ $< \ell, m | L^2 | \ell, m > \; = \; < \ell, m | L_x^2 | \ell, m > + < \ell, m | L_y^2 | \ell, m > + < \ell, m | L_z^2 | \ell, m >$

등식의 오른편에 있는 모든 항들이 $< \ell, m | L_x^2 | \ell, m > \; \geq 0$인 것과 같이 0보다 작지 않으므로

$$\ell(\ell+1) \geq 0 \tag{6.2.7}$$

이다. $\ell \geq 0$이면 위 식을 만족하고 만약 ℓ이 음수이면 $\ell \leq -1 \Rightarrow \ell + 1 \leq 0$이므로 $\ell + 1 = -\ell'$로 정의하면 ℓ'은 항상 양수이다. 그러면 위 식은 $\ell(\ell+1) = (-\ell'-1)(-\ell')$ $= \ell'(\ell'+1)$이므로 $\ell'(\ell'+1) \geq 0$가 된다. 그러므로 위 식은

$$\ell(\ell+1) \geq 0 \Rightarrow \ell \geq 0 \tag{6.2.8}$$

가 된다. 궤도 양자수 ℓ은 양의 값[26]을 갖는다.

④ $[L_+, \; L_-] = [L_x + iL_y, \; L_x - iL_y] = -i[L_x, \; L_y] + i[L_y, \; L_x]$
$\qquad = -i(i\hbar L_z) + i(-i\hbar L_z) = 2\hbar L_z$

그리고

$$[L_\pm, \; L_z] = [L_x \pm iL_y, \; L_z] = [L_x, \; L_z] \pm i[L_y, \; L_z]$$
$$= -i\hbar L_y \pm i(i\hbar L_x) = \mp \hbar(L_x \pm iL_y) = \mp \hbar L_\pm$$

$$\Rightarrow L_\pm L_z - L_z L_\pm = \mp \hbar L_\pm$$

의 관계식으로부터

─────────────

(26) m에 대한 것은 식 (6.2.12)와 (6.3.8)을 참조하세요.

$$L_z L_\pm |\ell,m> = (L_\pm L_z \pm \hbar L_\pm)|\ell,m> = m\hbar L_\pm |\ell,m> \pm \hbar L_\pm |\ell,m>$$

$$= (m \pm 1)\hbar L_\pm |\ell,m>$$

가 되어

이 관계식은

$L_+|\ell,m>$은 L_z의 고유함수이며 고유치는 $(m+1)\hbar$이고

$L_-|\ell,m>$은 L_z의 고유함수이며 고유치는 $(m-1)\hbar$임을 의미한다.

즉, $L_+|\ell,m>$은 m값을 1만큼 올리고 $L_-|\ell,m>$은 m 값을 1만큼 내린다.

그러므로 식 (6.2.2)에 정의한 $L_\pm$ 연산자는

$$\begin{cases} L_+ : \text{올림 연산자} \\ L_- : \text{내림 연산자} \end{cases} \tag{6.2.9}$$

라 부른다.

⑤ **궤도 양자수 ℓ과 자기 양자수 m의 관계**에 대해 알아보자.

$m_{\max}$와 $m_{\min}$을 자기 양자수가 각각 가질 수 있는 최대값과 최소값이라 하자.

(i) $L^2|\ell,m_{\min}> = (L_+ L_- + L_z^2 - \hbar L_z)|\ell,m_{\min}>$ ∵ 식 (6.2.3)의 첫 번째 식으로부터

$\Rightarrow \ell(\ell+1)\hbar^2|\ell,m_{\min}> = (m_{\min}^2\hbar^2 - m_{\min}\hbar^2)|\ell,m_{\min}>$ ∵ $L_+L_-|\ell,m_{\min}> = 0$

$\Rightarrow \{\ell(\ell+1) - m_{\min}(m_{\min}-1)\}\hbar^2|\ell,m_{\min}> = 0$

$\Rightarrow \ell(\ell+1) - m_{\min}(m_{\min}-1) = 0 \Rightarrow (\ell+m_{\min})(\ell-m_{\min}+1) = 0$

∴ $m_{\min} = -\ell$ 또는 $m_{\min} = \ell+1$

식 (6.2.8)로부터 ℓ은 양의 값을 갖는 것을 알고 있으므로 두 번째 解는 가장 작은 m 값이라는 조건을 만족하지 못한다. 그러므로 자기 양자수가 가질 수 있는 최소값은 다음과 같다.

$$\therefore m_{\min} = -\ell \tag{6.2.10}$$

(ii) $L^2|\ell,m_{\max}> = (L_- L_+ + L_z^2 + \hbar L_z)|\ell,m_{\max}>$ ∵ 식 (6.2.3)의 두 번째 식으로부터

$\Rightarrow \ell(\ell+1)\hbar^2|\ell,m_{\max}> = (m_{\max}^2\hbar^2 + m_{\max}\hbar^2)|\ell,m_{\max}>$ ∵ $L_-L_+|\ell,m_{\max}> = 0$

$\Rightarrow \{\ell(\ell+1) - m_{\max}(m_{\max}+1)\}\hbar^2|\ell,m_{\max}> = 0$

$\Rightarrow \ell(\ell+1) - m_{\max}(m_{\max}+1) = 0 \Rightarrow (\ell-m_{\max})(\ell+m_{\max}+1) = 0$

∴ $m_{\max} = \ell$ 또는 $m_{\max} = -(\ell+1)$

여기서 두 번째 解는 가장 큰 m 값이라는 조건을 만족하지 못하므로

$$\therefore \ m_{\max} = \ell \tag{6.2.11}$$

그러므로 식 (6.2.10)과 (6.2.11)로부터 궤도 양자수와 자기 양자수에 대해 다음의 관계를 얻을 수 있다.

$$-\ell \leq m \leq \ell \tag{6.2.12}$$

지금까지 구한 궤도 양자수 ℓ와 자기 양자수 m에 대한 결과들을 정리해보면 다음과 같다.

- $\ell \geq 0$: 식 (6.2.8)로부터 궤도 양자수는 양의 값을 갖는다.
- $-\ell \leq m \leq \ell$: 식 (6.2.12)로부터 자기 양자수의 범위는 최소값 $-\ell$부터 최대값 ℓ까지 가질 수 있다.

(보기) $\ell = 1$이면 m이 가질 수 있는 값은 -1, 0, 1의 3개의 값이며

$\ell = 2$이면 m이 가질 수 있는 값은 -2, -1, 0, 1, 2의 5개의 값이다.

즉, 주어진 ℓ 값에 대해 $(2\ell+1)$개의 m 값이 존재한다.

---

⑥ 식 (6.2.9)로부터 L_z의 고유함수 $L_+|\ell,m>$은 고유치 m을 1만큼 올리고 $L_-|\ell,m>$은 m을 1만큼 내리므로 $L_\pm$ 연산자에 대한 관계식을 다음과 같이 나타낼 수 있다.(※이 관계식은 고유치 방정식이 아님에 주의한다.)

$$\begin{cases} L_+|\ell,m> = C_+(\ell,m)|\ell,m+1> \\ L_-|\ell,m> = C_-(\ell,m)|\ell,m-1> \end{cases} \tag{6.2.13}$$

이 식에 있는 계수 $C_\pm(\ell,m)$을 구해보자.

(i) L_-L_+의 기댓값을 식 (6.2.13)의 첫 번째 식을 사용해서 구하면

$$<\ell,m|L_-L_+|\ell,m> = |C_+|^2 <\ell,m+1|\ell,m+1> = |C_+|^2$$

이 된다. 등식의 왼편은 식 (6.2.3)의 두 번째 식을 사용하면

$$<\ell,m|L^2-L_z^2-\hbar L_z|\ell,m> = [\ell(\ell+1)-m^2-m]\hbar^2 <\ell,m|\ell,m>$$
$$= [\ell(\ell+1)-m^2-m]\hbar^2 = (\ell-m)(\ell+m+1)\hbar^2$$

가 되므로

$$\therefore \quad C_+ = \sqrt{(\ell-m)(\ell+m+1)}\,\hbar \qquad\qquad (6.2.14)$$

가 된다.

(ii) L_+L_- 의 기댓값을 식 (6.2.13)의 두 번째 식을 사용해서 구하면

$$< \ell,m|L_+L_-|\ell,m> = |C_-|^2 <\ell,m-1|\ell,m-1> = |C_-|^2$$

이 된다. 등식의 왼편은 식 (6.2.3)의 첫 번째 식을 사용하면

$$< \ell,m|L^2-L_z^2+\hbar L_z|\ell,m> = [\ell(\ell+1)-m^2+m]\hbar^2 = (\ell+m)(\ell-m+1)\hbar^2$$

가 되므로

$$\therefore \quad C_- = \sqrt{(\ell+m)(\ell-m+1)}\,\hbar \qquad\qquad (6.2.15)$$

가 된다.

식 (6.2.14)와 (6.2.15)을 식 (6.2.13)에 대입하면 다음의 관계식을 얻을 수 있다.

$$\begin{cases} L_+|\ell,m> = \sqrt{(\ell-m)(\ell+m+1)}\,\hbar|\ell,m+1> \\ L_-|\ell,m> = \sqrt{(\ell+m)(\ell-m+1)}\,\hbar|\ell,m-1> \end{cases} \qquad (6.2.16)$$

예제 6.1 ───

스핀(S)이 0인 입자의 궤도 양자수를 $\ell = \dfrac{1}{2}$ 이라고 가정할 때 입자의 총 각운동량 $\vec{J}$ (=궤도 각운동량+스핀 각운동량, $\vec{J} = \vec{L} + \vec{S}$) 상태는 $|j,m_j> = \left|\dfrac{1}{2}, +\dfrac{1}{2}\right> = \begin{pmatrix}1\\0\end{pmatrix}$ 와 $|j,m_j> = \left|\dfrac{1}{2}, -\dfrac{1}{2}\right> = \begin{pmatrix}0\\1\end{pmatrix}$ 로 표현할 수 있다. 이때 연산자 J^2, J_z, $J_\pm = J_x + iJ_y$ 을 행렬로 나타내세요.

풀이

(i) 총 각운동량은 보존되는 물리량이기 때문에 $j = j'$ 이므로

$$< j,m_j'|J^2|j,m_j> = j(j+1)\hbar^2 <j,m_j'|j,m_j> = j(j+1)\hbar^2 \delta_{m_j',m_j}$$
$$\Rightarrow (J^2)_{m_j',m_j} = j(j+1)\hbar^2 \delta_{m_j',m_j} \Rightarrow (J^2)_{m_j,m_j} = j(j+1)\hbar^2$$

가 되어, 행렬의 대각 요소만 0이 아니고 $j = \ell + s = \dfrac{1}{2} + 0 = \dfrac{1}{2}$ 이다.

$$\therefore \ J^2 = \begin{pmatrix} (J^2)_{\frac{1}{2},\frac{1}{2}} & (J^2)_{\frac{1}{2},-\frac{1}{2}} \\ (J^2)_{-\frac{1}{2},\frac{1}{2}} & (J^2)_{-\frac{1}{2},-\frac{1}{2}} \end{pmatrix} = \begin{pmatrix} \frac{1}{2}\left(\frac{1}{2}+1\right) & 0 \\ 0 & \frac{1}{2}\left(\frac{1}{2}+1\right) \end{pmatrix}\hbar^2 = \frac{3}{4}\hbar^2\begin{pmatrix} 1 & 0 \\ 0 & 1 \end{pmatrix}$$

(ii) $<j,m_j'|J_z|j,m_j> = m_j\hbar <j,m_j'|j,m_j> = m_j\hbar\delta_{m_j',m_j}$

$\Rightarrow (J_z)_{m_j',m_j} = m_j\hbar$

가 되어, 행렬의 대각 요소만 0이 아니고 $j=\frac{1}{2} \Rightarrow m_j=\pm\frac{1}{2}$ 이어서

$$\therefore \ J_z = \begin{pmatrix} \frac{1}{2} & 0 \\ 0 & -\frac{1}{2} \end{pmatrix}\hbar = \frac{1}{2}\hbar\begin{pmatrix} 1 & 0 \\ 0 & -1 \end{pmatrix}$$

(iii) $<j,m_j'|J_+|j,m_j> = \sqrt{(j-m_j)(j+m_j+1)}\,\hbar <j,m_j'|j,m_{j+1}>$

$\qquad\qquad = \sqrt{(j-m_j)(j+m_j+1)}\,\hbar\delta_{m_j',m_j+1}$

$\Rightarrow (J_+)_{m_j',m_j} = \sqrt{(j-m_j)(j+m_j+1)}\,\hbar\delta_{m_j',m_j+1}$

가 되어, 행렬의 모든 대각 요소는 0이고 $j=\frac{1}{2} \Rightarrow m_j=\pm\frac{1}{2}$ 이어서

$$\therefore \ J_+ = \begin{pmatrix} 0 & \sqrt{\left(\frac{1}{2}+\frac{1}{2}\right)\left(\frac{1}{2}-\frac{1}{2}+1\right)} \\ 0 & 0 \end{pmatrix}\hbar = \hbar\begin{pmatrix} 0 & 1 \\ 0 & 0 \end{pmatrix} = J_x + iJ_y$$

(iv) $<j,m_j'|J_-|j,m_j> = \sqrt{(j+m_j)(j-m_j+1)}\,\hbar <j,m_j'|j,m_j-1>$

$\qquad\qquad = \sqrt{(j+m_j)(j-m_j+1)}\,\hbar\delta_{m_j',m_j-1}$

$\Rightarrow (J_-)_{m_j',m_j} = \sqrt{(j+m_j)(j-m_j+1)}\,\hbar\delta_{m_j',m_j-1}$

가 되어, 행렬의 모든 대각 요소는 0이고 $j=\frac{1}{2} \Rightarrow m_j=\pm\frac{1}{2}$ 이어서

$$\therefore \ J_- = \begin{pmatrix} 0 & 0 \\ \sqrt{\left(\frac{1}{2}+\frac{1}{2}\right)\left(\frac{1}{2}-\frac{1}{2}+1\right)} & 0 \end{pmatrix}\hbar = \hbar\begin{pmatrix} 0 & 0 \\ 1 & 0 \end{pmatrix} = J_x - iJ_y$$

(v) 위의 (iii)와 (iv)의 결과를 더하거나 빼면 총 각운동량의 x와 y 성분을 다음과 같이 구할 수 있다.

$$J_x = \frac{1}{2}(J_+ + J_-) = \frac{\hbar}{2}\begin{pmatrix} 0 & 1 \\ 1 & 0 \end{pmatrix}, \quad J_y = \frac{1}{2i}(J_+ - J_-) = \frac{\hbar}{2i}\begin{pmatrix} 0 & 1 \\ -1 & 0 \end{pmatrix} \qquad ∎$$

예제 6.2

위 (예제 6.1)을 이해했다면 $\ell = 1$에 대해서도 J^2, J_z, $J_\pm$을 행렬로 나타내보세요.

풀이

$\ell = 1$이고 $s = 0$이므로 $j = \ell + s = 1$로부터 m_j은 $-1 \leq m_j \leq 1$의 값을 갖는 정수이므로 $m_j = 1,\ 0,\ -1$이다. $|j, m_j> = |1,1> = \begin{pmatrix} 1 \\ 0 \\ 0 \end{pmatrix}$, $|j, m_j> = |1,0> = \begin{pmatrix} 0 \\ 1 \\ 0 \end{pmatrix}$ 그리고

$|j, m_j> = |1,-1> = \begin{pmatrix} 0 \\ 0 \\ 1 \end{pmatrix}$로 하면서 (예제 6.1)에서와 같이 유사한 방법을 적용하면

(i) $(J^2)_{m_j, m_j} = j(j+1)\hbar^2$

$$\therefore\ J^2 = \begin{pmatrix} 1(1+1) & 0 & 0 \\ 0 & 1(1+1) & 0 \\ 0 & 0 & 1(1+1) \end{pmatrix} \hbar^2 = 2\hbar^2 \begin{pmatrix} 1 & 0 & 0 \\ 0 & 1 & 0 \\ 0 & 0 & 1 \end{pmatrix}$$

(ii) $(J_z)_{m_j, m_j} = m_j \hbar$

$$\therefore\ J_z = \begin{pmatrix} (J_z)_{11} & (J_z)_{10} & (J_z)_{1-1} \\ (J_z)_{01} & (J_z)_{00} & (J_z)_{0-1} \\ (J_z)_{-11} & (J_z)_{-10} & (J_z)_{-1-1} \end{pmatrix} = \begin{pmatrix} 1 & 0 & 0 \\ 0 & 0 & 0 \\ 0 & 0 & -1 \end{pmatrix} \hbar$$

(iii) $(J_+)_{m_j', m_j} = \sqrt{(j-m_j)(j+m_j+1)}\,\hbar \delta_{m_j', m_j+1}$

$\Rightarrow (J_+)_{m_{j+1}, m_j} = \sqrt{(j-m_j)(j+m_j+1)}\,\hbar$

$$\therefore\ J_+ = \begin{pmatrix} 0 & \sqrt{(1-0)(1+0+1)} & 0 \\ 0 & 0 & \sqrt{(1+1)(1-1+1)} \\ 0 & 0 & 0 \end{pmatrix}\hbar$$

$$= \sqrt{2}\,\hbar \begin{pmatrix} 0 & 1 & 0 \\ 0 & 0 & 1 \\ 0 & 0 & 0 \end{pmatrix} = J_x + iJ_y$$

(iv) $(J_-)_{m_j', m_j+1} = \sqrt{(j+m_j)(j-m_j+1)}\,\hbar \delta_{m_j', m_j-1}$

$\Rightarrow (J_-)_{m_{j-1}, m_j} = \sqrt{(j+m_j)(j-m_j+1)}\,\hbar$

$$\therefore\ J_- = \begin{pmatrix} 0 & 0 & 0 \\ \sqrt{(1+1)(1-1+1)} & 0 & 0 \\ 0 & \sqrt{(1+0)(1-0+1)} & 0 \end{pmatrix}\hbar$$

$$= \sqrt{2}\,\hbar \begin{pmatrix} 0 & 0 & 0 \\ 1 & 0 & 0 \\ 0 & 1 & 0 \end{pmatrix} = J_x - iJ_y$$

(v) 위의 (iii)와 (iv)의 결과로부터

$$J_x = \frac{\sqrt{2}}{2}\hbar\begin{pmatrix} 0 & 1 & 0 \\ 1 & 0 & 1 \\ 0 & 1 & 0 \end{pmatrix} = \frac{1}{\sqrt{2}}\hbar\begin{pmatrix} 0 & 1 & 0 \\ 1 & 0 & 1 \\ 0 & 1 & 0 \end{pmatrix},$$

$$J_y = \frac{\sqrt{2}}{2i}\hbar\begin{pmatrix} 0 & 1 & 0 \\ -1 & 0 & 1 \\ 0 & -1 & 0 \end{pmatrix} = \frac{1}{\sqrt{2}\,i}\hbar\begin{pmatrix} 0 & 1 & 0 \\ -1 & 0 & 1 \\ 0 & -1 & 0 \end{pmatrix}$$

⬡3 구면좌표계에서의 고유벡터 표현

이제 구면좌표계(spherical coordinates)에서 고유함수를 어떻게 표현하는지에 대해 살펴보자. 앞에서 x 좌표에서 파동함수를 $< x|\Psi > = \Psi(x)$로 표현했듯이 고유벡터 $|\ell,m>$이 극각(polar angle) θ와 방위각(azimuthal angle) ϕ을 가질 경우 다음과 같이 표현하자.

$$< \theta,\phi|\ell,m > \equiv Y_{\ell m}(\theta,\phi) \equiv \Theta_{\ell m}(\theta)\Phi_m(\phi)$$

여기서 $Y_{\ell m}(\theta,\phi)$을 **구면 조화함수**(spherical harmonic function)라 하고 Θ와 Φ은 각각 극각 θ와 방위각 ϕ만의 함수이다.

구면좌표계에서 회전운동과 관계되는 각운동량 연산자와 각운동량의 성분 등은 다음과 같이 나타낼 수 있다.

$$\vec{L} = -i\hbar\frac{1}{\sin\theta}\left(-\hat{\theta}\frac{\partial}{\partial\phi} + \hat{\phi}\sin\theta\frac{\partial}{\partial\theta}\right)$$

$$L_z = -i\hbar\frac{\partial}{\partial\phi}, \ L_x = i\hbar\left(\sin\phi\frac{\partial}{\partial\theta} + \cot\theta\cos\phi\frac{\partial}{\partial\phi}\right), \ L_y = i\hbar\left(-\cos\phi\frac{\partial}{\partial\theta} + \cot\theta\sin\phi\frac{\partial}{\partial\phi}\right)$$

$$L_\pm = \hbar e^{\pm i\phi}\left(\pm\frac{\partial}{\partial\theta} + i\cot\theta\frac{\partial}{\partial\phi}\right)$$

$$L^2 = -\hbar^2\left[\frac{\partial^2}{\partial\theta^2} + \cot\theta\frac{\partial}{\partial\theta} + \frac{1}{\sin^2\theta}\frac{\partial^2}{\partial\phi^2}\right]$$

먼저 각 성분에 대한 각운동량 $L_i(i=x,y,z)$의 관계식을 증명해보자.
구면좌표계에서

$$\begin{cases} x = r\sin\theta\cos\phi \\ y = r\sin\theta\sin\phi \\ z = r\cos\theta \end{cases} \Rightarrow \begin{cases} dx = \dfrac{\partial x}{\partial r}dr + \dfrac{\partial x}{\partial \theta}d\theta + \dfrac{\partial x}{\partial \phi}d\phi \\ dy = \dfrac{\partial y}{\partial r}dr + \dfrac{\partial y}{\partial \theta}d\theta + \dfrac{\partial y}{\partial \phi}d\phi \\ dz = \dfrac{\partial z}{\partial r}dr + \dfrac{\partial z}{\partial \theta}d\theta + \dfrac{\partial z}{\partial \phi}d\phi \end{cases}$$

$$\Rightarrow \begin{cases} dx = \sin\theta\cos\phi\, dr + r\cos\theta\cos\phi\, d\theta - r\sin\theta\sin\phi\, d\phi & (6.3.1) \\ dy = \sin\theta\sin\phi\, dr + r\cos\theta\sin\phi\, d\theta + r\sin\theta\cos\phi\, d\phi & (6.3.2) \\ dz = \cos\theta\, dr - r\sin\theta\, d\theta & (6.3.3) \end{cases}$$

의 관계가 성립한다.

그때

$$(6.3.1)\times\cos\phi + (6.3.2)\times\sin\phi \Rightarrow \cos\phi\, dx + \sin\phi\, dy = \sin\theta\, dr + r\cos\theta\, d\theta \quad (6.3.4)$$

$$(6.3.3)\times\cos\theta + (6.3.4)\times\sin\theta \Rightarrow \cos\theta\, dz + \sin\theta\cos\phi\, dx + \sin\theta\sin\phi\, dy = dr$$

그리고

$$(6.3.3)\times\sin\theta - (6.3.4)\times\cos\theta \Rightarrow \sin\theta\, dz - \cos\theta\cos\phi\, dx - \cos\theta\sin\phi\, dy = -r\, d\theta,$$

$$(6.3.1)\times\sin\phi - (6.3.2)\times\cos\phi \Rightarrow \sin\phi\, dx - \cos\phi\, dy = -r\sin\theta\, d\phi$$

이들 결과를 정리하면 다음과 같다.

$$\begin{cases} dr = \sin\theta\cos\phi\, dx + \sin\theta\sin\phi\, dy + \cos\theta\, dz \\ d\theta = \dfrac{1}{r}(\cos\theta\cos\phi\, dx + \cos\theta\sin\phi\, dy - \sin\theta\, dz) \\ d\phi = \dfrac{1}{r\sin\theta}(-\sin\phi\, dx + \cos\phi\, dy) \end{cases} \quad (6.3.5)$$

이제 각운동량 연산자를 구면좌표계에서의 극각과 방위각으로 표현해 보자.

$$\vec{L} = \vec{r}\times\vec{p} = \frac{\hbar}{i}\vec{r}\times\vec{\nabla} = \frac{\hbar}{i}\begin{vmatrix} \hat{x} & \hat{y} & \hat{z} \\ x & y & z \\ \dfrac{\partial}{\partial x} & \dfrac{\partial}{\partial y} & \dfrac{\partial}{\partial z} \end{vmatrix} \Rightarrow L_z = \frac{\hbar}{i}\left(x\frac{\partial}{\partial y} - y\frac{\partial}{\partial x}\right) \quad (6.3.6)$$

여기서

$$\frac{\partial}{\partial x} = \frac{\partial r}{\partial x}\frac{\partial}{\partial r} + \frac{\partial\theta}{\partial x}\frac{\partial}{\partial\theta} + \frac{\partial\phi}{\partial x}\frac{\partial}{\partial\phi}$$

$$= \sin\theta\cos\phi\frac{\partial}{\partial r} + \frac{1}{r}\cos\theta\cos\phi\frac{\partial}{\partial\theta} - \frac{\sin\phi}{r\sin\theta}\frac{\partial}{\partial\phi} \qquad \because \text{식 (6.3.5)로부터}$$

그리고

$$\frac{\partial}{\partial y} = \frac{\partial r}{\partial y}\frac{\partial}{\partial r} + \frac{\partial \theta}{\partial y}\frac{\partial}{\partial \theta} + \frac{\partial \phi}{\partial y}\frac{\partial}{\partial \phi} = \sin\theta\sin\phi\frac{\partial}{\partial r} + \frac{1}{r}\cos\theta\sin\phi\frac{\partial}{\partial \theta} + \frac{\cos\phi}{r\sin\theta}\frac{\partial}{\partial \phi}$$

이다. 유사한 방법으로

$$\frac{\partial}{\partial z} = \frac{\partial r}{\partial z}\frac{\partial}{\partial r} + \frac{\partial \theta}{\partial z}\frac{\partial}{\partial \theta} + \frac{\partial \phi}{\partial z}\frac{\partial}{\partial \phi} = \cos\theta\frac{\partial}{\partial r} - \frac{1}{r}\sin\theta\frac{\partial}{\partial \theta}$$

이들 결과를 식 (6.3.6)에 대입하면

$$\begin{aligned}
L_z &= \frac{\hbar}{i}\left[r\sin\theta\cos\phi\left(\sin\theta\sin\phi\frac{\partial}{\partial r} + \frac{1}{r}\cos\theta\sin\phi\frac{\partial}{\partial \theta} + \frac{\cos\phi}{r\sin\theta}\frac{\partial}{\partial \phi}\right)\right. \\
&\quad \left. - r\sin\theta\sin\phi\left(\sin\theta\cos\phi\frac{\partial}{\partial r} + \frac{1}{r}\cos\theta\cos\phi\frac{\partial}{\partial \theta} - \frac{\sin\phi}{r\sin\theta}\frac{\partial}{\partial \phi}\right)\right] \\
&= \frac{\hbar}{i}\left(\cos^2\phi\frac{\partial}{\partial \phi} + \sin^2\phi\frac{\partial}{\partial \phi}\right) = \frac{\hbar}{i}(\cos^2\phi + \sin^2\phi)\frac{\partial}{\partial \phi} \\
&= \frac{\hbar}{i}\frac{\partial}{\partial \phi}
\end{aligned}$$

가 된다. 유사한 방법으로 연산자 L_x와 L_y을 구면좌표계에서의 극각과 방위각으로 나타낼 수 있다. 결과적으로 구면좌표계에서의 각운동량 성분에 대한 다음의 관계식을 얻을 수 있다.

$$\begin{cases} L_z = -i\hbar\dfrac{\partial}{\partial \phi} \\[2mm] L_x = i\hbar\left(\sin\phi\dfrac{\partial}{\partial \theta} + \cot\theta\cos\phi\dfrac{\partial}{\partial \phi}\right) \\[2mm] L_y = i\hbar\left(-\cos\phi\dfrac{\partial}{\partial \theta} + \cot\theta\sin\phi\dfrac{\partial}{\partial \phi}\right) \end{cases} \tag{6.3.7}$$

이를 이용하여 나머지 $\vec{L}$, $L_\pm$, L^2도 쉽게 증명할 수 있다.

① 구면 조화함수 $Y_{\ell m}(\theta,\phi) = \Theta_{\ell m}(\theta)\Phi_m(\phi)$을 구해보자.

(i) $L_z|\ell, m> = m\hbar|\ell, m>$이므로

$$<\theta, \phi|L_z|\ell, m> = m\hbar <\theta, \phi|\ell, m> = m\hbar Y_{\ell,m}(\theta,\phi)$$

가 된다. 등식의 왼편에 있는 L_z에 식 (6.3.7)의 첫 번째 관계식을 적용하면 위 식은

$$-i\hbar\frac{\partial}{\partial\phi}Y_{\ell m}=m\hbar Y_{\ell m} \Rightarrow -i\hbar\Theta\frac{d}{d\phi}\Phi=m\hbar\Theta\Phi$$

$$\Rightarrow \int\frac{d\Phi}{\Phi}=im\int d\phi$$

$$\Rightarrow \Phi(\phi)=Ce^{im\phi}$$

가 된다. 여기서 ϕ은 방위각이므로 $\Phi(\phi)=\Phi(\phi+2\pi)$의 조건을 만족해야 한다. 그러므로

$$\Phi(\phi)=\Phi(\phi+2\pi) \Rightarrow e^{im\phi}=e^{im(\phi+2\pi)} \Rightarrow 1=e^{im2\pi}$$

이 되어

$$\therefore \; m은 \; 정수이다. \tag{6.3.8}$$

이제 $\Phi(\phi)$에 있는 규격화 상수 C을 구해보면

$$\int_0^{2\pi}\Phi^*(\phi)\Phi(\phi)d\phi=1 \Rightarrow |C|^2 2\pi=1 \Rightarrow C=\frac{1}{\sqrt{2\pi}}$$

가 되어 방위각에 대한 함수 解는 다음과 같다.

$$\therefore \; \Phi(\phi)=\frac{1}{\sqrt{2\pi}}e^{im\phi} \qquad 여기서 \; m은 \; 정수 \tag{6.3.9}$$

(ii) 식 (6.3.7)의 두 번째와 세 번째 관계식으로부터

$$L_{\pm}=L_x\pm iL_y=\hbar e^{\pm i\phi}\left(\pm\frac{\partial}{\partial\theta}+i\cot\theta\frac{\partial}{\partial\phi}\right) \tag{6.3.10}$$

$$L_+=i\hbar\left(\sin\phi\frac{\partial}{\partial\theta}+\cot\theta\cos\phi\frac{\partial}{\partial\phi}\right)-\hbar\left(-\cos\phi\frac{\partial}{\partial\theta}+\cot\theta\sin\phi\frac{\partial}{\partial\phi}\right)$$

$$=\hbar\left(\cos\phi\frac{\partial}{\partial\theta}+i\cot\theta\cos\phi\frac{\partial}{\partial\phi}+i\sin\phi\frac{\partial}{\partial\theta}-\cot\theta\sin\phi\frac{\partial}{\partial\phi}\right)$$

$$=\hbar(\cos\phi+i\sin\phi)\left(\frac{\partial}{\partial\theta}+i\cot\theta\frac{\partial}{\partial\phi}\right)=\hbar e^{i\phi}\left(\frac{\partial}{\partial\theta}+i\cot\theta\frac{\partial}{\partial\phi}\right)$$

이고 $-\ell\le m\le\ell$이므로 $m_{\max}=\ell$이 되어

$$<\theta,\phi|L_+|\ell,m_{\max}>=0 \Rightarrow <\theta,\phi|L_+|\ell,\ell>=0$$

가 된다. 그때 식 (6.3.10)에서의 L_+을 위 식에 대입하면 다음과 같게 된다.

$$\hbar e^{i\phi}\left(\frac{\partial}{\partial\theta}+ i\cot\theta\frac{\partial}{\partial\phi}\right)Y_{\ell\ell}(\theta,\phi)=0$$

$$\Rightarrow\ \Phi_\ell\frac{d\Theta_{\ell\ell}}{d\theta}+i\Theta_{\ell\ell}\cot\theta\frac{d\Phi_\ell}{d\phi}=0\ \Rightarrow\ \Phi_\ell\frac{d\Theta_{\ell\ell}}{d\theta}+i\Theta_{\ell\ell}\cot\theta\,(i\ell)\Phi_\ell=0\quad\because\ \Phi_\ell=\frac{1}{\sqrt{2\pi}}e^{i\ell\phi}$$

$$\Rightarrow\ \frac{d\Theta_{\ell\ell}}{d\theta}+i\Theta_{\ell\ell}\cot\theta\,(i\ell)=0\ \Rightarrow\ \int\frac{d\Theta_{\ell\ell}}{\Theta_{\ell\ell}}=\ell\int\cot\theta d\theta \tag{6.3.11}$$

여기서

$$\int\cot\theta d\theta=\int\frac{\cos\theta}{\sin\theta}d\theta=\int\frac{\cos\theta}{x}\frac{dx}{\cos\theta}\qquad\because\ \sin\theta\equiv x$$

$$=\ln x=\ln(\sin\theta)$$

이므로 식 (6.3.11)은

$$\ln\Theta_{\ell\ell}=\ell\ln(\sin\theta)=\ln(\sin\theta)^\ell$$

이 되어

$$\therefore\ \Theta_{\ell\ell}(\theta)=C(\sin\theta)^\ell \tag{6.3.12}$$

가 된다. 이제 위 함수의 규격화 상수 C을 구해보자.

$$\int_0^\pi\Theta_{\ell\ell}^*(\theta)\Theta_{\ell\ell}(\theta)\sin\theta d\theta=1\ \Rightarrow\ |C|^2\int_0^\pi\sin\theta(1-\cos^2\theta)^\ell d\theta=1 \tag{6.3.13}$$

여기서 적분 $\displaystyle\int_0^\pi\sin\theta(1-\cos^2\theta)^\ell d\theta\equiv I_\ell$을 계산하기 위해서 $x=\cos\theta$로 놓으면

$$I_\ell=\int_1^{-1}[-(1-x^2)^\ell]dx\ =\int_{-1}^1(1-x^2)(1-x^2)^{\ell-1}dx$$

$$=\int_{-1}^1(1-x^2)^{\ell-1}dx-\int_{-1}^1x^2(1-x^2)^{\ell-1}dx$$

$$=\int_{-1}^1(1-x^2)^{\ell-1}dx+\int_{-1}^1x^2\left[\frac{1}{2x\ell}\frac{d}{dx}(1-x^2)^\ell\right]dx$$

$$=I_{\ell-1}+\left[\frac{x(1-x^2)^\ell}{2\ell}\right]_{x=-1}^{x=1}-\frac{1}{2\ell}I_\ell$$

$$\Rightarrow\ I_\ell=I_{\ell-1}-\frac{1}{2\ell}I_\ell$$

$$\Rightarrow\ I_\ell=\frac{2\ell}{2\ell+1}I_{\ell-1}=\left[\frac{2\ell}{2\ell+1}\right]\left[\frac{2(\ell-1)}{2(\ell-1)+1}\right]I_{\ell-2}$$

$$=\frac{2\ell\cdot2(\ell-1)\cdots\cdots\cdot2}{(2\ell+1)\cdot(2\ell-1)\cdots\cdots3\cdot1}I_0$$

$$= \frac{2^{\ell} \cdot \ell!(2\ell)(2\ell-2)\cdots\cdots 2}{(2\ell+1) \cdot (2\ell) \cdot (2\ell-1) \cdot (2\ell-2) \cdots\cdots 3 \cdot 2 \cdot 1} I_0$$

$$= \frac{2^{2\ell}(\ell!)^2}{(2\ell+1)!} I_0$$

여기서 $I_0 = \int_1^{-1} [-(1-x^2)^0]dx = \int_{-1}^1 dx = 2$ 이므로

$$\therefore \ I_{\ell} = \frac{2^{2\ell}(\ell!)^2}{(2\ell+1)!} 2$$

가 되어 식 (6.3.13)으로부터 규격화 상수를 다음과 같이 구할 수 있다.

$$|C|^2 \frac{2^{2\ell}(\ell!)^2}{(2\ell+1)!} 2 = 1 \ \Rightarrow \ \therefore \ C = \frac{1}{2^{\ell}\ell!}\sqrt{\frac{(2\ell+1)!}{2}}$$

이를 식 (6.3.12)에 대입하면

극각에 대한 함수 解는 다음과 같다.

$$\Theta(\theta) = \frac{(-1)^{\ell}}{2^{\ell}\ell!}\sqrt{\frac{(2\ell+1)!}{2}}\sin^{\ell}\theta \tag{6.3.14}$$

여기서 $(-1)^{\ell}$은 물리적 결과에 영향을 주지 않고 관례에 따라 사용한 **콘던-쇼틀리 위상**(condon-shortley phase)이다.

지금까지 구한 결과들을 종합하면

식 (6.3.9)와 (6.3.14)로부터 $m_{\max} = \ell$인 경우에 대한 구면 조화함수는

$$Y_{\ell\ell} = \Theta_{\ell\ell}(\theta)\Phi_{\ell}(\phi) = \frac{(-1)^{\ell}}{2^{\ell}\ell!}\sqrt{\frac{(2\ell+1)!}{2}}\sin^{\ell}\theta \frac{1}{\sqrt{2\pi}}e^{i\ell\phi}$$

이다. 여기서 **르장드르**(Legendre) **다항식** P_{ℓ}은

$$P_{\ell} = \frac{(-1)^{\ell}}{2^{\ell}\ell!}\sqrt{\frac{(2\ell+1)!}{2}}\sin^{\ell}\theta$$

로 정의된다.

(iii) 앞에서 $Y_{\ell m_{\max}} = Y_{\ell\ell}(m_{\max} = \ell$ 값)의 구면 조화함수를 구했다. 이제 $Y_{\ell\ell}$에 내림 연

산자를 $(\ell-m)$번 작용하여, 즉 $(L_-)^{\ell-m}$ 연산자를 구면 조화함수 $Y_{\ell\ell}$에 작용하여, 일반적인 조화함수인 $Y_{\ell m}$을 구해보자.

식 (6.2.16)의 두 번째 관계식으로부터

$$L_- Y_{\ell m} = \sqrt{(\ell+m)(\ell-m+1)}\,\hbar\,Y_{\ell,m-1}$$

이므로 $m=\ell$인 경우

$$L_- Y_{\ell\ell} = \sqrt{(\ell+\ell)(\ell-\ell+1)}\,\hbar\,Y_{\ell,\ell-1} = \sqrt{2\ell\cdot 1}\,\hbar\,Y_{\ell,\ell-1} \qquad (6.3.15)$$

이 된다. 이 식에 내림연산자를 작용하면

$$
\begin{aligned}
(L_-)^2 Y_{\ell\ell} &= L_-(L_- Y_{\ell\ell}) = \sqrt{2\ell\cdot 1}\,\hbar\,L_- Y_{\ell,\ell-1} \\
&= \sqrt{2\ell\cdot(2\ell-1)\cdot 1\cdot 2}\,\hbar\,\sqrt{(\ell+\ell-2)(\ell-\ell+2+1)}\,\hbar\,Y_{\ell,\ell-3} \\
&= \sqrt{2\ell\cdot 1}\,\hbar\,\sqrt{(\ell+\ell-1)(\ell-\ell+1+1)}\,\hbar\,Y_{\ell,\ell-2} \\
&= \sqrt{2\ell\cdot(2\ell-1)\cdot 1\cdot 2}\,\hbar^2\,Y_{\ell,\ell-2}
\end{aligned}
$$

가 되고 이 식에 또 한 번 더 내림 연산자를 작용하면 다음과 같이 되며

$$
\begin{aligned}
(L_-)^3 &= \sqrt{2\ell\cdot(2\ell-1)\cdot 1\cdot 2}\,\hbar^2(L_- Y_{\ell,\ell-2}) \\
&= \sqrt{2\ell\cdot(2\ell-1)\cdot 1\cdot 2}\,\hbar^2\times\sqrt{(\ell+\ell-2)(\ell-\ell+2+1)}\,\hbar\,Y_{\ell,\ell-3} \\
&= \sqrt{2\ell\cdot(2\ell-1)\cdot 1\cdot 2}\,\hbar^2\,\sqrt{(2\ell-2)\cdot 3}\,\hbar\,Y_{\ell,\ell-3} \\
&= \sqrt{2\ell\cdot(2\ell-1)\cdot(2\ell-2)\cdot 1\cdot 2\cdot 3}\,\hbar^3\,Y_{\ell,\ell-3}
\end{aligned}
$$

계속해서 내림 연산자를 $(\ell-m)$번 작용하면 다음과 같다.

$$
\begin{aligned}
(L_-)^{\ell-m} Y_{\ell\ell} &= \sqrt{2\ell\cdot(2\ell-1)\cdots(2\ell-(\ell-m)+1)\cdot 1\cdot 2\cdots(\ell-m)}\,\hbar^{\ell-m}\,Y_{\ell,\ell-(\ell-m)} \\
&= \sqrt{2\ell\cdot(2\ell-1)\cdots(\ell+m+1)\cdot 1\cdot 2\cdots(\ell-m)}\,\hbar^{\ell-m}\,Y_{\ell,m} \\
&= \sqrt{\frac{2\ell\cdot(2\ell-1)\cdots(\ell+m+1)(\ell+m)(\ell+m-1)\cdots 2\cdot 1\cdot(\ell-m)\cdots 2\cdot 1}{(\ell+m)(\ell+m-1)\cdots\cdot 2\cdot 1}}\,\hbar^{\ell-m}\,Y_{\ell,m} \\
&= \sqrt{\frac{(2\ell)!(\ell-m)!}{(\ell+m)!}}\,\hbar^{\ell-m}\,Y_{\ell m}
\end{aligned}
$$

그러므로 $Y_{\ell\ell}$에 내림 연산자를 $\ell-m$번 작용한 결과는 다음과 같게 된다.

$$Y_{\ell m} = \sqrt{\frac{(\ell+m)!}{(2\ell)!(\ell-m)!}}\,\frac{1}{\hbar^{\ell-m}}(L_-)^{\ell-m}\,Y_{\ell\ell} \qquad (6.3.16)$$

이제 위 식의 오른편에 있는 $(L_-)^{\ell-m} Y_{\ell\ell}$을 식 (6.3.10)에 있는 L_- 관계식을 이용하여 계산해보자. 여기서

$$Y_{\ell m} = \Theta_{\ell\ell}(\theta)\,\Phi_\ell(\phi) = \frac{(-1)^\ell}{2^\ell \ell!}\sqrt{\frac{(2\ell+1)!}{2}}\,\sin^\ell\theta\,\frac{1}{\sqrt{2\pi}}e^{i\ell\phi} = P_\ell\,\frac{1}{\sqrt{2\pi}}e^{i\ell\phi}$$

$$\begin{aligned}
L_- Y_{\ell\ell} &= \hbar e^{-i\phi}\left(-\frac{\partial}{\partial\theta} + i\cot\theta\,\frac{\partial}{\partial\phi}\right)P_\ell\,\frac{1}{\sqrt{2\pi}}e^{i\ell\phi}\\
&= \frac{1}{\sqrt{2\pi}}\hbar e^{-i\phi}\left[-e^{i\ell\phi}\frac{\partial}{\partial\theta}P_\ell + i\cot\theta\,(i\ell)P_\ell e^{i\ell\phi}\right]\\
&= \frac{\hbar}{\sqrt{2\pi}}e^{i(\ell-1)\phi}\left\{-\left(\frac{\partial}{\partial\theta}P_\ell + \ell\cot\theta P_\ell\right)\right\}
\end{aligned} \tag{6.3.17}$$

여기서

$$\frac{1}{\sin^\ell\theta}\frac{\partial}{\partial\theta}(\sin^\ell\theta\,P_\ell) = \frac{\partial P_\ell}{\partial\theta} + \frac{P_\ell}{\sin^\ell\theta}\frac{\partial}{\partial\theta}\sin^\ell\theta \tag{6.3.18}$$

그리고 $\sin\theta = x$로 놓으면,

$$\frac{\partial}{\partial\theta}x^\ell = \frac{\partial x}{\partial\theta}\frac{\partial}{\partial x}x^\ell = \cos\theta\,(\ell x^{\ell-1}) = \cos\theta\,(\ell\sin^{\ell-1}\theta)$$

가 된다.

그때 식 (6.3.18)의 오른편 두 번째 항은

$$\frac{P_\ell}{\sin^\ell\theta}\frac{\partial}{\partial\theta}\sin^\ell\theta = \frac{P_\ell}{\sin^\ell\theta}\cos\theta\,(\ell\sin^{\ell-1}\theta) = \ell\cot\theta P_\ell$$

이다. 이를 식 (6.3.18)에 대입하면

$$\frac{1}{\sin^\ell\theta}\frac{\partial}{\partial\theta}(\sin^\ell\theta P_\ell) = \frac{\partial P_\ell}{\partial\theta} + \ell\cot\theta P_\ell$$

$$\Rightarrow -\left(\frac{\partial P_\ell}{\partial t} + \ell\cot\theta P_\ell\right) = \frac{1}{\sin^\ell\theta}\frac{\partial}{\partial\theta}(\sin^\ell\theta P_\ell)$$

그러므로 식 (6.3.17)은

$$L_- Y_{\ell\ell} = \frac{\hbar^1}{\sqrt{2\pi}}e^{i(\ell-1)\phi}\left[-\frac{1}{\sin^\ell\theta}\frac{\partial}{\partial\theta}(\sin^\ell\theta P_\ell)\right]$$

가 되어

$$\therefore\ (L_-)^1 Y_{\ell\ell} = \frac{\hbar^1}{\sqrt{2\pi}} e^{i(\ell-1)\phi} \frac{1}{\sin^{\ell-1}\theta} \left(-\frac{1}{\sin\theta}\frac{\partial}{\partial\theta}\right)^1 (\sin^\ell\theta P_\ell)$$

이 결과로부터 다음의 관계식을 얻을 것이라 유추해볼 수 있다.

$$(L_-)^2 Y_{\ell\ell} = \frac{\hbar^2}{\sqrt{2\pi}} e^{i(\ell-2)\phi} \frac{1}{\sin^{\ell-2}\theta} \left(-\frac{1}{\sin\theta}\frac{\partial}{\partial\theta}\right)\left(-\frac{1}{\sin\theta}\frac{\partial}{\partial\theta}\right)^{2-1} (\sin^\ell\theta P_\ell)$$

$$\vdots$$

$$(L_-)^{\ell-m} Y_{\ell\ell}$$

$$= \frac{\hbar^{\ell-m}}{\sqrt{2\pi}} e^{i[\ell-(\ell-m)]\phi} \frac{1}{\sin^{[\ell-(\ell-m)]}\theta} \left(-\frac{1}{\sin\theta}\frac{\partial}{\partial\theta}\right)\left(-\frac{1}{\sin\theta}\frac{\partial}{\partial\theta}\right)^{\ell-m-1} (\sin^\ell\theta P_\ell)$$

$$= \frac{\hbar^{\ell-m}}{\sqrt{2\pi}} e^{im\phi} (-1)^{\ell-m} \frac{1}{\sin^m\theta} \left(\frac{1}{\sin\theta}\frac{\partial}{\partial\theta}\right)^{\ell-m} (\sin^\ell\theta P_\ell)$$

이 결과를 식 (6.3.16)에 대입하면

$$Y_{\ell m} = \sqrt{\frac{(\ell+m)!}{(2\ell)!(\ell-m)!}} \frac{1}{\sqrt{2\pi}} e^{im\phi} (-1)^{\ell-m} \frac{1}{\sin^m\theta} \left(\frac{1}{\sin\theta}\frac{\partial}{\partial\theta}\right)^{\ell-m} (\sin^\ell\theta P_\ell)$$

여기서 $P_\ell = \dfrac{(-1)^\ell}{2^\ell\ell!}\sqrt{\dfrac{(2\ell+1)!}{2}}\sin^\ell\theta$ 이므로

$$\therefore\ Y_{\ell m} = \frac{1}{2^\ell\ell!}\sqrt{\frac{(2\ell+1)(\ell+m)!}{4\pi(\ell-m)!}} e^{im\phi} (-1)^\ell \frac{1}{\sin^m\theta} \left(-\frac{1}{\sin\theta}\frac{d}{d\theta}\right)^{\ell-m} \sin^{2\ell}\theta \quad (6.3.19)$$

만약 $x \equiv \cos\theta$ 라고 하면 $\dfrac{d}{d\theta} = \dfrac{dx}{d\theta}\dfrac{d}{dx} = -\sin\theta\dfrac{d}{dx}$ 이며 이때 위 식은

$$Y_{\ell m}(x) = \frac{1}{2^\ell\ell!} e^{im\phi} \sqrt{\frac{(2\ell+1)(\ell+m)!}{4\pi(\ell-m)!}} (1-x^2)^{-\frac{m}{2}} \left(\frac{d}{dx}\right)^{\ell-m} (x^2-1)^\ell \quad (6.3.20)$$

이고, m 대신 $-m$을 대입하면

$$Y_{\ell,-m}(\theta,\phi) = (-1)^m Y_{\ell m}^*(\theta,\phi)^{(27)}$$

의 관계를 갖는다.

---

(27) [보충자료 1]을 참조하세요.

그러므로 식 (6.3.20)의 구면 조화함수의 ℓ과 m에 값을 대입하면 다음과 같다.

$$\Rightarrow \begin{cases} Y_{00} = \sqrt{\dfrac{1}{4\pi}} \\[2mm] Y_{10} = \dfrac{1}{2}\sqrt{\dfrac{3}{4\pi}}\,2x = \sqrt{\dfrac{3}{4\pi}}\cos\theta \\[2mm] Y_{11} = \dfrac{1}{2}e^{i\phi}\sqrt{\dfrac{3\cdot 2!}{4\pi}}\,(1-x^2)^{-\frac{1}{2}}(x^2-1) = -\sqrt{\dfrac{3}{8\pi}}\,e^{i\phi}\sin\theta \\[2mm] Y_{1,-1} = \dfrac{1}{2}e^{-i\phi}\sqrt{\dfrac{3\cdot 0!}{4\pi\cdot 2!}}\,(1-x^2)^{\frac{1}{2}}\left(\dfrac{d}{dx}\right)^2(x^2-1) = \sqrt{\dfrac{3}{8\pi}}\,e^{-i\phi}\sin\theta \\[2mm] \qquad\qquad\vdots \end{cases}$$

위의 Y_{11}과 $Y_{1,-1}$의 결과에서 보듯이

$$Y_{1,-1}(\theta,\ \phi) = (-1)^1 Y_{11}^{*}(\theta,\ \phi)$$

의 관계가 성립함을 알 수 있다.

또한[28]

구면 조화함수를 **연관**(associated) **르장드르 함수** $P_\ell^m(x) = (1-x^2)^{\frac{m}{2}}\dfrac{d^m}{dx^m}P_\ell(x)$로 표현하면

$$Y_{\ell m}(\theta,\phi) = (-1)^m\sqrt{\dfrac{2\ell+1}{4\pi}\dfrac{(\ell-m)!}{(\ell+m)!}}\,P_\ell^m(\cos\theta)e^{im\phi}$$

을 얻는다.

- $\displaystyle\int d\Omega\, Y_{\ell'm'}^{*}(\theta,\phi)Y_{\ell m}(\theta,\phi) = \delta_{\ell\ell'}\delta_{mm'}$ (구면 조화함수의 직교규격화 조건)

- $\displaystyle\sum_\ell\sum_{m=-\ell}^{\ell}|Y_{\ell m}><Y_{\ell m}| = 1$ (구면 조화함수의 완전성 관계)

---

(28) [보충자료 1]을 참조하세요.

앞에서 구면좌표계에서 $L^2 = -\hbar^2 \left[\dfrac{\partial^2}{\partial\theta^2} + \cot\theta \dfrac{\partial}{\partial\theta} + \dfrac{1}{\sin^2\theta} \dfrac{\partial^2}{\partial\phi^2} \right]$ 임을 구했다.

그때 $L^2 Y(\theta,\phi) = \lambda\hbar^2 Y(\theta,\phi)$에 대입하면

$$\left[\sin^2\theta \dfrac{\partial^2}{\partial\theta^2} + \sin\theta\cos\theta \dfrac{\partial}{\partial\theta} + \dfrac{\partial^2}{\partial\phi^2} + \lambda\sin^2\theta \right] Y(\theta,\phi) = 0$$

가 된다.

변수분리를 위해 $Y(\theta,\phi) = P(\theta)\Phi(\phi)$로 놓으면, 위 식은

$$\dfrac{1}{P(\theta)} \left[\sin^2\theta \dfrac{d^2}{d\theta^2} + \sin\theta\cos\theta \dfrac{d}{d\theta} + \lambda\sin^2\theta \right] P(\theta) = -\dfrac{1}{\Phi(\phi)} \dfrac{d^2\Phi(\phi)}{d\phi^2}$$

가 된다. 모든 θ와 ϕ에 대해 등식이 성립하기 위해서는 왼편과 오른편이 θ와 ϕ에 무관한 상수가 되어야 한다. 이 상수를 편의상 m^2이라 하자.

그러면 오른편은

$$\dfrac{d^2\Phi(\phi)}{d\phi^2} + m^2\Phi(\phi) = 0 \implies \Phi(\phi) = \dfrac{1}{\sqrt{2\pi}} e^{\pm im\phi}$$

가 된다. 여기서 $\Phi(\phi) = \Phi(\phi+2\pi)$이기 위해서 m이 정수가 되어야 함을 알 수 있다. 한편 등식의 왼편에 있는 $P(\theta)$에 대해서는

$$\left[\dfrac{d^2}{d\theta^2} + \cot\theta \dfrac{d}{d\theta} - \dfrac{m^2}{\sin^2\theta} + \lambda \right] P(\theta) = 0$$

가 된다.

여기서 $\cos\theta = x$로 놓으면 $\dfrac{d}{d\theta} = -\sin\theta \dfrac{d}{dx}$ 그리고 $\dfrac{d^2}{d\theta^2} = -x\dfrac{d}{dx} + (1-x^2)\dfrac{d^2}{dx^2}$가 되며 이들을 원 식에 대입하면 아래의 미분방정식을 얻는다.

$$\left[(1-x^2)\dfrac{d^2}{dx^2} - 2x\dfrac{d}{dx} - \dfrac{m^2}{1-x^2} + \lambda \right] P(x) = 0$$

이 식은 **르장드르 미분 방정식**이다[29]. 여기서 $\lambda = \ell(\ell+1)$인 상수이다.

---

(29) 解를 구하는 과정은 《수리물리학(북스힐)》 by Hwanbae Park, p.272~291을 참고하세요.

(i) $m = 0$일 때

$$P_\ell(x) = \frac{1}{2^\ell \ell!} \frac{d^\ell}{dx^\ell}(x^2 - 1)^\ell : \text{르장드르 다항식(로드르게 공식)}$$

(ii) $m \neq 0$

$$P_\ell^m(x) = (1 - x^2)^{\frac{m}{2}} \frac{d^m}{dx^m} P_\ell(x) : \text{연관}(\text{associated}) \text{ 르장드르 함수}$$

$$P_\ell^{-m}(x) = (-1)^m \frac{(\ell - m)!}{(\ell + m)!} P_\ell^m(x)$$

이때 연관 르장드르 함수의 직교규격화 조건은

$$\int_{-1}^{1} P_\ell^m(x) P_{\ell'}^m(x) dx = \frac{2}{2\ell + 1} \frac{(\ell + m)!}{(\ell - m)!} \delta_{\ell\ell'}$$

이다.[30]

또한 다음의 관계식을 얻는다.[31]

$$Y_{\ell m}(\theta, \phi) = (-1)^m \sqrt{\frac{2\ell + 1}{4\pi} \frac{(\ell - m)!}{(\ell + m)!}} P_\ell^m(\cos\theta) e^{im\phi}$$

여기서 $(-1)^m$은 콘던-쇼틀리 위상(Condon-Shortley phase)으로 알려져 있다. 그리고

$$Y_{\ell, -m}(\theta, \phi) = (-1)^m Y_{\ell m}^*(\theta, \phi)$$

의 관계를 보여줄 수 있다.

---

[30] 증명은 《수리물리학(북스힐)》 by Hwanbae Park, p.292~295를 참고하세요.
[31] 증명은 《수리물리학(북스힐)》 by Hwanbae Park, p.301~302를 참고하세요.

CHAPTER 7

3차원에서의 슈뢰딩거 방정식

① 변수가 독립적인 포텐셜의 슈뢰딩거 방정식

지금까지는 1차원에서의 슈뢰딩거 방정식을 다루었는데, 이 장에서는 보다 일반적인 3차원에서의 슈뢰딩거 방정식에 대해 살펴본다. 3차원에서의 포텐셜 에너지 $U(x,y,z)$에서 변수 x, y, z가 서로 독립적인 경우에 대한 슈뢰딩거 방정식을 먼저 살펴보자. 이 경우 포텐셜 에너지는 다음과 같이 나타낼 수 있다.

$$U(x,y,z) = U_1(x) + U_2(y) + U_3(z)$$

이러한 포텐셜 하에서 있는 질량 m인 입자에 대한 해밀토니안은

$$H = \frac{1}{2m}(p_x^2 + p_y^2 + p_z^2) + [U_1(x) + U_2(y) + U_3(z)]$$

이다. 고유치 E을 갖는 고유함수 $u_E(x,y,z)$에 대한 고유치 방정식은

$$Hu_E(x,y,z) = Eu_E(x,y,z) \tag{7.1.1}$$

이며, 여기서 포텐셜 에너지의 x, y, z가 서로 독립적이므로 고유함수를

$$u_E(x,y,z) = u_{E_x}(x)v_{E_y}(y)w_{E_z}(z) \tag{7.1.2}$$

로 간주할 수 있다. 그때 계의 에너지 또한 해밀토니안을 독립적으로 표현할 수 있으므로 $E = E_x + E_y + E_z$이다.

식 (7.1.2)을 고유치 방정식인 식 (7.1.1)에 대입하면 다음의 관계식을 얻는다.

$$
\begin{cases}
-\dfrac{\hbar^2}{2m}\dfrac{d^2 u_{E_x}(x)}{dx^2} + U_1(x)u_{E_x}(x) = E_x u_{E_x}(x) \\[2mm]
-\dfrac{\hbar^2}{2m}\dfrac{d^2 v_{E_y}(y)}{dy^2} + U_2(y)v_{E_y}(y) = E_y v_{E_y}(y) \\[2mm]
-\dfrac{\hbar^2}{2m}\dfrac{d^2 w_{E_z}(z)}{dz^2} + U_3(z)w_{E_z}(z) = E_z w_{E_z}(z)
\end{cases}
\tag{7.1.3}
$$

예제 7.1

포텐셜 에너지가 아래와 같을 때 고유함수와 고유치를 구하세요.

$$
U_1(x)=\begin{cases}\infty & x<0 \\ 0 & 0<x<L \\ \infty & x>L\end{cases}, \quad
U_2(y)=\begin{cases}\infty & y<0 \\ 0 & 0<y<L \\ \infty & y>L\end{cases}, \quad
U_3(z)=\begin{cases}\infty & z<0 \\ 0 & 0<z<L \\ \infty & z>L\end{cases}
$$

풀이

포텐셜 에너지에서 x, y, z가 서로 독립적이므로 식 (7.1.3)을 이용하여 이 문제를 풀면 된다. 이미 3장에서 길이가 a인 1차원의 무한 벽에 대한 解가 $u(x)=\sqrt{\dfrac{2}{a}}\sin\dfrac{n\pi}{a}x$ 이고 이 고유함수에 대응하는 고유치인 에너지는 $E_n=\dfrac{n^2\pi^2\hbar^2}{2ma^2}$ 임을 배웠다. 포텐셜 에너지에서 x, y, z가 서로 독립적이므로 1차원의 결과를 쉽게 3차원의 경우로 아래와 같이 확장하면 3차원에서의 고유함수와 고유치인 에너지는

$$
\Rightarrow
\begin{cases}
u_E(x,y,z)=u_{E_x}(x)v_{E_y}(y)w_{E_z}(z)=\left(\dfrac{2}{L}\right)^{\frac{3}{2}}\sin\left(\dfrac{n_x\pi}{L}x\right)\sin\left(\dfrac{n_y\pi}{L}y\right)\sin\left(\dfrac{n_z\pi}{L}z\right) \\[3mm]
E=E_x+E_y+E_z=\dfrac{\pi^2\hbar^2}{2mL^2}(n_x^2+n_y^2+n_z^2)
\end{cases}
$$

가 된다. 고유함수와 고유치는 n_x, n_y, n_z의 함수로 다른 고유함수가 같은 고유치를 가지는 경우가 존재한다. 즉 이들 고유함수는 **축퇴**되어 있다.

예를 들어 $(n_x, n_y, n_z)=(2,1,1)$, $(1,2,1)$, $(1,1,2)$은 서로 다른 고유함수를 주지만 같은 고유치인 에너지 $E=\dfrac{\pi^2\hbar^2}{2mL^2}6=\dfrac{3\pi^2\hbar^2}{mL^2}$ 을 갖는다. 즉 이들 3개의 고유함수는 축퇴되어 있다.

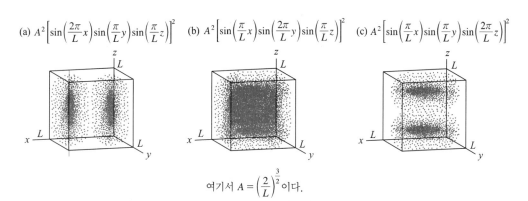

(a) $A^2\left[\sin\left(\dfrac{2\pi}{L}x\right)\sin\left(\dfrac{\pi}{L}y\right)\sin\left(\dfrac{\pi}{L}z\right)\right]^2$ (b) $A^2\left[\sin\left(\dfrac{\pi}{L}x\right)\sin\left(\dfrac{2\pi}{L}y\right)\sin\left(\dfrac{\pi}{L}z\right)\right]^2$ (c) $A^2\left[\sin\left(\dfrac{\pi}{L}x\right)\sin\left(\dfrac{\pi}{L}y\right)\sin\left(\dfrac{2\pi}{L}z\right)\right]^2$

여기서 $A=\left(\dfrac{2}{L}\right)^{\frac{3}{2}}$ 이다.

그림 7.1 길이가 L인 정육면체 안에 있는 입자의 확률밀도 분포

예제 7.2

탄성 위치에너지가 $U(x,y,z)=\dfrac{1}{2}k_xx^2+\dfrac{1}{2}k_yy^2+\dfrac{1}{2}k_zz^2$인 조화 진동자의 고유함수와 고유치를 구하세요.

풀이

1차원 조화 진동자의 解와 대응하는 고유치는 각각 $u_{n_x}(x)\sim e^{-\frac{m\omega_x}{2\hbar}x^2}H_{n_x}\left(\sqrt{\dfrac{m\omega_x}{\hbar}}\,x\right)$와 $E_{n_x}=\left(n_x+\dfrac{1}{2}\right)\hbar\omega_x$임을 4장에서 배웠다.

(참고 4장): $u_n(x)=\left(\dfrac{m\omega}{\hbar}\right)^{\frac{1}{4}}\left(\dfrac{1}{2^n n!\sqrt{\pi}}\right)^{\frac{1}{2}}e^{-\frac{m\omega}{2\hbar}x^2}H_n\left(\sqrt{\dfrac{m\omega}{\hbar}}\,x\right)$

탄성 위치에너지의 변수 x, y, z가 서로 독립적이므로 앞의 예제와 유사한 방법으로 1차원의 결과를 쉽게 3차원의 경우로 아래와 같이 확장할 수 있다.

$$\Rightarrow\begin{cases}u(x,y,z)=Ae^{-\frac{m}{2\hbar}(\omega_xx^2+\omega_yy^2+\omega_zz^2)}H_{n_x}\left(\sqrt{\dfrac{m\omega_x}{\hbar}}\,x\right)H_{n_y}\left(\sqrt{\dfrac{m\omega_y}{\hbar}}\,y\right)H_{n_z}\left(\sqrt{\dfrac{m\omega_z}{\hbar}}\,z\right)\\[2mm]E=E_{n_x}+E_{n_y}+E_{n_z}=\left(n_x+\dfrac{1}{2}\right)\hbar\omega_x+\left(n_y+\dfrac{1}{2}\right)\hbar\omega_y+\left(n_z+\dfrac{1}{2}\right)\hbar\omega_z\end{cases}$$

여기서 $A=\left(\dfrac{m}{\hbar}\right)^{\frac{3}{4}}(\omega_x\omega_y\omega_z)^{\frac{1}{4}}\left(\dfrac{1}{2^{n_x+n_y+n_z}n_x!n_y!n_z!}\right)^{\frac{1}{2}}\left(\dfrac{1}{\sqrt{\pi}}\right)^{\frac{3}{2}}$이다.

만약 각 방향으로의 용수철상수가 같은 **등방성**(isotropic), 즉 $k_x=k_y=k_z$의 경우라면 $\omega_x=\omega_y=\omega_z\equiv\omega$가 되어 그때 고유치는 $E=\left(n_x+n_y+n_z+\dfrac{3}{2}\right)\hbar\omega$가 된다. 이 경우

앞의 (예제 7.1)과 같이 $(n_x, n_y, n_z) = (2,1,1),\ (1,2,1),\ (1,1,2)$의 3개의 서로 다른 고유함수는 같은 고유치인 에너지 $E = \dfrac{11}{2}\hbar\omega$을 갖기 때문에 축퇴되어 있다. ■

② 구면좌표계에서의 슈뢰딩거 방정식

1절에서는 직교좌표계에서 문제를 다루었다. 포텐셜 에너지가 $U(x,y,z) = U(r)$로 나타날 경우 구면좌표계에서 슈뢰딩거 방정식을 표현하는 것이 유용하다. 그때 고유치 E와 대응하는 파동함수 $\Psi(\vec{r})$을 갖는 해밀토니안의 고유치 방정식은

$$H\Psi = E\Psi \implies \left[-\frac{\hbar^2}{2m}\nabla^2 + U(r) \right]\Psi(\vec{r}) = E\Psi(\vec{r}) \tag{7.2.1}$$

로 표현된다. **곡선좌표계**(curvilinear coordinates)에서 **라플라시안**(Laplacian)을 표현하면

$$\nabla^2 = \frac{1}{h_1 h_2 h_3}\left[\frac{\partial}{\partial x_1}\left(h_2 h_3 \frac{1}{h_1}\frac{\partial}{\partial x_1} \right) + \frac{\partial}{\partial x_2}\left(h_3 h_1 \frac{1}{h_2}\frac{\partial}{\partial x_2} \right) + \frac{\partial}{\partial x_3}\left(h_1 h_2 \frac{1}{h_3}\frac{\partial}{\partial x_3} \right) \right] \tag{7.2.2}$$

이다. 이 식을 구면좌표계에 적용하면 **척도인자**(scale factor)는 $(h_1, h_2, h_3) = (1, r, r\sin\theta)$이고 좌표는 $(x_1, x_2, x_3) = (r, \theta, \phi)$이므로 이들을 위 식에 대입하면 구면좌표계에서 라플라시안은 다음과 같이 주어진다.

$$
\begin{aligned}
\nabla^2 &= \frac{1}{r^2\sin\theta}\left[\frac{\partial}{\partial r}\left(r^2\sin\theta\frac{\partial}{\partial r} \right) + \frac{\partial}{\partial \theta}\left(\sin\theta\frac{\partial}{\partial \theta} \right) + \frac{\partial}{\partial \phi}\frac{1}{\sin\theta}\frac{\partial}{\partial \phi} \right] \\
&= \frac{1}{r^2}\frac{\partial}{\partial r}\left(r^2\frac{\partial}{\partial r} \right) + \frac{1}{r^2\sin\theta}\frac{\partial}{\partial \theta}\left(\sin\theta\frac{\partial}{\partial \theta} \right) + \frac{1}{r^2\sin^2\theta}\frac{\partial^2}{\partial \phi^2} \\
&= \frac{1}{r^2}\left(r^2\frac{\partial^2}{\partial r^2} + 2r\frac{\partial}{\partial r} \right) + \frac{1}{r^2\sin\theta}\left(\sin\theta\frac{\partial^2}{\partial \theta^2} + \cos\theta\frac{\partial}{\partial \theta} \right) + \frac{1}{r^2\sin^2\theta}\frac{\partial^2}{\partial \phi^2}
\end{aligned}
$$

$$\therefore \nabla^2 = \frac{\partial^2}{\partial r^2} + \frac{2}{r}\frac{\partial}{\partial r} + \frac{1}{r^2}\left(\frac{\partial^2}{\partial \theta^2} + \cot\theta\frac{\partial}{\partial \theta} + \frac{1}{\sin^2\theta}\frac{\partial^2}{\partial \phi^2} \right) \tag{7.2.3}$$

이제 이 식의 오른편에 있는 항들을 6장에서 구한 구면좌표계에서 각운동량의 표현을 사용하여 보다 간결하게 표현해보자.

$$\text{(참고 6장)} \qquad \vec{L} = -i\hbar \frac{1}{\sin\theta}\left(-\hat{\theta}\frac{\partial}{\partial\phi} + \hat{\phi}\sin\theta\frac{\partial}{\partial\theta}\right)$$

$$\begin{cases} L_x = i\hbar\left(\sin\phi\dfrac{\partial}{\partial\theta} + \cot\theta\cos\phi\dfrac{\partial}{\partial\phi}\right) \\[3mm] L_y = i\hbar\left(-\cos\phi\dfrac{\partial}{\partial\theta} + \cot\theta\sin\phi\dfrac{\partial}{\partial\phi}\right) \\[3mm] L_z = -i\hbar\dfrac{\partial}{\partial\phi} \end{cases}$$

이때 각운동량 성분의 제곱은

$$L_x^2 = -\hbar^2\left(\sin\phi\frac{\partial}{\partial\theta} + \cot\theta\cos\phi\frac{\partial}{\partial\phi}\right)\left(\sin\phi\frac{\partial}{\partial\theta} + \cot\theta\cos\phi\frac{\partial}{\partial\phi}\right)$$

$$= -\hbar^2\left[\sin^2\phi\frac{\partial^2}{\partial\theta^2} + \sin\phi\cos\phi\frac{\partial}{\partial\phi}\frac{\partial}{\partial\theta}\cot\theta + \cot\theta\cos\phi\frac{\partial}{\partial\theta}\frac{\partial}{\partial\phi}\sin\phi\right.$$

$$\left. + \cot^2\theta\cos\phi\frac{\partial}{\partial\phi}\left(\cos\phi\frac{\partial}{\partial\phi}\right)\right]$$

$$= -\hbar^2\left[\sin^2\phi\frac{\partial^2}{\partial\theta^2} + \sin\phi\cos\phi\frac{\partial}{\partial\phi}\frac{\partial}{\partial\theta}\cot\theta + \cot\theta\cos^2\phi\frac{\partial}{\partial\theta}\right.$$

$$\left. + \cot^2\theta\cos\phi\left(-\sin\phi\frac{\partial}{\partial\phi} + \cos\phi\frac{\partial^2}{\partial\phi^2}\right)\right]$$

$$L_y^2 = -\hbar^2\left(-\cos\phi\frac{\partial}{\partial\theta} + \cot\theta\sin\phi\frac{\partial}{\partial\phi}\right)\left(-\cos\phi\frac{\partial}{\partial\theta} + \cot\theta\sin\phi\frac{\partial}{\partial\phi}\right)$$

$$= -\hbar^2\left[\cos^2\phi\frac{\partial^2}{\partial\theta^2} - \sin\phi\cos\phi\frac{\partial}{\partial\phi}\frac{\partial}{\partial\theta}\cot\theta - \cot\theta\sin\phi\frac{\partial}{\partial\theta}\frac{\partial}{\partial\phi}\cos\phi\right.$$

$$\left. + \cot^2\theta\sin\phi\frac{\partial}{\partial\phi}\left(\sin\phi\frac{\partial}{\partial\phi}\right)\right]$$

$$= -\hbar^2\left[\cos^2\phi\frac{\partial^2}{\partial\theta^2} - \sin\phi\cos\phi\frac{\partial}{\partial\phi}\frac{\partial}{\partial\theta}\cot\theta + \cot\theta\sin^2\phi\frac{\partial}{\partial\theta}\right.$$

$$\left. + \cot^2\theta\sin\phi\left(\cos\phi\frac{\partial}{\partial\phi} + \sin\phi\frac{\partial^2}{\partial\phi^2}\right)\right]$$

$$L_z^2 = -\hbar^2\frac{\partial^2}{\partial\phi^2}$$

이므로

$$L_x^2 + L_y^2 = -\hbar^2\left[\frac{\partial^2}{\partial\theta^2} + \cot\theta(\cos^2\phi + \sin^2\phi)\frac{\partial}{\partial\theta} + \cot^2\theta(\cos^2\phi + \sin^2\phi)\frac{\partial^2}{\partial\phi^2}\right]$$

가 되어 각운동량의 제곱은

$$L^2 = L_x^2 + L_y^2 + L_z^2 = -\hbar^2 \left[\frac{\partial^2}{\partial\theta^2} + \cot\theta \frac{\partial}{\partial\theta} + (\cot^2\theta + 1)\frac{\partial^2}{\partial\phi^2} \right]$$

$$= -\hbar^2 \left(\frac{\partial^2}{\partial\theta^2} + \cot\theta \frac{\partial}{\partial\theta} + \frac{1}{\sin^2\theta} \frac{\partial^2}{\partial\phi^2} \right) \qquad (7.2.4)$$

가 된다. 식 (7.2.3)과 (7.2.4)을 비교해 보면 식 (7.2.3)의 오른편에 있는 괄호 항은 $-\dfrac{L^2}{\hbar^2}$ 임을 알 수 있다. 그러므로 식 (7.2.3)의 라플라시안은

$$\nabla^2 = \frac{\partial^2}{\partial r^2} + \frac{2}{r}\frac{\partial}{\partial r} - \frac{L^2}{r^2\hbar^2}$$

로 표시할 수 있어

구면좌표계에서 슈뢰딩거 방정식인 식 (7.2.1)은

$$-\frac{\hbar^2}{2m}\left(\frac{\partial^2}{\partial r^2} + \frac{2}{r}\frac{\partial}{\partial r} - \frac{L^2}{r^2\hbar^2} \right)\Psi(\vec{r}) + U(r)\Psi(\vec{r}) = E\Psi(\vec{r}) \qquad (7.2.5)$$

로 표현된다.

여기서 파동함수 $\Psi(\vec{r})$을 지름(radial) 성분의 解 $R(r)$과 각(angular)성분의 解 $Y(\theta,\phi)$로 나누어 살펴보는 것이 편리하다. 왜냐하면 6장에서 각성분의 解는 $L^2 Y_{\ell m}(\theta,\phi) = \ell(\ell+1)\hbar^2 Y_{\ell m}(\theta,\phi)$의 고유치 방정식을 만족하기 때문이다. 즉 파동함수를 $\Psi(\vec{r}) = R_{n\ell}(r) Y_{\ell m}(\theta,\phi)$로 표현하자. 여기서 n, ℓ, m은 각각 **주**(principal) **양자수**, **궤도**(orbital) **양자수** 그리고 **자기**(magnetic) **양자수**라 불리는 정수이다. 이 파동함수 $\Psi(\vec{r}) = R_{n\ell}(r) Y_{\ell m}(\theta,\phi)$을 슈뢰딩거 방정식인 식 (7.2.5)에 대입하면

$$-\frac{\hbar^2}{2m}\left[Y_{\ell m}\frac{d^2 R_{n\ell}}{dr^2} + Y_{\ell m}\frac{2}{r}\frac{dR_{n\ell}}{dr} - \frac{\ell(\ell+1)}{r^2}R_{n\ell}Y_{\ell m} \right] + U(r)R_{n\ell}Y_{\ell m} = ER_{n\ell}Y_{\ell m}$$

가 된다. 이 식의 좌·우편을 $R_{n\ell}(r)Y_{\ell m}(\theta,\phi)$로 나누면

$$-\frac{\hbar^2}{2m}\left[\frac{1}{R_{n\ell}}\frac{d^2 R_{n\ell}}{dr^2} + \frac{1}{R_{n\ell}}\frac{2}{r}\frac{dR_{n\ell}}{dr} - \frac{\ell(\ell+1)}{r^2} \right] + U(r) = E$$

가 되므로 이 식의 좌·우편에 $R_{n\ell}(r)$을 곱하면

식 (7.2.5)의 슈뢰딩거 방정식은 다음과 같은 지름 성분에 관한 미분 방정식이 된다.

$$-\frac{\hbar^2}{2m}\left[\frac{d^2 R_{n\ell}(r)}{dr^2}+\frac{2}{r}\frac{dR_{n\ell}(r)}{dr}-\frac{\ell(\ell+1)}{r^2}R_{n\ell}(r)\right]+U(r)R_{n\ell}(r)=ER_{n\ell}(r) \quad (7.2.6)$$

각성분의 解는 6장에서 구한 구면 조화함수 $Y_{\ell m}(\theta,\phi)$이므로, 위 식에서 지름 성분 解를 구하면 $\Psi(\vec{r})=R_{n\ell}(r)Y_{\ell m}(\theta,\phi)$로부터 슈뢰딩거 방정식의 解인 파동함수를 구할 수 있다.

예제 7.3

원자핵 주위에 한 개의 전자만 있는 **수소유사 원자**에 식 (7.2.6)을 적용하여 방정식을 만족하는 지름성분 解에 대해 살펴보자. 계속된 예제에서 지름성분에 대한 구체적인 解를 구할 것이다.

풀이

수소유사 원자의 경우, 쿨롱 포텐셜 에너지는 $U(r)=-\dfrac{Ze^2}{4\pi\epsilon_0 r}$ 이다.

그때 슈뢰딩거 방정식인 식 (7.2.6)은

$$\frac{d^2 R(r)}{dr^2}+\frac{2}{r}\frac{dR(r)}{dr}-\frac{\ell(\ell+1)}{r^2}R(r)+\frac{2m}{\hbar^2}\frac{Ze^2}{4\pi\epsilon_0 r}R(r)+\frac{2mE}{\hbar^2}R(r)=0 \quad (\text{예 } 7.3.1)$$

가 된다. 전자는 원자핵에 의해 구속되어 있으므로 위 식의 E은 음수이다. 이 미분방정식의 解를 구하기 위해 무차원(dimensionless) 변수인 $\rho\equiv\sqrt{\dfrac{8m|E|}{\hbar^2}}\,r^{(32)}$을 도입하는 것이 편리하다. 그러면

$$\Rightarrow \begin{cases} \dfrac{d}{dr}=\dfrac{d}{d\rho}\dfrac{d\rho}{dr}=\sqrt{\dfrac{8m|E|}{\hbar^2}}\dfrac{d}{d\rho}\Rightarrow\dfrac{d^2}{dr^2}=\dfrac{d}{dr}\left(\dfrac{d}{dr}\right)=\dfrac{8m|E|}{\hbar^2}\dfrac{d^2}{d\rho^2}\\[3mm] \dfrac{1}{r}\dfrac{d}{dr}=\dfrac{8m|E|}{\hbar^2}\dfrac{1}{\rho}\dfrac{d}{d\rho} \end{cases}$$

가 된다. 이 결과들을 식 (예 7.3.1)에 대입하면 다음과 같은 식을 얻는다.

$$\frac{d^2 R}{d\rho^2}+\frac{2}{\rho}\frac{dR}{d\rho}-\frac{\ell(\ell+1)}{\rho^2}R+\left(\frac{2m}{\hbar^2}\frac{Ze^2}{4\pi\epsilon_0}\frac{1}{\rho}\sqrt{\frac{\hbar^2}{8m|E|}}-\frac{2m}{\hbar^2}|E|\frac{\hbar^2}{8m|E|}\right)R=0$$

---

(32) 단위 확인: $\sqrt{\dfrac{\text{질량}\cdot\text{에너지}}{\text{에너지}^2\cdot\text{시간}^2}}\cdot\text{거리}=\sqrt{\dfrac{\text{질량}}{\text{시간}^2}\cdot\left(\dfrac{\text{시간}^2}{\text{질량}\cdot\text{거리}^2}\right)}\cdot\text{거리}=[\text{무차원}]$

$$\Rightarrow \frac{d^2R}{d\rho^2} + \frac{2}{\rho}\frac{dR}{d\rho} - \frac{\ell(\ell+1)}{\rho^2}R + \left(\frac{Ze^2c}{4\pi\epsilon_0\hbar c}\sqrt{\frac{m}{2|E|}}\frac{1}{\rho} - \frac{1}{4}\right)R = 0$$

$$\Rightarrow \frac{d^2R}{d\rho^2} + \frac{2}{\rho}\frac{dR}{d\rho} - \frac{\ell(\ell+1)}{\rho^2}R + \left(Z\alpha\sqrt{\frac{mc^2}{2|E|}}\frac{1}{\rho} - \frac{1}{4}\right)R = 0 \qquad \text{(예 7.3.2)}$$

여기서 $\alpha = \dfrac{e^2}{4\pi\epsilon_0\hbar c}$ 인 미세구조 상수 ■

여기서 또 다른 변수 $\lambda \equiv Z\alpha\sqrt{\dfrac{mc^2}{2|E|}}$ 을 도입하면 식 (예 7.3.2)은 다음과 같이 표현된다.

$$\frac{d^2R}{d\rho^2} + \frac{2}{\rho}\frac{dR}{d\rho} - \frac{\ell(\ell+1)}{\rho^2}R + \left(\frac{\lambda}{\rho} - \frac{1}{4}\right)R = 0, \qquad \text{(예 7.3.3)}$$

여기서 $\lambda = Z\alpha\sqrt{\dfrac{mc^2}{2|E|}}$ 은 무차원 변수이다.

이 미분방정식의 解를 직접 구하는 것은 어렵기 때문에, 특별한 경우에 해당하는 解의 형태를 먼저 구한 뒤 일반 解를 구하는 방법을 쓴다.

(i) 큰 ρ에 대해, 식 (예 7.3.3)은

$$\frac{d^2R}{d\rho^2} - \frac{1}{4}R = 0$$

가 된다. **미분 연산자** $D = \dfrac{d}{d\rho}$ 을 위 식에 적용하면

$$\left(D^2 - \frac{1}{4}\right)R = 0 \Rightarrow \left(D - \frac{1}{2}\right)\left(D + \frac{1}{2}\right)R = 0$$

으로 표현되어 이차방정식의 解로부터 다음의 결과를 얻는다.

$$D_{1,2} = \pm\frac{1}{2} \Rightarrow \frac{d}{d\rho}R(\rho) = \pm\frac{1}{2}R(\rho) \Rightarrow \frac{dR(\rho)}{R(\rho)} = \pm\frac{1}{2}d\rho \Rightarrow R(\rho) = e^{\pm\frac{1}{2}\rho}$$

그러므로 解는 $R(\rho) = A_1 e^{\frac{\rho}{2}} + A_2 e^{-\frac{\rho}{2}}$ 가 되는데 오른편의 첫 항은 큰 ρ에 대해 발산하기 때문에 물리적 의미를 갖는 解가 될 수 없다. 큰 ρ에 대한 解의 형태는 그러므로

$$R(\rho) = Ae^{-\frac{\rho}{2}} \qquad \text{(예 7.3.4)}$$

가 된다.

이제 큰 ρ에 대한 解인 식 (예 7.3.4)의 형태를 가지고 있는 함수로 일반 解를 $R(\rho) = e^{-\frac{\rho}{2}} G(\rho)$로 정의하면

$$\Rightarrow \begin{cases} \dfrac{dR}{d\rho} = (G' - \dfrac{1}{2} G)e^{-\frac{\rho}{2}} \\ \dfrac{d^2 R}{d\rho^2} = (G'' - G' + \dfrac{1}{4} G)e^{-\frac{\rho}{2}} \end{cases} \qquad \text{(예 7.3.5)}$$

가 되어 이를 식 (예 7.3.3)에 대입하면 다음의 식을 얻는다.

$$G'' - G' + \frac{1}{4} G + \frac{2}{\rho}\left(G' - \frac{1}{2} G\right) - \frac{\ell(\ell+1)}{\rho^2} G + \left(\frac{\lambda}{\rho} - \frac{1}{4}\right) G = 0$$

$$\Rightarrow \ G'' - \left(1 - \frac{2}{\rho}\right)G' + \left[\frac{1}{4} - \frac{1}{\rho} - \frac{\ell(\ell+1)}{\rho^2} + \frac{\lambda}{\rho} - \frac{1}{4}\right]G = 0$$

$$\Rightarrow \ \frac{d^2 G(\rho)}{d\rho^2} - \left(1 - \frac{2}{\rho}\right)\frac{dG(\rho)}{d\rho} + \left[\frac{\lambda - 1}{\rho} - \frac{\ell(\ell+1)}{\rho^2}\right]G(\rho) = 0 \qquad \text{(예 7.3.6)}$$

이제, 이 식에서 작은 ρ에 대한 解를 구해보자.

(ii) 작은 ρ에 대해, $1 \ll \dfrac{1}{\rho}$ 그리고 $\dfrac{1}{\rho} \ll \dfrac{1}{\rho^2}$ 이므로 식 (예 7.3.7)은 다음과 같이 나타낼 수 있다.

$$\frac{d^2 G}{d\rho^2} + \frac{2}{\rho} \frac{dG}{d\rho} - \frac{\ell(\ell+1)}{\rho^2} G = 0 \qquad \text{(예 7.3.7)}$$

위 식의 解를 구하기 위해 시행 解(trial solution)로 ρ^ℓ을 대입하면

$$[\ell(\ell-1) + 2\ell - \ell(\ell+1)]\rho^{\ell-2} = 0$$

가 되어, 시행 解 ρ^ℓ가 식 (예 7.3.7)의 미분방정식의 解가 됨을 알 수 있다.
이제 $G(\rho) = \rho^\ell H(\rho)$로 놓으면

$$\begin{cases} G' = \ell\rho^{\ell-1} H + \rho^\ell H' \\ G'' = \ell(\ell-1)\rho^{\ell-2} H + 2\ell\rho^{\ell-1} H' + \rho^\ell H'' \end{cases} \qquad \text{(예 7.3.8)}$$

가 되고 이들을 식 (예 7.3.6)에 대입하면

$$\rho^\ell H'' + 2\ell\rho^{\ell-1} H' + \ell(\ell-1)\rho^{\ell-2} H - \left(1 - \frac{2}{\rho}\right)(\ell\rho^{\ell-1} H + \rho^\ell H')$$

$$+ \left[\frac{\lambda - 1}{\rho} - \frac{\ell(\ell+1)}{\rho^2}\right]\rho^\ell H = 0$$

$$\Rightarrow \rho^{\ell}H'' + \left[2\ell\rho^{\ell-1} - \left(1 - \frac{2}{\rho}\right)\rho^{\ell}\right]H'$$

$$+ \left[\ell(\ell-1)\rho^{\ell-2} - \left(1 - \frac{2}{\rho}\right)\ell\rho^{\ell-1} + \left(\frac{\lambda-1}{\rho} - \frac{\ell(\ell+1)}{\rho^2}\right)\rho^{\ell}\right]H = 0$$

$$\Rightarrow H'' + \left(\frac{2\ell}{\rho} - 1 + \frac{2}{\rho}\right)H' + \left[\frac{\ell(\ell-1)}{\rho^2} - \left(1 - \frac{2}{\rho}\right)\ell\frac{1}{\rho} + \frac{\lambda-1}{\rho} - \frac{\ell(\ell+1)}{\rho^2}\right]H = 0$$

$$\Rightarrow H'' + \left(\frac{2\ell+2}{\rho} - 1\right)H' + \left[\frac{\ell(\ell-1)}{\rho^2} - \frac{\ell}{\rho} + \frac{2\ell}{\rho^2} + \frac{\lambda-1}{\rho} - \frac{\ell(\ell+1)}{\rho^2}\right]H = 0$$

$$\Rightarrow \frac{d^2H}{d\rho^2} + \left(\frac{2\ell+2}{\rho} - 1\right)\frac{dH}{d\rho} + \frac{\lambda-\ell-1}{\rho}H = 0 \qquad \text{(예 7.3.9)}$$

가 된다. 여기서 $H(\rho) = \sum_{k=0}^{\infty} a_k\rho^k$로 하는 급수 전개법을 위 식에 적용하면

$$\sum_{k=2}^{\infty} k(k-1)a_k\rho^{k-2} + \sum_{k=1}^{\infty}\left(\frac{2\ell+2}{\rho} - 1\right)ka_k\rho^{k-1} + \sum_{k=0}^{\infty}\frac{\lambda-\ell-1}{\rho}a_k\rho^k = 0$$

$$\Rightarrow \sum_{k=2}^{\infty}[k(k-1) + (2\ell+2)k]a_k\rho^{k-2} + \sum_{k=1}^{\infty}(\lambda-\ell-1-k)a_k\rho^{k-1} = 0$$

$$\Rightarrow \sum_{k=1}^{\infty}[(k+1)k + (2\ell+2)(k+1)]a_{k+1}\rho^{(k+1)-2} + \sum_{k=1}^{\infty}(\lambda-\ell-1-k)a_k\rho^{k-1} = 0$$

$$\Rightarrow \sum_{k=1}^{\infty}[(k+1)(k+2\ell+2)a_{k+1} + (\lambda-\ell-1-k)a_k]\rho^{k-1} = 0$$

이 되어, 그러므로 다음의 희귀공식을 얻는다.

$$\frac{a_{k+1}}{a_k} = \frac{-(\lambda-\ell-1-k)}{(k+1)(k+2\ell+2)} \qquad \text{(예 7.3.10)}$$

k가 큰 값일 때 위의 희귀공식은

$$a_{k+1} = \frac{k}{k^2}a_k = \frac{1}{k}a_k$$

이 되므로 또한

$$a_k = \frac{1}{k-1}a_{k-1}, \ a_{k-1} = \frac{1}{k-2}a_{k-2}, \ a_{k-2} = \frac{1}{k-3}a_{k-3}, \ \cdots\cdots$$

의 관계식을 얻는다. 그러므로 이들 관계식으로부터

$$a_{k+1} = \frac{1}{k}\frac{1}{k-1}a_{k-1} = \frac{1}{k(k-1)(k-2)\cdots\cdots 2\cdot 1}a_1 = \frac{1}{k!}a_1$$

가 되므로

$$\frac{a_{k+1}}{a_1} = \frac{1}{k!}$$

이다. $H(\rho) = \sum_{k=0}^{\infty} a_k \rho^k$ 에서 $k+1$의 항에 대해 살펴보면

$$a_{k+1}\rho^{k+1} = \left(a_1 \frac{1}{k!}\right)\rho^{k+1} = (a_1\rho)\left(\frac{1}{k!}\rho^k\right)$$

의 형태를 가진다. 즉

$$H(\rho) = \sum_{k=0}^{\infty} a_k \rho^k = (\rho\text{의 다항식}) \times e^\rho$$

가 되므로 지름성분의 解는 다음과 같이 주어진다.

$$R(\rho) = e^{-\frac{\rho}{2}}G(\rho) = e^{-\frac{\rho}{2}}\rho^\ell H(\rho) = e^{-\frac{\rho}{2}}\rho^\ell e^\rho \times (\rho\text{의 다항식})$$

$$= e^{\frac{\rho}{2}}\rho^\ell \times (\rho\text{의 다항식})$$

이 결과는 큰 ρ 값에서 발산하는 문제점을 가진다. 아래와 같은 방법을 통해 발산하는 문제를 피하자.

큰 k 값에서 발생하는 이러한 발산문제를 해결하기 위해서 주어진 ℓ에 대해서, 더 이상 합하지 않고 어떤 특정한 k에서 합하는 것을 종료하도록 하자. 이때의 k을 n_r이라 하면(즉 $k=n_r$) 회귀공식인 식 (예 7.3.10)에서 분자는

$$\lambda - \ell - 1 - n_r = 0 \tag{예 7.3.11}$$

이 된다. 여기서 $\lambda = Z\alpha\sqrt{\dfrac{mc^2}{2|E|}}$ 인 무차원 변수이다.

식 (예 7.3.11)에서 $n_r + \ell + 1 = n$으로 정의를 하면 이 식은

$$\lambda - n = 0 \tag{예 7.3.12}$$

가 된다. 이때 n은 **주 양자수**이다. n_r과 ℓ이 정수이므로 주 양자수도 정수이다. 반면에 ℓ은 **궤도 양자수**이며 흔히 다루는 범위에서 기호와 명칭은 다음과 같이 나타낸다.

ℓ값	기호	명
0	S	sharp
1	P	principal
2	D	diffuse
3	F	fundamental

- 주 양자수 n의 성질

    - $n_r \geq 0 \Rightarrow n \geq \ell + 1$

        ∴ 주 양자수 n은 궤도 양자수 ℓ보다 1이상 큰 양의 정수이다.

        (예로서, $n = 2$일 경우 궤도 양자수는 $\ell = 1$, 0가 될 수 있다.)

    - $\lambda = n \Rightarrow n = Z\alpha \sqrt{\dfrac{mc^2}{2|E|}} \Rightarrow E_n = -\dfrac{1}{2}mc^2\dfrac{(Z\alpha)^2}{n^2}$

        ∴ 에너지 준위 E_n은 수소유사 원자의 에너지이고 주 양자수 n과 관계된다.

- **분광 표현**(spectroscopic notation) $N^{2S+1}L_J$

    여기서 N은 주 양자수, S은 스핀 양자수, L은 궤도 양자수이고 $J = L + S$인 총 양자수(각운동량)이다.

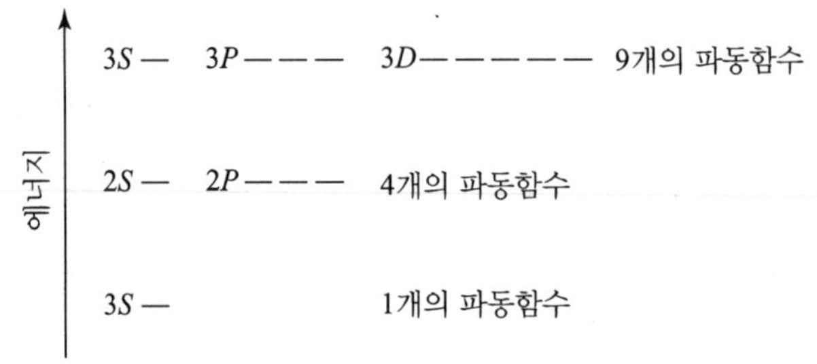

$3S$ — $3P$ – – – $3D$ – – – – – 9개의 파동함수

$2S$ — $2P$ – – – 4개의 파동함수

$3S$ — 1개의 파동함수

에너지

그림 7.2 양자수에 따른 에너지 크기와 파동함수 수

예제 7.4

(예제 7.3)에서 구한 결과를 가지고 주 양자수 n에 따른 에너지 값을 살펴봄으로서 에너지 스펙트럼에서 축퇴를 보여주는 위의 그림을 이해해보자.

풀이

① $n = 1$ (바닥상태)인 경우,

$$n = \ell + 1 + n_r \Rightarrow n_r + \ell = 0 \Rightarrow \therefore n_r = 0,\ \ell = 0$$

즉, 바닥 상태함수는 $R_{10}(r)Y_{00}(\theta, \phi)$가 된다.

$n_r = 0$, $\ell = 0$에 대해, 희귀공식은 $\dfrac{a_1}{a_0} = 0$이므로

$$\therefore H(\rho) = a_0\rho^0 = 1$$

그러므로 ※ $R(\rho) = e^{-\frac{\rho}{2}} G(\rho) = e^{-\frac{\rho}{2}} \rho^\ell H(\rho)$

$$\therefore R_{10} = e^{-\frac{\rho}{2}} \rho^0 = e^{-\frac{\rho}{2}}$$

② $n = 2$ (첫 번째 들뜬 상태)인 경우,

$$n = \ell + 1 + n_r \Rightarrow n_r + \ell = 1 \Rightarrow \therefore \begin{cases} n_r = 1, \ \ell = 0 \ \rightarrow \ R_{20} Y_{00} \\ n_r = 0, \ \ell = 1 \ \rightarrow \ R_{21} Y_{11}, \ R_{21} Y_{10}, \ R_{21} Y_{1,-1} \end{cases}$$

∴ 에너지는 주 양자수 n에만 관계되기 때문에 4개의 다른 파동함수가 같은
  에너지 값인 E_2을 갖는다.

(i) $n_r = 1, \ \ell = 0$에 대해

$$\frac{a_{k+1}}{a_k} = \frac{-(\lambda - \ell - 1 - k)}{(k+1)(k+2\ell+2)} \quad \text{그리고} \ \lambda - \ell - 1 - n_r = 0 \text{으로부터}$$

$$\Rightarrow \frac{a_{k+1}}{a_k} = \frac{-(\ell + 1 + n_r - \ell - 1 - k)}{(k+1)(k+2\ell+2)} = \frac{k-1}{(k+1)(k+2)}$$

그러므로

$$\frac{a_1}{a_0} = -\frac{1}{2} \Rightarrow a_1 = -\frac{1}{2} \ (a_0 = 1 \text{이라 놓는다.}) \quad \text{그리고} \ \frac{a_2}{a_1} = 0 \text{가 되어}$$

$$\therefore H(\rho) = \sum_{k=0}^{\infty} a_k \rho^k = a_0 \rho^0 + a_1 \rho^1 = 1 - \frac{1}{2}\rho$$

그러면

$$R(\rho) = e^{-\frac{\rho}{2}} G(\rho) = e^{-\frac{\rho}{2}} \rho^\ell H(\rho) \Rightarrow R_{20} = e^{-\frac{\rho}{2}} \rho^0 \left(1 - \frac{1}{2}\rho\right) = e^{-\frac{\rho}{2}} \left(1 - \frac{1}{2}\rho\right)$$

(ii) $n_r = 0, \ \ell = 1$에 대해

$$\frac{a_{k+1}}{a_k} = \frac{k}{(k+1)(k+4)} \Rightarrow \frac{a_1}{a_0} = 0 \Rightarrow \therefore a_1 = 0$$

$$\therefore H(\rho) = a_0 \rho^0 = 1$$

그러므로

$$R_{21} = e^{-\frac{\rho}{2}} \rho^1 = e^{-\frac{\rho}{2}} \rho$$

③ $n = 3$인 (두 번째 들뜬 상태)인 경우,

$$n_r + \ell = 2 \Rightarrow \therefore \begin{cases} n_r = 2, \; \ell = 0 \;\rightarrow\; R_{30} Y_{00} \\ n_r = 1, \; \ell = 1 \;\rightarrow\; R_{31} Y_{11}, \; R_{31} Y_{10}, \; R_{31} Y_{1,-1} \\ n_r = 0, \; \ell = 2 \;\rightarrow\; R_{32} Y_{22}, \; R_{32} Y_{21}, \; R_{32} Y_{20}, \; R_{32} Y_{2,-1}, \; R_{32} Y_{2,-2} \end{cases}$$

그러므로 9개의 다른 파동함수가 같은 에너지 값 E_3을 갖는다.

(i) $n_r = 2, \; \ell = 0$에 대해

$$\Rightarrow \frac{a_{k+1}}{a_k} = \frac{-(\ell + 1 + n_r - \ell - 1 - k)}{(k + 2\ell + 2)(k + 1)} = \frac{k - 2}{(k+1)(k+2)}$$

$$\Rightarrow \therefore \frac{a_1}{a_0} = -1, \; \frac{a_2}{a_1} = -\frac{1}{6}, \; \frac{a_3}{a_2} = 0$$

$$\therefore H(\rho) = a_0 \rho^0 + a_1 \rho^1 + a_2 \rho^2 = 1 - \rho + \frac{1}{6}\rho^2$$

그러므로

$$R_{30} = e^{-\frac{\rho}{2}} \rho^0 \left(1 - \rho + \frac{1}{6}\rho^2 \right) = e^{-\frac{\rho}{2}} \left(1 - \rho + \frac{1}{6}\rho^2 \right)$$

(ii) $n_r = 1, \; \ell = 1$에 대해

$$\Rightarrow \frac{a_{k+1}}{a_k} = \frac{k - 1}{(k+1)(k+4)}$$

$$\Rightarrow \therefore \frac{a_1}{a_0} = -\frac{1}{4}, \; \frac{a_2}{a_1} = 0$$

$$\therefore H(\rho) = a_0 \rho^0 + a_1 \rho^1 = 1 - \frac{1}{4}\rho$$

그러므로

$$R_{31} = e^{-\frac{\rho}{2}} \rho^1 \left(1 - \frac{1}{4}\rho \right) = e^{-\frac{\rho}{2}} \rho \left(1 - \frac{1}{4}\rho \right)$$

(iii) $n_r = 0, \; \ell = 2$에 대해

$$\Rightarrow \frac{a_{k+1}}{a_k} = \frac{k}{(k+1)(k+6)} \Rightarrow \therefore \frac{a_1}{a_0} = 0$$

$$\therefore H(\rho) = a_0 \rho^0 = 1$$

그러므로

$$R_{32} = e^{-\frac{\rho}{2}} \rho^2$$

결론적으로 주어진 n 값에 대해 n개의 ℓ 값이 존재하고, 각 ℓ 값에 대해 $(2\ell+1)$의 상태가 존재한다.

$$\Rightarrow \sum_{\ell=0}^{n-1}(2\ell+1) = n^2 : \text{주어진 } n\text{에 대해 } n^2\text{의 축퇴가 있음}$$

지름 파동함수(radial wave function)에 대해 살펴보자.

식 (예 7.3.9)에 ρ을 곱하면,

$$\rho\frac{d^2H}{d\rho^2} + (2\ell+2-\rho)\frac{dH}{d\rho} + (\lambda-\ell-1)H = 0$$

$$\Rightarrow \rho\frac{d^2H}{d\rho^2} + (2\ell+2-\rho)\frac{dH}{d\rho} + (n-\ell-1)H = 0$$

$$\Rightarrow \rho\frac{d^2H}{d\rho^2} + [(2\ell+1)+1-\rho]\frac{dH}{d\rho} + (n-\ell-1)H = 0 \tag{7.2.7}$$

이 식을 [보충자료 1]의 **라게르**(Laguerre) **미분방정식** $xy'' + (k+1-x)y' + ny = 0$(이 미분 방정식의 解는 $y = L_n^k(x)$인 연관 **라게르 다항식**)과 비교해보면 식 (7.2.7)의 解는 다음과 같음을 알 수 있다.

$$H(\rho) = L_{n-\ell-1}^{2\ell+1}(\rho) = (-1)^{2\ell+1}\frac{d^{2\ell+1}}{d\rho^{2\ell+1}}L_{(n-\ell-1)+(2\ell+1)}(\rho)$$

$$= (-1)^{2\ell+1}\frac{d^{2\ell+1}}{d\rho^{2\ell+1}}L_{n+\ell}(\rho) \quad \text{여기서 } L_n(x) = \frac{1}{n!}e^x\frac{d^n}{dx^n}(x^n e^{-x})$$

그러므로 지름 파동함수는 다음과 같이 표현된다.

$$R_{n\ell}(\rho) = Ce^{-\frac{\rho}{2}}\rho^\ell L_{n-\ell-1}^{2\ell+1}(\rho) \tag{7.2.8}$$

$$\text{여기서 } L_{n-\ell-1}^{2\ell+1}(\rho) = (-1)^{2\ell+1}\frac{d^{2\ell+1}}{d\rho^{2\ell+1}}L_{n+\ell}(\rho)$$

$$L_{n+\ell}(\rho) = \frac{1}{(n+\ell)!}e^\rho\frac{d^{n+\ell}}{d\rho^{n+\ell}}(\rho^{n+\ell}e^{-\rho})$$

예제 7.5

$R_{10}(\rho)$인 지름 파동함수를 식 (7.2.8)로부터 구하세요.

풀이

$R_{10}(\rho)$은 $n=1, \ell=0$인 바닥상태에 해당한다. 그때 식 (7.2.8)은[33]

$$R_{10}(\rho) = Ce^{-\frac{\rho}{2}}L_0^1(\rho) = Ce^{-\frac{\rho}{2}}(-1)^1\frac{d}{d\rho}L_1(\rho) = Ce^{-\frac{\rho}{2}}(-1)^1\frac{d}{d\rho}\left[\frac{1}{1!}e^\rho\frac{d}{d\rho}(\rho e^{-\rho})\right]$$

$$= Ce^{-\frac{\rho}{2}}(-1)^1\frac{d}{d\rho}\left[e^\rho(e^{-\rho}-\rho e^{-\rho})\right] = Ce^{-\frac{\rho}{2}}(-1)^1\frac{d}{d\rho}(1-\rho) = Ce^{-\frac{\rho}{2}}$$

이 된다. 여기서 $\rho = \sqrt{\dfrac{8m|E_1|}{\hbar^2}}\,r$인 무차원 변수[34]이므로, 위 식은

$$R_{10}(r) = Ce^{-\frac{1}{2}\sqrt{\frac{8m|E_1|}{\hbar^2}}r} = Ce^{-\frac{1}{2\hbar}\sqrt{8m\frac{1}{2}mc^2}Z\alpha r} = Ce^{-\frac{mcZ\alpha}{\hbar}r} = Ce^{-\frac{Z}{a_0}r} \quad \text{(예 7.5.1)}$$

가 된다. 여기서 $E_n = -\dfrac{1}{2}mc^2\dfrac{(Z\alpha)^2}{n^2}$은 수소유사 원자 에너지이며, $a_0 = \dfrac{\hbar}{mc\alpha}$인 보어 반경이다. 그리고 규격화 조건

$$\int d^3r\,\Psi^*(\vec{r})\Psi(\vec{r}) = 1 \;\Rightarrow\; \int\int |R_{n\ell}|^2|Y_{\ell m}|^2 r^2 dr d\Omega = 1$$

으로부터 식 (예 7.5.1)의 규격화 상수 C을 다음과 같이 구할 수 있다.

$$\int\int r^2 dr\, d\Omega\,|R_{10}|^2|Y_{00}|^2 = 1 \;\Rightarrow\; |C|^2\int r^2 e^{-2\frac{Z}{a_0}r}dr\int d\Omega|Y_{00}|^2 = 1 \quad \text{(예 7.5.2)}$$

여기서

$$\int d\Omega|Y_{00}|^2 = \frac{1}{4\pi}\int_0^\pi \sin\theta d\theta\int_0^{2\pi}d\phi = 1$$

이므로 식 (예 7.5.2)은

$$|C|^2\int r^2 e^{-2\frac{Z}{a_0}r}dr = 1$$

가 된다. 여기서 $2\dfrac{Z}{a_0}r = x$로 놓으면 위 적분은

$$\left(\frac{a_0}{2Z}\right)^3\int x^2 e^{-x}dx = \left(\frac{a_0}{2Z}\right)^3\Gamma(3) = 2!\left(\frac{a_0}{2Z}\right)^3$$

---

[33] 또는 [보충자료 1]의 $L_0^1(\rho) = 1$로부터 $R_{10}(\rho) = Ce^{-\frac{\rho}{2}}$

[34] 변환 거리(scaled distance) ρ_n: $\rho_n = \sqrt{\dfrac{8m|E_n|}{\hbar^2}}\,r = \sqrt{\dfrac{8m}{\hbar^2}\dfrac{1}{2}mc^2}\dfrac{Z\alpha}{n}r = \dfrac{2Zmc\alpha}{n\hbar}r = \dfrac{2Z}{na_0}r$

이 되어 규격화 상수는

$$|C|^2 \frac{a_0^3}{4Z^3} = 1 \;\Rightarrow\; \therefore\; C = 2\left(\frac{Z}{a_0}\right)^{\frac{3}{2}}$$

가 되어

$n = 1, \ell = 0$ (바닥상태)에 해당하는 지름 파동함수는

$$R_{10}(r) = 2\left(\frac{Z}{a_0}\right)^{\frac{3}{2}} e^{-\frac{Z}{a_0}r} \tag{예 7.5.3}$$

가 된다.

예제 7.6

$n = 2$, $\ell = 0$(들뜬 상태)에 해당하는 지름 파동함수를 (예제 7.5)와 같은 방법으로 구하세요.

풀이

$$R_{20}(\rho) = Ce^{-\frac{\rho}{2}} L_1^1(\rho) = Ce^{-\frac{\rho}{2}}(-1)^1 \frac{d}{d\rho} L_2(\rho)$$

$$= Ce^{-\frac{\rho}{2}}(-1)^1 \frac{d}{d\rho}\left[\frac{1}{2!}e^{\rho}\frac{d^2}{d\rho^2}(\rho^2 e^{-\rho})\right]$$

$$= Ce^{-\frac{\rho}{2}}(-1)^1 \frac{d}{d\rho}\left[\frac{1}{2!}e^{\rho}\frac{d}{d\rho}(2\rho e^{-\rho} - \rho^2 e^{-\rho})\right]$$

$$= Ce^{-\frac{\rho}{2}}(-1)^1 \frac{d}{d\rho}\left[\frac{1}{2!}e^{\rho}(2e^{-\rho} - 4\rho e^{-\rho} + \rho^2 e^{-\rho})\right]$$

$$= Ce^{-\frac{\rho}{2}}(-1)^1 \frac{d}{d\rho}\left(1 - 2\rho + \frac{\rho^2}{2}\right) = Ce^{-\frac{\rho}{2}}(-1)^1(-2 + \rho)$$

$$\Rightarrow R_{20}(\rho) = Ce^{-\frac{\rho}{2}}(2 - \rho) \tag{예 7.6.1}$$

여기서 **변환 거리**(scaled distance) ρ은 $\rho_2 = \sqrt{\dfrac{8m|E_2|}{\hbar^2}}\,r$이므로

$$\rho_2 = \sqrt{\frac{8m}{\hbar^2}\frac{1}{2}mc^2}\,\frac{Z\alpha}{2}r = \frac{Zmc\alpha}{\hbar} = \frac{Z}{a_0}r$$

이다. 그러므로 식 (예 7.6.1)은

$$R_{20} = Ce^{-\frac{Z}{2a_0}r}\left(2 - \frac{Z}{a_0}r\right) \tag{예 7.6.2}$$

가 된다.

규격화 상수를 구하기 위해 다음을 계산하면

$$\int\int |R_{20}|^2 |Y_{00}|^2 r^2 dr d\Omega = 1 \Rightarrow |C|^2 \int dr\ r^2 e^{-\frac{Z}{a_0}r}\left(2 - \frac{Z}{a_0}r\right)^2 = 1$$

$$\Rightarrow |C|^2 \int dr\ r^2 e^{-\frac{Z}{a_0}r}\left(4 - 4\frac{Z}{a_0}r + \frac{Z^2}{a_0^2}r^2\right) = 1$$

$$\Rightarrow |C|^2 \left[4\int dr\ r^2 e^{-\frac{Z}{a_0}r} - 4\frac{Z}{a_0}\int dr\, r^3 e^{-\frac{Z}{a_0}r} + \frac{Z^2}{a_0^2}\int dr\, r^4 e^{-\frac{Z}{a_0}r}\right] = 1 \tag{예 7.6.3}$$

적분을 수행하기 위해 $\frac{Z}{a_0}r = x$로 놓으면 위 식의 각 적분은 다음과 같이 계산된다.

$$\begin{cases} 4\int dr\ r^2 e^{-\frac{Z}{a_0}r} = 4\frac{a_0^3}{Z^3}\int dx\ x^2 e^{-x} = 4\frac{a_0^3}{Z^3}\Gamma(3) = 8\frac{a_0^3}{Z^3} \\[2mm] -4\frac{Z}{a_0}\int dr\, r^3 e^{-\frac{Z}{a_0}r} = -4\frac{Z}{a_0}\left(\frac{a_0}{Z}\right)^4\int dx\, x^3 e^{-x} = -4\frac{a_0^3}{Z^3}\Gamma(4) = -4\frac{a_0^3}{Z^3}3! = -24\frac{a_0^3}{Z^3} \\[2mm] \frac{Z^2}{a_0^2}\int dr\, r^4 e^{-\frac{Z}{a_0}r} = \frac{Z^2}{a_0^2}\left(\frac{a_0}{Z}\right)^5\int dx\ x^4 e^{-x} = \frac{a_0^3}{Z^3}\Gamma(5) = 4!\frac{a_0^3}{Z^3} = 24\frac{a_0^3}{Z^3} \end{cases}$$

그러므로 식 (예 7.6.3)으로부터 규격화 상수를 다음과 같이 구할 수 있다.

$$|C|^2 8\frac{a_0^3}{Z^3} = 1 \Rightarrow \therefore\ C = \frac{1}{2\sqrt{2}}\left(\frac{Z}{a_0}\right)^{\frac{3}{2}}$$

이를 식 (예 7.6.2)에 대입하면 지름 성분의 解를 다음과 같이 얻을 수 있다.

$$R_{20} = \frac{1}{2\sqrt{2}}\left(\frac{Z}{a_0}\right)^{\frac{3}{2}}\left(2 - \frac{Z}{a_0}r\right)e^{-\frac{Z}{2a_0}r} = \frac{1}{2}\frac{2^{\frac{3}{2}}}{2^{\frac{1}{2}}}\left(\frac{Z}{2a_0}\right)^{\frac{3}{2}}2\left(1 - \frac{Z}{2a_0}r\right)e^{-\frac{Z}{2a_0}r}$$

$$\therefore\ R_{20}(r) = 2\left(\frac{Z}{2a_0}\right)^{\frac{3}{2}}\left(1 - \frac{Zr}{2a_0}\right)e^{-\frac{Z}{2a_0}r} \tag{예 7.6.4}$$

- r에 대한 解인 r^ℓ은 ℓ이 증가함에 따라 물리적 의미를 갖기 위해 r은 작아져야 하므로 파동함수를 가깝게 머물도록 하지만 $r \neq 0$이 된다. 이는 전자가 핵 가까이에 오게 못하는 원심 척력 장벽(centrifugal repulsive barrier)의 결과이다.

- 주어진 주 양자수 n에 대해 궤도 양자수 ℓ이 가질 수 있는 가장 큰 값은 $n-1$이다.

$$R_{n,n-1}(r) \propto \rho^\ell e^{-\frac{1}{2}\rho_n} = r^{n-1}e^{-\frac{1}{2}\frac{2Z}{na_0}r} = r^{n-1}e^{-\frac{Z}{na_0}r}$$

그러므로 확률밀도 분포 $P(r) = r^2|R_{n,n-1}|^2 \propto r^2 r^{2n-2}e^{-\frac{2Z}{na_0}r} = r^{2n}e^{-\frac{2Z}{na_0}r}$ 이 되어 최대 확률밀도 분포 값을 주는 위치 $r_{\max}$ 은

$$\left.\frac{dP(r)}{dr}\right|_{r=r_{\max}} = 0 \Rightarrow 2nr_{\max}^{2n-1}e^{-\frac{2Z}{na_0}r_{\max}} + r_{\max}^{2n}\left(-\frac{2Z}{na_0}\right)e^{-\frac{2Z}{na_0}r_{\max}} = 0$$

$$\Rightarrow \frac{2n}{r_{\max}} = \frac{2Z}{na_0}$$

$$\therefore \ r_{\max} = \frac{a_0}{Z}n^2$$

이다. 그러므로 바닥상태의 수소원자의 경우 최대 확률밀도 분포 값을 주는 위치 $r_{\max}$ 은 원 궤도에 대한 보어원자 값인 a_0 임을 알 수 있다.

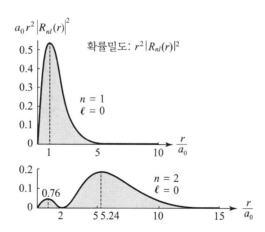

그림 7.3 수소 원자에서 바닥상태와 들뜬 상태에서 전자가 있을 위치에 대한 확률밀도

수소원자($Z=1$)에 대한 위의 그래프를 앞에서 구한 결과를 가지고 이해해보자.

(i) $n=1$이고 $\ell=0$인 경우(바닥상태) 식 (예 7.5.3)으로부터

$$R_{10}(r) = 2\left(\frac{1}{a_0}\right)^{\frac{3}{2}} e^{-\frac{1}{a_0}r}$$

$$\Rightarrow P(r) = r^2 R_{10}^2 = 4\left(\frac{1}{a_0}\right)^3 r^2 e^{-\frac{2}{a_0}r}$$

그때 최대 확률밀도 분포 값을 주는 위치 $r_{\max}$은

$$\frac{d}{dr}(r^2 R_{10}^2)\bigg|_{r=r_{\max}} = 0 \Rightarrow 2 = \frac{2r_{\max}}{a_0}$$

$$\therefore \ r_{\max} = a_0$$

이 결과를 $r^2 R_{10}^2$에 관한 식에 대입하면

$$r_{\max}^2 R_{10}^2 = a_0^2 4\frac{1}{a_0^3} e^{-\frac{2}{a_0}a_0} = 4\frac{1}{a_0}e^{-2} \approx 0.54\frac{1}{a_0}$$

$$\therefore \ a_0 r_{\max}^2 R_{10}^2 = 0.54$$

(ii) $n=2$이고 $\ell=0$인 경우 식 (예 7.6.4)로부터

$$R_{20}(r) = 2\left(\frac{1}{2a_0}\right)^{\frac{3}{2}}\left(1-\frac{r}{2a_0}\right)e^{-\frac{1}{2a_0}r} \Rightarrow P(r) = r^2 R_{20}^2 = 4\left(\frac{1}{2a_0}\right)^3 r^2\left(1-\frac{r}{2a_0}\right)^2 e^{-\frac{1}{a_0}r}$$

그때 최대 확률밀도 분포 값을 주는 위치 $r_{\max}$은

$$\frac{d}{dr}(r^2 R_{20}^2)|_{r=r_{\max}} = 0 \Rightarrow 2a_0 - 3r_{\max} + \frac{r_{\max}^2}{a_0} = r_{\max} - \frac{r_{\max}^2}{a_0} + \frac{r_{\max}^3}{4a_0^2}$$

$$\Rightarrow r_{\max}^3 - 8a_0 r_{\max}^2 + 16a_0^2 r_{\max} - 8a_0^3 = 0$$

$$\Rightarrow \left[r_{\max}^3 - (2a_0)^3\right] - 8a_0 r_{\max}(r_{\max} - 2a_0) = 0$$

$$\Rightarrow (r_{\max} - 2a_0)(r_{\max}^2 + 2a_0 r + 4a_0^2) - 8a_0 r_{\max}(r_{\max} - 2a_0) = 0$$

$$\Rightarrow (r_{\max} - 2a_0)(r_{\max}^2 - 6a_0 r + 4a_0^2) = 0$$

$$\therefore \ r_{\max} = 2a_0 \ \text{또는} \ (3 \pm \sqrt{5})a_0 \approx \begin{cases} 5.24\,a_0 \\ 0.76\,a_0 \end{cases}$$

이 결과를 $r^2 R_{20}^2$에 관한 식에 대입하면

(i) $r_{\max} = 5.24a_0$일 때

$$r_{\max}^2 R_{20}^2 = 4\frac{1}{8a_0^3}(5.24a_0)^2\left(1 - \frac{5.24}{2a_0}a_0\right)^2 e^{-\frac{5.24}{a_0}a_0} \approx 0.19\frac{1}{a_0}$$

$$\therefore \quad a_0 r_{\max}^2 R_{20} = 0.19$$

(ii) $r_{\max} = 0.76a_0$일 때

$$r_{\max}^2 R_{20}^2 = 4\frac{1}{8a_0^3}(0.76a_0)^2\left(1 - \frac{0.76}{2a_0}a_0\right)^2 e^{-\frac{0.76}{a_0}a_0} \approx 0.05\frac{1}{a_0}$$

$$\therefore \quad a_0 r_{\max}^2 R_{20} = 0.05$$

(iii) $r_{\max} = 2a_0$일 때

$$r_{\max}^2 R_{20}^2 = 4\frac{1}{8a_0^3}(2a_0)^2\left(1 - \frac{2}{2a_0}a_0\right)^2 e^{-\frac{2}{a_0}a_0} = 0$$

$$\therefore \quad a_0 r_{\max}^2 R_{20} = 0$$

(질문) 그림 7.3에서 y-축의 함수는 무엇일까요?

(解) $y = a_0|P(r)|^2 = a_0 \times r^2 R_{n\ell}^2$

⬡③ 구면좌표계에서의 자유입자에 대한 슈뢰딩거 방정식

포텐셜 에너지가 $U(r) = 0$인 자유입자의 에너지는 $E = \dfrac{\hbar^2 k^2}{2m}$ 이므로, 식 (7.2.6)은

$$\frac{d^2 R}{dr^2} + \frac{2}{r}\frac{dR}{dr} - \frac{\ell(\ell+1)}{r^2}R + k^2 R = 0 \tag{7.3.1}$$

이 된다. 여기서 $\rho = kr$로 놓으면

$$\Rightarrow \begin{cases} \dfrac{d}{dr} = \dfrac{d\rho}{dr}\dfrac{d}{d\rho} = k\dfrac{d}{d\rho} \\[2mm] \dfrac{d^2}{dr^2} = \dfrac{d}{dr}\left(\dfrac{d}{dr}\right) = \dfrac{d\rho}{dr}\dfrac{d}{d\rho}\left(k\dfrac{d}{d\rho}\right) = k^2\dfrac{d^2}{d\rho^2} \end{cases}$$

이며 이들을 원 식에 대입하면

$$k\frac{d^2R}{d\rho^2}+2\frac{k}{\rho}\left(k\frac{dR}{d\rho}\right)-\ell(\ell+1)\frac{k^2}{\rho^2}R+k^2R=0$$

$$\Rightarrow\ \frac{d^2R}{d\rho^2}+\frac{2}{\rho}\frac{dR}{d\rho}-\frac{\ell(\ell+1)}{\rho^2}R+R=0 \tag{7.3.2}$$

이 된다. 여기서 $R(\rho)=\dfrac{1}{\rho}u(\rho)$로 놓으면

$$\Rightarrow\begin{cases}\dfrac{dR}{d\rho}=\dfrac{u'\rho-u}{\rho^2}\\[3mm]\dfrac{d^2R}{d\rho^2}=\dfrac{(u''\rho+u'-u')\rho^2-(u'\rho-u)2\rho}{\rho^4}=\dfrac{u''\rho^3-(u'\rho-u)2\rho}{\rho^4}\end{cases}$$

이며 이를 식 (7.3.2)에 대입하면 다음의 식을 얻는다.

$$\frac{u''\rho^3+(u'\rho-u)2\rho}{\rho^4}+\frac{2}{\rho}\frac{u'\rho-u}{\rho^2}-\frac{\ell(\ell+1)}{\rho^2}\frac{u}{\rho}+\frac{u}{\rho}=0$$

$$\Rightarrow\ \frac{u''}{\rho}-2\frac{u'\rho-u}{\rho^3}+2\frac{u'\rho-u}{\rho^3}-\frac{\ell(\ell+1)}{\rho^3}u+\frac{u}{\rho}=0$$

$$\frac{d^2u}{d\rho^2}-\frac{\ell(\ell+1)}{\rho^2}u+u=0 \tag{7.3.3}$$

① $\ell=0$일 때,

$$\frac{d^2u}{d\rho^2}+u=0\ \Rightarrow\ u(\rho)\approx e^{\pm i\rho}$$

$$\therefore\ R(\rho)=\frac{1}{\rho}u(\rho)=\begin{cases}\dfrac{\sin\rho}{\rho}\\[3mm]\dfrac{\cos\rho}{\rho}\end{cases}$$

② $\ell\neq0$일 때,

$$u(\rho)=\sqrt{\rho}\,y(\rho)$$

로 놓으면

$$\Rightarrow \begin{cases} \dfrac{du}{d\rho} = \dfrac{1}{2}\rho^{-\frac{1}{2}}y + \rho^{\frac{1}{2}}y' \\ \dfrac{d^2u}{d\rho^2} = -\dfrac{1}{4}\rho^{-\frac{3}{2}}y + \rho^{-\frac{1}{2}}y' + \rho^{\frac{1}{2}}y'' \end{cases}$$

이를 식 (7.3.3)에 대입하면

$$\rho^{\frac{1}{2}}y'' + \rho^{-\frac{1}{2}}y' - \frac{1}{4}\rho^{-\frac{3}{2}}y - \frac{\ell(\ell+1)}{\rho^2}\rho^{\frac{1}{2}}y + \rho^{\frac{1}{2}}y = 0$$

$$\Rightarrow \rho^{\frac{1}{2}}y'' + \rho^{-\frac{1}{2}}y' - \frac{1}{4}\rho^{-\frac{3}{2}}y - \ell(\ell+1)\rho^{-\frac{3}{2}}y + \rho^{\frac{1}{2}}y = 0$$

$$\Rightarrow \rho^2 y'' + \rho y' - \frac{1}{4}y - \ell(\ell+1)y + \rho^2 y = 0$$

$$\Rightarrow \rho^2 y'' + \rho y' + \left[1 - \frac{\ell(\ell+1)}{\rho^2}\right]\rho^2 y - \frac{1}{4}y = 0$$

$$\Rightarrow \rho^2 y'' + \rho y' + \left[\rho^2 - \left(\ell + \frac{1}{2}\right)^2\right]y = 0 \qquad (7.3.4)$$

을 얻는다.

이 식을 $y = J_\nu(x)$을 解로 가지는 차수 ν의 **베셀**(Bessel) **미분 방정식**

$$x^2 y'' + xy' + (x^2 - \nu^2)y = 0$$

와 비교하면, 식 (7.3.4)의 解를 다음과 표현할 수 있음을 알 수 있다.

$$y(\rho) = \begin{cases} J_{\ell+\frac{1}{2}}(\rho) \\ J_{-\ell-\frac{1}{2}}(\rho) \end{cases}$$

그러므로 식 (7.3.3)의 解는 다음과 같다.

$$u(\rho) = \sqrt{\rho}\, y(\rho) = c_1 \sqrt{\rho}\, J_{\ell+\frac{1}{2}}(\rho) + c_2 \sqrt{\rho}\, J_{-\ell-\frac{1}{2}}(\rho)$$

베셀함수의 차수가 정수가 아닐 때는 구형 베셀함수 $J_\ell(x)$와 구형 노이만함수 $\eta_\ell(x)$로 표현된다.

라게르 미분방정식이라 불리는 아래의 이차 미분 방정식

$$x\frac{d^2y}{dx^2} + (k+1-x)\frac{dy}{dx} + ny = 0 \quad \text{여기서 } n\text{은 음이 아닌(non-negative) 정수}$$

의 解는 **연관 라게르 다항식**인 $y(x) = L_n^k(x)$이다.

① **라게르 다항식**은 아래와 같이 생성함수로 구할 수 있다.

$$\frac{e^{-\frac{xt}{1-t}}}{1-t} = \sum_{n=0}^{\infty} L_n(x)t^n$$

이 등식의 왼편에 있는 지수함수를 전개하면 위 식은 다음과 표현된다.

$$\sum_{n=0}^{\infty} L_n(x)t^n = \frac{1}{1-t}\sum_{r=0}^{\infty}\frac{\left(-\frac{xt}{1-t}\right)^r}{r!} = \frac{1}{1-t}\sum_{r=0}^{\infty}\frac{(-1)^r x^r t^r}{r!(1-t)^r}$$

$$= \sum_{r=0}^{\infty}\frac{(-1)^r x^r t^r}{r!}(1-t)^{-(r+1)} \tag{1}$$

그리고 이항 전개(binomial expansion) 식

$$\frac{1}{(1-t)^m} = (1-t)^{-m} = \sum_{s=0}^{\infty}\binom{m+s-1}{m-1}t^s = \sum_{s=0}^{\infty}\frac{(m+s-1)!}{(m-1)!(m+s-1-m+1)!}t^s$$

$$= \sum_{s=0}^{\infty}\frac{(m+s-1)(m+s-2)\cdots\cdots(m+1)m(m-1)!}{(m-1)!s!}t^s$$

$$= \sum_{s=0}^{\infty}\frac{m(m+1)\cdots\cdots(m+s-1)}{s!}t^s$$

으로부터

$$(1-t)^{-(r+1)} = \sum_{s=0}^{\infty}\frac{(r+1)(r+2)\cdots\cdots(r+s)}{s!}t^s$$

임을 알 수 있다.

그러므로 식 (1)은

$$\sum_{n=0}^{\infty} L_n(x)t^n = \sum_{r=0}^{\infty}\sum_{s=0}^{\infty}\frac{(-1)^r x^r}{r!s!}(r+1)(r+2)\cdots\cdots(r+s)t^{r+s}$$

가 된다. 이 식의 좌·우의 t^n에 대해 등식을 적용하면 $s = n - r$(여기서 $n \geq r$)이 되어 다음의 관계식을 얻는다.

$$L_n(x) = \sum_{r=0}^{n} \frac{(-1)^r x^r}{r!(n-r)!} [(r+1)(r+2)\cdots\cdots n] = \sum_{r=0}^{n} \frac{(-1)^r x^r}{r!(n-r)!} \left(\frac{n!}{r!}\right) \tag{2}$$

여기서 분모에 있는 $(n-r)!$ 항을 고려하여 합은 $r = n$까지만 취한다. 그리고 식 (2)은 또한 다음과 같이 나타낼 수도 있다.

$$\begin{aligned} L_n(x) &= e^x \sum_{r=0}^{n} \frac{1}{r!(n-r)!} (-1)^r e^{-x} \left(\frac{n!}{r!}\right) x^r \\ &= e^x \sum_{r=0}^{n} \frac{1}{r!(n-r)!} (-1)^r e^{-x} \frac{n!}{[n-(n-r)]!} x^{n-(n-r)} \end{aligned} \tag{3}$$

여기서 $n \geq p$인 경우 $\dfrac{d^p}{dx^p} x^n = \dfrac{n!}{(n-p)!} x^{n-p}$ 이므로 식 (3)의 오른편에 있는 항은

$\dfrac{n!}{[n-(n-r)]!} x^{n-(n-r)} = \dfrac{d^{n-r}}{dx^{n-r}} x^n$ 이고 $(-1)^r e^{-x} = \dfrac{d^r}{dx^r} e^{-x}$ 이므로 그때 식 (3)은

$$\begin{aligned} L_n(x) &= e^x \sum_{r=0}^{n} \frac{1}{r!(n-r)!} \left[\frac{d^r}{dx^r} e^{-x}\right] \left[\frac{d^{n-r}}{dx^{n-r}} x^n\right] \\ &= \frac{1}{n!} e^x \sum_{r=0}^{n} \frac{n!}{r!(n-r)!} \left[\frac{d^r}{dx^r} e^{-x}\right] \left[\frac{d^{n-r}}{dx^{n-r}} x^n\right] \end{aligned} \tag{4}$$

가 된다.

라이프니츠 공식(Leibnitz's formula)[35]

$$\begin{aligned} \frac{d^n}{dx^n} [f(x)g(x)] &= \sum_{k=0}^{n} \binom{n}{k} \left[\frac{d^{n-k}}{dx^{n-k}} f(x)\right] \left[\frac{d^k}{dx^k} g(x)\right] \\ &= \frac{n!}{k!(n-k)!} \left[\frac{d^{n-k}}{dx^{n-k}} f(x)\right] \left[\frac{d^k}{dx^k} g(x)\right] \end{aligned}$$

을 사용하면 식 (4)은 다음과 같이 된다.

$$L_n(x) = \frac{1}{n!} e^x \frac{d^n}{dx^n} (x^n e^{-x}) \qquad \text{여기서 } n = 0,\ 1,\ 2,\ \cdots\cdots \tag{5}$$

이를 **로드리게 공식**(Rodrigues formula)이라 부른다. 위 식을 사용하면

---

(35) 증명은 《수리물리학(북스힐)》 by Hwanbae Park, p.355를 참고하세요.

$$\Rightarrow L_0(x) = 1, \ L_1(x) = 1 - x,$$

$$L_2(x) = \frac{1}{2!}(2 - 4x + x^2), \ L_3(x) = \frac{1}{3!}(-x^3 + 9x^2 - 18x + 6), \ \cdots\cdots$$

을 얻을 수 있다.

또한

$$\int_0^\infty e^{-x} L_n(x) L_k(x) dx = \delta_{nk}$$

즉 직교규격화 함수는 $e^{-\frac{x}{2}} L_n(x)$ 이다.

여기서 피적분함수에 있는 e^{-x} 은 가중 함수(weighting function)이다.

② 라게르 다항식을 미분하여 얻는 **연관 라게르 다항식**은 아래와 같은 생성함수로 구할 수 있다.

$$\begin{aligned}
\sum_{n=0}^\infty L_n^k(x) t^n &= \frac{e^{-\frac{xt}{1-t}}}{(1-t)^{k+1}} = \frac{1}{(1-t)^{k+1}} \sum_{r=0}^\infty \frac{\left(-\frac{xt}{1-t}\right)^r}{r!} = \frac{1}{(1-t)^{k+1}} \sum_{r=0}^\infty \frac{(-1)^r x^r t^r}{r!(1-t)^r} \\
&= \sum_{r=0}^\infty \frac{(-1)^r x^r t^r}{r!} (1-t)^{-(k+1+r)} \\
&= \sum_{r=0}^\infty \sum_{s=0}^\infty \frac{(-1)^r x^r t^r}{r!} \binom{k+r+s}{k+r} t^s = \sum_{r=0}^\infty \sum_{s=0}^\infty \frac{(-1)^r x^r t^r}{r!} \frac{(k+r+s)!}{(k+r)! s!} t^s \\
&= \sum_{r=0}^\infty \sum_{s=0}^\infty \frac{(-1)^r x^r t^r}{r!} \frac{(k+r+s)\cdots\cdots(k+r+1)(k+r)!}{(k+r)! s!} t^s \\
&= \sum_{r=0}^\infty \sum_{s=0}^\infty \frac{(-1)^r x^r}{r!} \frac{(k+r+1)(k+r+2)\cdots\cdots(k+r+s)}{s!} t^{r+s}
\end{aligned}$$

이 식의 좌·우의 t^n 에 대해 등식을 적용하면 $s = n - r$(여기서 $n \geq r$)이 되어 다음의 관계식을 얻는다.

$$\begin{aligned}
L_n^k(x) &= \sum_{r=0}^\infty \frac{(-1)^r}{r!} \frac{(k+r+1)(k+r+2)\cdots\cdots(k+n)}{(n-r)!} x^r \\
&= \sum_{r=0}^\infty \frac{(-1)^r}{r!(n-r)!} \frac{(k+n)!}{(k+r)!} x^r = x^{-k} \sum_{r=0}^\infty \frac{(-1)^r}{r!(n-r)!} \frac{(k+n)!}{(k+r)!} x^{r+k} \\
&= \frac{e^x}{n!} x^{-k} \sum_{r=0}^\infty \frac{(-1)^r n!}{r!(n-r)!} e^{-x} \frac{(k+n)!}{(k+r)!} x^{r+k}
\end{aligned}$$

$$= \frac{e^x}{n!} x^{-k} \sum_{r=0}^{\infty} \frac{n!}{r!(n-r)!} (-1)^r e^{-x} \frac{(k+n)!}{(k+r)!} x^{r+k}$$

$$= \frac{e^x}{n!} x^{-k} \sum_{r=0}^{\infty} \frac{n!}{r!(n-r)!} (-1)^r e^{-x} \frac{(n+k)!}{[n+k-(n-r)]!} x^{n+k-(n-r)} \tag{6}$$

여기서

$$(-1)^r e^{-x} = \frac{d^r}{dx^r} e^{-x} \quad \text{그리고} \quad \frac{(n+k)!}{[n+k-(n-r)]!} x^{n+k-(n-r)} = \frac{d^{n-r}}{dx^{n-r}} x^{n+k}$$

이므로 식 (6)은

$$L_n^k(x) = \frac{e^x}{n!} x^{-k} \sum_{r=0}^{\infty} \frac{n!}{r!(n-r)!} \left[\frac{d^{n-r}}{dx^{n-r}} x^{n+k} \right] \left[\frac{d^r}{dx^r} e^{-x} \right] \tag{7}$$

라이프니츠 공식으로부터 식 (7)은

$$L_n^k(x) = \frac{e^x x^{-k}}{n!} \frac{d^n}{dx^n} (e^{-x} x^{n+k})$$

이 된다. 즉 $L_n^0(x) = L_n(x)$ 이다.

$$\Rightarrow L_0^k(x) = 1, \ L_1^k(x) = -x + k + 1, \ L_2^k(x) = \frac{1}{2} [x^2 - 2(k+2)x + (k+1)(k+2)],$$

$$L_3^k(x) = \frac{1}{6} [-x^3 + 3(k+3)x^2 - 3(k+2)(k+3)x + (k+1)(k+2)(k+3)], \ \cdots\cdots$$

또는 다음과 같이 **라게르 다항식**으로부터 얻을 수도 있다.

$$L_n^k(x) = (-1)^k \frac{d^k}{dx^k} L_{n+k}(x)$$

또한

$$\int_0^{\infty} e^{-x} x^k L_n^k(x) L_m^k(x) dx = \frac{(n+k)!}{n!} \delta_{nm}$$

여기서 피적분함수에 있는 $e^{-x} x^k$은 가중 함수이다.

CHAPTER 8

연산자의 행렬 표현

고유치 a와 대응하는 고유함수 Ψ을 갖는 연산자 A에 대한 고유치 방정식은 $A\Psi = a\Psi$로 나타낸다. 측정 가능한 실수 값을 고유치로 갖는 물리량의 연산자는 에르미트 연산자이다. 고유치 방정식에서 연산자를 행렬로 표현한다면 고유함수는 행렬로 표현이 가능한 벡터로 나타낼 수 있고, 그때의 고유치 방정식은 수학적으로 행렬 방정식이 된다. 고유치 방정식을 풀어서 고유치와 고유벡터를 구한다는 것은 연산자 행렬을 대각화한다는 의미와 같다.

① 소개

i 번째 행렬요소 값만 1이고 나머지 행렬요소 값은 0인 **기저**(基底, basis) **벡터** $|i>$은 다음과 같이 열(column) 행렬로 표현될 수 있다.

$$|i> = \begin{pmatrix} 0 \\ 0 \\ 0 \\ \vdots \\ 1 \\ \vdots \\ 0 \end{pmatrix}$$

(예) $\vec{r} = x\hat{x} + y\hat{y} + z\hat{z} = x|1> + y|2> + z|3> = x\begin{pmatrix} 1 \\ 0 \\ 0 \end{pmatrix} + y\begin{pmatrix} 0 \\ 1 \\ 0 \end{pmatrix} + z\begin{pmatrix} 0 \\ 0 \\ 1 \end{pmatrix} = \begin{pmatrix} x \\ y \\ z \end{pmatrix}$

임의의 벡터는 행(row) 행렬 또는 열 행렬로 표현할 수 있다. **브라**(bra) **벡터** $<\Phi|$와 **켓**(ket) **벡터** $|\Phi>$은 다음과 같이 각각 행 행렬

$$<\Phi| = (\phi_1^*, \ \phi_2^*, \ \phi_3^*, \ \cdots\cdots, \ \phi_n^*)$$

와 열 행렬

$$|\Phi> = \begin{pmatrix} \phi_1 \\ \phi_2 \\ \phi_3 \\ \vdots \\ \phi_n \end{pmatrix}$$

로 표현된다. 그때 스칼라 곱 $<\Phi_1|\Phi_2>$은 다음과 같이 브라 벡터와 켓 벡터의 내적으로 표현될 수 있다.

$$<\Phi_1|\Phi_2> = \int dx \ \Phi_1^* \Phi_2$$

연산자 A에 대해 **완전성**(completeness) 관계식을 적용하면

$$A = \sum_i^n \sum_j^n |i><i|A|j><j| \tag{8.1.1}$$

이 된다.

$A = \begin{pmatrix} a_{11} & a_{12} & a_{13} \\ a_{21} & a_{22} & a_{23} \\ a_{31} & a_{32} & a_{33} \end{pmatrix}$ 일 때

$$<1|A|2> = (1\,0\,0)\begin{pmatrix} a_{11} & a_{12} & a_{13} \\ a_{21} & a_{22} & a_{23} \\ a_{31} & a_{32} & a_{33} \end{pmatrix}\begin{pmatrix} 0 \\ 1 \\ 0 \end{pmatrix} = (1\,0\,0)\begin{pmatrix} a_{12} \\ a_{22} \\ a_{32} \end{pmatrix} = a_{12}$$

그러므로 $<1|A|2>$은 행렬 A의 첫 번째 행과 두 번째 열의 행렬 요소에 해당한다. 유사한 방법으로

$$<2|A|1> = (0\ 1\ 0)\begin{pmatrix} a_{11} & a_{12} & a_{13} \\ a_{21} & a_{22} & a_{23} \\ a_{31} & a_{32} & a_{33} \end{pmatrix}\begin{pmatrix} 1 \\ 0 \\ 0 \end{pmatrix} = (0\ 1\ 0)\begin{pmatrix} a_{11} \\ a_{21} \\ a_{31} \end{pmatrix} = a_{21}$$

이므로 $<2|A|1>$은 행렬 A의 두 번째 행과 첫 번째 열의 행렬 요소이다.

그러므로 A가 $n \times n$행렬일 때

$$A = \begin{pmatrix} <1|A|1> & <1|A|2> & \cdots & <1|A|n> \\ <2|A|1> & <2|A|2> & \cdots & <2|A|n> \\ \vdots & \vdots & \vdots & \vdots \\ <n|A|1> & <n|A|2> & \cdots & <n|A|n> \end{pmatrix}$$

$<i|A|j> = A_{ij}$은 행렬 A의 i번째 행과 j번째 열의 행렬 요소이다.

기저 벡터가 $|+>$ 와 $|->$인 경우 완전성 관계에 대한 식 $\sum_i |i><i|$ 을 행렬로 표현하면

$$\sum_{i=1}^{2} |i><i| = |+><+| + |-><-|$$

$$= \begin{pmatrix} 1 \\ 0 \end{pmatrix}(1 \quad 0) + \begin{pmatrix} 0 \\ 1 \end{pmatrix}(0 \quad 1) = \begin{pmatrix} 1 & 0 \\ 0 & 0 \end{pmatrix} + \begin{pmatrix} 0 & 0 \\ 0 & 1 \end{pmatrix} = \begin{pmatrix} 1 & 0 \\ 0 & 1 \end{pmatrix} = I$$

이 되므로 $\sum_i |i><i| = 1$인 완전성 관계를 증명할 수 있다.

행렬로 표현되는 두 연산자 A와 B의 곱의 i번째 행과 j번째 열의 행렬 요소는

$$(AB)_{ij} = <i|AB|j> = \sum_k <i|A|k><k|B|j> = \sum_k A_{ik}B_{kj}$$

이므로 두 연산자의 곱 (AB)은 두 행렬 A와 B의 곱으로 나타낼 수 있다.

만약 A의 고유함수가 기저일 경우에는

$$A_{ij} = <i|A|j> = a_j\delta_{ij}$$

이므로 행렬 A은 대각화되어 있고 대각화 행렬요소는 A의 고유치에 해당한다.

예제 8.1

고유치 방정식이 $A|+>=|+>$와 $A|->=-|->$로 주어진다고 하자.
여기서 $|+> = \begin{pmatrix} 1 \\ 0 \end{pmatrix} = |1>$ 그리고 $|-> = \begin{pmatrix} 0 \\ 1 \end{pmatrix} = |2>$이다. (a) A을 행렬로 표현하세요.
(b) 식 (8.1.1)을 사용하여 A을 벡터표현으로 나타내세요.

풀이

(a) A_{ij}을 구하면 다음과 같다.

$$A_{11} = <1|A|1> = <+|A|+> = <+|+> = 1,$$
$$A_{12} = <1|A|2> = <+|A|-> = -<+|-> = 0,$$
$$A_{21} = <2|A|1> = <-|A|+> = <-|+> = 0,$$
$$A_{22} = <2|A|2> = <-|A|-> = -<-|-> = -1$$
$$\therefore \ A = \begin{pmatrix} A_{11} & A_{12} \\ A_{21} & A_{22} \end{pmatrix} = \begin{pmatrix} 1 & 0 \\ 0 & -1 \end{pmatrix}$$

즉, 고유함수가 기저함수인 주어진 문제의 경우 행렬 A은 대각화되어 있고 행렬요

소는 각 기저벡터에 대응하는 고유치임을 알 수 있다.

(b) $A = \sum_i \sum_j |i> A_{ij} <j|$

$\qquad = A_{11}|1><1| + A_{12}|1><2| + A_{21}|2><1| + A_{22}|2><2|$

$\qquad = |1><1| - |2><2|$

이므로

$$A = |+><+| - |-><-|$$

로 표현된다.

예제 8.2

위 예제에서는 $\begin{pmatrix} 1 \\ 0 \end{pmatrix}$와 $\begin{pmatrix} 0 \\ 1 \end{pmatrix}$을 기저벡터로 했을 때의 A을 구했다. 만약에 기저벡터를

$$\begin{cases} |R> \equiv \dfrac{1}{\sqrt{2}}|+> + \dfrac{i}{\sqrt{2}}|-> = \dfrac{1}{\sqrt{2}}\begin{pmatrix} 1 \\ i \end{pmatrix} \\ |L> \equiv \dfrac{1}{\sqrt{2}}|+> + \dfrac{-i}{\sqrt{2}}|-> = \dfrac{1}{\sqrt{2}}\begin{pmatrix} 1 \\ -i \end{pmatrix} \end{cases} \qquad \text{(예 8.2.1)}$$

로 정의하면, $A' = \begin{pmatrix} A_{RR} & A_{RL} \\ A_{LR} & A_{LL} \end{pmatrix} = \begin{pmatrix} 0 & 1 \\ 1 & 0 \end{pmatrix}$가 된다.[36] A'은 대각화 행렬이 아니다. 왜냐하면 $|R>$과 $|L>$이 A'의 고유함수가 아니기 때문이다.

양자역학에 자주 나오는 행렬들에 대해 대략적으로 살펴보면 복소 정방(complex square) 행렬 A에 대해서

(i) **에르미티안**[37]: $(A^*)^T = A^+ = A$

　※ 에르미트 연산자의 고유치는 실수이다.

　※ 다른 고유치에 대응하는 고유함수(또는 고유벡터)는 서로 직교한다.

　　(예 1) $[c|A>]^+ = <A|c^*$　　여기서 c은 복소 상수

　　(예 2) $(AB)^+ = B^+ A^+$

　　(예 3) $(|a><b|)^+ = |b><a|$

(ii) **유니타리**: $A^+ = A^{-1}$

　　즉, $A^+ A = AA^+ = I$

---

(36) 바로 다음 페이지에서 증명함.
(37) 이때 연산자는 에르미트 연산자 또는 self-adjoint 연산자라 부른다.

(iii) $A^T = A^{-1}$: 직교   여기서 A은 실수 정방 행렬

(iv) 행렬의 **대각합**(Trace) 정의

$$Tr A = \sum_k A_{kk}$$

이제 **변환**(transformation) **행렬**과 **유사변환**(similarity transformation)에 대해 살펴보자. 변환행렬 M은 $M_{\pm RL} = <\pm|RL>$로 정의될 수 있다. (예제 8.2)의 경우에서 변환행렬은

$$M = \begin{pmatrix} <+1|R> & <+1|L> \\ <-1|R> & <-1|L> \end{pmatrix} = \frac{1}{\sqrt{2}} \begin{pmatrix} 1 & 1 \\ i & -i \end{pmatrix}$$

이 된다. 이때

$$M^+ = \frac{1}{\sqrt{2}} \begin{pmatrix} 1 & -i \\ 1 & i \end{pmatrix}$$

이므로

$$M M^+ = \frac{1}{\sqrt{2}} \begin{pmatrix} 1 & 1 \\ i & -i \end{pmatrix} \frac{1}{\sqrt{2}} \begin{pmatrix} 1 & -i \\ 1 & i \end{pmatrix} = \begin{pmatrix} 1 & 0 \\ 0 & 1 \end{pmatrix} = I$$

가 되어 변환행렬 M은 유니타리 행렬이다.

유사변환은 $A' = M^{-1} A M$로 정의된다. 이때

$$\det(A) = \det(A'), \quad Tr(A) = Tr(A'), \ \text{등}$$

의 성질을 갖기에 A와 A'은 유사하므로 유사변환이라 한다.

만약 X와 λ을 A의 고유함수와 고유치라고 하면

$$(M^{-1} A M)(M^{-1} X) = M^{-1} A X = M^{-1}(\lambda X) = \lambda (M^{-1} X)$$

가 되어 유사변환행렬 $M^{-1} A M$도 고유치 λ을 가지며 대응하는 고유함수는 $M^{-1} X$이다. 그리고 M이 유니타리 행렬일 때를 유니타리 변환이라 한다.

위의 (예제 8.2)의 경우에 대해 살펴보면 다음과 같다.

$$(A)_{RL} = M^{-1}(A)_{\pm} M = \frac{1}{\sqrt{2}} \begin{pmatrix} 1 & -i \\ 1 & i \end{pmatrix} \begin{pmatrix} 1 & 0 \\ 0 & -1 \end{pmatrix} \frac{1}{\sqrt{2}} \begin{pmatrix} 1 & 1 \\ i & -i \end{pmatrix} = \begin{pmatrix} 0 & 1 \\ 1 & 0 \end{pmatrix}$$

그러므로 식 (예 8.2.1)의 $|R>$과 $|L>$을 기저 벡터로 했을 때 행렬 A은 대각화되어 있지 않다.

반면에

$$(A)_\pm = M(A)_{RL}M^{-1} = \frac{1}{\sqrt{2}}\begin{pmatrix} 1 & 1 \\ i & -i \end{pmatrix}\begin{pmatrix} 0 & 1 \\ 1 & 0 \end{pmatrix}\frac{1}{\sqrt{2}}\begin{pmatrix} 1 & -i \\ 1 & i \end{pmatrix} = \begin{pmatrix} 1 & 0 \\ 0 & -1 \end{pmatrix}$$

이므로 (예제 8.1)의 $|+>$ 와 $|->$ 을 기저 벡터로 했을 때 이들 기저 벡터가 행렬 A 의 고유함수이므로 행렬 A 은 대각화되어 있다.

② 연산자의 행렬 표현

① 조화 진동자의 고유치 방정식은

$$H|n> = \left(n+\frac{1}{2}\right)\hbar\omega|n> \qquad 여기서\ n = 0,\ 1,\ 2,\cdots\cdots$$

$$\Rightarrow\ <m|H|n> = \left(n+\frac{1}{2}\right)\hbar\omega <m|n> = \left(n+\frac{1}{2}\right)\hbar\omega\delta_{mn}$$

$$\Rightarrow\ H_{mn} = \left(n+\frac{1}{2}\right)\hbar\omega\delta_{mn}$$

행과 열을 각각 왼쪽에서 오른쪽으로 그리고 위에서 아래로 $n = 0,\ 1,\ 2,\cdots\cdots$ 순으로 나타내면,

$$\therefore\ H = \begin{pmatrix} H_{00} & H_{01} & H_{02} & \cdots\cdots \\ H_{10} & H_{11} & H_{12} & \cdots\cdots \\ H_{20} & H_{21} & H_{22} & \cdots\cdots \\ & & \vdots & \end{pmatrix} = \begin{pmatrix} \frac{1}{2} & 0 & 0 & \cdots\cdots \\ 0 & \frac{3}{2} & 0 & \cdots\cdots \\ 0 & 0 & \frac{5}{2} & \cdots\cdots \\ & & \vdots & \end{pmatrix}\hbar\omega$$

② 올림 연산자에 대한 관계식으로부터

$$a^+|n> = \sqrt{n+1}|n+1> \ \Rightarrow\ <m|a^+|n> = \sqrt{n+1}\,\delta_{m,n+1}$$

$$\Rightarrow\ (a^+)_{mn} = \sqrt{n+1}\,\delta_{m,n+1}$$

$$\therefore\ a^+ = \begin{pmatrix} 0 & 0 & 0 & \cdots\cdots \\ \sqrt{1} & 0 & 0 & \cdots\cdots \\ 0 & \sqrt{2} & 0 & \cdots\cdots \\ 0 & 0 & \sqrt{3} & \cdots\cdots \\ & & \vdots & \end{pmatrix}$$

유사한 방법으로

$$a|n> = \sqrt{n}|n-1> \implies <m|a|n> = \sqrt{n}\,\delta_{m,n-1}$$
$$\implies (a)_{mn} = \sqrt{n}\,\delta_{m,n-1}$$
$$\therefore \ a = \begin{pmatrix} 0 & \sqrt{1} & 0 & 0 & \cdots\cdots \\ 0 & 0 & \sqrt{2} & 0 & \cdots\cdots \\ 0 & 0 & 0 & \sqrt{3} & \cdots\cdots \\ & & \vdots & & \end{pmatrix}$$

③ L^2과 각운동량의 성분사이의 교환관계식인 $[L^2,\ L_z]=0$으로부터

$$<\ell'm'|[L^2,\ L_z]|\ell m> = 0 \implies [\ell'(\ell'+1)-\ell(\ell+1)]\hbar^2 <\ell'm'|L_z|\ell m> = 0$$

가 되어

(i) 만약 $\ell' \neq \ell$이면, $<\ell'm'|L_z|\ell m> = 0$

(ii) 만약 $\ell' = \ell$이면, $<\ell m'|L_z|\ell m> = m\hbar\,\delta_{m'm} \implies (L_z)_{m'm} = m\hbar\,\delta_{m'm}$

$\ell = 1$에 대해서 행과 열을 왼쪽에서 오른쪽으로 그리고 위에서 아래로 $m = 1,\ 0,\ -1$ 순으로 나타내면

$$L_z = \begin{pmatrix} (L_z)_{11} & (L_z)_{10} & (L_z)_{1-1} \\ (L_z)_{01} & (L_z)_{00} & (L_z)_{0-1} \\ (L_z)_{-11} & (L_z)_{-10} & (L_z)_{-1-1} \end{pmatrix} = \begin{pmatrix} 1 & 0 & 0 \\ 0 & 0 & 0 \\ 0 & 0 & -1 \end{pmatrix}\hbar$$

가 된다. 그리고

$$<\ell m'|L_+|\ell m> = \sqrt{(\ell-m)(\ell+m+1)}\,\hbar\,\delta_{m'm+1}$$
$$\implies (L_+)_{m'm} = \sqrt{(\ell-m)(\ell+m+1)}\,\hbar\,\delta_{m'm+1}$$
$$\therefore \ L_+ = \begin{pmatrix} 0 & \sqrt{2} & 0 \\ 0 & 0 & \sqrt{2} \\ 0 & 0 & 0 \end{pmatrix}\hbar$$

이고

$$<\ell m'|L_-|\ell m> = \sqrt{(\ell+m)(\ell-m+1)}\,\hbar\,\delta_{m'm-1}$$
$$\implies (L_-)_{m'm} = \sqrt{(\ell+m)(\ell-m+1)}\,\hbar\,\delta_{m'm-1}$$
$$\therefore \ L_- = \begin{pmatrix} 0 & 0 & 0 \\ \sqrt{2} & 0 & 0 \\ 0 & \sqrt{2} & 0 \end{pmatrix}\hbar$$

가 된다.

$L_+ = L_x + iL_y$ 그리고 $L_- = L_x - iL_y$이므로

$$L_x = \frac{1}{2}(L_+ + L_-) = \frac{\hbar}{\sqrt{2}}\begin{pmatrix} 0 & 1 & 0 \\ 1 & 0 & 1 \\ 0 & 1 & 0 \end{pmatrix},$$

$$L_y = -\frac{i}{2}(L_+ - L_-) = \frac{\hbar}{\sqrt{2}}\begin{pmatrix} 0 & -i & 0 \\ i & 0 & -i \\ 0 & i & 0 \end{pmatrix}$$

이며, 이때

$$Tr(L_z) = 0 = Tr(L_x) = Tr(L_y)$$

이다.

③ 고유치 방정식 풀이

물리적으로 측정이 가능한 에르미트 연산자의 고유치를 고유치 방정식으로 구한다는 의미는 연산자를 행렬로 표현한 뒤 대각화시킨다는 의미이다. 지금부터는 이에 대한 의미를 자세히 살펴보고자 한다.

에르미트 연산자 A가 있어 다음의 고유치 방정식

$$A|\phi> = a|\phi>$$

을 만족한다 하자. 그러면

$$<i|A|\phi> = a<i|\phi>$$
$$\Rightarrow \sum_j <i|A|j><j|\phi> = a<i|\phi> \qquad \because \text{완전성 관계에 의해서}$$

여기서 $<i|A|j> = A_{ij}$이며 스칼라 곱을 $<j|\phi> = \alpha_j$와 $<i|\phi> = \alpha_i$로 놓으면, 위 식은

$$\sum_j A_{ij}\alpha_j = a\alpha_i \qquad\qquad (8.3.1)$$

이 되어

$$\Rightarrow \begin{cases} A_{11}\alpha_1 + A_{12}\alpha_2 + \cdots\cdots = a\alpha_1 \\ A_{21}\alpha_1 + A_{22}\alpha_2 + \cdots\cdots = a\alpha_2 \\ A_{31}\alpha_1 + A_{32}\alpha_2 + \cdots\cdots = a\alpha_3 \\ \qquad\qquad\vdots \end{cases} \Rightarrow \begin{pmatrix} A_{11} & A_{12} & A_{13} & \cdots \\ A_{21} & A_{22} & A_{23} & \cdots \\ A_{31} & A_{32} & A_{33} & \cdots \\ & \vdots & & \end{pmatrix}\begin{pmatrix} \alpha_1 \\ \alpha_2 \\ \alpha_3 \\ \vdots \end{pmatrix} = a\begin{pmatrix} \alpha_1 \\ \alpha_2 \\ \alpha_3 \\ \vdots \end{pmatrix}$$

$$\Rightarrow \begin{pmatrix} A_{11}-a & A_{12} & A_{13} & \cdots \\ A_{21} & A_{22}-a & A_{23} & \cdots \\ A_{31} & A_{32} & A_{33}-a & \cdots \\ & \vdots & & \end{pmatrix} \begin{pmatrix} \alpha_1 \\ \alpha_2 \\ \alpha_3 \\ \vdots \end{pmatrix} = 0$$

여기서 $X = \begin{pmatrix} \alpha_1 \\ \alpha_2 \\ \alpha_3 \\ \vdots \end{pmatrix}$ 로 놓으면, 위 식은

$$(A - aI)X = 0$$

가 되며, 이때 $X \neq 0$이 아닌 解가 존재하기 위해서는 아래의 **특성방정식**(characteristic equation)을 만족해야한다.

$$|A - aI| = 0 : \text{특성방정식} \tag{8.3.2}$$

<hr>

예제 8.3

연산자가 $A = |+><+| - |-><-|$로 주어질 때, 이 연산자의 고유치와 고유함수를 구하세요.

풀이

(예제 8.1)에서 A을 행렬 $A = \begin{pmatrix} 1 & 0 \\ 0 & -1 \end{pmatrix}$로 표현할 수 있음을 보였다. 식 (8.3.2)의 특성방정식으로부터 고유치를 구해보자. 그러면

$$\begin{vmatrix} 1-a & 0 \\ 0 & -1-a \end{vmatrix} = 0 \Rightarrow -(1-a^2) = 0 \Rightarrow a = \pm 1$$

그러므로 고유치는 $+1$과 -1이다. 이제 이들 고유치에 각각 대응하는 고유함수를 구해보자. 고유함수를 $X = \begin{pmatrix} x_1 \\ x_2 \end{pmatrix}$로 놓으면

(i) $a_1 = +1$일 때,

$$\begin{pmatrix} 1 & 0 \\ 0 & -1 \end{pmatrix} \begin{pmatrix} x_1 \\ x_2 \end{pmatrix} = +1 \begin{pmatrix} x_1 \\ x_2 \end{pmatrix} \Rightarrow \begin{pmatrix} 1-1 & 0 \\ 0 & -1-1 \end{pmatrix} \begin{pmatrix} x_1 \\ x_2 \end{pmatrix} = 0 \Rightarrow \begin{pmatrix} 0 & 0 \\ 0 & -2 \end{pmatrix} \begin{pmatrix} x_1 \\ x_2 \end{pmatrix} = 0$$

$\Rightarrow x_1$은 임의의 값이 될 수 있고 $x_2 = 0$이다.

$\therefore$ 규격화된 고유함수는 $\begin{pmatrix} 1 \\ 0 \end{pmatrix}$

(ii) $a_1 = -1$일 때,

$$\begin{pmatrix} 1 & 0 \\ 0 & -1 \end{pmatrix}\begin{pmatrix} x_1 \\ x_2 \end{pmatrix} = -1\begin{pmatrix} x_1 \\ x_2 \end{pmatrix} \Rightarrow \begin{pmatrix} 1+1 & 0 \\ 0 & -1+1 \end{pmatrix}\begin{pmatrix} x_1 \\ x_2 \end{pmatrix} = 0 \Rightarrow \begin{pmatrix} 2 & 0 \\ 0 & 0 \end{pmatrix}\begin{pmatrix} x_1 \\ x_2 \end{pmatrix} = 0$$

$\Rightarrow x_2$은 임의의 값이 될 수 있고 $x_1 = 0$이다.

$\therefore$ 규격화된 고유함수는 $\begin{pmatrix} 0 \\ 1 \end{pmatrix}$ ■

임의의 유니타리 행렬을 U라고 할 때 유니타리 변환 $U^+ A U$에 대해 알아보자. 고유치의 개수를 n으로 나타내면 식 (8.3.1)으로부터 $\sum_j A_{ij}\alpha_j^{(n)} = a_n\alpha_i^{(n)}$가 된다. 이때

$$\alpha_i^{(n)} = U_{in} \tag{8.3.3}$$

로 정의하면

$$(U^+ A U)_{nm} = <n|U^+ A U|m> = \sum_{i,j} <n|U^+|i><i|A|j><j|U|m> \qquad \because \text{완전성 관계}$$

$$= \sum_{i,j} (\alpha_i^{(n)})^* A_{ij}\alpha_j^{(m)} = a_m \sum_i (\alpha_i^{(n)})^*(\alpha_i^{(m)}) \qquad \because \sum_j A_{ij}\alpha_j^{(n)} = a_n\alpha_i^{(n)}$$

$$= a_m \delta_{nm} \qquad \because \text{고유함수의 직교성}$$

즉, 유니타리 변환 $U^+ A U$은 행렬 A을 대각화시키고 대각화 행렬요소는 고유치에 해당한다.

$$\Rightarrow U^+ A U = \begin{pmatrix} a_1 & 0 & \cdots & \cdots & 0 \\ 0 & a_2 & \cdots & \cdots & 0 \\ \vdots & \vdots & \ddots & & \vdots \\ 0 & 0 & \cdots & \cdots & a_n \end{pmatrix} \qquad \text{여기서 } a_i\text{은 고유치}$$

유니타리 변환에 대해 정리해 보면

유니타리 행렬은 $\alpha_i^{(n)} = U_{in}$의 관계식으로부터 구할 수 있다.

즉 행렬을 대각화시키는 U의 열벡터는 A의 고유함수들로 이루어진다.

예제 8.4

연산자 A가 행렬로 아래와 같이 표현될 때, (a) 이 연산자의 고유치와 이에 대응하는 고유함수를 구하고, (b) 또 이 행렬을 대각화시키는 유니타리 행렬 U을 구하세요.

$$A = \begin{pmatrix} 0 & -i & 0 \\ i & 0 & 0 \\ 0 & 0 & 0 \end{pmatrix}$$

풀이

(a) 연산자 A에 관한 특성방정식으로부터

$$\begin{vmatrix} -\lambda & -i & 0 \\ i & -\lambda & 0 \\ 0 & 0 & -\lambda \end{vmatrix} = 0 \Rightarrow \lambda(\lambda^2 - 1) = 0$$

고유치는 $\lambda = 0$ 또는 ± 1이 된다.

(i) $\lambda = 1$인 경우,

$$\begin{pmatrix} -1 & -i & 0 \\ i & -1 & 0 \\ 0 & 0 & -1 \end{pmatrix}\begin{pmatrix} \alpha \\ \beta \\ \gamma \end{pmatrix} = 0 \Rightarrow \alpha = 1, \ \beta = i, \ \gamma = 0$$

∴ 고유치에 대응하는 규격화된 고유함수는 $\dfrac{1}{\sqrt{2}}\begin{pmatrix} 1 \\ i \\ 0 \end{pmatrix}$

(ii) $\lambda = 0$인 경우,

$$\begin{pmatrix} 0 & -i & 0 \\ i & 0 & 0 \\ 0 & 0 & 0 \end{pmatrix}\begin{pmatrix} \alpha \\ \beta \\ \gamma \end{pmatrix} = 0 \Rightarrow \alpha = 0, \ \beta = 0, \ \gamma = 1$$

∴ 고유치에 대응하는 규격화된 고유함수는 $\begin{pmatrix} 0 \\ 0 \\ 1 \end{pmatrix}$

(iii) $\lambda = -1$인 경우,

$$\begin{pmatrix} 1 & -i & 0 \\ i & 1 & 0 \\ 0 & 0 & 1 \end{pmatrix}\begin{pmatrix} \alpha \\ \beta \\ \gamma \end{pmatrix} = 0 \Rightarrow \alpha = 1, \ \beta = -i, \ \gamma = 0$$

∴ 고유치에 대응하는 규격화된 고유함수는 $\dfrac{1}{\sqrt{2}}\begin{pmatrix} 1 \\ -i \\ 0 \end{pmatrix}$

(b) 이제 행렬 A을 대각화시키는 유니타리 행렬 U을 구해보자. 식 (8.3.3)에서와 같이 행렬 U은 위에서 구한 고유치에 대응하는 고유함수로 이루어진다. 즉

$$\alpha_i^{(n)} = U_{in} \Rightarrow U = \begin{pmatrix} U_{11} & U_{12} & U_{13} \\ U_{21} & U_{22} & U_{23} \\ U_{31} & U_{32} & U_{33} \end{pmatrix} = \begin{pmatrix} \alpha_1^{(1)} & \alpha_1^{(2)} & \alpha_1^{(3)} \\ \alpha_2^{(1)} & \alpha_2^{(2)} & \alpha_2^{(3)} \\ \alpha_3^{(1)} & \alpha_3^{(2)} & \alpha_3^{(3)} \end{pmatrix} = \frac{1}{\sqrt{2}}\begin{pmatrix} 1 & 0 & 1 \\ i & 0 & -i \\ 0 & \sqrt{2} & 0 \end{pmatrix}$$

그때 이 행렬의 역행렬 U^{-1}은 다음과 같이 구할 수 있다.

$$U^{-1} = \frac{1}{|U|}\begin{pmatrix} |M_{11}| & -|M_{21}| & |M_{31}| \\ -|M_{12}| & |M_{22}| & -|M_{32}| \\ |M_{13}| & -|M_{23}| & |M_{33}| \end{pmatrix} = \frac{1}{i}\begin{pmatrix} \dfrac{i}{\sqrt{2}} & \dfrac{1}{\sqrt{2}} & 0 \\ 0 & 0 & i \\ \dfrac{i}{\sqrt{2}} & -\dfrac{1}{\sqrt{2}} & 0 \end{pmatrix} = \frac{1}{\sqrt{2}}\begin{pmatrix} 1 & -i & 0 \\ 0 & 0 & \sqrt{2} \\ 1 & i & 0 \end{pmatrix}$$

여기서 $U^{-1} = U^+$임을 알 수 있어 기대한대로 U은 유니타리 행렬이다.

이제 U^+AU을 계산해 보면

$$U^+AU = \frac{1}{\sqrt{2}}\begin{pmatrix} 1 & -i & 0 \\ 0 & 0 & \sqrt{2} \\ 1 & i & 0 \end{pmatrix}\begin{pmatrix} 0 & -i & 0 \\ i & 0 & 0 \\ 0 & 0 & 0 \end{pmatrix}\frac{1}{\sqrt{2}}\begin{pmatrix} 1 & 0 & 1 \\ i & 0 & -i \\ 0 & \sqrt{2} & 0 \end{pmatrix} = \begin{pmatrix} 1 & 0 & 0 \\ 0 & 0 & 0 \\ 0 & 0 & -1 \end{pmatrix}$$

을 얻어서 유니타리 변환이 행렬 A을 대각화시키며 행렬요소는 행렬 A의 고유치에 해당한다는 것을 알 수 있다.

※ U가 유니타리 행렬($U^+ = U^{-1}$)임을 이미 알고 있다면 $U^+ = (U^*)^T$로부터 바로 역행렬 U^{-1}을 구해도 된다. ∎

예제 8.5

만약 (예제 8.4)에서 U 행렬을 구할 때 고유함수의 순서를 바꾸어서 $U = \frac{1}{\sqrt{2}}\begin{pmatrix} 1 & 1 & 0 \\ i & -i & 0 \\ 0 & 0 & \sqrt{2} \end{pmatrix}$로 하면 어떤 결과가 생기는지 알아보세요.

풀이

U 행렬의 역행렬을 구하면

$$U^{-1} = \frac{1}{\det U}\begin{pmatrix} |M_{11}| & -|M_{21}| & |M_{31}| \\ -|M_{12}| & |M_{22}| & -|M_{32}| \\ |M_{13}| & -|M_{23}| & |M_{33}| \end{pmatrix} = \frac{1}{-i}\begin{pmatrix} -\dfrac{i}{\sqrt{2}} & -\dfrac{1}{\sqrt{2}} & 0 \\ -\dfrac{i}{\sqrt{2}} & \dfrac{1}{\sqrt{2}} & 0 \\ 0 & 0 & -i \end{pmatrix}$$

$$= \frac{1}{\sqrt{2}}\begin{pmatrix} 1 & -i & 0 \\ 1 & i & 0 \\ 0 & 0 & \sqrt{2} \end{pmatrix}$$

여기서 $U^{-1} = U^+$임을 알 수 있어 기대한대로 U은 유니타리 행렬이다.

U^+AU을 계산해보면

$$U^+AU = \frac{1}{\sqrt{2}}\begin{pmatrix} 1 & -i & 0 \\ 1 & i & 0 \\ 0 & 0 & \sqrt{2} \end{pmatrix}\begin{pmatrix} 0 & -i & 0 \\ i & 0 & 0 \\ 0 & 0 & 0 \end{pmatrix}\frac{1}{\sqrt{2}}\begin{pmatrix} 1 & 1 & 0 \\ i & -i & 0 \\ 0 & 0 & \sqrt{2} \end{pmatrix} = \begin{pmatrix} 1 & 0 & 0 \\ 0 & -1 & 0 \\ 0 & 0 & 0 \end{pmatrix}$$

유니타리 변환이 행렬 A을 대각화시킴을 알 수 있다. (예제 8.4)와 차이점은 U 행렬에서 고유함수의 순서가 변하면서 고유치의 위치도 대각화된 행렬에서 대응하여 위치가 변했다는 것이다. ∎

(예제 8.5)에서 유니타리 행렬 U을 구할 때 규격화되지 않은 고유함수를 사용하면, 유니타리 변환으로 대각화시킨 행렬에 어떤 영향을 주는지 알아보세요.

풀이

규격화되지 않은 고유함수를 사용하면

$$U = \begin{pmatrix} 1 & 0 & 1 \\ i & 0 & -i \\ 0 & 1 & 0 \end{pmatrix} \text{이며 } U^+ = \begin{pmatrix} 1 & -i & 0 \\ 0 & 0 & 1 \\ 1 & i & 0 \end{pmatrix} \text{이므로}$$

$$\Rightarrow U^+ A U = \begin{pmatrix} 1 & -i & 0 \\ 0 & 0 & 1 \\ 1 & i & 0 \end{pmatrix} \begin{pmatrix} 0 & -i & 0 \\ i & 0 & 0 \\ 0 & 0 & 0 \end{pmatrix} \begin{pmatrix} 1 & 0 & 1 \\ i & 0 & -i \\ 0 & 1 & 0 \end{pmatrix} = \begin{pmatrix} 2 & 0 & 0 \\ 0 & 0 & 0 \\ 0 & 0 & -2 \end{pmatrix} = 2 \begin{pmatrix} 1 & 0 & 0 \\ 0 & 0 & 0 \\ 0 & 0 & -1 \end{pmatrix}$$

(예제 8.4)의 결과와 비교해서 고유치가 2배의 차이를 보인다. 즉 유니타리 변환을 할 때 규격화된 고유함수로 이루어진 유니타리 행렬을 사용하여 변환을 해야만 대각화된 행렬요소 값에 각 고유함수에 대응하는 고유치를 얻을 수 있다. ■

연산자의 행렬이 $A = \begin{pmatrix} -3 & \sqrt{\dfrac{19}{4}}\, e^{i\frac{\pi}{3}} \\ \sqrt{\dfrac{19}{4}}\, e^{-i\frac{\pi}{3}} & 6 \end{pmatrix}$ 로 주어질 때

(a) 고유치와 고유함수를 구하세요.

(b) 행렬 A을 대각화하는 행렬 U을 구한 후 U가 A을 대각화시킴을 보이세요.

풀이

(a) 특성방정식으로부터

$$\begin{vmatrix} -3-\lambda & \sqrt{\dfrac{19}{4}}\, e^{i\frac{\pi}{3}} \\ \sqrt{\dfrac{19}{4}}\, e^{-i\frac{\pi}{3}} & 6-\lambda \end{vmatrix} = 0 \Rightarrow (\lambda-6)(\lambda+3) - \frac{19}{4} = 0 \Rightarrow \left(\lambda + \frac{7}{2}\right)\left(\lambda - \frac{13}{2}\right) = 0$$

(i) 고유치가 $-\dfrac{7}{2}$일 때, 고유함수를 구하면

$$\begin{pmatrix} \dfrac{1}{2} & \sqrt{\dfrac{19}{4}}\, e^{i\frac{\pi}{3}} \\ \sqrt{\dfrac{19}{4}}\, e^{-i\frac{\pi}{3}} & \dfrac{19}{2} \end{pmatrix} \begin{pmatrix} x \\ y \end{pmatrix} = 0 \Rightarrow \frac{1}{2}x + \sqrt{\frac{19}{4}}\, e^{i\frac{\pi}{3}} y = 0$$

$\Rightarrow x = 1$일 때 $y = -\sqrt{\dfrac{1}{19}}\,e^{-i\frac{\pi}{3}}$이 되며, 그때 규격화 상수는 $\sqrt{\dfrac{19}{20}}$이 되어 규격

화된 고유함수는 $\begin{pmatrix} \sqrt{\dfrac{19}{20}} \\ -\sqrt{\dfrac{1}{20}}\,e^{-i\frac{\pi}{3}} \end{pmatrix}$가 된다.

(ii) 고유치가 $\dfrac{13}{2}$일 때, 고유함수를 구하면

$$\begin{pmatrix} -\dfrac{19}{2} & \sqrt{\dfrac{19}{4}}\,e^{i\frac{\pi}{3}} \\ \sqrt{\dfrac{19}{4}}\,e^{-i\frac{\pi}{3}} & -\dfrac{1}{2} \end{pmatrix}\begin{pmatrix} x \\ y \end{pmatrix} = 0 \Rightarrow -\dfrac{19}{2}x + \sqrt{\dfrac{19}{4}}\,e^{i\frac{\pi}{3}}y = 0$$

$\Rightarrow x = 1$일 때 $y = \sqrt{19}\,e^{-i\frac{\pi}{3}}$이 되며, 그때 규격화 상수는 $\sqrt{\dfrac{1}{20}}$이 되어 규격

화된 고유함수는 $\begin{pmatrix} \sqrt{\dfrac{1}{20}} \\ \sqrt{\dfrac{19}{20}}\,e^{-i\frac{\pi}{3}} \end{pmatrix}$가 된다.

(b) 위에서 구한 규격화된 고유함수로부터

$$U = \begin{pmatrix} \sqrt{\dfrac{19}{20}} & \sqrt{\dfrac{1}{20}} \\ -\sqrt{\dfrac{1}{20}}\,e^{-i\frac{\pi}{3}} & \sqrt{\dfrac{19}{20}}\,e^{-i\frac{\pi}{3}} \end{pmatrix}$$가 되고,

$$\Rightarrow U^+ = (U^*)^T = \begin{pmatrix} \sqrt{\dfrac{19}{20}} & -\sqrt{\dfrac{1}{20}}\,e^{i\frac{\pi}{3}} \\ \sqrt{\dfrac{1}{20}} & \sqrt{\dfrac{19}{20}}\,e^{i\frac{\pi}{3}} \end{pmatrix}$$이므로

$$\therefore U^+ A U = \begin{pmatrix} \sqrt{\dfrac{19}{20}} & -\sqrt{\dfrac{1}{20}}\,e^{i\frac{\pi}{3}} \\ \sqrt{\dfrac{1}{20}} & \sqrt{\dfrac{19}{20}}\,e^{i\frac{\pi}{3}} \end{pmatrix}\begin{pmatrix} -3 & \sqrt{\dfrac{19}{4}}\,e^{i\frac{\pi}{3}} \\ \sqrt{\dfrac{19}{4}}\,e^{-i\frac{\pi}{3}} & 6 \end{pmatrix}\begin{pmatrix} \sqrt{\dfrac{19}{20}} & \sqrt{\dfrac{1}{20}} \\ -\sqrt{\dfrac{1}{20}}\,e^{-i\frac{\pi}{3}} & \sqrt{\dfrac{19}{20}}\,e^{-i\frac{\pi}{3}} \end{pmatrix}$$

$$= \begin{pmatrix} -\dfrac{7}{2} & 0 \\ 0 & \dfrac{13}{2} \end{pmatrix}$$

즉, 기대한 대로 대각화된 행렬요소 값이 각 고유함수의 고유치에 대응한다. ■

타원 방정식이 $3x^2 + 4xy + 6y^2 = 14$일 경우 유니타리 변환을 이용하여 타원의 주축 방향을 구해보세요.

풀이

원 식은 다음과 같이 행렬로 나타낼 수 있다.

$$3x^2 + 2xy + 2xy + 6y^2 = 14 \Rightarrow x(3x + 2y) + y(2x + 6y) = 14$$

$$\Rightarrow (x \quad y)\begin{pmatrix} 3x + 2y \\ 2x + 6y \end{pmatrix} = 14 \Rightarrow (x \quad y)\begin{pmatrix} 3 & 2 \\ 2 & 6 \end{pmatrix}\begin{pmatrix} x \\ y \end{pmatrix} = 14$$

여기서 $\begin{pmatrix} x \\ y \end{pmatrix} = X$와 $A = \begin{pmatrix} 3 & 2 \\ 2 & 6 \end{pmatrix}$로 놓으면 위 식은 $X^+ A X = 14$의 형태이고

만약 유니타리 행렬 U가 있어

$$X' = U^+ X \tag{예 8.8.1}$$

라 하면 그때

$$U^+ X = X' \Rightarrow UU^+ X = UX' \Rightarrow \begin{cases} X = UX' \\ X^+ = X'^+ U^+ \end{cases}$$

을 얻어 이들을 원 식에 대입하면

$$X^+ A X = 14 \Rightarrow (X'^+ U^+) A (UX') = 14 \tag{예 8.8.2}$$

여기서 유니타리 변환 $U^+ A U$은 행렬 A을 대각화시키고 대각화된 행렬의 행렬요소는 고유치에 해당한다.

$A = \begin{pmatrix} 3 & 2 \\ 2 & 6 \end{pmatrix}$ 행렬의 고유치를 특성방정식을 사용하여 구해보면

$$\begin{vmatrix} 3 - \lambda & 2 \\ 2 & 6 - \lambda \end{vmatrix} = 0 \Rightarrow (\lambda - 7)(\lambda - 2) = 0$$

으로 고유치 7과 2을 얻어서 $U^+ A U = \begin{pmatrix} 7 & 0 \\ 0 & 2 \end{pmatrix}$이다.

식 (예 8.8.2)에 대입하면

$$(x' \, y')\begin{pmatrix} 7 & 0 \\ 0 & 2 \end{pmatrix}\begin{pmatrix} x' \\ y' \end{pmatrix} = 14 \Rightarrow 7x'^2 + 2y'^2 = 14 \Rightarrow \left(\frac{x'}{\sqrt{2}}\right)^2 + \left(\frac{y'}{\sqrt{7}}\right)^2 = 1$$

와 같이 반장축(semi-major axis)이 $\sqrt{7}$이고 반단축(semi-minor)이 $\sqrt{2}$인 교차항(xy)이 없는 타원방정식이다.

이제 X'이 X로부터 기울어진 정도를 구해보자. 고유치에 대응하는 각각의 고유함수는

$\dfrac{1}{\sqrt{5}}\begin{pmatrix}1\\2\end{pmatrix}$ 와 $\dfrac{1}{\sqrt{5}}\begin{pmatrix}-2\\1\end{pmatrix}$ 이므로 유니타리 변환행렬은 $U=\dfrac{1}{\sqrt{5}}\begin{pmatrix}1&-2\\2&1\end{pmatrix}$ 이 되고

$U^{+}=\dfrac{1}{\sqrt{5}}\begin{pmatrix}1&2\\-2&1\end{pmatrix}$ 이 되어, 식 (예 8.8.1)은

$$\begin{pmatrix}\widehat{x'}\\\widehat{y'}\end{pmatrix}=\dfrac{1}{\sqrt{5}}\begin{pmatrix}1&2\\-2&1\end{pmatrix}\begin{pmatrix}\hat{x}\\\hat{y}\end{pmatrix}\Rightarrow\begin{cases}\widehat{x'}=\dfrac{1}{\sqrt{5}}\hat{x}+\dfrac{2}{\sqrt{5}}\hat{y}\\\widehat{y'}=\dfrac{-2}{\sqrt{5}}\hat{x}+\dfrac{1}{\sqrt{5}}\hat{y}\end{cases}$$

$$\Rightarrow \cos\theta=\dfrac{1}{\sqrt{5}}\Rightarrow\therefore\ \theta=\cos^{-1}\dfrac{1}{\sqrt{5}}$$

이 결과들을 가지고 타원을 그려보면 다음과 같다.

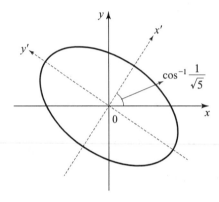

그림 8.1 x' 과 y' 은 타원 $3x^2+4xy+6y^2=14$의 주축이다. ■

예제 8.9

모든 정방행렬은 대각화가 가능한지 여부를 행렬 $A=\begin{pmatrix}2&2\\0&2\end{pmatrix}$ 을 가지고 살펴보세요.

풀이

특성방정식을 사용하여 이 행렬의 고유치를 구해보면 2가 되며 대응하는 고유함수는 $\begin{pmatrix}1\\0\end{pmatrix}$ 으로 하나의 고유치만을 가진다. 그러므로 유니타리 변환행렬이 존재하지 않는다. 이와 같이 모든 정방행렬이 대각화 가능한 것은 아니고 $n\times n$ 행렬 A가 n개의 선형독립인 고유함수를 가질 때만 대각화될 수 있다. ■

예제 8.10

6장의 진동자 문제에서 행렬식을 써서 진동자의 에너지가 $E=\dfrac{p^2}{2m}+\dfrac{1}{2}m\omega^2x^2$ 임을 보

이세요.

풀이

(i) 5장의 진동자 문제에서 아래의 관계를 얻은 바 있다.

$$\begin{cases} a = \sqrt{\dfrac{m\omega}{2\hbar}}\,x + i\dfrac{p}{\sqrt{2m\omega\hbar}} \\ a^+ = \sqrt{\dfrac{m\omega}{2\hbar}}\,x - i\dfrac{p}{\sqrt{2m\omega\hbar}} \end{cases} \Rightarrow \begin{cases} x = \sqrt{\dfrac{\hbar}{2m\omega}}\,(a+a^+) \\ p = -\sqrt{\dfrac{m\omega\hbar}{2}}\,i\,(a-a^+) \end{cases} \quad \text{(예 8.10.1)}$$

(ii) 5장의 보충자료 1에서 구한 a와 a^+의 행렬표현을 식 (예 8.10.1)에 대입하면

$$x = \sqrt{\frac{\hbar}{2m\omega}} \begin{pmatrix} 0 & \sqrt{1} & 0 & \cdots\cdots \\ \sqrt{1} & 0 & \sqrt{2} & \cdots\cdots \\ 0 & \sqrt{2} & 0 & \cdots\cdots \\ 0 & 0 & \sqrt{3} & \cdots\cdots \\ & & \vdots & \end{pmatrix}$$

$$p = \sqrt{\frac{m\omega\hbar}{2}} \begin{pmatrix} 0 & -i\sqrt{1} & 0 & \cdots\cdots \\ i\sqrt{1} & 0 & -i\sqrt{2} & \cdots\cdots \\ 0 & i\sqrt{2} & 0 & \cdots\cdots \\ 0 & 0 & i\sqrt{3} & \cdots\cdots \\ & & \vdots & \end{pmatrix}$$

(iii) 또한 5장의 보충자료 1에서 에너지에 대한 행렬

$$E = \begin{pmatrix} \dfrac{1}{2} & 0 & 0 & \cdots\cdots \\ 0 & \dfrac{3}{2} & 0 & \cdots\cdots \\ 0 & 0 & \dfrac{5}{2} & \cdots\cdots \\ & & \vdots & \end{pmatrix} \hbar\omega$$

도 구했기 때문에 쉽게 $E = \dfrac{p^2}{2m} + \dfrac{1}{2}m\omega^2 x^2$ 관계를 증명할 수 있다. ∎

예제 8.11

$A = \begin{pmatrix} 5 & -2 \\ -2 & 2 \end{pmatrix}$일 때 (a) 고유치와 대응하는 고유함수를 구하고 (b) 유니타리 변환에서 두 벡터의 길이(norm 또는 크기)가 보존됨을 보이세요.

(힌트) 길이: $\|A\| = \sqrt{\displaystyle\sum_i \sum_j |a_{ij}|^2}$

풀이

(a) 특성방정식으로부터

$$\begin{vmatrix} 5-\lambda & -2 \\ -2 & 2-\lambda \end{vmatrix} = 0 \Rightarrow (\lambda-1)(\lambda-6) = 0 \quad \therefore \lambda_1 = 1, \ \lambda_2 = 6$$

(i) $\lambda_1 = 1$일 때

$$\begin{pmatrix} 4 & -2 \\ -2 & 1 \end{pmatrix}\begin{pmatrix} x \\ y \end{pmatrix} = 0 \Rightarrow 4x - 2y = 0 \Rightarrow x = 1, \ y = 2$$

$$\therefore \ \text{규격화된 고유함수는} \ \frac{1}{\sqrt{5}}\begin{pmatrix} 1 \\ 2 \end{pmatrix}$$

(i) $\lambda_2 = 6$일 때

$$\begin{pmatrix} -1 & -2 \\ -2 & -4 \end{pmatrix}\begin{pmatrix} x \\ y \end{pmatrix} = 0 \Rightarrow -x - 2y = 0 \Rightarrow x = 2, \ y = -1$$

$$\therefore \ \text{규격화된 고유함수는} \ \frac{1}{\sqrt{5}}\begin{pmatrix} 2 \\ -1 \end{pmatrix}$$

(b) 위의 결과로부터 $U = \dfrac{1}{\sqrt{5}}\begin{pmatrix} 1 & 2 \\ 2 & -1 \end{pmatrix}$로 나타내면 $U^+ = \dfrac{1}{\sqrt{5}}\begin{pmatrix} 1 & 2 \\ 2 & -1 \end{pmatrix}$이다. 그때 유니타리 변환은

$$A' = U^+ A U = \frac{1}{\sqrt{5}}\begin{pmatrix} 1 & 2 \\ 2 & -1 \end{pmatrix}\begin{pmatrix} 5 & -2 \\ -2 & 2 \end{pmatrix}\frac{1}{\sqrt{5}}\begin{pmatrix} 1 & 2 \\ 2 & -1 \end{pmatrix} = \begin{pmatrix} 1 & 0 \\ 0 & 6 \end{pmatrix}$$

이 된다.

A의 길이는 $\|A\| = \sqrt{5^2 + (-2)^2 + (-2)^2 + 2^2} = \sqrt{37}$ 이고 유니타리 변환 A'의 길이는 $\|A\| = \sqrt{1^2 + 6^2} = \sqrt{37}$ 이 되어 두 벡터 행렬의 길이가 같음을 알 수 있다. 즉, 유니타리 변환에서 두 벡터의 길이는 보존된다. ■

스핀

① 스핀 소개

[고전적 입장]

① 그림 9.1과 같이 전자가 원형궤도를 주기 T로 돌기 때문에 생기는 전류 i은

$$i = \frac{e}{T} = \frac{ev}{2\pi r}$$

② 그때의 자기모멘트 μ은

$$\mu = iA = \frac{ev}{2\pi r}\pi r^2 = \frac{1}{2}evr$$

③ 그리고 각운동량 $L = |\vec{r} \times \vec{p}|$은

$$L = rp\sin\frac{\pi}{2} = rmv \Rightarrow rv = \frac{L}{m}$$

각운동량의 방향은 오른손 좌표계에서 $\vec{r}$과 $\vec{p}$가 이루는 평면에 수직 바깥방향이다. ②와 ③으로부터 자기모멘트와 각운동량의 관계식을 얻는다.

$$\mu = \frac{e}{2m}L$$

전자의 자기모멘트 크기는 각운동량 크기에 비례하며 전자의 전하량(e)가 음수이므로 자기모멘트와 각운동량은 반대 방향이다. 이를 수식으로 나타내면

$$\vec{\mu} = -\frac{|e|}{2m}\vec{L}$$

가 되고 그림 9.1과 같이 표현된다. 스핀 각운동량 $\vec{S}$와 구별하기 위해 $\vec{L}$을 궤도 각운동량이라 한다.

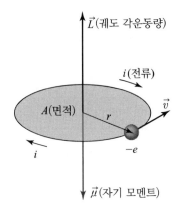

그림 9.1 반경 r, 면적 A인 원 궤도를 질량 m인 전자가 속도 $\vec{v}$로 돌 때 생기는 자기모멘트 $\vec{\mu}$와 각운동량 $\vec{L}$

[양자적 입장]

① 전자의 스핀은 전자 자체의 회전에서 기인하는 각운동량으로 간주할 수 있어서, 위에서 구한 식으로부터

$$\vec{\mu} = -\frac{|e|}{2m}\vec{L} \xrightarrow{\vec{L} \to \vec{S}} \vec{\mu}_s = -\frac{|e|}{2m}\vec{S}$$

② 상대론적 양자역학에 따르면 ①에서의 식은

$$\vec{\mu}_s = -g\frac{|e|}{2m}\vec{S}$$

여기서 g - 인자는 무차원 상수가 되며 디락 이론에서는 $g = 2^{(38)}$이다.

③ 전자의 스핀 각운동량의 크기는 $S = \frac{1}{2}\hbar$이므로

전자스핀 자기모멘트는

$$\mu_s = 2\frac{e}{2m}\frac{1}{2}\hbar = \frac{e\hbar}{2m} = \mu_B \text{ 보어 마그네톤(Bohr magneton)}$$

이다.

전자는 궤도운동에 의한 궤도 각운동량 $\vec{L}$과 스핀운동에 의한 각운동량인 스핀 각운동량 $\vec{S}$을 갖는다. 전자스핀상태는 2차원 복소수 행렬인 파울리(Pauli) 행렬로 불리는 3개의

---

(38) 정밀한 값은 $g = 2\left(1 + \frac{\alpha}{2\pi} + \cdots\cdots\right)$이고 $g = 2$에서 벗어난 값을 비정상 자기모멘트라 한다.

독립적인 기저행렬 σ_1, σ_2, σ_3로 표현할 수 있다. 이 기저행렬의 고유벡터가 x, y, z 방향에 대응하는 성질이 있어서 파울리 행렬은 다음과 같이 정의된다.

$$\sigma_1 = \sigma_x = \begin{pmatrix} 0 & 1 \\ 1 & 0 \end{pmatrix}, \quad \sigma_2 = \sigma_y = \begin{pmatrix} 0 & -i \\ i & 0 \end{pmatrix}, \quad \sigma_3 = \sigma_z = \begin{pmatrix} 1 & 0 \\ 0 & -1 \end{pmatrix} \tag{9.1.1}$$

이 경우 행렬은 $Tr(\sigma_i) = 0$과 $\sigma_i^2 = 1$의 성질을 갖는다.

파울리 σ-행렬의 몇 가지 주요 성질들은 다음과 같다[39].

$$\det(\sigma_i) = -1, \quad \sigma_i \sigma_j = \delta_{ij} I + i \epsilon_{ijk} \sigma_k, \quad [\sigma_i, \ \sigma_j] = 2i\epsilon_{ijk}\sigma_k, \quad \{\sigma_i, \sigma_j\} = 2\delta_{ij}$$

$$(\vec{\sigma} \cdot \vec{A})(\vec{\sigma} \cdot \vec{B}) = \vec{A} \cdot \vec{B} + i(\vec{A} \times \vec{B}) \cdot \vec{\sigma}$$

$$(\vec{\sigma} \cdot \vec{A})\vec{\sigma} = \vec{A} + i\vec{\sigma} \times \vec{A}$$

$$\vec{\sigma}(\vec{\sigma} \cdot \vec{A}) = \vec{A} - i\vec{\sigma} \times \vec{A}, \quad \vec{\sigma} \times \vec{\sigma} = 2i\vec{\sigma}$$

그리고 스핀 각운동량 $\vec{S}$와 파울리 σ-행렬의 관계는 다음과 같다.

$$\vec{S} = \frac{1}{2}\hbar\vec{\sigma}$$

그러므로 파울리 스핀 행렬은

$$S_x = \frac{1}{2}\hbar \begin{pmatrix} 0 & 1 \\ 1 & 0 \end{pmatrix}, \quad S_y = \frac{1}{2}\hbar \begin{pmatrix} 0 & -i \\ i & 0 \end{pmatrix}, \quad S_z = \frac{1}{2}\hbar \begin{pmatrix} 1 & 0 \\ 0 & -1 \end{pmatrix}$$

가 되며

$$S^2 = S_x^2 + S_y^2 + S_z^2 = \frac{1}{4}\hbar^2(\sigma_x^2 + \sigma_y^2 + \sigma_z^2) = \frac{3}{4}\hbar^2 \begin{pmatrix} 1 & 0 \\ 0 & 1 \end{pmatrix}$$

전자의 경우 $S = \frac{1}{2}$이므로 위 식의 $\frac{3}{4}\hbar^2 = s(s+1)\hbar^2$이므로

$$S^2 = s(s+1)\hbar^2 I \tag{9.1.2}$$

로 나타낼 수 있다.

스핀 각운동량 연산자 $\vec{S}$은 앞에서 배운 궤도 각운동량 연산자 $\vec{L}$과 유사한 교환 관계

---

(39) 증명은 [보충자료 1]에 있음.

식을 만족한다.

$$[L_i,\ L_j] = i\hbar\epsilon_{ijk}L_k \Rightarrow [S_i,\ S_j] = i\hbar\epsilon_{ijk}S_k$$

그리고 연산자 $L_\pm$의 정의에서처럼 스핀도

$$L_\pm \equiv L_x \pm iL_y \Rightarrow S_\pm \equiv S_x \pm iS_y$$

로 정의할 수 있어서 스핀 각운동량 연산자 $\vec{S}$의 양자수를 s 그리고 z-방향의 스핀 각운동량 연산자 S_z의 양자수를 s_z로 표현한 상태벡터 $|s, s_z>$에 대한 기댓값을 구하면

$$<s, s_z'|S_z|s, s_z> = s_z\hbar\delta_{s_z's_z} \text{ 와}$$

$$\begin{aligned}
<s, s_z'|S_\pm|s, s_z> &= \sqrt{s(s+1) - s_z(s_z \pm 1)}\,\hbar\delta_{s_z's_z \pm 1} \qquad\qquad (9.1.3)\\
&= \sqrt{\frac{1}{2}\left(\frac{1}{2}+1\right) - s_z(s_z \pm 1)}\,\hbar\delta_{s_z's_z \pm 1} \qquad (s = \frac{1}{2}\text{에 대해서})\\
&= \sqrt{\frac{3}{4} - s_z(s_z \pm 1)}\,\hbar\delta_{s_z's_z \pm 1}
\end{aligned}$$

가 된다. 그리고

$$S^2 = S_x^2 + S_y^2 + S_z^2 \Rightarrow S^2 = S_+S_- + S_z^2 - \hbar S_z \Rightarrow S_+S_- = S^2 - S_z^2 + \hbar S_z$$

이므로

$$\begin{aligned}
<s, s_z'|S_+S_-|s, s_z> &= <s, s_z'|(S^2 - S_z^2 + \hbar S_z)|s, s_z> = [s(s+1) - s_z^2 + s_z]\hbar^2\delta_{s_z's_z}\\
&= \left(\frac{3}{4} - s_z(s_z - 1)\right)\hbar^2\delta_{s_z's_z}
\end{aligned}$$

이다.

<hr/>

예제 9.1

스핀 연산자 S_z의 행렬이 $S_z = \frac{1}{2}\hbar\begin{pmatrix} 1 & 0 \\ 0 & -1 \end{pmatrix}$일 때 이 행렬의 고유치와 고유함수를 구하세요.

풀이

특성방정식으로부터

$$\begin{vmatrix} \frac{1}{2}\hbar - \lambda & 0 \\ 0 & -\frac{1}{2}\hbar - \lambda \end{vmatrix} = 0 \Rightarrow \lambda = \pm\frac{\hbar}{2}$$

(i) 고유치가 $+\dfrac{\hbar}{2}$ 일 때

$$\frac{1}{2}\hbar\begin{pmatrix} 0 & 0 \\ 0 & -2 \end{pmatrix}\begin{pmatrix} x \\ y \end{pmatrix}=0 \;\Rightarrow\; x=1, y=0$$

∴ 규격화된 고유함수는 $\begin{pmatrix} 1 \\ 0 \end{pmatrix}\equiv\chi_+$ 이며

이때

$S_z\chi_+ =+\dfrac{1}{2}\hbar\chi_+ = s_z\chi_+$ 의 고유치 방정식을 만족하므로 이 고유함수 χ_+은

$s_z =+\dfrac{1}{2}\hbar$ (스핀 '업')에 대응하는 **고유 스피너**(eigenspinor)라 한다.

(ii) 고유치가 $-\dfrac{\hbar}{2}$ 일 때

$$\frac{1}{2}\hbar\begin{pmatrix} 2 & 0 \\ 0 & 0 \end{pmatrix}\begin{pmatrix} x \\ y \end{pmatrix}=0 \;\Rightarrow\; x=0, y=1$$

∴ 규격화된 고유함수는 $\begin{pmatrix} 0 \\ 1 \end{pmatrix}\equiv\chi_-$ 이며

이때

$S_z\chi_- =-\dfrac{1}{2}\hbar\chi_- = s_z\chi_-$ 의 고유치 방정식을 만족하므로 이 고유함수 χ_-은

$s_z =-\dfrac{1}{2}\hbar$ (스핀 '다운')에 대응하는 고유 스피너라 한다.

(i)와 (ii)로부터 임의의 규격화된 스핀 상태벡터 $|\alpha>=\begin{pmatrix} \alpha_+ \\ \alpha_- \end{pmatrix}$은 아래와 같이 두 고유 스피너의 합으로 나타낼 수 있기 때문에 고유 스피너가 기저벡터임을 알 수 있다.

$$|\alpha>=\begin{pmatrix} \alpha_+ \\ \alpha_- \end{pmatrix}=\alpha_+\begin{pmatrix} 1 \\ 0 \end{pmatrix}+\alpha_-\begin{pmatrix} 0 \\ 1 \end{pmatrix}$$

규격화를 적용하면 $<\alpha|\alpha>=1 \Rightarrow (\alpha_+^* \;\; \alpha_-^*)\begin{pmatrix} \alpha_+ \\ \alpha_- \end{pmatrix}=1 \Rightarrow |\alpha_+|^2+|\alpha_-|^2=1$ 이고 여기서 $|\alpha_+|^2$과 $|\alpha_-|^2$은 임의의 스핀상태를 S_z 연산자로 측정했을 때 각각 고유치 $+\dfrac{1}{2}\hbar$와 $-\dfrac{1}{2}\hbar$ 값을 줄 확률이다.

예제 9.2

스핀연산자 $S_x\cos\phi + S_y\sin\phi$의 고유치와 고유함수를 구하세요.

$$S_x \cos\phi + S_y \sin\phi = \frac{\hbar}{2}\begin{pmatrix} 0 & 1 \\ 1 & 0 \end{pmatrix}\cos\phi + \frac{\hbar}{2}\begin{pmatrix} 0 & -i \\ i & 0 \end{pmatrix}\sin\phi$$

$$= \frac{\hbar}{2}\begin{pmatrix} 0 & \cos\phi - i\sin\phi \\ \cos\phi + i\sin\phi & 0 \end{pmatrix} = \frac{\hbar}{2}\begin{pmatrix} 0 & e^{-i\phi} \\ e^{i\phi} & 0 \end{pmatrix}$$

이 행렬의 고유치를 특성방정식으로부터 구하면

$$\begin{vmatrix} -\lambda & \frac{\hbar}{2}e^{-i\phi} \\ \frac{\hbar}{2}e^{i\phi} & -\lambda \end{vmatrix} = 0 \implies \lambda = \pm\frac{\hbar}{2}$$

이다.

(i) 고유치가 $+\frac{\hbar}{2}$ 일 때

$$\frac{\hbar}{2}\begin{pmatrix} -1 & e^{-i\phi} \\ e^{i\phi} & -1 \end{pmatrix}\begin{pmatrix} x \\ y \end{pmatrix} = 0 \implies x = ye^{-i\phi} \implies x = e^{-\frac{i}{2}\phi}, \ y = e^{\frac{i}{2}\phi}$$

∴ 규격화된 고유함수는 $|+>_\phi = \frac{1}{\sqrt{2}}\begin{pmatrix} e^{-\frac{i}{2}\phi} \\ e^{\frac{i}{2}\phi} \end{pmatrix}$

(ii) 고유치가 $-\frac{\hbar}{2}$ 일 때

$$\frac{\hbar}{2}\begin{pmatrix} 1 & e^{-i\phi} \\ e^{i\phi} & 1 \end{pmatrix}\begin{pmatrix} x \\ y \end{pmatrix} = 0 \implies x = -ye^{-i\phi} \implies x = e^{-\frac{i}{2}\phi}, \ y = -e^{\frac{i}{2}\phi}$$

∴ 규격화된 고유함수는 $|->_\phi = \frac{1}{\sqrt{2}}\begin{pmatrix} e^{-\frac{i}{2}\phi} \\ -e^{\frac{i}{2}\phi} \end{pmatrix}$

예제 9.3

(a) 스핀 $\frac{1}{2}$ 계에 대한 S_x의 측정이 고유치 $+\frac{1}{2}\hbar$을 주는 고유함수를 구하세요. (b) 계속해서 $S_x \cos\phi + S_y \sin\phi$로 측정했을 때 $+\frac{1}{2}\hbar$와 $-\frac{1}{2}\hbar$을 줄 확률을 각각 구하세요.

풀이

(a) $S_x = \frac{1}{2}\hbar\begin{pmatrix} 0 & 1 \\ 1 & 0 \end{pmatrix}$의 고유치를 특성방정식을 사용해서 구하면

$$\begin{vmatrix} -\lambda & \dfrac{1}{2}\hbar \\ \dfrac{1}{2}\hbar & -\lambda \end{vmatrix} = 0 \Rightarrow \lambda = \pm \dfrac{\hbar}{2}$$

이다. 고유치 방정식 $S_x|+>_x = +\dfrac{\hbar}{2}|+>_x$을 만족하는 고유함수를 구하면 된다.

$|+>_x$은 고유치 $+\dfrac{\hbar}{2}$을 갖는 고유함수이므로

$$\frac{1}{2}\hbar\begin{pmatrix} -1 & 1 \\ 1 & -1 \end{pmatrix}\begin{pmatrix} x \\ y \end{pmatrix} = 0 \Rightarrow x = y$$

∴ 규격화된 고유함수는 $|+>_x = \dfrac{1}{\sqrt{2}}\begin{pmatrix} 1 \\ 1 \end{pmatrix}$

(b) 계속해서 $S_x\cos\phi + S_y\sin\phi$로 측정했을 때 $+\dfrac{1}{2}\hbar$을 줄 확률진폭은

$$_\phi<+|+>_x = \frac{1}{\sqrt{2}}(e^{\frac{i}{2}\phi} \quad e^{-\frac{i}{2}\phi})\frac{1}{\sqrt{2}}\begin{pmatrix} 1 \\ 1 \end{pmatrix} = \frac{1}{2}(e^{\frac{i}{2}\phi} + e^{-\frac{i}{2}\phi})$$
$$= \cos\frac{\phi}{2}$$

이어서 확률은

$$|_\phi<+|+>_x|^2 = \cos^2\frac{\phi}{2}$$

가 된다. 그리고 $S_x\cos\phi + S_y\sin\phi$로 측정했을 때 $-\dfrac{1}{2}\hbar$을 줄 확률진폭은

$$_\phi<-|+>_x = \frac{1}{\sqrt{2}}(e^{\frac{i}{2}\phi} \quad -e^{-\frac{i}{2}\phi})\frac{1}{\sqrt{2}}\begin{pmatrix} 1 \\ 1 \end{pmatrix} = \frac{1}{2}(e^{\frac{i}{2}\phi} - e^{-\frac{i}{2}\phi})$$
$$= i\sin\frac{\phi}{2}$$

이므로 확률은

$$|_\phi<-|+>_x|^2 = \left(-i\sin\frac{\phi}{2}\right)\left(i\sin\frac{\phi}{2}\right) = \sin^2\frac{\phi}{2}$$

이다.

모든 가능한 고유치를 가질 확률의 합은 기대한 대로 $\cos^2\dfrac{\phi}{2} + \sin^2\dfrac{\phi}{2} = 1$을 얻는다.

(a) $S_y = \dfrac{1}{2}\hbar\begin{pmatrix} 0 & -i \\ i & 0 \end{pmatrix}$의 고유치와 고유함수를 구하세요. (b) (a)에서 구한 고유함수 $|+>_y$와 $|->_y$가 직교성 관계 $_y<+|->_y = 0$을 만족함을 보이세요.

풀이

(a) 특성방정식으로부터 고유치를 구하면

$$\begin{vmatrix} -\lambda & -\dfrac{i}{2}\hbar \\ \dfrac{i}{2}\hbar & -\lambda \end{vmatrix} = 0 \implies \lambda = \pm\dfrac{\hbar}{2}$$

이다.

(i) 고유치가 $+\dfrac{\hbar}{2}$일 때

$$\dfrac{1}{2}\hbar\begin{pmatrix} -1 & -i \\ i & -1 \end{pmatrix}\begin{pmatrix} x \\ y \end{pmatrix} = 0 \implies x = -iy \implies x = 1,\ y = i$$

∴ 규격화된 고유함수는 $|+>_y = \dfrac{1}{\sqrt{2}}\begin{pmatrix} 1 \\ i \end{pmatrix}$

(ii) 고유치가 $-\dfrac{\hbar}{2}$일 때

$$\dfrac{1}{2}\hbar\begin{pmatrix} 1 & -i \\ i & 1 \end{pmatrix}\begin{pmatrix} x \\ y \end{pmatrix} = 0 \implies x = iy \implies x = 1,\ y = -i$$

∴ 규격화된 고유함수는 $|->_y = \dfrac{1}{\sqrt{2}}\begin{pmatrix} 1 \\ -i \end{pmatrix}$

(b) $_y<+|->_y = \dfrac{1}{\sqrt{2}}(1\ \ -i)\dfrac{1}{\sqrt{2}}\begin{pmatrix} 1 \\ -i \end{pmatrix} = 0$

그러므로 두 고유함수는 직교성을 만족한다.

예제 9.5

임의의 스핀상태 $|\alpha> = \begin{pmatrix} \alpha_+ \\ \alpha_- \end{pmatrix}$에 대한 S_x, S_y, S_z의 기댓값을 구하세요.

풀이

기댓값에 대한 정의 식을 적용하면 S_x의 기댓값은

$$< \alpha|S_x|\alpha > = (\alpha_+^* \quad \alpha_-^*)\frac{1}{2}\hbar\begin{pmatrix} 0 & 1 \\ 1 & 0 \end{pmatrix}\begin{pmatrix} \alpha_+ \\ \alpha_- \end{pmatrix} = \frac{1}{2}\hbar(\alpha_+^*\alpha_- + \alpha_-^*\alpha_+)$$

이다. 유사한 방법으로 S_y, S_z의 기댓값을 다음과 같이 구할 수 있다.

$$< \alpha|S_y|\alpha > = (\alpha_+^* \ \alpha_-^*)\frac{\hbar}{2}\begin{pmatrix} 0 & -i \\ i & 0 \end{pmatrix}\begin{pmatrix} \alpha_+ \\ \alpha_- \end{pmatrix} = -\frac{i}{2}\hbar(\alpha_+^*\alpha_- - \alpha_-^*\alpha_+)$$

그리고

$$< \alpha|S_z|\alpha > = (\alpha_+^* \quad \alpha_-^*)\frac{\hbar}{2}\begin{pmatrix} 1 & 0 \\ 0 & -1 \end{pmatrix}\begin{pmatrix} \alpha_+ \\ \alpha_- \end{pmatrix} = \frac{1}{2}\hbar(|\alpha_+|^2 - |\alpha_-|^2)$$ ▪

$t=0$일 때 어떤 특정한 방향에 있는 전자스핀이 시간 t일 때 어떤 방향으로 놓이는지에 대해 알아본다.

전자스핀에 의해 전자는 다음과 같은 고유의 스핀 자기모멘트를 가진다.

$$\vec{\mu}_s = -g\frac{|e|}{2m}\vec{S}$$

전자가 자기장 $\vec{B}$에 놓일 때 전자스핀에 의한 해밀토니안은

$$H = -\vec{\mu}_s \cdot \vec{B} = g\frac{e}{2m}\vec{S} \cdot \vec{B} = \frac{eg\hbar}{4m}\vec{\sigma} \cdot \vec{B} \qquad \therefore \ \vec{S} = \frac{\hbar}{2}\vec{\sigma} \tag{9.1.4}$$

이고 자기장이 $\vec{B} = B\hat{z}$이면 위 식은

$$H = \frac{eg\hbar}{4m}B\sigma_z = \frac{eg\hbar}{4m}B\begin{pmatrix} 1 & 0 \\ 0 & -1 \end{pmatrix}$$

가 되어 시간의존 슈뢰딩거 방정식은 다음과 같이 표현된다.

$$i\hbar\frac{d|\Psi(t)>}{dt} = H|\Psi(t)> \ \Rightarrow \ i\hbar\frac{d|\Psi(t)>}{dt} = \frac{eg\hbar}{4m}B\begin{pmatrix} 1 & 0 \\ 0 & -1 \end{pmatrix}|\Psi(t)> \tag{9.1.5}$$

여기서 시간 t일 때의 스핀함수를 $|\Psi(t)> = \begin{pmatrix} \alpha_+(t) \\ \alpha_-(t) \end{pmatrix}$로 놓으면 식 (9.1.5)은

$$\begin{cases} i\hbar\dfrac{d\alpha_+(t)}{dt} = \dfrac{eg\hbar}{4m}B\alpha_+(t) \\ i\hbar\dfrac{d\alpha_-(t)}{dt} = -\dfrac{eg\hbar}{4m}B\alpha_-(t) \end{cases} \Rightarrow \begin{cases} \dfrac{d\alpha_+(t)}{\alpha_+(t)} = -i\dfrac{egB}{4m}dt \\ \dfrac{d\alpha_-(t)}{\alpha_-(t)} = i\dfrac{egB}{4m}dt \end{cases} \Rightarrow \begin{cases} \alpha_+(t) = \alpha_+(0)e^{-i\frac{egB}{4m}t} \\ \alpha_-(t) = \alpha_-(0)e^{+i\frac{egB}{4m}t} \end{cases} \tag{9.1.6}$$

이 된다. 여기서 상수 $\omega = \dfrac{egB}{4m}$로 놓으면 위 식은

$$\begin{cases} \alpha_+(t) = \alpha_+(0)e^{-i\omega t} \\ \alpha_-(t) = \alpha_-(0)e^{+i\omega t} \end{cases}$$

가 되어 시간 t일 때의 스핀함수는

$$|\Psi(t)> = \begin{pmatrix} \alpha_+(0)e^{-i\omega t} \\ \alpha_-(0)e^{+i\omega t} \end{pmatrix} \tag{9.1.7}$$

가 된다.

예제 9.6

(a) 자기장 $\vec{B} = B\hat{z}$에 놓여 있는 전자스핀이 $t = 0$일 때 $+x$ 방향에 놓여 있다고 가정할 때 시간 t일 때의 스핀함수 $|\Psi(t)>$을 구하세요. (b) 시간 t일 때 S_x, S_y, S_z의 기댓값을 구하세요.

풀이

(a) $t = 0$일 때 전자스핀이 $+x$ 방향에 놓여있으므로 이는 S_x 행렬의 고유치 $\lambda = +\dfrac{\hbar}{2}$에 대응하는 고유상태에 있다는 의미이다. (예제 9.3)의 (a)로부터 이때의 고유상태는 $\dfrac{1}{\sqrt{2}}\begin{pmatrix} 1 \\ 1 \end{pmatrix}$이므로 $\alpha_+(0) = \dfrac{1}{\sqrt{2}}$와 $\alpha_-(0) = \dfrac{1}{\sqrt{2}}$을 얻는다. 이 결과를 식 (9.1.7)에 대입하면 시간 t일 때의 스핀함수

$$|\Psi(t)> = \frac{1}{\sqrt{2}}\begin{pmatrix} e^{-i\omega t} \\ e^{+i\omega t} \end{pmatrix}$$

을 얻는다.

(b) 기댓값의 정의부터 $<S_x>$, $<S_y>$, $<S_z>$을 다음과 같이 구할 수 있다.

$$<S_x> = <\Psi(t)|S_x|\Psi(t)> = \frac{1}{\sqrt{2}}\begin{pmatrix} e^{i\omega t} & e^{-i\omega t} \end{pmatrix}\frac{1}{2}\hbar\begin{pmatrix} 0 & 1 \\ 1 & 0 \end{pmatrix}\frac{1}{\sqrt{2}}\begin{pmatrix} e^{-i\omega t} \\ e^{+i\omega t} \end{pmatrix}$$

$$= \frac{\hbar}{4}(e^{2i\omega t} + e^{-2i\omega t}) = \frac{\hbar}{2}\cos 2\omega t$$

$$<S_y> = <\Psi(t)|S_y|\Psi(t)> = \frac{1}{\sqrt{2}}\begin{pmatrix} e^{i\omega t} & e^{-i\omega t} \end{pmatrix}\frac{1}{2}\hbar\begin{pmatrix} 0 & -i \\ i & 0 \end{pmatrix}\frac{1}{\sqrt{2}}\begin{pmatrix} e^{-i\omega t} \\ e^{+i\omega t} \end{pmatrix}$$

$$= \frac{\hbar}{4}i(e^{-2i\omega t} - e^{2i\omega t}) = \frac{\hbar}{2}\sin 2\omega t$$

$$<S_z> = <\Psi(t)|S_z|\Psi(t)> = \frac{1}{\sqrt{2}}\begin{pmatrix} e^{i\omega t} & e^{-i\omega t} \end{pmatrix}\frac{1}{2}\hbar\begin{pmatrix} 1 & 0 \\ 0 & -1 \end{pmatrix}\frac{1}{\sqrt{2}}\begin{pmatrix} e^{-i\omega t} \\ e^{+i\omega t} \end{pmatrix}$$

$$= \frac{\hbar}{4}(1-1) = 0$$

② 일반화된 파울리 행렬

지금까지는 전자스핀의 경우처럼 스핀이 $s = \dfrac{1}{2}$인 경우에 대해 알아보았는데 스핀이 $s = 1$인 경우에 대해 살펴보자. 스핀상태를 기술하기 위해 각각 고유치 $+\hbar$, 0, $-\hbar$에 대응하는 기저벡터를 $|+1> = \begin{pmatrix} 1 \\ 0 \\ 0 \end{pmatrix}$, $\;|0> = \begin{pmatrix} 0 \\ 1 \\ 0 \end{pmatrix}$, $\;|-1> = \begin{pmatrix} 0 \\ 0 \\ 1 \end{pmatrix}$로 잡을 수 있다. 이때 연산자 S_z은 고유치 방정식

$$\begin{cases} S_z|1> = +1\hbar|1> \\ S_z|0> = 0\hbar|0> \\ S_z|-1> = -1\hbar|-1> \end{cases} \tag{9.2.1}$$

을 만족해야 하므로

$$S_z = \begin{pmatrix} a_1 & a_2 & a_3 \\ b_1 & b_2 & b_3 \\ c_1 & c_2 & c_3 \end{pmatrix} \tag{9.2.2}$$

로 놓고 식 (9.2.1)에 대입하면

$$\begin{cases} S_z|1> = +1\hbar|1> \;\Rightarrow\; a_1 = \hbar, \; b_1 = 0, \; c_1 = 0 \\ S_z|0> = 0\hbar|0> \;\Rightarrow\; a_2 = 0, \; b_2 = 0, \; c_2 = 0 \\ S_z|-1> = -1\hbar|-1> \;\Rightarrow\; a_3 = 0, \; b_3 = 0, \; c_3 = -\hbar \end{cases}$$

가 되어 이를 식 (9.2.2)에 대입하면 연산자 S_z의 행렬표현

$$S_z = \hbar \begin{pmatrix} 1 & 0 & 0 \\ 0 & 0 & 0 \\ 0 & 0 & -1 \end{pmatrix} \tag{9.2.3}$$

을 얻는다.

그리고 식 (9.1.3)으로부터 스핀이 $s = 1$인 경우

$(S_+)_{s_z' s_z} = \sqrt{1(1+1) - s_z(s_z+1)}\, \hbar \delta_{s_z', s_z+1}$이며 S_+ 연산자를 행렬로 표현하면

$$S_+ = \begin{pmatrix} (S_+)_{11} & (S_+)_{10} & (S_+)_{1-1} \\ (S_+)_{01} & (S_+)_{00} & (S_+)_{0-1} \\ (S_+)_{-11} & (S_+)_{-10} & (S_+)_{-1-1} \end{pmatrix}$$

이다. 행렬요소들을 계산해보면

$$(S_+)_{11} = \sqrt{1(1+1)-1(1+1)}\,\hbar\delta_{12} = 0,$$

$$(S_+)_{10} = \sqrt{1(1+1)-0(0+1)}\,\hbar\delta_{11} = \sqrt{2}\,\hbar$$

$$(S_+)_{1-1} = \sqrt{1(1+1)+1(-1+1)}\,\hbar\delta_{10} = 0$$

이며 다른 행렬요소들도 유사한 방법으로 계산할 수 있어서

$$\therefore \ S_+ = \hbar \begin{pmatrix} 0 & \sqrt{2} & 0 \\ 0 & 0 & \sqrt{2} \\ 0 & 0 & 0 \end{pmatrix} \tag{9.2.4}$$

을 얻으며 또한 식 (9.1.3)으로부터

$(S_-)_{s_z's_z} = \sqrt{1(1+1)-s_z(s_z-1)}\,\hbar\delta_{s_z',s_z-1}$ 이므로 S_+ 행렬을 구한 것과 유사한 방법으로 행렬요소를 구하면

$$\therefore \ S_- = \hbar \begin{pmatrix} 0 & 0 & 0 \\ \sqrt{2} & 0 & 0 \\ 0 & \sqrt{2} & 0 \end{pmatrix} \tag{9.2.5}$$

을 얻는다.

$S_\pm = S_x \pm iS_y$ 로부터 스핀 $s=1$의 x와 y 성분은 식 (9.2.4)와 (9.2.5)를 더하거나 빼면 각각 다음과 같이 얻을 수 있다.

$$\therefore \ \begin{cases} S_x = \dfrac{\hbar}{\sqrt{2}} \begin{pmatrix} 0 & 1 & 0 \\ 1 & 0 & 1 \\ 0 & 1 & 0 \end{pmatrix} \\[3ex] S_y = \dfrac{\hbar}{\sqrt{2}} \begin{pmatrix} 0 & -i & 0 \\ i & 0 & -i \\ 0 & i & 0 \end{pmatrix} \end{cases} \tag{9.2.6}$$

$s=1$ 인 경우에 대해 스핀 각운동량 $\vec{S}$와 파울리 σ-행렬은 관계식 $\vec{S} = s\hbar\vec{\sigma} = \hbar\vec{\sigma}$을 만족함으로 식 (9.2.6)과 (9.2.3)으로부터

$$\sigma_x = \frac{1}{\sqrt{2}} \begin{pmatrix} 0 & 1 & 0 \\ 1 & 0 & 1 \\ 0 & 1 & 0 \end{pmatrix}, \ \ \sigma_y = \frac{1}{\sqrt{2}} \begin{pmatrix} 0 & -i & 0 \\ i & 0 & -i \\ 0 & i & 0 \end{pmatrix}, \ \ \sigma_z = \begin{pmatrix} 1 & 0 & 0 \\ 0 & 0 & 0 \\ 0 & 0 & -1 \end{pmatrix}$$

을 얻을 수 있고 이를 **일반화된**(generalized) **파울리 행렬**이라 한다.

③ 상자성 공명

자성체의 투자율과 진공 중의 투자율을 비교함으로서 자성체를 강자성체(ferromagnetic substance), 상자성(paramagnetic)체, 반자성(diamagnetic)체로 분류한다. 상자성체의 평소 전체 자기 모멘트는 0인데 상자성체를 구성하는 원자(또는 이온, 분자)가 쌍을 이루지 않은 전자를 가질 때 자기 모멘트가 존재한다. 상자성체는 외부 자기장이 있을 때 원자의 자기 모멘트가 외부 자기장의 방향을 따르지만 외부 자기장을 제거하면 다시 무질서해진다.

B_x을 각진동수 ω로 진동하는 크기가 작은 자기장, B_0은 크기가 큰 자기장이라고 할 때 자기장이 $\vec{B} = B_x \hat{x} + B_z \hat{z} = (B_1 \cos \omega t) \hat{x} + B_0 \hat{z}$로 주어지면, 전자스핀에 의한 해밀토니안은 식 (9.1.4)로부터

$$H = \frac{eg\hbar}{4m} \vec{\sigma} \cdot \vec{B} = \frac{eg\hbar}{4m} (\sigma_x B_x + \sigma_y B_y + \sigma_z B_z) = \frac{eg\hbar}{4m} (\sigma_x B_1 \cos \omega t + \sigma_z B_0)$$
$$= \frac{eg\hbar}{4m} \left[B_1 \cos \omega t \begin{pmatrix} 0 & 1 \\ 1 & 0 \end{pmatrix} + B_0 \begin{pmatrix} 1 & 0 \\ 0 & -1 \end{pmatrix} \right] = \frac{eg\hbar}{4m} \begin{pmatrix} B_0 & B_1 \cos \omega t \\ B_1 \cos \omega t & -B_0 \end{pmatrix} \quad (9.3.1)$$

가 되어 스핀함수 $|\Psi(t)> = \begin{pmatrix} a(t) \\ b(t) \end{pmatrix}$에 대한 시간의존 슈뢰딩거 방정식은 다음과 같다.

$$i\hbar \frac{d}{dt} |\Psi(t)> = H|\Psi(t)> \implies i\hbar \frac{d}{dt} \begin{pmatrix} a(t) \\ b(t) \end{pmatrix} = \frac{eg\hbar}{4m} \begin{pmatrix} B_0 & B_1 \cos \omega t \\ B_1 \cos \omega t & -B_0 \end{pmatrix} \begin{pmatrix} a(t) \\ b(t) \end{pmatrix} \quad (9.3.2)$$

① 만약 $B_1 = 0$이면 위 식은

$$\begin{cases} i \dfrac{da(t)}{dt} = \dfrac{egB_0}{4m} a(t) \implies \dfrac{da(t)}{dt} = -i\omega_0 a(t) \implies \therefore \ a(t) = a(0)e^{-i\omega_0 t} \\ i \dfrac{db(t)}{dt} = -\dfrac{egB_0}{4m} b(t) \implies \dfrac{db(t)}{dt} = i\omega_0 b(t) \implies \therefore \ b(t) = b(0)e^{+i\omega_0 t} \end{cases} \quad (9.3.3)$$

이 된다. 여기서 $\dfrac{egB_0}{4m} = \omega_0$이다.

그러므로 어떤 시간 t에서 스핀상태는 $|\Psi(t)> = \begin{pmatrix} a(0)e^{-i\omega_0 t} \\ b(0)e^{i\omega_0 t} \end{pmatrix}$가 된다.

② $B_1 \neq 0$일 때 식 (9.3.2)은 다음과 같이 된다.

$$\begin{cases} i \dfrac{da(t)}{dt} = \dfrac{egB_0}{4m} a(t) + \dfrac{egB_1}{4m} b(t) \cos \omega t = \omega_0 a(t) + \omega_1 b(t) \cos \omega t \\ i \dfrac{db(t)}{dt} = \dfrac{egB_1}{4m} a(t) \cos \omega t - \dfrac{egB_0}{4m} b(t) = \omega_1 a(t) \cos \omega t - \omega_0 b(t) \end{cases} \quad (9.3.4)$$

여기서 $\dfrac{egB_1}{4m}=\omega_1$로 놓았다.

편의상 $A(t)=a(t)e^{i\omega_0 t}$와 $B(t)=b(t)e^{-i\omega_0 t}$로 놓으면

$$\begin{cases} \dfrac{dA(t)}{dt}=\dfrac{da(t)}{dt}e^{i\omega_0 t}+i\omega_0 a(t)e^{i\omega_0 t} \Rightarrow i\dfrac{dA(t)}{dt}=i\dfrac{da(t)}{dt}e^{i\omega_0 t}-\omega_0 a(t)e^{i\omega_0 t} \\[2mm] \dfrac{dB(t)}{dt}=\dfrac{db(t)}{dt}e^{-i\omega_0 t}-i\omega_0 b(t)e^{-i\omega_0 t} \Rightarrow i\dfrac{dB(t)}{dt}=i\dfrac{db(t)}{dt}e^{-i\omega_0 t}+\omega_0 b(t)e^{-i\omega_0 t} \end{cases} \tag{9.3.5}$$

가 된다. 위 식의 첫 번째 식에 식 (9.3.4)의 첫 번째 관계식을 대입하면

$$\begin{aligned} i\frac{dA(t)}{dt}&=\left[\omega_0 a(t)+\omega_1 b(t)\cos\omega t\right]e^{i\omega_0 t}-\omega_0 a(t)e^{i\omega_0 t}=\omega_1 b(t)e^{i\omega_0 t}\cos\omega t \\[2mm] &=\omega_1 B(t)e^{2i\omega_0 t}\cos\omega t \quad (\because B(t)=b(t)e^{-i\omega_0 t}\Rightarrow b(t)=B(t)e^{i\omega_0 t}) \\[2mm] &=\frac{1}{2}\omega_1 B(t)e^{2i\omega_0 t}(e^{i\omega t}+e^{-i\omega t})=\frac{1}{2}\omega_1 B(t)\left[e^{i(2\omega_0+\omega)t}+e^{i(2\omega_0-\omega)t}\right] \end{aligned} \tag{9.3.6}$$

으로 주어진다.

여기서 양자광학에서 자주 사용되는 아래와 같은 근사[40]를 적용하는 것이 유용하다.

$$\int e^{\pm i\omega t}\,dt=\frac{e^{\pm i\omega t}}{\pm i\omega}\xrightarrow{\ \text{큰 }\omega\text{일 때}\ }0$$

평균적으로 큰 진동 값을 갖는 항에 의한 기여는 무시할 수 있다.

그러므로 식 (9.3.6)의 오른편의 진동 항 중에서 $e^{i(2\omega_0+\omega)t}$ 항의 진동 값 $2\omega_0+\omega$가 크기 때문에 이 항은 평균적으로 기여를 하지 못하고 진동 값이 작은 $2\omega_0-\omega$을 갖는 $e^{i(2\omega_0-\omega)t}$의 진동 항만 기여를 하게 되어 식 (9.3.6)은

$$i\frac{dA(t)}{dt}=\frac{1}{2}\omega_1 B(t)e^{i(2\omega_0-\omega)t} \tag{9.3.7}$$

가 된다. 식 (9.3.5)의 두 번째 식에 식 (9.3.4)의 두 번째 식을 대입하면

$$\begin{aligned} i\frac{dB(t)}{dt}&=\left[\omega_1 a(t)\cos\omega t-\omega_0 b(t)\right]e^{-i\omega_0 t}+\omega_0 b(t)e^{-i\omega_0 t}=\omega_1 a(t)e^{-i\omega_0 t}\cos\omega t \\[2mm] &=\omega_1 A(t)e^{-2i\omega_0 t}\cos\omega t=\frac{1}{2}\omega_1 A(t)e^{-2i\omega_0 t}(e^{i\omega t}+e^{-i\omega t}) \\[2mm] &=\frac{1}{2}\omega_1 A(t)\left[e^{-i(2\omega_0-\omega)t}+e^{-i(2\omega_0+\omega)t}\right] \end{aligned}$$

로 주어져 시간 평균에 대해 위에서와 같은 원리를 적용하면 $B(t)$에 관해 다음의 식을 얻

---

(40) rotating wave approximation(RWA)

을 수 있다.

$$i\frac{dB(t)}{dt} = \frac{1}{2}\omega_1 A(t)e^{-i(2\omega_0 - \omega)t} \tag{9.3.8}$$

식 (9.3.7)과 (9.3.8)로부터

$$
\begin{aligned}
i\frac{d^2A(t)}{dt^2} &= \frac{1}{2}\omega_1\frac{dB(t)}{dt}e^{i(2\omega_0-\omega)t} + i\frac{1}{2}\omega_1(2\omega_0-\omega)B(t)e^{i(2\omega_0-\omega)t} \\
&= \frac{1}{2}\omega_1\left[-i\frac{\omega_1}{2}A(t)e^{-i(2\omega_0-\omega)t}\right]e^{i(2\omega_0-\omega)t} + i\frac{1}{2}\omega_1(2\omega_0-\omega)\left[\frac{2}{\omega_1}i\frac{dA(t)}{dt}\right] \\
&= -\frac{i}{4}\omega_1^2 A(t) - (2\omega_0-\omega)\frac{dA(t)}{dt} \\
\Rightarrow\quad -\frac{d^2A(t)}{dt^2} &= \frac{1}{4}\omega_1^2 A(t) - i(2\omega_0-\omega)\frac{dA(t)}{dt}
\end{aligned}
$$

그러므로 다음의 이차 미분방정식을 얻는다.

$$\frac{d^2A(t)}{dt^2} - i(2\omega_0-\omega)\frac{dA(t)}{dt} + \frac{1}{4}\omega_1^2 A(t) = 0 \tag{9.3.9}$$

식 (9.3.7)과 (9.3.8)의 두 개의 일차 미분방정식을 한 개의 이차 미분방정식인 식 (9.3.9)로 나타낼 수 있다.

이 식의 解를 구하기 위해 시도해로 $A(t) = A(0)e^{i\Omega t}$(여기서 Ω은 상수)로 놓으면 위 식은 아래와 같이 Ω에 대한 이차 방정식을 준다.

$$-\Omega^2 + (2\omega_0-\omega)\Omega + \frac{\omega_1^2}{4} = 0 \Rightarrow \Omega^2 - (2\omega_0-\omega)\Omega - \frac{1}{4}\omega_1^2 = 0$$

$$\therefore\ \Omega_\pm = \frac{(2\omega_0-\omega) \pm \sqrt{(2\omega_0-\omega)^2 + \omega_1^2}}{2} = \left(\omega_0 - \frac{\omega}{2}\right) \pm \sqrt{\left(\omega_0 - \frac{\omega}{2}\right)^2 + \frac{\omega_1^2}{4}} \tag{9.3.10}$$

이 결과를 시도해 $A(t) = A(0)e^{i\Omega t}$에 대입하면

$$A(t) = A_+e^{i\Omega_+ t} + A_-e^{i\Omega_- t} \tag{9.3.11}$$

을 얻는다. 이 식을 시간에 대해 미분을 하면

$$\frac{dA(t)}{dt} = i\Omega_+ A_+ e^{i\Omega_+ t} + i\Omega_- A_- e^{i\Omega_- t} \Rightarrow i\frac{dA(t)}{dt} = -\Omega_+ A_+ e^{i\Omega_+ t} - \Omega_- A_- e^{i\Omega_- t}$$

가 되고 이를 식 (9.3.7)에 대입하면

$$- \Omega_+ A_+ e^{i\Omega_+ t} - \Omega_- A_- e^{i\Omega_- t} = \frac{1}{2} \omega_1 B(t) e^{i(2\omega_0 - \omega)t}$$

$$\Rightarrow B(t) = -\frac{2}{\omega_1} \left[\Omega_+ A_+ e^{i\Omega_+ t} + \Omega_- A_- e^{i\Omega_- t} \right] e^{-i(2\omega_0 - \omega)t}$$

$$= -\frac{2}{\omega_1} \left[\Omega_+ A_+ e^{i(\Omega_+ - 2\omega_0 + \omega)t} + \Omega_- A_- e^{i(\Omega_- - 2\omega_0 + \omega)t} \right] \tag{9.3.12}$$

여기서 식 (9.3.10)으로부터

$$\Omega_+ - 2\omega_0 + \omega = \left(\omega_0 - \frac{\omega}{2} \right) + \sqrt{\left(\omega_0 - \frac{\omega}{2} \right)^2 + \frac{\omega_1^2}{4}} - 2\omega_0 + \omega$$

$$= -\left[\left(\omega_0 - \frac{\omega}{2} \right) - \sqrt{\left(\omega_0 - \frac{\omega}{2} \right)^2 + \frac{\omega_1^2}{4}} \right] = -\Omega_-$$

이며

$$\Omega_- - 2\omega_0 + \omega = \left(\omega_0 - \frac{\omega}{2} \right) - \sqrt{\left(\omega_0 - \frac{\omega}{2} \right)^2 + \frac{\omega_1^2}{4}} - 2\omega_0 + \omega$$

$$= -\left[\left(\omega_0 - \frac{\omega}{2} \right) + \sqrt{\left(\omega_0 - \frac{\omega}{2} \right)^2 + \frac{\omega_1^2}{4}} \right] = -\Omega_+$$

이므로 식 (9.3.12)은

$$B(t) = -\frac{2}{\omega_1} \left[\Omega_+ A_+ e^{-i\Omega_- t} + \Omega_- A_- e^{-i\Omega_+ t} \right] \tag{9.3.13}$$

이 된다.

$t = 0$일 때 전자스핀의 상태가 '업'이라고 가정하면 이는 초기조건은 $a(0) = 1$과 $b(0) = 0$임을 의미한다. 시간 t에서 스핀이 '업'인 상태에 있을 확률과 '다운'인 상태에 있을 확률을 구하기 위해 $A(t) = a(t)e^{i\omega_0 t}$에 식 (9.3.11)을 대입하면

$$a(t) = A(t)e^{-i\omega_0 t} = (A_+ e^{i\Omega_+ t} + A_- e^{i\Omega_- t})e^{-i\omega_0 t} \tag{9.3.14}$$

가 되고 $B(t) = b(t)e^{-i\omega_0 t}$에 식 (9.3.13)을 대입하면

$$b(t) = B(t)e^{i\omega_0 t} = -\frac{2}{\omega_1}(\Omega_+ A_+ e^{-i\Omega_- t} + \Omega_- A_- e^{-i\Omega_+ t})e^{i\omega_0 t} \tag{9.3.15}$$

을 얻게 된다. 이들 식에 $t = 0$을 대입하면 초기조건으로부터 다음의 관계식을 얻게 된다.

$$\begin{cases} a(0) = A_+ + A_- = 1 \\ b(0) = -\dfrac{2}{\omega_1}(\Omega_+ A_+ + \Omega_- A_-) = 0 \end{cases}$$

$$\Rightarrow \therefore \begin{cases} A_+ = \dfrac{\Omega_-}{\Omega_- - \Omega_+} \\ A_- = -\dfrac{\Omega_+}{\Omega_- - \Omega_+} \end{cases} \tag{9.3.16}$$

이 결과를 식 (9.3.14)와 (9.3.15)에 대입하면

$$\begin{cases} a(t) = \left[\dfrac{\Omega_-}{\Omega_- - \Omega_+}e^{i\Omega_+ t} - \dfrac{\Omega_+}{\Omega_- - \Omega_+}e^{i\Omega_- t}\right]e^{-i\omega_0 t} = \dfrac{1}{\Omega_- - \Omega_+}\left[\Omega_- e^{i\Omega_+ t} - \Omega_+ e^{i\Omega_- t}\right]e^{-i\omega_0 t} \\ b(t) = -\dfrac{2}{\omega_1}\left[\dfrac{\Omega_+ \Omega_-}{\Omega_- - \Omega_+}e^{-i\Omega_- t} - \dfrac{\Omega_- \Omega_+}{\Omega_- - \Omega_+}e^{-i\Omega_+ t}\right]e^{i\omega_0 t} = \dfrac{2\Omega_- \Omega_+}{\omega_1(\Omega_- - \Omega_+)}\left[e^{-i\Omega_+ t} - e^{-i\Omega_- t}\right]e^{i\omega_0 t} \end{cases} \tag{9.3.17}$$

가 되어 시간 t에서 스핀이 '업' 또는 '다운'으로 있을 상태함수의 확률 $|a(t)|^2$와 $|b(t)|^2$을 각각 구할 수 있다.

이제 시간이 흐른 후 스핀이 바뀔 확률을 구하기 위해 시간 t에서 전자스핀이 '다운'일 확률인 $|b(t)|^2$을 계산하면 식 (9.3.17)의 두 번째 식으로부터

$$\begin{aligned} |b(t)|^2 &= \frac{4}{\omega_1^2}\left(\frac{\Omega_- \Omega_+}{\Omega_- - \Omega_+}\right)^2 (e^{i\Omega_+ t} - e^{i\Omega_- t})(e^{-i\Omega_+ t} - e^{-i\Omega_- t}) \\ &= \frac{4}{\omega_1^2}\left(\frac{\Omega_- \Omega_+}{\Omega_- - \Omega_+}\right)^2 \left[1 - e^{i(\Omega_+ - \Omega_-)t} - e^{-i(\Omega_+ - \Omega_-)t} + 1\right] \\ &= \frac{4}{\omega_1^2}\left(\frac{\Omega_- \Omega_+}{\Omega_- - \Omega_+}\right)^2 \left[2 - 2\cos(\Omega_+ - \Omega_-)t\right] \\ \therefore |b(t)|^2 &= \frac{8}{\omega_1^2}\left(\frac{\Omega_+ \Omega_-}{\Omega_- - \Omega_+}\right)^2 \left[1 - \cos(\Omega_+ - \Omega_-)t\right] \end{aligned} \tag{9.3.18}$$

(i) 식 (9.3.10)의 $\Omega_\pm$ 解에서 보듯이 $\omega = 2\omega_0$가 **공명 조건**이다. 공명일 때 식 (9.3.10)으로부터

$$\Omega_\pm = \pm\frac{1}{2}\omega_1$$

이 되고 이를 식 (9.3.18)에 대입하면 초기조건으로 $t = 0$일 때 '업'되어 있던 전자스핀이 시간 t만큼 흐른 후 '다운' 상태로 변할 확률은 공명 조건에서

$$|b(t)|^2 = \frac{8}{\omega_1^2}\left(\frac{-\dfrac{1}{4}\omega_1^2}{-\omega_1}\right)^2 (1-\cos\omega_1 t) = \frac{1}{2}(1-\cos\omega_1 t)$$

이다.

(ii) 공명이 아닐 때는 식 (9.3.18)에 식 (9.3.10)의 $\Omega_\pm$을 대입하면

$$|b(t)|^2 = \frac{1}{2}\frac{\omega_1^2}{(2\omega_0 - \omega)^2 + \omega_1^2}\left[1 - \cos\sqrt{(2\omega_0-\omega)^2 + \omega_1^2}\,t\right]$$

가 된다. 여기서 $\omega_1 = \dfrac{egB_1}{4m}$으로 B_1은 크기가 작은 자기장이기 때문에 $\omega \gg \omega_1$인 경우에 해당한다. 그러므로 스핀이 바뀔 확률은 공명자기장에서보다 작은 값을 갖는다.

물질[특히 전이금속 이온 또는 라디칼(radical)]의 g-인자 값은 상자성 중심의 전자 구조에 대한 정보를 주기 때문에 전이금속에서는 공명 스펙트럼의 미세 구조에서 결정 내 상자성의 에너지 준위에 대한 정보를 얻을 수 있고 또한 유기물질에서는 쌍을 이루지 않는 전자의 위치와 같은 공유결합에 대한 정보 등을 얻을 수 있다. g-인자 값은 전자 상자성 공명(EPR, electron paramagnetic resonance) 방법으로 측정할 수 있다.

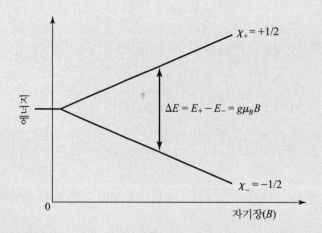

스핀 '업'과 스핀 '다운' 상태의 에너지 준위는 다르고 외부 자기장에 의해 흡수된 에너지 차(자기장의 세기에 비례)는 공명자기장에서 스핀상태가 뒤바뀔 확률이 가장 커서 에너지 차에 해당하는 스펙트럼을 관측할 수 있어서 g-인자 값을 다음과 같은 원리로 실험을 통해 측정할 수 있다.

$$H\chi_{\pm} = \frac{eg}{2m}BS_z\chi_{\pm} = E_{\pm}\chi_{\pm} \Rightarrow E_{\pm} = \frac{eg}{2m}B\left(\pm\frac{\hbar}{2}\right)$$

$$\therefore \ \Delta E = E_+ - E_- = \frac{eg\hbar}{4m}B - \left(-\frac{eg\hbar}{4m}B\right) = \frac{eg\hbar}{2m}B = g\mu_B B$$

여기서 g-인자는 자유 전자에 대한 g-인자인 g_e와 $g = g_e(1\pm\sigma)$의 관계가 있고 $\mu_B = \frac{e\hbar}{2m}$인 보어 마그네톤이다.

쌍을 이루지 않은 전자는 광자를 흡수 또는 방출함에 의해 두 에너지 준위 사이를 움직일 수 있으므로 에너지 준위의 간격에 해당하는 전자기파를 가하면 공명자기장에서 흡수가 가장 많이 일어난다. 이때 에너지 준위의 간격은 자기장에 비례한다.

$$h\nu = \Delta E = g\mu_B B \ \Rightarrow \ B = \frac{h\nu}{g\mu_B} \qquad \text{여기서 } \nu\text{은 전자기파의 진동수}$$

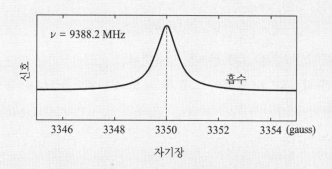

그러므로 외부 자기장의 크기가 $B = \frac{h\nu}{g\mu_B}$일 때 전자기파의 흡수가 일어난다. 전자기파의 진동수 ν을 고정한 상태에서 외부 자기장을 바꾸면서 얻은 실험 데이터로부터 흡수가 일어날 때의 자기장과 진동수로부터 g-인자를 다음과 같이 구할 수 있다.

$$g = \frac{h\nu}{\mu_B B} = \frac{6.626 \times 10^{-27} \ \text{erg} \cdot \text{sec} \times 9388.2 \times 10^6 \ \text{sec}^{-1}}{3350 \ \text{gauss} \times 9.274 \times 10^{-21} \ \text{erg/gauss}}$$

쌍을 이루지 않은 전자는 각운동량을 얻거나 잃을 수 있기 때문에 g-인자에 영향을 주어서 실험적으로 측정된 g-인자 값으로부터 물질의 성질에 대한 정보를 얻을 수 있다.

④ 두 전자의 스핀 합

바닥상태에 있는 두 개의 전자로 이루어진 계를 고려해 보자. 바닥상태에 있으므로 스핀 $\vec{S}_1$과 $\vec{S}_2$만 고려하면 된다. 두 전자는 독립적이므로 $[\vec{S}_1,\ \vec{S}_2] = 0$의 관계를 만족한다. 그리고 각 전자의 스핀연산자 성분은 교환 관계 $[S_{1i},\ S_{1j}] = i\hbar\epsilon_{ijk}S_{1k}$와 $[S_{2i},\ S_{2j}] = i\hbar\epsilon_{ijk}S_{2k}$을 만족한다. 두 개의 전자로 이루어진 계의 총 스핀을 $\vec{S} = \vec{S}_1 + \vec{S}_2$로 나타내면 총 스핀의 각 성분은 $S_i = S_{1i} + S_{2i}$로 나타낼 수 있어서

$$[S_i,\ S_j] = [S_{1i} + S_{2i},\ S_{1j} + S_{2j}] = [S_{1i},\ S_{1j}] + [S_{2i},\ S_{2j}] = i\hbar\epsilon_{ijk}S_{1k} + i\hbar\epsilon_{ijk}S_{2k}$$

$$= i\hbar\epsilon_{ijk}(S_{1k} + S_{2k}) = i\hbar\epsilon_{ijk}S_k$$

가 되어

$$[S_i,\ S_j] = i\hbar\epsilon_{ijk}S_k$$

로 총 스핀연산자 또한 같은 교환 관계를 만족한다.

각 전자의 스핀 값 s와 $z-$방향의 스핀 값 s_z로 상태벡터를 $|s,\ s_z>$로 표현하면 두 개의 전자로 이루어진 계는 $|s_1,\ s_{1z}>\ |s_2,\ s_{2z}> \equiv |s,\ s_z>$로부터 다음의 4개의 스핀상태로 표현할 수 있다.

$$\begin{cases} \left|\dfrac{1}{2}, +\dfrac{1}{2}\right\rangle\left|\dfrac{1}{2}, +\dfrac{1}{2}\right\rangle \equiv |1, 1> \\[2mm] \left|\dfrac{1}{2}, +\dfrac{1}{2}\right\rangle\left|\dfrac{1}{2}, -\dfrac{1}{2}\right\rangle \equiv |1, 0> \\[2mm] \left|\dfrac{1}{2}, -\dfrac{1}{2}\right\rangle\left|\dfrac{1}{2}, +\dfrac{1}{2}\right\rangle \equiv |1, 0> \\[2mm] \left|\dfrac{1}{2}, -\dfrac{1}{2}\right\rangle\left|\dfrac{1}{2}, -\dfrac{1}{2}\right\rangle \equiv |1, -1> \end{cases} \tag{9.4.1}$$

이제 스핀상태에 대한 S_z의 고유치와 고유함수를 구해보자.

(i) $S_z|1,1> = (s_{1z} + s_{2z})\left|\dfrac{1}{2}, +\dfrac{1}{2}\right\rangle\left|\dfrac{1}{2}, +\dfrac{1}{2}\right\rangle$

$\qquad = \dfrac{1}{2}\hbar\left|\dfrac{1}{2}, +\dfrac{1}{2}\right\rangle\left|\dfrac{1}{2}, +\dfrac{1}{2}\right\rangle + \dfrac{1}{2}\hbar\left|\dfrac{1}{2}, +\dfrac{1}{2}\right\rangle\left|\dfrac{1}{2}, +\dfrac{1}{2}\right\rangle$

$\qquad = \hbar\left|\dfrac{1}{2}, +\dfrac{1}{2}\right\rangle\left|\dfrac{1}{2}, +\dfrac{1}{2}\right\rangle = \hbar|1, 1>$

$$\therefore\ S_z|1, 1> = \hbar|1, 1> \tag{9.4.2}$$

여기서 $|1,1>$ 벡터는 $|s,\ s_z>$ 표현방법인데, 이 스핀상태는 $|s_{1z},\ s_{2z}>$ 표현방법에서는

$$|1,1>=\left|+\frac{1}{2},+\frac{1}{2}\right\rangle \tag{9.4.3}$$

로 나타낼 수 있다.

(ii) $S_z|1,0>=(S_{1z}+S_{2z})\left|\frac{1}{2},+\frac{1}{2}\right\rangle\left|\frac{1}{2},-\frac{1}{2}\right\rangle$

$$=\frac{1}{2}\hbar\left|\frac{1}{2},+\frac{1}{2}\right\rangle\left|\frac{1}{2},-\frac{1}{2}\right\rangle-\frac{1}{2}\hbar\left|\frac{1}{2},+\frac{1}{2}\right\rangle\left|\frac{1}{2},-\frac{1}{2}\right\rangle=0$$

그리고

$$S_z|1,0>=(S_{1z}+S_{2z})\left|\frac{1}{2},-\frac{1}{2}\right\rangle\left|\frac{1}{2},+\frac{1}{2}\right\rangle$$

$$=-\frac{1}{2}\hbar\left|\frac{1}{2},-\frac{1}{2}\right\rangle\left|\frac{1}{2},+\frac{1}{2}\right\rangle+\frac{1}{2}\hbar\left|\frac{1}{2},-\frac{1}{2}\right\rangle\left|\frac{1}{2},+\frac{1}{2}\right\rangle=0$$

$$\therefore\ S_z|1,0>=0 \tag{9.4.4}$$

여기서 $|s,\ s_z>$ 표현방법인 $|1,0>$ 벡터를 $|s_{1z},\ s_{2z}>$ 표현으로 나타내면 식 (9.4.1)로부터

$$\begin{cases}|1,0>=\left|+\frac{1}{2},-\frac{1}{2}\right\rangle\\[2mm]|1,0>=\left|-\frac{1}{2},+\frac{1}{2}\right\rangle\end{cases}\Rightarrow|1,0>=A\left[\left|+\frac{1}{2},-\frac{1}{2}\right\rangle+\left|-\frac{1}{2},+\frac{1}{2}\right\rangle\right]$$

이 되는데 규격화 조건 $<1,0|1,0>=1$으로부터

$$1=2|A|^2\ \Rightarrow\ A=\frac{1}{\sqrt{2}}$$

가 되어

$$|1,0>=\frac{1}{\sqrt{2}}\left[\left|+\frac{1}{2},-\frac{1}{2}\right\rangle+\left|-\frac{1}{2},+\frac{1}{2}\right\rangle\right] \tag{9.4.5}$$

로 나타낼 수 있다.

(iii) $S_z|1,-1>=(S_{1z}+S_{2z})\left|\frac{1}{2},-\frac{1}{2}\right\rangle\left|\frac{1}{2},-\frac{1}{2}\right\rangle$

$$=-\frac{1}{2}\hbar\left|\frac{1}{2},-\frac{1}{2}\right\rangle\left|\frac{1}{2},-\frac{1}{2}\right\rangle-\frac{1}{2}\hbar\left|\frac{1}{2},-\frac{1}{2}\right\rangle\left|\frac{1}{2},-\frac{1}{2}\right\rangle$$

$$=-\hbar\left|\frac{1}{2},-\frac{1}{2}\right\rangle\left|\frac{1}{2},-\frac{1}{2}\right\rangle=-\hbar|1,-1>$$

$$\therefore \ S_z|1,-1> = -\hbar|1,-1> \tag{9.4.6}$$

여기서 $|1,-1>$ 벡터는 $|s, \ s_z>$ 표현방법인데 이를 $|s_{1z}, \ s_{2z}>$ 표현으로 나타내면

$$|1,-1>=\left|-\frac{1}{2},-\frac{1}{2}\right\rangle \tag{9.4.7}$$

(iv) $|0,0>$ 스핀상태를

$$|0,0>=\alpha\left|+\frac{1}{2},-\frac{1}{2}\right\rangle+\beta\left|-\frac{1}{2},+\frac{1}{2}\right\rangle$$

라 하면 이 스핀상태는 $|1,0>$ 벡터와 직교하므로

$$<1,0|0,0>=0$$

$$\Rightarrow \ \frac{1}{\sqrt{2}}\left[\left\langle+\frac{1}{2},-\frac{1}{2}\right|+\left\langle-\frac{1}{2},+\frac{1}{2}\right|\right]\left[\alpha\left|+\frac{1}{2},-\frac{1}{2}\right\rangle+\beta\left|-\frac{1}{2},+\frac{1}{2}\right\rangle\right]=0$$

$$\Rightarrow \ \alpha+\beta=0$$

$$\therefore \ \alpha=1, \ \beta=-1$$

이 되어

$$|0,0>=\frac{1}{\sqrt{2}}\left[\left|+\frac{1}{2},-\frac{1}{2}\right\rangle-\left|-\frac{1}{2},+\frac{1}{2}\right\rangle\right] \tag{9.4.8}$$

을 얻는다.

내림 연산자 S_-을 스핀상태 $|1,1>$에 적용해도 위와 같은 스핀상태를 얻을 수 있다. 식 (9.4.3)에 내림 연산자를 적용하면

$$S_-|1,1>= S_-\left|+\frac{1}{2},+\frac{1}{2}\right\rangle=(S_{1-}+S_{2-})\left|+\frac{1}{2},+\frac{1}{2}\right\rangle$$

$$=\hbar\sqrt{\frac{3}{4}+\frac{1}{4}}\left|-\frac{1}{2},+\frac{1}{2}\right\rangle+\hbar\sqrt{\frac{3}{4}+\frac{1}{4}}\left|+\frac{1}{2},-\frac{1}{2}\right\rangle$$

$$=\hbar\left|-\frac{1}{2},+\frac{1}{2}\right\rangle+\hbar\left|+\frac{1}{2},-\frac{1}{2}\right\rangle \tag{9.4.9}$$

가 되고 위 식의 왼편을 계산하면 $\hbar\sqrt{1(1+1)-1(1-1)}|1,0>$가 되므로 식 (9.4.9)은

$$\sqrt{2}\,\hbar|1,0> = \hbar\left|-\frac{1}{2},+\frac{1}{2}\right\rangle+\hbar\left|+\frac{1}{2},-\frac{1}{2}\right\rangle$$

가 되어 식 (9.4.5)와 같은 스핀상태

$$|1,0> = \frac{1}{\sqrt{2}}\left[\left|+\frac{1}{2},-\frac{1}{2}\right\rangle + \left|-\frac{1}{2},+\frac{1}{2}\right\rangle\right] \tag{9.4.10}$$

을 얻을 수 있다.

그리고 위 식에 한 번 더 내림 연산자를 적용하면

$$S_-|1,0> = \frac{1}{\sqrt{2}}(S_{1-}+S_{2-})\left[\left|+\frac{1}{2},-\frac{1}{2}\right\rangle + \left|-\frac{1}{2},+\frac{1}{2}\right\rangle\right]$$

$$= \frac{1}{\sqrt{2}}\hbar\sqrt{\left(\frac{3}{4}+\frac{1}{4}\right)}2\left|-\frac{1}{2},-\frac{1}{2}\right\rangle = \sqrt{2}\,\hbar\left|-\frac{1}{2},-\frac{1}{2}\right\rangle$$

이 되며 위 식의 왼편은 $\hbar\sqrt{1(1+1)-0(0-1)}|1,-1>$ 이므로

$$\sqrt{2}\,\hbar|1,-1> = \sqrt{2}\,\hbar\left|-\frac{1}{2},-\frac{1}{2}\right\rangle$$

가 되어 식 (9.4.7)과 같은 결과인

$$|1,-1> = \left|-\frac{1}{2},-\frac{1}{2}\right\rangle$$

을 얻는다.

두 전자의 스핀상태를 교환하면 $|1,1>$, $|1,0>$ 그리고 $|1,-1>$의 3개의 스핀상태는 부호가 바뀌지 않는 대칭인 스핀상태인 반면에 $|0,0>$은 반대칭인 스핀상태이다. 대칭인 스핀상태 3개와 반대칭인 스핀상태 1개를 각각 **삼중항**(triplet)과 **단일항**(singlet)이라 부른다.

지금까지 배운 두 개의 전자로 이루어진 계에 대한 결과를 정리하면 다음과 같다.

총 스핀 값	스핀의 z-성분 값		스핀상태 $\|s,\ s_z>$	두 전자의 스핀함수	비고
$s=1$	$s_z=$	$+1$	$\|1,\ 1>$	$\left\|+\frac{1}{2},+\frac{1}{2}\right\rangle \equiv \chi_+^{(1)}\chi_+^{(2)}$	삼중항
		0	$\|1,\ 0>$	$\frac{1}{\sqrt{2}}\left[\left\|+\frac{1}{2},-\frac{1}{2}\right\rangle + \left\|-\frac{1}{2},+\frac{1}{2}\right\rangle\right]$ $\equiv \frac{1}{\sqrt{2}}[\chi_+^{(1)}\chi_-^{(2)}+\chi_-^{(1)}\chi_+^{(2)}]$	
		-1	$\|1,\ -1>$	$\left\|-\frac{1}{2},-\frac{1}{2}\right\rangle \equiv \chi_-^{(1)}\chi_-^{(2)}$	
$s=0$	$s_z=0$		$\|0,\ 0>$	$\frac{1}{\sqrt{2}}\left[\left\|+\frac{1}{2},-\frac{1}{2}\right\rangle - \left\|-\frac{1}{2},+\frac{1}{2}\right\rangle\right]$ $\equiv \frac{1}{\sqrt{2}}[\chi_+^{(1)}\chi_-^{(2)}-\chi_-^{(1)}\chi_+^{(2)}]$	단일항

삼중항과 단일항에 대해 좀 더 살펴보면 다음과 같다.

$$S^2 = (\vec{S}_1 + \vec{S}_2)^2 = S_1^2 + S_2^2 + 2\vec{S}_1 \cdot \vec{S}_2$$

$$\Rightarrow \vec{S}_1 \cdot \vec{S}_2 = \frac{1}{2}(S^2 - S_1^2 - S_2^2)$$

$$\Rightarrow \langle s, s_z | \vec{S}_1 \cdot \vec{S}_2 | s, s_z \rangle = \frac{1}{2}[s(s+1) - s_1(s_1+1) - s_2(s_2+1)]\hbar^2$$

그리고

$$\Rightarrow \vec{S}_1 \cdot \vec{S}_2 |s_1, s_{1z}\rangle |s_2, s_{2z}\rangle = \frac{1}{2}(S^2 - S_1^2 - S_2^2)|s_1, s_{1z}\rangle |s_2, s_{2z}\rangle$$

$$= \frac{1}{2}\left[S^2 |s, s_z\rangle - S_1^2 |s_1, s_{1z}\rangle |s_2, s_{2z}\rangle - S_2^2 |s_1, s_{1z}\rangle |s_2, s_{2z}\rangle \right]$$

$$= \frac{\hbar^2}{2}\left[s(s+1) - s_1(s_1+1) - s_2(s_2+1) \right]|s_1, s_{1z}\rangle |s_2, s_{2z}\rangle$$

$$\Rightarrow \vec{S}_1 \cdot \vec{S}_2 = \frac{1}{2}[s(s+1) - s_1(s_1+1) - s_2(s_2+1)]\hbar^2 = \frac{1}{2}\left[s(s+1) - \frac{3}{2}\right]\hbar^2$$

$$\therefore \vec{S}_1 \cdot \vec{S}_2 = \begin{cases} \dfrac{1}{4}\hbar^2 & \text{삼중항}(s=1) \text{ 일 때} \\[2mm] -\dfrac{3}{4}\hbar^2 & \text{단일항}(s=0) \text{ 일 때} \end{cases}$$

전자는 스핀이 반정수인 **페르미온**(fermion)[41]이므로 두 전자의 교환의 경우 파동함수 ($\Psi_{\text{공간}}\chi_{\text{스핀}}$)는 반대칭이어야 한다.

(i) 스핀 상태함수 $\chi_{\text{스핀}}$가 삼중항(즉 대칭)일 때 공간 파동함수 $\Psi_{\text{공간}}$은 반대칭이어야 한다. 공간 파동함수는 지름성분 解 $R(r)$과 각 성분 解 $Y_{\ell m}(\theta, \phi)$의 곱으로 이루어져 있다. 즉 $\Psi_{\text{공간}} = \Psi_{n\ell m}(\vec{r}) = R_{n\ell}(r)Y_{\ell m}(\theta, \phi)$로 나타내어지고, 이때 두 전자를 교환한다는 의미는 변수가

$$r \rightarrow r, \ \theta \rightarrow \pi - \theta, \ \phi \rightarrow \phi + \pi$$

로 바뀐다는 것을 뜻하므로

$$Y_{\ell m}(\theta, \phi) \rightarrow Y_{\ell m}(\pi - \theta, \phi + \pi) = (-1)^\ell Y_{\ell m}(\theta, \phi)^{(42)}$$

---

(41) 스핀이 정수인 입자는 보존(boson)이라 하며, 두 보존 입자의 교환 시 파동함수는 대칭이다.
(42) 증명은 [보충자료 2]을 참조하세요.

가 된다. 그러므로 공간 파동함수 $\Psi_{공간}$가 두 전자의 교환시에 반대칭이 되기 위해서는 궤도 각운동량 ℓ 값이 홀수 값을 가져야 한다.

(ii) 반면에 스핀 상태함수 $\chi_{스핀}$가 단일항(즉 반대칭)일 때 두 전자의 교환시에 공간 파동함수 $\Psi_{공간}$은 대칭이어야 한다. 그러므로 궤도 각운동량 ℓ 값이 짝수 값을 가져야 한다.

두 개 이상의 전자로 이루어져 있는 계에 대해서 정리해보면 다음과 같다.

계를 이루는 전자 수	총 스핀 값		
2	$s=0$ (단일항)	$s=1$ (삼중항)	
3	$s=\dfrac{1}{2}$ (이중항, doublet)	$s=\dfrac{3}{2}$ (사중항, quartet)	
4	$s=0$ (단일항)	$s=1$ (삼중항)	$s=2$ (오중항, quintet)
5	$s=\dfrac{1}{2}$ (이중항, doublet)	$s=\dfrac{3}{2}$ (사중항, quartet)	$s=\dfrac{5}{2}$ (육중항, sextet)

⬡5 총 각운동량 $\vec{J}$

궤도 각운동량이 $\vec{L}$이고 스핀 각운동량이 $\vec{S}$일 때 총 각운동량 $\vec{J}$은

$$\vec{J}=\vec{L}+\vec{S} \tag{9.5.1}$$

로 정의된다.

여기서 궤도 각운동량과 스핀 각운동량은 독립적이므로 서로 교환된다. 즉

$$[\vec{L},\ \vec{S}]=0 \tag{9.5.2}$$

가 되며 또한 다음의 관계식을 얻는다.

$$\begin{cases} L_+S_- = (L_x+iL_y)(S_x-iS_y) = L_xS_x - iL_xS_y + iL_yS_x + L_yS_y \\ L_-S_+ = (L_x-iL_y)(S_x+iS_y) = L_xS_x + iL_xS_y - iL_yS_x + L_yS_y \end{cases}$$

$$\Rightarrow L_+S_- + L_-S_+ = 2(L_xS_x + L_yS_y) \Rightarrow L_xS_x + L_yS_y = \frac{1}{2}(L_+S_- + L_-S_+)$$

그때

$$J^2 = (\vec{L} + \vec{S})^2 = L^2 + S^2 + 2\vec{L} \cdot \vec{S} = L^2 + S^2 + 2(L_x S_x + L_y S_y + L_z S_z)$$

$$= L^2 + S^2 + 2L_z S_z + L_+ S_- + L_- S_+ \tag{9.5.3}$$

와

$$J_z = L_z + S_z \tag{9.5.4}$$

의 관계를 얻는다.

J^2과 J_z의 고유치와 고유함수를 구해보자. 스핀이 $\frac{1}{2}$인 입자가 갖는 J_z의 고유치가 $m\hbar + \frac{1}{2}\hbar = \left(m + \frac{1}{2}\right)\hbar$인 경우에 상태함수 $\Psi_{j, j_z} = \Psi_{j, m + \frac{1}{2}}$을 전자스핀이 '업'인 χ_+ 경우와 '다운'인 χ_-의 합으로 다음과 같이 나타낼 수 있다.

$$\Psi_{j, m + \frac{1}{2}} = \alpha Y_{\ell, m} \chi_+ + \beta Y_{\ell, m+1} \chi_- \tag{9.5.5}$$

여기서 계수 α와 β은 상태함수의 규격화 조건으로부터 $|\alpha|^2 + |\beta|^2 = 1$이다.

이제 계수 α와 β을 구해보자. 식 (9.5.3)의 관계식으로부터

$$J^2 \Psi_{j, m + \frac{1}{2}} = (L^2 + S^2 + 2L_z S_z + L_+ S_- + L_- S_+) \Psi_{j, m + \frac{1}{2}}$$

$$= (L^2 + S^2 + 2L_z S_z + L_+ S_- + L_- S_+)(\alpha Y_{\ell, m} \chi_+ + \beta Y_{\ell, m+1} \chi_-) \tag{9.5.6}$$

가 된다. 여기서 위 식의 왼편은

$$j(j+1)\hbar^2 \Psi_{j, m + \frac{1}{2}} = j(j+1)\hbar^2 [\alpha Y_{\ell, m} \chi_+ + \beta Y_{\ell, m+1} \chi_-] \tag{9.5.7}$$

이고 식 (9.5.6)의 오른편은

$$\alpha \hbar^2 \ell(\ell+1) Y_{\ell, m} \chi_+ + \beta \hbar^2 \ell(\ell+1) Y_{\ell, m+1} \chi_- + \alpha \frac{3}{4} \hbar^2 Y_{\ell, m} \chi_+ + \beta \frac{3}{4} \hbar^2 Y_{\ell, m+1} \chi_-$$

$$+ \alpha m \hbar^2 Y_{\ell, m} \chi_+ - \beta(m+1)\hbar^2 Y_{\ell, m+1} \chi_-$$

$$+ \alpha \sqrt{(\ell+m+1)(\ell-m)}\, \hbar^2 Y_{\ell, m+1} \chi_- + \beta \sqrt{(\ell-m)(\ell+m+1)}\, \hbar^2 Y_{\ell, m} \chi_+$$

$$= \hbar^2 \left[\alpha \left\{ \ell(\ell+1) + \frac{3}{4} + m \right\} + \beta \{(\ell-m)(\ell+m+1)\}^{\frac{1}{2}} \right] Y_{\ell, m} \chi_+$$

$$+ \hbar^2 \left[\beta \left\{ \ell(\ell+1) + \frac{3}{4} - m - 1 \right\} + \alpha \{(\ell-m)(\ell+m+1)\}^{\frac{1}{2}} \right] Y_{\ell, m+1} \chi_- \tag{9.5.8}$$

식 (9.5.8)과 (9.5.7)이 같기 때문에 다음의 관계식을 얻는다.

$$\Rightarrow \begin{cases} \alpha\left[\ell(\ell+1)+\dfrac{3}{4}+m\right]+\beta[(\ell-m)(\ell+m+1)]^{\frac{1}{2}}=j(j+1)\alpha \\ \beta\left[\ell(\ell+1)+\dfrac{3}{4}-m-1\right]+\alpha[(\ell-m)(\ell+m+1)]^{\frac{1}{2}}=j(j+1)\beta \end{cases}$$

$$\Rightarrow \begin{cases} \alpha\left[j(j+1)-\ell(\ell+1)-\dfrac{3}{4}-m\right]=\beta\sqrt{(\ell-m)(\ell+m+1)} \\ \alpha\sqrt{(\ell-m)(\ell+m+1)}=\beta\left[j(j+1)-\ell(\ell+1)-\dfrac{3}{4}+m+1\right] \end{cases} \tag{9.5.9}$$

식 (9.5.9)의 식으로부터 α와 β을 소거하면

$$(\ell-m)(\ell+m+1)=\left[j(j+1)-\ell(\ell+1)-\dfrac{3}{4}-m\right]\left[j(j+1)-\ell(\ell+1)-\dfrac{3}{4}+m+1\right]$$

을 얻게 되고, 이 식의 좌·우를 비교하면 아래의 결과를 얻는다.

$$\Rightarrow \quad j(j+1)-\ell(\ell+1)-\dfrac{3}{4}=\begin{cases} \ell \\ -\ell-1 \end{cases}$$

$$\therefore \quad j=\begin{cases} \ell+\dfrac{1}{2} \\ \ell-\dfrac{1}{2} \end{cases}$$

(i) $j=\ell+\dfrac{1}{2}$ 인 경우

식 (9.5.9)의 첫 번째 식의 좌·우를 제곱하면

$$\alpha^2\left[j(j+1)-\ell(\ell+1)-\dfrac{3}{4}-m\right]^2=\beta^2(\ell-m)(\ell+m+1)$$

$$=(1-\alpha^2)(\ell-m)(\ell+m+1) \qquad \because |\alpha|^2+|\beta|^2=1$$

$$\Rightarrow \alpha^2(\ell-m)^2=(1-\alpha^2)(\ell-m)(\ell+m+1) \Rightarrow \alpha^2(\ell-m+\ell+m+1)=\ell+m+1$$

$$\therefore \quad \alpha=\sqrt{\dfrac{\ell+m+1}{2\ell+1}}$$

그리고 이를 $|\alpha|^2+|\beta|^2=1$에 대입하면

$$\therefore \quad \beta=\sqrt{\dfrac{\ell-m}{2\ell+1}}$$

가 되어 J_z의 고유함수에 대응하는 고유치가 $\left(m+\dfrac{1}{2}\right)\hbar$인 경우의 상태함수는 다음과 같다.

$$\Psi_{j,m+\frac{1}{2}} = \Psi_{\ell+\frac{1}{2},m+\frac{1}{2}} = \sqrt{\frac{\ell+m+1}{2\ell+1}}\, Y_{\ell,m}\chi_+ + \sqrt{\frac{\ell-m}{2\ell+1}}\, Y_{\ell,m+1}\chi_- \quad (9.5.10)$$

(ii) $j = \ell - \dfrac{1}{2}$ 인 경우

위와 유사한 방법으로 구하든지 또는 식 (9.5.10)의 상태함수와의 직교성 관계로부터 다음의 결과를 얻을 수 있다.

$$\Psi_{j,m+\frac{1}{2}} = \Psi_{\ell-\frac{1}{2},m+\frac{1}{2}} = \sqrt{\frac{\ell-m}{2\ell+1}}\, Y_{\ell,m}\chi_+ - \sqrt{\frac{\ell+m+1}{2\ell+1}}\, Y_{\ell,m+1}\chi_-$$

예로서 원자 내의 전자 궤도와 전자스핀이 서로 상호작용하는 **스핀-궤도 상호작용** (spin-orbit coupling)에 대해 살펴보자. 이때 궤도 각운동량이 $\vec{L}$이고 스핀 각운동량이 $\vec{S}$ 라고 하면 총 각운동량의 제곱은

$$J^2 = L^2 + S^2 + 2\vec{L}\cdot\vec{S}$$

이 되어 상태벡터 $|j, m_j>$에 작용하는 스핀-궤도 상호작용은

$$
\begin{aligned}
\vec{L}\cdot\vec{S}\,|j,m_j> &= \frac{J^2 - L^2 - S^2}{2}\,|j,m_j> = \frac{\hbar^2}{2}\left[j(j+1) - \ell(\ell+1) - s(s+1)\right]|j,m_j> \\
&= \frac{\hbar^2}{2}\left[j(j+1) - \ell(\ell+1) - \frac{3}{4}\right]|j,m_j> \\
&= \frac{\hbar^2}{2}\begin{cases} \ell\,|j,m_j> & j = \ell+\dfrac{1}{2}\ \text{일 경우} \\ -(\ell+1)\,|j,m_j> & j = \ell-\dfrac{1}{2}\ \text{일 경우} \end{cases}
\end{aligned}
\quad (9.5.11)
$$

가 된다. 그때 스핀-궤도 상호작용에 대한 해밀토니안은 $\lambda \ll 1$에 대해

$$H_1 = -\lambda\vec{L}\cdot\vec{S}$$

이므로 식 (9.5.11)로부터 $j = \ell - \dfrac{1}{2}$의 상태가 $j = \ell + \dfrac{1}{2}$의 상태보다 높은 에너지를 갖는 것을 알 수 있다. 아래의 에너지 준위는 스핀-궤도 상호작용의 결과에 의해 에너지가 분리된 예를 보여준다.[43]

---

(43) 분광학 표현 $N^{2S+1}L_J$

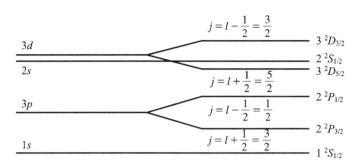

그림 9.2 스핀–궤도 상호작용에 의한 에너지 분리

여기서 궤도 양자수와 분광학 표현의 관계는 다음과 같다.

궤도 양자수 (ℓ)	광학표현
0	S (sharp)
1	P (principal)
2	D (diffuse)
3	F (fundamental)

파울리 σ-행렬의 성질들에 대한 증명

1. $\sigma_i\sigma_j = \delta_{ij}I + i\epsilon_{ijk}\sigma_k$

   [증명] 파울리 σ-행렬들을 직접 대입하여 증명할 수 있다.

2. $[\sigma_i,\ \sigma_j] = 2i\epsilon_{ijk}\sigma_k$

   [증명] $\sigma_i\sigma_j - \sigma_j\sigma_i = \delta_{ij} + i\epsilon_{ijk}\sigma_k - \delta_{ji} - i\epsilon_{jik}\sigma_k = 2i\epsilon_{ijk}\sigma_k$

3. $\{\sigma_i,\ \sigma_j\} = 2\delta_{ij}$

   [증명] 위의 관계식 (1)로부터

   $$\begin{cases} \sigma_i\sigma_j = \delta_{ij} + i\epsilon_{ijk}\sigma_k \\ \sigma_j\sigma_i = \delta_{ji} + i\epsilon_{jik}\sigma_k \end{cases} \Rightarrow \begin{cases} \sigma_i\sigma_j = \delta_{ij} + i\epsilon_{ijk}\sigma_k \\ \sigma_j\sigma_i = \delta_{ij} - i\epsilon_{ijk}\sigma_k \end{cases}$$

   $$\Rightarrow \sigma_i\sigma_j + \sigma_j\sigma_i = 2\delta_{ij} \Rightarrow \{\sigma_i,\ \sigma_j\} = 2\delta_{ij}$$

4. $(\vec{\sigma}\cdot\vec{A})(\vec{\sigma}\cdot\vec{B}) = \vec{A}\cdot\vec{B} + i(\vec{A}\times\vec{B})\cdot\vec{\sigma}$

   [증명] $A_iB_j\sigma_i\sigma_j = A_iB_j(\delta_{ij}I + i\epsilon_{ijk}\sigma_k) = A_iB_i + i\epsilon_{kij}A_iB_j\sigma_k$

   $$= A_iB_i + i(\vec{A}\times\vec{B})_k\sigma_k = \vec{A}\cdot\vec{B} + i(\vec{A}\times\vec{B})\cdot\vec{\sigma}$$

5. $(\vec{\sigma}\cdot\vec{A})\vec{\sigma} = \vec{A} + i\vec{\sigma}\times\vec{A}$

   [증명] $A_i\sigma_i\sigma_j = A_i(\delta_{ij}I + i\epsilon_{ijk}\sigma_k) = A_i\delta_{ij}I + i\epsilon_{ijk}A_i\sigma_k = A_j + i\epsilon_{jki}\sigma_kA_i$

   $$= A_j + i(\vec{\sigma}\times\vec{A})_j = \vec{A} + i\vec{\sigma}\times\vec{A}$$

6. $\vec{\sigma}(\vec{\sigma}\cdot\vec{A}) = \vec{A} - i\vec{\sigma}\times\vec{A}$

   [증명] $\sigma_i\sigma_jA_j = (\delta_{ij}I + i\epsilon_{ijk}\sigma_k)A_j = \delta_{ij}A_j + i\epsilon_{ijk}\sigma_kA_j = A_i - i\epsilon_{ikj}\sigma_kA_j$

   $$= \vec{A} - i\vec{\sigma}\times\vec{A}$$

7. $\vec{\sigma}\times\vec{\sigma} = 2i\vec{\sigma}$

   [증명] $(\vec{\sigma}\times\vec{\sigma})_3 = \sigma_1\sigma_2 - \sigma_2\sigma_1 = [\sigma_1,\ \sigma_2] = 2i\sigma_3$

관계식 $Y_{\ell m}(\pi - \theta, \phi + \pi) = (-1)^{\ell} Y_{\ell m}(\theta, \phi)$ 증명

풀이

$$Y_{\ell m}(\theta, \phi) = (-1)^m \sqrt{\frac{2\ell+1}{4\pi} \frac{(\ell-m)!}{(\ell+m)!}} P_{\ell}^m(\cos\theta)e^{im\phi}$$

$$\Rightarrow Y_{\ell m}(\pi-\theta, \phi+\pi) = (-1)^m \sqrt{\frac{2\ell+1}{4\pi} \frac{(\ell-m)!}{(\ell+m)!}} P_{\ell}^m(\cos(\pi-\theta))e^{im(\pi+\phi)}$$

$$= (-1)^m \sqrt{\frac{2\ell+1}{4\pi} \frac{(\ell-m)!}{(\ell+m)!}} P_{\ell}^m(-\cos\pi)(-1)^m e^{im\phi} \qquad (1)$$

여기서

$$P_{\ell}^m(x) = \frac{1}{2^{\ell}\ell!}(1-x^2)^{\frac{m}{2}}\frac{d^{\ell+m}}{dx^{\ell+m}}(x^2-1)^{\ell}$$

$$\Rightarrow P_{\ell}^m(-x) = \frac{1}{2^{\ell}\ell!}(1-x^2)^{\frac{m}{2}}(-1)^{\ell+m}\frac{d^{\ell+m}}{dx^{\ell+m}}(x^2-1)^{\ell}$$

$$= (-1)^{\ell+m}P_{\ell}^m(x) \qquad (2)$$

식 (2)을 (1)에 대입하면

$$Y_{\ell m}(\pi-\theta, \phi+\pi) = (-1)^m \sqrt{\frac{2\ell+1}{4\pi} \frac{(\ell-m)!}{(\ell+m)!}}(-1)^{\ell}P_{\ell}^m(\cos\pi)(-1)^{2m}e^{im\phi}$$

$$= (-1)^{\ell}(-1)^m \sqrt{\frac{2\ell+1}{4\pi} \frac{(\ell-m)!}{(\ell+m)!}} P_{\ell}^m(\cos\pi)e^{im\phi}$$

이 되어

$$\therefore \ Y_{\ell m}(\pi-\theta, \phi+\pi) = (-1)^{\ell} Y_{\ell m}(\theta, \phi)$$

시간에 무관한 섭동이론

① 섭동이론

슈뢰딩거 방정식의 정확한 解를 구하기 어려운 포텐셜($H_0 + \lambda H_1$)의 경우, **섭동이론**(perturbation theory)으로 매우 작은 섭동 항(λH_1)이 비섭동(H_0)의 고유치와 고유함수를 얼마만큼 변화시키는지를 구하여 슈뢰딩거 방정식의 解를 근사적으로 구한다. 섭동 이론에는 슈뢰딩거 방정식이 시간에 무관한 경우와 시간에 의존하는 두 경우가 있는데 이 장에서는 시간에 무관한 섭동이론을 아래와 같은 관계식을 가지고 다룰 것이다.

해밀토니안 H은 비섭동 항 H_0과 섭동 항 λH_1의 합으로 표시된다.

$$H = H_0 + \lambda H_1 \tag{10.1.1}$$

여기서 섭동 항에 있는 $|\lambda| \ll 1$은 섭동 매개변수(perturbation parameter)이다.
그리고 비섭동 H_0은 아래의 고유치 방정식을 만족한다.

$$H_0 |\phi_n^0> = E_n^0 |\phi_n^0> \tag{10.1.2}$$

여기서 $|\phi_n^0>$은 고유치 E_n^0을 갖는 $<\phi_m^0|\phi_n^0> = \delta_{mn}$인 직교규격화된 고유벡터이다.
우리가 구하고자 하는 것은 아래의 고유치 방정식을 만족하는 고유치와 고유벡터이다.

$$H|\Psi_n> = E_n|\Psi_n> \tag{10.1.3}$$

여기서 고유치 E_n과 고유벡터 Ψ_n은 각각 아래와 같이 정의한다.

$$\begin{cases} E_n = E_n^0 + \lambda E_n^{(1)} + \lambda^2 E_n^{(2)} + \cdots\cdots \\ |\Psi_n> = |\phi_n^0> + \lambda|\phi_n^{(1)}> + \lambda^2|\phi_n^{(2)}> + \cdots\cdots \end{cases} \tag{10.1.4}$$

섭동 매개변수 $\lambda \to 0$일 때 해밀토니안 H의 고유치는 $E_n \to E_n^0$ 그리고 고유벡터는 $|\Psi_n> \to |\phi_n^0>$가 되어 비섭동 해밀토니안 H_0의 고유치와 고유벡터가 됨을 알 수 있다.

식 (10.1.4)을 (10.1.3)에 대입한 뒤에 등식의 왼편과 오른편에 있는 λ의 거듭제곱의 계수를 비교하면

$$\lambda^0 : H_0|\phi_n^0> = E_n^0|\phi_n^0>$$

$$\lambda^1 : H_0|\phi_n^{(1)}> + H_1|\phi_n^0> = E_n^0|\phi_n^{(1)}> + E_n^{(1)}|\phi_n^0>$$

$$\lambda^2 : H_0|\phi_n^{(2)}> + H_1|\phi_n^{(1)}> = E_n^0|\phi_n^{(2)}> + E_n^{(1)}|\phi_n^{(1)}> + E_n^{(2)}|\phi_n^0>$$

$$\vdots$$

의 관계식을 얻는다. 여기서 λ^0의 계수끼리 비교하여 얻은 관계식은 비섭동에 대한 고유치 방정식인 식 (10.1.2)임을 알 수 있다. 반면에 λ^1의 계수(1차 섭동 항)끼리 비교하여 얻은 관계식으로부터

$$H_0|\phi_n^{(1)}> + H_1|\phi_n^0> = E_n^0|\phi_n^{(1)}> + E_n^{(1)}|\phi_n^0>$$

$$\Rightarrow (H_0 - E_n^0)|\phi_n^{(1)}> + (H_1 - E_n^{(1)})|\phi_n^0> = 0$$

을 얻는다. 이 식에 $<\phi_m^0|$을 곱하면 다음의 관계식을 얻는다.

$$<\phi_m^0|(H_0 - E_n^0)|\phi_n^{(1)}> + <\phi_m^0|(H_1 - E_n^{(1)})|\phi_n^0> = 0 \tag{10.1.5}$$

(i) $m = n$인 경우

위 식은

$$<\phi_n^0|(H_0 - E_n^0)|\phi_n^{(1)}> + <\phi_n^0|(H_1 - E_n^{(1)})|\phi_n^0> = 0$$

이 되는데 이 식의 첫 항은 0이기 때문에 두 번째 항으로부터

$$<\phi_n^0|H_1|\phi_n^0> - E_n^{(1)}<\phi_n^0|\phi_n^0> = 0 \Rightarrow <\phi_n^0|H_1|\phi_n^0> - E_n^{(1)} = 0$$

가 되어

$$\therefore E_n^{(1)} = <\phi_n^0|H_1|\phi_n^0> \tag{10.1.6}$$

인 섭동에 기인하는 **1차**(1st-order) **에너지 변동**(shift)을 얻는다. 에너지 변동은 섭동 항과 같은 부호를 갖는 것을 알 수 있다.

(ii) $m \neq n$인 경우

식 (10.1.5)은

$$(E_m^0 - E_n^0) < \phi_m^0 | \phi_n^{(1)} > + < \phi_m^0 | H_1 | \phi_n^0 > - E_n^{(1)} < \phi_m^0 | \phi_n^0 > = 0$$

$$\Rightarrow (E_m^0 - E_n^0) < \phi_m^0 | \phi_n^{(1)} > + < \phi_m^0 | H_1 | \phi_n^0 > = 0$$

가 되어

$$\therefore \ < \phi_m^0 | \phi_n^{(1)} > = \frac{1}{E_n^0 - E_m^0} < \phi_m^0 | H_1 | \phi_n^0 > = \frac{1}{E_n^0 - E_m^0} (H_1)_{mn}$$

을 얻는다.

그러므로 1차 에너지 변동과 관계되는 상태벡터는 다음과 같다.

$$|\phi_n^{(1)} > = \sum_{m \neq n} |\phi_m^0> < \phi_m^0 | \phi_n^{(1)} > = \sum_{m \neq n} \frac{< \phi_m^0 | H_1 | \phi_n^0 >}{E_n^0 - E_m^0} |\phi_m^0 > \qquad (10.1.7)$$

그리고 λ^2의 계수(2차 섭동 항)끼리 비교하여 얻은 관계식으로부터

$$(H_0 - E_n^0) |\phi_n^{(2)} > + (H_1 - E_n^{(1)}) |\phi_n^{(1)} > - E_n^{(2)} |\phi_n^0 > = 0 \qquad (10.1.8)$$

가 되고 이 식에 $< \phi_n^0 |$을 곱하면

$$< \phi_n^0 | (H_0 - E_n^0) |\phi_n^{(2)} > + < \phi_n^0 | (H_1 - E_n^{(1)}) |\phi_n^{(1)} > - E_n^{(2)} < \phi_n^0 | \phi_n^0 > = 0$$

$$\Rightarrow E_n^{(2)} = < \phi_n^0 | (H_1 - E_n^{(1)}) |\phi_n^{(1)} > = \sum_{k \neq n} < \phi_n^0 | (H_1 - E_n^{(1)}) |\phi_k^0 > < \phi_k^0 | \phi_n^{(1)} >$$

을 얻는다. 이 식에 있는 $|\phi_n^{(1)} >$에 식 (10.1.7)을 대입하면

$$\begin{aligned}
E_n^{(2)} &= \sum_{k \neq n} \sum_{m \neq n} < \phi_n^0 | (H_1 - E_n^{(1)}) |\phi_k^0 > \frac{< \phi_m^0 | H_1 | \phi_n^0 >}{E_n^0 - E_m^0} < \phi_k^0 | \phi_m^0 > \\
&= \sum_{k \neq n} \sum_{m \neq n} < \phi_n^0 | (H_1 - E_1^{(1)}) |\phi_k^0 > \frac{< \phi_m^0 | H_1 | \phi_n^0 >}{E_n^0 - E_m^0} \delta_{km} \\
&= \sum_{k \neq n} < \phi_n^0 | H_1 | \phi_k^0 > \frac{< \phi_k^0 | H_1 | \phi_n^0 >}{E_n^0 - E_k^0}
\end{aligned}$$

가 되어

$$\therefore \ E_n^{(2)} = \sum_{k \neq n} \frac{|<\phi_n^0|H_1|\phi_k^0>|^2}{E_n^0 - E_k^0} = \sum_{k \neq n} \frac{|(H_1)_{nk}|^2}{E_n^0 - E_k^0} \tag{10.1.9}$$

인 섭동에 기인하는 **2차**(2nd-order) **에너지 변동**을 얻는다.

식 (10.1.9)로부터 만약 E_n^0가 바닥상태 에너지이면 $E_n^{(2)}$은 항상 음의 값을 가짐을 알 수 있고 또한 2차 에너지 변동은 가까이 있는 에너지 값일수록 분모 값이 적어지기 때문에 더 큰 영향을 준다는 것을 알 수 있다.

그리고 식 (10.1.8)로부터

$$(H_0 - E_n^0)|\phi_n^{(2)}> = (E_n^{(1)} - H_1)|\phi_n^{(1)}> + E_n^{(2)}|\phi_n^0>$$

$$\Rightarrow |\phi_n^{(2)}> = \frac{1}{H_0 - E_n^0}(E_n^{(1)} - H_1)|\phi_n^{(1)}> + \frac{E_n^{(2)}}{H_0 - E_n^0}|\phi_n^0>$$

$$= \sum_{k \neq n} \left[|\phi_k^0><\phi_k^0| \left(\frac{E_n^{(1)} - H_1}{H_0 - E_n^0} \right)|\phi_n^{(1)}> + |\phi_k^0><\phi_k^0| \frac{E_n^{(2)}}{H_0 - E_n^0}|\phi_n^0> \right]$$

가 된다. 여기서 오른편의 두 번째 항은 $k \neq n$에 대해 $<\phi_k^0|\phi_n^0> = 0$이므로 0이 되어서 위 식은

$$|\phi_n^{(2)}> = \sum_{k \neq n} \left[|\phi_k^0> \left\langle \phi_k^0 \left| \frac{E_n^{(1)}}{H_0 - E_n^0} \right| \phi_n^{(1)} \right\rangle - |\phi_k^0> \left\langle \phi_k^0 \left| \frac{H_1}{H_0 - E_n^0} \right| \phi_n^{(1)} \right\rangle \right]$$

가 된다.

그러므로 2차 에너지 변동과 관계되는 상태벡터는 다음과 같다.

$$|\phi_n^{(2)}> = \sum_{k \neq n} \frac{1}{E_k^0 - E_n^0}|\phi_k^0> \left[<\phi_k^0|E_n^{(1)}|\phi_n^{(1)}> - <\phi_k^0|H_1|\phi_n^{(1)}> \right] \tag{10.1.10}$$

해밀토니안 $H = H_0 + \lambda H_1$의 고유치와 고유함수를 식 (10.1.4)와 같이 정의하면 섭동 매개변수 λ^2까지의 고유치는 식 (10.1.6)의 $E_n^{(1)}$와 (10.1.9)의 $E_n^{(2)}$을 (10.1.4)의 첫 번째 식에 대입하여 구할 수 있고 고유벡터는 식 (10.1.7)의 $|\phi_n^{(1)}>$과 (10.1.10)의 $|\phi_n^{(2)}>$을 (10.1.4)의 두 번째 식에 대입하여 구할 수 있다.

$H_0 = \begin{pmatrix} 0 & -3 \\ -3 & 8 \end{pmatrix}$ 그리고 $\lambda H_1 = \begin{pmatrix} 0 & 1 \\ 1 & -5 \end{pmatrix}$일 경우 섭동에 의한 고유치에서의 1차 및 2차 에너지 변동을 구하세요.

풀이

간단한 행렬로 주어진 문제이므로 특성방정식을 이용한 방법과 섭동이론으로 구한 고유치를 비교해보자.

(i) 특성방정식 방법

$$H = H_0 + \lambda H_1 = \begin{pmatrix} 0 & -2 \\ -2 & 3 \end{pmatrix}$$

이때 특성방정식은

$$\begin{vmatrix} -\omega & -2 \\ -2 & 3-\omega \end{vmatrix} = 0 \Rightarrow (\omega - 4)(\omega + 1) = 0$$

가 되어 고유치는 4와 -1이다.

(ii) 섭동이론 방법

H_0의 고유치를 특성방정식으로 구해보면

$$\begin{vmatrix} -\omega & -3 \\ -3 & 8-\omega \end{vmatrix} = 0 \Rightarrow (\omega - 9)(\omega + 1) = 0$$

가 되어 비섭동의 고유치는 $E_1^0 = 9$ 또는 $E_2^0 = -1$이다.

이들 고유치에 대응하는 고유함수는 각각 $\phi_1^0 = \dfrac{1}{\sqrt{10}} \begin{pmatrix} 1 \\ -3 \end{pmatrix}$와 $\phi_2^0 = \dfrac{1}{\sqrt{10}} \begin{pmatrix} 3 \\ 1 \end{pmatrix}$이다.

그때 섭동에 기인하는 1차 에너지 변동 값 $\lambda E_n^{(1)}$은 식 (10.1.6)의 $E_n^{(1)} = <\phi_n^0 | H_1 | \phi_n^0 >$ 관계식으로부터

$$<\phi_1^0 | \lambda H_1 | \phi_1^0 > = \frac{1}{\sqrt{10}} (1 \; -3) \begin{pmatrix} 0 & 1 \\ 1 & -5 \end{pmatrix} \frac{1}{\sqrt{10}} \begin{pmatrix} 1 \\ -3 \end{pmatrix} = -\frac{51}{10}$$

그리고

$$<\phi_2^0 | \lambda H_1 | \phi_2 > = \frac{1}{\sqrt{10}} (3 \; 1) \begin{pmatrix} 0 & 1 \\ 1 & -5 \end{pmatrix} \frac{1}{\sqrt{10}} \begin{pmatrix} 3 \\ 1 \end{pmatrix} = \frac{1}{10}$$

을 얻어서

$$\therefore \begin{cases} \lambda E_1^{(1)} = -\dfrac{51}{10} \\ \lambda E_2^{(1)} = \dfrac{1}{10} \end{cases} \tag{예 10.1.1}$$

반면에 2차 에너지 변동은 식 (10.1.9)로부터 에너지 변동 값 $\lambda^2 E_n^{(2)}$은

$$\lambda^2 E_n^{(2)} = \sum_{k \neq n} \frac{|<\phi_n^0|\lambda H_1|\phi_k^0>|^2}{E_n^0 - E_k^0}$$

가 되어서

$$\Rightarrow \begin{cases} \lambda^2 E_1^{(2)} = \dfrac{|<\phi_1^0|\lambda H_1|\phi_2^0>|^2}{E_1^0 - E_2^0} \\ \lambda^2 E_2^{(2)} = \dfrac{|<\phi_2^0|\lambda H_1|\phi_1^0>|^2}{E_2^0 - E_1^0} \end{cases}$$

여기서

$$|<\phi_1^0|\lambda H_1|\phi_2^0>|^2 = \left| \frac{1}{\sqrt{10}}(1 \quad -3)\begin{pmatrix} 0 & 1 \\ 1 & -5 \end{pmatrix}\frac{1}{\sqrt{10}}\begin{pmatrix} 3 \\ 1 \end{pmatrix} \right|^2 = 0.7^2 = |<\phi_2^0|\lambda H_1|\phi_1^0>|^2$$

이므로 위 식은

$$\therefore \begin{cases} \lambda^2 E_1^{(2)} = \dfrac{0.7^2}{9 - (-1)} = \dfrac{0.7^2}{10} \\ \lambda^2 E_2^{(2)} = \dfrac{0.7^2}{-1 - 9} = -\dfrac{0.7^2}{10} \end{cases} \qquad (\text{예 } 10.1.2)$$

의 결과를 준다. 섭동에 의한 2차 에너지 변동까지 고려한 에너지는 식 (예 10.1.1)과 (예 10.1.2)을 식 (10.1.4)의 첫 번째 식에 대입하여 구하면 다음과 같다.

$$\therefore \begin{cases} E_1 = 9 - \dfrac{51}{10} + \dfrac{0.7^2}{10} = 3.949 \\ E_2 = -1 + \dfrac{1}{10} - \dfrac{0.7^2}{10} = -0.949 \end{cases}$$

그러므로 섭동이론 방법으로 2차 에너지 변동까지 고려하여 구한 근사 에너지 값은 특성방정식 방법으로 정확하게 구한 에너지인 4와 −1과 비교해 보면 5% 이내에서 잘 일치함을 볼 수 있다. 더 높은 차원까지의 에너지 변동을 고려하면 정확한 값에 보다 더 가까워질 수 있다. ■

예제 10.2

비조화 진동자의 예로서 해밀토니안이 $H = \dfrac{p^2}{2m} + \dfrac{1}{2}kx^2 + \lambda x^4$인 경우를 고려하자. 여기서 λ은 값이 작은 상수이다. 섭동에 의한 1차 에너지 변동을 구하세요.

비섭동 항은 $H_0 = \dfrac{p^2}{2m} + \dfrac{1}{2}kx^2$ 이고 섭동 항이 $\lambda H_1 = \lambda x^4$ 인 경우에 해당하는 문제이다. 여기서 비섭동항의 고유치는 $E_n^0 = \left(aa^+ + \dfrac{1}{2}\right)\hbar\omega = \left(n + \dfrac{1}{2}\right)\hbar\omega$ 임을 알고 있다. 진동자의 경우에서 내림 연산자 a와 올림 연산자 a^+의 관계식으로부터

$$\begin{cases} a = \sqrt{\dfrac{m\omega}{2\hbar}}\,x + i\dfrac{p}{\sqrt{2m\hbar\omega}} \\ a^+ = \sqrt{\dfrac{m\omega}{2\hbar}}\,x - i\dfrac{p}{\sqrt{2m\hbar\omega}} \end{cases} \Rightarrow x = \sqrt{\dfrac{\hbar}{2m\omega}}\,(a + a^+)$$

그때 섭동에 의한 1차 에너지 변동은

$$E_n^{(1)} = <n|H_1|n> = <n|x^4|n> = \left(\dfrac{\hbar}{2m\omega}\right)^2 <n|(a + a^+)^4|n> \quad (\text{예 } 10.2.1)$$

이다. 여기서 $(a + a^+)^4 = (aa + a^+a^+ + aa^+ + a^+a)^2$ 이므로 $<n|(a + a^+)^4|n> \neq 0$ 되게 하는 연산자만을 고려하면 $aa^+aa^+ + a^+aa^+a + aaa^+a^+ + a^+a^+aa + aa^+a^+a + a^+aaa^+$ 항만 고려하면 된다. 그러므로

$$<n|(a + a^+)^4|n>$$

$$= <n|(aa^+aa^+ + a^+aa^+a + aaa^+a^+ + a^+a^+aa + aa^+a^+a + a^+aaa^+)|n>$$

이 되고 여기서

$$a^+|n> = \sqrt{n+1}\,|n+1> \text{와} \quad a|n> = \sqrt{n}\,|n-1>$$

의 관계식을 적용하면 위 식은

$$<n|(a + a^+)^4|n>$$

$$= (n+1)^2 + n^2 + (n+1)(n+2) + (n-1)n + (n+1)n + n(n+1) = 6n^2 + 6n + 3$$

이 되어 이를 식 (예 10.2.1)에 대입하면

$$E_n^{(1)} = 3\left(\dfrac{\hbar}{2m\omega}\right)^2 (2n^2 + 2n + 1)$$

인 섭동에 의한 1차 에너지 변동을 얻는다.

그러므로 비조화 진동자의 에너지를 1차 에너지 변동까지 고려한 결과는 다음과 같다.

$$E_n = E_n^0 + \lambda E_n^{(1)} = \left(n + \dfrac{1}{2}\right)\hbar\omega + 3\lambda\left(\dfrac{\hbar}{2m\omega}\right)^2 (2n^2 + 2n + 1)$$

$H_0 = \dfrac{p^2}{2m} + \dfrac{1}{2}kx^2$은 진동자의 비섭동 해밀토니안으로 $H = \dfrac{p^2}{2m} + \dfrac{1}{2}k(x-\ell)^2$와 같은 섭동 항을 포함한 해밀토니안의 섭동에 의한 1차 에너지 변동 값을 구하세요. 여기서 ℓ 은 크기가 작은 상수라 가정한다.

풀이

$$H = \frac{p^2}{2m} + \frac{1}{2}k(x-\ell)^2 \;\Rightarrow\; H = H_0 - \ell k x + \ell^2 \frac{k}{2}$$

여기서 크기가 작은 상수 ℓ을 섭동 매개변수로 간주할 수 있어 위 식은 $H = H_0 + \ell H_1 + \ell^2 H_2$로 표현할 수 있다. 그때 섭동에 의한 1차 에너지 변동은 ℓ^1항으로부터 $E_n^{(1)} = <n|H_1|n> = -k<n|x|n>$이 된다. 진동자의 경우에서 내림 연산자 a와 올림 연산자 a^+의 관계식으로부터

$$\begin{cases} a = \sqrt{\dfrac{m\omega}{2\hbar}}\,x + i\dfrac{p}{\sqrt{2m\hbar\omega}} \\ a^+ = \sqrt{\dfrac{m\omega}{2\hbar}}\,x - i\dfrac{p}{\sqrt{2m\hbar\omega}} \end{cases} \Rightarrow\; x = \sqrt{\frac{\hbar}{2m\omega}}\,(a + a^+)$$

을 얻어 섭동에 의한 1차 에너지 변동은

$$E_n^{(1)} = -k\sqrt{\frac{\hbar}{2m\omega}}<n|(a+a^+)|n> = 0$$

이 되므로 섭동에 의한 1차 에너지 변동은 없다. ■

폭이 a인 1차원 무한 우물 포텐셜 문제에서 섭동 항이 $\lambda H_1 = U_0$인 상수로 주어질 경우의 1차 에너지 변동과 2차 에너지 변동을 각각 구하세요.

풀이

1차원 무한 우물 포텐셜 문제에서 비섭동 H_0에 대한 고유치 방정식 $H_0|\phi_n^0> = E_n^0|\phi_n^0>$에서 고유치 E_n^0을 갖는 고유함수는 $\phi_n^0 = \sqrt{\dfrac{2}{a}}\sin\left(\dfrac{n\pi}{a}x\right)$임을 배웠었다. 그때 1차 에너지 변동은

$$\lambda E_n^{(1)} = <\phi_n^0|\lambda H_1|\phi_n^0> = <\phi_n^0|U_0|\phi_n^0> = U_0$$

이 되고 2차 에너지 변동은

$$\lambda^2 E_n^{(2)} = \sum_{k \neq n} \frac{|<\phi_n^0|\lambda H_1|\phi_k^0>|^2}{E_n^0 - E_k^0} = \sum_{k \neq n} \frac{|<\phi_n^0|U_0|\phi_k^0>|^2}{E_n^0 - E_k^0} = U_0^2 \sum_{k \neq n} \frac{|<\phi_n^0|\phi_k^0>|^2}{E_n^0 - E_k^0} = 0$$

가 된다.

> ### 예제 10.5

아래와 같은 1차원 우물 포텐셜에서 비섭동(무한 우물 포텐셜)에 의한 에너지로부터의 1차 에너지 변동을 구하세요.

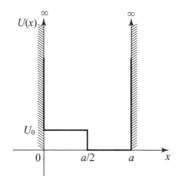

그림 10.1 섭동 항을 갖는 무한 우물 포텐셜

> **풀이**

섭동 항은 $0 \leq x \leq \dfrac{a}{2}$에서 $\lambda H_1 = U_0$이다. 1차원 무한 우물 포텐셜의 고유함수는 $\phi_n^0(x) = \sqrt{\dfrac{2}{a}} \sin\left(\dfrac{n\pi}{a}x\right)$이기 때문에 1차 에너지 변동은

$$\lambda E_n^{(1)} = <\phi_n^0(x)|\lambda H_1|\phi_n^0(x)> = \frac{2}{a} U_0 \int_0^{\frac{a}{2}} dx \; \sin^2 \frac{n\pi}{a}x = \frac{2U_0}{a} \frac{1}{2} \frac{a}{2} = \frac{U_0}{2}$$

가 된다.

> ### 예제 10.6

축퇴되어 있는 원자의 에너지 준위가 외부 전기장에 의해 분리되는 현상을 **슈타르크 효과**(Stark effect)라 한다. 전기장 $\vec{\varepsilon} = \varepsilon \hat{z}$에 의해 생기는 수소유사 원자의 바닥상태에서의 에너지 변동을 구하세요.

> **풀이**

수소유사 원자의 비섭동 해밀토니안은

$$H_0 = \frac{p^2}{2m} - \frac{Ze^2}{r}$$

이다. 여기서 m은 전자질량, Ze은 원자핵의 전하량, 고유치인 에너지는 E_n^0이며 대응하는 고유함수는 $\phi_{n\ell m}^0(\vec{r})$이다. 외부 전기장에 의한 섭동 항은

$$\lambda H_1 = e\vec{\varepsilon} \cdot \vec{r} = e\varepsilon z$$

가 된다. 이때 바닥상태에 대한 1차 에너지 변동은

$$
\begin{aligned}
\lambda E_{100}^{(1)} &= e\varepsilon < \phi_{100}^0 |z| \phi_{100}^0 > = e\varepsilon \int d^3r |\phi_{100}^0|^2 z^{(44)} \\
&= e\varepsilon \int \int \int (r^2 \sin\theta dr d\theta d\phi) \left[2\left(\frac{Z}{a_0}\right)^{\frac{3}{2}} e^{-\frac{Z}{a_0}r} \frac{1}{\sqrt{4\pi}} \right]^2 (r\cos\theta) \\
&= 2e\varepsilon \left(\frac{Z}{a_0}\right)^3 \int r^3 e^{-\frac{2Z}{a_0}r} dr \int \sin\theta\cos\theta d\theta \\
&= e\varepsilon \left(\frac{Z}{a_0}\right)^3 \int_0^\infty r^3 e^{-\frac{2Z}{a_0}r} dr \int_0^\pi \sin 2\theta d\theta
\end{aligned}
$$

위 적분 식

$$\int_0^\pi \sin 2\theta d\theta = -\frac{1}{2}\cos 2\theta \Big|_0^{2\pi} = 0$$

이므로

$$\therefore \quad \lambda E_{100}^{(1)} = 0$$

그러므로 외부 전기장에 의한 바닥상태 에너지에 대한 1차 에너지 변동은 없다. 바닥상태 에너지에 대한 2차 에너지 변동은 (예제 10.10)에서 살펴볼 것이다. ■

② 축퇴 섭동 이론

이 절에서는 서로 다른 고유함수가 같은 고유치를 갖는 축퇴된 경우에 대해 살펴본다. 축퇴의 경우 1차 상태벡터를 기술한 식 (10.1.7)에서 분모가 0이 될 수 있어 $|\phi_n^{(1)} >$이 무한대로 발산하는 문제가 생긴다. 이런 문제를 피하기 위해 먼저 축퇴를 해소하는 것이 우선적인 일이다. 어떻게 축퇴를 없앨 수 있는지 간단한 예를 살펴봄으로써 이해해보자.

---

(44) 피적분 함수 $|\phi_{100}|^2$은 우함수이고 z은 기함수이기 때문에, 이들 함수 곱은 기함수가 되어 대칭 구간에 대한 적분 값은 0이다.

비섭동 항 H_0와 섭동 항 λH_1을 가지는 해밀토니안 $H = H_0 + \lambda H_1$에서 비섭동의 고유함수 ϕ_1^0와 ϕ_2^0가 같은 고유치 $E_1^0 = E_2^0 \equiv E_0$을 갖는 **이중 축퇴**의 예를 살펴보자. 비섭동에 대한 고유치 방정식은

$$\begin{cases} H_0|\phi_1^0> = E_0|\phi_1^0> \\ H_0|\phi_2^0> = E_0|\phi_2^0> \end{cases}$$

이다. 여기서 고유벡터의 직교규격화에 의해 $<\phi_1^0|\phi_1^0> = <\phi_2^0|\phi_2^0> = 1$이고 $<\phi_1^0|\phi_2^0> = <\phi_2^0|\phi_1^0> = 0$이다.

우리가 계산하고자 하는 것은 다음의 고유치 방정식이다.

$$H|\Psi> = E|\Psi> \;\Rightarrow\; (H_0 + \lambda H_1)|\Psi> = E|\Psi> \tag{10.2.1}$$

여기서 고유치와 고유함수를 각각 아래와 같이 정의하자.

$$\begin{cases} E = E_0 + \lambda E^{(1)} \\ |\Psi> = |\phi^0> + \lambda|\phi^{(1)}> \end{cases} \tag{10.2.2}$$

이 관계식을 식 (10.2.1)에 대입한 뒤 λ^1의 계수끼리 비교하면

$$H_0|\phi^{(1)}> + H_1|\phi^0> = E_0|\phi^{(1)}> + E^{(1)}|\phi^0> \tag{10.2.3}$$

을 얻는다. 위 식에 $<\phi_1^0|$을 곱하면

$$<\phi_1^0|H_0|\phi^{(1)}> + <\phi_1^0|H_1|\phi^0> = E_0<\phi_1^0|\phi^{(1)}> + E^{(1)}<\phi_1^0|\phi^0>$$

$$\Rightarrow\; <\phi_1^0|H_1|\phi^0> = E^{(1)}<\phi_1^0|\phi^0> \tag{10.2.4}$$

가 된다. ϕ_1^0와 ϕ_2^0가 비섭동의 고유함수이면 이들의 선형대수 합도 비섭동의 고유함수가 되므로

$$|\phi^0> = \alpha|\phi_1^0> + \beta|\phi_2^0> \tag{10.2.5}$$

로 나타낼 수 있고 이 식을 식 (10.2.4)에 대입하면 다음과 같다.

$$<\phi_1^0|H_1|\left\{\alpha|\phi_1^0> + \beta|\phi_2^0>\right\} = E^{(1)}<\phi_1^0|\left\{\alpha|\phi_1^0> + \beta|\phi_2^0>\right\}$$

$$\Rightarrow\; \alpha<\phi_1^0|H_1|\phi_1^0> + \beta<\phi_1^0|H_1|\phi_2^0> = \alpha E^{(1)}<\phi_1^0|\phi_1^0> + \beta E^{(1)}<\phi_1^0|\phi_2^0>$$

$$\Rightarrow\; \alpha<\phi_1^0|H_1|\phi_1^0> + \beta<\phi_1^0|H_1|\phi_2^0> = \alpha E^{(1)}$$

$$\therefore\; \alpha E^{(1)} = \alpha<\phi_1^0|H_1|\phi_1^0> + \beta<\phi_1^0|H_1|\phi_2^0> = \alpha(H_1)_{11} + \beta(H_1)_{12} \tag{10.2.6}$$

유사한 방법으로 식 (10.2.3)에 $< \phi_2^0|$을 곱하면

$$< \phi_2^0|H_1|\phi^0 > = E^{(1)} < \phi_2^0|\phi^0 >$$

이 되며 이를 계산하면 다음의 결과를 얻을 수 있다.

$$\therefore \ \beta E^{(1)} = \alpha < \phi_2^0|H_1|\phi_1^0 > + \beta < \phi_2^0|H_1|\phi_2^0 > = \alpha (H_1)_{21} + \beta (H_1)_{22} \qquad (10.2.7)$$

식 (10.2.6)과 (10.2.7)을 행렬로 표현하면

$$\begin{pmatrix} (H_1)_{11} & (H_1)_{12} \\ (H_1)_{21} & (H_1)_{22} \end{pmatrix} \begin{pmatrix} \alpha \\ \beta \end{pmatrix} = E^{(1)} \begin{pmatrix} \alpha \\ \beta \end{pmatrix} \Rightarrow \begin{pmatrix} (H_1)_{11} - E^{(1)} & (H_1)_{12} \\ (H_1)_{21} & (H_1)_{22} - E^{(1)} \end{pmatrix} \begin{pmatrix} \alpha \\ \beta \end{pmatrix} = 0 \quad (10.2.8)$$

비자명한(non-trivial) 解를 갖기 위해 위 식은 특성방정식을 만족해야 한다.

$$\begin{vmatrix} (H_1)_{11} - E^{(1)} & (H_1)_{12} \\ (H_1)_{21} & (H_1)_{22} - E^{(1)} \end{vmatrix} = 0$$

$$\Rightarrow E^{(1)2} - [(H_1)_{11} + (H_1)_{22}] E^{(1)} + [(H_1)_{11}(H_1)_{22} - (H_1)_{12}(H_1)_{21}] = 0$$

$$\therefore E_{\pm}^{(1)} = \frac{1}{2} \Big[\{(H_1)_{11} + (H_1)_{22}\} \pm$$

$$\sqrt{\{(H_1)_{11} + (H_1)_{22}\}^2 - 4\{(H_1)_{11}(H_1)_{22} - (H_1)_{12}(H_1)_{21}\}} \Big]$$

$$= \frac{1}{2} \Big[\{(H_1)_{11} + (H_1)_{22}\} \pm \sqrt{\{(H_1)_{11} - (H_1)_{22}\}^2 + 4(H_1)_{12}(H_1)_{21}} \Big] \quad (10.2.9)$$

$\lambda E^{(1)}$은 섭동에 의한 에너지 변동이므로 비섭동의 축퇴는 사라지고 H의 고유치는 $E^0 + \lambda E_+^{(1)}$와 $E^0 + \lambda E_-^{(1)}$가 된다. 즉 이중 축퇴의 경우 1차 에너지 보정 $E^{(1)}$은 비섭동 항의 고유벡터 $|\phi_1^0 >$와 $|\phi_2^0 >$을 기저로 하는 식 (10.2.8)과 같은 행렬요소를 갖는 2×2 행렬의 고유치이다.

$\alpha = 0$인 경우 식 (10.2.8)로부터

$$\begin{cases} \beta (H_1)_{12} = 0 \\ \beta [(H_1)_{22} - E^{(1)}] = 0 \end{cases} \Rightarrow (H_1)_{12} = 0, \quad E^{(1)} = (H_1)_{22} = < \phi_2^0|H_1|\phi_2^0 >$$

이므로 이는 식 (10.1.6)로부터 기대한 결과와 일치한다.

그리고 $\beta = 0$인 경우

$$\begin{cases} \alpha [(H_1)_{11} - E^{(1)}] = 0 \\ \alpha (H_1)_{21} = 0 \end{cases} \Rightarrow (H_1)_{21} = 0, \quad E^{(1)} = (H_1)_{11} = < \phi_1^0|H_1|\phi_1^0 >$$

가 되어 기대한 대로 식 (10.1.6)과 일치한다.

식 (10.2.8)은 비섭동의 고유벡터를 기저로 해서 섭동 항을 행렬로 나타낸 뒤에 특성방정식을 사용하여 그 행렬을 대각화시키면 섭동 항의 고유치를 구할 수 있다는 것을 의미한다.

비섭동 항이 $H_0 = \dfrac{1}{2m}(p_x^2 + p_y^2) + \dfrac{1}{2}m\omega_0^2(x^2 + y^2)$이고 섭동 항이 $k'xy$인 2차원 진동자에서 섭동에 의한 에너지 변동을 구하세요.

풀이

비섭동 해밀토니안의 고유치는

$$E_{n_x, n_y}^0 = \left(n_x + \frac{1}{2}\right)\hbar\omega_0 + \left(n_y + \frac{1}{2}\right)\hbar\omega_0 = (n_x + n_y + 1)\hbar\omega_0 \quad \text{(예 10.7.1)}$$

이고 이 고유치를 갖는 고유벡터를 편의상 $|n_x > |n_y > \equiv |n_x n_y >$로 나타내자. 이 문제를 간단하게 살펴보기 위해 고유치로 $2\hbar\omega_0$을 갖는 고유벡터에 대해 알아보자. 이 경우 식 (예 10.7.1)로부터 $n_x = 1$, $n_y = 0$ 또는 $n_x = 0$, $n_y = 1$이 될 수 있다. 이는 이중 축퇴의 경우에 해당된다. 고유치는 $E_{10} = E_{01}$가 되고 이에 대응하는 고유함수는 각각

$$|10 > \text{와} \quad |01 >$$

로 표시된다. 이제 섭동 항 $k'xy$을 $|10 > \equiv |1 > = \begin{pmatrix} 1 \\ 0 \end{pmatrix}$와 $|01 > \equiv |2 > = \begin{pmatrix} 0 \\ 1 \end{pmatrix}$의 기저에서의 행렬로 나타내면

$$\begin{pmatrix} (H_1)_{11} & (H_1)_{12} \\ (H_1)_{21} & (H_1)_{22} \end{pmatrix} = k' \begin{pmatrix} <10|xy|10 > & <10|xy|01 > \\ <01|xy|10 > & <01|xy|01 > \end{pmatrix}$$

가 된다.

진동자의 $x = \sqrt{\dfrac{\hbar}{2m\omega_0}}(a + a^+)$, $a^+|n > = \sqrt{n+1}|n+1 >$ 그리고 $a|n > = \sqrt{n}|n-1 >$ 관계식으로부터 행렬요소를 계산하면

$$<10|xy|01 > = \frac{\hbar}{2m\omega_0}<10|(a_x a_y + a_x a_y^+ + a_x^+ a_y + a_x^+ a_y^+)|01 >$$

$$= \frac{\hbar}{2m\omega_0}<10|a_x^+ a_y|01 > = \frac{\hbar}{2m\omega_0},$$

$$<01|xy|10 > = \frac{\hbar}{2m\omega_0}<01|(a_x a_y + a_x a_y^+ + a_x^+ a_y + a_x^+ a_y^+)|10 >$$

$$= \frac{\hbar}{2m\omega_0}<01|a_x a_y^+|10 > = \frac{\hbar}{2m\omega_0},$$

$$<10|xy|10 > = 0 = <01|xy|01 >$$

가 되어 섭동 항 행렬은

$$k' \begin{pmatrix} <10|xy|10> & <10|xy|01> \\ <01|xy|10> & <01|xy|01> \end{pmatrix} = \frac{k'\hbar}{2m\omega_0} \begin{pmatrix} 0 & 1 \\ 1 & 0 \end{pmatrix}$$

로 표현된다. 특성방정식을 사용해서 이 행렬의 고유치 $E^{(1)}$과 고유함수를 아래와 같이 구할 수 있다.

$$\begin{vmatrix} -E^{(1)} & \dfrac{k'\hbar}{2m\omega_0} \\ \dfrac{k'\hbar}{2m\omega_0} & -E^{(1)} \end{vmatrix} = 0 \;\Rightarrow\; E_{\pm}^{(1)} = \pm \frac{k'\hbar}{2m\omega_0}$$

(i) $E_+^{(1)} = +\dfrac{k'\hbar}{2m\omega_0}$ 일 때

$$\begin{pmatrix} -\dfrac{k'\hbar}{2m\omega_0} & \dfrac{k'\hbar}{2m\omega_0} \\ \dfrac{k'\hbar}{2m\omega_0} & -\dfrac{k'\hbar}{2m\omega_0} \end{pmatrix} \begin{pmatrix} \alpha \\ \beta \end{pmatrix} = 0 \;\Rightarrow\; \alpha = \beta$$

그러므로 규격화된 고유함수는 $\dfrac{1}{\sqrt{2}}\begin{pmatrix} 1 \\ 1 \end{pmatrix} = \dfrac{1}{\sqrt{2}}[\,|10>+|01>\,]$이다.

(ii) $E_-^{(1)} = -\dfrac{k'\hbar}{2m\omega_0}$ 일 때

$$\begin{pmatrix} \dfrac{k'\hbar}{2m\omega_0} & \dfrac{k'\hbar}{2m\omega_0} \\ \dfrac{k'\hbar}{2m\omega_0} & \dfrac{k'\hbar}{2m\omega_0} \end{pmatrix} \begin{pmatrix} \alpha \\ \beta \end{pmatrix} = 0 \;\Rightarrow\; \alpha = -\beta$$

그러므로 규격화된 고유함수는 $\dfrac{1}{\sqrt{2}}\begin{pmatrix} 1 \\ -1 \end{pmatrix} = \dfrac{1}{\sqrt{2}}[\,|10>-|01>\,]$이다.

결과적으로 $E_{10} = E_{01}$로 축퇴되어 있는 에너지는 섭동에 의해 에너지가 $E_{\pm} = E_{10} + E_{\pm}^{(1)}$으로 분리되고 각 에너지 준위에 대응하는 고유함수는

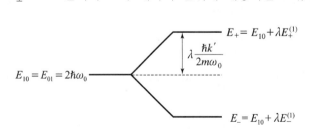

$$E_{10} = E_{01} = 2\hbar\omega_0 \qquad \lambda\frac{\hbar k'}{2m\omega_0} \qquad E_+ = E_{10} + \lambda E_+^{(1)}$$
$$E_- = E_{10} + \lambda E_-^{(1)}$$

그림 10.2 2차원 진동자의 이중 축퇴에서 섭동에 의한 에너지 분리

$$\begin{cases} |\Psi_+> = \dfrac{1}{\sqrt{2}}[|10> + |01>] \\[2mm] |\Psi_-> = \dfrac{1}{\sqrt{2}}[|10> - |01>] \end{cases}$$

이다. ■

보다 일반적인 d개의 고유벡터 $|\phi_{n,d}^0>$가 같은 고유치 E_n^0을 갖는 경우를 고려해보자. 이처럼 d-fold 축퇴의 경우 고유치 방정식은

$$H_0|\phi_{n,a}^0> = E_n^0|\phi_{n,a}^0>$$

이고 $a = 1, 2, \cdots\cdots, d$이며 $<\phi_{m,i}^0|\phi_{n,j}^0> = \delta_{mn}\delta_{ij}$이다. 우리가 풀어야 할 고유치 방정식은 다음과 같다.

$$(H_0 + \lambda H_1)|\Psi_n> = E_{n,a}|\Psi_n> \tag{10.2.10}$$

여기서
$$\begin{cases} E_{n,a} = E_n^0 + \lambda E_{n,a}^{(1)} + \lambda^2 E_{n,a}^{(2)} + \cdots\cdots \\[2mm] |\Psi_n> = \displaystyle\sum_a A_{aa}|\phi_{n,a'}^0> + \lambda|\phi_{n,a}^{(1)}> + \lambda^2|\phi_{n,a}^{(2)}> + \cdots\cdots \end{cases} \tag{10.2.11}$$

식 (10.2.11)을 (10.2.10)에 대입한 뒤 λ^1의 계수끼리 비교하면

$$(H_0 - E_n^0)|\phi_{n,a}^{(1)}> + \sum_a A_{aa'}(H_1 - E_{n,a}^{(1)})|\phi_{n,a'}^0> = 0$$

$$\Rightarrow <\phi_{n,b}^0|(H_0 - E_n^0)|\phi_{n,a}^{(1)}> + \sum_{a'} A_{aa'} <\phi_{n,b}^0|(H_1 - E_{n,a}^{(1)})|\phi_{n,a'}^0> = 0$$

위 식의 첫 항이 0이므로

$$\sum_{a'} A_{aa'} <\phi_{n,b}^0|(H_1 - E_{n,a}^{(1)})|\phi_{n,a'}^0> = 0$$

$$\Rightarrow \sum_{a'} A_{aa'}[<\phi_{n,b}^0|H_1|\phi_{n,a'}^0> - E_{n,a}^{(1)}\delta_{ba'}] = 0$$

의 관계식을 얻는다. 위 식이 비자명 解를 갖기 위해서 다음의 행렬식

$$\left| <\phi_{n,b}^0|H_1|\phi_{n,a'}^0> - E_{n,a}^{(1)}\delta_{ba'} \right| = 0$$

을 만족해야 한다. 편의를 위해서 $b \rightarrow a$, $a' \rightarrow b$, $a \rightarrow c$로 바꾸면 위 식은 다음과 같이 표현된다.

$$\left| < \phi^0_{n,a}|H_1|\phi^0_{n,b} > - E^{(1)}_{n,c}\delta_{ab}\right| = 0 \Rightarrow \left|(H_1)_{ab} - E^{(1)}_{n,c}\delta_{ab}\right| = 0 \qquad (10.2.12)$$

여기서 $(H_1)_{ab} = < \phi^0_{n,a}|H_1|\phi^0_{n,b} >$

d-fold 축퇴의 경우로 일반화시키면 $E^{(1)}$은 행렬요소로 $(H_1)_{ab} = < \phi^0_{n,a}|H_1|\phi^0_{n,b} >$을 갖는 $d \times d$ 행렬의 고유치에 해당한다.

예제 10.8

이중 축퇴의 경우 E^0_n은 $E^0_1 = E^0_2 \equiv E^0$이고 $|\phi^0_{1,1} > = |\phi^0_{1,2} > = |\phi^0_1 >$와 $|\phi^0_{2,1} > = |\phi^0_{2,2} > = |\phi^0_2 >$이므로 식 (10.2.12)은

$$\begin{vmatrix} H_{11} - E^{(1)} & H_{12} \\ H_{21} & H_{22} - E^{(1)} \end{vmatrix} = 0$$

이 된다. 여기서

$$H_{11} = < \phi^0_1|H_1|\phi^0_1 >, \ \ H_{12} = < \phi^0_1|H_1|\phi^0_2 >$$

$$H_{21} = < \phi^0_2|H_1|\phi^0_1 >, \ \ H_{22} = < \phi^0_2|H_1|\phi^0_2 >$$

그리고

$$H_0|\phi^0_1 > = E^0|\phi^0_1 >, \ \ H_0|\phi^0_2 > = E^0|\phi^0_2 >$$

이다. 이 특성방정식으로부터 1차 에너지 변동 $E^{(1)}$과 대응하는 고유함수를 구할 수 있다. ■

예제 10.9

비섭동 해밀토니안이 $H_0 = \dfrac{L^2}{2I}$(여기서 $\vec{L}$은 각운동량, I은 관성모멘트)로 주어지는 강체 회전자(rigid rotator)가 자기장 $\vec{B} = B\hat{z}$에 놓일 때의 에너지를 구하세요.

풀이

비섭동에 의한 고유치 방정식

$$H_0|\ell m_\ell > = \frac{L^2}{2I}|\ell m_\ell > = \frac{\ell(\ell+1)\hbar^2}{2I}|\ell m_\ell >$$

으로부터 비섭동에 의한 에너지는 $E_0 = \dfrac{\ell(\ell+1)\hbar^2}{2I}$ 이다. 주어지는 ℓ 값에 대해 $(2\ell+1)$

개의 m_ℓ값이 존재하므로 이 문제는 $(2\ell+1)$-축퇴의 경우에 해당한다.
외부 자기장 $\vec{B}$에 의한 섭동 항은

$$\lambda H_1 = -\vec{\mu}\cdot\vec{B} = -\frac{qg}{2M}\vec{L}\cdot\vec{B} = -\frac{qg}{2M}BL_z \qquad \text{(예 10.9.1)}$$

이다. 여기서 q와 M은 각각 강체 회전자의 전하량과 질량이다.

식 (예 10.9.1)로부터 알 수 있듯이 $[H_1,\ L_z] = 0$의 교환관계가 성립하므로

$$0 = <\ell,m_\ell^{(j)}|[H_1,\ L_z]|\ell,m_\ell^{(i)}> = <\ell,m_\ell^{(j)}|(H_1 L_z - L_z H_1)|\ell,m_\ell^{(i)}>$$
$$= (m_\ell^{(i)} - m_\ell^{(j)})\hbar <\ell,m_\ell^{(j)}|H_1|\ell,m_\ell^{(i)}> = (m_\ell^{(i)} - m_\ell^{(j)})\hbar (H_1)_{ji}$$

가 되어 $(H_1)_{ji} \neq 0$이기 위해서는 $m_\ell^{(i)} = m_\ell^{(j)}$이어야 한다. 여기서 $m_\ell^{(i)}$은 $-\ell \leq m_\ell^{(i)} \leq \ell$의 값을 갖는 정수이고 $i = 1,\ 2,\ \cdots\cdots,\ 2\ell+1$이다.

그러므로 $[H_1,\ L_z] = 0$이면 비섭동 H_0의 고유함수 $|\ell m_\ell^{(i)}>$을 기저로 하는 섭동 항의 행렬은 대각화되어 있다. 그러므로 섭동에 의한 에너지 변동은

$$\lambda E^{(1)} = <\ell m_\ell^{(i)}|\lambda H_1|\ell m_\ell^{(i)}> = -\frac{qgB}{2M}<\ell m_\ell^{(i)}|L_z|\ell m_\ell^{(i)}> = -\frac{qgB}{2M}m_\ell^{(i)}\hbar$$

가 되어 해밀토니안 $H = H_0 + \lambda H_1$의 에너지는

$$E = E_0 + \lambda E^{(1)} = \frac{\ell(\ell+1)\hbar^2}{2I} - \frac{qgB}{2M}m_\ell\hbar$$

이다.

<hr>

예제 10.10

(예제 10.6)에서는 외부 전기장 $\vec{\varepsilon} = \varepsilon\hat{z}$의 슈타르크 효과에 의한 바닥상태 에너지에서 1차 에너지 변동에 대해 살펴보았다. 수소유사 원자의 바닥상태 에너지에 대한 2차 에너지 변동을 구하세요.

풀이

식 (10.1.9)로부터 바닥상태 에너지에 미치는 2차 에너지 변동은

$$\lambda^2 E_{100}^{(2)} = \sum_{k\neq n} <\phi_k^0|\lambda H_1|\phi_1^0> \frac{<\phi_1^0|\lambda H_1|\phi_k^0>}{E_1^0 - E_k^0}$$
$$= e^2\varepsilon^2 \left[\sum_{n\ell m, n\neq 1} \frac{\left|<\phi_{n\ell m}^0|z|\phi_{100}^0>\right|^2}{E_1^0 - E_n^0} + \sum_{k\neq 1} \frac{\left|<\phi_k^0|z|\phi_{100}^0>\right|^2}{E_1^0 - \frac{\hbar^2 k^2}{2m}} \right]$$

이다. 여기서 괄호 안의 첫 항은 $n = 1$(에너지는 주 양자수 n에만 관계 함)을 제외한 모든 구속 상태에 있는 전자에 대한 것이고 두 번째 항은 구속을 받지 않는 자유로운 상태에 있는 전자에 대한 것이다. 그러면 위 식은 다음과 같이 나타낼 수 있다.

$$\lambda^2 E_{100}^{(2)} = e^2 \varepsilon^2 \sum_{E \neq E_1} \frac{<\phi_{100}^0|z|\phi_E^0><\phi_E^0|z|\phi_{100}^0>}{E_1^0 - E} \qquad \text{(예 10.10.1)}$$

여기서 ϕ_E은 에너지 E을 갖는 모든 상태(즉 구속 상태와 자유로운 상태)에 대한 상태 함수이다.

바닥상태 에너지가 가장 낮은 에너지이고 E가 가질 수 있는 가장 낮은 에너지는 E_2^0이 므로 다음의 관계식을 얻을 수 있다.

$$E - E_1^0 \geq E_2^0 - E_1^0 \Rightarrow \frac{1}{E - E_1^0} \leq \frac{1}{E_2^0 - E_1^0}$$

이 관계식과 식 (예 10.10.1)로부터

$$-\lambda^2 E_{100}^{(2)} = e^2 \varepsilon^2 \sum_{E \neq E_1^0} \frac{<\phi_{100}^0|z|\phi_E^0><\phi_E^0|z|\phi_{100}^0>}{E - E_1^0}$$

$$\leq e^2 \varepsilon^2 \sum_{E \neq E_1^0} \frac{<\phi_{100}^0|z|\phi_E^0><\phi_E^0|z|\phi_{100}^0>}{E_2^0 - E_1^0}$$

$$\Rightarrow -\lambda^2 E_{100}^{(2)} \leq \frac{e^2 \varepsilon^2}{E_2^0 - E_1^0} \sum_{E \neq E_1^0} <\phi_{100}^0|z|\phi_E^0><\phi_E^0|z|\phi_{100}^0>$$

의 관계식을 얻는다. 여기서 오른편의 합산 항은 E_1^0을 포함하지 않기 때문에 $\sum_E <\phi_{100}^0|z|\phi_E^0><\phi_E^0|z|\phi_{100}^0>$ 보다 크지 않다.

그러므로 위 식은

$$-\lambda^2 E_{100}^{(2)} \leq \frac{e^2 \varepsilon^2}{E_2^0 - E_1^0} \sum_E <\phi_{100}^0|z|\phi_E^0><\phi_E^0|z|\phi_{100}^0>$$

가 되어 완전성 관계 $\sum_E |\phi_E^0><\phi_E^0| = 1$으로부터 다음의 관계식을 얻는다.

$$-\lambda^2 E_{100}^{(2)} \leq \frac{e^2 \varepsilon^2}{E_2^0 - E_1^0} <\phi_{100}^0|z^2|\phi_{100}^0> \qquad \text{(예 10.10.2)}$$

여기서 $<\phi_{100}^0|z^2|\phi_{100}^0> = <\phi_{100}^0|y^2|\phi_{100}^0> = <\phi_{100}^0|x^2|\phi_{100}^0> = \frac{1}{3}<\phi_{100}^0|r^2|\phi_{100}^0>$ 이고 $<\phi_{100}^0|r^2|\phi_{100}^0>$ 에 $\phi_{100}^0 = R_{10}(r) Y_{00}(\theta, \phi) = 2\left(\frac{Z}{a_0}\right)^{\frac{3}{2}} e^{-\frac{Zr}{a_0}} \sqrt{\frac{1}{4\pi}}$ 을 대입해서 계산을 하면

$$< \phi_{100}^0 |r^2| \phi_{100}^0 > = \int d^3 r\, R_{10}^* Y_{00}^* r^2 R_{10} Y_{00} = \int dr\ r^4 |R_{10}|^2 \int d\Omega\, |Y_{00}|^2$$
$$= 4 \left(\frac{Z}{a_0} \right)^3 \int dr\ r^4 e^{-\frac{2Z}{a_0} r}$$

여기서 $\dfrac{2Z}{a_0} r = t$로 놓으면 위 식은

$$< \phi_{100}^0 |r^2| \phi_{100}^0 > = 4 \left(\frac{Z}{a_0} \right)^3 \left(\frac{a_0}{2Z} \right)^5 \int_0^\infty t^4 e^{-t} dt = \frac{a_0^2}{8Z^2} 4! = 3 \left(\frac{a_0}{Z} \right)^2 \quad \text{(예 10.10.3)}$$

이며 $E_n^0 = -\dfrac{mc^2 (Z\alpha)^2}{2n^2}$ (여기서 $\alpha = \dfrac{e^2}{\hbar c}$ 인 미세 구조상수)의 식으로부터

$$E_2^0 - E_1^0 = -\frac{1}{2} mc^2 (Z\alpha)^2 \left(\frac{1}{4} - 1 \right) = \frac{3}{8} mc^2 (Z\alpha)^2 \quad \text{(예 10.10.4)}$$

가 되어 식 (예 10.10.3)과 (예 10.10.4)을 (예 10.10.2)에 대입하면

$$-\lambda^2 E_{100}^{(2)} \le e^2 \varepsilon^2 \frac{8}{3mc^2 (Z\alpha)^2} \left(\frac{1}{3} 3 \left(\frac{a_0}{Z} \right)^2 \right) = \frac{8 e^2 \varepsilon^2 a_0^2}{3mc^2 (Z\alpha)^2} = \frac{8}{3} \frac{e^2 \varepsilon^2 a_0^2}{mc^2 Z^2 \alpha} \left(\frac{\hbar c}{e^2} \right)$$
$$= \frac{8}{3} \frac{\varepsilon^2 a_0^2}{Z^2} \left(\frac{\hbar}{mc\alpha} \right) = \frac{8}{3} a_0^3 \left(\frac{\varepsilon}{Z} \right)^2$$

을 얻는다. 여기서 $a_0 = \dfrac{\hbar}{mc\alpha}$ 인 보어 반경이다. 식의 오른편에 있는 값은 에너지 변동 $-\lambda^2 E_{100}^{(2)}$에 대한 상한 값이다.

이제 첫 들뜬 상태($n = 2$)의 에너지에 외부 전기장 ε에 의해 미치는 1차 에너지 변동에 대해 알아보자. 주어진 주 양자수 n에 대해 가능한 궤도 양자수 ℓ과 자기 양자수 m_ℓ은 각각 다음과 같다.

$$n = 2 \begin{cases} \ell = 0, & m_\ell = 0 \\ \\ \ell = 1, & \begin{cases} m_\ell = +1 \\ m_\ell = 0 \\ m_\ell = -1 \end{cases} \end{cases}$$

수소원자에서 에너지 준위는 주 양자수 n에만 관계되기 때문에 첫 들뜬 상태는 위와 같은 4개의 상태가 같은 에너지 E_2^0을 갖는 사중 축퇴에 해당된다.

섭동 항 $\lambda H_1 = e\varepsilon z$에 있는 z와 L_z은 $[z, L_z] = 0$인 교환관계에 있기 때문에 (예제 10.9)와 같이 브라 벡터와 켓 벡터에서 같은 $m_\ell^{(i)}$을 갖는 항만 아래와 같이 0이 아니다.

$$\begin{cases} <\phi^0_{200}|z|\phi^0_{200}> \neq 0, & <\phi^0_{200}|z|\phi^0_{210}> \neq 0, & <\phi^0_{211}|z|\phi^0_{211}> \neq 0 \\ <\phi^0_{210}|z|\phi^0_{200}> \neq 0, & <\phi^0_{210}|z|\phi^0_{210}> \neq 0, & <\phi^0_{21-1}|z|\phi^0_{21-1}> \neq 0 \end{cases} \quad \text{(예 10.10.5)}$$

또한 **패러티**(parity)를 고려하면 $\Delta\ell = \ell \pm 1$의 조건을 만족하는 항만 0이 아니다.[45] 즉 식 (예 10.10.5)에서 $2S - 2P$ 상태함수만 아래와 같이 살아남고 다른 항들은 모두 0 이 된다.

$$\begin{cases} <\phi^0_{200}|z|\phi^0_{200}> = 0 \\ <\phi^0_{21\pm1}|z|\phi^0_{21\pm1}> = 0 \\ <\phi^0_{210}|z|\phi^0_{210}> = 0 \end{cases} \quad \text{(예 10.10.6)}$$

비섭동의 고유벡터를 기저로 하는 섭동 항에 대한 행렬을

$$\begin{pmatrix} <200|H_1|200> & <200|H_1|211> & <200|H_1|210> & <200|H_1|21-1> \\ <211|H_1|200> & <211|H_1|211> & <211|H_1|210> & <211|H_1|21-1> \\ <210|H_1|200> & <210|H_1|211> & <210|H_1|210> & <210|H_1|21-1> \\ <21-1|H_1|200> & <21-1|H_1|211> & <21-1|H_1|210> & <21-1|H_1|21-1> \end{pmatrix}$$

로 나타내면 식 (예 10.10.5)와 (예 10.10.6)으로부터 위 행렬은 다음과 같이 된다.

$$\begin{pmatrix} 0 & 0 & e\varepsilon<200|z|210> & 0 \\ 0 & 0 & 0 & 0 \\ e\varepsilon<210|z|200> & 0 & 0 & 0 \\ 0 & 0 & 0 & 0 \end{pmatrix}$$

위 행렬은 $|200>$와 $|210>$을 기저로 하는 2×2 행렬로 아래와 같이 간단하게 나타낼 수 있다.

$$\begin{pmatrix} 0 & e\varepsilon<200|z|210> \\ e\varepsilon<210|z|200> & 0 \end{pmatrix}$$

이 행렬의 고유치 $E_2^{(1)}$과 이에 대응하는 고유벡터는 특성방정식으로부터 구할 수 있다.

$$\begin{vmatrix} -E_2^{(1)} & e\varepsilon<200|z|210> \\ e\varepsilon<210|z|200> & -E_2^{(1)} \end{vmatrix} = 0$$

여기서

$$R_{20} = \frac{1}{\sqrt{2}} a_0^{-\frac{3}{2}} \left(1 - \frac{r}{2a_0}\right) e^{-\frac{r}{2a_0}}, \ \ Y_{00} = \sqrt{\frac{1}{4\pi}},$$

---

(45) [보충자료 1]을 참고하세요.

$$R_{21} = \frac{1}{\sqrt{24}} a_0^{-\frac{3}{2}} \frac{r}{a_0} e^{-\frac{r}{2a_0}}, \quad Y_{10} = \sqrt{\frac{3}{4\pi}} \cos\theta$$

이다. 행렬요소를 계산해보면 $<200|z|210>=<200|r\cos\theta|210>=-3a_0$가 되어[46] 위의 특성방정식으로부터 첫 들뜬 상태의 에너지 E_2^0에 미치는 1차 에너지 변동 $E_2^{(1)}$을 다음과 같이 구할 수 있다.

$$\begin{vmatrix} -E_2^{(1)} & -3a_0e\varepsilon \\ -3a_0e\varepsilon & -E_2^{(1)} \end{vmatrix} = 0 \Rightarrow E_2^{(1)} = \pm 3a_0e\varepsilon$$

(i) $E_2^{(1)} = +3a_0e\varepsilon$일 때

$$\begin{pmatrix} 0 & -3a_0e\varepsilon \\ -3a_0e\varepsilon & 0 \end{pmatrix}\begin{pmatrix} \alpha \\ \beta \end{pmatrix} = +3a_0e\varepsilon\begin{pmatrix} \alpha \\ \beta \end{pmatrix}$$

∴ 규격화된 고유함수는 $\frac{1}{\sqrt{2}}\begin{pmatrix} 1 \\ -1 \end{pmatrix} = \frac{1}{\sqrt{2}}\left[|200> - |210>\right]$

(ii) $E_2^{(1)} = -3a_0e\varepsilon$일 때

∴ 규격화된 고유함수는 $\frac{1}{\sqrt{2}}\begin{pmatrix} 1 \\ 1 \end{pmatrix} = \frac{1}{\sqrt{2}}\left[|200> + |210>\right]$

이 결과들을 종합하여 에너지 스펙트럼으로 나타내면 아래와 같다.

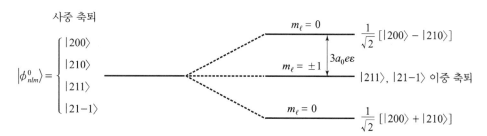

그림 10.3 사중 축퇴된 에너지 준위 E_2는 외부 전기장 ε에 의해 분리된다.

---

(46) 증명은 [보충자료 2]을 참조하세요.

□ 선택률(selection rule)

아래와 같이 1차원의 경우를 고려하면

$$
\begin{aligned}
<\phi_f|x|\phi_i> &= \int_{-\infty}^{\infty} \phi_f^* x \phi_i dx \equiv \int_{-\infty}^{\infty} f(x)dx \\
&= \int_{-\infty}^{0} f(x)dx + \int_{0}^{\infty} f(x)dx = \int_{\infty}^{0} f(-x)d(-x) + \int_{0}^{\infty} f(x)dx \\
&= -\int_{\infty}^{0} f(-x)dx + \int_{0}^{\infty} f(x)dx = \int_{0}^{\infty} f(-x)dx + \int_{0}^{\infty} f(x)dx
\end{aligned}
$$

가 된다. 여기서,

(i) 만약 $f(x)$가 기함수이면, 즉 $f(-x) = -f(x)$, 위의 결과는 0이 된다.

이는 x가 기함수이기 때문에 $f(x) = \phi_f x \phi_i$가 기함수이기 위해서는 ϕ_f와 ϕ_i가 같은 패러티를 가져야 한다.

즉, ϕ_f와 ϕ_i가 같은 패러티를 가지면 $<\phi_f|x|\phi_i> = 0$이다.

(ii) 만약 $f(x)$가 우함수이면, 즉 $f(-x) = f(x)$, 위의 결과는 0이 아니다.

이는 x가 기함수이기 때문에 $f(x) = \phi_f x \phi_i$가 우함수이기 위해서는 ϕ_f와 ϕ_i가 반대 패러티를 가져야 한다.

즉, ϕ_f와 ϕ_i가 반대 패러티를 가지면 $<\phi_f|x|\phi_i> \neq 0$ 이다.

(예) $\vec{r}$의 패러티는 $-$이기 때문에 위에서 알아본 것과 같이 $<\phi_f|\vec{r}|\phi_i> \neq 0$이기 위해서는 ϕ_f와 ϕ_i가 반대 패러티를 가져야 한다.

패러티 연산자(P)에 대한 관계식

$$
P Y_{\ell m}(\theta,\phi) = Y_{\ell m}(\pi-\theta, \pi+\phi) = (-1)^{\ell} Y_{\ell m}
$$

으로부터 반대 패러티인 $-$을 갖기 위해서는 $\Delta\ell = \pm 1$가 되어야 함을 알 수 있다. 그때 $\Delta m = \pm 1,\ 0$이다.

$< 200\,|\,z\,|\,210 > = < 200\,|\,r\cos\theta\,|\,210 > = -3a_0$

[**증명**] $< 200|r\cos\theta|210 >$

$$= \int dr\ r^2\sin\theta d\theta d\phi \frac{1}{\sqrt{2}}a_0^{-\frac{3}{2}}\left(1-\frac{r}{2a_0}\right)e^{-\frac{r}{2a_0}}$$

$$\times \frac{1}{\sqrt{4\pi}}\,r\cos\theta\,\frac{1}{\sqrt{24}}a_0^{-\frac{3}{2}}\frac{r}{a_0}e^{-\frac{r}{2a_0}}\sqrt{\frac{3}{4\pi}}\cos\theta$$

$$= \frac{1}{16\pi a_0^4}\int dr r^4\left(1-\frac{r}{2a_0}\right)e^{-\frac{r}{a_0}}\int_0^\pi \sin\theta\cos^2\theta d\theta \int_0^{2\pi}d\phi$$

$$= \frac{1}{8a_0^4}\int dr\ r^4\left(1-\frac{r}{2a_0}\right)e^{-\frac{r}{a_0}}\int \sin\theta\cos^2\theta d\theta$$

여기서 $x=\cos\theta$ 로 놓으면

$$\int \sin\theta\cos^2\theta d\theta = -\int_1^{-1}x^2 dx = \int_{-1}^1 x^2 dx = \frac{1}{3}x^3\Big|_{-1}^1 = \frac{2}{3}$$

가 되어 위 식은

$$< 200|r\cos\theta|210 > = \frac{1}{12a_0^4}\left[\int dr\ r^4 e^{-\frac{r}{a_0}} - \int dr r^4\frac{r}{2a_0}e^{-\frac{r}{a_0}}\right]$$

가 된다. 여기서

$$\int dr\ r^4 e^{-\frac{r}{a_0}} = a_0^5 \int dx\ x^4 e^{-x} = a_0^5 4!$$

그리고

$$\int dr r^4\frac{r}{2a_0}e^{-\frac{r}{a_0}} = \frac{1}{2a_0}(a_0)^6\int dx\ x^5 e^{-x} = \frac{1}{2}a_0^5 5!$$

이므로

$$\therefore\ < 200|r\cos\theta|210 > = \frac{1}{12a_0^4}a_0^5\left(4! - \frac{5!}{2}\right) = -3a_0$$

CHAPTER 11

수소유사 원자

이 장에서는 수소유사 원자의 문제를 다룰 때 고려하지 않았던 상대론적 관점, 전자스핀 상호작용 그리고 핵자의 스핀 등을 고려할 때 해밀토니안에 어떤 보정이 들어가야 되고 에너지에 얼마만큼의 변동을 주는지에 대해 알아보고자 한다.

① 전자운동의 상대론적 효과

상대론적 효과(relativistic effect)를 고려한 전자의 운동에너지 K은

$$E = K + m_e c^2 \Rightarrow K = E - m_e c^2$$

이다. 여기서 $m_e c^2$은 전자의 정지질량 에너지이다. 그러므로 전자의 운동에너지는

$$K = \sqrt{m_e^2 c^4 + p^2 c^2} - m_e c^2 = m_e c^2 \left(1 + \frac{1}{2} \frac{p^2 c^2}{m_e^2 c^4} - \frac{1}{8} \frac{p^4 c^4}{m_e^4 c^8} + \cdots\cdots \right) - m_e c^2$$

$$= \frac{p^2}{2m_e} - \frac{1}{8} \frac{(p^2)^2}{m_e^3 c^2} + \cdots\cdots$$

가 된다. 오른편의 두 번째 항이 상대론적 효과에 의한 섭동 항 H_1인 상대론적 보정 항이 된다. 그러므로

$$H_1 = -\frac{1}{8} \frac{(p^2)^2}{m_e^3 c^2} = -\frac{1}{2} \left(\frac{p^2}{2m_e} \right)^2 \frac{1}{m_e c^2} \tag{11.1.1}$$

로 나타낼 수 있고 수소유사 원자의 비섭동 해밀토니안이 $H_0 = \frac{p^2}{2m_e} - \frac{Ze^2}{r}$ 이기 때문에

$\dfrac{p^2}{2m_e} = H_0 + \dfrac{Ze^2}{r}$ 가 되어 이를 식 (11.1.1)에 대입하면 섭동 항은

$$H_1 = -\frac{1}{2m_e c^2}\left(H_0 + \frac{Ze^2}{r}\right)\left(H_0 + \frac{Ze^2}{r}\right) \tag{11.1.2}$$

가 된다. 여기서 H_0와 $\dfrac{1}{r}$은 연산자이므로 상수처럼 다루지 않도록 주의한다.

이제 $Z=1$인 수소원자에서 전자운동의 상대론적 효과에 의한 섭동 항 H_1에 기인하는 1차 에너지 변동에 대해 계산해 보기로 한다. 위 식으로부터

$$\begin{aligned}
<\phi_{n\ell m}|H_1|\phi_{n\ell m}> &= -\frac{1}{2m_e c^2}\left\langle \phi_{n\ell m}\left|\left(H_0 + \frac{e^2}{r}\right)\left(H_0 + \frac{e^2}{r}\right)\right|\phi_{n\ell m}\right\rangle \\
&= -\frac{1}{2m_e c^2}\left[E_n^2 + 2E_n\left\langle \phi_{n\ell m}\left|\frac{e^2}{r}\right|\phi_{n\ell m}\right\rangle + \left\langle \phi_{n\ell m}\left|\frac{e^4}{r^2}\right|\phi_{n\ell m}\right\rangle\right] \\
&= -\frac{E_n^2}{2m_e c^2}\left[1 + \frac{2e^2}{E_n}\left\langle\frac{1}{r}\right\rangle + \frac{e^4}{E_n^2}\left\langle\frac{1}{r^2}\right\rangle\right] \tag{11.1.3}
\end{aligned}$$

이다. 여기서

$$\left\langle\frac{1}{r}\right\rangle = \frac{1}{a_0 n^2}, \quad \left\langle\frac{1}{r^2}\right\rangle = \frac{1}{a_0^2 n^3\left(\ell + \dfrac{1}{2}\right)} \tag{47}$$

이고 $E_n = -\dfrac{1}{2}m_e c^2\dfrac{\alpha^2}{n^2}$, $a_0 = \dfrac{\hbar}{m_e c\alpha}$, $\alpha = \dfrac{e^2}{\hbar c}$이므로 식 (11.1.3)의 괄호 안의 항들은

$$\frac{2e^2}{E_n}\left\langle\frac{1}{r}\right\rangle = -2e^2\frac{2n^2}{m_e c^2\alpha^2}\frac{m_e c\alpha}{\hbar n^2} = -\frac{4e^2}{\hbar c\alpha} = -\frac{4e^2}{\hbar c}\frac{\hbar c}{e^2} = -4,$$

$$\frac{e^4}{E_n^2}\left\langle\frac{1}{r^2}\right\rangle = e^4\frac{4n^4}{m_e^2 c^4\alpha^4}\frac{m_e^2 c^2\alpha^2}{\hbar^2 n^3\left(\ell + \dfrac{1}{2}\right)} = e^4\frac{4n}{c^2\alpha^2\hbar^2}\frac{1}{\ell + \dfrac{1}{2}} = \frac{e^4}{\hbar^2 c^2}\frac{\hbar^2 c^2}{e^4}\frac{4n}{\ell + \dfrac{1}{2}} = \frac{4n}{\ell + \dfrac{1}{2}}$$

가 되어 이들을 식 (11.1.3)에 대입하면

$$<\phi_{n\ell m}|H_1|\phi_{n\ell m}> = -\frac{E_n^2}{2m_e c^2}\left[1 - 4 + \frac{4n}{\ell + \dfrac{1}{2}}\right] = -\frac{E_n^2}{2m_e c^2}\left[\frac{4n}{\ell + \dfrac{1}{2}} - 3\right]$$

가 되어

---

(47) 증명은 [보충자료 1]을 참조하세요.

$$\therefore \quad <H_1> = -\frac{E_n^2}{2m_e c^2}\left[\frac{4n}{\ell+\frac{1}{2}}-3\right] \tag{11.1.4}$$

바닥상태($n=1,\ \ell=0$) 에너지 대비 전자운동의 상대론적 효과에 기인한 섭동 항 H_1 에 의한 에너지 변동의 크기는

$$\frac{<H_1>}{E_1}=-\frac{E_1}{2m_e c^2}\left[\frac{4}{1/2}-3\right]\approx -2\frac{E_1}{m_e c^2}=\frac{2\times 13.6\ eV}{511\times 10^3\ eV}\approx 5.3\times 10^{-5} \tag{11.1.5}$$

이므로 E_1에 비해 매우 작은 $\alpha^2=\left(\frac{1}{137}\right)^2$의 크기에 가까운 값임을 알 수 있다.

② 스핀-궤도 상호작용

전자가 원자핵 주위로 도는 수소유사 원자에서 전자의 정지 프레임에서 보면 양성자가 전자의 주위로 도는 것으로 간주할 수 있다. 하전입자가 움직이면 전류가 존재하게 되고 이로 인해 전자는 양성자에 의한 자기장 $\vec{B}$을 느끼게 되고, 이 자기장이 전자스핀과 상호작용을 하게 된다.

전자 자기모멘트와 자기장의 상호작용에 대한 해밀토니안은 $H_2=-\vec{\mu}_s\cdot\vec{B}$로 주어진다. 여기서 자기장 $\vec{B}$은

$$\vec{B}=-\frac{\vec{v}\times\vec{E}}{c^2}=-\frac{\vec{v}\times[-\vec{\nabla}\phi(r)]}{c^2}=\frac{1}{c^2}\vec{v}\times\frac{\vec{r}}{r}\frac{d\phi(r)}{dr}$$

이고 $\phi(r)=\dfrac{Ze}{r}$은 양성자에 의한 전위 그리고 전자 자기모멘트는

$$\vec{\mu}_s=-\frac{eg}{2m_e}\vec{S}=-\frac{e}{m_e}\vec{S}$$

이므로 전자 자기모멘트와 자기장과의 상호작용은

$$-\vec{\mu}_s\cdot\vec{B}=\frac{e}{m_e^2 c^2}\vec{S}\cdot\vec{p}\times\vec{r}\frac{1}{r}\frac{d\phi(r)}{dr}=-\frac{e}{m_e^2 c^2}\vec{S}\cdot\vec{L}\frac{1}{r}\frac{d\phi(r)}{dr}=\frac{Ze^2}{m_e^2 c^2}\frac{\vec{S}\cdot\vec{L}}{r^3}$$

가 되며 이는 **스핀-궤도 상호작용**에 의한 섭동 항 H_2이다.

$$\therefore \ H_2 = \frac{Ze^2}{2m_e^2c^2}\frac{\vec{S}\cdot\vec{L}}{r^3} \tag{11.2.1}$$

위 식에서 전자스핀의 세차운동에 기인하는 전자와 양성자 사이의 상대적 시간지연에 의해서 스핀-궤도 상호작용 효과가 줄어드는 것을 고려한 토마스 세차인자(Thomas precession factor)가 분모에 추가되었다.

이제 스핀-궤도 상호작용의 섭동 항 H_2에 의한 에너지 변동을 계산해 보기로 한다. 1절에서와 같이 $Z=1$인 수소원자에 대해서 살펴보자. 에너지는 주 양자수 n에만 관계되기 때문에 비섭동 해밀토니안 H_0에 대해 주어진 양자수 n, ℓ에 대해 $2\times(2\ell+1)$개(스핀 방향이 2개, m_ℓ의 개수가 $2\ell+1$이므로)의 축퇴된 상태함수가 존재한다. 총 각운동량 $\vec{J}$의 관계식으로부터

$$\vec{J}=\vec{L}+\vec{S} \ \Rightarrow \ J^2=L^2+S^2+2\vec{S}\cdot\vec{L} \ \Rightarrow \ \vec{S}\cdot\vec{L}=\frac{1}{2}(J^2-L^2-S^2)$$

가 되어 식 (11.2.1)은

$$\langle\phi_{jm_j\ell}|H_2|\phi_{jm_j\ell}\rangle = \frac{e^2}{2m_e^2c^2}\left\langle\frac{\vec{S}\cdot\vec{L}}{r^3}\right\rangle = \frac{e^2}{2m_e^2c^2}\frac{1}{2}\left\langle\frac{J^2-L^2-S^2}{r^3}\right\rangle \tag{11.2.2}$$

가 된다. 여기서 $\ell\neq 0$에 대해서 $\left\langle\dfrac{1}{r^3}\right\rangle = \dfrac{1}{a_0^3}\dfrac{1}{n^3\ell\left(\ell+\frac{1}{2}\right)(\ell+1)}$[48]이므로 식 (11.2.2)은

$$\begin{aligned}
\langle\phi_{jm_j\ell}|H_2|\phi_{jm_j\ell}\rangle &= \frac{e^2}{2m_e^2c^2}\frac{\hbar^2}{2}\frac{1}{n^3a_0^3}\left[\frac{j(j+1)-\ell(\ell+1)-\frac{3}{4}}{\ell\left(\ell+\frac{1}{2}\right)(\ell+1)}\right]\\
&= \frac{e^2}{2m_e^2c^2}\frac{\hbar^2}{2}\frac{1}{n^3}\frac{m_e^3c^3\alpha^3}{\hbar^3}\left[\frac{j(j+1)-\ell(\ell+1)-\frac{3}{4}}{\ell\left(\ell+\frac{1}{2}\right)(\ell+1)}\right]\\
&= \frac{1}{4}\frac{m_e}{n^3}\frac{c^2e^2}{\hbar c}\alpha^3\left[\frac{j(j+1)-\ell(\ell+1)-\frac{3}{4}}{\ell\left(\ell+\frac{1}{2}\right)(\ell+1)}\right]\\
&= \frac{m_ec^2}{4n^3}\alpha^4\left[\frac{j(j+1)-\ell(\ell+1)-\frac{3}{4}}{\ell\left(\ell+\frac{1}{2}\right)(\ell+1)}\right]
\end{aligned}$$

(48) 증명은 [보충자료 1]을 참조하세요.

$$= \frac{1}{m_e c^2}\left(\frac{m_e^2 c^4 \alpha^4}{4n^4}\right)n\left[\frac{j(j+1)-\ell(\ell+1)-\frac{3}{4}}{\ell\left(\ell+\frac{1}{2}\right)(\ell+1)}\right]$$

가 되어

$$\therefore \ <\phi_{jm_\ell}|H_2|\phi_{jm_\ell}> = \frac{E_n^2}{m_e c^2}n\left[\frac{j(j+1)-\ell(\ell+1)-\frac{3}{4}}{\ell\left(\ell+\frac{1}{2}\right)(\ell+1)}\right] \qquad (11.2.3)$$

(i) $j=\ell+\frac{1}{2}$인 경우

식 (11.2.3)의 괄호 안은

$$\frac{\ell}{\ell\left(\ell+\frac{1}{2}\right)(\ell+1)}=2\left[\frac{1}{\ell+\frac{1}{2}}-\frac{1}{\ell+1}\right]=2\left[\frac{1}{\ell+\frac{1}{2}}-\frac{1}{j+\frac{1}{2}}\right]$$

가 되고

(ii) $j=\ell-\frac{1}{2}$인 경우

식 (11.2.3)의 괄호 안은

$$-\frac{(\ell+1)}{\ell\left(\ell+\frac{1}{2}\right)(\ell+1)}=2\left[\frac{1}{\ell+\frac{1}{2}}-\frac{1}{\ell}\right]=2\left[\frac{1}{\ell+\frac{1}{2}}-\frac{1}{j+\frac{1}{2}}\right]$$

가 되어 (i)와 (ii)로부터 식 (11.2.3)은 $j=\ell\pm\frac{1}{2}$에 대해 다음과 같이 한 식으로 나타낼 수 있다.

$$\therefore \ <H_2>= \frac{E_n^2}{m_e c^2}2n\left[\frac{1}{\ell+\frac{1}{2}}-\frac{1}{j+\frac{1}{2}}\right] \qquad (11.2.4)$$

첫 들뜬 상태($n=2$, $\ell=1$)의 에너지 대비 스핀-궤도 상호작용에 의한 에너지 변동의 크기는 근사적으로

$$\frac{<H_2>}{E_2}=\frac{E_2}{m_e c^2}4\left[\frac{1}{\frac{3}{2}}-\frac{1}{j+\frac{1}{2}}\right]\approx\frac{E_1}{m_e c^2}\approx 10^{-5} \qquad (11.2.5)$$

이 되어 1절의 상대론적 효과와 스핀-궤도 상호작용이 물리적으로 다른 요인에 의한 것임에도 불구하고 에너지 보정의 크기는 각각 E_n에 비하여 대략적으로 α^2 정도의 크기인 매우 작은 양이다.

전자운동의 상대론적 효과에 의한 섭동 에너지 변동 결과인 식 (11.1.4)와 스핀-궤도 상호작용에 의한 섭동 에너지 변동 결과인 식 (11.2.4)을 합해서 생기는 에너지 준위에서의 분리 $\triangle E$을 **미세구조 갈라짐**(fine structure splitting)이라 부른다.

$$\Delta E = \; <H_2> + <H_1> = \frac{E_n^2}{2m_e c^2}\left[\frac{4n}{\ell+\frac{1}{2}} - \frac{4n}{j+\frac{1}{2}} - \frac{4n}{\ell+\frac{1}{2}} + 3\right]$$

$$= 4\frac{E_n^2}{2m_e c^2}\left[\frac{3}{4} - \frac{n}{j+\frac{1}{2}}\right] = \frac{1}{2}m_e c^2 \alpha^4 \frac{1}{n^4}\left[\frac{3}{4} - \frac{n}{j+\frac{1}{2}}\right] \qquad (11.2.6)$$

이 되어 에너지 준위 E은

$$E = E_n + \Delta E = -\frac{1}{2}m_e c^2\frac{\alpha^2}{n^2} + \frac{1}{2}m_e c^2 \alpha^4 \frac{1}{n^4}\left[\frac{3}{4} - \frac{n}{j+\frac{1}{2}}\right]$$

$$= -\frac{m_e c^2}{2n^2}\alpha^2\left[1 + \frac{\alpha^2}{n^2}\left(\frac{n}{j+\frac{1}{2}} - \frac{3}{4}\right)\right] \qquad (11.2.7)$$

가 된다. 예를 들어 주 양자수 $n = 2$에 축퇴된 에너지가 스핀-궤도 상호작용에 의해 궤도 각운동량과 스핀 각운동량이 다른 경우로 에너지 준위가 분리되어 그림 11.1과 같은 에너지 준위를 갖는다. 반면에 상대론적 효과에 의해서는 궤도 각운동량이 다른 경우의 에너지 준위는 분리되지만 총 각운동량이 같은 경우에 에너지는 축퇴되어 있다.

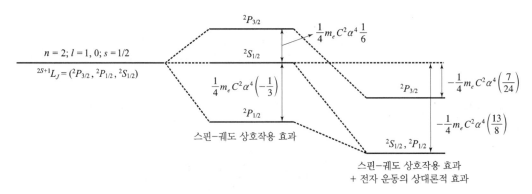

그림 11.1 스핀-궤도 상호작용 효과

⬡3 제만 효과

외부 자기장 $\vec{B}$에 원자가 놓일 때 전자가 갖는 양자수의 값에 따라 전자에 미치는 자기장의 영향이 달라서 각 원자 궤도의 에너지를 약간 바꾸게 되고 이로 인해 원자의 에너지 준위의 일부가 여러 개의 준위로 갈라지는 현상을 **제만 효과**(Zeeman effect)라 한다. 스펙트럼선의 개수를 전자스핀을 고려하지 않은 **정상 제만 효과**(normal Zeeman effect)와 전자스핀을 고려한 **이상 제만 효과**(abnormal Zeeman effect)로 나누어 살펴본다.

(1) 정상 제만 효과

원자의 자기모멘트 $\vec{\mu}$은 전자 자기 모멘트 $\vec{\mu}_e$와 원자핵 자기모멘트로 이루어지지만 원자핵의 질량이 전자의 질량에 비해 매우 크기 때문에 원자 자기모멘트를 전자 자기모멘트로 간주할 수 있다.

자기장 $\vec{B} = B\hat{z}$에 놓여 있는 원자의 해밀토니안은

$$H_B = -\vec{\mu}\cdot\vec{B} = -\vec{\mu}_e\cdot\vec{B} = \frac{e}{2m_e}\vec{L}\cdot\vec{B} = \frac{e}{2m_e}L_zB \tag{11.3.1}$$

이므로

$$<n\ell m_\ell|H_B|n\ell m_\ell> = \frac{eB}{2m_e}<n\ell m_\ell|L_z|n\ell m_\ell> = \frac{eB}{2m_e}m_\ell\hbar \tag{11.3.2}$$

가 된다. 주어진 궤도 양자수 ℓ에 대해 축퇴된 상태는 위 식에 의해 자기 양자수 m_ℓ이 가질 수 있는 $(2\ell+1)$개의 상태로 외부 자기장 B에 의해 분리된다. 그림 11.2와 같이

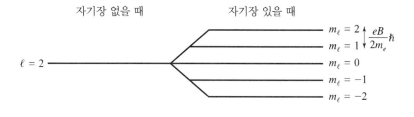

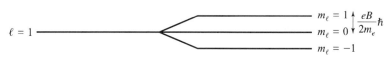

그림 11.2 정상 제만 효과

$\ell = 1$과 $\ell = 2$에 축퇴된 상태는 자기장에 의해 각각 3개와 5개의 스펙트럼으로 갈라지게 된다.

(2) 이상 제만 효과

전자스핀에 의한 자기모멘트 $\vec{\mu_s}$와 외부 자기장 $\vec{B} = B\hat{z}$에 의한 해밀토니안은 $-\vec{\mu_s} \cdot \vec{B} = \dfrac{e}{m_e}\vec{S} \cdot \vec{B}$가 되어 원자의 자기모멘트 뿐만 아니라 전자스핀까지 고려한 원자의 해밀토니안은

$$H_B = \frac{e}{2m_e}\vec{L} \cdot \vec{B} + \frac{e}{m_e}\vec{S} \cdot \vec{B} = \frac{eB}{2m_e}(L_z + 2S_z) = \frac{eB}{2m_e}(J_z + S_z) \quad (11.3.3)$$

가 되어

$$< \phi_{jm_j\ell}|H_B|\phi_{jm_j\ell} > = \frac{eB}{2m_e}< \phi_{jm_j\ell}|(J_z + S_z)|\phi_{jm_j\ell} > \quad (11.3.4)$$

로 주어진다.

위 식에 있는 $< S_z >$을 계산하기 위해서는 $S_z|\phi_{jm_j\ell} >$가 고유치를 주는 고유치 방정식이 되어야 하는데 그렇지 않기 때문에 다음의 **투영정리**(Projection Theorem)[49]을 사용해야 한다.

$$< jm'|V_q|jm > = \frac{< jm'|\vec{J} \cdot \vec{V}|jm >}{j(j+1)\hbar^2}< jm'|J_q|jm > \quad (11.3.5)$$

위 식에 $\vec{V} \to \vec{S}$을 대입하면

$$< \phi_{jm_j\ell}|S_z|\phi_{jm_j\ell} > = \frac{< \phi_{jm_j\ell}|\vec{J} \cdot \vec{S}|\phi_{jm_j\ell} >}{j(j+1)\hbar^2}< \phi_{jm_j\ell}|J_z|\phi_{jm_j\ell} >$$

가 된다.

여기서 $\vec{J} = \vec{L} + \vec{S} \Rightarrow \vec{J} \cdot \vec{S} = \dfrac{1}{2}(J^2 - L^2 + S^2)$이므로 위 식은

$$< \phi_{jm_j\ell}|S_z|\phi_{jm_j\ell} > = \frac{j(j+1) - \ell(\ell+1) + \dfrac{3}{4}}{2j(j+1)}m_j\hbar \quad (11.3.6)$$

---

(49) 증명은 [보충자료 2]을 참고하세요.

이고

$$< \phi_{jm_\ell} | J_z | \phi_{jm_\ell} > = m_j \hbar \tag{11.3.7}$$

이므로 이들을 식 (11.3.4)에 대입하면 원자가 외부 자기장 $\vec{B} = B\hat{z}$ 에 놓일 때 원자의 에너지 변동은

$$\Delta E_B = \frac{eB}{2m_e} m_j \hbar \left[1 + \frac{j(j+1) - \ell(\ell+1) + \frac{3}{4}}{2j(j+1)} \right] = m_j \left(\frac{eB\hbar}{2m_e} \right) \left(1 \pm \frac{1}{2\ell+1} \right) \tag{11.3.8}$$

가 된다. 여기서 $+$ 와 $-$ 은 $j = \ell + \frac{1}{2}$ 과 $j = \ell - \frac{1}{2}$ 의 경우에 각각 해당한다.

자기장에 의해 갈라지는 여러 개의 스펙트럼선 사이의 에너지 간격 ΔE은

① $j = \ell + \frac{1}{2}$의 경우

식 (11.3.8)로부터

$$\Delta E = \Delta m_j \left(\frac{eB\hbar}{2m_e} \right) \left(1 + \frac{1}{2\ell+1} \right)$$

이고 $\Delta m_j = 1$이므로 에너지 간격은 다음과 같다.

$$\Delta E = \left(\frac{e\hbar B}{2m_e} \right) \left(\frac{2\ell+2}{2\ell+1} \right) \tag{11.3.9}$$

② $j = \ell - \frac{1}{2}$의 경우

식 (11.3.8)로부터

$$\Delta E = \Delta m_j \left(\frac{eB\hbar}{2m_e} \right) \left(1 - \frac{1}{2\ell+1} \right)$$

이고 $\Delta m_j = 1$이므로 에너지 간격은 다음과 같다.

$$\Delta E = \left(\frac{e\hbar B}{2m_e} \right) \left(\frac{2\ell}{2\ell+1} \right) \tag{11.3.10}$$

이 결과를 에너지 준위로 나타내면 아래와 같다.

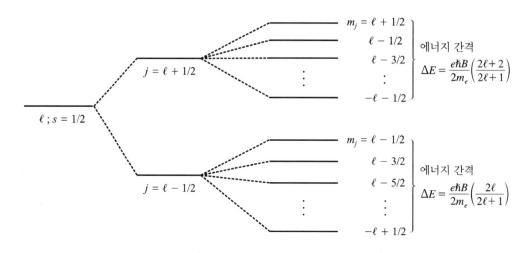

$$m_j = \ell + 1/2$$
$$\ell - 1/2$$
$$\ell - 3/2$$
$$\vdots$$
$$-\ell - 1/2$$

에너지 간격

$$\Delta E = \frac{e\hbar B}{2m_e}\left(\frac{2\ell+2}{2\ell+1}\right)$$

$$j = \ell + 1/2$$

$$\ell ; s = 1/2$$

$$j = \ell - 1/2$$

$$m_j = \ell - 1/2$$
$$\ell - 3/2$$
$$\ell - 5/2$$
$$\vdots$$
$$-\ell + 1/2$$

에너지 간격

$$\Delta E = \frac{e\hbar B}{2m_e}\left(\frac{2\ell}{2\ell+1}\right)$$

그림 11.3 이상 제만 효과

예제 11.1

$n = 2$의 경우에 대해 이상 제만 효과를 살펴보세요.

풀이

$n = 2$인 경우 $2P$와 $2S$ 상태가 존재한다.

(i) $^2P_{3/2}$은 $\ell = 1$, $s = \frac{1}{2}$이어서 $j = \ell + \frac{1}{2}$인 경우에 해당하므로 자기장에 의한 에너지 변동 ΔE_B은 식 (11.3.8)에서 $j = \ell + \frac{1}{2}$에 해당하는 관계식을 사용하면 된다. 그때 m_j 값에 따른 에너지 준위 간격 ΔE은 다음과 같다.

$$\Delta E = (\Delta E_B)_{m_j = 3/2} - (\Delta E_B)_{m_j = 1/2} = \frac{eB\hbar}{2m_e}\left(\frac{2\ell+2}{2\ell+1}\right)\Bigg|_{\ell = 1} = \frac{4}{3}\epsilon \quad \text{여기서} \ \epsilon = \frac{eB\hbar}{2m_e}$$

(ii) $^2S_{1/2}$은 $\ell = 0$, $s = \frac{1}{2}$인 경우에 해당하므로 자기장에 의한 에너지 변동 ΔE_B은 식 (11.3.8)에서 $j = \ell + \frac{1}{2}$에 해당하는 관계식을 사용하면 된다. 식에 $\ell = 0$을 대입하면

$$\Delta E_B = 2\frac{eB\hbar}{2m_e}m_j$$

가 되어 m_j 값에 따른 에너지 준위 간격 ΔE은 다음과 같다.

$$\Delta E = (\Delta E_B)_{m_j = 1/2} - (\Delta E_B)_{m_j = -1/2} = 2\left(\frac{eB\hbar}{2m_e}\right) = 2\epsilon \quad \text{여기서} \ \epsilon = \frac{eB\hbar}{2m_e}$$

(iii) $^2P_{1/2}$은 $\ell = 1$, $s = \frac{1}{2}$이어서 $j = \ell - \frac{1}{2}$인 경우이므로 자기장에 의한 에너지 변동

ΔE_B은 식 (11.3.8)에서 $j = \ell - \dfrac{1}{2}$에 해당하는 관계식을 사용하면 된다. 그때 m_j 값에 따른 에너지 준위 간격 ΔE은 다음과 같다.

$$\Delta E = (\Delta E_B)_{m_j = 1/2} - (\Delta E_B)_{m_j = -1/2} = \Delta m_j \left(\frac{eB\hbar}{2m_e} \right) \left(\frac{2\ell}{2\ell+1} \right) \bigg|_{\ell=1} = \frac{2}{3}\epsilon$$

여기서 $\epsilon = \dfrac{eB\hbar}{2m_e}$

(iv) $^2S_{1/2}$와 $^2P_{1/2}$에서 $m_j = 1/2$인 경우에 대한 두 에너지 준위 사이의 간격 ΔE은 다음과 같다.

$$\Delta E = m_j \left(\frac{eB\hbar}{2m_e} \right) \left[\left(1 + \frac{1}{2\ell+1} \right) \bigg|_{\ell=0} - \left(1 - \frac{1}{2\ell+1} \right) \bigg|_{\ell=1} \right]$$

$$= \left(\frac{eB\hbar}{2m_e} \right) \frac{1}{2} \left(2 - \frac{2}{3} \right) = \frac{2}{3} \left(\frac{eB\hbar}{2m_e} \right) = \frac{2}{3}\epsilon$$

유사한 방법으로 $m_j = -1/2$인 두 에너지 준위 사이의 간격 또한 구할 수 있다. 구한 (i)~(iv)의 결과들을 에너지 준위로 나타내면 아래와 같다.

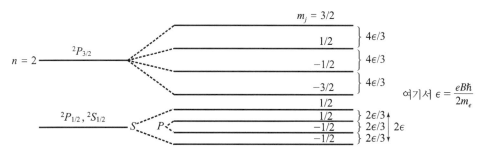

그림 11.4 주 양자수 $n = 2$인 경우에서 이상 제만 효과

4 초미세 구조 갈라짐

핵자기쌍극자 모멘트에 의해 생성된 자기장과 전자 자기모멘트의 상호작용에 기인하는 효과(영구 제만 효과)에 의해 축퇴된 에너지가 분리된다. 분리된 에너지 간격이 미세 구조 갈라짐에 비해 아주 작아서 **초미세 구조 갈라짐**(hyperfine splitting)이라 한다.

핵스핀 연산자를 $\vec{I}$라고 할 때 핵자기쌍극자 모멘트 $\vec{\mu}_N$은

$$\vec{\mu} = \frac{gq}{2m}\vec{S} \Rightarrow \vec{\mu}_N = \frac{Zeg_N}{2M_N}\vec{I} \tag{11.4.1}$$

이다. 이때 핵자기쌍극자 모멘트 $\vec{\mu}_N$에 의한 $\vec{r}$에서의 벡터 포텐셜 $\vec{A}(\vec{r})$은[50]

$$\vec{A}(\vec{r}) = -\frac{\mu_0}{4\pi}\vec{\mu}_N \times \vec{\nabla}\left(\frac{1}{r}\right) \tag{11.4.2}$$

로 주어진다. 여기서 μ_0은 진공의 투자율이다. 이 식을 $\vec{B} = \vec{\nabla} \times \vec{A}$에 대입하면 핵자기쌍극자 모멘트에 의한 $\vec{r}$에서의 자기장은 다음과 같다.[51]

$$\vec{B} = \frac{\mu_0}{4\pi}\left[\frac{3\vec{r}(\vec{r}\cdot\vec{\mu}_N) - r^2\vec{\mu}_N}{r^5} + \frac{8\pi}{3}\vec{\mu}_N\delta(\vec{r})\right]$$

위 식에 있는 핵자기쌍극자 모멘트 $\vec{\mu}_N$에 식 (11.4.1)을 대입하면

$$\vec{B} = \frac{Zeg_N}{2M_N}\frac{\mu_0}{4\pi}\left[\frac{3\vec{r}(\vec{r}\cdot\vec{I}) - r^2\vec{I}}{r^5} + \frac{8\pi}{3}\vec{I}\delta(\vec{r})\right] \tag{11.4.3}$$

을 얻는다.

전자 자기모멘트 $\vec{\mu}_e$은 궤도운동에 의한 자기모멘트 $\vec{\mu}_L = -\frac{e}{2m_e}\vec{L}$와 전자스핀에 의한 자기모멘트 $\vec{\mu}_S = -\frac{e}{m_e}\vec{S}$의 합이므로, 핵자기쌍극자 모멘트에 의한 자기장 $\vec{B}$와 전자 자기모멘트 $\vec{\mu}_e$와의 상호작용에 의한 해밀토니안(초미세 섭동) H_{hf}은

$$H_{hf} = -\vec{\mu}_e\cdot\vec{B} = -(\vec{\mu}_L + \vec{\mu}_S)\cdot\vec{B} = \frac{e}{2m_e}(\vec{L} + 2\vec{S})\cdot\vec{B} = \frac{e}{2m_e}\vec{B}\cdot(\vec{L} + 2\vec{S})$$

가 되고, 식 (11.4.3)을 위 식에 대입하면서 $\mu_0\epsilon_0 = \frac{1}{c^2}$ 관계를 적용하면

$$H_{hf} = \frac{Ze^2}{4\pi\epsilon_0}\frac{g_N}{4M_Nm_ec^2}\left[\frac{3\vec{r}(\vec{r}\cdot\vec{I}) - r^2\vec{I}}{r^5} + \frac{8\pi}{3}\vec{I}\delta(\vec{r})\right]\cdot(\vec{L} + 2\vec{S}) \tag{11.4.4}$$

가 된다. 여기서 $\alpha = \frac{e^2}{4\pi\epsilon_0\hbar c}$와 $a_0 = \frac{\hbar}{Z\alpha m_e c}$의 관계식으로부터 위 식의 첫 번째 항의 대략적인 크기는 다음과 같다.

$$\frac{Ze^2}{4\pi\epsilon_0\hbar c}\frac{\hbar cg_N}{4M_Nm_ec^2}\frac{\hbar^2}{a_0^3} \approx (Z\alpha)^4 m_ec^2\frac{m_e}{M_N} \tag{11.4.5}$$

---

(50) 증명은 [보충자료 3]을 참고하세요.
(51) 증명은 [보충자료 4]를 참고하세요.

이 결과와 미세구조 갈라짐에 대한 식 (11.2.6)과 비교해 보면 식 (11.4.5)가 식 (11.2.6)에 비해 $\frac{m_e}{M_N} \approx \frac{0.511}{938} = 5.0 \times 10^{-4}$배만큼 작은 것을 알 수 있다. 그래서 식 (11.4.4)을 초미세 구조 에너지 갈라짐이라 한다.

$\ell = 0$인 경우($\vec{L}$을 무시할 수 있다.)에 대한 에너지 변동을 계산해보면 식 (11.4.4)은

$$H_{hf} = \frac{Ze^2}{4\pi\epsilon_0} \frac{g_N}{2M_N m_e c^2} \left[\frac{3(\vec{r} \cdot \vec{S})(\vec{r} \cdot \vec{I}) - r^2(\vec{I} \cdot \vec{S})}{r^5} + \frac{8\pi}{3} \vec{I} \cdot \vec{S}\delta(\vec{r}) \right]$$

가 되어

$$< H_{hf} > = \frac{Ze^2}{4\pi\epsilon_0} \frac{g_N}{2M_N m_e c^2}$$

$$\int d^3r \, |\phi_{n00}(\vec{r})|^2 \left\{ \frac{3(\vec{r} \cdot \vec{S})(\vec{r} \cdot \vec{I}) - r^2(\vec{I} \cdot \vec{S})}{r^5} + \frac{8\pi}{3} \vec{I} \cdot \vec{S}\delta(\vec{r}) \right\} \quad (11.4.6)$$

을 얻는다. 여기서 적분의 첫 번째 항에서

$$\int d\Omega \, (\vec{r} \cdot \vec{S})(\vec{r} \cdot \vec{I}) = \int d\Omega \, (xS_x + yS_y + zS_z)(xI_x + yI_y + zI_z)$$

인데 $\int xy\,d\Omega = \int xz\,d\Omega = \int yz\,d\Omega = 0$이며

$$\int x^2 d\Omega = \int y^2 d\Omega = \int z^2 d\Omega = \frac{1}{3} \int (x^2 + y^2 + z^2)\,d\Omega$$

$$= \frac{1}{3} \int r^2 d\Omega = \frac{1}{3} r^2 4\pi = \frac{4\pi}{3} r^2$$

이므로

(i) $\int d\Omega \, 3(\vec{r} \cdot \vec{S})(\vec{r} \cdot \vec{I}) = \frac{4\pi}{3} r^2 3(S_x I_x + S_y I_y + S_z I_z) = 4\pi r^2 \vec{I} \cdot \vec{S}$가 되고

(ii) 반면에 $-r^2 \int d\Omega \, \vec{I} \cdot \vec{S} = -r^2(4\pi)\vec{I} \cdot \vec{S}$이 되어 식 (11.4.6)의 중괄호 안의 첫 번째 항의 분자는 서로 상쇄되어 0이 된다. 이제 중괄호 안의 두 번째 항을 계산해보자.

$$\int d^3r \, |\phi_{n00}(\vec{r})|^2 \delta(\vec{r}) = \int d^3r |R_{n0}(r)|^2 |Y_{00}(\theta, \phi)|^2 \delta(\vec{r}) = \frac{1}{4\pi} |R_{n0}(0)|^2$$

$$= \frac{1}{\pi} \left(\frac{Z\alpha m_e c}{\hbar} \right)^3 \frac{1}{n^3} \quad (11.4.7)$$

총 스핀을 $\vec{F} = \vec{S} + \vec{I}$로 정의하면

$$\vec{I} \cdot \vec{S} = \frac{1}{2}(F^2 - S^2 - I^2)$$

$$\Rightarrow <\vec{I} \cdot \vec{S}> = \frac{1}{2}[F(F+1) - s(s+1) - I(I+1)]\hbar^2 = \frac{1}{2}\left[F(F+1) - \frac{3}{4} - I(I+1)\right]\hbar^2$$

$$= \frac{1}{2}\hbar^2 \begin{cases} I, & F = I + \frac{1}{2} \text{일 경우} \\ -I-1, & F = I - \frac{1}{2} \text{일 경우} \end{cases}$$

이 된다. 1개의 양성자와 전자로 이루어진 수소원자의 경우

$$<\vec{I} \cdot \vec{S}> = \frac{1}{2}\hbar^2 \begin{cases} \dfrac{1}{2}, & F = 1 \text{일 경우} \\ -\dfrac{3}{2}, & F = 0 \text{일 경우} \end{cases} \tag{11.4.8}$$

이며 바닥상태의 경우는 $n = 1$이다. 그때 식 (11.4.7)과 (11.4.8)을 식 (11.4.6)에 대입하면

$$<H_{hf}> = \frac{e^2}{4\pi\epsilon_0}\frac{g_p}{2m_p m_e c^2}\left[\frac{8\pi}{3}<\vec{I} \cdot \vec{S}>\frac{1}{\pi}\left(\frac{\alpha m_e c}{\hbar}\right)^3\right]$$

$$= \frac{4}{3}\alpha^4 m_e c^2 g_p\left(\frac{m_e}{m_p}\right)\left\langle\frac{\vec{I} \cdot \vec{S}}{\hbar^2}\right\rangle \tag{11.4.9}$$

가 된다.

$F = 1$과 $F = 0$의 에너지 간격 ΔE_{hf}은

$$\Delta E_{hf} = \frac{4}{3}\alpha^4 m_e c^2 g_p\left(\frac{m_e}{m_p}\right)\left[\frac{1}{2}\left(\frac{1}{2} + \frac{3}{2}\right)\right]$$

$$= \frac{4}{3}\alpha^4 m_e c^2 g_p\left(\frac{m_e}{m_p}\right) \tag{11.4.10}$$

가 된다. 여기서 양성자의 경우 $g_p = 2 \times (2.7896)$이다.

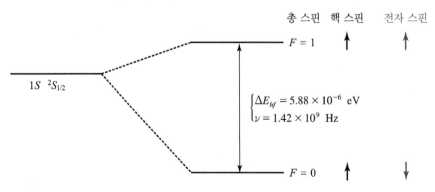

그림 11.5 수소원자 바닥상태에서의 초미세 구조 갈라짐

위의 에너지 스펙트럼은 실험에서 얻은 결과이며 이를 식 (11.4.10)에 대입하면

$$\Delta E_{hf} = \frac{4}{3}\alpha^4 m_e c^2 g_p \left(\frac{m_e}{m_p}\right) \approx \frac{4}{3}\left(\frac{1}{137}\right)^4 \times 0.511 \text{ MeV} \times 5.5792 \times \frac{0.511}{938}$$

$$\approx 5.88 \times 10^{-6} \text{ eV}$$

가 된다. 그때 에너지 차이 ΔE_{hf}에 의한 진동수

$$\nu = \frac{\Delta E_{hf}}{h} = \frac{5.88 \times 10^{-6} \text{ eV}}{4.14 \times 10^{-15} \text{ eV} \cdot \text{sec}} \approx 1.42 \times 10^9 \text{ sec}^{-1}$$

을 얻는다.

$$\left\langle \frac{1}{r} \right\rangle = \frac{1}{a_0 n^2}, \quad \left\langle \frac{1}{r^2} \right\rangle = \frac{1}{a_0^2 n^3 \left(\ell + \frac{1}{2}\right)}, \quad \left\langle \frac{1}{r^3} \right\rangle = \frac{1}{a_0^3} \frac{1}{n^3 \ell \left(\ell + \frac{1}{2}\right)(\ell + 1)}$$

풀이

어떤 임의의 변수 α의 함수인 에르미트 연산자인 해밀토니안 H가 다음과 같은 고유치 방정식을 만족한다고 하자.

$$H(\alpha)u_n(x,\alpha) = E_n(\alpha)u_n(x,\alpha)$$

고유함수의 직교규격화 조건으로부터 다음의 관계식을 얻는다.

$$\int u_n^*(x,\alpha)H(\alpha)u_n(x,\alpha)dx = E_n(\alpha)\int u_n^*(x,\alpha)u_n(x,\alpha)dx = E_n(\alpha)$$

이 관계식의 좌·우를 변수 α에 관해 미분을 하면

$$\int \frac{\partial u_n^*(x,\alpha)}{\partial \alpha}H(\alpha)u_n(x,\alpha)dx + \int u_n^*(x,\alpha)\frac{dH(\alpha)}{d\alpha}u_n(x,\alpha)dx$$

$$+ \int u_n^*(x,\alpha)H(\alpha)\frac{\partial u_n(x,\alpha)}{\partial \alpha}dx$$

$$= \frac{dE_n(\alpha)}{d\alpha} \tag{1}$$

가 된다. 여기서 왼편의 첫 번째 항과 세 번째 항을 살펴보면

$$E_n(\alpha)\int \frac{\partial u_n^*(x,\alpha)}{\partial \alpha}u_n(x,\alpha)dx + E_n(\alpha)\int u_n^*(x,\alpha)\frac{\partial u_n(x,\alpha)}{\partial \alpha}dx$$

$$= E_n(\alpha)\frac{\partial}{\partial \alpha}\left[\int u_n^*(x,\alpha)u_n(x,\alpha)dx\right] = 0$$

이 되므로 식 (1)은 다음과 같이 표현된다.

$$\frac{dE_n(\alpha)}{d\alpha} = \int u_n^*(x,\alpha)\frac{dH(\alpha)}{d\alpha}u_n(x,\alpha)dx = \left\langle \frac{dH(\alpha)}{d\alpha} \right\rangle \tag{2}$$

식 (2)를 수소원자에 적용해보자.

(i) 수소원자의 에너지는

$$E = \frac{1}{2}mv^2 - \frac{1}{4\pi\epsilon_0}\frac{e^2}{r}$$

이다. 원운동을 위해 구심력과 쿨롱 힘의 크기는 같아야 하므로

$$m\frac{v^2}{r} = \frac{1}{4\pi\epsilon_0}\frac{e^2}{r^2} \Rightarrow r = \frac{e^2}{4\pi\epsilon_0 mv^2} \tag{3}$$

을 얻고 이를 위의 해밀토니안에 대한 식에 대입하면 수소원자의 해밀토니안은

$$E = \frac{1}{2}mv^2 - \frac{1}{4\pi\epsilon_0}e^2\frac{4\pi\epsilon_0}{e^2}mv^2 = -\frac{1}{2}mv^2 \tag{4}$$

로 주어진다. 그리고 각운동량이 양자화되어 있는 조건으로부터 $v = \dfrac{n\hbar}{mr}$ 을 얻고 이를 식 (3)에 대입하면

$$r = \frac{e^2}{4\pi\epsilon_0 m}\frac{m^2 r^2}{n^2\hbar^2} \Rightarrow r = \frac{4\pi\epsilon_0}{me^2}n^2\hbar^2 \tag{5}$$

을 얻고 그때 에너지는

$$E = -\frac{1}{2}m\frac{n^2\hbar^2}{m^2 r^2} = -\frac{1}{2m}n^2\hbar^2\frac{m^2 e^4}{(4\pi\epsilon_0)^2 n^4\hbar^4} = -\frac{1}{2}\frac{me^4}{(4\pi\epsilon_0)^2 n^2\hbar^2}$$

여기서 에너지를 미세구조상수 $\alpha = \dfrac{e^2}{4\pi\epsilon_0\hbar c}$ 로 나타내면

$$E = -\frac{1}{2}mc^2\frac{\alpha^2}{n^2} \tag{6}$$

이 되어 이를

$$E_n(\alpha) = -\frac{1}{2}mc^2\frac{\alpha^2}{n^2} \tag{7}$$

로 나타낼 수 있다.

이제 $\left\langle \dfrac{1}{r} \right\rangle$ 을 계산하고자 한다. 수소원자의 해밀토니안에서 α와 관계되는 항은

$$-\frac{1}{4\pi\epsilon_0}\frac{e^2}{r} = -\frac{\hbar c}{r}\alpha \tag{8}$$

이다.

식 (7)과 (8)을 식 (2)에 대입하면

$$-mc^2 \frac{\alpha}{n^2} = -\left\langle \frac{d}{d\alpha}\left(\frac{\hbar c}{r}\alpha\right)\right\rangle = -\hbar c \left\langle \frac{1}{r}\right\rangle$$

가 되어

$$\left\langle \frac{1}{r}\right\rangle = \frac{mc\alpha}{n^2\hbar}$$

가 되는데 보어반경은 $a_0 = \dfrac{4\pi\epsilon_0}{me^2}\hbar^2 = \dfrac{\hbar}{mc\alpha} \Rightarrow mc\alpha = \dfrac{\hbar}{a_0}$ 이므로 위 식을 보어반경으로 나타내면 다음과 같다.

$$\therefore \ \left\langle \frac{1}{r}\right\rangle = \frac{1}{a_0 n^2} \tag{9}$$

(ii) 이제 $\left\langle \dfrac{1}{r^2}\right\rangle$ 을 계산해보자. (예제 7.3)에서 $n_r + \ell + 1 = n$ 의 관계식을 배웠다. 그리고 식 (7.2.5)의 지름성분의 해밀토니안은 $\dfrac{\hbar^2}{2m}\dfrac{\ell(\ell+1)}{r^2}$ 항을 가지고 있다. 식 (2)을 적용함에 있어 임의의 변수를 ℓ 로 잡으면 된다. 그때 식 (2)의 좌·우편에 있는 함수를 ℓ 로 나타내면 식 (7)은

$$E_n(\ell) = -\frac{1}{2}mc^2 \frac{\alpha^2}{(n_r + \ell + 1)^2}$$
$$\Rightarrow \frac{\partial E_n(\ell)}{\partial \ell} = -\frac{1}{2}mc^2\alpha^2(-2)\frac{1}{(n_r + \ell + 1)^3} = mc^2\alpha^2 \frac{1}{n^3} \tag{10}$$

이 되고 ℓ 에 관한 해밀토니안 미분 항은

$$\left\langle \frac{\partial}{\partial \ell}\left(\frac{\hbar^2}{2m}\frac{\ell(\ell+1)}{r^2}\right)\right\rangle = \frac{\hbar^2}{2m}\left\langle \frac{2\ell+1}{r^2}\right\rangle = \frac{\hbar^2}{2m}(2\ell+1)\left\langle \frac{1}{r^2}\right\rangle \tag{11}$$

이 되어

$$mc^2\alpha^2 \frac{1}{n^3} = \frac{\hbar^2}{2m}(2\ell+1)\left\langle \frac{1}{r^2}\right\rangle \Rightarrow \left\langle \frac{1}{r^2}\right\rangle = \frac{2}{\hbar^2}\frac{1}{2\ell+1}\frac{m^2c^2\alpha^2}{n^3} = \frac{2}{\hbar^2}\frac{1}{2\ell+1}\frac{1}{n^3}\frac{\hbar^2}{a_0^2}$$

다음의 관계식을 얻을 수 있다.

$$\therefore \ \left\langle \frac{1}{r^2}\right\rangle = \frac{1}{a_0^2 n^3\left(\ell+\dfrac{1}{2}\right)} \tag{12}$$

(iii) $<F(r)> = 0 \Rightarrow -\left\langle \dfrac{dU(r)}{dr}\right\rangle = 0$ 의 관계식에서

$$\frac{d}{dr}U(r) = \frac{d}{dr}\left[-\frac{e^2}{4\pi\epsilon_0 r} + \frac{\hbar^2}{2m}\frac{\ell(\ell+1)}{r^2}\right] = \frac{e^2}{4\pi\epsilon_0 r^2} - \frac{\hbar^2\ell(\ell+1)}{mr^3}$$

이므로, 위 식에 대입하면

$$-\frac{e^2}{4\pi\epsilon_0}\left\langle\frac{1}{r^2}\right\rangle + \frac{\hbar^2\ell(\ell+1)}{m}\left\langle\frac{1}{r^3}\right\rangle = 0$$

$$\Rightarrow \left\langle\frac{1}{r^3}\right\rangle = \frac{m}{\ell(\ell+1)\hbar^2}\frac{e^2}{4\pi\epsilon_0}\left\langle\frac{1}{r^2}\right\rangle = \frac{1}{\ell(\ell+1)}\left(\frac{me^2}{4\pi\epsilon_0\hbar^2}\right)\frac{1}{a_0^2 n^3\left(\ell+\frac{1}{2}\right)}$$

이 되어 다음의 관계식을 얻을 수 있다.

$$\therefore \left\langle\frac{1}{r^3}\right\rangle = \frac{1}{a_0^3}\frac{1}{n^3\ell\left(\ell+\frac{1}{2}\right)(\ell+1)} \tag{13}$$

투영정리(projection theorem)

$$< jm'|\,V_q|jm > \,=\, \frac{< jm'|\vec{J}\cdot\vec{V}|jm >}{j(j+1)\hbar^2} < jm'|J_q|jm >$$

풀이

구면(spherical) 기저 $(\hat{e}_+ , \hat{e}_- , \hat{e}_0)$에서 벡터 연산자 $\vec{V}$은

$$\vec{V} = V_+\hat{e}_+ + V_-\hat{e}_- + V_0\hat{e}_0 \tag{1}$$

로 표현된다. 한편 구면 기저와 직교좌표계의 기저와의 관계는

$$\begin{cases} \hat{e}_+ = -\dfrac{1}{\sqrt{2}}(\hat{x}+i\hat{y}) \\ \hat{e}_- = \dfrac{1}{\sqrt{2}}(\hat{x}-i\hat{y}) \\ \hat{e}_0 = \hat{z} \end{cases} \Rightarrow \begin{cases} \hat{x} = -\dfrac{1}{\sqrt{2}}\hat{e}_+ + \dfrac{1}{\sqrt{2}}\hat{e}_- \\ \hat{y} = \dfrac{i}{\sqrt{2}}\hat{e}_+ + \dfrac{i}{\sqrt{2}}\hat{e}_- \\ \hat{z} = \hat{e}_0 \end{cases} \tag{2}$$

이므로 직교좌표계를 기저로 하는 벡터 연산자 $\vec{V} = V_x\hat{x} + V_y\hat{y} + V_z\hat{z}$에 식 (2)을 대입하면

$$\vec{V} = \left(-\frac{V_x}{\sqrt{2}} + \frac{i}{\sqrt{2}}V_y\right)\hat{e}_+ + \left(\frac{V_x}{\sqrt{2}} + \frac{i}{\sqrt{2}}V_y\right)\hat{e}_- + V_z\hat{e}_0 \tag{3}$$

로 표현된다.

식 (1)과 (3)으로부터 구면 1차-텐서(tensor)의 성분에 대한 다음의 관계식을 얻을 수 있다.

$$\begin{cases} V_+ = -\dfrac{1}{\sqrt{2}}(V_x - iV_y) \\ V_- = \dfrac{1}{\sqrt{2}}(V_x + iV_y) \\ V_0 = V_z \end{cases} \tag{4}$$

$$\Rightarrow \begin{cases} V_x = -\dfrac{1}{\sqrt{2}}(V_+ - V_-) \\ V_y = -\dfrac{i}{\sqrt{2}}(V_+ + V_-) \end{cases} \tag{5}$$

유사하게 $J_\pm$, J_0 또한 $J_{x,y,z}$와 위와 같은 관계를 가진다.
그때

$$\vec{J} \cdot \vec{V} = J_x V_x + J_y V_y + J_z V_z$$

$$= \frac{1}{2}(J_+ - J_-)(V_+ - V_-) - \frac{1}{2}(J_+ + J_-)(V_+ + V_-) + J_0 V_0$$

$$= J_0 V_0 - J_+ V_- - J_- V_+$$

이므로 다음의 관계식을 얻는다.

$$< \alpha, jm | \vec{J} \cdot \vec{V} | \alpha, jm > = < \alpha, jm | (J_0 V_0 - J_+ V_- - J_- V_+) | \alpha, jm >$$

$$= m\hbar < \alpha, jm | V_0 | \alpha, jm >$$

$$- \frac{\hbar}{2} \sqrt{j(j+1) - m(m-1)} < \alpha, jm-1 | V_- | \alpha, jm >$$

$$- \frac{\hbar}{2} \sqrt{j(j+1) - m(m+1)} < \alpha, jm+1 | V_+ | \alpha, jm > \quad (6)$$

여기서 α은 각(angular) 양자수가 아닌 양자수이다.

위그너-에카르트 정리(Wigner-Eckart theorem)은 k차-구면 텐서 $T_q^{(k)}$(여기서 $q = -k$, $-k+1, \cdots k$)에 대해

$$< jm | T_q^{(k)} | j'm' > = < j'm'kq | jm > < j \| T^{(k)} \| j' >$$

이다. 여기서 $< j'm'kq | jm >$은 j'과 k가 상호작용해서 j을 얻는 클렙시-고단(Clebsch-Gordon) 계수이고 두 번째 항은 환산 행렬요소이다. 식 (6)의 오른편에 위그너-에카르트 정리를 적용하면 위 식은 다음과 같이 표현할 수 있다.

$$< \alpha, jm | \vec{J} \cdot \vec{V} | \alpha, jm > = C_{jm} < \alpha, jm \| V \| \alpha, jm >$$

이 식의 왼편 항에 있는 $\vec{J} \cdot \vec{V}$은 스칼라 연산자이므로 이것의 기댓값은 m에 의존하지 않으므로 위 식의 오른편 항에서 m을 삭제할 수 있어서

$$< \alpha, jm | \vec{J} \cdot \vec{V} | \alpha, jm > = C_j < \alpha, j \| V \| \alpha, j > \quad (7)$$

로 놓을 수 있다.

반면에 식 (7)에 $\vec{V} \to \vec{J}$을 대입하면

$$< \alpha, jm | J^2 | \alpha, jm > = C_j < \alpha, j \| J \| \alpha, j > \quad (8)$$

가 되어 아래의 관계식을 얻을 수 있다.

$$\frac{<\alpha,jm'|V_q|\alpha,jm>}{<\alpha,jm'|J_q|\alpha,jm>}=\frac{<\alpha,j\|V\|\alpha,j>}{<\alpha,j\|J\|\alpha,j>} \quad \because \ \text{위그너} - \text{에카르트 정리로부터}$$

$$=\frac{<\alpha,jm|\vec{J}\cdot\vec{V}|\alpha,jm>}{<\alpha,jm|J^2|\alpha,jm>} \quad \because \ \text{식 (7)과 (8)로부터}$$

$$=\frac{<\alpha,jm|\vec{J}\cdot\vec{V}|\alpha,jm>}{j(j+1)\hbar^2}$$

각(angular) 양자수가 아닌 양자수가 없을 경우 식에서 α을 삭제할 수 있다.

$$\therefore \ <jm'|V_q|jm>=\frac{<jm|\vec{J}\cdot\vec{V}|jm>}{j(j+1)\hbar^2}<jm'|J_q|jm>$$

핵의 자기쌍극자 모멘트 $\vec{\mu}_N$에 의한 $\vec{r}$에서의 벡터 포텐셜 $\vec{A}(\vec{r})$

$$\vec{A}(\vec{r}) = -\frac{\mu_0}{4\pi}\vec{\mu}_N \times \vec{\nabla}\left(\frac{1}{r}\right)$$

풀이

자기에 대한 가우스 법칙 $\vec{\nabla}\cdot\vec{B}=0 \Rightarrow \vec{B}=\vec{\nabla}\times\vec{A}$와 앙페르-맥스웰 법칙(단, 전기장이 0일 때) $\vec{\nabla}\times\vec{B}=\mu_0\vec{J}$로부터

$$\Rightarrow \vec{\nabla}\times(\vec{\nabla}\times\vec{A})=\mu_0\vec{J} \Rightarrow \vec{\nabla}(\vec{\nabla}\cdot\vec{A})-\nabla^2\vec{A}=\mu_0\vec{J}$$

을 얻고 쿨롱 게이지, $\vec{\nabla}\cdot\vec{A}=0$을 쓰면 위 식은

$$\nabla^2\vec{A}=-\mu_0\vec{J} \tag{1}$$

가 되고, 이 식은 푸아송(Poisson) 방정식 $\nabla^2\phi=-\dfrac{\rho}{\epsilon_0}$와 유사하다. 푸아송 방정식의 解가 스칼라 포텐셜 $\phi(\vec{r})=\dfrac{1}{4\pi\epsilon_0}\displaystyle\int\dfrac{\rho(\vec{r}')}{|\vec{r}-\vec{r}'|}d^3r'$이기 때문에, 식 (1)의 解인 벡터 포텐셜은 다음과 같이 주어짐을 알 수 있다.

$$\therefore \vec{A}(\vec{r})=\frac{\mu_0}{4\pi}\int\frac{\vec{J}(\vec{r}')}{|\vec{r}-\vec{r}'|}d^3r' \tag{2}$$

고리모양의 선을 따라 전류 I가 흐른다고 하면, $\vec{J}(\vec{r}')d^3r' \rightarrow Id\vec{\ell}'$로 쓸 수 있기 때문에 식 (1)은

$$\vec{A}(\vec{r})=\frac{\mu_0 I}{4\pi}\oint\frac{1}{|\vec{r}-\vec{r}'|}d\vec{\ell}' \tag{3}$$

이 되고, 여기서 $r' \ll r$이므로 근사식을 사용하면

$$\frac{1}{|\vec{r}-\vec{r}'|}=\frac{1}{\sqrt{r^2+r'^2-2rr'\cos\theta}}=\frac{1}{r}\left[1-2\frac{r'}{r}\cos\theta+\frac{r'^2}{r^2}\right]^{-\frac{1}{2}}\approx\frac{1}{r}\left[1-2\frac{r'}{r}\cos\theta\right]^{-\frac{1}{2}}$$

$$=\frac{1}{r}\left(1+\frac{r'}{r}\frac{\vec{r}\cdot\vec{r}'}{rr'}\right) \qquad \left(\because \vec{r}\cdot\vec{r}'=rr'\cos\theta \Rightarrow \cos\theta=\frac{\vec{r}\cdot\vec{r}'}{rr'}\right)$$

$$=\frac{1}{r}\left(1+\frac{\vec{r}\cdot\vec{r}'}{r^2}\right)$$

이므로

(i) 그때 적분의 첫 항은

$$\oint \frac{1}{r} d\vec{\ell}' = \frac{1}{r} \oint d\vec{\ell}' = 0 \qquad \therefore \text{ 폐경로의 적분이므로}$$

(ii) 이제 적분의 두 번째 항 $A_i = \frac{\mu_0 I}{4\pi r^3}\left[\oint x_\ell d\vec{\ell}' x_\ell'\right]_i$에 대해 살펴보자.

임의의 벡터 $\vec{F}$은 스톡스(Stokes)의 정리에 의해 $\oint \vec{F} \cdot d\vec{\ell} = \int \vec{\nabla} \times \vec{F} \cdot d\vec{a}$이므로

$$\oint d\vec{\ell} \cdot \vec{F} = \int d\vec{a} \cdot \vec{\nabla} \times \vec{F} = \int d\vec{a} \times \vec{\nabla} \cdot \vec{F}$$

가 되어

$$\oint d\vec{\ell} = \int d\vec{a} \times \vec{\nabla} \Rightarrow \oint d\vec{\ell}' = \int d\vec{a}' \times \vec{\nabla}'$$

$$\Rightarrow \left[\oint d\vec{\ell}' x_\ell'\right]_i = \left[\int (d\vec{a}' \times \vec{\nabla}') x_\ell'\right]_i = \epsilon_{ijk} \int (da')_j \partial_k' x_\ell' = \epsilon_{ijk} \int (da')_j \delta_{k\ell}$$

을 얻는다.

그러므로 이 결과를 식 (3)에 대입하면 아래의 결과를 얻는다.

$$A_i = \frac{\mu_0 I}{4\pi r^3}\left[\oint x_\ell d\vec{\ell}' x_\ell'\right]_i = \frac{\mu_0 I}{4\pi r^3} x_\ell \left[\oint d\vec{\ell}' x_\ell'\right]_i = \frac{\mu_0 I}{4\pi r^3} x_\ell \epsilon_{ijk} \int (da')_j \delta_{k\ell}$$

$$= \frac{\mu_0 I}{4\pi r^3} x_k \epsilon_{ijk} \int (da')_j = \frac{\mu_0 I}{4\pi r^3} \int \epsilon_{ijk} (da')_j x_k = \frac{\mu_0 I}{4\pi r^3}\left[\int d\vec{a}' \times \vec{r}\right]_i$$

$$= \frac{\mu_0 I}{4\pi}\left[\int d\vec{a}' \times \frac{\vec{r}}{r^3}\right]_i$$

$$\therefore \vec{A}(\vec{r}) = \frac{\mu_0 I}{4\pi} \int d\vec{a}' \times \frac{\vec{r}}{r^3} = \frac{\mu_0}{4\pi} \vec{\mu}_N \times \frac{\vec{r}}{r^3} = \frac{\mu_0}{4\pi} \vec{\mu}_N \times \frac{\hat{r}}{r^2} = -\frac{\mu_0}{4\pi} \vec{\mu}_N \times \vec{\nabla} \frac{1}{r}$$

여기서 $\vec{\mu}_N$은 전류 곱하기 면적인 자기 모멘트이다.

$\vec{r}$에서의 핵의 자기쌍극자 모멘트 $\vec{\mu}_N$에 의한 자기장

$$\vec{B} = \frac{\mu_0}{4\pi}\left[\frac{3\vec{r}(\vec{r}\cdot\vec{\mu}_N) - r^2\vec{\mu}_N}{r^5} + \frac{8\pi}{3}\vec{\mu}_N\,\delta(\vec{r})\right]$$

풀이

[보충자료 3]의 결과인 $\vec{A} = -\dfrac{\mu_0}{4\pi}\vec{\mu}_N\times\vec{\nabla}\dfrac{1}{r}$ 을 $\vec{B} = \vec{\nabla}\times\vec{A}$에 대입하면

$$\vec{B} = -\frac{\mu_0}{4\pi}\vec{\nabla}\times\left(\vec{\mu}_N\times\vec{\nabla}\frac{1}{r}\right) = \frac{\mu_0}{4\pi}\vec{\nabla}\left(\vec{\mu}_N\cdot\vec{\nabla}\frac{1}{r}\right) - \frac{\mu_0}{4\pi}\vec{\mu}_N\nabla^2\frac{1}{r}$$

가 되고, 이 식은 다음과 같이 성분으로 나타낼 수 있다.

$$B_i = \frac{\mu_0}{4\pi}\partial_i\left(\vec{\mu}_N\cdot\vec{\nabla}\frac{1}{r}\right) - \frac{\mu_0}{4\pi}(\mu_N)_i\nabla^2\frac{1}{r} = \frac{\mu_0}{4\pi}(\mu_N)_j\partial_i\partial_j\frac{1}{r} - \frac{\mu_0}{4\pi}(\mu_N)_i\nabla^2\frac{1}{r}$$

$$\because \text{자기모멘트는 상수이기 때문에 그것의 미분 항은 0}$$

$$= \frac{\mu_0}{4\pi}\left[(\mu_N)_j\left(\partial_i\partial_j - \frac{1}{3}\delta_{ij}\nabla^2\right)\frac{1}{r} - \frac{2}{3}(\mu_N)_i\nabla^2\frac{1}{r}\right]$$

오른편의 첫 번째 항은 원점에 있는 아주 작은 구 바깥영역에 대한 것이고, 두 번째 항은 원점에 해당하는 것에 대한 것이다. 즉, 두 번째 항의 $\nabla^2\dfrac{1}{r} = -4\pi\delta(\vec{r})$ 그리고 첫 번째 항을 계산하면

$$\left[(\mu_N)_x\left(-\frac{1}{r^3} + \frac{3x^2}{r^5}\right) + (\mu_N)_y\frac{3xy}{r^5} + (\mu_N)_z\frac{3xz}{r^5}\right]\hat{x}$$

$$+ \left[(\mu_N)_x\frac{3xy}{r^5} + (\mu_N)_y\left(-\frac{1}{r^3} + \frac{3y^2}{r^5}\right) + (\mu_N)_z\frac{3yz}{r^5}\right]\hat{y}$$

$$+ \left[(\mu_N)_x\frac{3xz}{r^5} + (\mu_N)_y\frac{3yz}{r^5} + (\mu_N)_z\left(-\frac{1}{r^3} + \frac{3z^2}{r^5}\right)\right]\hat{z}$$

$$= -\frac{1}{r^3}\left[(\mu_N)_x\hat{x} + (\mu_N)_y\hat{y} + (\mu_N)_z\hat{z}\right] + \frac{3}{r^5}x\left[x(\mu_N)_x + y(\mu_N)_y + z(\mu_N)_z\right]\hat{x}$$

$$+ \frac{3}{r^5}y\left[x(\mu_N)_x + y(\mu_N)_y + z(\mu_N)_z\right]\hat{y} + \frac{3}{r^5}z\left[x(\mu_N)_x + y(\mu_N)_y + z(\mu_N)_z\right]\hat{z}$$

$$= -\frac{1}{r^3}\vec{\mu}_N + \frac{3}{r^5}\left[x(\vec{\mu}_N\cdot\vec{r})\hat{x} + y(\vec{\mu}_N\cdot\vec{r})\hat{y} + z(\vec{\mu}_N\cdot\vec{r})\hat{z}\right]$$

$$= -\frac{1}{r^3}\vec{\mu}_N + \frac{3}{r^5}(\vec{\mu}_N \cdot \vec{r})\vec{r} = \frac{3\vec{r}(\vec{r} \cdot \vec{\mu}_N) - r^2\vec{\mu}_N}{r^5}$$

그러므로 위의 결과들로부터 다음의 관계식을 얻는다.

$$\therefore \quad \vec{B} = \frac{\mu_0}{4\pi}\left[\frac{3\vec{r}(\vec{r} \cdot \vec{\mu}_N) - r^2\vec{\mu}_N}{r^5} + \frac{8\pi}{3}\vec{\mu}_N\delta(\vec{r})\right]$$

CHAPTER 12
다 입자계

이 장에서는 많은 입자들로 이루어져 있으며 입자들끼리 상호작용하는 입자들의 집단인 다 입자계(many particle system)에 대해 살펴본다. 1차원에서 N개의 입자로 이루어진 입자계에 대한 시간의존 슈뢰딩거 방정식은 다음과 같다.

$$i\hbar\frac{\partial}{\partial t}\Psi(x_1,\cdots\cdots,x_N;t) = H\Psi(x_1,\cdots\cdots,x_N;t)$$

여기서 $H = \displaystyle\sum_{i=1}^{N}\frac{p_i^2}{2m_i} + U(x_1,\cdots\cdots,x_N) = -\sum_{i=1}^{N}\frac{\hbar^2}{2m_i}\frac{\partial^2}{\partial x_i^2} + U(x_1,\cdots\cdots,x_N)$이며 파동함수 Ψ은 규격화 조건 $\displaystyle\int\cdots\int dx_1\cdots dx_N|\Psi(x_1,\cdots\cdots,x_N;t)|^2 = 1$을 만족하며 i번째 입자의 운동량 연산자 p_i와 위치 연산자 x_i은 $[p_i,\ x_j] = \dfrac{\hbar}{i}\delta_{ij}$의 교환자 관계를 만족한다.

먼저 간단한 경우에 대해 알아보기 위해 두 개의 입자만 존재하고 이들 입자 간의 상호작용이 없는 자유입자에 대해 살펴본 다음에 입자들 간에 상호작용이 있는 경우에 대해 알아본다.

1 상호작용하지 않는 두 입자

이때 두 입자계의 고유함수가 $u(x_1,x_2)$이며 고유치인 에너지가 E인 해밀토니안 H에 대한 고유치 방정식은

$$Hu(x_1,x_2) = Eu(x_1,x_2) \implies \left(\frac{p_1^2}{2m_1} + \frac{p_2^2}{2m_2}\right)u(x_1,x_2) = Eu(x_1,x_2) \qquad (12.1.1)$$

이다. 두 입자는 상호작용을 하지 않는 독립적인 입자로 간주되므로

$$u(x_1, x_2) = \phi_1(x_1)\phi_2(x_2), \quad E = E_1 + E_2 \tag{12.1.2}$$

로 놓을 수 있다. 이를 식 (12.1.1)에 대입하면

$$\left[-\frac{\hbar^2}{2m_1}\frac{\partial^2}{\partial x_1^2} - \frac{\hbar^2}{2m_2}\frac{\partial^2}{\partial x_2^2} \right]\phi_1(x_1)\phi_2(x_2) = (E_1 + E_2)\phi_1(x_1)\phi_2(x_2)$$

이므로

$$\Rightarrow \begin{cases} -\dfrac{\hbar^2}{2m_1}\dfrac{d^2\phi_1(x_1)}{dx_1^2} = E_1\phi_1(x_1) \\[2mm] -\dfrac{\hbar^2}{2m_2}\dfrac{d^2\phi_2(x_2)}{dx_2^2} = E_2\phi_2(x_2) \end{cases} \Rightarrow \begin{cases} \dfrac{d^2\phi_1(x_1)}{dx_1^2} + \dfrac{2m_1 E_1}{\hbar^2}\phi_1(x_1) = 0 \\[2mm] \dfrac{d^2\phi_2(x_2)}{dx_2^2} + \dfrac{2m_2 E_2}{\hbar^2}\phi_2(x_2) = 0 \end{cases}$$

$$\Rightarrow \begin{cases} \therefore \;\; \phi_1(x_1) = C_1 e^{\pm i k_1 x_1}, \;\; \text{여기서} \;\; k_1^2 = \dfrac{2m_1}{\hbar^2}E_1 \\[2mm] \therefore \;\; \phi_2(x_2) = C_2 e^{\pm i k_2 x_2}, \;\; \text{여기서} \;\; k_2^2 = \dfrac{2m_2}{\hbar^2}E_2 \end{cases} \tag{12.1.3}$$

을 얻어 식 (12.1.3)을 (12.1.2)에 대입하면 고유함수 $u(x_1, x_2)$와 이에 대응하는 고유치인 에너지 E을 다음과 같이 구할 수 있다.

$$\begin{cases} u(x_1, x_2) = \phi_1(x_1)\phi_2(x_2) = C e^{\pm i(k_1 x_1 + k_2 x_2)} \\[2mm] E = E_1 + E_2 = \dfrac{\hbar^2 k_1^2}{2m_1} + \dfrac{\hbar^2 k_2^2}{2m_2} \end{cases} \tag{12.1.4}$$

두 입자로 이루어진 입자계를 상대좌표$(x = x_1 - x_2)$와 질량중심좌표$\left(X = \dfrac{m_1 x_1 + m_2 x_2}{m_1 + m_2}\right)$로 나타내는 것이 편리할 때가 많다. 식 (12.1.4)의 첫 번째 식의 지수에 나타나는 $k_1 x_1 + k_2 x_2$을 상대좌표와 질량중심좌표로 나타내기 위해 아래와 같이 놓은 뒤

$$k_1 x_1 + k_2 x_2 \equiv \alpha(x_1 - x_2) + \beta\frac{m_1 x_1 + m_2 x_2}{m_1 + m_2}$$

각 계수를 구하면[52]

$$\begin{cases} \alpha = \dfrac{m_2 k_1 - m_1 k_2}{m_1 + m_2} \equiv k \\[2mm] \beta = k_1 + k_2 \equiv K \end{cases} \tag{12.1.5}$$

---

(52) 계산 과정은 [보충자료 1]을 참조하세요.

가 된다. 여기서 α은 두 입자의 상대운동에 대응하는 파수(wave number)여서 k로 놓고 β은 두 입자의 총 운동에 대응하는 파수여서 K로 놓았다. 그러므로

$$k_1 x_1 + k_2 x_2 = k(x_1 - x_2) + K\frac{m_1 x_1 + m_2 x_2}{m_1 + m_2} = kx + KX$$

로 나타낼 수 있고 이를 식 (12.1.4)에 대입하면 고유함수는

$$u(x_1, x_2) = Ce^{\pm ikx}e^{\pm iKX} \tag{12.1.6}$$

로 상대좌표에 대한 파동함수와 질량중심좌표에 대한 파동함수의 곱으로 표현된다. 그리고 고유치인 에너지는[53]

$$E = \frac{\hbar^2 k_1^2}{2m_1} + \frac{\hbar^2 k_2^2}{2m_2} = \frac{1}{2}\hbar^2 k^2\left(\frac{1}{m_1} + \frac{1}{m_2}\right) + \frac{\hbar^2 K^2}{2(m_1 + m_2)} \tag{12.1.7}$$

가 된다. 여기서 오른편의 첫 항은 환산질량 $\mu = \dfrac{m_1 m_2}{m_1 + m_2}$에 대한 상대운동에 관한 에너지이며 두 번째 항은 질량이 $m_1 + m_2 = M$인 입자계의 에너지이므로 위 식은 다음과 같이 표현된다.

$$E = \frac{\hbar^2 k^2}{2\mu} + \frac{\hbar^2 K^2}{2M} \tag{12.1.8}$$

② 상호작용하는 두 입자

두 입자들 사이에 상호작용이 있고, 포텐셜이 $U(x_1, x_2) \equiv U(x_1 - x_2)$인 두 입자의 상대좌표의 함수로 기술되는 경우에 대해 살펴보자.

이때의 고유함수가 $u(x_1, x_2)$이며 고유치인 에너지가 E인 고유치 방정식은

$$\left[-\frac{\hbar^2}{2m_1}\frac{\partial^2}{\partial x_1^2} - \frac{\hbar^2}{2m_2}\frac{\partial^2}{\partial x_2^2}\right]u(x_1, x_2) + U(x_1, x_2)u(x_1, x_2) = Eu(x_1, x_2) \tag{12.2.1}$$

이다. 위 식을 상대좌표 x와 질량중심좌표 X로 표현하기 위해 먼저 x_1과 x_2을 상대좌표와 질량중심좌표로 나타내보면, 상대좌표의 정의로부터

$$x_1 = x + x_2 \tag{12.2.2}$$

---

(53) 계산 과정은 [보충자료 2]를 참조하세요.

그리고 질량중심좌표의 정의로부터

$$x_2 = \frac{m_1 + m_2}{m_2}X - \frac{m_1}{m_2}x_1 \qquad (12.2.3)$$

가 되어 식 (12.2.3)을 (12.2.2)에 대입하여 x_2을 소거하면

$$\left(1 + \frac{m_1}{m_2}\right)x_1 = x + \frac{m_1 + m_2}{m_2}X \Rightarrow x_1 = \frac{m_2}{m_1 + m_2}x + X$$

$$\Rightarrow x_1 = \frac{\mu}{m_1}x + X \qquad \text{여기서 } \mu \text{은 환산질량}$$

가 된다. 이 결과를 식 (12.2.2)에 대입하면

$$x_2 = x_1 - x = \left(\frac{m_2}{m_1 + m_2} - 1\right)x + X = X - \frac{m_1}{m_1 + m_2}x = X - \frac{\mu}{m_2}x$$

가 되어

$$\therefore \begin{cases} x_1 = X + \dfrac{\mu}{m_1}x \\[2mm] x_2 = X - \dfrac{\mu}{m_2}x \end{cases} \qquad (12.2.4)$$

그리고

$$\begin{cases} \dfrac{\partial}{\partial x_1} = \dfrac{\partial}{\partial X}\dfrac{\partial X}{\partial x_1} + \dfrac{\partial}{\partial x}\dfrac{\partial x}{\partial x_1} = \dfrac{m_1}{m_1 + m_2}\dfrac{\partial}{\partial X} + \dfrac{\partial}{\partial x} \\[3mm] \dfrac{\partial}{\partial x_2} = \dfrac{m_2}{m_1 + m_2}\dfrac{\partial}{\partial X} - \dfrac{\partial}{\partial x} \end{cases}$$

$$\Rightarrow \begin{cases} \dfrac{\partial^2}{\partial x_1^2} = \left(\dfrac{m_1}{m_1 + m_2}\right)^2 \dfrac{\partial^2}{\partial X^2} + 2\dfrac{m_1}{m_1 + m_2}\dfrac{\partial^2}{\partial x \partial X} + \dfrac{\partial^2}{\partial x^2} \\[3mm] \dfrac{\partial^2}{\partial x_2^2} = \left(\dfrac{m_2}{m_1 + m_2}\right)^2 \dfrac{\partial^2}{\partial X^2} - 2\dfrac{m_2}{m_1 + m_2}\dfrac{\partial^2}{\partial x \partial X} + \dfrac{\partial^2}{\partial x^2} \end{cases} \qquad (12.2.5)$$

을 얻고 이 관계식을 해밀토니안

$$H = -\frac{\hbar^2}{2m_1}\frac{\partial^2}{\partial x_1^2} - \frac{\hbar^2}{2m_2}\frac{\partial^2}{\partial x_2^2} + U(x_1, x_2)$$

에 관한 식에 대입하면

$$H = -\frac{\hbar^2}{2(m_1 + m_2)}\frac{\partial^2}{\partial X^2} - \frac{\hbar^2}{2}\left(\frac{1}{m_1} + \frac{1}{m_2}\right)\frac{\partial^2}{\partial x^2} + U(x)$$

$$= -\frac{\hbar^2}{2M}\frac{\partial^2}{\partial X^2} - \frac{\hbar^2}{2\mu}\frac{\partial^2}{\partial x^2} + U(x)$$

이 된다. 이를 식 (12.2.1)에 대입하면 고유치 방정식은 다음과 같이 상대좌표와 질량중심 좌표로 나타낼 수 있다.

$$\left[-\frac{\hbar^2}{2M}\frac{\partial^2}{\partial X^2} - \frac{\hbar^2}{2\mu}\frac{\partial^2}{\partial x^2} + U(x)\right]u(x,X) = Eu(x,X) \qquad (12.2.6)$$

위 식의 왼편의 첫 번째 항은 두 입자계의 질량중심의 운동에 해당하고 두 번째 항은 환산질량을 갖는 한 개의 입자의 운동에 해당한다.

고유함수를 총 운동에 해당하는 파동함수와 상대운동에 해당하는 파동함수의 곱으로 놓으면 $u(x,X) = e^{\pm iKX}\phi(x)$가 되어 식 (12.2.6)은

$$-\frac{\hbar^2}{2\mu}\frac{d^2\phi(x)}{dx^2} + U(x)\phi(x) = \epsilon\phi(x) \quad \text{여기서 } \epsilon = E - \frac{\hbar^2 K^2}{2M} \qquad (12.2.7)$$

가 된다.

이 식은 포텐셜 에너지 $U(x)$ 하에서 질량이 μ(환산질량)인 한 개의 입자에 대한 슈뢰딩거 방정식에 해당한다.

③ 상호작용하는 구별되지 않는 두 전자

두 입자로 이루어진 계의 각 입자의 질량이 m인 상호작용하는 두 전자에 대해 알아보자. 전자는 서로 구별이 되지 않는 입자의 경우에 해당한다.

이때의 해밀토니안은

$$H(1,2) = \frac{p_1^2}{2m} + \frac{p_2^2}{2m} + U(x_1, x_2)$$

이고 여기서 $U(x_1, x_2) = U(x_2, x_1)$이므로 $H(1,2) = H(2,1)$이다.

그때 에너지가 E인 고유함수 u_E의 고유치 방정식은

$$H(1,2)u_E(1,2) = Eu_E(1,2) \quad \text{또는} \quad H(2,1)u_E(2,1) = Eu_E(2,1)$$

이므로

$$H(1,2)u_E(2,1) = H(2,1)u_E(2,1) = Eu_E(2,1)$$

로 나타낼 수 있다.

아래의 관계식을 만족하는 **교환연산자**(exchange operator) P_{12}을 고려하자.

$$P_{12}u_E(1,2) = u_E(2,1)$$

즉 교환연산자는 두 입자의 위치를 바꾸는 역할을 한다. 이렇게 입자의 위치를 바꾸면 지름성분 $R_{n\ell}(r)$과 각 성분 함수 $Y_{\ell m}(\theta, \phi)$의 곱인 파동함수 $\Psi_{n\ell m}(\vec{r})$에는 다음과 같은 영향을 미친다.[54]

$$\begin{cases} r \to r \\ \theta \to \pi - \theta \\ \phi \to \pi + \phi \end{cases} \Rightarrow \begin{cases} R_{n\ell}(r) \ ; \ 변화없음 \\ Y_{\ell m}(\theta, \phi) \to Y_{\ell m}(\pi - \theta, \ \pi + \phi) = (-1)^\ell Y_{\ell m}(\theta, \phi) \end{cases}$$

그때

$$\begin{cases} H(1,2)P_{12}u_E(1,2) = H(1,2)u_E(2,1) = H(2,1)u_E(2,1) = Eu_E(2,1) \\ P_{12}H(1,2)u_E(1,2) = P_{12}Eu_E(1,2) = EP_{12}u_E(1,2) = Eu_E(2,1) \end{cases}$$

가 되어 위의 첫 번째 관계식으로부터 두 번째 관계식을 빼면 다음의 교환자 관계식을 얻는다.

$$[H(1,2), \ P_{12}] = 0 \tag{12.3.1}$$

이 경우 식 (5.4.5)에서 배운 연산자의 시간의존 관계식 $\dfrac{d}{dt}P_{12}(t) = \dfrac{i}{\hbar}[H, \ P_{12}(t)]$에서 오른편이 0이 되기 때문에 교환연산자 P_{12}은 시간과 무관하다.

또한

$$P_{12}^2 u_E(1,2) = u_E(1,2) \Rightarrow P_{12} = \begin{cases} +1 \ ; 대칭 \\ -1 \ ; 반대칭 \end{cases}$$

이므로 교환연산자로 두 입자의 위치를 바꾸었을 때 초기상태와 같으면 **대칭 함수**라 부르고 초기상태와 나중상태가 -1을 곱한 만큼 다르면 **반대칭 함수**라 한다. 그러므로 대칭 (S) 그리고 반대칭(A) 파동함수를 다음과 같이 놓을 수 있다.

$$\Rightarrow \begin{cases} \Psi_S = \dfrac{1}{\sqrt{2}}(\Psi_1 + \Psi_2) \\ \Psi_A = \dfrac{1}{\sqrt{2}}(\Psi_1 - \Psi_2) \end{cases} \tag{12.3.2}$$

---

(54) 증명은 9장의 [보충자료 2]를 참조하세요.

식 (12.3.1)로부터 교환연산자 P_{12}은 시간과 무관하므로 초기상태가 대칭(반대칭) 파동함수이면 항상 대칭(반대칭)임을 알 수 있다.

스핀 값이 반정수인 입자를 **페르미온**(fermion) 그리고 스핀 값이 정수인 입자를 **보존**(boson)이라 한다. 전자스핀은 $\frac{1}{2}$이므로 전자는 페르미온이다. 반면에 광자는 스핀이 0이므로 보존이다. 입자가 페르미온일 경우 교환연산자를 입자계에 적용했을 때 입자계의 파동함수는 반대칭이어야 하고 반면에 보존일 경우 입자계의 파동함수는 대칭이어야 한다. 전자는 페르미온이므로 전체 파동함수는 전자의 위치 바뀜에 대해 반대칭이다.

이는 같은 양자 값을 갖는 두 개의 구별되지 않는 페르미온이 동일한 양자상태(에너지 준위)에 존재할 수 없음을 의미한다. 이를 **파울리 배타원리**(Pauli exclusion principle)라 한다. 파동함수는 공간함수와 스핀함수의 곱으로 이루어지기 때문에 같은 에너지 준위에 전자가 들어가기 위해서는 두 전자가 다른 스핀 값을 가져야 한다. 전자가 준위를 채워갈 때[아래의 (예제 12.3)에서 좀 더 자세히 알아볼 것이다.]에는 전자가 존재하는 준위를 채우기 전에 비어 있는 준위를 먼저 채운다는 **훈트 규칙**(Hund's rule)을 따른다. 이를 정리하면 다음과 같다.

- **파울리 배타원리**

  구별이 되지 않는 두 개의 페르미온의 전체 파동함수는 페르미온의 위치가 바뀜에 대해 반대칭이다.

  ⇔ 두 개의 페르미온이 동일한 양자상태에 같이 존재할 수 없다.

  즉, 같은 준위를 채우기 위해 두 전자의 양자 값은 달라야만 한다.

  ⇔ 같은 준위에 전자가 들어가기 위해서는 두 전자가 다른 스핀 값을 가져야 한다.

  (예시)

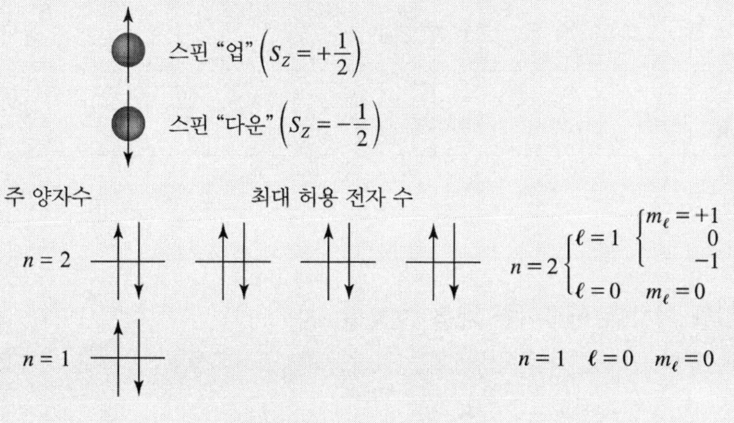

그림 12.1 최대 허용 전자 수 = (스핀 수) × (허용된 양자수)

• 훈트 규칙

전자는 다른 전자가 존재하는 준위를 채우기 전에 비어 있는 준위를 먼저 채운다.

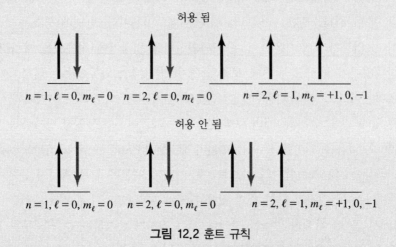

허용 됨

$n=1, \ell=0, m_\ell=0$ $n=2, \ell=0, m_\ell=0$ $n=2, \ell=1, m_\ell=+1, 0, -1$

허용 안 됨

$n=1, \ell=0, m_\ell=0$ $n=2, \ell=0, m_\ell=0$ $n=2, \ell=1, m_\ell=+1, 0, -1$

그림 12.2 훈트 규칙

예제 12.1

두 개의 전자로 이루어진 계의 공간함수와 스핀함수의 곱으로 이루어진 전체 파동함수는 두 전자의 위치 바뀜에 대해 반대칭 함수여야 한다. 그러므로 두 전자계의 파동함수는 아래 표의 관계를 만족해야 한다.

스핀함수	위치 바뀜 시 갖는 스핀함수의 부호	공간함수가 가질 수 있는 부호	그때의 궤도 양자수 $(-1)^\ell$
삼중항 (triplet)	+	−	홀수
단일항 (singlet)	−	+	짝수

예제 12.2

3개의 동일한 입자로 이루어진 계를 고려해보자.

풀이

(i) 입자가 보존인 경우 입자의 위치 바뀜에 대해 전체 파동함수가 대칭 함수가 되어야

하므로

$$\Psi_S(1,2,3) = \frac{1}{\sqrt{6}}[\Psi(1,2,3) + \Psi(2,1,3) + \Psi(2,3,1) + \Psi(3,2,1)$$
$$+ \Psi(3,1,2) + \Psi(1,3,2)]$$

가 된다.

(ii) 입자가 페르미온인 경우 입자의 위치 바뀜에 대해 전체 파동함수가 반대칭 함수가 되어야 하므로

$$\Psi_A(1,2,3) = \frac{1}{\sqrt{6}}[\Psi(1,2,3) - \Psi(2,1,3) + \Psi(2,3,1) - \Psi(3,2,1)$$
$$+ \Psi(3,1,2) - \Psi(1,3,2)] \qquad \text{(예 12.2.1)}$$

가 된다.

위 식 (예 12.2.1)을 아래와 같이 **슬레이터 행렬식**(Slater determinant)으로 표현할 수도 있다.

$$\Psi_A(1,2,3) = \frac{1}{\sqrt{3!}} \begin{vmatrix} \phi_1(1) & \phi_1(2) & \phi_1(3) \\ \phi_2(1) & \phi_2(2) & \phi_2(3) \\ \phi_3(1) & \phi_3(2) & \phi_3(3) \end{vmatrix} \qquad \text{(예 12.2.2)}$$

행렬식을 계산하면 다음과 같이 된다.

$$\Psi_A(1,2,3) = \frac{1}{\sqrt{3!}}[\phi_1(1)\phi_2(2)\phi_3(3) - \phi_1(1)\phi_2(3)\phi_3(2) + \phi_1(2)\phi_2(3)\phi_3(1)$$
$$- \phi_1(2)\phi_2(1)\phi_3(3) + \phi_1(3)\phi_2(1)\phi_3(2) - \phi_1(3)\phi_2(2)\phi_3(1)]$$

여기서 $\phi_j(i)$은 i번째 입자가 j 위치에 있음을 의미한다. 즉

$$\Psi(1,2,3) = \phi_1(1)\phi_2(2)\phi_3(3), \ \Psi(1,3,2) = \phi_1(1)\phi_2(3)\phi_3(2),$$
$$\Psi(2,3,1) = \phi_1(2)\phi_2(3)\phi_3(1), \ \cdots\cdots$$

이다.

그러므로 위 식은

$$\Psi_A(1,2,3) = \frac{1}{\sqrt{3!}}[\Psi(1,2,3) - \Psi(1,3,2) + \Psi(2,3,1)$$
$$- \Psi(2,1,3) + \Psi(3,1,2) - \Psi(3,2,1)]$$

(예 12.2.1)가 된다. 그러므로 식 (예 12.2.1)은 슬레이터 행렬식으로 표현할 수 있음을 알 수 있다.

식 (예 12.2.2)을 N개의 페르미온 입자로 이루어진 계에 대해서 다음과 같이 일반화시킬 수 있다.

$$\Psi_A(1,2,3,\cdots\cdots,N) = \frac{1}{\sqrt{N!}} \begin{vmatrix} \phi_1(1) & \phi_1(2) & \phi_1(3) & \cdots & \cdots & \phi_1(N) \\ \phi_2(1) & \phi_2(2) & \phi_2(3) & \cdots & \cdots & \phi_2(N) \\ \phi_3(1) & \phi_3(2) & \phi_3(3) & \cdots & \cdots & \phi_3(N) \\ & & \vdots & & & \\ \phi_N(1) & \phi_N(2) & \phi_N(3) & \cdots & \cdots & \phi_N(N) \end{vmatrix}$$

보존 입자로 이루어진 계에 대해서는 이 슬레이터 행렬식의 계산에서 모든 부호를 +로 하면 된다.

예제 12.3

전자가 낮은 에너지 준위부터 어떻게 채워져 가는지 살펴보자. 이 채워져 가는 원리를 '**쌓은 원리**'(Aufbau principle) 또는 '**빌딩 업**(building-up) **원리**'라 한다.

아래 그림은 전자의 상태를 나타내는 주 양자수(n), 궤도 양자수(ℓ), 자기 양자수(m_ℓ) 그리고 스핀 양자수(s_z)에 대한 분광학적 표현과 파울리 배타원리를 따르며 각 상태와 에너지 준위에 들어갈 수 있는 최대의 전자 개수를 보여준다.

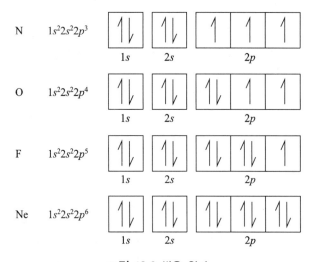

그림 12.3 쌓은 원리

주 양자수 $n = 1$인 바닥상태에서는 자기 양자수가 0만 될 수 있고 전자스핀은 '업'과 '다운'이 가능하므로 바닥상태 에너지 준위에 들어갈 수 있는 최대 전자 수는 2개이다. $n = 2$일 경우 $\ell = 1, m_\ell = +1, \ 0, \ -1$와 '업'과 '다운'인 전자스핀이 가능하기 때문에 최대 6개의 전자가 들어갈 수 있는 반면에 $\ell = 0, m_\ell = 0$에 대해서는 전자스핀은 '업'과 '다운'이 가능해서 최대 2개의 전자가 들어갈 수 있어서 $n = 2$의 에너지 준위에는 총 8개의 전자가 들어갈 수 있다. 유사하게 $n = 3$인 경우에 $\ell = 0, \ 1, \ 2$가 가능하고 각각의 상태에 최대 2, 6, 10개의 전자가 들어갈 수 있어서 $n = 3$의 에너지 준위에는 총 18개의 전자가 들어갈 수 있다.

상태벡터 $|n, \ell, m_\ell, s_z >$에 전자를 채워나갈 때 아래의 그림과 같이 낮은 에너지 준위부터 차례로 채워나가기 때문에 **쌓은 원리**라 한다. 수소원자가 가장 낮은 에너지인 바닥상태에 있을 때 수소원자의 한 개의 전자는 $1S$을 채운다. 더 많은 전자를 갖는 원자의 경우 에너지는 $2S, 2P, 3S$로 감에 따라 증가하고 전자들은 낮은 에너지부터 높은 에너지로 채워간다. $4S$ 상태의 에너지가 $3D$ 상태보다 약간 낮아서 $3P$ 상태 다음에 $4S$ 상태를 먼저 전자가 채운 뒤 $3D$ 상태를 전자가 채운다. 아래의 그림은 전자들이 상태벡터를 채워가는 순서를 이해하는 데 도움이 된다.

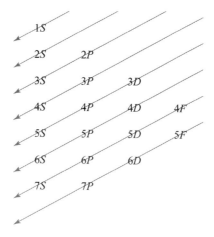

그림 12.4 전자는 낮은 에너지 준위부터 차례로 높은 에너지로 채워나간다.

예제 12.4

같은 스핀상태를 갖는 두 전자가 아래의 포텐셜 U로 상호작용을 하고 두 전자의 총 운동량 p_{tot}이 0이라고 가정할 때

$$U(|x_1 - x_2|) = \begin{cases} -U_0, & |x_1 - x_2| \le a \text{인 경우} \\ 0, & \text{그 외의 경우} \end{cases}$$

이 전자계의 가장 낮은 에너지를 구하세요. (힌트: 이 문제를 상대좌표와 질량중심좌표에서 살펴보는 것이 편리하다.)

풀이

두 전자가 같은 스핀상태에 있다는 조건은 두 전자의 스핀이 삼중항 중의 한 상태에 있음을 의미한다. 삼중항 스핀상태는 두 전자교환 시에 대칭이다. 전체 파동함수는 공간함수와 스핀함수의 곱이기 때문에 두 전자교환 시에 전체 파동함수가 반대칭이 되기 위해서는 공간 파동함수는 반대칭이어야 한다.

고유치 방정식

$$H(1,2)u(x_1,x_2) = Eu(x_1,x_2)$$

$$\Rightarrow \left[-\frac{\hbar^2}{2m}\frac{\partial^2}{\partial x_1^2} - \frac{\hbar^2}{2m}\frac{\partial^2}{\partial x_2^2} + U(|x_1 - x_2|) \right]u(x_1,x_2) = Eu(x_1,x_2) \qquad \text{(예 12.4.1)}$$

을 환산질량을 갖는 한 개의 입자문제로 바꾸기 위해 위 식을 상대좌표 $x = x_1 - x_2$와 질량중심좌표 $X = \dfrac{mx_1 + mx_2}{m+m} = \dfrac{x_1 + x_2}{2}$로 표현하자.

$$\frac{\partial}{\partial x_1} = \frac{\partial x}{\partial x_1}\frac{\partial}{\partial x} + \frac{\partial X}{\partial x_1}\frac{\partial}{\partial X} = \frac{\partial}{\partial x} + \frac{1}{2}\frac{\partial}{\partial X}$$

이므로

$$\frac{\partial^2}{\partial x_1^2} = \frac{\partial}{\partial x_1}\left(\frac{\partial}{\partial x_1} \right) = \left(\frac{\partial}{\partial x} + \frac{1}{2}\frac{\partial}{\partial X} \right)\left(\frac{\partial}{\partial x} + \frac{1}{2}\frac{\partial}{\partial X} \right) = \frac{\partial^2}{\partial x^2} + \frac{\partial^2}{\partial x \partial X} + \frac{1}{4}\frac{\partial^2}{\partial X^2}$$

유사한 방법으로

$$\frac{\partial^2}{\partial x_2^2} = \frac{\partial^2}{\partial x^2} - \frac{\partial^2}{\partial x \partial X} + \frac{1}{4}\frac{\partial^2}{\partial X^2}$$

을 얻고 이 결과들을 식 (예 12.4.1)에 대입하면

$$H(1,2)u(x_1,x_2) = \left[-\frac{\hbar^2}{m}\frac{\partial^2}{\partial x^2} - \frac{\hbar^2}{4m}\frac{\partial^2}{\partial X^2} + U(|x|) \right]u(x_1,x_2) \qquad \text{(예 12.4.2)}$$

가 된다.

$$u(x_1,x_2) = u_{rel}(x)u_{\text{cm}}(X), \quad E = E_{rel} + E_{\text{cm}}, \quad M = 2m$$

로 놓고 그리고 환산질량 μ은

$$\frac{1}{\mu} = \frac{1}{m} + \frac{1}{m} = \frac{2}{m} \;\Rightarrow\; \mu = \frac{m}{2}$$

이다. 이들을 고유치 방정식 $H(1,2)u(x_1,x_2) = Eu(x_1,x_2)$에 대입하면

$$\begin{cases} -\dfrac{\hbar^2}{m}\dfrac{d^2 u_{rel}(x)}{dx^2} + U(|x|)u_{rel}(x) = E_{rel}u_{rel}(x) \\[3mm] -\dfrac{\hbar^2}{4m}\dfrac{d^2 u_{cm}(X)}{dX^2} = E_{cm}u_{cm}(X) \end{cases}$$

$$\Rightarrow \begin{cases} -\dfrac{\hbar^2}{2\mu}\dfrac{d^2 u_{rel}(x)}{dx^2} + U(|x|)u_{rel}(x) = E_{rel}u_{rel}(x) \\[3mm] -\dfrac{\hbar^2}{2M}\dfrac{d^2 u_{cm}(X)}{dX^2} = E_{cm}u_{cm}(X) \end{cases} \qquad \text{(예 12.4.3)}$$

을 얻는다.

> 위 식의 첫 번째 관계식은 질량 μ인 입자가 폭이 $2a$인 우물 포텐셜에 있는 경우의 슈뢰딩거 방정식에 해당하고 두 번째 관계식은 질량이 M인 자유입자의 슈뢰딩거 방정식에 해당한다.

(i) 자유입자의 경우

$$E_{cm} = \frac{p_{tot}^2}{2M} = 0 \quad \because \text{주어진 가정에서 '두 전자의 총 운동량이 0'}$$

(ii) (a) 우물 안 영역(I)에서는

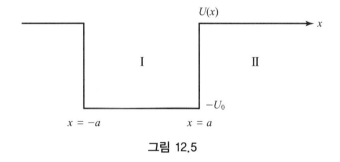

그림 12.5

식 (예 12.4.3)의 첫 번째 관계식으로부터 다음의 결과를 얻는다.

$$-\frac{\hbar^2}{2\mu}\frac{d^2 u_{rel}^I(x)}{dx^2} - U_0 u_{rel}^I(x) = E_{rel} u_{rel}^I(x) \;\Rightarrow\; \frac{d^2 u_{rel}^I(x)}{dx^2} + \frac{2\mu}{\hbar^2}(-|E_{rel}| + U_0)u_{rel}^I(x) = 0$$

$$\Rightarrow\; u_{rel}^I(x) = A\sin kx + B\cos kx \qquad\qquad \text{여기서 } k = \sqrt{\frac{2\mu}{\hbar^2}(-|E_{rel}| + U_0)}$$

주어진 조건에 의해 공간 파동함수는 두 전자교환 시 반대칭이어야 하는데 $\cos kx$은 우함수이므로 解가 될 수 없어서

$$u_{rel}^I(x) = A\sin kx \qquad\qquad (\text{예 } 12.4.4)$$

가 解가 된다.

(b) 우물 오른쪽 바깥 영역(II)에서 슈뢰딩거 방정식은

$$\frac{d^2 u_{rel}^{II}(x)}{dx^2} - \frac{2\mu}{\hbar^2}|E_{rel}|u_{rel}^{II}(x) = 0$$

이 되어

$$u_{rel}^{II}(x) = Ce^{-\kappa x} + De^{\kappa x} \qquad\qquad \text{여기서 } \kappa = \sqrt{\frac{2\mu}{\hbar^2}|E_{rel}|}$$

을 얻는다. 여기서 $x \to \infty$에서 $e^{\kappa x}$은 발산하기 때문에 解가 될 수 없어서

$$u_{rel}^{II}(x) = Ce^{-\kappa x} \qquad\qquad (\text{예 } 12.4.5)$$

가 解가 된다.

(ii) (a)와 (b)에서 구한 解인 식 (예 12.4.4)와 (예 12.4.5)에 $x = a$에서의 경계조건을 적용하면

$$\begin{cases} u_{rel}^I(a) = u_{rel}^{II}(a) & \Rightarrow\; A\sin ka = Ce^{-\kappa a} \\ \dfrac{du_{rel}^I(x)}{dx}\bigg|_{x=a} = \dfrac{du_{rel}^{II}(x)}{dx}\bigg|_{x=a} & \Rightarrow\; Ak\cos ka = -C\kappa e^{-\kappa a} \end{cases} \qquad (\text{예 } 12.4.6)$$

을 얻는다. 위 식의 두 번째 식을 첫 번째 식으로 나누면

$$k\cot ka = -\kappa \;\Rightarrow\; -ka\cot ka = \kappa a \qquad\qquad (\text{예 } 12.4.7)$$

의 관계식을 얻는다.

그리고

$$\begin{cases} k = \sqrt{\dfrac{2\mu}{\hbar^2}(-|E_{rel}| + U_0)} \\ \kappa = \sqrt{\dfrac{2\mu}{\hbar^2}|E_{rel}|} \end{cases} \;\Rightarrow\; k^2 + \kappa^2 = \frac{2\mu}{\hbar^2}U_0 \qquad (\text{예 } 12.4.8)$$

이므로

$$\kappa a = \sqrt{\frac{2\mu}{\hbar^2} U_0 a^2 - k^2 a^2} \qquad \text{(예 12.4.9)}$$

의 관계식을 얻는다. 식 (예 12.4.7)의 왼편 항을

$$y = -ka \cot ka \qquad \text{(예 12.4.10)}$$

로 놓으면 $y = \kappa a$가 되어 식 (예 12.4.8)은

$$k^2 a^2 + y^2 = \frac{2\mu}{\hbar^2} U_0 a^2 \qquad \text{(예 12.4.11)}$$

이 된다. 위 식은 x-축이 ka이며 반경이 $\sqrt{\frac{2\mu}{\hbar^2} U_0 a^2}$ 인 원의 방정식이다. 식 (예 12.4.10) 과 (예 12.4.11)을 그려서 두 그래프가 만나는 지점을 찾으면 허용된 ka 값을 그림 12.6 과 같이 얻게 된다.

즉 $k = \sqrt{\frac{2\mu}{\hbar^2}(E_{rel} + U_0)}$ 이므로

$$E_{rel} = \frac{\hbar^2 (ka)^2}{2\mu a^2} - U_0 \qquad \text{(예 12.4.12)}$$

을 얻을 수 있어 구하고자 하는 에너지 E_{rel}을 구할 수 있다.

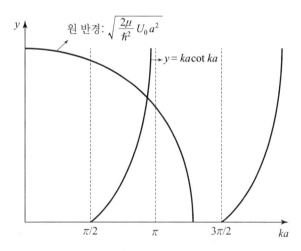

그림 12.6 $k^2 a^2 + y^2 = \dfrac{2\mu}{\hbar^2} U_0 a^2$ 과 $y = -ka \cot ka$의 그래프

그림으로부터 얻을 수 있는 결과들을 정리하면 다음과 같다.

- 원의 반경이 $\sqrt{\frac{2\mu}{\hbar^2} U_0 a^2} < \frac{\pi}{2}$ 일 경우에는 두 그래프의 교차점이 없기 때문에 에너

지 E_{rel}의 解가 존재하지 않는다.

- 원의 반경이 $\dfrac{\pi}{2} < \sqrt{\dfrac{2\mu}{\hbar^2}U_0 a^2} < \dfrac{3\pi}{2}$ 일 경우에는 1개의 속박상태(bound state)가 존재한다. 속박상태가 존재하는 최소 에너지 $E_{rel}^{\min}$ 은 $ka = \dfrac{\pi}{2}$ 일 때이므로

$$\frac{2\mu}{\hbar^2}(E_{rel}^{\min} + U_0)a^2 = \frac{\pi^2}{4} \Rightarrow E_{rel}^{\min} = \frac{\hbar^2 \pi^2}{8\mu a^2} - U_0$$

가 된다. ■

④ 파울리 배타원리와 자유입자

질량이 m인 N개의 자유입자가 길이가 a인 정육면체 안에 있는 경우에 대해 살펴보자. 1차원의 경우 3장에서 입자의 고유함수와 고유치는 각각

$$\begin{cases} u_n(x) = \sqrt{\dfrac{2}{a}}\sin\dfrac{n\pi}{a}x \\ E_n = \dfrac{\hbar^2 \pi^2 n^2}{2ma^2} \end{cases}$$

임을 배웠다. 이 결과를 3차원으로 확대하면 다음과 같다.

$$\begin{cases} u_{n_x, n_y, n_z}(x, y, z) = \left(\dfrac{2}{a}\right)^{\frac{3}{2}}\sin\left(\dfrac{n_x \pi}{a}x\right)\sin\left(\dfrac{n_y \pi}{a}y\right)\sin\left(\dfrac{n_z \pi}{a}z\right) \\ E_{n_x, n_y, n_z} = \dfrac{\hbar^2 \pi^2}{2ma^2}(n_x^2 + n_y^2 + n_z^2) \end{cases} \tag{12.4.1}$$

그러므로 많은 축퇴상태가 가능하다. 자유입자가 보존인 경우와 페르미온인 경우로 나누어서 입자의 상태함수에 대응하는 에너지에 대해 살펴본다.

(1) 자유입자가 보존인 경우

파울리 배타원리가 적용이 되지 않기 때문에 모든 입자가 같은 에너지 상태에 존재할 수 있다. 그러므로 N개의 자유입자가 바닥상태에 존재할 수 있어서 1차원 가장 낮은 총 에너지는

$$E_{tot} = \sum_{n=1}^{N} E_1 = NE_1 = N\frac{\hbar^2 \pi^2}{2ma^2} \tag{12.4.2}$$

가 된다. 즉, 주어진 에너지 준위에 보존이 들어갈 수 있는 개수는 총 에너지 E_{tot}에 비례한다.

(2) 자유입자가 페르미온인 경우

파울리 배타원리가 적용이 되어 같은 에너지 준위에 최대 2개의 입자만 있을 수 있다. 그러므로 쌓은 원리에 의해 $\dfrac{N}{2}$개의 에너지 준위가 채워져서 총 에너지는[55]

$$E_{tot} = 2\sum_{n=1}^{\frac{N}{2}} E_n = 2 \times \frac{\hbar^2\pi^2}{2ma^2}\sum_{n=1}^{\frac{N}{2}} n^2 \approx \frac{\hbar^2\pi^2}{ma^2}\frac{N^3}{24} \tag{12.4.3}$$

가 된다. 여기서 인자 2는 같은 에너지 준위에 2개의 입자가 있을 수 있기 때문이다. 즉, 주어진 에너지 준위에 페르미온이 들어갈 수 있는 개수는 $E_{tot}^{\frac{1}{3}}$에 비례한다.

입자계에서 바닥상태로부터 채워지는 가장 높은 에너지준위 E_F을 **페르미 에너지**(또는 **페르미 준위**)라 한다. N개의 입자의 경우 $\dfrac{N}{2}$개의 에너지 준위가 채워지기 때문에 페르미 에너지는

$$E_F = \frac{\hbar^2\pi^2}{2ma^2}n^2 = \frac{\hbar^2\pi^2}{2ma^2}\left(\frac{N}{2}\right)^2 = \frac{\hbar^2\pi^2 N^2}{8ma^2} \tag{12.4.4}$$

이다.

이제 얼마나 많은 상태가 페르미 에너지보다 작은 에너지, $E_n = \dfrac{\hbar^2\pi^2}{2ma^2}(n_x^2 + n_y^2 + n_z^2)$, 상태로 있을 수 있는가에 대해 알아본다. 아래 그림은 페르미온이 갖는 n_x, n_y, n_z 값에 대한 것이며 입자가 존재 가능한 영역은 그림의 페르미 구 안의 영역이다.

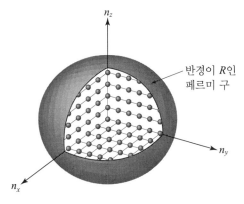

그림 12.7 페르미 구

---

(55) 증명은 [보충자료 3]을 참조하세요.

이 경우 모든 입자는 반경이 R인 페르미 구 안에 존재하므로 구의 반경은 식 (12.4.4)로부터 다음과 같이 구할 수 있다.

$$n^2 = \frac{2ma^2}{\pi^2\hbar^2}E_F \Rightarrow n_x^2 + n_y^2 + n_z^2 = \frac{2ma^2}{\hbar^2\pi^2}E_F = R^2 \qquad (12.4.5)$$

인 페르미 구의 반경을 얻는다. 여기서 n_x, n_y, n_z은 양의 정수이므로 구 안에 있는 n_x, n_y, n_z의 개수는 식 (12.4.5)을 대입하면 다음과 같다.

$$\frac{1}{2^3}\frac{4\pi}{3}R^3 = \frac{1}{8}\frac{4\pi}{3}\left(\frac{2ma^2}{\hbar^2\pi^2}E_F\right)^{\frac{3}{2}} \qquad (12.4.6)$$

같은 에너지 준위에 두 개의 페르미온이 존재할 수 있기 때문에 식 (12.4.6)에 인자 2을 곱하면 되어서 구 안에 있는 입자의 수 N은

$$N = 2 \times \frac{1}{8}\frac{4\pi}{3}\left(\frac{2ma^2}{\hbar^2\pi^2}E_F\right)^{\frac{3}{2}} = \frac{\pi}{3}\left(\frac{2m}{\hbar^2\pi^2}E_F\right)^{\frac{3}{2}}a^3 = \frac{\pi}{3}\left(\frac{2m}{\hbar^2\pi^2}E_F\right)^{\frac{3}{2}}V \qquad (12.4.7)$$

이다. 여기서 V은 길이가 a인 정육면체의 부피이다. 그러므로 페르미 에너지 E_F와 단위 부피당 입자 수 $\frac{N}{V}$와 다음의 관계식을 얻는다.

$$E_F = \frac{\hbar^2}{2m}\left(\frac{3\pi^2 N}{V}\right)^{\frac{2}{3}} \qquad (12.4.8)$$

그때 N개의 페르미온의 페르미 구의 총 에너지를 페르미 에너지 E_F의 함수로 다음과 같이 얻을 수 있다.

$$\begin{aligned}
E_{tot} &= \int_0^N E_F dN = \frac{\hbar^2}{2m}\left(\frac{3\pi^2}{V}\right)^{\frac{2}{3}}\int_0^N N^{\frac{2}{3}}dN \\
&= \frac{\hbar^2}{2m}\left(\frac{3\pi^2}{V}\right)^{\frac{2}{3}}\frac{3}{5}N^{\frac{5}{3}} = \frac{\hbar^2}{2m}\left(\frac{3\pi^2 N}{V}\right)^{\frac{2}{3}}\frac{3}{5}N = \frac{3}{5}E_F N
\end{aligned} \qquad (12.4.9)$$

그러므로 페르미온의 평균 에너지 E_{av}은 페르미 에너지와 다음의 관계가 있다.

$$\frac{E_{tot}}{N} = \frac{3}{5}E_F \Rightarrow \therefore E_{av} = \frac{3}{5}E_F \qquad (12.4.10)$$

금속의 전도전자 밀도는 약 $10^{28} - 10^{29}$ 전자/m^3이다. 이때의 페르미 에너지의 크기를 대략적으로 구하세요.

풀이

식 (12.4.8)로부터

$$E_F = \frac{\hbar^2 c^2}{2m_e c^2} (3\pi^2)^{\frac{2}{3}} \left(\frac{N}{V}\right)^{\frac{2}{3}}$$

$$= \frac{0.389 \text{ GeV}^2 \text{ mbarn}}{2 \times 0.5 \text{ MeV}} (3\pi^2)^{\frac{2}{3}} (10^{28-29} \text{ m}^{-3})^{\frac{2}{3}} \approx 2 - 10 \text{ eV}$$

원자핵의 반경이 $R = 1.25 A^{\frac{1}{3}}$ fm(여기서 A은 원자질량)로 주어질 때 원자핵의 페르미 에너지를 구하세요.

풀이

핵자의 밀도는 $n = \dfrac{A}{\dfrac{4}{3}\pi R^3} \approx 1.2 \times 10^{44} \text{ m}^{-3}$가 된다. 페르미 에너지는 같은 종류의 입자에만 적용되기 때문에 이 값을 2로 나누어야 한다. 즉 중성자는 양성자의 페르미 에너지에 영향을 주지 못하므로(이 설명의 逆도 성립함) 페르미 에너지는 전자의 경우에 비해 매우 크다.

$$E_F = \frac{\hbar^2 c^2}{2m_p c^2} (3\pi^2)^{\frac{2}{3}} \left(\frac{N}{V}\right)^{\frac{2}{3}}$$

$$= \frac{0.389 \text{ GeV}^2 \text{ mbarn}}{2 \times 1.0 \text{ GeV}} (3\pi^2)^{\frac{2}{3}} (0.6 \times 10^{44} \text{ m}^{-3})^{\frac{2}{3}} \approx 30 \text{ MeV}$$

$k_1 x_1 + k_2 x_2$을 상대좌표 $x_1 - x_2$와 질량중심좌표 $\dfrac{m_1 x_1 + m_2 x_2}{m_1 + m_2}$로 표현하세요.

풀이

$$k_1 x_1 + k_2 x_2 \equiv \alpha(x_1 - x_2) + \beta \frac{m_1 x_1 + m_2 x_2}{m_1 + m_2}$$

$$\Rightarrow (k_1 x_1 + k_2 x_2)(m_1 + m_2) = \alpha(x_1 - x_2)(m_1 + m_2) + \beta(m_1 x_1 + m_2 x_2)$$

$$\Rightarrow x_1 \left[\alpha(m_1 + m_2) + \beta m_1 - k_1(m_1 + m_2) \right]$$
$$+ x_2 \left[-\alpha(m_1 + m_2) + \beta m_2 - k_2(m_1 + m_2) \right] = 0$$

모든 x_1과 x_2에 관해 위의 관계식이 성립하기 위해서는

$$\begin{cases} (m_1 + m_2)(\alpha - k_1) + \beta m_1 = 0 & (1) \\ -(m_1 + m_2)(\alpha + k_2) + \beta m_2 = 0 & (2) \end{cases}$$

을 만족해야 한다.

α와 β을 구하기 위해 $(1) \times m_2 - (2) \times m_1$을 하면

$$(m_1 + m_2)(\alpha m_2 - k_1 m_2 + \alpha m_1 + k_2 m_1) = 0$$

$$\Rightarrow \alpha(m_1 + m_2) = m_2 k_1 - m_1 k_2$$

$$\therefore \ \alpha = \frac{m_2 k_1 - m_1 k_2}{m_1 + m_2} \tag{3}$$

을 얻고 이 결과를 식 (1)에 대입하면

$$\beta m_1 = (m_1 + m_2)(k_1 - \alpha) = (m_1 + m_2)\left(k_1 - \frac{m_2 k_1 - m_1 k_2}{m_1 + m_2} \right) = m_1(k_1 + k_2)$$

$$\therefore \ \beta = k_1 + k_2$$

이다.

상호작용하지 않는 두 입자 계의 에너지가 아래와 같음을 보이세요.

$$E = \frac{\hbar^2 k_1^2}{2m_1} + \frac{\hbar^2 k_2^2}{2m_2} = \frac{\hbar^2 K^2}{2(m_1 + m_2)} + \frac{1}{2}\hbar^2 k^2 \left(\frac{1}{m_1} + \frac{1}{m_2} \right)$$

풀이

$$
\begin{aligned}
E &= \frac{\hbar^2 k_1^2}{2m_1} + \frac{\hbar^2 k_2^2}{2m_2} = \frac{\hbar^2}{2}\left(\frac{k_1^2}{m_1} + \frac{k_2^2}{m_2} \right) \\
&= \frac{\hbar^2}{2}\left(\frac{k_1^2 m_2 + k_2^2 m_1}{m_1 m_2} \right) = \frac{\hbar^2}{2}\left[\frac{k_1^2 m_2 (m_1 + m_2) + k_2^2 m_1 (m_1 + m_2)}{(m_1 + m_2)m_1 m_2} \right] \\
&= \frac{\hbar^2}{2}\left[\frac{m_1 m_2 k_1^2 + m_1 m_2 k_2^2 + 2m_1 m_2 k_1 k_2 + m_2^2 k_1^2 + m_1^2 k_2^2 - 2m_1 m_2 k_1 k_2}{(m_1 + m_2)m_1 m_2} \right] \\
&= \frac{\hbar^2}{2}\left[\frac{(k_1 + k_2)^2 m_1 m_2}{(m_1 + m_2)m_1 m_2} + \frac{(m_2 k_1 - m_1 k_2)^2}{(m_1 + m_2)m_1 m_2} \right] \\
&= \frac{\hbar^2}{2}\left[\frac{(k_1 + k_2)^2}{(m_1 + m_2)} + \frac{(m_2 k_1 - m_1 k_2)^2}{(m_1 + m_2)^2} \frac{m_1 + m_2}{m_1 m_2} \right] \\
&= \frac{\hbar^2}{2}\frac{(k_1 + k_2)^2}{(m_1 + m_2)} + \frac{\hbar^2}{2}\left(\frac{m_2 k_1 - m_1 k_2}{m_1 + m_2} \right)^2 \left(\frac{1}{m_1} + \frac{1}{m_2} \right)
\end{aligned}
$$

여기서 $K = k_1 + k_2$ 그리고 $k = \dfrac{m_2 k_1 - m_1 k_2}{m_1 + m_2}$ 로 놓으면 위 식은

$$E = \frac{\hbar^2 K^2}{2(m_1 + m_2)} + \frac{1}{2}\hbar^2 k^2 \left(\frac{1}{m_1} + \frac{1}{m_2} \right)$$

가 되어

$$\therefore \; E = \frac{\hbar^2 k_1^2}{2m_1} + \frac{\hbar^2 k_2^2}{2m_2} = \frac{\hbar^2 K^2}{2(m_1 + m_2)} + \frac{1}{2}\hbar^2 k^2 \left(\frac{1}{m_1} + \frac{1}{m_2} \right)$$

이다.

$$\sum_{n=1}^{\frac{N}{2}} n^2 \approx \frac{N^3}{24}$$

풀이

$$(x+1)^3 = x^3 + 3x^2 + 3x + 1 \;\Rightarrow\; (x+1)^3 - x^3 = 3x^2 + 3x + 1$$

이 식의 x에 아래와 같이 값들을 대입하면 다음의 관계식들을 얻는다.

$$\Rightarrow \begin{cases} 2^3 - 1^3 = 3 \cdot 1^2 + 3 \cdot 1 + 1 \\ 3^3 - 2^3 = 3 \cdot 2^2 + 3 \cdot 2 + 1 \\ 4^3 - 3^3 = 3 \cdot 3^2 + 3 \cdot 3 + 1 \\ \quad\quad\vdots \\ (n+1)^3 - n^3 = 3n^2 + 3n + 1 \end{cases} \tag{1}$$

식 (1)에 있는 모든 관계식을 더하면

$$(n+1)^3 - 1^3 = 3 \sum_{k=1}^{n} k^2 + 3 \sum_{k=1}^{n} k + \sum_{k=1}^{n} 1$$

가 되어

$$n^3 + 3n^2 + 3n = 3 \sum_{k=1}^{n} k^2 + 3 \sum_{k=1}^{n} k + \sum_{k=1}^{n} 1 \tag{2}$$

의 관계식을 얻는다. 여기서

$$\sum_{k=1}^{n} k = 1 + 2 + 3 + \cdots\cdots + (n-2) + (n-1) + n \tag{3}$$

이며 이 식을 또한 다음과 같이 나타낼 수도 있다.

$$\sum_{k=1}^{n} k = n + (n-1) + (n-2) + \cdots\cdots + 3 + 2 + 1 \tag{4}$$

식 (3)과 (4)을 더하면

$$2 \sum_{k=1}^{n} k = n(n+1) \;\Rightarrow\; \sum_{k=1}^{n} k = \frac{n(n+1)}{2} \tag{5}$$

을 얻는다.

식 (2)는 다음과 같이 쓸 수 있기 때문에

$$\sum_{k=1}^{n} k^2 = \frac{1}{3}\left[n^3 + 3n^2 + 3n - 3\sum_{k=1}^{n} k - \sum_{k=1}^{n} 1\right]$$

이 식에 식 (5)를 대입하면

$$\sum_{k=1}^{n} k^2 = \frac{1}{3}\left[n^3 + 3n^2 + 3n - 3\frac{n(n+1)}{2} - n\right] = \frac{n(n+1)(2n+1)}{6} \tag{6}$$

위 식으로부터 다음의 관계식을 얻을 수 있다.

$$\sum_{n=1}^{\frac{N}{2}} n^2 = \frac{\frac{N}{2}\left(\frac{N}{2}+1\right)\left(2\frac{N}{2}+1\right)}{6} = \frac{N(N+1)(N+2)}{24}$$

그러므로 큰 N 값에 대해 다음의 결과를 얻는다.

$$\sum_{n=1}^{\frac{N}{2}} n^2 \approx \frac{N^3}{24}$$

시간의존 섭동이론

① 전이진폭과 전이확률

해밀토니안 H가 비섭동 항 H_0와 섭동 항 $\lambda U(t)$을 갖는 경우에 대한 시간의존 슈뢰딩거 방정식은

$$i\hbar \frac{d}{dt}|\Psi(t) >= [H_0 + \lambda U(t)]|\Psi(t) > \tag{13.1.1}$$

이다. 여기서 시간에 무관한 비섭동 해밀토니안은 고유치 방정식 $H_0|\phi_n^0 >= E_n^0|\phi_n^0 >$을 만족한다. 섭동 항이 있는 경우와 없는 경우로 나누어서 각 경우의 상태벡터 $|\Psi(t) >$을 구해보자.

(1) 섭동 항이 없는 경우

식 (13.1.1)로부터 상태벡터를 다음과 같이 구할 수 있다.

$$i\hbar \frac{d}{dt}|\Psi(t) >= H_0|\Psi(t) > \implies |\Psi(t) >= e^{-\frac{i}{\hbar}H_0 t}|\Psi(0) >$$

시간 $t = 0$에서 임의의 상태벡터 $|\Psi(0) >$은 고유벡터 $|\phi_n^0 >$의 선형대수합으로 나타낼 수 있기 때문에

$$|\Psi(0) >= \sum_n C_n(0)|\phi_n^0 >$$

가 되어 시간 t에서의 상태벡터 $|\Psi(t) >$은 다음과 같이 나타낼 수 있다.

$$|\Psi(t) >= \sum_n C_n(0)e^{-\frac{i}{\hbar}H_0 t}|\phi_n^0 >= \sum_n C_n(0)e^{-\frac{i}{\hbar}E_n^0 t}|\phi_n^0 >$$

여기서 $C_n(t) = C_n(0)e^{-\frac{i}{\hbar}E_n^0 t}$ 로 놓으면 시간 t에서 상태벡터를 구할 수 있다.

$$|\Psi(t)> = \sum_n C_n(t)|\phi_n^0 > \tag{13.1.2}$$

(2) 섭동 항이 있는 경우

시간의존 섭동 항에 의해 (1)에서 구한 상태벡터가 시간에 따라 약간 변한다고 간주할 수 있으므로 다음과 같이 상태함수를 나타낼 수 있다.

$$|\Psi(t)> = \sum_n a_n(t)e^{-\frac{i}{\hbar}E_n^0 t}|\phi_n^0 > \tag{13.1.3}$$

식 (13.1.2)와 (13.1.3)을 비교해 보면 $C_n(0)$가 시간의존 섭동 항에 의해 $a_n(t)$로 약간 변한 것으로 간주했음을 알 수 있다. $a_n(t)$가 갖는 물리적 의미는 **전이진폭**(transition amplitude)인데 이에 대해 살펴보자.

식 (13.1.3)을 (13.1.1)에 대입하면

$$\sum_n \left[i\hbar \frac{da_n(t)}{dt} + E_n^0 a_n(t) \right] e^{-\frac{i}{\hbar}E_n^0 t}|\phi_n^0 > = \sum_n \left[E_n^0 + \lambda U(t) \right] a_n(t) e^{-\frac{i}{\hbar}E_n^0 t}|\phi_n^0 >$$

$$\Rightarrow \sum_n i\hbar \frac{da_n(t)}{dt} e^{-\frac{i}{\hbar}E_n^0 t}|\phi_n^0 > = \sum_n \lambda U(t) a_n(t) e^{-\frac{i}{\hbar}E_n^0 t}|\phi_n^0 >$$

을 얻는다. 이 식의 좌·우편에 $< \phi_m^0|$을 곱해주면

$$\sum_n i\hbar \frac{da_n(t)}{dt} e^{-\frac{i}{\hbar}E_n^0 t} \delta_{mn} = \sum_n \lambda a_n(t) e^{-\frac{i}{\hbar}E_n^0 t} < \phi_m^0|U(t)|\phi_n^0 >$$

$$\Rightarrow i\hbar \frac{da_m(t)}{dt} e^{-\frac{i}{\hbar}E_m^0 t} = \sum_n \lambda a_n(t) e^{-\frac{i}{\hbar}E_n^0 t} < \phi_m^0|U(t)|\phi_n^0 >$$

가 되어 다음의 관계식을 얻는다.

$$i\hbar \frac{da_m(t)}{dt} = \lambda \sum_n a_n(t) e^{\frac{i}{\hbar}(E_m^0 - E_n^0)t} < \phi_m^0|U(t)|\phi_n^0 > \tag{13.1.4}$$

초기조건으로 시간 $t = 0$에서 상태벡터가 $|\Psi(0)> = |\phi_k^0 >$에 있다고 가정하면 식 (13.1.3)은

$$|\Psi(0)> = \sum_n a_n(0)|\phi_n^0 > = |\phi_k^0 > \Rightarrow a_n(0) = \delta_{nk} \qquad (13.1.5)$$

의 관계식을 준다. 섭동 항을 λ^1으로 나타낸 것과 같이 식 (13.1.4)의 왼편에 있는 $a_m(t)$도 아래와 같이 λ의 급수전개로 표현할 수 있다.

$$a_m(t) = a_m^0(t) + \lambda a_m^{(1)}(t) + \lambda^2 a_m^{(2)}(t) + \cdots\cdots\cdots \qquad (13.1.6)$$

그러면 $a_n(t)$은 다음과 같이 표현된다.

$$a_n(t) = a_n^0(t) + \lambda a_n^{(1)}(t) + \lambda^2 a_n^{(2)}(t) + \cdots\cdots\cdots$$

위 식에 $t = 0$을 넣은 후 식 (13.1.5)의 관계식에 대입하면 아래의 결과를 얻는다.

$$a_n^0(0) = \delta_{nk}, \quad a_n^{(1)}(0) = 0, \quad a_n^{(2)}(0) = 0, \cdots\cdots\cdots \qquad (13.1.7)$$

식 (13.1.6)을 (13.1.4)에 대입한 후 등식 좌·우의 λ의 거듭제곱의 계수를 비교해보자.

① λ^0의 계수를 비교하면 등식의 오른편에는 λ^0의 계수가 없으므로 다음의 관계식을 얻는다.

$$i\hbar \frac{da_m^0(t)}{dt} = 0 \Rightarrow \therefore a_m^0(t) = \text{상수} \qquad (13.1.8)$$

② λ^1의 계수를 비교하면 다음의 관계식을 얻는다.

$$i\hbar \frac{da_m^{(1)}(t)}{dt} = \sum_n a_n^0(t) e^{\frac{i}{\hbar}(E_m^0 - E_n^0)t} < \phi_m^0|U(t)|\phi_n^0 >$$

식 (13.1.8)로부터 $a_n^0(t) = $상수이므로 위 식에서 $a_n^0(t) = a_n^0(0)$가 되어 위 식은

$$i\hbar \frac{da_m^{(1)}(t)}{dt} = \sum_n a_n^0(0) e^{\frac{i}{\hbar}(E_m^0 - E_n^0)t} < \phi_m^0|U(t)|\phi_n^0 >$$

이 되고 식 (13.1.7)로부터 $a_n^0(0) = \delta_{nk}$이므로 위 식은

$$i\hbar \frac{da_m^{(1)}(t)}{dt} = \sum_n \delta_{nk} e^{\frac{i}{\hbar}(E_m^0 - E_n^0)t} < \phi_m^0|U(t)|\phi_n^0 > = e^{\frac{i}{\hbar}(E_m^0 - E_k^0)t} < \phi_m^0|U(t)|\phi_k^0 >$$

가 되어 다음의 관계식을 얻는다.

$$a_m^{(1)}(t) = \frac{1}{i\hbar} \int_{t_0}^{t} e^{\frac{i}{\hbar}(E_m^0 - E_k^0)t} <\phi_m^0|U(t)|\phi_k^0> dt = -\frac{i}{\hbar} \int_{t_0}^{t} e^{i\omega_{mk}t} <\phi_m^0|U(t)|\phi_k^0> dt$$

(13.1.9)

여기서 $E_m^0 - E_k^0 = \hbar\omega_{mk}$ 이다.

식 (13.1.3)에 브라벡터 $<\phi_m^0|$을 곱하면

$$<\phi_m^0|\Psi(t)> = \sum_n a_n(t) e^{-\frac{i}{\hbar}E_n^0 t} <\phi_m^0|\phi_n^0> = \sum_n a_n(t) e^{-\frac{i}{\hbar}E_n^0 t} \delta_{mn}$$

$$\Rightarrow <\phi_m^0|\Psi(t)> = a_m(t) e^{-\frac{i}{\hbar}E_m^0 t}$$

$$\Rightarrow |<\phi_m^0|\Psi(t)>|^2 = |a_m(t)|^2$$

(13.1.10)

가 되어 시간 t에서의 상태벡터 $|\Psi(t)>$에 대한 측정결과가 $|\phi_m^0>$이 될 확률은

$$P_m(t) = |<\phi_m^0|\Psi(t)>|^2 = |a_m(t)|^2$$

(13.1.11)

가 된다. 그리고 고유벡터의 완전성 관계로부터

$$\sum_m P_m(t) = \sum_m |a_m(t)|^2 = \sum_m <\Psi(t)|\phi_m^0><\phi_m^0|\Psi(t)> = <\Psi(t)|\Psi(t)> = 1 \quad (13.1.12)$$

의 관계를 얻는다. 그러므로 식 (13.1.11)과 (13.1.12)로부터 $|a_m(t)|^2$은 처음에 어떤 특정한 상태에 있던 계가 시간이 지남에 따라 다른 상태로 바뀌는 확률인 **전이확률**(transition probability)의 물리적 의미를 가짐을 알 수 있다.

1차 근사까지에 해당하는 **전이진폭**은 식 (13.1.6), (13.1.7)과 (13.1.9)로부터

$$a_m(t) = a_m^0(t) + \lambda a_m^{(1)}(t) = \delta_{mk} - \frac{i}{\hbar} \int_{t_0}^{t} e^{i\omega_{mk}t} <\phi_m^0|\lambda U(t)|\phi_k^0> dt$$

가 된다. 전이의 경우 초기상태 $|\phi_k^0>$가 나중상태 $|\phi_m^0>$과 같지 않기 때문에 $m \neq k$이므로 위 식의 첫 번째 항은 $\delta_{mk} = 0$가 되어 $|\phi_k^0> \rightarrow |\phi_m^0>$에 대한 전이진폭은

$$a_m(t) = -\frac{i}{\hbar} \int_{t_0}^{t} e^{i\omega_{mk}t} <\phi_m^0|\lambda U(t)|\phi_k^0> dt$$

(13.1.13)

이다.

하전입자 q의 1차원 진동자 문제에서 섭동 항이 $\lambda U(t) = q\varepsilon x e^{-\frac{t^2}{\tau^2}}$ [여기서 τ은 시상수 (time constant) 그리고 ε은 시간과 무관한 전기장]로 주어질 때 초기 바닥상태($n=0$)에서 충분한 시간 $t \gg \tau$이 지난 후에 $|0> \rightarrow |m>$ 상태로 전이될 확률을 구하고, 첫 번째 들뜬 상태($m=1$)에 있을 확률을 구하세요.

풀이

전이진폭은 식 (13.1.13)으로부터

$$a_m(t) = -\frac{i}{\hbar} \int_{t_0}^t e^{i\omega_{mk}t} <\phi_m^0|\lambda U(t)|\phi_k^0> dt = \frac{q\varepsilon}{i\hbar} <m|x|0> \int_{t_0}^t e^{i\omega_{m0}t} e^{-\frac{t^2}{\tau^2}} dt$$

여기서 진동자 문제이므로 고유벡터를 $|\phi_n^0> = |n>$로 표현했다. 충분한 시간이 흐른 후에는 위 식은 아래와 같이 표현된다.

$$a_m(\infty) = \frac{q\varepsilon}{i\hbar} <m|x|0> \int_{-\infty}^{\infty} e^{i\omega_{m0}t} e^{-\frac{t^2}{\tau^2}} dt \qquad \text{(예 13.1.1)}$$

여기서 $\displaystyle\int_{-\infty}^{\infty} e^{i\omega_{m0}t} e^{-\frac{t^2}{\tau^2}} dt = \int_{-\infty}^{\infty} e^{-\left(\frac{t}{\tau} - \frac{i\omega_{m0}}{2}\tau\right)^2 - \frac{\omega_{m0}^2}{4}\tau^2} dt = e^{-\frac{\omega_{m0}^2}{4}\tau^2} \int_{-\infty}^{\infty} e^{-\left(\frac{t}{\tau} - \frac{i\omega_{m0}}{2}\tau\right)^2} dt$

(적분수행을 위해 $\frac{t}{\tau} - \frac{i\omega_{m0}}{2}\tau = x$로 치환하면)

$$= e^{-\frac{\omega_{m0}^2}{4}\tau^2} \int_{-\infty}^{\infty} e^{-x^2}(\tau dx) = e^{-\frac{\omega_{m0}^2}{4}\tau^2} \tau \sqrt{\pi}$$

이므로 식 (예 13.1.1)은

$$a_m(\infty) = \frac{q\varepsilon}{i\hbar} <m|x|0> e^{-\frac{\omega_{m0}^2}{4}\tau^2} \tau \sqrt{\pi}$$

가 되어 전이확률은

$$P_m(\infty) = |a_m(\infty)|^2 = \frac{q^2\varepsilon^2\tau^2\pi}{\hbar^2} |<m|x|0>|^2 e^{-\frac{\omega_{m0}^2}{2}\tau^2} \qquad \text{(예 13.1.2)}$$

이 된다. 진동자에서 $x = \left(\frac{\hbar}{2m_q\omega}\right)^{\frac{1}{2}}(a^+ + a)$이므로 $|0> \rightarrow |m>$ 상태로 전이될 확률은

$$P_m(\infty) = \frac{q^2\varepsilon^2\tau^2\pi}{\hbar^2} \frac{\hbar}{2m_q\omega} |<m|(a^+ + a)|0>|^2 e^{-\frac{\omega_{m0}^2}{2}\tau^2}$$

$$= \frac{q^2 \varepsilon^2 \tau^2 \pi}{\hbar} \frac{1}{2m_q \omega} |<m|a^+|0>|^2 e^{-\frac{\omega_{m0}^2}{2}\tau^2} \qquad \text{(예 13.1.3)}$$

이다. $|m> \ne |1>$인 전이확률은 0이고 첫 번째 들뜬 상태로의 전이확률은

$$<1|a^+|0> = <1|1> = 1,$$

$$\omega_{10} = \frac{E_1^0 - E_0^0}{\hbar} = \frac{1}{\hbar}\left(\frac{3}{2}\hbar\omega - \frac{1}{2}\hbar\omega\right) = \omega$$

이므로 식 (예 13.1.3)은

$$P_1(\infty) = |a_1(\infty)|^2 = \frac{q^2\varepsilon^2\tau^2\pi}{\hbar}\frac{1}{2m_q\omega}e^{-\frac{\omega^2}{2}\tau^2}$$

이 된다. 여기서 $\omega = \sqrt{\dfrac{k}{m_q}}$ 이다.

② 전이확률과 페르미 황금률

섭동 항이 시간에 관해 주기적으로 변하는 경우인 $\lambda U(t) = Me^{\mp i\omega t}$에 대해 살펴보자. 여기서 M은 시간에 무관한 연산자이며 각진동수인 ω의 부호는 각각 에너지 흡수와 방출에 해당한다. 시간에 관해 주기적인 섭동 항에 의한 전이진폭은 식 (13.1.13)으로부터

$$a_m(t) = -\frac{i}{\hbar}\int_0^t e^{i\omega_{mk}t}<\phi_m^0|\lambda U(t)|\phi_k^0> dt = \frac{1}{i\hbar}<\phi_m^0|M|\phi_k^0>\int_0^t e^{i(\omega_{mk}\mp\omega)t}dt$$

$$= \frac{1}{i\hbar}<\phi_m^0|M|\phi_k^0>\frac{1}{i(\omega_{mk}\mp\omega)}e^{i(\omega_{mk}\mp\omega)t}\Big|_{t=0}^{t=t}$$

$$= \frac{1}{i\hbar}<\phi_m^0|M|\phi_k^0>\frac{1}{i(\omega_{mk}\mp\omega)}\left[e^{i(\omega_{mk}\mp\omega)t}-1\right]$$

이 되어

$$|a_m(t)|^2 = \frac{1}{\hbar^2}|<\phi_m^0|M|\phi_k^0>|^2\frac{1}{(\omega_{mk}\mp\omega)^2}\left[e^{-i(\omega_{mk}\mp\omega)t}-1\right]\left[e^{i(\omega_{mk}\mp\omega)t}-1\right]$$

$$= \frac{1}{\hbar^2}|<\phi_m^0|M|\phi_k^0>|^2\frac{2}{(\omega_{mk}\mp\omega)^2}\left[1-\cos(\omega_{mk}\mp\omega)t\right]$$

$$= \frac{1}{\hbar^2}|<\phi_m^0|M|\phi_k^0>|^2\frac{2}{(\omega_{mk}\mp\omega)^2}\left[2\sin^2\frac{(\omega_{mk}\mp\omega)t}{2}\right]$$

가 되므로 $|\phi_k^0> \rightarrow |\phi_m^0>$로 전이할 확률은

$$|a_m(t)|^2 = \frac{1}{\hbar^2}|<\phi_m^0|M|\phi_k^0>|^2 \frac{4}{(\omega_{mk}\mp\omega)^2}\sin^2\frac{(\omega_{mk}\mp\omega)t}{2} \qquad (13.2.1)$$

이다. 여기서 $\hbar\omega_{mk} = E_m^0 - E_k^0$이므로 $(\omega_{mk}\mp\omega) = \frac{1}{\hbar}[E_m^0-(E_k^0\pm\hbar\omega)] = \Delta$로 놓으면 위 식은 다음과 같이 표현된다.

$$|a_m(t)|^2 = \frac{1}{\hbar^2}|<\phi_m^0|M|\phi_k^0>|^2 \frac{4}{\Delta^2}\sin^2\left(\frac{\Delta}{2}t\right) \qquad (13.2.2)$$

전이확률이 시간과 무관할 경우에는 위 식에 있는 시간의존 항이 0이 되어야 하므로

$$\frac{\Delta}{2}t = n\pi \Rightarrow \Delta = \frac{2n\pi}{t} \qquad \text{여기서 } n\text{은 정수} \qquad (13.2.3)$$

의 관계식을 얻는다. 우리는 측정 가능한 시간(즉 충분히 긴 시간)일 때 관심이 있으므로 불확정성 원리로부터 시간이 $t \gg \frac{\hbar}{E}$인 경우이고 이는 식 (13.2.3)에서 $\Delta \to 0$에 해당한다. 식 (13.2.2)에서 Δ가 0으로부터 멀어질수록 $|a_m(t)|^2$ 값이 빠르게 작아지며 $\Delta = 0$일 때 $\frac{4}{\Delta^2}\sin^2\left(\frac{\Delta}{2}t\right)$에 로피탈 정리를 적용하면 $\frac{t\sin\Delta t}{\Delta}$가 되고 한 번 더 로피탈 정리를 적용하면 $t^2\cos\Delta t|_{\Delta=0} = t^2$인 최대의 전이확률 값을 갖는 것을 알 수 있다. 이를 그래프로 나타내면 그림 13.1과 같이 된다.

큰 t일 경우, 식 (13.2.2)에서 델타함수의 식[56]인 $\frac{1}{\pi}\lim_{t\to\infty}\frac{\sin^2 tx}{tx^2} = \delta(x)$을 적용하면

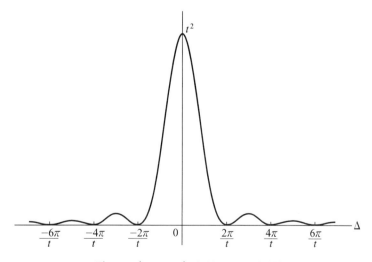

그림 13.1 $(\omega_{mk}\mp\omega)$의 함수로서 전이확률

---

(56) [보충자료]를 참조하세요.

$$\lim_{t \to \infty} \frac{4}{\Delta^2} \sin^2\left(\frac{\Delta}{2}t\right) = \left[\lim_{t \to \infty} \frac{\sin^2\left(\frac{\Delta}{2}t\right)}{\left(\frac{\Delta}{2}\right)^2 t}\right] t = \pi\delta(\Delta/2)t = 2\pi t\delta(\Delta)$$

$$= 2\pi t\delta\left(\frac{1}{\hbar}[E_m^0 - (E_k^0 \pm \hbar\omega)]\right) = 2\pi\hbar t\delta(E_m^0 - [E_k^0 \pm \hbar\omega]) \qquad (13.2.4)$$

위 식을 식 (13.2.2)에 대입하면 충분한 시간이 지난 뒤 $|\phi_k^0 > \to |\phi_m^0 >$ 로 전이할 확률은 다음과 같다.

$$|a_m(t)|^2 = \frac{2\pi t}{\hbar}\left|< \phi_m^0|M|\phi_k^0 >\right|^2 \delta(E_m^0 - [E_k^0 \pm \hbar\omega]) \qquad (13.2.5)$$

그러므로 초기상태 $|\phi_k^0 >$ 에서 나중상태 $|\phi_m^0 >$ 으로 단위 시간당 전이확률인 **전이율** $\Gamma_{k \to m}$ 은 다음과 주어진다.

$$\Gamma_{k \to m} = \frac{2\pi}{\hbar}\left|< \phi_m^0|M|\phi_k^0 >\right|^2 \delta(E_m^0 - [E_k^0 \pm \hbar\omega]) \qquad (13.2.6)$$

이 식에 있는 델타함수에 의해 전이는 $E_m^0 = E_k^0 \pm \hbar\omega$ 일 때만 일어난다.

$$\begin{cases} E_m^0 = E_k^0 + \hbar\omega : \text{에너지 흡수} \\ E_m^0 = E_k^0 - \hbar\omega : \text{에너지 방출} \end{cases} \qquad (13.2.7)$$

전이에 관한 이 식을 **페르미 황금률**(Golden rule)이라 한다.

아래의 그림은 낮은 에너지 준위 $|E_k^0 >$ 에서 에너지 $\hbar\omega$ 을 흡수하여 높은 에너지 준위 $|E_m^0 >$ 로 전이하는 경우와 높은 에너지 준위에서 에너지를 방출한 뒤 낮은 에너지 준위로 떨어지는 경우를 보여준다.

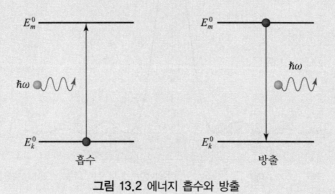

그림 13.2 에너지 흡수와 방출

방출의 경우에 대해 보다 자세히 살펴보자. 방출되는 입자는 먼 관측지점에서는 아래와 같은 평면파로 기술될 수 있다.

$$\Psi(\vec{r},t) = \frac{1}{\sqrt{V}} e^{\frac{i}{\hbar}(\vec{p} \cdot \vec{r} - Et)} \tag{13.2.8}$$

여기서 V은 방출과정이 일어나는 공간의 길이가 L인 가상적인 정사각형의 체적이다. 경계조건을 식 (13.2.8)에 적용하면 다음의 관계식을 얻는다.

$$\begin{cases} \Psi(x+L) = \Psi(x) \\ \Psi(y+L) = \Psi(y) \\ \Psi(z+L) = \Psi(z) \end{cases} \Rightarrow \begin{cases} e^{\frac{i}{\hbar}p_x L} = 1 \\ e^{\frac{i}{\hbar}p_y L} = 1 \\ e^{\frac{i}{\hbar}p_z L} = 1 \end{cases} \Rightarrow \begin{cases} \dfrac{p_x}{\hbar}L = 2\pi n_x \\ \dfrac{p_y}{\hbar}L = 2\pi n_y \\ \dfrac{p_z}{\hbar}L = 2\pi n_z \end{cases}$$

여기서 n_x, n_y, n_z은 정수

$$\therefore \begin{cases} p_x = \dfrac{2\pi\hbar}{L} n_x \\ p_y = \dfrac{2\pi\hbar}{L} n_y \\ p_z = \dfrac{2\pi\hbar}{L} n_z \end{cases} \tag{13.2.9}$$

우리가 계측하는 입자의 운동량은 $\vec{p} \sim \vec{p} + \triangle \vec{p}$의 값을 가지므로 초기상태 $|\phi_k^0>$에서 나중상태 $|\phi_m^0>$으로의 전이율 $\Gamma_{k \to m}$은

$$\Gamma_{k \to m} = \sum_{\triangle p} \Gamma_{k \to m}(\vec{p}) = \sum_{\triangle n_x} \sum_{\triangle n_y} \sum_{\triangle n_z} \Gamma_{k \to m}(\vec{n}) \tag{13.2.10}$$

로 표현된다. 위 식은 식 (13.2.9)을 사용하면

$$\begin{aligned} \Gamma_{k \to m} &= \int \Gamma_{k \to m}(\vec{n}) dn_x dn_y dn_z = \left(\frac{L}{2\pi\hbar}\right)^3 \int \Gamma_{k \to m}(\vec{p}) dp_x dp_y dp_z \\ &= \frac{V}{(2\pi\hbar)^3} \int \Gamma_{k \to m}(\vec{p}) d^3p \end{aligned} \tag{13.2.11}$$

가 되어 식 (13.2.6)에서 방출되는 에너지 E인 입자에 대한 페르미 황금률을 위 식의 피적분함수에 대입하면

$$\Gamma_{k \to m} = \frac{2\pi}{\hbar} \int \frac{V d^3p}{(2\pi\hbar)^3} | < \phi_m^0 |M| \phi_k^0 > |^2 \delta(E_m^0 - [E_k^0 - E]) \tag{13.2.12}$$

가 된다. 여기서 $d^3p = p^2 dp\, d\Omega_p$이므로 위 식은

$$\Gamma_{k \to m} = \frac{2\pi}{\hbar} \int d\Omega_p \frac{V}{(2\pi\hbar)^3} \int p^2 dp \, |< \phi_m^0 |M| \phi_k^0 >|^2 \delta(E_m^0 - [E_k^0 - E])$$

$$= \frac{2\pi}{\hbar} \int d\Omega_p \frac{V}{(2\pi\hbar)^3} \int dE \left(\frac{p^2 dp}{dE} \right) |< \phi_m^0 |M| \phi_k^0 >|^2 \delta(E_m^0 - [E_k^0 - E])$$

로 표현되어

높은 에너지를 갖는 초기상태 $|\phi_k^0 >$에서 에너지 E을 방출하며 낮은 에너지를 갖는 나중상태 $|\phi_m^0 >$로의 전이율은 다음과 같다.

$$\Gamma_{k \to m} = \frac{2\pi}{\hbar} \int d\Omega_p \frac{V}{(2\pi\hbar)^3} \left[\frac{p^2 dp}{dE} |< \phi_m^0 |M| \phi_k^0 >|^2 \right]_{E = E_k^0 - E_m^0} \tag{13.2.13}$$

방출되는 입자가 광자인 경우와 아닌 경우로 나누어서 위의 전이율이 어떻게 표현되는 지에 대해 계산해보자.

(i) 방출입자가 광자일 경우 방출에너지는 $E = \hbar\omega$이며 광자의 질량은 0이므로 식 (13.2.13)에 있는 $\frac{p^2 dp}{dE}$은

$$E = pc \Rightarrow \frac{dp}{dE} = \frac{1}{c} \Rightarrow \frac{p^2 dp}{dE} = \frac{E^2}{c^2} \frac{1}{c} = \frac{\hbar^2 \omega^2}{c^3}$$

이 된다. 그러므로 광자를 방출할 때 전이율은 다음과 같다.

$$\Gamma_{k \to m} = \frac{2\pi}{\hbar} \int d\Omega_p \frac{V}{(2\pi\hbar)^3} \left[\frac{\hbar^2 \omega^2}{c^3} |< \phi_m^0 |M| \phi_k^0 >|^2 \right]_{E = E_k^0 - E_m^0}$$

(ii) 방출입자가 광자가 아닌 질량이 m인 입자의 경우에는 식 (13.2.13)에 있는 $\frac{p^2 dp}{dE}$은

$$E^2 = m^2 c^4 + p^2 c^2 \Rightarrow \frac{dp}{dE} = \frac{1}{c^2} \frac{E}{p} \Rightarrow p^2 \frac{dp}{dE} = \frac{1}{c^2} pE = \frac{E}{c^3} \sqrt{E^2 - m^2 c^4}$$

가 된다. 그리고

$$\frac{V}{(2\pi\hbar)^3} d\Omega_p \frac{p^2 dp}{dE} = \frac{V}{(2\pi\hbar)^3} \frac{d^3 p}{dE} = \frac{d^3 n}{dE} \tag{13.2.14}$$

가 된다. 이 결과는 $E \sim E + dE$인 에너지를 갖는 상태의 수인 **상태 밀도**(density of states) $\rho(E)$에 해당하므로 식 (13.2.13)의 전이율은 다음과 같이 주어진다.

$$\Gamma_{k \to m} = \frac{2\pi}{\hbar} |< \phi_m^0 |M| \phi_k^0 >|^2 \rho(E) \quad \text{여기서 } E = E_k^0 - E_m^0 \tag{13.2.15}$$

이 관계식을 사용하는 예로는 (예제 13.2)에서 베타 마이너스(β^-) 붕괴에 대해 살펴볼 것이다.

이제 초기상태를 $|\phi_i^0>$로 최종상태를 $|\phi_f^0>$로 나타내면서 최종상태에 두 개 이상의 자유입자가 있는 경우에 대한 일반식을 구해보자. 이 경우 식 (13.2.12)은

$$\Gamma_{i \to f} = \frac{2\pi}{\hbar} \int \prod_k \frac{Vd^3 p_k}{(2\pi\hbar)^3} \left| < \phi_f^0 |M| \phi_i^0 > \right|^2 \delta \left(E_f^0 - E_i^0 + \sum_k E_k \right) \quad \text{여기서 } k\text{은 자유입자 수}$$

로 나타낼 수 있고 최종상태에 여러 자유입자가 있는 경우이므로 위 식의 에너지 보존법칙에 추가하여 운동량 보존법칙까지 고려하면 다음과 같은

$$\Gamma_{i \to f} = \frac{2\pi}{\hbar} \int \prod_k \frac{Vd^3 p_k}{(2\pi\hbar)^3} \left| < \phi_f^0 |M| \phi_i^0 > \right|^2 \delta(E_f^0 - E_i^0 + \sum_k E_k) \delta \left(\vec{p}_f - \vec{p}_i + \sum_k \vec{p}_k \right)$$

전이율 관계식을 얻는다.

전이율은 평균수명 τ에 반비례하기 때문에 충분한 시간 t가 지난 후에 초기상태 $|\phi_i^0>$가 온전히 남아있을 확률 $P_i(t)$은 다음과 같다.

$$P_i(t) = 1 - t \sum_{f \neq i} \Gamma_{i \to f} = 1 - \Gamma t \approx e^{-\Gamma t} = e^{-\frac{t}{\tau}}$$

예제 13.2

페르미 황금률 적용에 예제로서 아래의 베타 마이너스(β^-) 붕괴 $n \to p + e^- + \overline{\nu}_e$을 살펴보자.

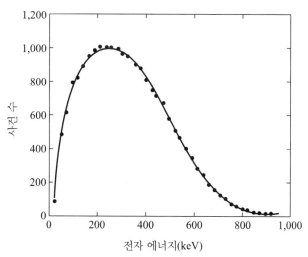

그림 13.3 $n \to p + e^- + \overline{\nu}_e$의 베타 마이너스 붕괴에서의 전자 에너지 분포

풀이

식 (13.2.9)로부터 $d^3n = \left(\dfrac{L}{2\pi\hbar}\right)^3 d^3p = \dfrac{V}{(2\pi\hbar)^3}d^3p$이고 에너지 보존법칙 $E_n = E_p + E_e + E_\nu - E$(여기서 E은 방출에너지)에서 중성자와 양성자의 질량이 거의 같기 때문에 $E_n \approx E_p$가 되어 $E = E_e + E_\nu$가 된다. 그때 베타 붕괴에서 전자 e와 중성미자 ν의 상태 수는 다음과 같이 구할 수 있다.

$$d^3n = d^3n_e d^3n_\nu = \left.\dfrac{V}{(2\pi\hbar)^3}d^3p_e \dfrac{V}{(2\pi\hbar)^3}d^3p_\nu\right|_{E = E_e + E_\nu}$$

$$= \left.\dfrac{V^2}{(2\pi\hbar)^6}p_e^2 dp_e\, d\Omega_e\, p_\nu^2 dp_\nu\, d\Omega_\nu\right|_{E = E_e + E_\nu}$$

방출되는 입자를 전체공간영역에서 검출한다고 가정하면 $\displaystyle\int d\Omega = 4\pi$이므로 위 식은

$$d^3n = \dfrac{16\pi^2 V^2}{(2\pi\hbar)^6}p_e^2 dp_e\, p_\nu^2 dp_\nu\, \delta(E_e + E_\nu - E) \qquad (\text{예 } 13.2.1)$$

가 되고 여기서 중성미자의 질량은 0으로 간주할 수 있고 전자질량을 m_e라 하면 중성미자와 전자에 대한 위상공간(phase space) 항은 각각

$$\begin{cases} E_\nu = p_\nu c \Rightarrow p_\nu^2 dp_\nu = \dfrac{E_\nu^2 dE_\nu}{c^3} \\[2mm] E_e^2 = p_e^2 c^2 + m_e^2 c^4 \Rightarrow p_e^2 dp_e = \dfrac{E_e}{c^3}\sqrt{E_e^2 - m_e^2 c^4}\, dE_e \end{cases} \qquad (\text{예 } 13.2.2)$$

이므로 이를 식 (예 13.2.1)에 대입하면

$$d^3n = \dfrac{V^2}{4\pi^4\hbar^6 c^6}E_e\sqrt{E_e^2 - m_e^2 c^4}\; E_\nu^2\, \delta(E_e + E_\nu - E)dE_e dE_\nu \quad (\text{예 } 13.2.3)$$

을 얻는다. 물질과 상호작용을 하지 않는 중성미자는 측정할 수 없고 실험에서 우리가 측정하는 것은 전자에 대한 것이므로 중성미자의 에너지 E_ν에 대해 적분을 취하면 위 식은

$$\dfrac{d^3n}{dE_e} = \dfrac{V^2}{4\pi^4\hbar^6 c^6}E_e\sqrt{E_e^2 - m_e^2 c^4}\int E_\nu^2\, \delta(E_e + E_\nu - E)dE_\nu$$

$$= \dfrac{V^2}{4\pi^4\hbar^6 c^6}E_e\sqrt{E_e^2 - m_e^2 c^4}\,(E - E_e)^2$$

이 된다. 이 식의 왼편은 에너지 $E_e \sim E_e + dE_e$을 갖는 전자의 상태 밀도이기 때문에 $\rho(E_e)$로 놓을 수 있다.

$$\therefore \frac{d^3 n}{dE_e} = \frac{V^2}{4\pi^4 \hbar^6 c^6} E_e \sqrt{E_e^2 - m_e^2 c^4}\,(E - E_e)^2 = \rho(E_e)$$

이 결과를 식 (13.2.15)에 대입하면 베타 붕괴에 대한 전이율을 아래와 같이 구할 수 있다.

$$\Gamma_{k \to m} = \frac{2\pi}{\hbar} \left| < \phi_m^0 |M| \phi_k^0 > \right|^2 \rho(E_e)$$

$$= \frac{2\pi}{\hbar} \left| < \phi_m^0 |M| \phi_k^0 > \right|^2 \frac{V^2}{4\pi^4 \hbar^6 c^6} E_e \sqrt{E_e^2 - m_e^2 c^4}\,(E - E_e)^2$$

$$\therefore \Gamma_{k \to m} = \frac{2\pi}{\hbar} \frac{G_F^2 A^2}{4\pi^4 \hbar^6 c^6} E_e \sqrt{E_e^2 - m_e^2 c^4}\,(E - E_e)^2$$

여기서 $G_F^2 A^2 = \left| < \phi_m^0 |M| \phi_k^0 > \right|^2 V^2$ 이고 A^2 은 초기상태와 나중상태 사이의 중첩되는 파동함수 값이며 대략적으로 1 이다.

$\dfrac{1}{\pi}\lim\limits_{t\to\infty}\dfrac{\sin^2 tx}{tx^2}=\delta(x)$ 인 델타함수의 관계식의 증명

풀이

(i) $x\neq 0$이면, 왼편의 분자의 값은 ≤ 1이고 분모는 상대적으로 매우 큰 값이므로 왼편 식은 0이 되어서 등식이 성립한다.

(ii) 델타함수에 관한 적분 관계식으로부터

$$\delta(x)=\frac{1}{2\pi}\int_{-\infty}^{\infty}e^{ikx}dk=\frac{1}{2\pi}\lim_{t\to\infty}\int_{-t}^{t}e^{ikx}dk=\frac{1}{2\pi}\lim_{t\to\infty}\frac{1}{ix}2i\sin tx=\frac{1}{\pi}\lim_{t\to\infty}\frac{\sin tx}{x}$$

을 얻는다. 그러므로

$$\frac{1}{\pi^2}\lim_{t\to\infty}\frac{\sin^2 tx}{x^2}=\delta(x)\delta(x)=\delta(x)\left(\frac{1}{2\pi}\lim_{t\to\infty}\int_{-t}^{t}e^{ikx}dk\right)$$

$$=\delta(x)\frac{1}{2\pi}\lim_{t\to\infty}\int_{-t}^{t}dk=\lim_{t\to\infty}\frac{t}{\pi}\delta(x)$$

$$\therefore\;\frac{1}{\pi}\lim_{t\to\infty}\frac{\sin^2 tx}{tx^2}=\delta(x)$$

CHAPTER 14

하전입자와 전자기장의 상호작용

전자기장에서의 전자 또는 하전입자에 대한 슈뢰딩거 방정식을 다룬 후 일정한 자기장 내에 있는 전자의 경우에 대해 살펴본다.

① 전자기파 소개

먼저 유전체가 없는 자유공간에서의 전자기장에 관한 아래의 **미분형태의 맥스웰 방정식**으로부터 시작해보자.

$$
\begin{cases}
\vec{\nabla} \times \vec{E} + \dfrac{\partial \vec{B}}{\partial t} = 0 \ (\text{패러데이 유도법칙}) \\[2mm]
\vec{\nabla} \cdot \vec{B} = 0 \ (\text{자기단극 없음}) \\[2mm]
\vec{\nabla} \cdot \vec{E} = \dfrac{1}{\epsilon_0} \rho \ (\text{가우스 법칙}) \\[2mm]
\vec{\nabla} \times \vec{B} - \mu_0 \epsilon_0 \dfrac{\partial \vec{E}}{\partial t} = \mu_0 \vec{j} \ (\text{암페어} - \text{맥스웰 법칙})
\end{cases}
\tag{14.1.1}
$$

위의 첫 두 관계식을 만족하는 벡터 포텐셜 $\vec{A}$와 스칼라 포텐셜 ϕ을 다음과 같이 정의하자.[57]

$$
\begin{cases}
\vec{B} = \vec{\nabla} \times \vec{A} \\[2mm]
\vec{E} = -\dfrac{\partial \vec{A}}{\partial t} - \vec{\nabla}\phi
\end{cases}
\tag{14.1.2}
$$

---

(57) 관계식을 만족하는 포텐셜을 달리 정의할 수도 있다. 이를 'invariance under gauge transformation'이라고 한다.

이 관계식을 식 (14.1.1)의 세 번째와 네 번째 식에 대입하면 벡터 포텐셜과 스칼라 포텐셜에 관한 다음의 관계식[58]을 얻는다.

$$\begin{cases} \nabla^2\phi + \dfrac{\partial}{\partial t}\vec{\nabla}\cdot\vec{A} = -\dfrac{1}{\epsilon_0}\rho \\ -\nabla^2\vec{A} + \dfrac{1}{c^2}\dfrac{\partial^2\vec{A}}{\partial t^2} + \vec{\nabla}\left(\vec{\nabla}\cdot\vec{A} + \dfrac{1}{c^2}\dfrac{\partial\phi}{\partial t}\right) = \mu_0\vec{j} \end{cases} \quad \text{여기서 } \mu_0\epsilon_0 = \dfrac{1}{c^2} \quad (14.1.3)$$

전하분포 ρ가 시간의 함수가 아닌 경우와 시간의 함수인 경우로 나누어 위 식을 살펴보자.

(i) 정적(static) 전하분포, 즉 $\rho(\vec{r},t) = \rho(\vec{r})$의 경우

벡터 포텐셜이 $\vec{\nabla}\cdot\vec{A}(\vec{r},t) = 0$을 만족하도록 선택할 수 있다. 이를 **쿨롱 게이지**(Coulomb gauge)라 한다. 특히 전하가 정적으로 분포하여 일정한 자기장을 가질 때 쿨롱 게이지의 예로 $\vec{A} = -\dfrac{1}{2}\vec{r}\times\vec{B}$로 놓을 수 있고, 이 관계식은 벡터 포텐셜의 정의인 $\vec{B} = \vec{\nabla}\times\vec{A}$을 만족한다.[59]

그때 식 (14.1.3)은 다음과 같은 벡터 포텐셜과 스칼라 포텐셜의 관계식을 얻는다.

$$\Rightarrow\begin{cases} \nabla^2\phi(\vec{r}) = -\dfrac{1}{\epsilon_0}\rho(\vec{r}) \\ -\nabla^2\vec{A}(\vec{r},t) + \dfrac{1}{c^2}\dfrac{\partial^2\vec{A}(\vec{r},t)}{\partial t^2} = \mu_0\vec{j}(\vec{r},t) \end{cases} \quad (14.1.4)$$

(ii) 정적 전하분포가 아닌 경우

$\vec{\nabla}\cdot\vec{A} + \dfrac{1}{c^2}\dfrac{\partial\phi}{\partial t} = 0$으로 하자. 이를 **로렌츠 게이지**(Lorentz gauge)라 한다. 이를 식 (14.1.3)에 대입하면 다음과 같은 벡터 포텐셜과 스칼라 포텐셜의 관계식을 얻는다.

$$\Rightarrow\begin{cases} \nabla^2\phi - \dfrac{1}{c^2}\dfrac{\partial^2\phi}{\partial t^2} = -\dfrac{1}{\epsilon_0}\rho \\ \nabla^2\vec{A} - \dfrac{1}{c^2}\dfrac{\partial^2\vec{A}}{\partial t^2} = -\mu_0\vec{j} \end{cases} \quad (14.1.5)$$

전하와 전류가 없는 진공에서는 $\rho = \vec{j} = 0$이므로 위 식은

---

(58) 증명은 [보충자료 1]을 참조하세요.
(59) 증명은 [보충자료 2]를 참조하세요.

$$\begin{cases} \nabla^2 \phi - \dfrac{1}{c^2} \dfrac{\partial^2 \phi}{\partial t^2} = 0 \\[2mm] \nabla^2 \vec{A} - \dfrac{1}{c^2} \dfrac{\partial^2 \vec{A}}{\partial t^2} = 0 \end{cases} \tag{14.1.6}$$

이 된다. 이 관계식은 스칼라 포텐셜 ϕ와 벡터 포텐셜 $\vec{A}$가 속도 c로 진행하는 파동을 나타내는 파동방정식이다. 즉 전자기파를 파동으로 기술할 수 있고 빛도 전자기파이다.

② 전자기장과 상호작용하는 전자

전자기장과 전자의 상호작용을 기술하는 해밀토니안은 다음과 같다.[60]

$$H = \frac{1}{2m_e}(\vec{p} + e\vec{A})^2 - e\phi$$

위 식은 자유전자의 해밀토니안 $H = \dfrac{p^2}{2m_e}$ 식에서 $H \rightarrow H + e\phi$ 그리고 $\vec{p} \rightarrow \vec{p} + e\vec{A}$ 로 대체한 것에 해당한다.

이때의 시간의존 슈뢰딩거 방정식은

$$i\hbar \frac{\partial \Psi(\vec{r},t)}{\partial t} = H\Psi(\vec{r},t) \Rightarrow i\hbar\frac{\partial \Psi(\vec{r},t)}{\partial t} = \left[\frac{1}{2m_e}\left(\frac{\hbar}{i}\vec{\nabla} + e\vec{A} \right)^2 - e\phi \right]\Psi(\vec{r},t) \tag{14.2.1}$$

가 된다. 여기서 오른편의 첫 번째 항은

$$\frac{1}{2m_e}\left(\frac{\hbar}{i}\vec{\nabla} + e\vec{A} \right) \cdot \left(\frac{\hbar}{i}\vec{\nabla} + e\vec{A} \right)\Psi$$

$$= \frac{1}{2m_e}\left[-\hbar^2\nabla^2\Psi + \frac{e\hbar}{i}\vec{\nabla}\cdot(\vec{A}\Psi) + \frac{e\hbar}{i}\vec{A}\cdot\vec{\nabla}\Psi + e^2A^2\Psi \right]$$

인데 위 식의 오른편 두 번째 항은 $\sum_i \partial_i(A_i\Psi) = \vec{\nabla}\cdot\vec{A}\Psi + \vec{A}\cdot\vec{\nabla}\Psi$ 이므로

$$\frac{1}{2m_e}\left(\frac{\hbar}{i}\vec{\nabla} + e\vec{A} \right) \cdot \left(\frac{\hbar}{i}\vec{\nabla} + e\vec{A} \right)\Psi$$

---

(60) 증명은 [보충자료 3]을 참조하세요.

$$= \frac{1}{2m_e}\left[-\hbar^2\nabla^2\Psi + \frac{e\hbar}{i}\vec{\nabla}\cdot\vec{A}\Psi + \frac{e\hbar}{i}\vec{A}\cdot\vec{\nabla}\Psi + \frac{e\hbar}{i}\vec{A}\cdot\vec{\nabla}\Psi + e^2A^2\Psi\right]$$

$$= \frac{1}{2m_e}\left[-\hbar^2\nabla^2\Psi + \frac{e\hbar}{i}\vec{\nabla}\cdot\vec{A}\Psi + 2\frac{e\hbar}{i}\vec{A}\cdot\vec{\nabla}\Psi + e^2A^2\Psi\right]$$

이 되어 식 (14.2.1)은

$$i\hbar\frac{\partial\Psi(\vec{r},t)}{\partial t} = -\frac{\hbar^2}{2m_e}\nabla^2\Psi - \frac{ie\hbar}{2m_e}\vec{\nabla}\cdot\vec{A}\Psi - \frac{ie\hbar}{m_e}\vec{A}\cdot\vec{\nabla}\Psi + \frac{e^2}{2m_e}A^2\Psi - e\phi\Psi$$

가 되며, 여기서 쿨롱 게이지 $\vec{\nabla}\cdot\vec{A}(\vec{r},t)=0$을 가정하면 다음의 관계식을 얻는다.

$$i\hbar\frac{\partial\Psi(\vec{r},t)}{\partial t} = -\frac{\hbar^2}{2m_e}\nabla^2\Psi - \frac{ie\hbar}{m_e}\vec{A}\cdot\vec{\nabla}\Psi + \frac{e^2}{2m_e}A^2\Psi - e\phi\Psi \qquad (14.2.2)$$

균일하고 시간에 따라 변하지 않는 일정한(즉 정적인 경우) 자기장 $\vec{B}=B\hat{z}$일 경우 벡터 포텐셜 $\vec{A}$은 이미 증명한 것과 같이 $\vec{A}=-\frac{1}{2}\vec{r}\times\vec{B}$로 놓을 수 있다. 이때 식 (14.2.2)의 오른편의 두 번째 항은

$$-\frac{ie\hbar}{m_e}\vec{A}\cdot\vec{\nabla}\Psi = \frac{ie\hbar}{2m_e}(\vec{r}\times\vec{B})\cdot\vec{\nabla}\Psi = -\frac{ie\hbar}{2m_e}\vec{B}\cdot\vec{r}\times\vec{\nabla}\Psi$$

$$= \frac{e}{2m_e}\vec{B}\cdot\vec{r}\times\frac{\hbar}{i}\vec{\nabla}\Psi = \frac{e}{2m_e}\vec{B}\cdot\vec{r}\times\vec{p}\Psi$$

$$= \frac{e}{2m_e}\vec{B}\cdot\vec{L}\Psi = \frac{eB}{2m_e}L_z\Psi \qquad (14.2.3)$$

이 되어 이 항을 $\vartheta(B)$라 할 수 있다. 반면에 식 (14.2.2)의 오른편 세 번째 항은

$$\frac{e^2}{2m_e}A^2\Psi = \frac{e^2}{8m_e}(\vec{r}\times\vec{B})^2\Psi = \frac{e^2}{8m_e}[r^2B^2 - (\vec{r}\cdot\vec{B})^2]\Psi \;^{(61)}$$

$$= \frac{e^2B^2}{8m_e}(x^2+y^2)\Psi \qquad (14.2.4)$$

으로 $\vartheta(B^2)$에 해당된다.

(i) 위에서 구한 $\vartheta(B)$와 $\vartheta(B^2)$의 크기를 대략적으로 비교해보면

$$\frac{\vartheta(B^2)}{\vartheta(B)} \approx \frac{\dfrac{e^2B^2}{8m_e}a_0^2}{\dfrac{e}{2m_e}B\hbar} \qquad\qquad \text{여기서 } a_0\text{은 보어 반경}$$

---

(61) 증명은 [보충자료 4]를 참조하세요.

$$= \frac{e a_0^2}{4\hbar} B \approx \frac{(1.6 \times 10^{-19}\ C)(0.5 \times 10^{-10}\ m)^2}{4 \times (1.05 \times 10^{-34}\ J \cdot s)} B(tesla) \approx 10^{-6}\ B(tesla)$$

이기 때문에 자기장의 크기가 매우 크지 않는 한 일반적으로 $\vartheta(B^2) \ll \vartheta(B)$이다.

(ii) 그리고 $\vartheta(B)$와 수소원자의 바닥상태 에너지의 크기를 대략적으로 비교해보면

$$\frac{\vartheta(B)}{E_{n=1}} = \frac{\dfrac{e}{2m_e} B\hbar}{\left. \dfrac{1}{2} m_e c^2 \dfrac{(Z\alpha)^2}{n^2} \right|_{n=1, Z=1}} = \frac{\dfrac{e}{2m_e} B\hbar}{\dfrac{1}{2} m_e \alpha^2 c^2}$$
여기서 α은 미세구조 상수

$$= \frac{e\hbar}{(m_e c \alpha)^2} B \approx \frac{(1.6 \times 10^{-19}\ C) \times (1.05 \times 10^{-34}\ J \cdot s)}{\left[(9.109 \times 10^{-31}\ \mathrm{kg}) \times \left(3 \times 10^8 \times \dfrac{1}{137} \right) \right]^2} \approx 10^{-6} B(tesla)$$

가 된다.

그러므로 위의 (i)과 (ii)의 결과로부터 자기장 B은 원자의 에너지 준위에 아주 작은 에너지 변동만 일으킨다는 것을 알 수 있다.

전자기장 하에 있는 전자의 해밀토니안으로부터 앞서 11장에서 살펴본 외부 자기장이 원자의 에너지 준위에 미치는 영향인 **제만 효과**를 섭동으로 유도할 수 있다. 식 (14.2.2)로부터

$$H = -\frac{\hbar^2}{2m_e} \nabla^2 - \frac{ie\hbar}{m_e} \vec{A} \cdot \vec{\nabla} + \frac{e^2}{2m_e} A^2 - e\phi$$

을 얻는다. 벡터 포텐셜에 $\vec{A} = -\frac{1}{2} \vec{r} \times \vec{B}$을 대입한 결과인 식 (14.2.3)와 (14.2.4)로부터 위의 해밀토니안은

$$H = \frac{1}{2m_e} \left(\frac{\hbar}{i} \vec{\nabla} \right)^2 + \frac{e}{2m_e} \vec{B} \cdot \vec{L} + \frac{e^2}{8m_e} [r^2 B^2 - (\vec{r} \cdot \vec{B})^2] - e\phi \quad (14.2.5)$$

의 관계식으로 주어진다.

(a) 전자스핀의 영향을 고려하지 않는 **정상 제만 효과** 경우에 대해 살펴보면 $\vartheta(B^2) \ll \vartheta(B)$이므로 위 식은

$$H \approx \frac{1}{2m_e}p^2 + \frac{e}{2m_e}\vec{B} \cdot \vec{L} - e\phi$$

로 나타낼 수 있다. 여기서 보어 마그네톤 $\mu_B = \frac{e\hbar}{2m_e} \Rightarrow \frac{e}{2m_e} = \frac{\mu_B}{\hbar}$ 으로부터 위 식은

$$H = \frac{1}{2m_e}p^2 - e\phi + \frac{\mu_B}{\hbar}\vec{B} \cdot \vec{L}$$

로 쓸 수 있어서 오른편 셋째 항을 섭동 항 H_1으로 간주할 수 있고 $\vec{B} = B\hat{z}$일 때

$$H_1 = \frac{\mu_B}{\hbar}BL_z$$

가 되어

섭동에 의한 에너지 변동은
$$< H_1 > = \frac{\mu_B}{\hbar}Bm_\ell\hbar = m_\ell\mu_B B \tag{14.2.6}$$
이다.

그러므로 주 양자수 n, 궤도 양자수 ℓ, 그리고 자기 양자수 m_ℓ을 갖는 상태벡터의 에너지 준위는

$$E_{n\ell m_\ell} = E_n^0 + m_\ell\mu_B B \tag{14.2.7}$$

가 된다. 여기서 자기 양자수가 가질 수 있는 값은 $-\ell \le m_\ell \le \ell$을 만족하는 정수이므로 주어진 ℓ에 대해 $(2\ell+1)$개의 축퇴상태가 비섭동 시에 존재한다. 자기장에 의한 섭동 H_1이 있을 때 식 (14.2.6)의 m_ℓ 값에 의해 $(2\ell+1)$개의 에너지 준위로 분리되며 분리된 간격은 균등하게 $\mu_B B = \frac{e\hbar}{2m_e}B$이다. 이 결과를 에너지 준위로 나타내면 아래와 같다.

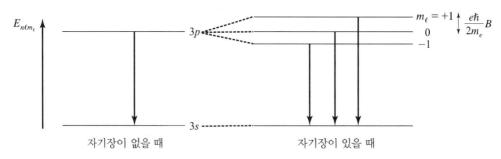

그림 14.1 자기장에 의한 에너지 분리 및 전이

여기서 전자기 작용에 의한 전자의 전이는 **선택률**에 의해 $\Delta\ell=1,\ \Delta m=0,\ \pm1$ 조건에서만 일어난다. 이 선택 규칙 조건은 다음 장에서 자세히 알아볼 것이다.

(b) 전자스핀 영향을 고려한 **이상 제만 효과**의 경우에 대해서는 자유전자에 대한 해밀토니안에 전자스핀 영향을 반영하기 위해 전자의 운동량 연산자를 아래와 같이 파울리 σ 벡터와 운동량 연산자로 대체할 수 있다.

$$H=\frac{1}{2m_e}p^2 \xrightarrow{\text{전자스핀 반영}} H=\frac{1}{2m_e}(\vec{\sigma}\cdot\vec{p})(\vec{\sigma}\cdot\vec{p}) \qquad (14.2.8)$$

위 식의 해밀토니안에 전자기장의 영향을 반영하기 위해 $H\to H+e\phi$ 그리고 $\vec{p}\to\vec{p}+e\vec{A}$ 로 대체하면 해밀토니안은 다음과 같이 표현된다.

$$\begin{aligned}
H&=\frac{1}{2m_e}\left[\vec{\sigma}\cdot(\vec{p}+e\vec{A})\right]\left[\vec{\sigma}\cdot(\vec{p}+e\vec{A})\right]-e\phi\\
&=\frac{1}{2m_e}\left[(\vec{p}+e\vec{A})\cdot(\vec{p}+e\vec{A})+i\vec{\sigma}\cdot(\vec{p}+e\vec{A})\times(\vec{p}+e\vec{A})\right]-e\phi^{(62)}
\end{aligned} \qquad (14.2.9)$$

여기서 오른편의 두 번째 항은

$$\begin{aligned}
i\sigma_i\left[(\vec{p}+e\vec{A})\times(\vec{p}+e\vec{A})\right]_i\Psi&=i\sigma_i\epsilon_{ijk}(\vec{p}+e\vec{A})_j(\vec{p}+e\vec{A})_k\Psi\\
&=i\sigma_i\epsilon_{ijk}(p_j+eA_j)(p_k+eA_k)\Psi\\
&=i\sigma_i\epsilon_{ijk}p_jp_k\Psi+ie\sigma_i\epsilon_{ijk}p_j(A_k\Psi)+ie\sigma_i\epsilon_{ijk}A_jp_k\Psi+ie^2\sigma_i\epsilon_{ijk}A_jA_k\Psi\\
&=i\sigma_i(\vec{p}\times\vec{p})_i\Psi+ie\sigma_i\left[\vec{p}\times(\vec{A}\Psi)\right]_i+ie\sigma_i(\vec{A}\times\vec{p}\Psi)_i+ie^2\sigma_i(\vec{A}\times\vec{A})_i\Psi
\end{aligned}$$

이 식의 첫 번째와 네 번째 항은 0이므로

$$i\sigma_i\left[(\vec{p}+e\vec{A})\times(\vec{p}+e\vec{A})\right]_i\Psi=ie\sigma_i\left[\vec{p}\times(\vec{A}\Psi)\right]_i+ie\sigma_i(\vec{A}\times\vec{p}\Psi)_i$$

여기서

$$\left[\vec{p}\times(\vec{A}\Psi)\right]_i=\epsilon_{ijk}p_j(\vec{A}\Psi)_k=\epsilon_{ijk}\left[(p_jA_k)\Psi+A_kp_j\Psi\right]=(\vec{p}\times\vec{A})_i\Psi-(\vec{A}\times\vec{p}\Psi)_i$$

이므로

$$\begin{aligned}
i\sigma_i\left[(\vec{p}+e\vec{A})\times(\vec{p}+e\vec{A})\right]_i\Psi&=ie\vec{\sigma}\cdot(\vec{p}\times\vec{A})\Psi\\
&=e\hbar\vec{\sigma}\cdot(\vec{\nabla}\times\vec{A})\Psi=e\hbar\vec{\sigma}\cdot\vec{B}\Psi=2e\vec{S}\cdot\vec{B}\Psi \qquad (14.2.10)
\end{aligned}$$

---

(62) 증명은 [보충자료 5]를 참조하세요.

가 된다. 그리고 식 (14.2.9)의 오른편의 첫 번째 항은 자유입자의 해밀토니안에 $\vec{p} \rightarrow \vec{p} + e\vec{A}$로 대체한 결과에 해당하고, 대체한 결과를 계산한 식이 식 (14.2.5)에 있는 오른편의 세 항인

$$\frac{1}{2m_e}[(\vec{p}+e\vec{A}) \cdot (\vec{p}+e\vec{A})] = \frac{1}{2m_e}\left(\frac{\hbar}{i}\vec{\nabla}\right)^2 + \frac{e}{2m_e}\vec{B} \cdot \vec{L} + \frac{e^2}{8m_e}[r^2B^2 - (\vec{r} \cdot \vec{B})^2]$$

(14.2.11)

이므로 식 (14.2.9)은

$$H = -\frac{\hbar^2}{2m_e}\nabla^2 + \frac{e}{2m_e}\vec{B} \cdot \vec{L} + \frac{e^2}{8m_e}[r^2B^2 - (\vec{r} \cdot \vec{B})^2] + \frac{1}{2m_e}2e\vec{S} \cdot \vec{B} - e\phi$$

$$= -\frac{\hbar^2}{2m_e}\nabla^2 - e\phi + \frac{e}{2m_e}\vec{B} \cdot (\vec{L} + 2\vec{S}) + \frac{e^2}{8m_e}[B^2r^2 - (\vec{r} \cdot \vec{B})^2]$$

(14.2.12)

이 된다. 이 식을 **파울리-슈뢰딩거**(Pauli-Schrodinger) 방정식이라 부른다.

파울리-슈뢰딩거 방정식에서 $\vartheta(B^2)$에 해당하는 오른편의 네 번째 항을 무시할 때 세 번째 항을 섭동 항

$$H_1 = \frac{e}{2m_e}\vec{B} \cdot (\vec{L} + 2\vec{S}) = \frac{\mu_B}{\hbar}B(L_z + 2S_z) = \frac{\mu_B}{\hbar}B(J_z + S_z)$$

으로 간주할 수 있고 섭동에 의한 에너지 변동은

$$<H_1> = \mu_B B m_j + \frac{\mu_B}{\hbar}B<\phi_{jm_\ell}|S_z|\phi_{jm_\ell}>$$

(14.2.13)

이 된다. 여기서 $|\phi_{jm_\ell}>$은 J^2, J_z, 그리고 L^2의 고유벡터이지만 S_z의 고유벡터가 아니므로 $<\phi_{jm_\ell}|S_z|\phi_{jm_\ell}>$은 11장에서 배운 **투영정리**를 사용하여 다음과 같이 계산할 수 있다.

$$<\phi_{jm_\ell}|S_z|\phi_{jm_\ell}> = \frac{<\phi_{jm_\ell}|\vec{J} \cdot \vec{S}|\phi_{jm_\ell}>}{j(j+1)\hbar^2}<\phi_{jm_\ell}|J_z|\phi_{jm_\ell}>$$

$$= \frac{<\phi_{jm_\ell}|\frac{1}{2}(J^2 - L^2 + S^2)|\phi_{jm_\ell}>}{j(j+1)\hbar^2}m_j\hbar$$

$$= \frac{j(j+1) - \ell(\ell+1) + \frac{3}{4}}{2j(j+1)}m_j\hbar$$

(14.2.14)

그러므로 위 식을 식 (14.2.13)에 대입하면 다음과 같은

$$< H_1 >= \mu_B B m_j \left[1 + \frac{j(j+1)-\ell(\ell+1)+\frac{3}{4}}{2j(j+1)} \right]$$

$$= \frac{eB}{2m_e} m_j \hbar \left[1 + \frac{j(j+1)-\ell(\ell+1)+\frac{3}{4}}{2j(j+1)} \right]$$

$$= m_j \left(\frac{eB\hbar}{2m_e} \right) \left(1 \pm \frac{1}{2\ell+1} \right)$$

섭동에 의한 에너지 변동을 구할 수 있다. 위 식의 오른편 두 번째 괄호안의 +와 −은 각각 $j = \ell + \frac{1}{2}$와 $j = \ell - \frac{1}{2}$인 경우에 해당한다.

아래의 에너지 준위는 이 결과를 나타낸 것이다.

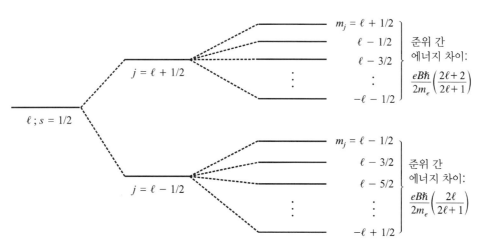

그림 14.2 이상 제만 효과에 의한 에너지 분리

예제 14.1

자기장 $\vec{B} = B\hat{z}$이 크며 전자가 구속되어 있지 않는 상황인 **플라즈마 상태**에 있는 전자의 에너지 준위를 계산해보세요. 이때의 에너지 준위를 **란다우 준위**(Landau level)라 한다.

풀이

자기장이 크므로 $\vartheta(B)$와 $\vartheta(B^2)$ 항을 무시할 수 없다. 반면에 전자가 구속되어 있지

않으므로 쿨롱 포텐셜 항 $e\phi$은 무시할 수 있다. 식 (14.2.5)에서 쿨롱 포텐셜 항 $e\phi$을 무시하면 다음의 식을 얻는다.

$$H\Psi = E\Psi \implies -\frac{\hbar^2}{2m_e}\nabla^2\Psi + \frac{eB}{2m_e}L_z\Psi + \frac{e^2B^2}{8m_e}(x^2 + y^2)\Psi = E\Psi \quad \text{(예 14.1.1)}$$

원통 좌표계를 사용하면 위 식에서

$$\nabla^2\Psi(\rho,\phi,z) = \frac{1}{h_1 h_2 h_3}\left[\frac{\partial}{\partial q_1}\left(h_2 h_3 \frac{1}{h_1}\frac{\partial\Psi}{\partial q_1}\right) + \frac{\partial}{\partial q_2}\left(h_3 h_1 \frac{1}{h_2}\frac{\partial\Psi}{\partial q_2}\right) + \frac{\partial}{\partial q_3}\left(h_1 h_2 \frac{1}{h_3}\frac{\partial\Psi}{\partial q_3}\right)\right]$$

$$= \frac{1}{\rho}\left[\frac{\partial}{\partial\rho}\left(\rho\frac{\partial\Psi}{\partial\rho}\right) + \frac{\partial}{\partial\phi}\left(\frac{1}{\rho}\frac{\partial\Psi}{\partial\phi}\right) + \frac{\partial}{\partial z}\left(\rho\frac{\partial\Psi}{\partial z}\right)\right] \quad \because\ h_1 = 1,\ h_2 = \rho,\ h_3 = 1$$

$$= \frac{\partial^2\Psi}{\partial\rho^2} + \frac{1}{\rho}\frac{\partial\Psi}{\partial\rho} + \frac{1}{\rho^2}\frac{\partial^2\Psi}{\partial\phi^2} + \frac{\partial^2\Psi}{\partial z^2} \quad \text{(예 14.1.2)}$$

을 얻는다.

그리고 $[H,\ L_z] = 0$의 교환자 관계로부터 L_z 연산자는 시간과 무관한 상수임을 알 수 있어서 파동함수를 $\Psi(\vec{r}) = \Psi(\rho,\phi,z) = u(\rho)e^{im\phi}e^{ikz}$로 놓을 때[63]

$$L_z\Psi(\rho,\phi,z) = \frac{\hbar}{i}\frac{\partial}{\partial\phi}\Psi(\rho,\phi,z) = m\hbar\Psi(\rho,\phi,z) \quad \text{(예 14.1.3)}$$

가 된다. 파동함수를 식 (예 14.1.2)에 대입하면

$$\nabla^2\Psi = \frac{d^2u}{d\rho^2}e^{im\phi}e^{ikz} + \frac{1}{\rho}\frac{du}{d\rho}e^{im\phi}e^{ikz} - \frac{m^2}{\rho^2}ue^{im\phi}e^{ikz} - k^2 ue^{im\phi}e^{ikz}$$

$$= \left(\frac{d^2u}{d\rho^2} + \frac{1}{\rho}\frac{du}{d\rho} - \frac{m^2}{\rho^2}u - k^2 u\right)e^{im\phi}e^{ikz} \quad \text{(예 14.1.4)}$$

가 된다. 식 (예 14.1.4)와 (예 14.1.3)을 원 식인 (예 14.1.1)에 대입하면 아래의 미분방정식을 얻는다.

$$-\frac{\hbar^2}{2m_e}\left(\frac{d^2u}{d\rho^2} + \frac{1}{\rho}\frac{du}{d\rho} - \frac{m^2}{\rho^2}u - k^2 u\right) + \frac{eBm\hbar}{2m_e}u + \frac{e^2B^2}{8m_e}\rho^2 u - Eu = 0$$

$$\therefore\ \frac{d^2u}{d\rho^2} + \frac{1}{\rho}\frac{du}{d\rho} - \frac{m^2}{\rho^2}u - \frac{e^2B^2}{4\hbar^2}\rho^2 u + \left(\frac{2m_e E}{\hbar^2} - \frac{eBm}{\hbar} - k^2\right)u = 0 \quad \text{(예 14.1.5)}$$

아래와 같이 변수를 정의하면

$$x = \sqrt{\frac{eB}{2\hbar}}\,\rho \quad \text{(예 14.1.6)}$$

---

(63) 《수리물리학(북스힐)》 by Hwanbae Park, p.305~307을 참고하세요.

식 (예 14.1.5)은

$$\frac{eB}{2\hbar}\frac{d^2u}{dx^2} + \frac{eB}{2\hbar}\frac{1}{x}\frac{du}{dx} - \frac{eB}{2\hbar}\frac{m^2}{x^2}u - \frac{eB}{2\hbar}x^2u + \left(\frac{2m_eE}{\hbar^2} - \frac{eBm}{\hbar} - k^2\right)u = 0$$

$$\Rightarrow \frac{eB}{2\hbar}\left(\frac{d^2u}{dx^2} + \frac{1}{x}\frac{du}{dx} - \frac{m^2}{x^2}u - x^2u\right) + \frac{2m_e}{\hbar^2}\left(E - \frac{eBm\hbar}{2m_e} - \frac{\hbar^2k^2}{2m_e}\right)u = 0$$

$$\Rightarrow \left(\frac{d^2u}{dx^2} + \frac{1}{x}\frac{du}{dx} - \frac{m^2}{x^2}u - x^2u\right) + \frac{4m_e}{eB\hbar}\left(E - \frac{eBm\hbar}{2m_e} - \frac{\hbar^2k^2}{2m_e}\right)u = 0$$

가 된다. 여기서

$$\lambda = \frac{4m_e}{eB\hbar}\left(E - \frac{eBm\hbar}{2m_e} - \frac{\hbar^2k^2}{2m_e}\right) \tag{예 14.1.7}$$

로 놓으면 위 식은

$$\frac{d^2u}{dx^2} + \frac{1}{x}\frac{du}{dx} - \frac{m^2}{x^2}u - x^2u + \lambda u = 0 \Rightarrow \frac{d^2u}{dx^2} + \frac{1}{x}\frac{du}{dx} - \left(\frac{m^2}{x^2} + x^2 - \lambda\right)u = 0$$

$$\tag{예 14.1.8}$$

이 된다.

식 (예 14.1.8)의 解를 바로 구하는 것이 어렵기 때문에 x가 큰 경우와 작은 경우로 나누어 살펴봄으로 解의 형태를 구한다.

(i) $x \rightarrow \infty$인 경우

위 식은

$$\frac{d^2u}{dx^2} - x^2u = 0$$

가 되어 解는

$$u(x) \sim e^{-\frac{x^2}{2}} \tag{예 14.1.9}$$

의 형태가 된다. 여기서 $e^{\frac{x^2}{2}}$ 항은 $x \rightarrow \infty$에서 발산하기 때문에 解가 되지 못한다.

(ii) $x \rightarrow 0$인 경우

위 식은 다음과 같이 된다.

$$\frac{d^2u}{dx^2} + \frac{1}{x}\frac{du}{dx} - \frac{m^2}{x^2}u = 0 \tag{예 14.1.10}$$

시도 解로 $u(x) = x^\ell$로 놓으면 위 식은

$$[\ell(\ell-1)+\ell-m^2]x^{\ell-2}=0 \implies (\ell+m)(\ell-m)=0$$

이므로 $\ell=\pm m$가 된다. 여기서 작은 x에 대해 발산을 피하기 위해 ℓ은 양수가 되어야 하므로 $\ell=|m|$으로 쓸 수 있어서 식 (예 14.1.10)의 解는 다음과 같다.

$$u(x)=x^{|m|} \tag{예 14.1.11}$$

(i)과 (ii)의 결과로부터 일반解를

$$u(x)=x^{|m|}e^{-\frac{x^2}{2}}G(x) \tag{예 14.1.12}$$

로 놓을 수 있고 이 식을 식 (예 14.1.8)에 대입하면 다음의 관계식을 얻는다.[64]

$$\frac{d^2G}{dx^2}+\left(\frac{2|m|+1}{x}-2x\right)\frac{dG}{dx}+(\lambda-2-2|m|)G=0 \tag{예 14.1.13}$$

위 식을 우리가 잘 알고 있는 미분방정식으로 표현하기 위해 $y=x^2$으로 치환을 하면

$$\begin{cases} \dfrac{d}{dx}=2y^{\frac{1}{2}}\dfrac{d}{dy} \\[2mm] \dfrac{d^2}{dx^2}=4y\dfrac{d^2}{dy^2}+2\dfrac{d}{dy} \end{cases}$$

이므로 이를 식 (예 14.1.13)에 대입하면

$$4y\frac{d^2G}{dy^2}+[2+2(2|m|+1)-4y]\frac{dG}{dy}+(\lambda-2-2|m|)G=0$$

$$\implies 4y\frac{d^2G}{dy^2}+4[(|m|+1)-y]\frac{dG}{dy}+(\lambda-2-2|m|)G=0$$

$$\implies \frac{d^2G}{dy^2}+\left(\frac{|m|+1}{y}-1\right)\frac{dG}{dy}+\frac{\lambda-2-2|m|}{4y}G=0 \tag{예 14.1.14}$$

가 된다.

7장의 (예제 3)에서 얻은 아래 식

$$\frac{d^2H}{d\rho^2}+\left(\frac{2\ell+2}{\rho}-1\right)\frac{dH}{d\rho}+\frac{\lambda-\ell-1}{\rho}H=0 \tag{예 7.3.9}$$

에 $\ell \to \dfrac{|m|-1}{2}$과 $\lambda \to \dfrac{\lambda}{4}$을 대입하면 식 (예 7.3.9)의 解인 $H(\rho)$은 식 (예 14.1.14)의 解인 $G(y)$와 같게 된다. 그러므로 식 (예 7.3.11)에 이 대체한 관계를 대입하면

---

(64) [보충자료 6]을 참조하세요.

$$\lambda = \ell + 1 + n_r \;\rightarrow\; \frac{\lambda}{4} = \frac{|m|+1}{2} + n_r$$

이 된다. 이 관계식에 식 (예 14.1.7)을 대입하면 다음의 관계식을 얻을 수 있다.

$$\frac{1}{4}\frac{4m_e}{eB\hbar}\left(E - \frac{eBm\hbar}{2m_e} - \frac{\hbar^2 k^2}{2m_e}\right) = \frac{|m|+1}{2} + n_r$$

$$\Rightarrow\; E - \frac{\hbar^2 k^2}{2m_e} = \frac{eB\hbar}{m_e}\left(\frac{|m|+m+1}{2} + n_r\right) \;\Rightarrow\; E = \frac{eB\hbar}{m_e}\left(\frac{|m|+m+1}{2} + n_r\right) + \frac{\hbar^2 k^2}{2m_e}$$

그러므로 방위각에 무관한 경우인 $m = 0$일 때 란다우 준위는

$$E_{란다우} = \frac{eB\hbar}{m_e}\left(\frac{1}{2} + n_r\right) + \frac{\hbar^2 k^2}{2m_e}$$

가 된다.

관계식 $-\nabla^2\vec{A}+\dfrac{1}{c^2}\dfrac{\partial^2\vec{A}}{\partial t^2}+\vec{\nabla}\left(\vec{\nabla}\cdot\vec{A}+\dfrac{1}{c^2}\dfrac{\partial\phi}{\partial t}\right)=\mu_0\vec{j}$ 을 증명하세요.

풀이

암페어-맥스웰 법칙에 식 (14.1.2)을 대입하면

$$\vec{\nabla}\times(\vec{\nabla}\times\vec{A})-\mu_0\epsilon_0\frac{\partial}{\partial t}\left(-\frac{\partial\vec{A}}{\partial t}-\vec{\nabla}\phi\right)=\mu_0\vec{j}$$

이 된다. 여기서

$$[\vec{\nabla}\times(\vec{\nabla}\times\vec{A})]_i=\epsilon_{ijk}\partial_j(\vec{\nabla}\times\vec{A})_k=\epsilon_{ijk}\epsilon_{k\ell m}\partial_j\partial_\ell A_m=(\delta_{i\ell}\delta_{jm}-\delta_{im}\delta_{j\ell})\partial_j\partial_\ell A_m$$

$$=\partial_j\partial_i A_j-\partial_j\partial_j A_i=\partial_i\partial_j A_j-\partial_j\partial_j A_i$$

$$\Rightarrow\ \vec{\nabla}\times(\vec{\nabla}\times\vec{A})=\vec{\nabla}(\vec{\nabla}\cdot\vec{A})-\nabla^2\vec{A}$$

이므로 이를 원 식에 대입하면서 $\mu_0\epsilon_0=\dfrac{1}{c^2}$ 을 사용하면

$$\vec{\nabla}(\vec{\nabla}\cdot\vec{A})-\nabla^2\vec{A}+\frac{1}{c^2}\frac{\partial}{\partial t}\left(\frac{\partial\vec{A}}{\partial t}+\vec{\nabla}\phi\right)=\mu_0\vec{j}$$

가 되어 다음의 관계식을 얻는다.

$$-\nabla^2\vec{A}+\frac{1}{c^2}\frac{\partial^2\vec{A}}{\partial t^2}+\vec{\nabla}\left(\vec{\nabla}\cdot\vec{A}+\frac{1}{c^2}\frac{\partial\phi}{\partial t}\right)=\mu_0\vec{j}$$

$\vec{A} = -\dfrac{1}{2}\vec{r} \times \vec{B}$로 놓을 수 있음을 증명하세요.

풀이

$$[\vec{\nabla} \times \vec{A}]_i = \epsilon_{ijk}\partial_j A_k = -\frac{1}{2}\epsilon_{ijk}\partial_j[\vec{r} \times \vec{B}]_k = -\frac{1}{2}\epsilon_{ijk}\epsilon_{k\ell m}\partial_j(r_\ell B_m)$$

$$= -\frac{1}{2}\epsilon_{ijk}\epsilon_{k\ell m}(B_m \partial_j r_\ell + r_\ell \partial_j B_m)$$

여기서 오른쪽 괄호 안의 두 번째 항은 자기장이 일정하므로 0이 된다. 그러므로

$$[\vec{\nabla} \times \vec{A}]_i = -\frac{1}{2}\epsilon_{ijk}\epsilon_{k\ell m}B_m\partial_j r_\ell = -\frac{1}{2}\epsilon_{ijk}\epsilon_{k\ell m}B_m\delta_{j\ell} = -\frac{1}{2}\epsilon_{i\ell k}\epsilon_{k\ell m}B_m = \frac{1}{2}\epsilon_{k\ell i}\epsilon_{k\ell m}B_m$$

$$= \frac{1}{2}\epsilon_{k\ell i}^2 B_i = B_i$$

그러므로 벡터 포텐셜을 $\vec{A} = -\dfrac{1}{2}\vec{r} \times \vec{B}$로 놓으면

$$\vec{\nabla} \times \vec{A} = \vec{B}$$

의 관계를 만족한다.

$$H = \frac{1}{2m_e}(\vec{p} + e\vec{A})^2 - e\phi \;\Rightarrow\; H = \frac{1}{2m_e}(p_k + eA_k)^2 - e\phi$$

[증명] 고전역학에서 배운 **해밀톤의 정준방정식**(Hamilton's canonical equation) $\frac{\partial H}{\partial p_i} = \dot{x}_i$, $\frac{\partial H}{\partial x_i} = -\dot{p}_i$에 해밀토니안 H을 대입하면 다음의 관계식을 얻는다.

$$\begin{cases} \dfrac{1}{m_e}\delta_{ik}(p_k + eA_k) = \dfrac{1}{m_e}(p_i + eA_i) = \dot{x}_i \\[2mm] -\dfrac{e}{m_e}\dfrac{\partial A_k}{\partial x_i}(p_k + eA_k) + e\dfrac{\partial \phi}{\partial x_i} = \dot{p}_i \end{cases} \tag{1}$$

식 (1)의 관계식으로부터 전자의 운동방정식을 구해보면

$$\begin{aligned} m_e\frac{d^2 x_i}{dt^2} &= m_e\frac{d}{dt}\dot{x}_i = m_e\frac{d}{dt}\left[\frac{1}{m_e}(p_i + eA_i)\right] = \dot{p}_i + e\left(\frac{\partial A_i}{\partial t} + \frac{dx_k}{dt}\frac{\partial A_i}{\partial x_k}\right) \\ &= \left[-\frac{e}{m_e}\frac{\partial A_k}{\partial x_i}(p_k + eA_k) + e\frac{\partial \phi}{\partial x_i}\right] + e\left(\frac{\partial A_i}{\partial t} + \frac{dx_k}{dt}\frac{\partial A_i}{\partial x_k}\right) \\ &= \left[-\frac{e}{m_e}\frac{\partial A_k}{\partial x_i}(m_e\dot{x}_k) + e\frac{\partial \phi}{\partial x_i}\right] + e\left(\frac{\partial A_i}{\partial t} + \frac{dx_k}{dt}\frac{\partial A_i}{\partial x_k}\right) \\ &= e\left[\left(\frac{\partial \phi}{\partial x_i} + \frac{\partial A_i}{\partial t}\right) + \frac{dx_k}{dt}\left(\frac{\partial A_i}{\partial x_k} - \frac{\partial A_k}{\partial x_i}\right)\right] \end{aligned} \tag{2}$$

가 된다.

식 (2)의 오른쪽 중괄호 안의 첫 번째 항은 식 (14.1.2)로부터 $\left[\vec{\nabla}\phi + \frac{\partial \vec{A}}{\partial t}\right]_i = -(\vec{E})_i$ 이고 두 번째 항은 $v_k(\partial_k A_i - \partial_i A_k)$이므로

$$v_k(\partial_k A_i - \partial_i A_k) \xrightarrow{\;k \to j\;} v_j\partial_j A_i - v_j\partial_i A_j = (\delta_{im}\delta_{j\ell} - \delta_{i\ell}\delta_{jm})v_j\partial_\ell A_m$$

$$= -\epsilon_{ijk}\epsilon_{k\ell m}v_j\partial_\ell A_m = -\epsilon_{ijk}v_j\epsilon_{k\ell m}\partial_\ell A_m = -\epsilon_{ijk}v_j(\vec{\nabla}\times\vec{A})_k = -[\vec{v}\times(\vec{\nabla}\times\vec{A})]_i$$

가 된다. 이 결과들을 식 (2)에 대입하고 $\vec{\nabla}\times\vec{A} = \vec{B}$의 관계를 적용하면

$$m_e\frac{d^2 x_i}{dt^2} = -eE_i - e[\vec{v}\times(\vec{\nabla}\times\vec{A})]_i = -e[\vec{E} + \vec{v}\times\vec{B}]_i \tag{3}$$

의 관계식을 얻는다. 이 식은 로렌츠 힘인 $\vec{F} = q(\vec{E} + \vec{v}\times\vec{B})$에 해당하므로 해밀토니안 $H = \frac{1}{2m_e}(\vec{p} + e\vec{A})^2 - e\phi$은 전자기장에 있는 전자에 대한 표현임을 알 수 있다.

관계식 $(\vec{r} \times \vec{B})^2 = r^2 B^2 - (\vec{r} \cdot \vec{B})^2$을 증명하세요.

[**증명**] 이 식은 다음의 형태이다.

$$(\vec{A} \times \vec{B}) \cdot (\vec{C} \times \vec{D}) = \sum_i (\vec{A} \times \vec{B})_i (\vec{C} \times \vec{D})_i = \sum_i \epsilon_{ijk} A_j B_k \epsilon_{i\ell m} C_\ell D_m$$

$$= \sum_i \epsilon_{ijk} \epsilon_{i\ell m} A_j B_k C_\ell D_m = \sum_i \epsilon_{jki} \epsilon_{i\ell m} A_j B_k C_\ell D_m$$

$$= (\delta_{j\ell} \delta_{km} - \delta_{jm} \delta_{k\ell}) A_j B_k C_\ell D_m$$

$$= (\vec{A} \cdot \vec{C})(\vec{B} \cdot \vec{D}) - (\vec{A} \cdot \vec{D})(\vec{B} \cdot \vec{C})$$

이제 $\vec{A} \to \vec{r}$, $\vec{C} \to \vec{r}$, $\vec{D} \to \vec{B}$을 하면 위 식의 오른편은

$$(\vec{r} \cdot \vec{r})(\vec{B} \cdot \vec{B}) - (\vec{r} \cdot \vec{B})(\vec{B} \cdot \vec{r}) = r^2 B^2 - (\vec{r} \cdot \vec{B})^2$$

이 되어

$$\therefore \ (\vec{r} \times \vec{B})^2 = r^2 B^2 - (\vec{r} \cdot \vec{B})^2$$

관계식

$$[\vec{\sigma} \cdot (\vec{p} + e\vec{A})][\vec{\sigma} \cdot (\vec{p} + e\vec{A})] = (\vec{p} + e\vec{A}) \cdot (\vec{p} + e\vec{A}) + i\vec{\sigma} \cdot (\vec{p} + e\vec{A}) \times (\vec{p} + e\vec{A})$$

을 증명하세요.

[증명]
$$\sigma_i(\vec{p} + e\vec{A})_i\sigma_j(\vec{p} + e\vec{A})_j = \sigma_i\sigma_j(\vec{p} + e\vec{A})_i(\vec{p} + e\vec{A})_j$$

이 식 오른편에 9장에서 배운 파울리 σ-행렬의 성질 $\sigma_i\sigma_j = \delta_{ij}I + i\epsilon_{ijk}\sigma_k$을 대입하면 위 식은

$$\sigma_i(\vec{p} + e\vec{A})_i\sigma_j(\vec{p} + e\vec{A})_j = (\delta_{ij}I + i\epsilon_{ijk}\sigma_k)(\vec{p} + e\vec{A})_i(\vec{p} + e\vec{A})_j$$

가 된다. 여기서

$$\delta_{ij}I(\vec{p} + e\vec{A})_i(\vec{p} + e\vec{A})_j = (\vec{p} + e\vec{A})_i(\vec{p} + e\vec{A})_i = (\vec{p} + e\vec{A}) \cdot (\vec{p} + e\vec{A})$$

그리고

$$\begin{aligned}
i\epsilon_{ijk}\sigma_k(\vec{p} + e\vec{A})_i(\vec{p} + e\vec{A})_j &= i\epsilon_{kij}\sigma_k(\vec{p} + e\vec{A})_i(\vec{p} + e\vec{A})_j \\
&= i\sigma_k\epsilon_{kij}(\vec{p} + e\vec{A})_i(\vec{p} + e\vec{A})_j = i\sigma_k[(\vec{p} + e\vec{A}) \times (\vec{p} + e\vec{A})]_k \\
&= i\vec{\sigma} \cdot (\vec{p} + e\vec{A}) \times (\vec{p} + e\vec{A})
\end{aligned}$$

이므로 아래의 관계식을 얻는다.

$$[\vec{\sigma} \cdot (\vec{p} + e\vec{A})][\vec{\sigma} \cdot (\vec{p} + e\vec{A})] = (\vec{p} + e\vec{A}) \cdot (\vec{p} + e\vec{A}) + i\vec{\sigma} \cdot (\vec{p} + e\vec{A}) \times (\vec{p} + e\vec{A})$$

$\dfrac{d^2 G}{dx^2} + \left(\dfrac{2|m|+1}{x} - 2x \right) \dfrac{dG}{dx} + (\lambda - 2 - 2|m|) G = 0$을 증명하세요.

풀이

보기 편하도록 $|m|$을 m으로 나타낸 다음, 최종 구한 식에 $m \to |m|$으로 하자.

$$\frac{du(x)}{dx} = (mx^{m-1} - x^{m+1}) e^{-\frac{x^2}{2}} G(x) + x^m e^{-\frac{x^2}{2}} G'(x),$$

$$\frac{d^2 u(x)}{dx^2} = x^m e^{-\frac{x^2}{2}} G''(x) + 2(mx^{m-1} - x^{m+1}) e^{-\frac{x^2}{2}} G'(x)$$

$$+ [m(m-1)x^{m-2} - (2m+1)x^m + x^{m+2}] e^{-\frac{x^2}{2}} G(x),$$

$$\frac{1}{x} \frac{du(x)}{dx} = (mx^{m-2} - x^m) e^{-\frac{x^2}{2}} G(x) + x^{m-1} e^{-\frac{x^2}{2}} G'(x),$$

$$\left(\lambda - \frac{m^2}{x^2} - x^2 \right) u = (\lambda x^m - m^2 x^{m-2} - x^{m+2}) e^{-\frac{x^2}{2}} G(x)$$

이들을 원 식에 대입하면

$$x^m e^{-\frac{x^2}{2}} G''(x) + [(2m+1)x^{m-1} - 2x^{m+1}] e^{-\frac{x^2}{2}} G'(x)$$

$$+ [m(m-1)x^{m-2} - (2m+1)x^m + x^{m+2} + mx^{m-2} - x^m$$

$$+ \lambda x^m - m^2 x^{m-2} - x^{m+2}] e^{-\frac{x^2}{2}} G(x) = 0$$

여기서 $G(x)$ 계수를 정리하면 $\lambda - 2 - 2m$이 되어 위 식은

$$x^m G''(x) + [(2m+1)x^{m-1} - 2x^{m+1}] G'(x) + (\lambda - 2 - 2m) x^m G(x) = 0$$

을 얻을 수 있어 각 항을 x^m으로 나누어주면

$$\frac{d^2 G}{dx^2} + \left(\frac{2|m|+1}{x} - 2x \right) \frac{dG}{dx} + (\lambda - 2 - 2|m|) G = 0$$

을 구할 수 있다.

방사성 붕괴(Radiative Decays)

 방사성 붕괴는 들뜬 에너지 준위에서 안정된 에너지 준위로 전이하면서 에너지 준위 차이만큼의 입자를 방출하는 것이다. 이러한 경우 에너지 준위 차이만큼의 광자를 배출한다는 것을 보어이론은 설명을 하지만 전이 시 궤도 양자수 ℓ과 자기 양자수 m에 관한 선택률, 그리고 전이가 얼마나 빨리 일어나는지[65]에 대한 정보를 제공하지 못한다. 이 장에서 이러한 문제들을 슈뢰딩거 이론으로 다루어본다.

 외부 전자기장과 상호작용하는 전자에 대한 해밀토니안은 쿨롱 게이지를 가정한 식 (14.2.2)로부터

$$H = \frac{1}{2m_e}(\vec{p} + e\vec{A})^2 - e\phi = \frac{1}{2m_e}\left(\frac{\hbar}{i}\vec{\nabla} + e\vec{A}\right)^2 - e\phi$$

$$= \frac{1}{2m_e}p^2 - e\phi + \frac{1}{m_e}\frac{e\hbar}{i}\vec{A} \cdot \vec{\nabla} + \frac{1}{2m_e}e^2 A^2 \tag{15.1}$$

로 표현된다. 오른편의 마지막 항 $\vartheta(B^2)$은 세 번째 항 $\vartheta(B)$에 비해 값이 아주 작아서 무시할 수 있음을 14장에서 배웠고 $\frac{1}{m_e}\frac{e\hbar}{i}\vec{A} \cdot \vec{\nabla} = \frac{e}{m_e}\vec{A} \cdot \vec{p} = \lambda U(t)$을 섭동 항으로 간주할 수 있다.

 자유공간에서 벡터 포텐셜은 식 (14.1.6)의 두 번째 관계식인

$$\nabla^2 \vec{A}(\vec{r},t) - \frac{1}{c^2}\frac{\partial^2 \vec{A}(\vec{r},t)}{\partial t^2} = 0 \tag{15.2}$$

이며 이 식은 $\vec{A}(\vec{r},t)$가 속도 c로 진행하는 파동방정식이다. 평면파는 $e^{\pm i(\vec{k} \cdot \vec{r} - \omega t)}$의 함수 형태를 가지므로 벡터 포텐셜을 다음과 같이 놓을 수 있다.

---

(65) [예제 15.2]을 참조하세요.

$$\vec{A}(r,t) = \vec{A}_0 e^{i(\vec{k}\,\cdot\,\vec{r}\,-\,\omega t)} + \vec{A}_0^+ e^{-\,i(\vec{k}\,\cdot\,\vec{r}\,-\,\omega t)} \tag{15.3}$$

$$= \vec{A}_0(\vec{r})e^{-\,i\omega t} + \vec{A}_0^+(\vec{r})e^{i\omega t} \tag{15.4}$$

여기서 물리적 의미를 갖는 물리량은 실수 값이므로 편의상 복소공액(c.c)을 추가했다. 오른편의 첫 항과 둘째 항은 각각 광자 흡수와 광자 방출에 해당한다. 우리가 구해야 하는 변수는 k와 $\vec{A}_0$이다. 식 (15.3)을 (15.2)에 대입하면

$$k^2 - \frac{\omega^2}{c^2} = 0 \implies k = \frac{\omega}{c} \tag{15.5}$$

의 관계식을 구한다.

우리의 관심은 원자 상태에서 벡터 포텐셜 $\vec{A}(r,t)$의 표현에 광자 흡수 또는 방출을 식 (15.1)의 관계식으로부터 표현하는 것이다.

식 (14.1.2)로부터 전자기장은 다음과 같이 벡터 포텐셜 $\vec{A}(r,t)$로만 표현될 수 있다.

$$\begin{cases} \vec{E} = -\dfrac{\partial \vec{A}}{\partial t} - \vec{\nabla}\phi \\ \vec{B} = \vec{\nabla}\times\vec{A} \end{cases} \implies \begin{cases} \vec{E} = -\dfrac{\partial \vec{A}}{\partial t} = i\omega\vec{A}_0 e^{i(\vec{k}\,\cdot\,\vec{r}\,-\,\omega t)} + c.c. \\ \vec{B} = \dfrac{i}{\hbar}\vec{p}\times\vec{A} = i\vec{k}\times\vec{A}_0 e^{i(\vec{k}\,\cdot\,\vec{r}\,-\,\omega t)} + c.c. \end{cases} \tag{15.6}$$

그리고 가우스 법칙에 식 (15.6)의 첫 번째 식을 대입하면 다음의 관계식을 얻는다.

$$\vec{\nabla}\cdot\vec{E} = 0 \implies \vec{\nabla}\cdot[i\omega\vec{A}_0 e^{i(\vec{k}\,\cdot\,\vec{r}\,-\,\omega t)} + c.c.] = 0 \implies \begin{cases} \vec{k}\cdot\vec{A}_0 = 0 \\ \vec{k}\cdot\vec{A}_0^+ = 0 \end{cases} \tag{15.7}$$

평면상의 어떤 특정한 방향으로 파동이 진동을 할 때 이를 **편광**이라 하고 진동방향을 **편광방향**이라 한다. 식 (15.6)의 첫 번째 식으로부터 $\vec{A}_0$와 $\vec{E}$은 같은 방향이다. 광학에서 전기장의 방향을 편광방향으로 정의하므로 $\vec{A}_0$은 편광방향을 가리키는 단위벡터 $\hat{\epsilon}_\lambda$와 같은 방향이어서 식 (15.7)으로부터

$$\vec{k}\cdot\hat{\epsilon}_\lambda = 0 \tag{15.8}$$

의 관계식을 얻는다.

또한 전자기장의 단위부피당 에너지인 에너지 밀도 u에 대한 관계식에 식 (15.6)을 대입하면

$$u = u_E + u_B = \frac{1}{2}\epsilon_0 E^2 + \frac{1}{2\mu_0}B^{2\,(66)}$$

$$= \frac{1}{2}\epsilon_0\left[\omega^2(\vec{A}_0 \cdot \vec{A}_0^+ + \vec{A}_0^+ \cdot \vec{A}_0)\right]$$

$$+ \frac{1}{2\mu_0}\left[(\vec{k}\times\vec{A}_0) \cdot (\vec{k}\times\vec{A}_0^+) + (\vec{k}\times\vec{A}_0^+) \cdot (\vec{k}\times\vec{A}_0)\right]$$

$$+ \; [e^{\pm 2i\omega t} \text{ 인자를 포함하는 항들, 여기서 각 항은 평균적으로 0임}]$$

여기서

$$(\vec{k}\times\vec{A}_0) \cdot (\vec{k}\times\vec{A}_0^+) = \sum_i (\vec{k}\times\vec{A}_0)_i(\vec{k}\times\vec{A}_0^+)_i$$

$$= \sum_i \epsilon_{ijk}\epsilon_{i\ell m}k_j A_{0_k}k_\ell A_{0\;m}^+ = (\delta_{j\ell}\delta_{km} - \delta_{jm}\delta_{k\ell})k_j A_{0_k}k_\ell A_{0\;m}^+$$

$$= k^2\vec{A}_0 \cdot \vec{A}_0^+ - (\vec{k} \cdot \vec{A}_0^+)(\vec{k} \cdot \vec{A}_0)$$

$$= k^2\vec{A}_0 \cdot \vec{A}_0^+ \qquad \qquad \because \text{ 식 (15.7)로부터 } \vec{k} \cdot \vec{A}_0 = 0\text{이므로}$$

그리고 유사한 방법으로

$$(\vec{k}\times\vec{A}_0^+) \cdot (\vec{k}\times\vec{A}_0) = k^2\vec{A}_0^+ \cdot \vec{A}_0$$

을 얻는다. 이 결과들을 원 식에 대입하면 전자기장에 저장된 에너지 밀도는

$$u = \frac{1}{2}\epsilon_0\left[\omega^2(\vec{A}_0 \cdot \vec{A}_0^+ + \vec{A}_0^+ \cdot \vec{A}_0)\right] + \frac{1}{2\mu_0}k^2(\vec{A}_0 \cdot \vec{A}_0^+ + \vec{A}_0^+ \cdot \vec{A}_0)$$

$$= \frac{1}{2}\epsilon_0\omega^2(2\vec{A}_0 \cdot \vec{A}_0^+ + 2\vec{A}_0^+ \cdot \vec{A}_0) \qquad \because \text{ 식 (15.5)로부터 } k^2 = \frac{\omega^2}{c^2} = \omega^2\mu_0\epsilon_0$$

$$= \epsilon_0\omega^2(\vec{A}_0 \cdot \vec{A}_0^+ + \vec{A}_0^+ \cdot \vec{A}_0) \tag{15.9}$$

여기서 $\vec{A}_0$와 $\vec{A}_0^+$을 연산자가 아닌 고전적인 물리량으로 간주하면 위 식은

$u = 2\epsilon_0\omega^2|\vec{A}_0|^2$이 되어 전자기장에 저장된 총 에너지는

$$U = \int u\,dV = 2\epsilon_0\omega^2|\vec{A}_0|^2 V = N\hbar\omega \qquad \text{여기서 } N\text{은 광자 수}$$

가 되어

$$|\vec{A}_0|^2 = \frac{U}{V}\frac{1}{2\epsilon_0\omega^2} = \frac{N\hbar\omega}{V}\frac{1}{2\epsilon_0\omega^2}$$

---

(66) 증명은 [보충자료 1]을 참조하세요.

그러므로

$$\vec{A}_0 = \sqrt{\frac{N\hbar}{2\epsilon_0 \omega V}}\, \hat{\epsilon}_\lambda \tag{15.10}$$

가 된다.

식 (15.10)을 식 (15.3)에 대입하면

$$\vec{A}(\vec{r},t) = A_0 \hat{\epsilon}_\lambda e^{i(\vec{k}\cdot\vec{r}-\omega t)} + A_0^+ \hat{\epsilon}_\lambda e^{-i(\vec{k}\cdot\vec{r}-\omega t)}$$

$$= \sqrt{\frac{N\hbar}{2\epsilon_0 \omega V}}\, \hat{\epsilon}_\lambda \left[e^{i(\vec{k}\cdot\vec{r}-\omega t)} + e^{-i(\vec{k}\cdot\vec{r}-\omega t)} \right] \tag{15.11}$$

빛은 전자기 파동으로서 전기장과 자기장이 서로 직교하면서 진행방향에 수직으로 진동하며 전파하는 **횡파**이므로 두 가지 독립된 편광방향이 가능하다. 그리고 광자 수와 관계가 되는 연산자를 $A_\lambda(\vec{k})$와 $A_\lambda^+(\vec{k})$로 놓으면 위 식은 다음과 같이 표현된다.

$$\vec{A}(\vec{r},t) = \sqrt{\frac{\hbar}{2\epsilon_0 \omega V}} \sum_{\lambda=1}^{2} \hat{\epsilon}_\lambda \left[A_\lambda(\vec{k}) e^{i(\vec{k}\cdot\vec{r}-\omega t)} + A_\lambda^+(\vec{k}) e^{-i(\vec{k}\cdot\vec{r}-\omega t)} \right] \tag{15.12}$$

양자역학적으로 생성 연산자 a^+와 소멸 연산자 a로 조화 진동자를 다루었듯이 $A_\lambda^+(\vec{k})$와 $A_\lambda(\vec{k})$을 각각 광자를 생성하는 연산자와 광자를 소멸하는 연산자로 다음과 같이 간주할 수 있다.

$$\begin{cases} A_\lambda^+(\vec{k})|N_\lambda(\vec{k})> = \sqrt{N_\lambda(\vec{k})+1}\,\left| N_\lambda(\vec{k})+1 \right\rangle \\ A_\lambda(\vec{k})|N_\lambda(\vec{k})> = \sqrt{N_\lambda(\vec{k})}\,\left| N_\lambda(\vec{k})-1 \right\rangle \end{cases} \tag{15.13}$$

이제 전이가 일어나는 선택률과 전이가 얼마나 빨리 일어나는지에 관해 수소유사 원자의 들뜬 상태 $|\phi_n^0>$에서 한 개의 광자를 방출하며 낮은 에너지 상태인 $|\phi_m^0>$으로의 전이를 고려함으로써 자세히 알아보자. 원자와 전자기장의 상호작용은 식 (15.1)에서와 같이 섭동항

$$\lambda U(t) = \frac{e}{m_e}\vec{A}\cdot\vec{p}$$

로 나타낼 수 있고 이때 전이률은 식 (13.2.6)으로부터 다음과 같이 표현된다.

$$\Gamma_{n\to m} = \frac{2\pi}{\hbar}|<\phi_m^0|\lambda U(t)|\phi_n^0>|^2 \delta(E_m^0 - E_n^0 + \hbar\omega)$$

그리고 식 (15.11)에서 광자의 방출과 관계되는 벡터 포텐셜은

$$\vec{A}(\vec{r},t) = \sqrt{\frac{\hbar}{2\epsilon_0 \omega V}}\, \hat{\epsilon}_\lambda e^{-i(\vec{k}\cdot\vec{r}-\omega t)}$$

이므로 섭동항은

$$\lambda U(t) = \frac{e}{m_e}\sqrt{\frac{\hbar}{2\epsilon_0 \omega V}}\, \hat{\epsilon}_\lambda \cdot \vec{p}\, e^{-i(\vec{k}\cdot\vec{r}-\omega t)}$$

이 되어 전이률은 다음과 같이 주어진다.

$$\begin{aligned}
\Gamma_{n\to m} &= \frac{2\pi}{\hbar}\left|< \phi_m^0 \,|\, \frac{e}{m_e}\sqrt{\frac{\hbar}{2\epsilon_0 \omega V}}\, e^{-i\vec{k}\cdot\vec{r}}\hat{\epsilon}_\lambda \cdot \vec{p}\, |\phi_n^0 >\right|^2 \\
&= \frac{\pi e^2}{m_e^2 \epsilon_0 \omega V}\left|< \phi_m^0 |e^{-i\vec{k}\cdot\vec{r}}\hat{\epsilon}_\lambda \cdot \vec{p}\,|\phi_n^0 >\right|^2
\end{aligned} \tag{15.14}$$

여기서 시간의존 인자 $e^{i\omega t}$은 에너지보존을 의미하는 델타함수에서 구속조건으로 표현되기 때문에 따로 나타내지 않았다.

위 식에 있는 행렬요소의 크기를 대략적으로 계산해보자. 운동량 $\vec{p}$에 대한 크기는 자유전자의 에너지와 수소유사 원자의 바닥상태의 에너지 준위로부터 다음과 같다.

$$E = \frac{p^2}{2m_e} = \frac{1}{2}m_e c^2 \frac{(Z\alpha)^2}{n^2}\bigg|_{n=1} \Rightarrow p^2 = m_e^2(Z\alpha c)^2 \tag{15.15}$$

$$\therefore\ \hat{\epsilon}_\lambda \cdot \vec{p} \approx p = m_e Z\alpha c \tag{15.16}$$

그리고 수소유사 원자의 반경은

$$pr \approx \hbar \Rightarrow r = \frac{\hbar}{p}$$

$$\therefore\ r = \frac{\hbar}{m_e c Z\alpha} \tag{15.17}$$

이고 식 (15.5)로부터

$$k = \frac{\omega}{c} = \frac{\hbar\omega}{\hbar c} \approx \frac{1}{2}m_e c^2 (Z\alpha)^2 \frac{1}{\hbar c} = \frac{m_e c (Z\alpha)^2}{2\hbar} \tag{15.18}$$

가 되어 이들 결과로부터

$$kr \approx \frac{m_e c (Z\alpha)^2}{2\hbar}\frac{\hbar}{m_e c Z\alpha} = \frac{1}{2}Z\alpha$$

을 얻고 여기서 $Z\alpha \ll 1$인 경우 $kr \ll 1$이므로

$$e^{-i\vec{k} \cdot \vec{r}} \approx 1 \tag{15.19}$$

로 주어진다. 식 (15.14)의 행렬요소에 식 (15.19)을 대입하면 다음과 같다.

$$\begin{aligned}
<\phi_m^0|e^{-i\vec{k} \cdot \vec{r}}\hat{\epsilon}_\lambda \cdot \vec{p}|\phi_n^0> &\approx \hat{\epsilon}_\lambda \cdot <\phi_m^0|m_e\frac{d\vec{r}}{dt}|\phi_n^0> \\
&= m_e\hat{\epsilon}_\lambda \cdot <\phi_m^0|\frac{i}{\hbar}[H_0, \ \vec{r}]|\phi_n^0> \\
&= im_e\hat{\epsilon}_\lambda \cdot <\phi_m^0|\frac{1}{\hbar}(H_0\vec{r} - \vec{r}H_0)|\phi_n^0> \\
&= im_e\hat{\epsilon}_\lambda \cdot <\phi_m^0|\frac{1}{\hbar}(E_m^0 - E_n^0)\vec{r}|\phi_n^0>
\end{aligned}$$

여기서 들뜬 상태와 낮은 상태의 에너지 차이를 $\hbar\omega$라 하면 위 식은 **전기 쌍극자 근사**로 알려진 다음의 결과를 준다.

$$<\phi_m^0|e^{-i\vec{k} \cdot \vec{r}}\hat{\epsilon}_\lambda \cdot \vec{p}|\phi_n^0> \approx -im_e\omega <\phi_m^0|\hat{\epsilon}_\lambda \cdot \vec{r}|\phi_n^0> \tag{15.20}$$

위 식의 오른편에 상태함수에 대한 식을 대입하면

$$\begin{aligned}
-im_e\omega <\phi_m^0|\hat{\epsilon}_\lambda \cdot \vec{r}|\phi_n^0> &= -im_e\omega \int r^2 dr \int d\Omega \ R_{n_f\ell_f}^* Y_{\ell_f m_f}^* \hat{\epsilon}_\lambda \cdot r\hat{r} R_{n_i\ell_i} Y_{\ell_i m_i} \\
&= -im_e\omega \int r^3 dr R_{n_f\ell_f}^* R_{n_i\ell_i} \int d\Omega Y_{\ell_f m_f}^* \hat{\epsilon}_\lambda \cdot \hat{r} Y_{\ell_i m_i} \tag{15.21}
\end{aligned}$$

가 된다. 오른편의 첫 항은 지름함수에 관한 적분이고 두 번째 항은 각함수에 관한 적분인데 먼저 각함수에 대한 적분을 계산해보자. 피적분함수에서

$$\begin{aligned}
\hat{\epsilon}_\lambda \cdot \hat{r} &= (\epsilon_x^{(\lambda)}\hat{x} + \epsilon_y^{(\lambda)}\hat{y} + \epsilon_z^{(\lambda)}\hat{z}) \cdot (\sin\theta\cos\phi\hat{x} + \sin\theta\sin\phi\hat{y} + \cos\theta\hat{z}) \\
&= \epsilon_x^{(\lambda)}\sin\theta\cos\phi + \epsilon_y^{(\lambda)}\sin\theta\sin\phi + \epsilon_z^{(\lambda)}\cos\theta \tag{15.22}
\end{aligned}$$

이다. 구면 조화함수로부터 아래의 관계식을 얻을 수 있다.

$$\begin{cases}
\cos\theta = \sqrt{\dfrac{4\pi}{3}} \ Y_{10} \\[2ex]
\sin\theta e^{\pm i\phi} = \mp \sqrt{\dfrac{8\pi}{3}} \ Y_{1,\pm 1}
\end{cases} \Rightarrow \begin{cases}
\sin\theta\cos\phi = \sqrt{\dfrac{2\pi}{3}} \ (-Y_{11} + Y_{1,-1}) \\[2ex]
\sin\theta\sin\phi = i\sqrt{\dfrac{2\pi}{3}} \ (Y_{11} + Y_{1,-1})
\end{cases}$$

이 결과들을 식 (15.22)에 대입하면

$$\hat{\epsilon}_\lambda \cdot \hat{r} = \epsilon_x^{(\lambda)} \sqrt{\frac{2\pi}{3}} \left(-Y_{11} + Y_{1,-1}\right) + i\epsilon_y^{(\lambda)} \sqrt{\frac{2\pi}{3}} \left(Y_{11} + Y_{1,-1}\right) + \epsilon_z^{(\lambda)} \sqrt{\frac{4\pi}{3}} Y_{10}$$

$$= \sqrt{\frac{4\pi}{3}} \left[\epsilon_z^{(\lambda)} Y_{10} + \frac{-\epsilon_x^{(\lambda)} + i\epsilon_y^{(\lambda)}}{\sqrt{2}} Y_{1,1} + \frac{\epsilon_x^{(\lambda)} + i\epsilon_y^{(\lambda)}}{\sqrt{2}} Y_{1,-1} \right] \qquad (15.23)$$

가 된다. 그러므로 식 (15.21)에서 각함수에 대한 적분은 다음과 같은 형태임을 알 수 있다.

$$\int d\Omega \, Y_{\ell_f m_f}^* \hat{\epsilon}_\lambda \cdot \hat{r} \, Y_{\ell_i m_i} \to \int d\Omega \, Y_{\ell_f m_f}^* \, Y_{1,m} \, Y_{\ell_i m_i} \quad \text{여기서 } m = 0, \ 1, \ \text{또는 } -1$$

(i) 처음과 마지막 상태가 $\ell_f = \ell_i = 0$이라고 하면 즉 'zero-zero 전이'인 경우이므로

$$\int d\Omega \, Y_{00}^* \, Y_{1,m} \, Y_{00} = \frac{1}{4\pi} \int d\Omega \, Y_{1,m} = 0^{(67)}$$

이 되어 zero-zero 전이는 일어나지 않는다.

(ii) $\ell_f = 0$인 경우 $m_f = 0$이 되어

$$\int d\Omega \, Y_{00}^* \, Y_{1,m} \, Y_{\ell_i m_i} = \frac{1}{\sqrt{4\pi}} \int d\Omega \, Y_{1,m} \, Y_{\ell_i m_i} = \frac{1}{\sqrt{4\pi}} \delta_{1,\ell_i} \delta_{m,m_i}$$

가 되어서 쌍극자 전이에 대한 궤도 양자수의 선택률인

$$\Delta\ell = 1 \qquad (15.24)$$

을 얻는다. 예로서 수소원자에서 $nP \to 1S$의 전이가 잘 일어난다.

(iii) 그리고 방위각에 대한 적분을 살펴보면

$$\int d\Omega \, Y_{\ell_f m_f}^* \, Y_{1,m} \, Y_{\ell_i m_i} \to \int_0^{2\pi} d\phi \, e^{-im_f \phi} e^{im\phi} e^{im_i \phi} = \int_0^{2\pi} d\phi \, e^{i(m - m_f + m_i)\phi}$$

$$= 2\pi\delta(m - m_f + m_i) \qquad (15.25)$$

가 되어 $m_f - m_i = m$일 때 쌍극자 전이가 일어난다. 그러므로 자기 양자수에 대한 선택률

$$\Delta m = 0, \ \pm 1 \qquad (15.26)$$

을 얻는다.

전이 때 방출되는 광자의 운동량 방향을 z-축으로 잡으면 $\hat{k} = \hat{z}$가 되어 식 (15.8)로부

---

(67) $Y_{1,\pm 1}$인 경우 $\int_0^{2\pi} e^{\pm i\phi} d\phi = 0$이기 때문에 적분은 $\int d\Omega \, Y_{1,\pm 1} = 0$이다.

터 $\hat{z} \cdot \hat{\epsilon} = 0$을 얻어서 편광방향이 $x - y$ 평면상에 있게 된다. 식 (15.23)에서 편광이 z-축 방향인 오른편 첫 번째 항은 존재할 수 없다. 그래서 쌍극자 전이가 일어나는 자기 양자수는 $m_f - m_i = \pm 1$ 이다.

그리고 $\ell_f = 0$인 경우 $m_f = 0$이므로 자기 양자수의 선택률로부터 $m = -m_i$가 되어 만약 $m_i = 1$이면 $m = -1$이 되어서 식 (15.23)에서 오른쪽 세 번째 항만 존재할 수 있다. 이러한 경우 방출되는 광자의 운동량 방향이 z-축이면 방출되는 광자의 편광방향은 $x - y$ 평면상에 있는 **좌원편광**(left-circular polarization)인

$$\frac{\epsilon_x^{(\lambda)} + i\epsilon_y^{(\lambda)}}{\sqrt{2}}$$

가 된다. 유사한 방법으로 $m_i = -1$인 경우 우원편광이 나타난다.

지금까지는 식 (15.14)의 행렬요소 $< \phi_m^0 | e^{-i\vec{k} \cdot \vec{r}} \hat{\epsilon}_\lambda \cdot \vec{p} | \phi_n^0 >$에서 $Z\alpha \ll 1$인 경우에 $e^{-i\vec{k} \cdot \vec{r}} \approx 1$인 전기 쌍극자 전이 근사를 다루었다. 만약 전기 쌍극자 전이가 선택률에 의해 금지되어 있는 경우에는 $e^{-i\vec{k} \cdot \vec{r}}$의 테일러 전개에서 두 번째 항 $\vec{k} \cdot \vec{r}$과 $\hat{\epsilon}_\lambda \cdot \vec{p}$의 연산을 계산해야 한다.

$$(\vec{k} \cdot \vec{r})(\hat{\epsilon} \cdot \vec{p}) = \frac{1}{2}(\hat{\epsilon} \cdot \vec{p}\,\vec{k} \cdot \vec{r} + \hat{\epsilon} \cdot \vec{r}\,\vec{p} \cdot \vec{k}) + \frac{1}{2}(\hat{\epsilon} \cdot \vec{p}\,\vec{k} \cdot \vec{r} - \hat{\epsilon} \cdot \vec{r}\,\vec{p} \cdot \vec{k})$$

$$= \frac{1}{2}(\hat{\epsilon} \cdot \vec{p}\,\vec{k} \cdot \vec{r} + \hat{\epsilon} \cdot \vec{r}\,\vec{p} \cdot \vec{k}) + \frac{1}{2}(\vec{k} \times \hat{\epsilon}) \cdot (\vec{r} \times \vec{p}) \qquad (15.27)$$

여기서 오른편 첫 번째 항과 두 번째 항은 각각 **전기 사극자**(electric quadrupole)와 **자기 쌍극자**($\because \vec{k} \times \hat{\epsilon} = \vec{B}, \quad \vec{r} \times \vec{p} = \vec{L}$)에 해당한다. 그러므로 전기 쌍극자 전이가 금지되어 있을 경우에는 전기 사극자에 의한 전이를 고려해야 한다. 예로서 $3D \rightarrow 1S$ 전이는 $\Delta\ell \neq 1$이므로 전기 쌍극자 전이는 일어나지 않지만 들뜬 상태에서 바닥상태로 전기 사극자 전이할 때의 선택률을 구한 (예제 15.1)에서와 같이 선택률 $\Delta\ell = 2$을 만족하여 전기 사극자 전이가 가능하다.

예제 15.1

수소유사 원자의 들뜬 상태 $|\ell m>$에서 바닥상태인 $|00>$로의 전기 사극자 전이에 대한 선택률을 식 (15.27)의 오른편 첫 번째 항을 가지고 자세히 알아보자.

---

(68) 증명은 [보충자료 2]를 참조하세요.

전기 사극자 전이 항은

$$\frac{1}{2} < \ell m | (\hat{\epsilon} \cdot \vec{p}\,\vec{k} \cdot \vec{r} + \hat{\epsilon} \cdot \vec{r}\,\vec{p} \cdot \vec{k}) | 00 > = \frac{1}{2} < \ell m | (\hat{\epsilon} \cdot \vec{p}\,\vec{r} \cdot \vec{k} + \hat{\epsilon} \cdot \vec{r}\,\vec{p} \cdot \vec{k}) | 00 >$$

$$= \frac{1}{2} \hat{\epsilon} \cdot < \ell m | (\vec{p}\,\vec{r} + \vec{r}\,\vec{p}) | 00 > \cdot \vec{k}$$

이다. 여기서 행렬요소 항은 다이아딕(dyadic) 형태임을 알 수 있다. $\vec{p} = m_e \dfrac{d\vec{r}}{dt}$ 이므로 위 식은 $\dfrac{1}{2} m_e \hat{\epsilon} \cdot \left\langle \ell m \left| \dfrac{d\vec{r}}{dt}\vec{r} + \vec{r}\dfrac{d\vec{r}}{dt} \right| 00 \right\rangle \cdot \vec{k}$ 로 표현될 수 있어

$$\frac{1}{2} < \ell m | (\hat{\epsilon} \cdot \vec{p}\,\vec{k} \cdot \vec{r} + \hat{\epsilon} \cdot \vec{r}\,\vec{p} \cdot \vec{k}) | 00 >$$

$$= \frac{1}{2} m_e \hat{\epsilon} \cdot \left\langle \ell m \left| \frac{i}{\hbar}[H_0, \vec{r}]\vec{r} + \vec{r}\frac{i}{\hbar}[H_0, \vec{r}] \right| 00 \right\rangle \cdot \vec{k}$$

$$= \frac{1}{2} m_e \frac{i}{\hbar} \hat{\epsilon} \cdot < \ell m | H_0 \vec{r}\,\vec{r} - \vec{r}H_0\vec{r} + \vec{r}H_0\vec{r} - \vec{r}\,\vec{r}H_0 | 00 > \cdot \vec{k}$$

$$= \frac{1}{2} m_e \frac{i}{\hbar} \hat{\epsilon} \cdot < \ell m | H_0 \vec{r}\,\vec{r} - \vec{r}\,\vec{r}H_0 | 00 > \cdot \vec{k}$$

$$= \frac{1}{2} m_e \frac{i}{\hbar} (E_{\ell m}^0 - E_{00}^0) \hat{\epsilon} \cdot < \ell m | \vec{r}\,\vec{r} | 00 > \cdot \vec{k}$$

$$= \frac{1}{2} m_e \frac{i}{\hbar} (E_{\ell m}^0 - E_{00}^0) < \ell m | \hat{\epsilon} \cdot \vec{r}\,\vec{r} \cdot \vec{k} | 00 >$$

$$= \frac{1}{2} m_e \frac{i}{\hbar} (E_{\ell m}^0 - E_{00}^0) < \ell m | \hat{\epsilon} \cdot r\hat{r}\,r\hat{r} \cdot k\hat{k} | 00 > \qquad (\text{예 } 15.1.1)$$

가 된다. 방출되는 광자의 운동량 방향이 z-축이라 가정하면 $\hat{k} = \hat{z}$ 이 되고 위 식의 행렬요소는

$$k \int r^4 dr R_{n\ell}^* R_{n0} \int d\Omega\, Y_{\ell m}^* (\epsilon_x \sin\theta\cos\phi + \epsilon_y \sin\theta\sin\phi + \epsilon_z \cos\theta)\cos\theta\, Y_{00}$$

$$(\text{예 } 15.1.2)$$

가 된다. 그리고 편광방향은 $\hat{k} \cdot \hat{\epsilon} = 0$ 을 만족하기 때문에 $\hat{\epsilon} = \hat{x}\epsilon_x + \hat{y}\epsilon_y = \hat{x}\cos\alpha + \hat{y}\sin\alpha$, $\hat{\epsilon}_z = 0$ 가 된다. 여기서 $\epsilon_x = \cos\alpha$, $\epsilon_y = \sin\alpha$ 로 놓았다. 그때 식 (예 15.1.2)에서 각함수에 관한 적분만을 살펴보면 다음과 같이 된다.

$$\frac{1}{\sqrt{4\pi}} \int d\Omega\, Y_{\ell m}^* (\sin\theta\cos\phi\cos\alpha + \sin\theta\sin\phi\sin\alpha)\cos\theta$$

$$= \frac{1}{\sqrt{4\pi}} \int d\Omega\, Y_{\ell m}^* (\sin\theta\cos\theta\cos\phi\cos\alpha + \sin\theta\cos\theta\sin\phi\sin\alpha)$$

$$= \frac{1}{\sqrt{4\pi}} \int d\Omega\, Y_{\ell m}^* \sin\theta\cos\theta (\cos\phi\cos\alpha + \sin\phi\sin\alpha)$$

$$= \frac{1}{\sqrt{4\pi}} \int d\Omega \; Y_{\ell m}^* \sin\theta\cos\theta\cos(\phi - \alpha)$$

여기서 구면 조화함수 Y_{21}와 $Y_{2,-1} = (-1)^1 Y_{2,1}^*$ 가 $\sin\theta\cos\theta\cos(\phi - \alpha)$ 함수 형태이기 때문에 위 식의 적분은 다음과 같이 표현될 수 있다.

$$\int d\Omega \; Y_{\ell m}^* \; Y_{2,\pm 1} = \delta_{\ell 2}\delta_{m,\pm 1} \qquad\qquad (\text{예 } 15.1.3)$$

전기 사극자 전이가 일어나기 위해서는 식 (예 15.1.3)이 0이 아니어야 하므로 델타함수의 정의로부터

$$\Delta\ell = 2$$

일 때 위 식은 0이 아니어서 전기 사극자 전이는 $\Delta\ell = 2$일 때 일어난다. ■

예제 15.2

행렬요소 식 (15.19)을 (15.14)에 대입하여 얻은 전이율

$$\Gamma_{n\to m} = \frac{\pi e^2}{m_e^2 \epsilon_0 \omega V} \left| < \phi_m^0 | \hat{\epsilon}_\lambda \cdot \vec{p} | \phi_n^0 > \right|^2$$

을 $2P \to 1S$ 전이$(\ell_i = 1 \to \ell_f = 0)$에 대해 자세히 계산해보세요.

풀이

식 (15.20)과 식 (15.21)에서와 같이 각함수의 적분과 지름함수의 적분으로 이루어진 행렬요소를 아래와 같이 계산해야 한다.

$$< \phi_m^0 | \hat{\epsilon}_\lambda \cdot \vec{p} | \phi_n^0 > = -im_e\omega < \phi_m^0 | \hat{\epsilon}_\lambda \cdot \vec{r} | \phi_n^0 > \; = \; -im_e\omega < \phi_m^0 | \hat{\epsilon}_\lambda \cdot r\hat{r} | \phi_n^0 >$$

$$= -im_e\omega \int r^3 dr R_{n_f \ell_f}^* R_{n_i \ell_i} \int d\Omega \; Y_{\ell_f m_f}^* \hat{\epsilon}_\lambda \cdot \hat{r} \; Y_{\ell_i m_i} \qquad (\text{예 } 15.2.1)$$

여기서

(i) 각함수의 적분에서 $\hat{\epsilon}_\lambda \cdot \hat{r}$은 식 (15.23)과 같기 때문에

$$\int d\Omega \; Y_{\ell_f m_f}^* \hat{\epsilon}_\lambda \cdot \hat{r} \; Y_{\ell_i m_i} \Rightarrow$$

$$\int d\Omega \; Y_{00}^* \sqrt{\frac{4\pi}{3}} \left[\epsilon_z^{(\lambda)} Y_{10} + \frac{-\epsilon_x^{(\lambda)} + i\epsilon_y^{(\lambda)}}{\sqrt{2}} Y_{1,1} + \frac{\epsilon_x^{(\lambda)} + i\epsilon_y^{(\lambda)}}{\sqrt{2}} Y_{1,-1} \right] Y_{1m}$$

$$= \frac{1}{\sqrt{3}} \left[\epsilon_z^{(\lambda)} \delta_{m0} + \frac{-\epsilon_x^{(\lambda)} + i\epsilon_y^{(\lambda)}}{\sqrt{2}} \delta_{m1} + \frac{\epsilon_x^{(\lambda)} + i\epsilon_y^{(\lambda)}}{\sqrt{2}} \delta_{m,-1} \right]$$

이 된다.

(ii) 지름함수의 적분은 다음과 같이 표시된다.

$$\int r^3 dr R^*_{n_f \ell_f} R_{n_i \ell_i} \Rightarrow \int r^3 dr R^*_{10} R_{21}$$

이 식에 $R_{10}(r) = 2 \left(\dfrac{Z}{a_0} \right)^{\frac{3}{2}} e^{-\frac{Zr}{a_0}}$ 그리고 $R_{21}(r) = \dfrac{1}{2\sqrt{6}} \left(\dfrac{Z}{a_0} \right)^{\frac{3}{2}} \dfrac{Zr}{a_0} e^{-\frac{Zr}{2a_0}}$ 을 대입하면 지름함수의 적분은

$$\int r^3 dr R^*_{10} R_{21} = \frac{1}{\sqrt{6}} \left(\frac{Z}{a_0} \right)^4 \int_0^\infty r^4 e^{-\frac{3Z}{2a_0} r} dr$$

이 된다. 여기서 $x = \dfrac{3Z}{2a_0} r$ 로 놓으면 위 적분은

$$\int r^3 dr R^*_{10} R_{21} = \frac{1}{\sqrt{6}} \left(\frac{Z}{a_0} \right)^4 \left(\frac{2a_0}{3Z} \right)^5 \int_0^\infty x^4 e^{-x} dx = \frac{1}{\sqrt{6}} \left(\frac{Z}{a_0} \right)^4 \left(\frac{2a_0}{3Z} \right)^5 \Gamma(5)$$

$$= \frac{1}{\sqrt{6}} \left(\frac{Z}{a_0} \right)^4 \left(\frac{2a_0}{3Z} \right)^5 4!$$

가 되므로 지름함수의 적분은

$$\int r^3 dr R^*_{10} R_{21} = \frac{24}{\sqrt{6}} \left(\frac{2}{3} \right)^5 \frac{a_0}{Z}$$

이 된다.

(iii) 위의 (i)과 (ii)의 결과를 식 (예 15.2.1)의 행렬요소에 대입하면서

$$\delta_{mi} \delta_{mj} = \begin{cases} \delta_{mi}, & i = j \text{인 경우} \\ 0, & i \neq j \text{인 경우} \end{cases}$$

관계를 적용하면

$$|< \phi^0_m | \hat{\epsilon}_\lambda \cdot \vec{p} | \phi^0_n >|^2$$
$$= m_e^2 \omega^2 \frac{1}{3} \left[\epsilon_z^{(\lambda)2} \delta_{m0} + \frac{\epsilon_x^{(\lambda)2} + \epsilon_y^{(\lambda)2}}{2} \delta_{m1} + \frac{\epsilon_x^{(\lambda)2} + \epsilon_y^{(\lambda)2}}{2} \delta_{m,-1} \right] \frac{24^2}{6} \left(\frac{2}{3} \right)^{10} \left(\frac{a_0}{Z} \right)^2$$
$$= m_e^2 \omega^2 \frac{96}{3} \left(\frac{2}{3} \right)^{10} \left(\frac{a_0}{Z} \right)^2 \left[\epsilon_z^{(\lambda)2} \delta_{m0} + \frac{\epsilon_x^{(\lambda)2} + \epsilon_y^{(\lambda)2}}{2} \delta_{m1} + \frac{\epsilon_x^{(\lambda)2} + \epsilon_y^{(\lambda)2}}{2} \delta_{m,-1} \right]$$
$$= m_e^2 \omega^2 \frac{96}{3} \left(\frac{2}{3} \right)^{10} \left(\frac{a_0}{Z} \right)^2 \left[\delta_{m0} \epsilon_z^{(\lambda)2} + \frac{1}{2} (\delta_{m1} + \delta_{m,-1}) \left(\epsilon_x^{(\lambda)2} + \epsilon_y^{(\lambda)2} \right) \right]$$

을 얻는다.

(iv) 전이율을 계산하기 위해 위상공간에 대해 살펴보자. 13장에서 광자가 방출되는 경우 식 (13.2.13)에 있는 $\dfrac{p^2 dp}{dE} = \dfrac{\hbar^2 \omega^2}{c^3}$ 임을 배웠다. 그러므로

$$\Gamma_{n \to m}(\text{위상공간}) \to \int d\Omega_p \frac{dV}{(2\pi\hbar)^3} \frac{p^2 dp}{dE} \cdots\cdots$$

$$\to d\Omega_k \frac{V}{(2\pi\hbar)^3} \frac{\hbar^2 \omega^2}{c^3} = d\Omega_k \frac{V}{(2\pi)^3} \frac{\omega^2}{\hbar c^3}$$

가 되어 방출되는 광자를 검출기가 입체각 $d\Omega_k$에서 측정할 때 그때의 전이율에 대한 식

$$d\Gamma_{n \to m} = \frac{\pi e^2}{m_e^2 \epsilon_0 \omega \, V} |<\phi_m^0 | \hat{\epsilon}_\lambda \cdot \vec{p} | \phi_n^0 >|^2$$

에 위에서 구한 결과들인 (iii)과 $\Gamma_{n \to m}(\text{위상공간})$을 대입하면

$$d\Gamma_{n \to m} = \frac{\pi e^2}{m_e^2 \epsilon_0 \omega \, V} m_e^2 \omega^2 \frac{96}{3} \left(\frac{2}{3}\right)^{10} \left(\frac{a_0}{Z}\right)^2$$

$$\left[\delta_{m0} \epsilon_z^{(\lambda)2} + \frac{1}{2}(\delta_{m1} + \delta_{m,-1})\left(\epsilon_x^{(\lambda)2} + \epsilon_y^{(\lambda)2}\right)\right] d\Omega_k \frac{V}{(2\pi)^3} \frac{\omega^2}{\hbar c^3}$$

$$= \frac{\alpha}{2\pi} \frac{\omega^3}{c^2} \left(\frac{a_0}{Z}\right)^2 \frac{2^{15}}{3^{10}} \left[\delta_{m0} \epsilon_z^{(\lambda)2} + \frac{1}{2}(\delta_{m1} + \delta_{m,-1})(\epsilon_x^{(\lambda)2} + \epsilon_y^{(\lambda)2})\right] d\Omega_k$$

(예 15.2.2)

을 얻는다. 여기서 미세 구조상수 $\alpha = \dfrac{e^2}{4\pi\epsilon_0 \hbar c} \Rightarrow e^2 = 4\pi\epsilon_0 \alpha\hbar c$ 관계식을 사용했다.

(v) 그리고 식 (예 15.2.2)에 있는 방출되는 광자의 각진동수 ω은 수소유사 원자에 대한 에너지 준위의 관계식으로부터 다음과 같이 구할 수 있다.

$$E_n = -\frac{1}{2} m_e \frac{(Z\alpha c)^2}{n^2} \Rightarrow \omega = \frac{1}{\hbar}\left[\frac{1}{2} m_e c^2 (Z\alpha)^2 \left(1 - \frac{1}{2^2}\right)\right] = \frac{3}{8} \frac{m_e c^2}{\hbar} (Z\alpha)^2$$

위 식에 $m_e c^2 = 0.51 \times 10^6$ eV, $\hbar = 6.58 \times 10^{-16}$ eV $\cdot$ sec 그리고 $\alpha = \dfrac{1}{137}$ 을 대입하면 $\omega = 1.23 \times 10^{17} Z^2$ Hz을 얻고 이는 X-선 주파수 영역인 $30 \times 10^{16} \sim 30 \times 10^{19}$ Hz에 속한다.

초기상태 $\ell = 1$에서 $m = 1,\ 0,\ -1$의 3개의 상태가 똑같이 분포되어 있다고 가정하면

$$d\Gamma = \frac{1}{3} \sum_{m=-\ell}^{\ell} d\Gamma_m$$

가 되고 위 식의 오른편 전이율에 식 (예 15.2.2)을 대입한 뒤 3개의 자기 양자수에 대한 고려를 하면 그때 식 (예 15.2.2)에서

$$\sum_{m=-\ell}^{\ell} \left[\delta_{m0}\epsilon_z^{(\lambda)2} + \frac{1}{2}(\delta_{m1} + \delta_{m,-1})\left(\epsilon_x^{(\lambda)2} + \epsilon_y^{(\lambda)2}\right) \right]$$

$$= \frac{1}{2}\left(\epsilon_x^{(\lambda)2} + \epsilon_y^{(\lambda)2}\right) + \epsilon_z^{(\lambda)2} + \frac{1}{2}\left(\epsilon_x^{(\lambda)2} + \epsilon_y^{(\lambda)2}\right) = \epsilon_x^{(\lambda)2} + \epsilon_y^{(\lambda)2} + \epsilon_z^{(\lambda)2} = 1$$

이 되므로 전이율 $d\Gamma$은 방출되는 광자의 방향과 무관함을 알 수 있다.

(vi) 결론적으로 전이율은 식 (예 15.2.2)에 적분을 취하고 위에서 구한 결과들을 사용하면

$$\Gamma_{2P \to 1S} = \int d\Gamma_{n \to m} = 4\pi \times 2 \times \frac{1}{3}\frac{\alpha}{2\pi}\frac{1}{c^2}\left(\frac{a_0}{Z}\right)^2 \frac{2^{15}}{3^{10}}\left[\frac{3}{8}\frac{m_e c^2}{\hbar}(Z\alpha)^2\right]^3$$

가 된다. 여기서 4π은 $\int d\Omega_k$ 적분결과이며 인자 2은 편광은 두 방향이 가능하기 때문에 추가가 되었다.

$$\therefore \ \Gamma_{2P \to 1S} = \left(\frac{2}{3}\right)^8 Z^4 \alpha^5 \frac{m_e c^2}{\hbar} \approx 0.62 \times 10^9 \frac{Z^4}{\sec} \qquad \therefore \ a_0 = \frac{\hbar}{\alpha m_e c} \ (\text{예 } 15.2.3)$$

여기서 $m_e c^2 = 0.51 \times 10^6$ eV, $\hbar = 6.58 \times 10^{-16}$ eV · sec을 사용했다.

결과적으로

- 원자번호가 커지면 X-선 영역의 복사를 방출하는데 전이율은 식 (예 15.2.3)에서와 같이 Z^4에 비례한다.
- 지름성분 적분은 두 상태 지름함수의 곱의 적분인데 파동함수의 겹친 부분이 많을수록 적분 값이 커지므로 전이율도 증가한다.

식 (예 15.2.3)으로부터 수소원자의 경우 평균수명은 다음과 같다.

$$\tau = \frac{1}{\Gamma} = \frac{1}{0.62 \times 10^9} \approx 1.6 \text{ ns}$$

(1) 평행판 축전기에 저장되는 에너지는 아래와 같은 순서대로 축전기의 전기장, 전위 그리고 정전용량을 구하면 아래의 식 (1)과 (2)로부터 구할 수 있다.

(i) $\oint \vec{E} \cdot d\vec{A} = \dfrac{q}{\epsilon_0} \Rightarrow E = \dfrac{q}{\epsilon_0 A}$

(ii) $V = Ed$

(iii) $C = \dfrac{q}{V}$

그러므로
$$C = \frac{q}{Ed} = \frac{q}{d}\frac{\epsilon_0 A}{q} = \epsilon_0 \frac{A}{d} \tag{1}$$

그때
$$U = \int_0^q V dq' = \frac{1}{C}\int_0^q q' dq' = \frac{q^2}{2C} \tag{2}$$

식 (1)을 (2)에 대입하면
$$U = \frac{q^2}{2}\frac{d}{\epsilon_0 A} = (\epsilon_0 A E)^2 \frac{d}{2\epsilon_0 A} = \frac{1}{2}\epsilon_0 E^2 A d$$

가 되어 평행판 축전기에 저장되는 단위 부피당 에너지는 다음과 같다.
$$\therefore \ u_E = \frac{1}{2}\epsilon_0 E^2$$

(2) 솔레노이드에 저장되는 에너지는 다음과 같이 구할 수 있다.
$$\varepsilon = -N\frac{d\Phi_B}{dt} \equiv -L\frac{di}{dt} \Rightarrow L = \frac{N\Phi_B}{i}$$

그때 솔레노이드의 인덕턴스는,
$$\begin{cases} \oint \vec{B} \cdot d\vec{S} = \mu_0 Ni \Rightarrow B = \dfrac{\mu_0 Ni}{\ell} = \mu_0 ni \\ L = \dfrac{N\Phi_B}{i} = \dfrac{n\ell BA}{i} \end{cases} \Rightarrow L = \mu_0 n^2 A\ell$$

그러므로

$$U = \int_0^q L\frac{di'}{dt}dq' = \int_0^t L\frac{di'}{dt}i'dt = \int_0^i Li'di' = \frac{1}{2}Li^2$$

위 식에 솔레노이드의 인덕턴스 결과와 전류를 대입하면

$$U = \frac{1}{2}(\mu_0 n^2 A\ell)\left(\frac{B}{\mu_0 n}\right)^2 = \frac{1}{2\mu_0}B^2 A\ell$$

가 되어 솔레노이드에 저장되는 단위 부피당 에너지는 다음과 같다.

$$\therefore \quad u_B = \frac{1}{2\mu_0}B^2$$

$$(\vec{k} \times \hat{\epsilon}) \cdot (\vec{r} \times \vec{p}) = (\hat{\epsilon} \cdot \vec{p}\, \vec{k} \cdot \vec{r} - \hat{\epsilon} \cdot \vec{r}\, \vec{p} \cdot \vec{k})$$

[증명]

$$(\vec{k} \times \hat{\epsilon}) \cdot (\vec{r} \times \vec{p}) = \sum_i (\vec{k} \times \hat{\epsilon})_i (\vec{r} \times \vec{p})_i = \sum_i \epsilon_{ijk} k_j \epsilon_k \epsilon_{i\ell m} r_\ell p_m = \sum_i \epsilon_{ijk} \epsilon_{i\ell m} k_j \epsilon_k r_\ell p_m$$

$$= \sum_i \epsilon_{jki} \epsilon_{i\ell m} k_j \epsilon_k r_\ell p_m = (\delta_{j\ell}\delta_{km} - \delta_{jm}\delta_{k\ell}) k_j \epsilon_k r_\ell p_m$$

$$= \delta_{j\ell}\delta_{km} k_j \epsilon_k r_\ell p_m - \delta_{jm}\delta_{k\ell} k_j \epsilon_k r_\ell p_m = \epsilon_k p_k k_j r_j - \epsilon_k r_k p_j k_j$$

$$= (\hat{\epsilon} \cdot \vec{p})(\vec{k} \cdot \vec{r}) - (\hat{\epsilon} \cdot \vec{r})(\vec{p} \cdot \vec{k})$$

$$\therefore \ (\vec{k} \times \hat{\epsilon}) \cdot (\vec{r} \times \vec{p}) = (\hat{\epsilon} \cdot \vec{p}\, \vec{k} \cdot \vec{r} - \hat{\epsilon} \cdot \vec{r}\, \vec{p} \cdot \vec{k})$$

충돌 이론

고전역학에서 케플러 제2법칙을 배울 때 포텐셜이 $U(\vec{r}) = U(r)$, 즉 구 대칭일 때 보존되는 물리량이 각운동량 $\vec{L}$임을 알았다. 양자역학에서 파동함수를 궤도 양자수 ℓ을 갖는 고유함수들의 중첩으로 나타낼 수 있다. 그때 ℓ은 다음과 같은 값을 갖는 것으로 생각해 볼 수 있다.

$$L = bp = b(\hbar k) = (bk)\hbar \equiv \ell\hbar$$

여기서 b은 **충돌변수**(impact parameter)이고 p은 선운동량이다.

충돌 이론을 다룰 때 필요한 물리량인 **미분 산란단면적**(differential scattering cross-section)은 입사 선속당 주어진 입체각으로 단위시간당 산란되는 입자 수로 정의한다.

① 부분파 방법

(1) 포텐셜이 존재하지 않는 자유입자의 경우

시간과 무관한 슈뢰딩거 방정식의 解는 $u(\vec{r}) = e^{i\vec{k}\cdot\vec{r}}$이다. 그때 입사하는 입자의 선속(또는 확률흐름밀도)은 2장에서 배웠듯이

$$\vec{j} = \frac{\hbar}{2im}(u^*\vec{\nabla}u - u\vec{\nabla}u^*) = \frac{\hbar}{2im}(2i\vec{k}) = \frac{\hbar\vec{k}}{m} \tag{16.1.1}$$

이다. 파의 진행과 관계되는 $\vec{k}$가 z-축 방향일 때 큰 r에 대해 평면파 $e^{i\vec{k}\cdot\vec{r}}$은 $r = 0$을 중심으로 들어오는 구면파와 나가는 구면파의 형태로 나타낼 수 있다. 이를 **산란이론**에서

부분파(partial wave) **방법**이라 부른다.

$$e^{i\vec{k}\cdot\vec{r}} = e^{ikr\cos\theta} = \sum_{\ell=0}^{\infty}(2\ell+1)i^{\ell}j_{\ell}(kr)P_{\ell}(\cos\theta)^{(69)} \qquad (16.1.2)$$

여기서 θ은 진행방향과 측정방향의 사이 각, j_{ℓ}은 **구형 베셀함수**(spherical Bessel function), 그리고 $P_{\ell}(\cos\theta)$은 르장드르 다항식이다. 큰 kr에 대해 $j_{\ell}(kr) = \dfrac{1}{kr}\cos\left(kr - \dfrac{\ell\pi}{2} - \dfrac{\pi}{2}\right)$ 이므로[70] 위 식은

$$\begin{aligned}
e^{i\vec{k}\cdot\vec{r}} &= \sum_{\ell=0}^{\infty}(2\ell+1)i^{\ell}\frac{1}{kr}\cos\left(kr - \frac{\ell\pi}{2} - \frac{\pi}{2}\right)P_{\ell}(\cos\theta) \\
&= \sum_{\ell=0}^{\infty}(2\ell+1)i^{\ell}\frac{1}{kr}\sin\left(kr - \frac{\ell\pi}{2}\right)P_{\ell}(\cos\theta) \\
&= \frac{i}{2k}\sum_{\ell=0}^{\infty}(2\ell+1)i^{\ell}\left[\frac{e^{-i\left(kr-\frac{\ell}{2}\pi\right)}}{r} - \frac{e^{i\left(kr-\frac{\ell}{2}\pi\right)}}{r}\right]P_{\ell}(\cos\theta) \qquad (16.1.3)
\end{aligned}$$

가 된다. 이 식의 오른편에 시간에 관한 항 $e^{-\frac{i}{\hbar}Et}$ 을 곱한다고 생각하면 첫 번째 항은 $r=0$으로 들어오는 구면파이며 두 번째 항은 $r=0$에서 나가는 구면파임을 알 수 있다. 즉 식 (16.1.3)의 왼편에 있는 입사하는 평면파는 그림 16.1과 같이 큰 r에 대해 들어오는 구면파와 나가는 구면파의 합으로 나타낼 수 있다. 여기서 ℓ은 부분파에 대한 것으로 $\ell=0,\ 1,\ 2,\cdots\cdots$은 $s,\ p,\ d,\cdots\cdots$파에 대응한다.

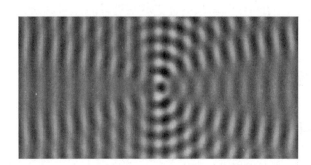

그림 16.1 떨어진 곳에서 평면파는 들어오는 구면파와 나가는 구면파의 중첩으로 표현될 수 있다.

---

(69) 증명은 《수리물리학(북스힐)》 by Hwanbae Park, p.340 [예제 7.11]을 참고하세요.

(70) 증명은 《수리물리학(북스힐)》 by Hwanbae Park, p.340을 참고하세요.

(2) 포텐셜이 존재하는 경우

포텐셜에 의해 입사파의 일부가 산란 또는 흡수되어 $r = 0$으로부터 나가는 파가 변형될 것으로 생각할 수 있기 때문에 식 (16.1.3)의 오른편의 두 번째 항인 나가는 파는 다음과 같이 나타낼 수 있다.

$$- \frac{i}{2k} \sum_{\ell = 0}^{\infty} (2\ell + 1) i^{\ell} S_{\ell}(k) \frac{e^{i\left(kr - \frac{\ell}{2}\pi\right)}}{r} P_{\ell}(\cos\theta) \tag{16.1.4}$$

여기서 추가된 $S_{\ell}(k)$은 포텐셜에 의해 입사파의 일부가 산란 또는 흡수되는 것과 관계되는 물리량이다.

그러므로 포텐셜이 존재하는 경우의 파동함수 $\Psi(\vec{r})$은

$$\Psi(\vec{r}) = \frac{i}{2k} \sum_{\ell = 0}^{\infty} (2\ell + 1) i^{\ell} \left[\frac{e^{-i\left(kr - \frac{\ell}{2}\pi\right)}}{r} - \{(S_{\ell} - 1) + 1\} \frac{e^{i\left(kr - \frac{\ell}{2}\pi\right)}}{r} \right] P_{\ell}(\cos\theta)$$

이 되어 식 (16.1.3)을 위 식에 대입하면

$$\Psi(\vec{r}) = e^{i\vec{k} \cdot \vec{r}} + \frac{1}{2ik} \sum_{\ell = 0}^{\infty} (2\ell + 1) i^{\ell} \left[S_{\ell}(k) - 1 \right] \frac{e^{i\left(kr - \frac{\ell}{2}\pi\right)}}{r} P_{\ell}(\cos\theta) \tag{16.1.5}$$

을 얻는다. 아래는 이를 그림으로 나타낸 것이다.

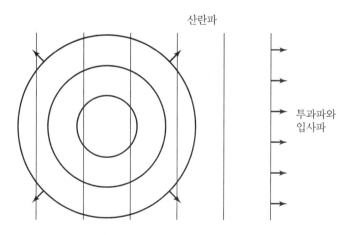

그림 16.2 포텐셜에 의해 산란되는 파

위 식에서 $i^{\ell} = e^{i\frac{\ell}{2}\pi}$ 이므로 오른편 두 번째 항은 아래와 같이 나타낼 수 있다.

$$\frac{e^{ikr}}{r}\sum_{\ell=0}^{\infty}(2\ell+1)i^{\ell}\frac{S_{\ell}(k)-1}{2ik}e^{-i\frac{\ell}{2}\pi}P_{\ell}(\cos\theta)$$

$$=\sum_{\ell=0}^{\infty}\left[(2\ell+1)\frac{S_{\ell}(k)-1}{2ik}P_{\ell}(\cos\theta)\right]\frac{e^{ikr}}{r} \tag{16.1.6}$$

위 식의 대괄호 안에 있는 물리량을 **부분파 산란진폭** $f_{\ell}(\theta)$로 정의하면 **산란진폭** $f(\theta)$은 모든 부분파 산란진폭을 합한 양이기 때문에 $f(\theta)=\sum_{\ell=0}^{\infty}f_{\ell}(\theta)$가 된다.

그러므로 산란진폭은

$$f(\theta)=\sum_{\ell=0}^{\infty}f_{\ell}(\theta)=\sum_{\ell=0}^{\infty}(2\ell+1)\frac{S_{\ell}(k)-1}{2ik}P_{\ell}(\cos\theta) \tag{16.1.7}$$

이다. 여기서 $f_{\ell}(\theta)$은 부분파 산란진폭이다.

그때 식 (16.1.5)은 다음과 같이 표현된다.

$$\Psi(\vec{r})=e^{i\vec{k}\cdot\vec{r}}+f(\theta)\frac{e^{ikr}}{r} \tag{16.1.8}$$

이제 선속을 계산해보자.

$$\vec{j}=\frac{\hbar}{2im}(\Psi^{*}\overrightarrow{\nabla}\Psi-\Psi\overrightarrow{\nabla}\Psi^{*})$$

$$=\frac{\hbar}{2im}\left[\left(e^{-i\vec{k}\cdot\vec{r}}+f^{*}(\theta)\frac{e^{-ikr}}{r}\right)\overrightarrow{\nabla}\left(e^{i\vec{k}\cdot\vec{r}}+f(\theta)\frac{e^{ikr}}{r}\right)-c.c.\right] \tag{16.1.9}$$

여기서 $c.c.$은 공액복소수 항이며

$$\overrightarrow{\nabla}(e^{i\vec{k}\cdot\vec{r}})=i\vec{k}e^{i\vec{k}\cdot\vec{r}}$$

이고

$$\overrightarrow{\nabla}\left(f(\theta)\frac{e^{ikr}}{r}\right)=\frac{\partial}{\partial r}\left(f(\theta)\frac{e^{ikr}}{r}\right)\hat{r}+\frac{1}{r}\frac{\partial}{\partial\theta}\left(f(\theta)\frac{e^{ikr}}{r}\right)\hat{\theta}+\frac{1}{r\sin\theta}\frac{\partial}{\partial\phi}\left(f(\theta)\frac{e^{ikr}}{r}\right)\hat{\phi}$$

$$=f(\theta)\frac{ike^{ikr}r-e^{ikr}}{r^{2}}\hat{r}+\frac{e^{ikr}}{r^{2}}\frac{\partial f(\theta)}{\partial\theta}\hat{\theta}$$

이다. 이 결과들을 식 (16.1.9)에 대입하면

$$\vec{j}=\frac{\hbar}{2im}\left[\left(e^{-i\vec{k}\cdot\vec{r}}+f^{*}(\theta)\frac{e^{-ikr}}{r}\right)\times\right.$$

$$\left\{ i\vec{k}e^{i\vec{k}\cdot\vec{r}} + \frac{e^{ikr}}{r^2}\frac{\partial f(\theta)}{\partial\theta}\hat{\theta} + f(\theta)\left(ik\frac{e^{ikr}}{r} - \frac{e^{ikr}}{r^2}\right)\hat{r} \right\} - c.c. \right] \tag{16.1.10}$$

가 된다. 여기서 $\vec{k}\cdot\vec{r} = kr\cos\theta$이며 멀리 떨어진 곳(즉 큰 r)에 대해서 $\frac{1}{r^3}$항은 무시할 수 있고, 공액복소수 항까지 고려하면 위 식은 다음과 같이 된다.

$$\vec{j} = \frac{\hbar\vec{k}}{m} + \frac{\hbar\vec{k}}{2mr}\left[f^*(\theta)e^{-ikr(1-\cos\theta)} + f(\theta)e^{ikr(1-\cos\theta)}\right]$$

$$+ \hat{\theta}\frac{\hbar}{2imr^2}\left[\frac{\partial f(\theta)}{\partial\theta}e^{ikr(1-\cos\theta)} - \frac{\partial f^*(\theta)}{\partial\theta}e^{-ikr(1-\cos\theta)}\right]$$

$$+ \hat{r}\frac{\hbar k}{2mr}\left[f(\theta)e^{ikr(1-\cos\theta)} + f^*(\theta)e^{-ikr(1-\cos\theta)}\right] + \hat{r}\frac{\hbar k}{m}|f(\theta)|^2\frac{1}{r^2}$$

$$- \hat{r}\frac{\hbar}{2imr^2}\left[f(\theta)e^{ikr(1-\cos\theta)} - f^*(\theta)e^{-ikr(1-\cos\theta)}\right]$$

위 식의 오른편에서 포텐셜이 존재하지 않는 경우에 해당하는 선속인 첫 번째 항 그리고 다섯 번째 항을 제외하고는 모두 무시할 수 있다. 그리고 아래와 같이 지름성분 선속에는 단지 다섯 번째 항만 기여를 한다.

$$\hat{r}\cdot\vec{j} = \frac{\hbar k}{m}|f(\theta)|^2\frac{1}{r^2}$$

그러면 그림 16.3과 같은 입체각 $d\Omega = \frac{dA}{r^2}$에 향하는 면적을 지나는 입자 수는

$$\hat{r}\cdot\vec{j}dA = \frac{\hbar k}{m}|f(\theta)|^2\frac{1}{r^2}r^2d\Omega = \frac{\hbar k}{m}|f(\theta)|^2d\Omega$$

이다.

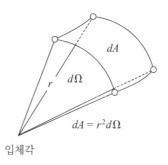

그림 16.3 입체각 $d\Omega$와 미소면적 dA의 관계

그러므로 입사 선속당 입체각에 향하는 면적을 지나는 입자 수인 **미분 단면적** $d\sigma$은

$$d\sigma = \frac{\dfrac{\hbar k}{m}|f(\theta)|^2 d\Omega}{\dfrac{\hbar k}{m}} = |f(\theta)|^2 d\Omega \;\Rightarrow\; \frac{d\sigma}{d\Omega} = |f(\theta,\phi)|^2$$

가 되어 **총 산란단면적** σ_{tot}은 산란진폭 $f(\theta,\phi)$과 다음과 같은 관계에 있다.

$$\sigma_{tot} = \int \frac{d\sigma}{d\Omega}d\Omega = \int |f(\theta,\phi)|^2 d\Omega \qquad (16.1.11)$$

지금부터는 산란진폭을 구한 뒤 식 (16.1.11)을 사용하여 산란단면적을 알아내는 것에 대해 살펴본다. 들어오는 파와 나가는 파의 확률이 같은 **탄성 산란**에 대해 먼저 알아본 다음 비탄성 산란에 대해 살펴본다.

(i) $r=0$을 중심으로 들어오는 파와 나가는 파가 같은 확률을 가지는 탄성산란의 경우에는 산란진폭의 식 (16.1.7)에서 입사파의 일부가 산란 또는 흡수되는 것과 관계되는 물리량이 $|S_\ell(k)| = 1$에 해당하므로[71] $S_\ell(k) = e^{2i\delta_\ell(k)}$로 놓을 수 있어서

$$S_\ell(k) - 1 = e^{2i\delta_\ell(k)} - 1 = e^{i\delta_\ell}(e^{i\delta_\ell} - e^{-i\delta_\ell}) = 2ie^{i\delta_\ell}\sin\delta_\ell$$

이 된다. 즉, 입사파의 일부가 산란 또는 흡수되는 것과 관계되는 물리량 $S_\ell(k)$은 자유입자의 경우에 비해 위상 차이를 준다. 이 결과로부터 산란진폭은

$$f(\theta) = \sum_{\ell=0}^{\infty}(2\ell+1)\frac{S_\ell(k)-1}{2ik}P_\ell(\cos\theta) = \frac{1}{k}\sum_{\ell=0}^{\infty}(2\ell+1)e^{i\delta_\ell}\sin\delta_\ell P_\ell(\cos\theta) \quad (16.1.12)$$

로 나타낼 수 있어서

$$Imf(\theta) = \frac{1}{k}\sum_{\ell=0}^{\infty}(2\ell+1)\sin^2\delta_\ell P_\ell(\cos\theta) \qquad (16.1.13)$$

가 된다. **전방 산란**에 대응하는 $\theta=0$인 경우 위 식은

$$Imf(0) = \frac{1}{k}\sum_{\ell=0}^{\infty}(2\ell+1)\sin^2\delta_\ell \qquad (16.1.14)$$

가 된다. 그리고 총 산란단면적은 식 (16.1.11)로부터

---

(71) 증명은 [보충자료-1]을 참조하세요.

$$\sigma_{tot} = \frac{1}{k^2} \int d\Omega \left[\sum_{\ell=0}^{\infty} (2\ell+1) e^{i\delta_\ell} \sin\delta_\ell P_\ell(\cos\theta) \right] \left[\sum_{\ell'=0}^{\infty} (2\ell'+1) e^{-i\delta_{\ell'}} \sin\delta_{\ell'} P_{\ell'}(\cos\theta) \right]$$

$$= \frac{1}{k^2} \int d\Omega \left[\sum_{\ell=0}^{\infty}\sum_{\ell'=0}^{\infty} (2\ell+1)(2\ell'+1) e^{i(\delta_\ell-\delta_{\ell'})} \sin\delta_\ell \sin\delta_{\ell'} P_\ell(\cos\theta) P_{\ell'}(\cos\theta) \right]$$

가 된다. 여기서 르장드르 다항식의 직교성 관계 $\int d\Omega\, P_\ell P_{\ell'} = \frac{2}{2\ell+1} 2\pi \delta_{\ell\ell'}$ 로부터 위 식은

$$\sigma_{tot} = \frac{1}{k^2} \sum_{\ell=0}^{\infty} (2\ell+1)^2 \sin^2\delta_\ell \left(\frac{4\pi}{2\ell+1} \right) = \frac{4\pi}{k^2} \sum_{\ell=0}^{\infty} (2\ell+1) \sin^2\delta_\ell$$

가 된다.

$$\therefore\ \sigma_{tot} = \frac{4\pi}{k^2} \sum_{\ell=0}^{\infty} (2\ell+1) \sin^2\delta_\ell = \sum_{\ell=0}^{\infty} \sigma_\ell \tag{16.1.15}$$

여기서 σ_ℓ은 **부분 산란단면적**이다.

식 (16.1.14)와 (16.1.15)로부터 아래의 **광학정리**(optical theorem)을 얻는다.

$$\sigma_{tot} = \frac{4\pi}{k} Im f(0) \tag{16.1.16}$$

또는 $Im f(0) = \frac{k}{4\pi} \sigma_{tot}$ 이다.

광학정리 관계식은 특수상대론을 고려한 양자이론에서까지도 성립하는 일반식이며 또한 비탄성충돌에서도 성립한다.

(ii) 표적입자를 들뜬 상태로 하거나 상태의 변화에 의한 입사 빔의 **흡수 현상**이 있을 수 있기 때문에 들어오는 파와 나가는 파의 크기가 일반적으로 같지 않다. 이를 **비탄성 산란**이라 하고 이런 경우 입사파의 일부가 산란 또는 흡수되는 것과 관계되는 물리량 $S_\ell(k)$은 다음과 같이 표시된다.

$$S_\ell(k) = \eta_\ell(k) e^{2i\delta_\ell(k)}$$

여기서 $0 < \eta_\ell(k) < 1$이며 탄성산란과 완전흡수는 각각 $\eta_\ell(k) = 1$과 $\eta_\ell(k) = 0$에 해당한다.

그러면 부분파 산란진폭의 식 (16.1.7)에서

$$\frac{S_\ell(k)-1}{2ik} = \frac{\eta_\ell(k)e^{2i\delta_\ell(k)}-1}{2ik} = \frac{\eta_\ell(k)[\cos 2\delta_\ell(k)+i\sin 2\delta_\ell(k)]-1}{2ik}$$

$$= \frac{\eta_\ell(k)\sin 2\delta_\ell(k)}{2k} + i\frac{1-\eta_\ell(k)\cos 2\delta_\ell(k)}{2k}$$

이므로 산란진폭은

$$f(\theta) = \sum_{\ell=0}^{\infty}(2\ell+1)\left[\frac{\eta_\ell(k)\sin 2\delta_\ell(k)}{2k} + i\frac{1-\eta_\ell(k)\cos 2\delta_\ell(k)}{2k}\right]P_\ell(\cos\theta) \quad (16.1.17)$$

가 되어 비탄성 산란단면적은 식 (16.1.11)로부터

$$\sigma_{비탄성} = \int d\Omega \ |f(\theta,\phi)|^2 = \sum_{\ell=0}^{\infty}(2\ell+1)^2\left[\frac{\eta_\ell^2\sin^2 2\delta_\ell}{4k^2} + \frac{(1-\eta_\ell\cos 2\delta_\ell)^2}{4k^2}\right]\frac{4\pi}{2\ell+1}$$

이 된다.

$$\therefore \ \sigma_{비탄성} = \frac{\pi}{k^2}\sum_{\ell=0}^{\infty}(2\ell+1)[1+\eta_\ell^2-2\eta_\ell(k)\cos 2\delta_\ell(k)] \quad\quad (16.1.18)$$

탄성산란인 경우 위 식에 $\eta_\ell(k)=1$을 대입하면

$$\sigma_{탄성} = \sigma_{비탄성}\big|_{\eta_\ell(k)=1} = \frac{2\pi}{k^2}\sum_{\ell=0}^{\infty}(2\ell+1)(1-\cos 2\delta_\ell) = \frac{4\pi}{k^2}\sum_{\ell=0}^{\infty}(2\ell+1)\sin^2\delta_\ell$$

을 얻어서 탄성산란에 대한 식 (16.1.15)와 같은 결과를 얻는다.

식 (16.1.3)에서 나가는 파에 S_ℓ을 추가하면 파동함수는

$$\Psi = \frac{i}{2kr}\sum_{\ell=0}^{\infty}(2\ell+1)i^\ell\left[e^{-i\left(kr-\frac{\ell}{2}\pi\right)} - S_\ell e^{i\left(kr-\frac{\ell}{2}\pi\right)}\right]P_\ell(\cos\theta) \quad\quad (16.1.19)$$

가 되어

$$\frac{\partial\Psi}{\partial r} = \frac{1}{2r}\sum_{\ell=0}^{\infty}(2\ell+1)i^\ell\left[e^{-i\left(kr-\frac{\ell}{2}\pi\right)} + S_\ell e^{i\left(kr-\frac{\ell}{2}\pi\right)}\right]P_\ell(\cos\theta) \quad\quad (16.1.20)$$

을 얻는다. 여기서 $\frac{1}{r^2}$ 항은 무시했다.

비탄성 산란의 경우 들어오는 지름성분 선속에서 나가는 지름성분 선속을 뺀 만큼의 선속을 흡수에 의해 잃어버린다. 이때 흡수된 선속의 지름성분은 다음과 같이 표현된다.[72]

---

(72) 증명은 [보충자료 2]를 참조하세요.

$$(j_{흡수})_r = \hat{r} \cdot \vec{j}_{흡수} = -Re\left[\frac{\hbar}{im}\int \Psi^* \frac{\partial \Psi}{\partial r} r^2 d\Omega\right] \qquad (16.1.21)$$

식 (16.1.19)와 (16.1.20)을 위 식에 대입하면

$$-Re\left[\frac{\hbar}{im}\int \Psi^* \frac{\partial \Psi}{\partial r} r^2 d\Omega\right]$$

$$= Re\left[\frac{\hbar}{m}\frac{1}{4k}\sum_{\ell=0}^{\infty}(2\ell+1)^2\left(e^{i(kr-\frac{\ell}{2}\pi)} - S_\ell^* e^{-i(kr-\frac{\ell}{2}\pi)}\right)\left(e^{-i(kr-\frac{\ell}{2}\pi)} + S_\ell e^{i(kr-\frac{\ell}{2}\pi)}\right)\frac{4\pi}{2\ell+1}\right]$$

여기서 $e^{-i\ell\pi} = e^{i\ell\pi} = (-1)^\ell$ 이므로 식 (16.1.21)은

$$(j_{흡수})_r = Re\left[\frac{\hbar\pi}{m}\frac{1}{k}\sum_{\ell=0}^{\infty}(2\ell+1)\left\{1 + (-1)^\ell(S_\ell e^{2ikr} - S_\ell^* e^{-2ikr}) - |S_\ell|^2\right\}\right]$$

가 된다. 여기서 $S_\ell e^{2ikr} = A = a + ib$ (a와 b은 실수)로 놓으면 $Re(S_\ell e^{2ikr} - S_\ell^* e^{-2ikr}) = Re(A - A^*) = Re(2ib) = 0$이고 $|S_\ell(k)|^2 = |\eta_\ell(k)e^{2i\delta_\ell(k)}|^2 = \eta_\ell^2(k)$이므로 위 식의 흡수된 선속의 지름성분은

$$(j_{흡수})_r = \hat{r} \cdot \vec{j}_{흡수} = \frac{\hbar\pi}{m}\frac{1}{k}\sum_{\ell=0}^{\infty}(2\ell+1)(1-\eta_\ell^2) \qquad (16.1.22)$$

이 된다.

그러므로 흡수 단면적 $\sigma_{흡수}$은 다음과 같다.

$$\sigma_{흡수} = \frac{\hat{r} \cdot \vec{j}_{흡수}}{j_{입사}} = \frac{\frac{\hbar\pi}{m}\frac{1}{k}\sum_{\ell=0}^{\infty}(2\ell+1)(1-\eta_\ell^2)}{\frac{\hbar k}{m}} = \frac{\pi}{k^2}\sum_{\ell=0}^{\infty}(2\ell+1)(1-\eta_\ell^2) \qquad (16.1.23)$$

위 식에 탄성산란인 경우에 해당하는 $\eta_\ell = 1$을 대입하면 탄성산란의 경우 흡수 단면적 $\sigma_{흡수} = 0$을 얻는다.

입사 빔이 표적 입자와 충돌하면 산란도 일어나고 흡수도 일어날 것이기 때문에 총 산란단면석 σ_{tot}은 식 (16.1.18)의 비탄성 산란단면적과 식 (16.1.23)의 흡수 단면적의 합이 된다.

$$\sigma_{tot} = \sigma_{비탄성} + \sigma_{흡수} = \frac{2\pi}{k^2}\sum_{\ell=0}^{\infty}(2\ell+1)[1 - \eta_\ell(k)\cos 2\delta_\ell(k)] \qquad (16.1.24)$$

(i) $\eta_\ell(k) = 1$인 탄성산란의 경우

위 식은

$$\sigma_{tot} = \frac{2\pi}{k^2} \sum_{\ell=0}^{\infty} (2\ell+1)[1 - \cos 2\delta_\ell(k)] = \frac{4\pi}{k^2} \sum_{\ell=0}^{\infty} (2\ell+1)\sin^2\delta_\ell(k)$$

가 되어 기대한 대로 탄성산란에 대한 식 (16.1.15)와 같은 결과를 얻는다.

(ii) $\eta_\ell = 0$인 완전흡수의 경우

위 식으로부터 총 산란단면적은

$$\sigma_{tot} = \frac{2\pi}{k^2} \sum_{\ell=0}^{\infty} (2\ell+1) \tag{16.1.25}$$

가 된다.

총 산란단면적 σ_{tot}의 식 (16.1.24)로부터

$$\sum_{\ell=0}^{\infty} (2\ell+1)[1 - \eta_\ell(k)\cos 2\delta_\ell(k)] = \frac{k^2}{2\pi} \sigma_{tot} \tag{16.1.26}$$

을 얻고 비탄성 산란의 경우에 대한 산란진폭인 식 (16.1.17)로부터

$$Imf(\theta) = \frac{1}{2k} \sum_{\ell=0}^{\infty} (2\ell+1)[1 - \eta_\ell(k)\cos 2\delta_\ell(k)]P_\ell(\cos\theta) \tag{16.1.27}$$

이 되어 $\theta = 0$인 전방 산란일 경우 위 식은 다음과 같이 된다.

$$Imf(0) = \frac{1}{2k} \sum_{\ell=0}^{\infty} (2\ell+1)[1 - \eta_\ell(k)\cos 2\delta_\ell(k)] \tag{16.1.28}$$

그러므로 식 (16.1.26)을 (16.1.28)에 대입하면

$$Imf(0) = \frac{k}{4\pi} \sigma_{tot}$$

인 광학정리 식을 얻는다. 즉 광학정리는 비탄성 산란의 경우에도 성립한다.

예제 16.1

입사파의 진행방향에 수직으로 반경 a인 흑체 디스크가 놓여 있을 때 산란단면적과 흡수 단면적을 구하고 물리적 의미에 대해 알아보세요.

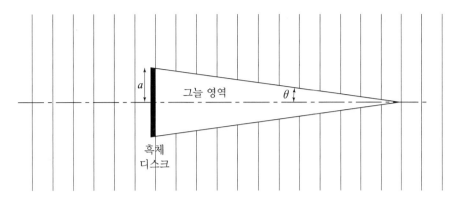

그림 16.4 입사파의 진행 방향에 수직으로 놓인 흑체 디스크

> 풀이

각운동량에 대한 관계식으로부터

$$\begin{cases} L_{\max} = rp = a\hbar k = \hbar(ak) \\ L_{\max} = \ell_{\max}\hbar \end{cases} \Rightarrow \ell_{\max} = ak \qquad (\text{예 } 16.1.1)$$

의 관계를 얻는다. 흑체는 완전흡수의 경우에 해당하므로 식 (16.1.23)에서 $\eta_\ell = 0$이 되어 흡수 단면적은 $\sigma_{\text{흡수}} = \dfrac{\pi}{k^2} \sum\limits_{\ell=0}^{\infty}(2\ell+1)$이 된다. 식 (예 16.1.1)로부터 $\ell_{\max} = ak$이므로 흡수 단면적에 대해 아래의 식을 얻을 수 있다.

$$\sigma_{\text{흡수}} = \frac{\pi}{k^2} \sum_{\ell=0}^{ak}(2\ell+1) \qquad (\text{예 } 16.1.2)$$

이웃하는 두 항 사이의 공차가 d, 첫째 항이 a 그리고 n번째 항이 $a_n = a + (n-1)d$인 등차수열의 첫째 항부터 n번째 항까지의 합은

$$S_n = \frac{n}{2}[2a + (n-1)d]$$

이므로 이 관계를 식 (예 16.1.2)에 적용하면

$$\sum_{\ell=0}^{ak}(2\ell+1) = \frac{ak[2+(ak-1)2]}{2} = (ak)^2 \qquad (\text{예 } 16.1.3)$$

이므로 이 결과를 식 (예 16.1.2)에 대입하면

$$\sigma_{\text{흡수}} = \frac{\pi}{k^2}(ak)^2 = \pi a^2$$

의 흡수 단면적을 얻는다.

완전흡수에 대한 총 산란단면적은 식 (16.1.25)로부터

$$\sigma_{tot} = \frac{2\pi}{k^2} \sum_{\ell=0}^{\infty} (2\ell+1) = 2\pi a^2$$

가 된다. 그리고 $\sigma_{tot} = \sigma_{\text{비탄성}} + \sigma_{\text{흡수}}$ 이므로 비탄성 산란단면적

$$\sigma_{\text{비탄성}} = \pi a^2$$

을 얻는다. 이 결과는 완전흡수의 경우에도 산란파가 존재함을 의미하며 물리적 의미는 흑체 디스크 바로 뒤에는 파가 없고 회절이 일어나게 된다. 이는 입사파와 산란파가 상쇄간섭을 일으켜서 파가 없어졌다고 해석할 수 있다. 이를 **그늘산란**(shadow scattering)이라 한다. ■

② 낮은 에너지에서의 산란

이 절에서는 아래와 같은 우물 포텐셜에 의한 산란에 대해 알아본다.

$$U(r) = \begin{cases} -U_0, & 0 < r \le a \\ 0, & r > a \end{cases}$$

이때의 解는 다음과 같다.[73]

$$R_\ell(r) = \begin{cases} A j_\ell(\kappa r) & r \le a \text{ 일 경우} \\ B j_\ell(kr) + C \eta_\ell(kr) & r > a \text{ 일 경우} \end{cases} \tag{16.2.1}$$

여기서 $j_\ell(kr)$와 $\eta_\ell(kr)$은 각각 구형 베셀함수와 구형 노이만함수(spherical Neumann function)이고, $\kappa^2 = \dfrac{2m}{\hbar^2}(E+U_0)$ 그리고 $k^2 = \dfrac{2m}{\hbar^2}E$ 이다.

$r > a$인 영역이면서 멀리 떨어진 곳에서의 解[74]는

$$R_\ell(r) = B j_\ell(kr) + C \eta_\ell(kr) \xrightarrow{\text{큰 } r} B \frac{\sin\left(kr - \dfrac{\ell\pi}{2}\right)}{kr} - C \frac{\cos\left(kr - \dfrac{\ell\pi}{2}\right)}{kr} \tag{16.2.2}$$

$$= \frac{1}{kr}\left[B\sin\left(kr - \frac{\ell\pi}{2}\right) - C\cos\left(kr - \frac{\ell\pi}{2}\right)\right] = \frac{1}{kr}\sin\left[kr - \frac{\ell\pi}{2} + \delta_\ell(k)\right] \tag{16.2.3}$$

이다. 여기서 $\delta_\ell(k)$은 위상이동량이고 $\cos\delta_\ell(k) = B$ 그리고 $\sin\delta_\ell(k) = -C$ 이므로

---

(73) 증명은 《수리물리학(북스힐)》 by Hwanbae Park, p.337 [예제 7.10]을 참고하세요.

(74) 《수리물리학(북스힐)》 by Hwanbae Park, p.337을 참고하세요.

$$\tan\delta_\ell(k) = \frac{\sin\delta_\ell(k)}{\cos\delta_\ell(k)} = -\frac{C}{B} \tag{16.2.4}$$

의 관계식을 얻는다.

$r = a$에서 식 (16.2.1)의 解에 경계조건 $\left.\frac{1}{R_\ell}R_\ell{}'\right|_{r=a^+} = \left.\frac{1}{R_\ell}R_\ell{}'\right|_{r=a^-}$ 을 적용하면

$$\kappa\left[\frac{1}{j_\ell(\rho)}\frac{dj_\ell(\rho)}{d\rho}\right]_{\rho=\kappa a} = k\left[\left(\frac{1}{Bj_\ell(\rho)+C\eta_\ell(\rho)}\right)\left(B\frac{dj_\ell(\rho)}{d\rho}+C\frac{d\eta_\ell(\rho)}{d\rho}\right)\right]_{\rho=ka}$$

$$\Rightarrow \kappa\frac{j_\ell{}'(\kappa a)}{j_\ell(\kappa a)} = k\frac{j_\ell{}'(ka)+(C/B)\eta_\ell{}'(ka)}{j_\ell(ka)+(C/B)\eta_\ell(ka)} \tag{16.2.5}$$

$$\Rightarrow \frac{C}{B}[\kappa j_\ell{}'(\kappa a)\eta_\ell(ka)-kj_\ell(\kappa a)\eta_\ell{}'(ka)] = kj_\ell(\kappa a)j_\ell{}'(ka)-\kappa j_\ell{}'(\kappa a)j_\ell(ka)$$

을 얻는다. 위 식에 식 (16.2.4)을 대입하면 다음과 같다.

$$\tan\delta_\ell(k) = \frac{kj_\ell{}'(ka)j_\ell(\kappa a)-\kappa j_\ell(ka)j_\ell{}'(\kappa a)}{k\eta_\ell{}'(ka)j_\ell(\kappa a)-\kappa\eta_\ell(ka)j_\ell{}'(\kappa a)} \tag{16.2.6}$$

낮은 에너지의 경우에는 $ka \ll \ell \Rightarrow \sqrt{\dfrac{2m}{\hbar^2}E}\,a \ll \ell$이므로 이때의 구형 베셀함수와 구형 노이만함수는 각각

$$j_\ell(x) \approx \frac{1}{(2\ell+1)!!}x^\ell \text{와} \quad \eta_\ell(x) \approx -\frac{(2\ell-1)!!}{x^{\ell+1}}$$

이다.[75] 위 식에서 $x = ka$로 놓은 뒤에 식 (16.2.6)에 대입하면

$$
\begin{aligned}
\tan\delta_\ell(k) &= \frac{k\dfrac{\ell(ka)^{\ell-1}}{(2\ell+1)!!}j_\ell(\kappa a)-\kappa\dfrac{(ka)^\ell}{(2\ell+1)!!}j_\ell{}'(\kappa a)}{k\dfrac{(2\ell-1)!!}{(ka)^{\ell+2}}(\ell+1)j_\ell(\kappa a)+\kappa\dfrac{(2\ell-1)!!}{(ka)^{\ell+1}}j_\ell{}'(\kappa a)} \\[2mm]
&= \frac{k\dfrac{\ell}{(2\ell+1)!!}j_\ell(\kappa a)-\kappa\dfrac{ka}{(2\ell+1)!!}j_\ell{}'(\kappa a)}{(2\ell-1)!![k(\ell+1)j_\ell(\kappa a)+\kappa(ka)j_\ell{}'(\kappa a)]}(ka)^{2\ell+1} \\[2mm]
&= \frac{k\ell j_\ell(\kappa a)-\kappa(ka)j_\ell{}'(\kappa a)}{(2\ell+1)!!(2\ell-1)!![k(\ell+1)j_\ell(\kappa a)+\kappa(ka)j_\ell{}'(\kappa a)]}(ka)^{2\ell+1}
\end{aligned}
$$

---

(75) 《수리물리학(북스힐)》 by Hwanbae Park, p.333~337을 참고하세요.

이 되고, 여기서 $(2\ell-1)!! = \dfrac{(2\ell+1)!!}{(2\ell+1)}$ 이므로 위 식은

$$\tan\delta_\ell(k) = \frac{2\ell+1}{[(2\ell+1)!!]^2}\frac{k[\ell j_\ell(\kappa a)-\kappa a j_\ell'(\kappa a)]}{k[(\ell+1)j_\ell(\kappa a)+\kappa a j_\ell'(\kappa a)]}(ka)^{2\ell+1}$$

$$= \frac{2\ell+1}{[(2\ell+1)!!]^2}(ka)^{2\ell+1}\frac{\ell j_\ell(\kappa a)-\kappa a j_\ell'(\kappa a)}{(\ell+1)j_\ell(\kappa a)+\kappa a j_\ell'(\kappa a)} \tag{16.2.7}$$

가 된다.

큰 ℓ 값에 대해 위 식의 오른편은 $(ka)^{2\ell+1}$의 형태가 되는데 우리는 지금 작은 ka을 다루고 있으므로 ℓ 값이 커짐에 따라 이 값이 급격히 작아지므로 위 등식의 왼편인 $\delta_\ell(k)$은 작아진다.

그때 탄성산란의 부분 산란단면적은 다음과 같게 된다.

$$\sigma_\ell(k) = \frac{4\pi}{k^2}(2\ell+1)\sin^2\delta_\ell(k) \approx \frac{4\pi}{k^2}(2\ell+1)\delta_\ell^2(k) \tag{16.2.8}$$

식 (16.2.7)에서 분모를 0으로 하는 에너지를 **공명에너지**($E_{공명}$)라 한다. 분모가 0이면 $\tan\delta_\ell=\infty$ 되므로 위상이동량은 $\delta_\ell = \dfrac{\pi}{2}$ 가 되고 부분 산란단면적 $\sigma_\ell(k) = \dfrac{4\pi}{k^2}(2\ell+1)$ $\sin^2\delta_\ell(k)\big|_{\delta_\ell=\frac{\pi}{2}}$은 최대가 된다. 이를 **공명산란**이라 한다. $\delta_\ell = \dfrac{\pi}{2}$인 공명산란의 경우 식 (16.2.7)의 분모는 0이므로

$$(\ell+1)j_\ell(\kappa a)+\kappa a j_\ell'(\kappa a) = 0 \tag{16.2.9}$$

이다. 우물 포텐셜이 매우 깊을 때 $ka \ll \ell \ll \kappa a$가 되어 큰 κa에서의 구형 베셀함수 $j_\ell(\kappa a)$에 관한 근사식을 식 (16.2.9)에 대입하면

$$\frac{\ell+1}{\kappa a}\cos\left(\kappa a-\frac{\ell+1}{2}\pi\right)+\kappa a\left[-\frac{\sin\left(\kappa a-\frac{\ell+1}{2}\pi\right)}{\kappa a}-\frac{\cos\left(\kappa a-\frac{\ell+1}{2}\pi\right)}{(\kappa a)^2}\right]=0$$

가 된다. 여기서 큰 κa에서 $\dfrac{1}{(\kappa a)^2}$ 항을 무시하면 위 식은

$$\frac{\ell+1}{\kappa a}\cos\left(\kappa a-\frac{\ell+1}{2}\pi\right)-\kappa a\frac{\sin\left(\kappa a-\frac{\ell+1}{2}\pi\right)}{\kappa a}=0$$

$$\Rightarrow \tan\left(\kappa a-\frac{\ell+1}{2}\pi\right)=\frac{\ell+1}{\kappa a}$$

가 된다. 이 식의 오른편 값은 아주 작은 값이므로 다음의 **공명조건** 관계식을 얻는다.

$$\kappa a - \frac{\ell+1}{2}\pi = n\pi + \frac{\ell+1}{\kappa a} \tag{16.2.10}$$

그러므로 공명산란은 입사 에너지 E가 위 식을 만족할 때 일어난다.

식 (16.2.7)을 공명에너지 $E_{\text{공명}}$의 함수로 나타내면 다음과 같다.

$$\tan\delta_\ell(k) = \gamma(ka)^{2\ell+1}\frac{1}{E - E_{\text{공명}}} \qquad \text{여기서 } \gamma\text{은 상수} \tag{16.2.11}$$

그러면 탄성산란의 부분 산란단면적은

$$
\begin{aligned}
\sigma_\ell(k) &= \frac{4\pi}{k^2}(2\ell+1)\sin^2\delta_\ell(k) = \frac{4\pi}{k^2}(2\ell+1)\frac{\sin^2\delta_\ell(k)}{\cos^2\delta_\ell(k) + \sin^2\delta_\ell(k)} \\
&= \frac{4\pi}{k^2}(2\ell+1)\frac{\tan^2\delta_\ell(k)}{1 + \tan^2\delta_\ell(k)} \\
&= \frac{4\pi}{k^2}(2\ell+1)\frac{[\gamma(ka)^{2\ell+1}]^2}{(E - E_{\text{공명}})^2 + [\gamma(ka)^{2\ell+1}]^2}
\end{aligned} \tag{16.2.12}
$$

이 되며 이를 **브레이트-위그너** 공식이라 한다. 입사 에너지가 공명에너지에서 멀어질수록 부분 산란단면적이 작아지는 것을 알 수 있다. 아래의 그림은 입사 에너지 E의 함수로 나타낸 부분 산란단면적을 나타낸 것이다.

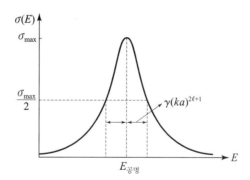

그림 16.5 브레이트-위그너 산란단면적

그리고 부분파 산란진폭은

$$f_\ell(k) \propto \frac{S_\ell(k) - 1}{2ik} = \frac{e^{2i\delta_\ell} - 1}{2ik} = \frac{\dfrac{e^{i\delta_\ell}}{e^{-i\delta_\ell}} - 1}{2ik} = \frac{\dfrac{\cos\delta_\ell + i\sin\delta_\ell}{\cos\delta_\ell - i\sin\delta_\ell} - 1}{2ik}$$

$$= \frac{\dfrac{1+i\tan\delta_\ell}{1-i\tan\delta_\ell}-1}{2ik} = \frac{\tan\delta_\ell}{k(1-i\tan\delta_\ell)} = \frac{\gamma(ka)^{2\ell+1}/k}{(E-E_{\text{공명}})-i\gamma(ka)^{2\ell+1}}$$

이 된다.

③ 우물 포텐셜에 관한 S파 산란

폭이 r_0인 네모난 우물 포텐셜

$$U = \begin{cases} -U_0, & 0 < r \le r_0 \\ 0, & r > r_0 \end{cases}$$

에 의한 s파 산란을 고려해보자.

아래 그림에서와 같은 경우 각운동량의 크기는 $pb \sim \ell\hbar$이므로 일반적으로 원자·핵물리학에서 연구하는 낮은 에너지의 경우 작은 ℓ 값(s파 또는 p파)만 충돌에 기여한다고 간주해도 된다. 이 절에서는 $\ell = 0$인 s파 산란에 대해 알아본다.

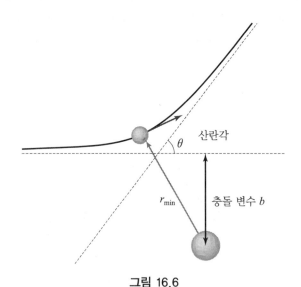

그림 16.6

구면좌표계에서 슈뢰딩거 방정식은

$$\left[\frac{1}{r^2}\frac{\partial}{\partial r}\left(r^2\frac{\partial\Psi}{\partial r}\right) + \frac{1}{r^2\sin\theta}\frac{\partial}{\partial\theta}\left(\sin\theta\frac{\partial\Psi}{\partial\theta}\right) + \frac{1}{r^2\sin^2\theta}\frac{\partial^2\Psi}{\partial\phi^2}\right] + \frac{2m}{\hbar^2}(E-U)\Psi = 0$$

인데 여기서 $\Psi(r,\theta,\phi)=R(r)\Theta(\theta)\Phi(\phi)$로 놓고 대입한 뒤에 Ψ로 나누어 주면 위 식은

$$\left[\frac{1}{Rr^2}\frac{d}{dr}\left(r^2\frac{dR}{dr}\right)+\frac{1}{r^2\sin\theta}\frac{1}{\Theta}\frac{d}{d\theta}\left(\sin\theta\frac{d\Theta}{d\theta}\right)+\frac{1}{r^2\sin^2\theta}\frac{1}{\Phi}\frac{d^2\Phi}{d\phi^2}\right]+\frac{2m}{\hbar^2}(E-U)=0$$

이 된다. 만약 Ψ가 방위각 ϕ의 함수가 아니면 위 식은

$$\left[\frac{1}{Rr^2}\frac{d}{dr}\left(r^2\frac{dR}{dr}\right)+\frac{1}{r^2\sin\theta}\frac{1}{\Theta}\frac{d}{d\theta}\left(\sin\theta\frac{d\Theta}{d\theta}\right)+\frac{2m}{\hbar^2}(E-U)=0\right.$$

$$\Rightarrow\ \frac{1}{R}\frac{d}{dr}\left(r^2\frac{dR}{dr}\right)+\frac{2m}{\hbar^2}(E-U)r^2=-\frac{1}{\sin\theta}\frac{1}{\Theta}\frac{d}{d\theta}\left(\sin\theta\frac{d\Theta}{d\theta}\right)$$

이 된다. 위 등식이 모든 r과 θ에 대해 항상 성립하기 위해서는 좌·우가 상수여야 한다. 그 상수를 $-\ell(\ell+1)$로 놓으면 s파 산란($\ell=0$인 경우)에서 위 식은

$$\frac{d}{dr}\left(r^2\frac{dR}{dr}\right)+\frac{2m}{\hbar^2}(E-U)r^2R=0$$

이 된다. 여기서

$$R(r)=\frac{u(r)}{r} \tag{16.3.1}$$

로 놓으면 위 식은

$$\frac{d^2u(r)}{dr^2}+\frac{2m}{\hbar^2}(E-U)u(r)=0$$

이 된다. 그러면

$$\begin{cases}u_I''+\kappa^2u_I=0, & 0<r\le r_0 \\ u_{II}''+k^2u_{II}=0, & r>r_0\end{cases}\quad\text{여기서 }\kappa=\sqrt{\frac{2m}{\hbar^2}(E+U_0)}\,,\ k=\sqrt{\frac{2m}{\hbar^2}E} \tag{16.3.2}$$

의 관계식을 얻어서 $0<r\le r_0$ 영역에서 $u_I(r)=C\sin\kappa r+D\cos\kappa r$이 되는데 $u_I(0)=0$을 만족하기 위해

$$u_I(r)=C\sin\kappa r \tag{16.3.3}$$

의 解를 갖는다.

반면에 우물 바깥에서는 $u_{II}(r)=Ae^{\pm ikr}$이기 때문에 $r>r_0$ 영역에서는

$$u_{II}(r)=\sin(kr+\delta_0)\qquad\text{여기서 }\delta_0\text{은 }s\text{파의 위상이동량} \tag{16.3.4}$$

의 解를 갖는다.

이제 포텐셜에 의한 위상이동량 δ_0을 구해보자. 두 解에 대해 $r = r_0$에서 연속인 경계 조건을 요구하면

$$\begin{cases} u_I(r_0) = u_{II}(r_0) \\ u_I'(r_0) = u_{II}'(r_0) \end{cases} \Rightarrow \begin{cases} C\sin\kappa r_0 = \sin(kr_0 + \delta_0) \\ \kappa C\cos\kappa r_0 = k\cos(kr_0 + \delta_0) \end{cases} \Rightarrow \frac{1}{k}\tan(kr_0 + \delta_0) = \frac{1}{\kappa}\tan\kappa r_0$$

$$\Rightarrow \tan(kr_0 + \delta_0) = \frac{k}{\kappa}\tan\kappa r_0 \qquad (16.3.5)$$

이 된다. 이 식의 왼편은

$$\tan(kr_0 + \delta_0) = \frac{\sin(kr_0 + \delta_0)}{\cos(kr_0 + \delta_0)} = \frac{\sin kr_0\cos\delta_0 + \cos kr_0\sin\delta_0}{\cos kr_0\cos\delta_0 - \sin kr_0\sin\delta_0} = \frac{\sin kr_0 + \cos kr_0\tan\delta_0}{\cos kr_0 - \sin kr_0\tan\delta_0}$$

이므로 식 (16.3.5)은

$$\frac{\sin kr_0 + \cos kr_0\tan\delta_0}{\cos kr_0 - \sin kr_0\tan\delta_0} = \frac{k}{\kappa}\tan\kappa r_0$$

$$\Rightarrow \left(\cos kr_0 + \frac{k}{\kappa}\tan\kappa r_0\sin kr_0\right)\tan\delta_0 = \frac{k}{\kappa}\tan\kappa r_0\cos kr_0 - \sin kr_0$$

$$\Rightarrow \tan\delta_0 = \frac{\dfrac{k}{\kappa}\tan\kappa r_0\cos kr_0 - \sin kr_0}{\cos kr_0 + \dfrac{k}{\kappa}\tan\kappa r_0\sin kr_0}$$

가 되어 다음의 관계식을 얻는다.

$$\therefore \ \tan\delta_0 = \frac{\dfrac{k}{\kappa}\tan\kappa r_0 - \tan kr_0}{1 + \dfrac{k}{\kappa}\tan\kappa r_0\tan kr_0} \qquad (16.3.6)$$

위 식을 보다 간단한 표현으로 나타내기 위해 $\dfrac{k}{\kappa}\tan\kappa r_0 = \tan qr_0$로 놓으면 위 식은

$$\tan\delta_0 = \frac{\tan qr_0 - \tan kr_0}{1 + \tan qr_0\tan kr_0} = \frac{\sin qr_0\cos kr_0 - \cos qr_0\sin kr_0}{\cos qr_0\cos kr_0 + \sin qr_0\sin kr_0}$$

$$= \frac{\sin(qr_0 - kr_0)}{\cos(qr_0 - kr_0)} = \tan(qr_0 - kr_0)$$

가 되어 다음의 관계식을 얻는다.

$$\delta_0 = qr_0 - kr_0 = \tan^{-1}\left(\frac{k}{\kappa}\tan\kappa r_0\right) - kr_0 \qquad (16.3.7)$$

한편 식 (16.3.2)로부터

$$\begin{cases} \kappa^2 = \dfrac{2m}{\hbar^2}(E + U_0) \\ k^2 = \dfrac{2m}{\hbar^2}E \end{cases} \Rightarrow \kappa^2 = k^2 + \dfrac{2mU_0}{\hbar^2} \qquad (16.3.8)$$

을 얻는데 낮은 에너지의 경우 $k \to 0$이고 $\kappa \to \sqrt{\dfrac{2mU_0}{\hbar^2}}$ 가 되어 식 (16.3.6)은

$$\begin{aligned} \tan\delta_0 &\to \frac{\dfrac{k}{\kappa}\tan\kappa r_0 - kr_0}{1 + \dfrac{k^2}{\kappa}r_0\tan\kappa r_0} \approx \frac{k}{\kappa}\tan\kappa r_0 - kr_0 \\[2ex] &= k\sqrt{\frac{\hbar^2}{2mU_0}}\tan\sqrt{\frac{2mU_0}{\hbar^2}}\,r_0 - kr_0 \\[2ex] &= kr_0\left[\sqrt{\frac{\hbar^2}{2mU_0}}\frac{1}{r_0}\tan\sqrt{\frac{2mU_0}{\hbar^2}}\,r_0 - 1\right] \qquad (16.3.9) \end{aligned}$$

이 되고 여기서 $\tan\sqrt{\dfrac{2mU_0}{\hbar^2}}\,r_0$가 무한히 큰 값이 아닌 이상 위의 결과는 작은 값을 준다. 즉, 낮은 에너지에서 등식의 오른편이 작은 값이기 때문에 등식의 왼편은 $\tan\delta_0 \to \delta_0$로 나타낼 수 있어서 s파 산란단면적은

$$\sigma_0(k) = \frac{4\pi}{k^2}\sin^2\delta_0 = 4\pi\left(\frac{\delta_0}{k}\right)^2 = 4\pi\left[r_0\left(1 - \sqrt{\frac{\hbar^2}{2mU_0}}\frac{1}{r_0}\tan\sqrt{\frac{2mU_0}{\hbar^2}}\,r_0\right)\right]^2 \quad (16.3.10)$$

$$\equiv 4\pi a^2$$

가 된다.[76] 여기서 a은 입사 에너지와 무관한 양이며 **산란 길이**(scattering length)라 부른다.

(i) 우물 포텐셜의 깊이가 얕은 경우, 즉 U_0가 작은 경우

식 (16.3.10)에서 $\sqrt{\dfrac{\hbar^2}{2mU_0}}\dfrac{1}{r_0}\tan\sqrt{\dfrac{2mU_0}{\hbar^2}}\,r_0 \to 1$이 되어 산란단면적이 $\sigma_0(k) \to 0$되므로 산란은 일어나지 않는다.

(ii) 우물 포텐셜이 충분히 깊은 경우, 공명조건 관계식인 식 (16.2.10)에서 $a \to r_0$ 그

---

(76) 아래의 절에 있는 '단단한 구에 의한 산란'을 참조하세요.

리고 $\ell \to 0$을 대입하면

$$\kappa a - \frac{\ell+1}{2}\pi = n\pi + \frac{\ell+1}{\kappa a} \;\Rightarrow\; \kappa r_0 - \frac{1}{2}\pi = n\pi + \frac{1}{\kappa r_0} \approx n\pi$$

가 되어 다음의 관계식을 얻는다.

$$\kappa r_0 \approx n\pi + \frac{1}{2}\pi \tag{16.3.11}$$

그러면 식 (16.3.6)은

$$\tan\delta_0 = \frac{\frac{k}{\kappa}\tan\kappa r_0 - \tan k r_0}{1 + \frac{k}{\kappa}\tan\kappa r_0 \tan k r_0} \;\Rightarrow\; \tan\delta_0 = \frac{\frac{k}{\kappa}\tan\kappa r_0}{\frac{k}{\kappa}\tan\kappa r_0 \tan k r_0} \qquad \because \; \tan\kappa r_0 \to \infty$$

$$\Rightarrow \tan\delta_0 = \frac{1}{\tan k r_0}$$

가 되어

$$\sigma_0(k) = \frac{4\pi}{k^2}\sin^2\delta_0 = \frac{4\pi}{k^2}\frac{\tan^2\delta_0}{1+\tan^2\delta_0} \approx \frac{4\pi}{k^2} \tag{16.3.12}$$

인 공명 산란단면적을 얻는다.

지금부터 보다 일반적인 경우에 해당하는 입사 에너지 또는 k의 함수로서 산란 길이 $a(k)$을 구해보자. 식 (16.3.6)으로부터

$$\cot\delta_0 = \frac{1 + \frac{k}{\kappa}\tan\kappa r_0\tan k r_0}{\frac{k}{\kappa}\tan\kappa r_0 - \tan k r_0} = \frac{\frac{\kappa}{k}\cot\kappa r_0 + \tan k r_0}{1 - \frac{\kappa}{k}\cot\kappa r_0\tan k r_0}$$

$$\Rightarrow \; k\cot\delta_0 = \frac{\kappa\cot\kappa r_0 + k\tan k r_0}{1 - \frac{\kappa}{k}\cot\kappa r_0\tan k r_0} \tag{16.3.13}$$

가 된다. 낮은 에너지의 경우 $k \to 0$이고 $\kappa \to \sqrt{\dfrac{2m U_0}{\hbar^2}} \equiv \kappa_0$로 놓으면 위 식은

$$k\cot\delta_0 \approx \frac{\kappa_0\cot\kappa_0 r_0}{1 - \frac{\kappa_0}{k}\cot\kappa_0 r_0\,(k r_0)} = \frac{\kappa_0\cot\kappa_0 r_0}{1 - \kappa_0 r_0\cot\kappa_0 r_0} \tag{16.3.14}$$

이 된다. 그리고 식 (16.3.9)와 (16.3.10)으로부터 $\delta_0 = -ka$이므로

$$k \cot \delta_0 = k \frac{\cos \delta_0}{\sin \delta_0} \approx k \frac{1}{\delta_0} = k \frac{1}{(-ka)} = -\frac{1}{a} \qquad (16.3.15)$$

이다. 식 (6.3.14)와 (6.3.15)로부터

$$-\frac{1}{a} = \frac{\kappa_0 \cot \kappa_0 r_0}{1 - \kappa_0 r_0 \cot \kappa_0 r_0} \qquad (16.3.16)$$

의 관계식을 얻고 이는 다음과 같이 나타낼 수 있다.

$$1 - \kappa_0 r_0 \cot \kappa_0 r_0 = -a\kappa_0 \cot \kappa_0 r_0 \;\Rightarrow\; (r_0 - a)\kappa_0 \cot \kappa_0 r_0 = 1$$

$$\therefore \;\; \kappa_0 \cot \kappa_0 r_0 = \frac{1}{r_0 - a} \qquad (16.3.17)$$

그리고 식 (16.3.8)로부터

$$\kappa^2 = k^2 + \frac{2mU_0}{\hbar^2} = k^2 + \kappa_0^2 \;\Rightarrow\; \kappa = (\kappa_0^2 + k^2)^{\frac{1}{2}} = \kappa_0 \left(1 + \frac{k^2}{\kappa_0^2}\right)^{\frac{1}{2}} = \kappa_0 \left(1 + \frac{k^2}{2\kappa_0^2} - \cdots \cdots\right)$$

$$\therefore \;\; \kappa \approx \kappa_0 + \frac{k^2}{2\kappa_0} \qquad (16.3.18)$$

을 얻는다.

위 관계식을 이용하여 아래의 식을 계산해보자.

$$\kappa \cot \kappa r_0 \approx \left(\kappa_0 + \frac{k^2}{2\kappa_0}\right) \cot \left(\kappa_0 r_0 + \frac{k^2}{2\kappa_0} r_0\right)$$

$$\approx \kappa_0 \cot \kappa_0 r_0 + \frac{k^2}{2\kappa_0}(\cot \kappa_0 r_0 - \kappa_0 r_0 \csc^2 \kappa_0 r_0)^{(77)} \qquad (16.3.19)$$

여기서 식 (16.3.17)로부터

$$\frac{\cos \kappa_0 r_0}{\sin \kappa_0 r_0} = \frac{1}{\kappa_0 (r_0 - a)} \;\Rightarrow\; \frac{1 - \sin^2 \kappa_0 r_0}{\sin^2 \kappa_0 r_0} = \frac{1}{\kappa_0^2 (r_0 - a)^2} \;\Rightarrow\; \frac{1}{\sin^2 \kappa_0 r_0} = 1 + \frac{1}{\kappa_0^2 (r_0 - a)^2}$$

$$\Rightarrow\; \csc^2 \kappa_0 r_0 = 1 + \frac{1}{\kappa_0^2 (r_0 - a)^2}$$

이므로 이를 식 (16.3.19)에 대입하면

$$\kappa \cot \kappa r_0 = \frac{1}{r_0 - a} + \frac{k^2}{2\kappa_0}\left[\frac{1}{\kappa_0(r_0 - a)} - \kappa_0 r_0 \left(1 + \frac{1}{\kappa_0^2 (r_0 - a)^2}\right)\right]$$

---

(77) 증명은 [보충자료-3]을 참조하세요.

$$= \frac{1}{r_0 - a} + \frac{k^2}{2\kappa_0^2(r_0 - a)} - \frac{r_0}{2}k^2\left[1 + \frac{1}{\kappa_0^2(r_0 - a)^2}\right]$$

$$= \frac{1}{r_0 - a} - \frac{r_0}{2}k^2 + \frac{k^2}{2\kappa_0^2(r_0 - a)} - \frac{r_0 k^2}{2\kappa_0^2(r_0 - a)^2}$$

가 된다. 여기서 오른편의 세 번째와 네 번째 항은

$$\frac{k^2}{2\kappa_0^2(r_0 - a)} - \frac{r_0 k^2}{2\kappa_0^2(r_0 - a)^2} = \frac{k^2}{2\kappa_0^2(r_0 - a)}\left(1 - \frac{r_0}{r_0 - a}\right) = \frac{-ak^2}{2\kappa_0^2(r_0 - a)^2}$$

이므로

$$\kappa \cot \kappa r_0 = \frac{1}{r_0 - a} - \frac{r_0}{2}k^2 - \frac{ak^2}{2\kappa_0^2(r_0 - a)^2} \qquad (16.3.20)$$

이 된다.

식 (16.3.13)에 있는

$$\frac{1}{k}\tan k r_0 = \frac{1}{k}\frac{\sin k r_0}{\cos k r_0} \approx \frac{1}{k}\frac{kr_0 - \frac{1}{3!}(kr_0)^3}{1 - \frac{1}{2}(kr_0)^2} \approx r_0 + \frac{1}{3}k^2 r_0^3$$

그리고

$$k\tan k r_0 = k\frac{\sin k r_0}{\cos k r_0} \approx k\frac{kr_0 - \frac{1}{3!}(kr_0)^3}{1 - \frac{1}{2}(kr_0)^2} \approx k^2 r_0$$

이므로 식 (16.3.13)의 분자에 식 (16.3.20)과 위 결과들을 대입하면

$$\frac{1}{r_0 - a} - \frac{r_0}{2}k^2 - \frac{ak^2}{2\kappa_0^2(r_0 - a)^2} + k^2 r_0 = \frac{1}{r_0 - a} + \frac{r_0}{2}k^2 - \frac{ak^2}{2\kappa_0^2(r_0 - a)^2}$$

이 되어 식 (16.3.13)은

$$k\cot\delta_0 = \left[\frac{1}{r_0 - a} + \frac{r_0}{2}k^2 - \frac{ak^2}{2\kappa_0^2(r_0 - a)^2}\right]$$

$$\div\left[1 - \left(r_0 + \frac{1}{3}k^2 r_0^3\right)\left(\frac{1}{r_0 - a} - \frac{r_0}{2}k^2 - \frac{ak^2}{2\kappa_0^2(r_0 - a)^2}\right)\right]$$

$$\approx -\frac{1}{a} + \frac{1}{2}k^2 r_0\left[1 - \frac{1}{\kappa_0^2 r_0^2}\left(\frac{r_0}{a}\right) - \frac{1}{3}\left(\frac{r_0}{a}\right)^2\right] \qquad (16.3.21)$$

이 된다. 여기서 등식의 오른편은 k^2 항까지만 고려하였다. 이 식에서 $k \rightarrow 0$일 때 식 (16.3.15)의 $k \cot \delta_0 \rightarrow -\dfrac{1}{a}$을 얻음을 알 수 있다.

식 (16.3.21)에서 $\dfrac{1}{2}k^2$의 계수를 **유효 범위** r_{eff}라 하면

$$r_{eff} = r_0 \left[1 - \frac{1}{\kappa_0^2 r_0^2}\left(\frac{r_0}{a}\right) - \frac{1}{3}\left(\frac{r_0}{a}\right)^2 \right] \tag{16.3.22}$$

이다. 그때 식 (16.3.21)을 일반식인 $k \cot \delta_0 = -\dfrac{1}{a(k)}$로 나타내면

입사 에너지의 함수로서 산란길이 $a(k)$은 다음과 같이 표현된다.

$$\frac{1}{a(k)} = \frac{1}{a} - \frac{1}{2}k^2 r_{eff} \tag{16.3.23}$$

$$\Rightarrow \frac{1}{a(k)} = \frac{1}{a} - \frac{1}{2}k^2 r_0 \left[1 - \frac{1}{\kappa_0^2 r_0^2}\left(\frac{r_0}{a}\right) - \frac{1}{3}\left(\frac{r_0}{a}\right)^2 \right] \tag{16.3.24}$$

식 (16.3.16)으로부터 $-\dfrac{r_0}{a} = r_0 \dfrac{\kappa_0 \cot \kappa_0 r_0}{1 - \kappa_0 r_0 \cot \kappa_0 r_0}$가 되며 $\kappa_0 r_0 = \dfrac{\pi}{2}$일 때 이 값은 0이므로 식 (16.3.24)의 오른편에 있는 $\dfrac{r_0}{a}$항은 0이 되어서

$$\frac{1}{a(k)} = \frac{1}{a} - \frac{1}{2}k^2 r_0$$

을 얻는다.

④ 반경 a인 단단한 구에 의한 산란

단단한 구는 포텐셜이

$$U(r) = \begin{cases} \infty, & 0 < r \le a \\ 0, & r > a \end{cases}$$

인 경우에 해당하는 것으로 간주할 수 있다. 단단한 구의 내부에는 입사파가 들어갈 수 없으므로 구 내부의 解는

$$R_\ell(kr) = 0 \tag{16.4.1}$$

이고 반면에 구 바깥의 解는

$$R_\ell(kr) = Aj_\ell(kr) + B\eta_\ell(kr) \quad \text{여기서 } k = \sqrt{\frac{2mE}{\hbar^2}} \tag{16.4.2}$$

이다. 구 내부와 바깥의 解에 $r = a$에서의 경계조건을 적용하면

$$Aj_\ell(ka) + B\eta_\ell(ka) = 0$$

이 되어

$$\frac{B}{A} = -\frac{j_\ell(ka)}{\eta_\ell(ka)} \tag{16.4.3}$$

의 관계식을 얻는다.

아주 멀리 떨어진 곳에서의 구형 베셀함수와 구형 노이만함수에 대한 근사식을 식 (16.4.2)에 대입하면

$$
\begin{aligned}
R_\ell(kr) \xrightarrow{\text{큰 } kr} \; & A\frac{\sin\left(kr - \dfrac{\ell\pi}{2}\right)}{kr} - B\frac{\cos\left(kr - \dfrac{\ell\pi}{2}\right)}{kr} \\
= \; & \frac{1}{kr}\left[A\sin\left(kr - \frac{\ell\pi}{2}\right) - B\cos\left(kr - \frac{\ell\pi}{2}\right)\right] \\
= \; & \frac{1}{kr}\sin\left(kr - \frac{\ell\pi}{2} + \delta_\ell\right)
\end{aligned} \tag{16.4.4}
$$

이 된다. 여기서 $\cos\delta_\ell = A$ 그리고 $\sin\delta_\ell = -B$이므로

$$\tan\delta_\ell = \frac{\sin\delta_\ell}{\cos\delta_\ell} = -\frac{B}{A} \Rightarrow \delta_\ell = \tan^{-1}\left(-\frac{B}{A}\right) \tag{16.4.5}$$

가 된다. 이 식에 식 (16.4.3)을 대입하면 위상이동량

$$\delta_\ell = \tan^{-1}\frac{j_\ell(ka)}{\eta_\ell(ka)} \tag{16.4.6}$$

을 얻는다.

반경 a가 작은 경우에는 $\ell = 0$인 경우만 고려하면 되므로 이때의 구형 베셀함수 $j_0(kr)$와 구형 노이만함수 $\eta_0(kr)$은 다음과 같다.

$$\begin{cases} j_0(kr) = \dfrac{\sin kr}{kr} \\ \eta_0(kr) = -\dfrac{\cos kr}{kr} \end{cases} \tag{16.4.7}$$

이 결과를 식 (16.4.6)에 대입하면 s파 산란에서의 위상이동량 δ_0을 아래와 같이 구할 수 있다.

$$\delta_0 = \tan^{-1}\left[\frac{\dfrac{\sin ka}{ka}}{-\dfrac{\cos ka}{ka}}\right] = \tan^{-1}(-\tan ka) = -ka \tag{16.4.8}$$

단단한 구는 들어오는 파를 막으므로, 이는 반발 포텐셜로 간주될 수 있어서 위상이동량은 음의 값을 갖는다.

이때 반경 a인 단단한 구에 의한 산란단면적은

$$\sigma_0(k) = \frac{4\pi}{k^2}\sin^2\delta_0 = 4\pi a^2 \tag{16.4.9}$$

이 되어 구 표면적 πa^2의 4배가 된다. 이 결과는 고전적으로 기대된 값의 4배이며 이는 회절과정에 기인한 것이다.

⑤ 산란에서 스핀의 영향

식 (16.3.21)과 (16.3.22)로부터

$$k\cot\delta_0 = -\frac{1}{a} + \frac{1}{2}k^2 r_{eff}$$

이고, 여기서

(i) 낮은 에너지에서의 산란단면적 $\sigma_0 \approx 4\pi a^2$은 산란길이 a와 관계가 있다.

(ii) 포텐셜 깊이 U_0와 관계되는 변수 κ_0은 유효범위

$$r_{eff} = r_0\left[1 - \frac{1}{\kappa_0^2 r_0^2}\left(\frac{r_0}{a}\right) - \frac{1}{3}\left(\frac{r_0}{a}\right)^2\right]$$

와 관계가 있다.

양성자 1개와 중성자 1개로 이루어져 있는 **중양성자**(deuteron)를 원자핵으로 갖는 원소인 중수소(^{2}H)의 핵력은 중양성자의 포텐셜에 대한 정보, 즉 산란길이, 포텐셜 깊이 등을 알면 가까운 거리에만 작용하는 핵력에 관한 정보를 얻을 수 있다. 이때 작용하는 핵력을 우물 포텐셜처럼 생각할 수 있다.

중양성자의 결합에너지 크기는 $E_{결합} = 2.23$ MeV 이다. 그리고 중양성자의 환산질량은 $\dfrac{1}{\mu} = \dfrac{1}{m_p} + \dfrac{1}{m_n} \Rightarrow \mu = \dfrac{m_p m_n}{m_p + m_n} \approx \dfrac{1}{2} m_p$(여기서 m_p와 m_n은 각각 양성자와 중성자의 질량이며 $m_p \approx m_n$)이다. 그러므로

$$E_{결합} = \frac{\hbar^2 \alpha^2}{2\mu} \Rightarrow \frac{1}{\alpha^2} = \frac{\hbar^2}{2\mu E_{결합}} \Rightarrow \frac{1}{\alpha} = \sqrt{\frac{(\hbar c)^2}{2\dfrac{1}{2}(m_p c^2) E_{결합}}}$$

$$\approx 197 \text{ MeV} \cdot \text{fm} \sqrt{\frac{1}{940 \text{ MeV} \times 2.23 \text{ MeV}}} = 4.30 \times 10^{-15} \text{ m}$$

이 된다. 중성자–양성자의 산란단면적 관계식

$$\sigma_0 \approx \frac{4\pi}{\alpha^2}(1 + 2r_0\alpha)^{(78)} \quad (\text{대략적으로 } 2r_0\alpha < 2 \times 3 \times 10^{-15} \times 2.3 \times 10^{14} \approx 1)$$

에 중양성자의 결합에너지로부터 구한 α값을 대입하면

$$\sigma_0 \approx (2.32 \times 10^{-28} \ m^2)(1 + 2r_0\alpha) \approx 2.32 \text{ barn}$$

의 중성자–양성자 산란단면적을 얻는다.

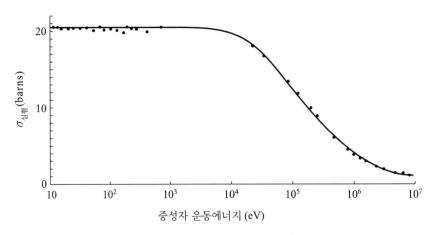

그림 16.7 중성자 에너지의 함수로서 산란단면적

---

(78) 증명은 [보충자료 4]를 참조하세요.

그러나 중성자로 수행된 실험결과는 낮은 에너지에서 위의 예측과 다른 $\sigma_{실험} \approx 21 \text{ barn}$[79] 의 산란단면적을 얻었다.

계산으로 예측한 값과 실험값의 차이를 설명하기 위해 **유진 위그너**(Eugene P. Wigner) 는 핵력은 핵자의 스핀과도 관계가 있다고 제안을 했다. 양성자와 중성자의 스핀을 고려 하면 포텐셜은 다음과 같이 나타낼 수 있다.

$$U(r) = U_0(r) + (\vec{\sigma}_p \cdot \vec{\sigma}_n) U_1(r) \tag{16.5.1}$$

총 각운동량 $\vec{J}$로 상태함수는 표현되고 양성자와 중성자는 전자처럼 스핀이 $\frac{1}{2}$인 페르미 온이므로 상태함수에서 중양성자의 스핀상태는 3개의 삼중항 또는 한 개의 단일항으로 표 현된다. 삼중항과 단일항에 대한 위상이동량 δ_{tri}와 δ_{sing}가 각각 존재하므로 산란단면적은 다음과 같이 표현된다.

$$\sigma_0 = \frac{3}{4}\sigma_{tri} + \frac{1}{4}\sigma_{sing} \approx \frac{3}{4}(4\pi a_{tri}^2) + \frac{1}{4}(4\pi a_{sing}^2) = \pi(3a_{tri}^2 + a_{sing}^2) \tag{16.5.2}$$

스핀을 고려하지 않을 경우에는 $a_{tri} = a_{sing} \equiv a$이므로 우리가 기대한 대로 $\sigma_0 = 4\pi a^2$ 을 얻는다.

낮은 에너지 중성자의 산란단면적은 다음과 같이 나타낼 수 있다.

$$\begin{cases} k\cot\delta_0 = -\frac{1}{a} + \frac{1}{2}k^2 r_{eff} \\ \sigma_0 = \frac{4\pi}{k^2}\sin^2\delta_0 = 4\pi\frac{1}{k^2 + (k\cot\delta_0)^2} \end{cases} \Rightarrow \sigma_0 = \frac{4\pi a^2}{k^2 a^2 + \left(1 - \frac{k^2 a}{2}r_{eff}\right)^2} \tag{16.5.3}$$

식 (16.5.3)을 (16.5.2)에 대입하면 산란단면적은 다음과 같다.

$$\sigma = \frac{3}{4}\frac{4\pi a_{tri}^2}{k^2 a_{tri}^2 + \left(1 - \frac{1}{2}k^2 a_{tri} r_{tri}^{eff}\right)^2} + \frac{1}{4}\frac{4\pi a_{sing}^2}{k^2 a_{sing}^2 + \left(1 - \frac{1}{2}k^2 a_{sing} r_{sing}^{eff}\right)^2} \tag{16.5.4}$$

그때 중성자와 양성자의 산란실험 결과에

---

(79) $\lambda = 5.43 \times 10^{-10}$ m인 열중성자(약 0.028 eV)와 양성자의 산란단면적 측정으로부터 얻은 실험 결과이다.

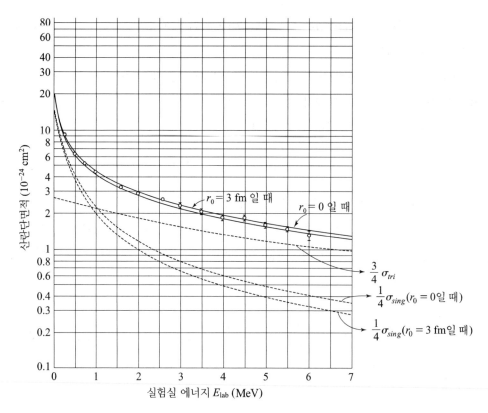

그림 16.8 중성자-양성자의 산란단면적

식 (16.5.4)을 이용하면

$$\begin{cases} r_{tri}^{eff} \sim 1.76 \, \mathrm{fm}, \ \, \mathrm{r}_{sing}^{eff} \sim 2.56 \ \mathrm{fm} \\ a_{tri} \sim 5.42 \ \mathrm{fm}, \ a_{sing} \sim -23.71 \ \mathrm{fm} \end{cases}$$

을 얻을 수 있고 이 결과들을 식 (16.5.2)에 대입하면 산란단면적이

$$\sigma = \pi(3 \times 5.42^2 + 23.71^2) \times 10^{-30} \, \mathrm{m}^2 = 2042.0 \times 10^{-30} \, \mathrm{m}^2 \approx 20.4 \ \mathrm{barn}$$

인 결과를 얻을 수 있어 중성자와 양성자의 산란에서 양성자와 중성자의 스핀영향을 고려하면 실험결과를 잘 설명할 수 있음을 볼 수 있다. 단일항에서 산란길이 값이 음수인 것의 의미는

$$u_0(kr) \sim \sin(kr + ka_{sing}) \xrightarrow{E \to 0} k(r + a_{sing})$$

이므로 우물 안에 결합(구속)상태가 존재할 만큼 우물이 충분히 깊지 못하다는 뜻이다.

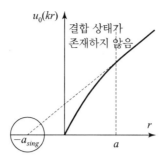

$$그림\ 16.9\ 산란길이가\ 음수일\ 때\ 결합상태는\ 존재하지\ 않음$$

⬡6 Born 근사법

앞의 절까지는 $\ell = 0$인 경우에 해당하는 낮은 에너지에서의 산란을 다루었다. 높은 에너지의 경우에는 많은 부분파가 산란에 기여할 수 있다. 이 경우 산란과정을 초기 상태함수 $\Psi_i(\vec{r}) = \dfrac{1}{\sqrt{V}} e^{\frac{i}{\hbar}\vec{p_i} \cdot \vec{r}}$ 에서 최종 상태함수 $\Psi_f(\vec{r}) = \dfrac{1}{\sqrt{V}} e^{\frac{i}{\hbar}\vec{p_f} \cdot \vec{r}}$ 로의 전이로 간주하는 것이 편리하고 이를 Born 근사법(approximation)이라 한다. 이때 전이률은 13장에서 배운 것과 같이

$$\Gamma_{i \to f} = \frac{2\pi}{\hbar} \int \frac{V\, d^3 p_f}{(2\pi\hbar)^3} |M_{fi}|^2 \delta\left(\frac{p_f^2}{2\mu_f} - \frac{p_i^2}{2\mu_i} \right) \tag{16.6.1}$$

이다. 여기서 μ_f와 μ_i은 각각 최종상태와 초기상태의 환산질량이다. 위 식의 행렬요소는

$$M_{fi} = <\Psi_f | U(\vec{r}) | \Psi_i> = \int \frac{e^{-\frac{i}{\hbar}\vec{p_f} \cdot \vec{r}}}{\sqrt{V}} U(\vec{r}) \frac{e^{\frac{i}{\hbar}\vec{p_i} \cdot \vec{r}}}{\sqrt{V}} d^3 r = \frac{1}{V} \int e^{-i\left(\frac{\vec{p_f} - \vec{p_i}}{\hbar}\right) \cdot \vec{r}} U(\vec{r}) d^3 r$$

$$= \frac{1}{V} \int e^{-i\Delta\vec{k} \cdot \vec{r}} U(\vec{r}) d^3 r \equiv \frac{1}{V} \widetilde{U}(\Delta k) \tag{16.6.2}$$

이다. 여기서 $\Delta\vec{k} = \vec{k_f} - \vec{k_i} = \dfrac{1}{\hbar}(\vec{p_f} - \vec{p_i})$이다. 그러므로

$$|M_{fi}|^2 = \frac{1}{V^2} |\widetilde{U}(\Delta k)|^2$$

이므로 식 (16.6.1)은 다음과 같이 표현된다.

$$\Gamma_{i \to f} = \frac{1}{4\pi^2\hbar^4} \frac{1}{V} \int\int d\Omega \; p_f^2 dp_f \, \delta\left(\frac{p_f^2}{2\mu_f} - E\right) |\widetilde{U}(\Delta k)|^2 \qquad \text{여기서 } E = \frac{p_i^2}{2\mu_i}$$

$$= \frac{1}{4\pi^2\hbar^4} \frac{1}{V} \int\int d\Omega \; p_f \mu_f \, d\left(\frac{p_f^2}{2\mu_f}\right) \delta\left(\frac{p_f^2}{2\mu_f} - E\right) |\widetilde{U}(\Delta k)|^2$$

$$= \frac{1}{4\pi^2\hbar^4} \frac{1}{V} \int d\Omega \; p_f \mu_f |\widetilde{U}(\Delta k)|^2 \tag{16.6.3}$$

여기서 $p_f^2 = 2\mu_f E$ 이다.

산란단면적의 단위는 면적이므로 전이율에 부피/속도를 곱한 단위와 같다. 그러므로 미분 산란단면적은 위 식으로부터 다음과 같다.

$$d\sigma = \frac{1}{4\pi^2\hbar^4} \frac{1}{|\vec{v}|} d\Omega \; p_f \mu_f |\widetilde{U}(\Delta k)|^2 \tag{16.6.4}$$

여기서

$$|\vec{v}| = \frac{p_i}{\mu_i}$$

이므로 식 (16.6.4)은

$$\frac{d\sigma}{d\Omega} = \frac{1}{4\pi^2\hbar^4} \frac{\mu_i}{p_i} p_f \mu_f |\widetilde{U}(\Delta k)|^2 \tag{16.6.5}$$

이 된다. 만약 $\mu_i = \mu_f \equiv \mu$ 이면 델타함수 $\delta\left(\frac{p_f^2}{2\mu_f} - \frac{p_i^2}{2\mu_i}\right)$ 로부터 $p_f = p_i$ 가 되어

$$\frac{d\sigma}{d\Omega} = \frac{\mu^2}{4\pi^2\hbar^4} |\widetilde{U}(\Delta k)|^2 \tag{16.6.6}$$

인 미분 산란단면적을 얻는다.

예제 16.2

질량이 m 이며 전하가 $Z_1 e$ 인 입자와 매우 무거우면서(질량이 M) 전하가 $Z_2 e$ 인 입자의 쿨롱 포텐셜에 의한 산란문제에 대해 알아보자.

풀이

환산질량은 $\frac{1}{\mu} = \frac{1}{m} + \frac{1}{M} \approx \frac{1}{m}$ 이므로 $\mu = m$ 로 간주할 수 있다.

두 입자 사이에 작용하는 쿨롱 포텐셜은 $U(r) = \dfrac{1}{4\pi\epsilon_0}\dfrac{Z_1 Z_2 e^2}{r}e^{-\frac{r}{a}}$ 이다. 여기서 a은 전자와 전자 사이의 반발력에 의해 원자핵과 전자 사이의 인력을 약화시키는 효과와 관계되는 **가리움**(screening) 반경이다.

그러면 식 (16.6.2)에 있는 $\widetilde{U}(\Delta k)$의 정의 식으로부터

$$\widetilde{U}(\Delta k) = \frac{Z_1 Z_2 e^2}{4\pi\epsilon_0}\int d^3 r\, e^{-i\Delta\vec{k}\cdot\vec{r}}\frac{e^{-\frac{r}{a}}}{r}$$

가 되며 편의상 $\vec{k}$ 방향을 z-축으로 잡으면 위 식은 다음과 같게 된다.

$$\begin{aligned}
\widetilde{U}(\Delta k) &= \frac{Z_1 Z_2 e^2}{4\pi\epsilon_0}\int_0^{2\pi}d\phi\int_0^\pi\int_0^\infty \sin\theta d\theta\, r^2 dr\, e^{-i\Delta kr\cos\theta}\frac{e^{-\frac{r}{a}}}{r} \\
&= \frac{Z_1 Z_2 e^2}{4\pi\epsilon_0}2\pi\int_0^\infty re^{-\frac{r}{a}}dr\left(\int_{-1}^1 d(\cos\theta)\,e^{-i\Delta kr\cos\theta}\right) \\
&= \frac{Z_1 Z_2 e^2}{4\pi\epsilon_0}\frac{2\pi}{i\Delta k}\int_0^\infty e^{-\frac{r}{a}}(e^{i\Delta kr}-e^{-i\Delta kr})dr \\
&= \frac{Z_1 Z_2 e^2}{4\pi\epsilon_0}\frac{2\pi}{i\Delta k}\left[\frac{1}{(1/a)-i\Delta k}-\frac{1}{(1/a)+i\Delta k}\right] = \frac{Z_1 Z_2 e^2}{4\pi\epsilon_0}\frac{4\pi}{(1/a^2)+(\Delta k)^2}
\end{aligned}$$

여기서

$$\Delta\vec{k} = \frac{\vec{p_f}-\vec{p_i}}{\hbar} \Rightarrow (\Delta k)^2 = \frac{1}{\hbar^2}(2p^2 - 2\vec{p_f}\cdot\vec{p_i}) = \frac{2p^2}{\hbar^2}(1-\cos\theta) \quad \text{여기서 } \theta\text{은 산란각}$$

이므로 이들을 식 (16.6.6)에 대입하면

$$\begin{aligned}
\frac{d\sigma}{d\Omega} &= \frac{m^2}{4\pi^2\hbar^4}\left(\frac{Z_1 Z_2 e^2}{4\pi\epsilon_0}\right)^2\frac{16\pi^2}{\left[(1/a^2)+\dfrac{2p^2}{\hbar^2}(1-\cos\theta)\right]^2} \\
&= \left[\frac{2m\dfrac{Z_1 Z_2 e^2}{4\pi\epsilon_0}}{4p^2\sin^2\dfrac{\theta}{2}+\dfrac{\hbar^2}{a^2}}\right]^2 = \left[\frac{\dfrac{Z_1 Z_2 e^2}{4\pi\epsilon_0}}{4E\sin^2\dfrac{\theta}{2}+\dfrac{\hbar^2}{2ma^2}}\right]^2 \qquad \because E = \frac{p_i^2}{2\mu_i} = \frac{p^2}{2m}
\end{aligned}$$

인 미분 산란단면적을 얻는다. 가리움 효과가 없다고 하면 $a\to\infty$로 놓을 수 있고 그때 위 식은 아래의 **러더퍼드 산란** 공식이 된다.

$$\frac{d\sigma}{d\Omega} = \left(\frac{Z_1 Z_2 e^2 / 4\pi\epsilon_0}{4E} \right)^2 \frac{1}{\sin^4(\theta/2)}$$

⑦ 동일한 입자의 산란

동일한(identical) 두 입자가 산란을 한다면 아래 그림과 같이 질량 중심계에서 두 산란 과정은 실험적으로 구별이 되지 않으므로

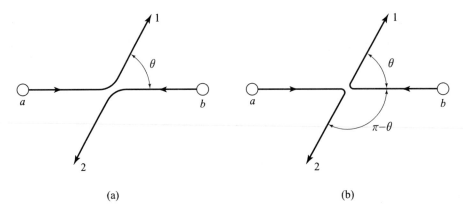

(a)   (b)

그림 16.10 구별되지 않는 동일한 두 입자의 산란

고전적으로 산란단면적은

$$\frac{d\sigma_{\text{고전}}}{d\Omega} = \frac{d\sigma(\theta)}{d\Omega} + \frac{d\sigma(\pi - \theta)}{d\Omega} = |f(\theta)|^2 + |f(\pi - \theta)|^2$$

로 주어져서

$$\left(\frac{d\sigma_{\text{고전}}}{d\Omega} \right)_{\theta = \frac{\pi}{2}} = \left| f\left(\frac{\pi}{2} \right) \right|^2 + \left| f\left(\frac{\pi}{2} \right) \right|^2 = 2\left| f\left(\frac{\pi}{2} \right) \right|^2 \tag{16.7.1}$$

의 관계식을 얻는다.

반면에 양자역학적으로는 식 (16.1.8) $\Psi(\vec{r}) = e^{i\vec{k} \cdot \vec{r}} + f(\theta)\dfrac{e^{ikr}}{r}$ 의 관계로부터 다음을 만족해야 한다.

$$\begin{cases} \Psi^{\text{대칭}}(\vec{r}) = e^{i\vec{k}\cdot\vec{r}} + e^{-i\vec{k}\cdot\vec{r}} + [f(\theta) + f(\pi - \theta)]\dfrac{e^{ikr}}{r} \\ \Psi^{\text{비대칭}}(\vec{r}) = e^{i\vec{k}\cdot\vec{r}} - e^{-i\vec{k}\cdot\vec{r}} + [f(\theta) - f(\pi - \theta)]\dfrac{e^{ikr}}{r} \end{cases} \qquad (16.7.2)$$

① 스핀이 0인 동일한 보존의 경우

두 입자교환 시 공간함수는 대칭이어야 하므로

$$\frac{d\sigma}{d\Omega} = |f(\theta) + f(\pi - \theta)|^2$$
$$= |f(\theta)|^2 + |f(\pi - \theta)|^2 + [f^*(\theta)f(\pi - \theta) + f(\theta)f^*(\pi - \theta)]$$

가 된다. 여기서 오른편의 마지막 항이 간섭에 해당된다.

$\theta = \dfrac{\pi}{2}$ 이면 $\dfrac{d\sigma}{d\Omega}\Big|_{\theta = \frac{\pi}{2}} = 4\left|f\left(\dfrac{\pi}{2}\right)\right|^2$ 가 되어 고전적인 식 (16.7.1)의 2배가 되는 산란단 면적을 얻는다.

② 스핀이 $\dfrac{1}{2}$ 인 동일한 페르미온의 경우

두 입자교환 시 전체함수는 비대칭이어야 하므로

(i) 스핀상태가 단일항이면 공간 파동함수는 대칭이어야 하므로

$$\frac{d\sigma_{sing}}{d\Omega} = |f(\theta) + f(\pi - \theta)|^2 \qquad (16.7.3)$$

을 얻어 $\theta = \dfrac{\pi}{2}$ 일 때 $\dfrac{d\sigma_{sing}}{d\Omega}\Big|_{\theta = \frac{\pi}{2}} = 4\left|f\left(\dfrac{\pi}{2}\right)\right|^2$ 가 되어 보존의 경우와 같은 결과를 얻는다.

(ii) 스핀상태가 삼중항이면 공간 파동함수는 비대칭이어야 하므로

$$\frac{d\sigma_{tri}}{d\Omega} = |f(\theta) - f(\pi - \theta)|^2 \qquad (16.7.4)$$

가 되어 $\theta = \dfrac{\pi}{2}$ 일 때 $\dfrac{d\sigma_{tri}}{d\Omega}\Big|_{\theta = \frac{\pi}{2}} = 0$ 인 결과를 얻는다.

결과적으로 동일한 입자가 보존인 경우와 스핀상태가 단일항인 페르미온의 경우에는 산란과정에서 두 입자가 보강간섭을 하고 스핀상태가 삼중항인 페르미온의 경우에는 상쇄 (소멸)간섭을 한다.

③ 그리고 2개의 페르미온이 비편광된(unpolarized) 경우

미분 산란단면적은

$$\frac{d\sigma}{d\Omega} = \frac{3}{4}\frac{d\sigma_{tri}}{d\Omega} + \frac{1}{4}\frac{d\sigma_{sing}}{d\Omega}$$

이 되고 식 (16.7.3)과 (16.7.4)을 대입하면

$$\frac{d\sigma}{d\Omega} = |f(\theta)|^2 + |f(\pi - \theta)|^2 - \frac{1}{2}[f(\theta)f^*(\pi - \theta) + f(\theta)^* f(\pi - \theta)]$$

을 얻는다. $\theta = \dfrac{\pi}{2}$ 일 때 $\left.\dfrac{d\sigma}{d\Omega}\right|_{\theta = \frac{\pi}{2}} = \left|f\left(\dfrac{\pi}{2}\right)\right|^2$ 가 되어 위의 ②의 경우와 다른 결과를 얻게 된다.

입사하는 입자선속의 크기와 나가는 입자선속의 크기는 $|S_\ell(k)| = 1$일 때 같다.

[**증명**] $|S_\ell(k)| = 1$인 경우, 슈뢰딩거 방정식을 만족하는 파동함수는

$$\Psi(\vec{r}) = \frac{i}{2k} \sum_{\ell=0}^{\infty} (2\ell+1) i^{\ell} \left[\frac{e^{-i\left(kr - \frac{\ell}{2}\pi\right)}}{r} - \frac{e^{i\left(kr - \frac{\ell}{2}\pi\right)}}{r} \right] P_\ell(\cos\theta)$$

이다. 이 식은 $\Psi(\vec{r}) = C \dfrac{e^{\pm ikr}}{r} Y_{\ell m}$ 의 형태이다. 여기서 지수함수의 '$-$'는 들어오는 파, '$+$'는 나가는 파에 각각 해당한다.

그때

$$\int d\Omega \,\hat{r} \cdot \vec{j} = \frac{\hbar}{2im} \int d\Omega \left(\Psi^* \frac{\partial \Psi}{\partial r} - \Psi \frac{\partial \Psi^*}{\partial r} \right)$$

이다. 여기서

$$\Psi^* \frac{\partial \Psi}{\partial r} - \Psi \frac{\partial \Psi^*}{\partial r} = |C|^2 |Y_{\ell m}|^2 \frac{1}{r^3} (\pm ikr - 1 \pm ikr + 1) = \pm |C|^2 |Y_{\ell m}|^2 \frac{2ik}{r^2}$$

이므로

$$\int d\Omega \,\hat{r} \cdot \vec{j} = \pm \frac{\hbar}{2im} |C|^2 \frac{2ik}{r^2} \int d\Omega \, |Y_{\ell m}|^2 = \pm \frac{\hbar k}{m} |C|^2 \frac{1}{r^2}$$

그러므로

$$\int r^2 d\Omega \,\hat{r} \cdot \vec{j} = \pm \frac{\hbar k}{m} |C|^2 r^2 \frac{1}{r^2} = \pm \frac{\hbar k}{m} |C|^2$$

가 되므로 들어오는 입자선속의 크기는 나가는 입자선속의 크기와 같다.

$$\hat{r} \cdot \vec{j}_{흡수} = - Re \left[\frac{\hbar}{im} \int \Psi^* \frac{\partial \Psi}{\partial r} r^2 d\Omega \right]$$

[증명] 흡수선속의 지름성분은

$$\hat{r} \cdot \vec{j}_{흡수} = - \frac{\hbar}{2im} \int \left(\Psi^* \frac{\partial \Psi}{\partial r} - \Psi \frac{\partial \Psi^*}{\partial r} \right) r^2 d\Omega \qquad (1)$$

여기서 '−'가 붙는 이유는 나가는 방향과 흡수방향이 반대이기 때문이다. 그리고 $\int \Psi^* \frac{\partial \Psi}{\partial r} r^2 d\Omega \equiv A \equiv a + ib (a$와 b은 실수)라 하면 식 (1)은 다음과 같다.

$$\hat{r} \cdot \vec{j}_{흡수} = - \frac{\hbar}{2im} (A - A^*) = - \frac{\hbar b}{m} = - \frac{\hbar}{m} Re \left(\frac{A}{i} \right)$$

$$= - Re \left[\frac{\hbar}{im} \int \Psi^* \frac{\partial \Psi}{\partial r} r^2 d\Omega \right]$$

$$\kappa \cot\kappa r_0 \approx \kappa_0 \cot\kappa_0 r_0 + \frac{k^2}{2\kappa_0}\left[\cot\kappa_0 r_0 - \kappa_0 r_0 \csc^2\kappa_0 r_0\right]$$

[증명]
$$\kappa \cot\kappa r_0 \approx \left(\kappa_0 + \frac{k^2}{2\kappa_0}\right)\cot\left(\kappa_0 r_0 + \frac{k^2}{2\kappa_0}r_0\right)$$

여기서

$$\cot\left(\kappa_0 r_0 + \frac{k^2}{2\kappa_0}r_0\right) = \frac{\cos\kappa_0 r_0 \cos\frac{k^2}{2\kappa_0}r_0 - \sin\kappa_0 r_0 \sin\frac{k^2}{2\kappa_0}r_0}{\sin\kappa_0 r_0 \cos\frac{k^2}{2\kappa_0}r_0 + \cos\kappa_0 r_0 \sin\frac{k^2}{2\kappa_0}r_0}$$

$$\approx \frac{\cos\kappa_0 r_0 - \sin\kappa_0 r_0\left(\frac{k^2}{2\kappa_0}r_0\right)}{\sin\kappa_0 r_0 + \cos\kappa_0 r_0\left(\frac{k^2}{2\kappa_0}r_0\right)} \qquad \because k\text{가 작은 값}$$

$$= \frac{\cot\kappa_0 r_0 - \frac{k^2}{2\kappa_0}r_0}{1 + (\frac{k^2}{2\kappa_0}r_0)\cot\kappa_0 r_0} \qquad \because \text{분모와 분자를 } \sin\kappa_0 r_0 \text{로 나눔}$$

$$\approx \left[\cot\kappa_0 r_0 - \frac{k^2}{2\kappa_0}r_0\right]\left[1 - \left(\frac{k^2}{2\kappa_0}r_0\right)\cot\kappa_0 r_0\right]$$

$$= \cot\kappa_0 r_0 - \frac{k^2}{2\kappa_0}r_0\cot^2\kappa_0 r_0 - \frac{k^2}{2\kappa_0}r_0 + \left(\frac{k^2}{2\kappa_0}r_0\right)^2\cot\kappa_0 r_0$$

여기서

$$-\frac{k^2}{2\kappa_0}r_0\cot^2\kappa_0 r_0 - \frac{k^2}{2\kappa_0}r_0 = -\frac{k^2}{2\kappa_0}r_0\left[\frac{\cos^2\kappa_0 r_0}{\sin^2\kappa_0 r_0} + 1\right]$$

$$= -\frac{k^2 r_0}{2\kappa_0}\left(\frac{1}{\sin^2\kappa_0 r_0}\right) = -\frac{k^2 r_0}{2\kappa_0}\csc^2\kappa_0 r_0$$

이므로 k^4 항을 무시하면 위 식은

$$\cot\left(\kappa_0 r_0 + \frac{k^2}{2\kappa_0}r_0\right) \approx \cot\kappa_0 r_0 - \left(\frac{k^2}{2\kappa_0}r_0\right)\csc^2\kappa_0 r_0$$

이 된다. 그러므로

$$\kappa \cot \kappa r_0 = \left(\kappa_0 + \frac{k^2}{2\kappa_0} \right) \left[\cot \kappa_0 r_0 - \left(\frac{k^2}{2\kappa_0} r_0 \right) \csc^2 \kappa_0 r_0 \right]$$

$$\approx \kappa_0 \cot \kappa_0 r_0 + \frac{k^2}{2\kappa_0} [\cot \kappa_0 r_0 - \kappa_0 r_0 \csc^2 \kappa_0 r_0]$$

여기서 k^4 항을 무시하였다.

$\sigma \approx \dfrac{4\pi}{\alpha^2}(1 + 2r_0\alpha)$의 관계식을 증명하세요.

[증명] 인력 포텐셜 문제에서 위상이동량은 식 (16.3.6)에서 낮은 에너지의 경우 분모의 두 번째 항은 k^2이 있어서 무시할 수 있어서

$$\tan\delta_0 = \frac{\dfrac{k}{\kappa}\tan\kappa r_0 - \tan k r_0}{1 + \dfrac{k}{\kappa}\tan\kappa r_0 \tan k r_0} \Rightarrow \delta_0 \approx \frac{k}{\kappa}\tan\kappa r_0 - k r_0 = k r_0\left(\frac{\tan\kappa r_0}{\kappa r_0} - 1\right)$$

가 된다. 그러면 s파 산란단면적은

$$\sigma_0 = \frac{4\pi}{k^2}\sin^2\delta_0(k) \approx \frac{4\pi}{k^2}\delta_0^2(k) = \frac{4\pi}{k^2}(k r_0)^2\left(\frac{\tan\kappa r_0}{\kappa r_0} - 1\right)^2$$

$$= 4\pi r_0^2\left(\frac{\tan\kappa r_0}{\kappa r_0} - 1\right)^2 \tag{1}$$

이 된다.

중양성자의 결합에너지를 $E = -\dfrac{\hbar^2\alpha^2}{2\mu}$라 할 때 중성자-양성자 산란을 고려하면

$$\kappa = \sqrt{\frac{2\mu}{\hbar^2}(E + U_0)} = \sqrt{\frac{2\mu E}{\hbar^2} + \frac{2\mu U_0}{\hbar^2}} = \sqrt{-\alpha^2 + \frac{2\mu U_0}{\hbar^2}}$$

의 관계식을 얻는데, 이는 $k^2 = -\alpha^2$인 구속상태 문제에 해당한다. 즉 중양성자의 반경을 r_0라 하면 다음의 관계식을 얻는다.

$$\begin{cases} u_I''(r) - \alpha^2 u_I(r) = 0, & r > r_0 \text{일 때} \\ u_{II}''(r) + \kappa^2 u_{II}(r) = 0, & r \le r_0 \text{일 때} \end{cases}$$

(i) $r > r_0$에서 $e^{\pm\alpha r}$가 해가 될 수 있지만 큰 r에서 발산되지 않기 위해서
   $u_I(r) = Ae^{-\alpha r}$가 해가 되며

(ii) $r \le r_0$에서 $e^{\pm i\kappa r}$가 해가 될 수 있지만 $r = 0$에서 0이 되는 解를 취하면
   $u_{II}(r) = B\sin\kappa r$가 해가 된다.

경계조건 관계식 $\left[\dfrac{1}{u_{II}(r)}\dfrac{du_{II}(r)}{dr}\right]_{r=r_0} = \left[\dfrac{1}{u_I(r)}\dfrac{du_I(r)}{dr}\right]_{r=r_0}$ 에 위에서 구한 解를

대입하면

$$\kappa \cot \kappa r_0 = -\alpha \implies \frac{\kappa}{\tan \kappa r_0} = -\alpha \implies \tan \kappa r_0 = -\frac{\kappa}{\alpha}$$

$$\implies \left(\frac{\tan \kappa r_0}{\kappa r_0}\right) = -\frac{1}{\alpha r_0} \tag{2}$$

식 (2)를 (1)에 대입하면

$$\sigma_0 = 4\pi r_0^2 (-1)^2 \left(\frac{1}{\alpha r_0} + 1\right)^2 = \frac{4\pi}{\alpha^2}(1 + r_0\alpha)^2 \approx \frac{4\pi}{\alpha^2}(1 + 2r_0\alpha)$$

을 얻을 수 있다.

연습문제

Chapter 1

1. (a) 러더퍼드 원자모델의 문제점을 해결하기 위해 보어가 제안한 2가지 가설은 무엇인지 기술하세요. (b) 보어의 수소원자 모델에서 원자핵의 중심으로부터 r 만큼 떨어져 있는 질량이 m인 전자가 속도 v로 원운동을 하는데 필요한 관계식을 국제표준단위계(SI)에서 나타내세요. (c) 바로 앞에서 구한 관계식에 보어의 가설을 적용하여 궤도가 양자화되어 있음을 보이고, 상수에 값들을 대입해서 바닥상태에서의 반경을 구하세요. (d) 수소원자의 에너지 준위를 구하고자 한다. 먼저 총 에너지 E에 대한 관계식을 국제표준단위계(SI)에서 나타내세요. (e) 총 에너지를 미세구조 상수 $\alpha = \dfrac{e^2}{4\pi\epsilon_0 \hbar c}$로 표현한 다음에, 바닥상태 에너지를 미세구조 상수 값을 대입해서 구하세요. (f) 하이젠베르크 불확정성 원리를 적용하여 수소원자의 바닥상태 에너지를 미세구조 상수로 나타내세요.

2. 전자의 파동함수가 $\Psi(x,t) = \sin(kx - \omega t)$인 경우, (a) 50 nm^{-1}인 파수(k)에 대해 드브로이 파장 관련 식으로부터 전자의 운동량을 eV/c의 단위로 계산하세요. (b) 그리고 운동에너지를 eV 단위로 표현하세요. 그리고 빛의 속도에 대한 군속도의 비인 $\dfrac{v}{c}$을 구하세요.

3. 전자의 운동 에너지가 13.6 eV일 때 대응하는 드브로이 파장을 구하세요.

Chapter 2

1. 아래의 교환자 관계를 1차원에서 계산하세요. 여기서 H은 에너지 연산자, p은 운동량 연산자, x은 위치 연산자, 그리고 $U = U(x)$이다.
   (a) $[p,\ x^n]$, (b) $[H,\ p]$, (c) $[H,\ x]$

2. (a) 다음의 관계 $e^{\alpha A} B e^{-\alpha A} = B + \alpha[A,\ B] + \dfrac{\alpha^2}{2!}[A,\ [A,\ B]] + \cdots\cdots$ (베이커-하우스도르프(Baker-Hausdorff) 정리)를 증명하세요. 여기서 A와 B는 연산자이다. (b) 앞의 관계식을 사용하여 $e^{\frac{ip}{\hbar}a} x e^{-\frac{ip}{\hbar}a} = x + a$가 성립함을 보이세요.

3. 원자핵 안에 있는 중성자의 운동에너지를 하이젠베르크 불확정성 원리를 이용하여 구하세요. 원자핵의 반경은 4 fm라고 가정한다.

4. 입자의 상태함수가 $\Psi(x) = \left(\dfrac{1}{2\pi}\right)^{\frac{1}{4}} e^{ikx} e^{-\frac{x^2}{4}}$일 때, $<p>$을 구하세요.

5. 포텐셜 에너지가 x만의 함수일 때 하이젠베르크 묘사의 일반식을 사용하여 에렌페스트 이론을 살펴보고자 한다. (a) 위치 연산자와 운동량 연산자의 교환자 관계인 $[x,\ p]$을 구하세요. (b) 하이젠베르크 묘사의 일반식을 사용하여 $\dfrac{d<x>}{dt}$을 구하세요.

6. $-a < x < a$ 영역에서 포텐셜 에너지가 실수인 $U(x)$이고 파동함수가 $\Psi(x,0) = ce^{-ikx}$로 주어질 때, 이 영역에서의 확률흐름밀도 $j(x)$을 구하고자 한다.
(a) 먼저 슈뢰딩거 방정식과 연속방정식으로부터 확률흐름밀도에 대한 관계식을 구하세요.
(b) 위에서 구한 관계식으로부터 확률흐름밀도 $j(x)$을 구하세요. (c) 파동함수가 운동량 값 p을 가질 확률밀도크기 $\phi(p)$을 구하세요.

7. 자유입자에 대한 파동방정식으로부터 양자역학에서 운동량 연산자는 $p = \dfrac{\hbar}{i}\dfrac{\partial}{\partial x}$ 그리고 에너지 연산자는 $E = i\hbar\dfrac{\partial}{\partial t}$로 표현됨을 보이세요.

Chapter 3

1. 고유치 방정식이 $Au(x) = \lambda u(x)$로 주어질 때(여기서 연산자 $A = -\dfrac{d^2}{dx^2}$ 그리고 λ은 실수) (a) A가 선형 연산자인지 아닌지 판별하세요. (b) 고유치 λ에 대응하는 고유함수를 구하세요. 그리고 구한 고유함수가 물리적으로 타당한 의미를 갖기 위한 조건을 기술하세요.

2. 조화 진동자의 상태함수 $\Psi(x)$가 규격화된 고유함수 $\Psi(x) = \sqrt{\dfrac{1}{5}}\,u_0(x) + \sqrt{\dfrac{1}{2}}\,u_2(x) + Cu_3(x)$로 표현될 때(여기서 고유함수 $u_n(x)$에 대응하는 고유치는 $E_n = (n+\dfrac{1}{2})\hbar\omega$이고 C은 상수) (a) 상태함수의 규격화 조건으로부터 양의 값을 갖는 상수 C을 구하세요. (b) 조화 진동자의 에너지가 $E = \dfrac{5}{2}\hbar\omega$일 확률을 구하세요. (c) 조화 진동자 에너지의 기댓값을 구하세요.

3. 입자의 파동함수가 $\Psi(x) = \begin{cases} 0 & x < 0 \ \text{일 때} \\ Ce^{-x}(1-e^{-x}) & x > 0 \ \text{일 때} \end{cases}$ (여기서 C은 규격화 상수)로 주어질 때 (a) 파동함수의 규격화 조건으로부터 규격화 상수 C을 구하세요. (b) 입자를 발견할 확률이 가장 큰 지점인 $x_{\max}$을 구하세요. (c) x의 기댓값인 $<x>$을 구하세요. (d) $\phi(p)$을 구하세요.

4. 질량이 m이고 역학적 에너지가 0인 입자의 파동함수가 $\Psi(x) = Axe^{-\frac{x^2}{L^2}}$(여기서 A와 L은 상수)일 때, (a) 파동함수의 규격화 조건으로부터 규격화 상수 A을 구하세요. (b) 입자

의 포텐셜 에너지 $U(x)$을 구하세요. (c) 포텐셜 에너지가 극값을 갖는 위치와 이때의 포텐셜 에너지 값을 구하세요.

5. 포텐셜 에너지 $U(x) = ax^2$에서 질량 m인 입자의 파동함수가 $u(x) = e^{-Ax^2}$로 주어진다. 여기서 a와 A은 양수이다. (a) 고유치(즉 에너지 E)을 구하기 위한 방정식을 세우세요. (b) 고유치 방정식을 풀어서 어떤 A의 값일 때 입자의 에너지가 x의 함수가 아닌 상수가 되는지를 구하세요. 그리고 이때의 에너지를 구하세요.

6. 시간 $t=0$에서 조화 진동자의 규격화된 파동함수가 $\Psi(x,0) = \sqrt{\dfrac{1}{5}}\, u_0(x) + \sqrt{\dfrac{1}{2}}\, u_2(x)$ $+ \sqrt{\dfrac{3}{10}}\, u_3(x)$로 주어질 때(여기서 $u_n(x)$은 진동자의 n번째 고유함수) (a) 시간 t에서의 파동함수를 구하세요. (b) 임의의 시간 t에서의 진동자의 에너지 기댓값을 구하세요.

7. 폭이 a인 우물 포텐셜에 질량이 m인 입자가 바닥상태에 있다. 갑자기 폭을 두 배로 늘렸을 때 입자가 바닥상태에 있을 확률을 구하세요.

Chapter 4

1. 아래와 같은 우물 포텐셜을 고려하자.

$$U(x) = \begin{cases} 0 & x < 0 \\ -U_0 & 0 < x < a, \text{ 여기서 } U_0\text{은 양수} \\ 0 & x > a \end{cases}$$

질량이 m인 입자가 $E > 0$인 에너지를 가지고 왼쪽에서 입사할 경우 (a) $x < 0$ 영역, $0 < x < a$ 영역, $x > a$ 영역에서의 파동함수를 구하세요. 그리고 입사파 u_{inc}, 반사파 u_{ref}, 투과파 u_{trans}에 대한 解를 쓰세요. (b) 경계조건을 적용한 관계식을 행렬 표현으로 나타내세요. (c) 행렬로 파동함수의 계수를 구하기 위해 필요한 역행렬들을 구한 뒤 투과율을 계산하기 위해 필요한 비율을 계산하세요. 그 후 확률흐름밀도를 구한 뒤 투과율을 구하세요. (d) 입사하는 입자의 에너지가 얼마일 때 모두 투과하게 되는지 구하세요.

2. 우물 포텐셜이 다음과 같다.

$$U(x) = \begin{cases} 0, & 0 < x < a \\ \infty, & \text{그 외} \end{cases}$$

(a) 질량이 m인 입자의 규격화된 고유함수 $u_n(x)$과 고유치 E_n을 구하세요.

(b) 초기 상태(즉 $t=0$)의 파동함수가 다음과 같이 주어질 때

$$\Psi(x,0) = \begin{cases} \dfrac{2b}{a}x & 0 \le x \le \dfrac{a}{2} \\[2mm] 2b\left(1 - \dfrac{x}{a}\right) & \dfrac{a}{2} \le x \le a \end{cases}$$

$\Psi(x,0)$가 규격화되도록 상수 b을 구하세요.

(c) $n = 1,\ 2$인 경우에 대해서 파동함수 $\Psi(x,0)$을 고유함수로 나타내고 또 시간 t에서 파동함수 $\Psi(x,t)$을 구하세요.(이때 결과에 미지수를 두지 마세요.)

(d) 파동함수가 고유치 E_1 그리고 E_2을 가질 확률을 각각 구하세요.

(e) 파동함수 $\Psi(x,t)$의 에너지 기댓값 $<H>$을 구하세요.

3. $U(x) = -U_0\delta(x)$(여기서 U_0은 양수)인 델타함수 포텐셜에 질량 m인 입자가 있을 때 입자의 상태에 대해 살펴보고자 한다. (a) 먼저 경계조건을 구하세요. (b) 속박된 상태의 에너지와 (c) 속박된 상태함수를 구하세요.

4. 시간 $t = 0$에서 포텐셜 $U(x) = \dfrac{1}{2}m\omega^2 x^2$에 있는 입자의 파동함수가

$\Psi(x,0) = A\displaystyle\sum_{n=0}^{\infty}\left(\dfrac{1}{\sqrt{2}}\right)^n u_n(x)$로 주어진다. 여기서 $u_n(x)$은 고유치 $E_n = (n + \dfrac{1}{2})\hbar\omega$을 갖는 규격화된 고유함수이다. (a) 규격화 상수 A을 구하세요. (b) 시간 의존 슈뢰딩거 방정식으로부터 $\Psi(x,t)$의 일반식을 구한 다음에 주어진 문제를 적용하여 $\Psi(x,t)$을 구하세요. (c) $|\Psi(x,t)|^2$이 시간에 대해 주기함수임을 보이고, 가장 긴 주기 값을 구하세요. (d) 시간 $t = 0$에서 에너지 기댓값 $<\Psi(x,0)|H\Psi(x,0)>$을 구하세요.

5. 입자의 규격화된 파동함수가 다음과 같이 조화 진동자의 고유함수로 표현된다.

$$\Psi(x) = C\sum_{n=0}^{\infty}\left(\dfrac{1}{3}\right)^{\frac{n}{2}} u_n(x)$$

(a) 규격화 상수 C을 구하세요. (b) 에너지 기댓값을 구하세요. (c) 시간 t에서의 파동함수을 구하세요. 필요할 경우 $\displaystyle\sum_{n=0}^{\infty}\dfrac{1}{x^n} = \dfrac{x}{x-1}$의 관계식을 이용하세요.

Chapter 5

1. 조화 진동자의 (a) 해밀토니안 H을 내림연산자 $a = \dfrac{1}{\sqrt{2}}(Q + iP)$와 올림연산자 $a^+ = \dfrac{1}{\sqrt{2}}(Q - iP)$로 나타내세요. 여기서 무차원의 연산자인 Q와 P는 운동량 연산자 p와 위치 연산자 q와 다음과 같은 관계에 있다. $q = \sqrt{\dfrac{\hbar}{m\omega}}\,Q$, $p = \sqrt{m\hbar\omega}\,P$ (b) 해밀토니안

과 내림연산자 그리고 올림연산자 사이의 교환자 관계, 즉 $[H, a]$와 $[H, a^+]$을 구하세요. (c) 바닥상태의 에너지 E_0와 대응하는 규격화된 바닥상태 함수 $u_0(x)$을 구하세요. (d) $Ha^+|u_0 >$ 또는 $a^+|u_0 >$을 사용하여 첫 번째 들뜬 상태에 대한 에너지 E_1과 대응하는 고유함수 $u_1(x)$을 구하세요.

2. 질량 m인 입자의 상태함수가 $\Psi(x,t) = Ce^{-a\left(\frac{m}{\hbar}x^2 + it\right)}$로 주어진다. 여기서 C와 a는 양수이다. (a) 규격화 상수 C을 구하세요. (b) 기댓값 $< x >, < x^2 >, < p >$ 그리고 $< p^2 >$을 구하세요. (c) σ_x와 σ_p을 구한 뒤, 이들 결과는 일반적인 불확정치 정리를 만족함을 보이세요.

3. 시간 $t = 0$일 때 조화 진동자의 상태함수가 $\Psi(x,0) = \sqrt{\frac{2}{3}}\,u_0(x) + i\sqrt{\frac{1}{3}}\,u_1(x)$로 주어질 때 (a) p의 기댓값을 구하세요. 여기서 u_n은 고유치 $E_n = \left(n + \frac{1}{2}\right)\hbar\omega$을 갖는 고유함수이다. (b) 시간 t에서의 상태함수를 구하고 x의 기댓값을 구하세요. (c) 하이젠베르크 묘사에서 x의 기댓값을 구하고 슈뢰딩거 묘사의 결과와 비교하세요.

4. 조화 진동자의 규격화되지 않은 고유함수가 $|u_n > = (2x^2 - 1)e^{-\frac{x^2}{2}}$로 주어질 때 (a) 이 함수에 대응하는 에너지를 구하세요. (b) 이 에너지에 바로 이웃하는 에너지를 갖는 두 개의 규격화되지 않은 고유함수를 구하세요. 계산의 편의를 위해 $\hbar = 1$로 놓고, 에너지는 $E_n = \left(n + \frac{1}{2}\right)\omega$의 관계를 만족한다고 가정한다.

Chapter 6

1. L^2과 L_z가 다음과 같은 고유치 방정식을 만족한다.

$$\begin{cases} L^2|\ell,m > = \ell(\ell+1)\hbar^2|\ell,m > \\ L_z|\ell,m > = m\hbar|\ell,m > \end{cases} \quad \text{그리고 } L_\pm = L_x \pm iL_y \text{로 정의될 때}$$

(a) $L_+|\ell,m >= C_1|\ell,m+1 >$와 $L_-|\ell,m >= C_2|\ell,m-1 >$의 관계식에서 C_1과 C_2을 각각 구하세요. (b) 궤도 양자수가 1인 경우에 대해서 L^2, L_z 그리고 $L_\pm$을 각각 행렬로 나타내세요. (c) 구면좌표계에서 고유함수를 구면 조화함수 $< \theta, \phi|\ell,m > \equiv Y_{\ell m}(\theta, \phi)$ $\equiv \Theta_{\ell m}(\theta)\Phi_m(\phi)$로 나타낼 경우 $Y_{\ell\ell}(\theta, \phi)$을 구하세요. 이 결과로부터 $Y_{11}(\theta, \phi)$을 구하세요.

2. 어떤 입자의 규격화된 파동함수가 $\Psi(x,y,z) = Ae^{-\alpha\sqrt{(x^2+y^2+z^2)}}z$로 주어진다. 여기서 A와 α은 상수이다. (a) 구면좌표계에서 파동함수 $\Psi(r)$을 구면 조화함수로 나타내세요. (b) 입자의 상태를 기술하는 각운동량 양자수를 구하고 L^2과 L_z의 값을 구하세요.

3. L^2과 L_z가 상태벡터 $|\Psi>$의 고유함수이어서 고유치 방정식 $L^2|\Psi>=\ell(\ell+1)\hbar^2|\Psi>$와 $L_z|\Psi>=m\hbar|\Psi>$을 만족한다. (a) $<L_y>$와 (b) $<L_y^2>$을 구하세요.

Chapter 7

1. 수소원자의 파동함수가 $\Psi(\vec{r},0) = A(4\Psi_{100} + 3\Psi_{211} + 2\Psi_{210} + \Psi_{21-1})$로 주어진다.
   (a) 규격화 상수 A을 구하세요. (b) 에너지 기댓값을 구하세요. (c) 각운동량 L^2과 각운동량의 각 성분의 기댓값을 구하세요. (d) 시간의 함수로서 파동함수인 $\Psi(x,t)$을 구하고, 궤도 양자수 $\ell = 1$이고 자기 양자수 $m = 1$일 확률을 구하세요.

2. 해밀토니안 $H = H_1 + H_2 + H_3 = \dfrac{p_1^2}{2m} + \dfrac{1}{2}k_1q_1^2 + \dfrac{p_2^2}{2m} + \dfrac{1}{2}k_2q_2^2 + \dfrac{p_3^2}{2m} + \dfrac{1}{2}k_3q_3^2$에 대한
   (a) 에너지 준위를 윌슨조머펠트 양자화 조건을 사용하여 구하세요. (b) 등방성 진동자일 경우 에너지가 $E < E_n$인 고유함수의 수를 구하세요.

3. 수소원자가 바닥상태에 있을 때, (a) 쿨롱포텐셜 에너지의 기댓값을 수소원자의 바닥상태 에너지 E_{100}로 나타내세요. (b) 운동에너지의 기댓값을 수소원자의 바닥상태 에너지 E_{100}로 나타내세요. (c) 이렇게 구한 결과들로부터 총 에너지 기댓값을 구하고 그 결과의 물리적 의미를 설명하세요.

4. 수소원자가 $2P$ 상태에 있을 때 최대 확률밀도 분포 값을 주는 전자의 위치 $r_{\max}$을 구하고자 한다.
   (a) 이 상태의 지름성분 解 $R(\rho)$을 구하세요. 규격화 상수를 구할 필요는 없다. (b) 지름성분 解 $R(r)$을 구하세요. (c) 이 상태의 최대 확률밀도 분포를 주는 위치를 구하는 관계식을 쓰세요. (d) 최대 확률밀도 분포 값을 주는 전자의 위치 $r_{\max}$을 구하고 결과가 아래의 그림과 일치하는지 아닌지를 기술하세요.

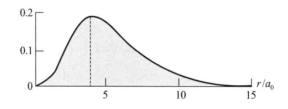

1. $|1>$와 $|2>$가 직교 규격화된 기저벡터라고 할 때 연산자가 $A=(2+3i)|1><2|$로 주어질 때 (a) A^+을 구하세요. (b) 연산자 $B=A+A^+$을 행렬로 나타내세요.

2. 연산자 A의 행렬표현이 $\begin{pmatrix} 0 & -i & 0 \\ i & 0 & 0 \\ 0 & 0 & 0 \end{pmatrix}$로 주어졌다.

    (a) 고유치와 고유치에 대응하는 규격화된 고유함수를 구하세요. (b) 앞에서 구한 결과를 가지고 주어진 연산자 A을 대각화시키는 행렬을 구하고자 한다. 대각화된 결과가 $A_D = \begin{pmatrix} 0 & 0 & 0 \\ 0 & -1 & 0 \\ 0 & 0 & 1 \end{pmatrix}$가 되도록 하는 행렬을 구하세요. (c) 앞에서 구한 행렬이 어떠한 성질을 가지는 행렬인지를 기술하고 그 행렬의 성질을 이용하여 대각화되는 행렬이 $A_D = \begin{pmatrix} 0 & 0 & 0 \\ 0 & -1 & 0 \\ 0 & 0 & 1 \end{pmatrix}$임을 증명하세요.

3. 행렬 $Q=\begin{pmatrix} 1 & i & 1 \\ -i & 0 & 0 \\ 1 & 0 & 0 \end{pmatrix}$의 (a) 고유치와 (b) 규격화된 고유함수를 구하세요. (c) 행렬 Q을 대각화시키는 행렬 P을 구하고 또한 P^+을 구하세요. (d) P^+QP 변환을 통해 대각화된 행렬을 구하여 그 행렬을 행렬요소로 나타내세요.

4. 행렬 $A=\begin{pmatrix} 3 & 4 \\ 4 & 9 \end{pmatrix}$을 대각화시키고자 한다. (a) 행렬 A의 고유치와 대응하는 고유벡터를 구하세요. (b) 대각화시키는 행렬 P을 구하세요. 그리고 행렬 P^+을 구하세요. (c) P^+AP을 계산하세요.

5. $2x^2+4xy-y^2=24$가 포물선인지, 타원인지, 쌍곡선인지 등에 대해 알아보고자 한다. (a) 이 식을 행렬로 표현하세요. (b) 교차 항이 없게 하는 행렬 P을 구하세요. (c) 좌표 변환을 통해 변환된 좌표계에서의 식으로 나타내고 방정식이 포물선인지, 타원인지, 쌍곡선인지 결정하세요.

1. 아래 그림과 같이 스핀이 $\hat{n}$ 방향으로 놓여 있을 때 (a) 스핀 $S_n = \vec{S} \cdot \hat{n}$을 행렬로 표현하세요. (b) 스핀 연산자 S_n의 고유치와 규격화된 고유벡터를 구하세요. (c) 스핀 연산자 S_n으로 측정했을 때 고유치로 $+\frac{\hbar}{2}$을 주는 상태벡터를 계속해서 스핀 S_x로 측정했을 때 고유치로 $+\frac{\hbar}{2}$와 $-\frac{\hbar}{2}$을 줄 확률을 각각 구하세요.

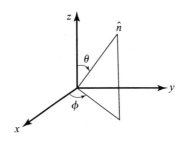

2. 전자는 스핀에 의해 자기모멘트 $\vec{\mu}_s$을 가지고 있다. 전자가 외부 자기장 $\vec{B} = B\hat{z}$에 놓일 때, 전자의 스핀에 의한 해밀토니안은 $H = -\vec{\mu}_s \cdot \vec{B}$로 주어진다. (a) 해밀토니안을 행렬로 나타내세요. (b) 시간 t에서의 스핀함수 $|\Psi(t)>$을 시간의존 슈뢰딩거 방정식을 사용하여 구하세요. (c) 시간 $t = 0$에서 전자스핀이 $-z$ 방향으로 놓여 있다고 가정할 때, 시간 t에서의 전자스핀 기댓값 $<S_x>$, $<S_y>$, $<S_z>$을 구하세요.

3. (a) 전자가 자기장 $\vec{B} = B\hat{z}$에 놓여 있을 때 시간의존 슈뢰딩거 방정식을 풀어서, $t = 0$에서 전자스핀이 $-x$ 방향에 놓여 있다고 가정할 때 스핀함수 $|\Psi(t)>$을 구하세요. (b) 이때 시간 t에서의 S_x, S_y, S_z의 기댓값을 각각 구하세요.

4. 스핀 값이 $\frac{3}{2}$인 입자가 있다. (a) 입자 스핀의 S_z을 행렬로 나타내세요. (b) 입자 스핀의 S_x와 S_y을 행렬로 나타내세요. (c) $S = \frac{3}{2}$에 대한 일반화된 파울리 행렬 σ_x, σ_y, σ_z을 구하세요.

5. 스핀이 $\frac{1}{2}$인 서로 다른 3개의 입자로 이루어진 계(각 입자의 스핀 연산자는 S_1, S_2, S_3라고 가정한다.)에 대한 해밀토니안이 $H = \frac{A}{\hbar^2}\vec{S}_1 \cdot \vec{S}_2 + \frac{B}{\hbar^2}(\vec{S}_1 + \vec{S}_2) \cdot \vec{S}_3$ (여기서 A와 B은 양수이며 $A > B$)로 주어질 때 (a) 에너지 준위를 계산하세요. (b) 축퇴된 상태에 대해 설명하세요.

6. 해밀토니안이 $H = A\vec{L} \cdot \vec{S}$(여기서 A은 양수)로 주어지고 궤도 양자수 $\ell = 2$와 스핀 양자수 $s = 1$을 갖는 경우에 대해서, (a) 에너지 준위를 구하세요. (b) 각각의 에너지에 대해 몇 개의 축퇴상태가 있는지에 대해 설명하세요.

7. 두 전자의 상호작용이 연산자 $A = a + b\vec{\sigma}_1 \cdot \vec{\sigma}_2$로 주어진다고 가정하자. 여기서 a와 b은 상수이고 $\vec{\sigma}_i$은 파울리 스핀행렬이다. (a) 교환자 관계 $[A, S^2]$과 $[A, S_z]$을 구하고 그 결과의 물리적 의미를 기술하세요. 여기서 S^2과 S_z는 총 스핀과 총 스핀의 z 방향 연산자이다. (b) 연산자 A을 행렬표현으로 나타내세요.

1. 비섭동 해밀토니안이 $H_0 = \dfrac{p^2}{2m} + \dfrac{1}{2}kx^2$ 이며 섭동 항이 $\lambda H_1 = \lambda x^3$ 인 1차원 비조화 진동자가 있다. $H = H_0 + \lambda H_1$ 이다. 그리고 비섭동 H_0 의 고유치 E_n^0 와 고유함수 $|\phi_n^0>$ 은 고유치 방정식 $H_0|\phi_n^0> = E_n^0|\phi_n^0>$ 으로부터 알려져 있다고 가정한다.

   (a) 섭동에 의한 1차 에너지 보정 값인 $\lambda E_n^{(1)}$ 을 얻는 일반식을 구하세요.

   (b) 바닥상태 에너지에서 섭동에 의한 1차 에너지 보정인 $\lambda E_n^{(1)}$ 을 앞에서 구한 관계식을 사용하여 구하세요.

2. 포텐셜이 $U(x,y,z) = \dfrac{1}{2}k(x^2 + y^2 + z^2)$ 인 3차원 조화 진동자에 섭동항 $\lambda H_1 = axyz + bx^2y^2z^2$ (여기서 a 와 b 은 상수)이 작용했을 때 바닥상태 에너지에서 1차 에너지 변동을 구하세요.

3. 폭이 a 인 무한 우물 포텐셜이 아래 그림과 같이 약간 변형이 되었을 때, 섭동이론을 사용하여 첫 세 상태의 1차 에너지 보정을 구하세요.

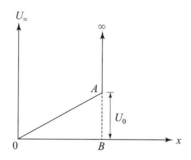

4. 폭이 a 인 1차원 우물 포텐셜에 질량이 m 인 두 개의 입자가 있다. (a) 고유함수와 대응하는 고유치를 구하세요. (b) 두 입자 사이의 상호작용이 $\lambda H_1 = A\delta(x_1 - x_2)$ 로 주어질 때 바닥상태의 1차 에너지 보정 값을 구하세요.

1. 총 각운동량이 $+z$ 방향인 수소원자가 $^2P_{1/2}$ 상태에 있을 때 (a) 궤도 양자수 ℓ, 스핀 양자수 s 그리고 총 각운동량 양자수 j 와 j_z 을 구하세요. (b) 전자의 스핀이 업(up)으로 있을 확률을 구하세요. (c) 스핀과 지름성분 r 을 고려하지 않고 전자를 입체각 $d\Omega$ 에서 발견할 확률인 $P(\theta, \phi)$ 을 구하세요. (d) 약한 자기장 $\vec{B} = B\hat{z}$ 이 걸릴 때 수소원자의 에너지변동 값을 구하세요.

2. 양성자 자기모멘트에 의해 생성된 자기장과 전자 자기모멘트의 상호작용이 궤도 양자수 $\ell = 0$일 때, 다음과 같이 주어진다. $\lambda H_1 = C\vec{I} \cdot \vec{S}\delta(\vec{r})$, 여기서 C은 양수, $\vec{I}$와 $\vec{S}$은 각각 양성자 스핀과 전자 스핀이다.

(a) 총 스핀을 $\vec{F}$라 했을 때 $< \vec{I} \cdot \vec{S} >$을 계산하세요. (b) 수소원자의 바닥상태 함수가 $\Psi_{100}(\vec{r}) = \dfrac{1}{\sqrt{\pi}}\left(\dfrac{1}{a_0}\right)^{\frac{3}{2}} e^{-\frac{r}{a_0}} Y_{00}(\theta, \phi)$일 때, 양성자와 전자의 상호작용에 의한 에너지 보정값 $\lambda E^{(1)}$을 구하세요. (c) 양성자와 전자의 스핀 방향이 같을 때와 반대 방향일 때의 에너지 보정 값을 각각 구하고 에너지 차이 ΔE을 구하세요. (d) 앞의 결과에서 스핀방향에 따라 에너지 준위가 다른 물리적 이유를 설명하세요.

Chapter 12

1. 질량이 m_1과 m_2인 두 입자계의 해밀토니안 H가 다음과 같이 주어질 때

$$H = \frac{p_1^2}{2m_1} + \frac{1}{2}k_1 x_1^2 + \frac{p_2^2}{2m_2} + \frac{1}{2}k_2 x_2^2 + \frac{1}{2}k'(x_1 - x_2)^2$$

(a) 고유치인 에너지를 구하세요. (b) $k' \ll \mu\omega^2$인 경우의 에너지 준위를 구하세요. 문제에서 두 입자의 각진동수 ω은 같다고 가정한다.

2. 스핀이 1인 두 개의 보존입자로 이루어진 원자가 있다고 하자. 이 경우 바닥상태($\ell = 0$)에 몇 개의 상태가 축퇴되어 있는지 기술하세요.

3. 길이가 a인 정육면체에 질량이 m인 N개의 입자가 있다. 입자의 스핀을 고려하지 말고 이 경우의 페르미 에너지를 구하세요.

4. 중성자별은 중성자로 구성되어 있으며 파울리의 배타 원리로 설명되는 양자 축퇴압에 의해 더 붕괴하지 않고 유지된다. 이때의 압력 P을 밀도 n의 함수로 구하세요.

Chapter 13

1. (예제 13.1)의 경우 전이확률이 최대가 되는 τ 값을 구하고 의미에 대해 기술하세요.

2. 1차원 진동자 문제에서 시간 $0 < t < T$ 동안 작은 전기장 ε을 걸어주었을 때 전기장의 크기가 작기 때문에 이를 섭동 항 $\lambda U(t)$로 간주할 수 있다. 섭동 항을 표현하세요. (b) 바닥상태에 있는 각진동수가 ω인 진동자가 첫 번째 들뜬 상태로 전이할 전이진폭과 전이확률을 구하세요. (c) 전이확률이 최대가 되는 첫 번째 시간을 구하고 이때의 최대 확률값을 구하세요.

3. 포텐셜이 $U(t) = Ue^{at}e^{-i\omega t}$로 주어졌다. 여기서 a는 작은 상수이다. 이때 시간의 함수로서 전이진폭과 전이확률을 각각 구하세요. 그리고 어떤 경우에 이 결과가 황금률과 같게 되는지 기술하세요.

4. 전하량이 e인 입자가 길이가 a인 정육면체에 갇혀있다. 작은 전기장 $\vec{E} = E_0 e^{-at}\hat{x}$을 걸어주었을 때, 시간 $t = 0$에서 바닥상태에 있는 입자가 $t = \infty$에서 첫 번째 들뜬 상태로 전이할 확률을 구하세요.

5. 어떤 원자가 고유치 방정식 $H_0|\Psi_i> = \hbar\omega_1|\Psi_i>$을 만족하는 고유함수 $|\Psi_i>$을 갖는다. 여기서 $i = 1, 2$이다. 시간 $t = 0$에서 $|\Psi_1>$상태에 있는 원자에 작은 전기장 $\vec{E} = E_0(e^{i\omega t} + e^{-i\omega t})\hat{z}$을 걸어주었을 때 (a) 시간 t에서 원자가 $|\Psi_2>$에 있을 확률을 (a) $\omega = \omega_2 - \omega_1$인 경우와 (b) $\omega \approx \omega_2 - \omega_1$인 경우에 대해 각각 구하세요.

6. 1차원 진동자 문제에서 포텐셜 $U(t) = U_0\delta(x - ct)$에 의해 섭동이 일어났을 때, $t \to -\infty$에서 바닥상태에 있었다고 가정하면서 (a) 1차 섭동 근사에서 $t \to +\infty$에서 진동자가 들뜬 상태에 있을 확률을 구하세요. (b) $\sqrt{\hbar\omega/2m}/c \ll 1$인 경우에 대해 진동자가 첫 번째 들뜬상태에 있을 확률을 구하세요.

Chapter 14

1. 전자스핀 영향을 고려한 이상 제만 효과의 경우에서 주 양자수가 $n = 2$인 경우에 대한 에너지 준위를 도식적으로 그려보세요.

Chapter 15

1. 포텐셜이 $U(x) = \begin{cases} 0, & -a < x < a \text{ 경우} \\ \infty, & \text{그 외의 경우} \end{cases}$에 대해 (a) 경계조건을 적용한 후에 얻은 고유치와 고유함수를 구하세요. (b) $\lambda H_1 = kx$일 때 1차 에너지 변동을 구하세요. (c) 이 경우의 전기 쌍극자 전이가 일어날 선택률을 구하세요.

Chapter 16

1. 낮은 에너지에서의 산란단면적과 유효범위가 다음과 같은 관계로 나타낼 수 있음을 증명하세요.

$$\sigma_0 = 4\pi a^2[1 - k^2 a(a - r_{eff})]$$

이 결과는 유효범위가 짧은 인력 포텐셜에서 네모난 우물모양이 아닌 경우에도 적용되며 양성자, 중성자, 중양성자 이론 등에 많이 사용된다.

2. 포텐셜이 $U(r) = \begin{cases} \infty, & r < r_0 \\ 0, & r > r_0 \end{cases}$ 인 경우 (a) 슈뢰딩거 방정식의 解를 구하세요. (b) 위상이동량을 입사 에너지의 함수로 구하고 경계조건을 사용하여 위상이동량을 구형 베셀함수와 구형 노이만함수로 나타내세요. (c) 에너지가 작은 경우의 위상이동량을 구한 뒤 부분파에 대한 기여도에 대해 기술하세요. (d) s파 위상이동량을 구한 뒤 탄성 산란단면적을 구하세요.

3. 포텐셜이 $U(r) = \dfrac{\hbar^2 a}{2m} \delta(r - r_0)$ 인 경우 (a) $E > 0$인 경우에 대해 슈뢰딩거 방정식의 解를 구하세요. (b) 경계조건을 사용하여 (a)에서 구한 解의 미지수인 계수를 구하고 $k \rightarrow 0$에 대한 위상이동량을 구하세요. (c) 에너지가 작은 경우의 위상이동량을 구한 뒤 부분파에 대한 기여도에 대해 기술하세요. (d) s파 위상이동량을 구한 뒤 탄성 산란단면적을 구하세요. (e) 낮은 에너지($E < 0$)에서 몇 개의 구속상태가 있는지 구하세요.

4. 전자와 중성자의 s파 산란에서, 상호작용 포텐셜이

$$\begin{cases} U(r) = \vec{\sigma}_1 \cdot \vec{\sigma}_2 U_0, & r \leq r_0 \text{ 일 때} \\ 0, & r > r_0 \text{ 일 때} \end{cases}$$

로 주어졌다. 여기서 $\vec{\sigma}_1$과 $\vec{\sigma}_2$은 전자와 중성자의 파울리 스핀행렬이며 $U_0 > 0$인 상수이다. (a) 전자와 중성자의 스핀함수와 총 스핀 값에 대해 기술하세요. (b) 주어진 포텐셜에 있는 파울리 스핀행렬을 (a)에서 구한 결과를 바탕으로 해서 포텐셜을 구하세요. (c) 슈뢰딩거 방정식으로부터 解를 구하세요. (d) 경계조건을 사용하여 위상이동량 δ_0을 구하세요. (e) 위상이동량으로부터 U_0 값이 클 때와 작을 경우에 대한 산란단면적 σ_0을 구하세요. (f) 전자와 중성자가 동일한 입자로 간주될 때의 총 산란단면적 σ_{tot}을 구하세요. (g) 전자와 중성자가 편광되어 있지 않을 때의 산란단면적 σ_t을 구하세요.

연습문제 풀이

1. (a) (i) 각운동량 $L = n\hbar$ 을 만족하는 전자는 계속적으로 그 궤도를 따라 회전운동을 한다.

(ii) 한 궤도에서 다른 궤도로 전자는 전이가 가능하고 궤도의 에너지 차이만큼 광자 에너지를 방출하거나 흡수한다.

(b) $\dfrac{1}{4\pi\epsilon_0}\dfrac{e^2}{r^2} = m\dfrac{v^2}{r}$

(c) $L = r(mv) = n\hbar \Rightarrow v = \dfrac{n\hbar}{mr}$

이 결과를 (b)에 대입하면 $\dfrac{1}{4\pi\epsilon_0}\dfrac{e^2}{r} = \dfrac{n^2\hbar^2}{mr^2} \Rightarrow r = 4\pi\epsilon_0\dfrac{n^2\hbar^2}{me^2}$

$\Rightarrow \therefore$ 궤도는 양자화되어 있다.

$$r_1 = \frac{4\pi \times 8.85 \times 10^{-12} \times \left(\dfrac{6.63 \times 10^{-34}}{2\pi}\right)^2}{9.11 \times 10^{-31} \times (1.6 \times 10^{-19})^2} \approx 5.3 \times 10^{-11} \ m$$

(d) $E = \dfrac{1}{2}mv^2 - \dfrac{1}{4\pi\epsilon_0}\dfrac{e^2}{r}$

(e) (b)로부터 $\dfrac{1}{4\pi\epsilon_0}\dfrac{e^2}{r} = mv^2$ 이므로, (d)에 있는 에너지는 다음과 같다.

$$E = \frac{1}{2}mv^2 - mv^2 = -\frac{1}{2}mv^2 = -\frac{1}{2}m\frac{n^2\hbar^2}{m^2r^2} \quad \therefore \ \text{(c)로부터}$$

$$= -\frac{1}{2}\frac{n^2\hbar^2}{m}\frac{1}{r^2} = -\frac{1}{2}\frac{n^2\hbar^2}{m}\frac{m^2e^4}{(4\pi\epsilon_0)^2n^4\hbar^4} \quad \therefore \ \text{(c)로부터}$$

$$= -\frac{1}{2}\frac{me^4}{(4\pi\epsilon_0)^2n^2\hbar^2} = -\frac{1}{2}m\frac{e^4c^2}{(4\pi\epsilon_0)^2n^2\hbar^2c^2} = -\frac{1}{2}mc^2\frac{1}{n^2}\left(\frac{e^2}{4\pi\epsilon_0\hbar c}\right)^2$$

$$= -\frac{1}{2}mc^2\frac{1}{n^2}\alpha^2$$

$$\therefore \ E_n = -\frac{1}{2}mc^2\frac{1}{n^2}\alpha^2 \Rightarrow E_1 = -\frac{1}{2}mc^2\left(\frac{1}{137}\right)^2 = -13.6 \, eV$$

(f) $E = \dfrac{p^2}{2m} - \dfrac{1}{4\pi\epsilon_0}\dfrac{e^2}{r} = \dfrac{\hbar^2}{2mr^2} - \dfrac{1}{4\pi\epsilon_0}\dfrac{e^2}{r}$ $\therefore$ $pr = \hbar$

바닥상태의 에너지를 갖는 반경 r_0은 다음의 조건을 만족해야 한다.

$$\dfrac{dE}{dr}\Big|_{r=r_0} = 0 \Rightarrow -\dfrac{\hbar^2}{mr_0^3} + \dfrac{e^2}{4\pi\epsilon_0 r_0^2} = 0 \Rightarrow r_0 = \dfrac{4\pi\epsilon_0 \hbar^2}{me^2}$$

이때의 바닥상태의 에너지는

$$E(r=r_0) = \dfrac{\hbar^2}{2m}\dfrac{m^2 e^4}{(4\pi\epsilon_0)^2 \hbar^4} - \dfrac{e^2}{(4\pi\epsilon_0)^2}\dfrac{me^2}{\hbar^2} = -\dfrac{1}{2}\dfrac{me^4}{(4\pi\epsilon_0)^2 \hbar^2}$$

$$= -\dfrac{1}{2}\dfrac{mc^2}{(4\pi\epsilon_0)^2}\dfrac{e^4}{\hbar^2 c^2} = -\dfrac{1}{2}mc^2\alpha^2$$

2. (a) $p = \hbar k = \dfrac{\hbar c}{c}k = \dfrac{197\times10^6\ \text{eV}\times10^{-15}\ \text{m}}{c}\times 50\times\dfrac{1}{10^{-9}\ \text{m}}$

$= 9850\ \dfrac{\text{eV}}{\text{c}} = 9.85\ \dfrac{\text{keV}}{\text{c}}$

(b) $E = \dfrac{p^2}{2m} = \dfrac{(pc)^2}{2mc^2} = \dfrac{9.85^2\times10^6}{2\times0.51\times10^6}\ \text{eV} = 95.1\ \text{eV}$

$\dfrac{1}{2}mv^2 = E \Rightarrow v = \sqrt{\dfrac{2E}{m}} = \sqrt{\dfrac{2Ec^2}{mc^2}}$

$\therefore \dfrac{v}{c} = \sqrt{\dfrac{2E}{mc^2}} = \sqrt{\dfrac{2\times95.1}{0.51\times10^6}} = 19.3\times10^{-3} = 1.93\times10^{-2}$

3. 13.6 eV는 전자의 정지질량 에너지보다 굉장히 작으므로 비상대론적으로 다룰 수 있어서

$$E = \dfrac{p^2}{2m_e} \Rightarrow E = \dfrac{p^2 c^2}{2m_e c^2} \Rightarrow pc = \sqrt{2m_e c^2 E}$$

그때 파장은

$$\lambda = \dfrac{h}{p} = \dfrac{hc}{pc} = \dfrac{2\pi\hbar c}{\sqrt{2m_e c^2 E}} \approx 3.3\ \text{Å}$$

Chapter 2

1. (a) $[p,\ x^n]u(x) = \dfrac{\hbar}{i}\dfrac{d}{dx}(x^n u(x)) - x^n\dfrac{\hbar}{i}\dfrac{du(x)}{dx} = \dfrac{\hbar}{i}nx^{n-1}u(x)$

$$\therefore [p,\ x^n] = \frac{\hbar}{i} n x^{n-1}$$

(b) $[H,\ p]u(x) = \left[\frac{p^2}{2m} + U(x),\ p\right]u(x) = \frac{\hbar}{i}\left[U(x),\ \frac{d}{dx}\right]U(x)$

$$= \frac{\hbar}{i}\left(U(x)\frac{du}{dx} - \frac{d}{dx}Uu\right) = -\frac{\hbar}{i}u(x)\frac{dU}{dx} = i\hbar\left(\frac{dU}{dx}\right)u(x)$$

$$\therefore [H,\ p] = i\hbar\frac{dU}{dx}$$

(c) $[H,\ x]u(x) = \left[\frac{p^2}{2m} + U,\ x\right]u = \left[\frac{p^2}{2m},\ x\right]u + [U(x),\ x]u$

$$= \frac{1}{2m}(p[p,\ x]u + [p,\ x]pu) = \frac{1}{2m}\left(\frac{2\hbar}{i}pu\right) = -\frac{i\hbar}{m}pu(x)$$

$$\therefore [H,\ x] = -\frac{i\hbar}{m}p$$

2. (a) $e^{\alpha A}Be^{-\alpha A} = f(\alpha)$로 놓으면 $f(0) = B$이고

$$\frac{df}{d\alpha} = \frac{d}{d\alpha}(e^{\alpha A}Be^{-\alpha A}) = e^{\alpha A}ABe^{-\alpha A} - e^{\alpha A}BAe^{-\alpha A} = e^{\alpha A}(AB - BA)e^{-\alpha A}$$

$$= e^{\alpha A}[A,\ B]e^{-\alpha A}$$

$$\Rightarrow f'(0) = [A,\ B]$$

유사한 방법으로

$$\frac{d^2 f}{d\alpha^2} = \frac{d}{d\alpha}(e^{\alpha A}[A,\ B]e^{-\alpha A}) = e^{\alpha A}A[A,\ B]e^{-\alpha A} - e^{\alpha A}[A,\ B]Ae^{-\alpha A}$$

$$= e^{\alpha A}(A[A,\ B] - [A,\ B]A)e^{-\alpha A} = e^{\alpha A}[A,\ [A,\ B]]e^{-\alpha A}$$

$$\Rightarrow f''(0) = [A,\ [A,\ B]]$$

테일러 전개식 $f(\alpha) = f(0) + \alpha f'(0) + \frac{\alpha^2}{2!}f''(0) + \cdots\cdots$ 에 이들 결과를 대입하면

$$e^{\alpha A}Be^{-\alpha A} = B + \alpha[A,\ B] + \frac{\alpha^2}{2!}[A,\ [A,\ B]] + \cdots\cdots$$

(b) $\alpha = \frac{i}{\hbar}a,\ A = p,\ B = x$로 놓고 앞에서 증명한 관계식에 대입하면

$$e^{\frac{ip}{\hbar}a}xe^{-\frac{ip}{\hbar}a} = x + \frac{i}{\hbar}a(-i\hbar) + \frac{1}{2}\left(\frac{ia}{\hbar}\right)^2[p,\ -i\hbar] + \cdots\cdots \quad (\because [p,\ x] = -i\hbar)$$

여기서 오른편의 세 번째 항에 있는 교환자의 결과는 0이므로

$$\therefore \; e^{\frac{ip}{\hbar}a}\, x\, e^{-\frac{ip}{\hbar}a} = x + a$$

3. $pr \approx \hbar \;\Rightarrow\; E = \dfrac{p^2}{2m_N} = \dfrac{\hbar^2}{2m_N r^2} = \dfrac{(\hbar c)^2}{2m_N c^2 r^2} \approx 1.3 \; MeV$

이 값은 중성자의 정지질량 에너지 보다 굉장히 작으므로 비상대론적으로 계산을 한 위의 관계식은 무방하다.

4. $<p> = <\Psi(x)|p|\Psi(x)> = \displaystyle\int_{-\infty}^{\infty} dx\; \Psi(x)^* p \Psi(x)$

$$= \left(\frac{1}{2\pi}\right)^{\frac{1}{2}} \int_{-\infty}^{\infty} dx\; e^{-ikx} e^{-\frac{x^2}{4}} \left(\frac{\hbar}{i}\frac{d}{dx} e^{ikx} e^{-\frac{x^2}{4}}\right)$$

$$= \left(\frac{1}{2\pi}\right)^{\frac{1}{2}} \frac{\hbar}{i} \int_{-\infty}^{\infty} dx\; (ik - \frac{x}{2}) e^{-\frac{x^2}{2}}$$

$$= \left(\frac{1}{2\pi}\right)^{\frac{1}{2}} \hbar k \int_{-\infty}^{\infty} dx\; e^{-\frac{x^2}{2}} - \left(\frac{1}{2\pi}\right)^{\frac{1}{2}} \frac{\hbar}{i}\frac{1}{2} \int_{-\infty}^{\infty} dx\; x e^{-\frac{x^2}{2}}$$

여기서 오른편 두 번째의 피적분함수가 우함수 곱하기 기함수이므로 적분 결과는 0이다. 그러므로

$$<p> = (\frac{1}{2\pi})^{\frac{1}{2}} \hbar k \int_{-\infty}^{\infty} dx\, e^{-\frac{x^2}{2}}$$

여기서 $\dfrac{x}{\sqrt{2}} = y$로 놓으면

$$<p> = (\frac{1}{2\pi})^{\frac{1}{2}} \hbar k \sqrt{2} \int_{-\infty}^{\infty} dy\, e^{-y^2} = (\frac{1}{2\pi})^{\frac{1}{2}} \hbar k \sqrt{2\pi} = \hbar k$$

5. (a) $[x,\, p]\Psi(x) = \dfrac{\hbar}{i}\left(x\dfrac{d\Psi}{dx} - \dfrac{d}{dx}(x\Psi)\right) = -\dfrac{\hbar}{i}\Psi \;\Rightarrow\; \therefore\; [x,\, p] = i\hbar$

(b) 하이젠베르크 묘사의 일반식 $\dfrac{d<A>}{dt} = \dfrac{1}{i\hbar}<[A,\, H]> + <\dfrac{\partial A}{\partial t}>$ 으로부터

$$\frac{d<x>}{dt} = \frac{1}{i\hbar}<[x,\, H]> + <\frac{\partial x}{\partial t}> = \frac{1}{i\hbar}<[x,\, \frac{1}{2m}p^2]>$$

$$= \frac{1}{2im\hbar}<[x,\, p^2]> = \frac{1}{2im\hbar} 2i\hbar <p> = \frac{1}{m}<p>$$

6. (a) $\qquad i\hbar\dfrac{d\Psi}{dt} = -\dfrac{\hbar^2}{2m}\dfrac{d^2\Psi}{dx^2} + U\Psi \;\Rightarrow\; i\hbar\Psi^*\dfrac{d\Psi}{dt} = -\dfrac{\hbar^2}{2m}\Psi^*\dfrac{d^2\Psi}{dx^2} + U\Psi^*\Psi \qquad (1)$

그리고

$$-i\hbar\frac{d\Psi^*}{dt}=-\frac{\hbar^2}{2m}\frac{d^2\Psi^*}{dx^2}+U\Psi^* \Rightarrow -i\hbar\Psi\frac{d\Psi^*}{dt}=-\frac{\hbar^2}{2m}\Psi\frac{d^2\Psi^*}{dx^2}+U\Psi\Psi^* \quad (2)$$

식 (1)에서 식 (2)을 빼면

$$i\hbar\frac{d}{dt}(\Psi\Psi^*)=\frac{\hbar^2}{2m}(\Psi\frac{d^2\Psi^*}{dx^2}-\Psi^*\frac{d^2\Psi}{dx^2}) \Rightarrow \frac{d}{dt}(\Psi\Psi^*)+\frac{\hbar}{2im}\frac{d}{dx}(\Psi^*\frac{d\Psi}{dx}-\Psi\frac{d\Psi^*}{dx})=0$$

$$\Rightarrow j(x)=\frac{\hbar}{2im}\frac{d}{dx}(\Psi^*\frac{d\Psi}{dx}-\Psi\frac{d\Psi^*}{dx})$$

(b) $j(x)=\frac{\hbar}{2im}\left[c^*e^{ikx}c(-ik)e^{-ikx}-ce^{-ikx}c^*(ik)e^{ikx}\right]=\frac{\hbar}{2im}|c|^2(-2ik)=-\frac{\hbar k}{m}|c|^2$

(c) $\phi(p)=\frac{1}{\sqrt{2\pi\hbar}}\int dx\Psi(x)e^{-\frac{i}{\hbar}px}=\frac{1}{\sqrt{2\pi\hbar}}\int_{-a}^{a}dx\ ce^{-ikx}e^{-\frac{i}{\hbar}px}$

$$=\frac{1}{\sqrt{2\pi\hbar}}\frac{c}{-2ik}(e^{-2ika}-e^{2ika})=\frac{c}{\sqrt{2\pi\hbar}}\frac{1}{k}\sin 2ka$$

7. 1차원에서 자유입자에 대한 파동방정식은 $\Psi(x,t)=Ae^{(kx-\omega t)}=Ae^{\frac{i}{\hbar}(px-Et)}$ 이므로

$$\frac{\partial\Psi}{\partial x}=A(\frac{i}{\hbar}p)e^{\frac{i}{\hbar}(px-Et)}=(\frac{i}{\hbar}p)\Psi \Rightarrow \frac{\partial}{\partial x}=\frac{i}{\hbar}p \Rightarrow \therefore p=\frac{\hbar}{i}\frac{\partial}{\partial x}$$

그리고

$$\frac{\partial\Psi}{\partial t}=A(-\frac{i}{\hbar}E)e^{\frac{i}{\hbar}(px-Et)}=(-\frac{i}{\hbar}E)\Psi \Rightarrow \frac{\partial}{\partial t}=-\frac{i}{\hbar}E \Rightarrow \therefore E=-\frac{\hbar}{i}\frac{\partial}{\partial t}=i\hbar\frac{\partial}{\partial t}$$

Chapter 3

1. (a) $L[c_1f_1(x)+c_2f_2(x)]=-\frac{d^2}{dx^2}[c_1f_1(x)+c_2f_2(x)]=-\frac{d^2}{dx^2}c_1f_1(x)-\frac{d^2}{dx^2}c_2f_2(x)$

$$=c_1(-\frac{d^2}{dx^2})f_1(x)+c_2(-\frac{d^2}{dx^2})f_2(x)=c_1Lf_1(x)+c_2Lf_2(x)$$

그러므로 $A=-\frac{d^2}{dx^2}$ 은 선형 연산자이다.

(b) $Au(x)=\lambda u(x) \Rightarrow -\frac{d^2u(x)}{dx^2}=\lambda u(x) \Rightarrow \frac{d^2u(x)}{dx^2}+\lambda u(x)=0$

(i) $\lambda=0$일 때, $u(x)=c_1x+c_2$, 여기서 c_1과 c_2은 상수

$u(x)$가 $|x| \to \infty$일 때 발산하기 때문에 유한값을 가지기 위해서는 $c_1 = 0$

(ii) $\lambda > 0$일 때, $u(x) = c_1 e^{i\sqrt{\lambda}\,x} + c_2 e^{-i\sqrt{\lambda}\,x}$, 여기서 c_1과 c_2은 상수

$u(x)$은 모든 x에 관해 유한값을 가진다.

(iii) $\lambda < 0$일 때, $u(x) = c_1 e^{\sqrt{\lambda}\,x} + c_2 e^{-\sqrt{\lambda}\,x}$, 여기서 c_1과 c_2은 상수

$u(x)$가 $|x| \to \infty$일 때 발산하기 때문에 물리적으로 타당한 解가 아님.

2. (a) $\displaystyle\int_{-\infty}^{\infty} dx\ \Psi^*\Psi = 1 \Rightarrow \frac{1}{5} + \frac{1}{2} + |C|^2 = 1 \Rightarrow \therefore\ C = \sqrt{\frac{3}{10}}$

그러므로 상태함수는 $\Psi(x) = \sqrt{\dfrac{1}{5}}\,u_0(x) + \sqrt{\dfrac{1}{2}}\,u_2(x) + \sqrt{\dfrac{3}{10}}\,u_3(x)$가 된다.

(b) 조화 진동자의 에너지 $E = \dfrac{5}{2}\hbar\omega$은 고유함수 u_2의 고유치이므로

$$C_2 = \int_{-\infty}^{\infty} u_2(x)^*\Psi(x)dx = \sqrt{\frac{1}{2}} \Rightarrow \therefore\ |C_2|^2 = \frac{1}{2}$$

(c) $\displaystyle <H> = \int_{-\infty}^{\infty}\Psi^* H\Psi\,dx = \frac{1}{5}\int_{-\infty}^{\infty} u_0 H u_0 + \frac{1}{2}\int_{-\infty}^{\infty} u_2 H u_2 + \frac{3}{10}\int_{-\infty}^{\infty} u_3 H u_3$

$\displaystyle = \frac{1}{5}\left(\frac{1}{2}\hbar\omega\right) + \frac{1}{2}\left(\frac{5}{2}\hbar\omega\right) + \frac{3}{10}\left(\frac{7}{2}\hbar\omega\right) = \frac{96}{40}\hbar\omega = \frac{12}{5}\hbar\omega$

3. (a) $\displaystyle |C|^2 \int_0^{\infty} e^{-2x}(1 - 2e^{-x} + e^{-2x})dx = 1 \Rightarrow |C|^2 \int_0^{\infty} (e^{-2x} - 2e^{-3x} + e^{-4x})dx = 1$

$\displaystyle \Rightarrow |C|^2\left(-\frac{1}{2}e^{-2x}\Big|_0^{\infty} + \frac{2}{3}e^{-3x}\Big|_0^{\infty} - \frac{1}{4}e^{-4x}\Big|_0^{\infty}\right) = 1$

$\displaystyle \Rightarrow |C|^2\left(\frac{1}{2} - \frac{2}{3} + \frac{1}{4}\right) = 1 \Rightarrow |C|^2\frac{1}{12} = 1$

$\therefore\ C = \sqrt{12} = 2\sqrt{3}$

(b) $|\Psi(x)|^2 = |C|^2 e^{-2x}(1 - 2e^{-x} + e^{-2x}) = 12e^{-2x}(1 - 2e^{-x} + e^{-2x})$

입자를 발견할 확률이 가장 큰 지점 $x_{\max}$에서

$$\frac{d|\Psi(x)|^2}{dx}\Big|_{x=x_{\max}} = 0 \Rightarrow 2e_{\max}^{-2x}(1 - 2e_{\max}^{-x} + e_{\max}^{-2x}) = e_{\max}^{-2x}(2e_{\max}^{-x} - 2e_{\max}^{-2x})$$

$$\Rightarrow 2e_{\max}^{-2x} - 3e_{\max}^{-x} + 1 = 0 \Rightarrow (2e_{\max}^{-x} - 1)(e_{\max}^{-x} - 1) = 0$$

$$\Rightarrow \begin{cases} 2e^{-x_{\max}} = 1 \\ e^{-x_{\max}} = 1 \end{cases} \Rightarrow \begin{cases} x_{\max} = \ln 2 \\ x_{\max} = 0 \end{cases}$$

$\therefore\ x_{\max} = 0$은 解가 될 수 없어서 解는 $x_{\max} = \ln 2 \approx 0.69$

(c) $<x> = |C|^2 \int_0^\infty x e^{-2x}(1-2e^{-x}+e^{-2x})dx = 12\int_0^\infty x e^{-2x}(1-2e^{-x}+e^{-2x})dx$

여기서 $\int_0^\infty x e^{-2x}dx = \dfrac{1}{4}\int_0^\infty y e^{-y}dy = \dfrac{1}{4}1! = \dfrac{1}{4},$

$-2\int_0^\infty x e^{-3x}dx = -2\dfrac{1}{9}\int_0^\infty y e^{-y}dy = \dfrac{-2}{9}1! = -\dfrac{2}{9},$

$\int_0^\infty x e^{-4x}dx = \dfrac{1}{16}\int_0^\infty y e^{-y}dy = \dfrac{1}{16}1! = \dfrac{1}{16}$

그러므로

$$<x> = 12\left(\dfrac{1}{4}-\dfrac{2}{9}+\dfrac{1}{16}\right) = 12\dfrac{36-32+9}{16\times 9} = \dfrac{13}{12} \approx 1.08$$

(d) $\phi(p) = \dfrac{1}{\sqrt{2\pi\hbar}}\int dx \Psi(x)e^{-\frac{i}{\hbar}px}$

$= \dfrac{2\sqrt{3}}{\sqrt{2\pi\hbar}}\left[\int_0^\infty dx e^{-(1+\frac{i}{\hbar}p)x} - \int_0^\infty dx e^{-(2+\frac{i}{\hbar}p)x}\right]$

$= \dfrac{2\sqrt{3}}{\sqrt{2\pi\hbar}}\left[-\dfrac{1}{1+\frac{i}{\hbar}p}e^{-(1+\frac{i}{\hbar}p)x}\big|_0^\infty + \dfrac{1}{2+\frac{i}{\hbar}p}e^{-(2+\frac{i}{\hbar}p)x}\big|_0^\infty\right]$

$= \dfrac{2\sqrt{3}}{\sqrt{2\pi\hbar}}\left[\dfrac{1}{1+\frac{i}{\hbar}p}-\dfrac{1}{2+\frac{i}{\hbar}p}\right] = \dfrac{2\sqrt{3}}{\sqrt{2\pi\hbar}}\dfrac{1}{(2-\frac{p^2}{\hbar^2})+3\frac{i}{\hbar}p}$

4. (a) $\int_{-\infty}^\infty dx\ \Psi^*\Psi = 1 \Rightarrow |A|^2\int_{-\infty}^\infty x^2 e^{-\frac{2x^2}{L^2}}dx = 1$

적분을 계산하기 위해 $\dfrac{\sqrt{2}x}{L} \equiv y$라 하면, 위 식은 $\dfrac{L^3}{2\sqrt{2}}|A|^2\int_{-\infty}^\infty y^2 e^{-y^2}dy = 1$

여기서 적분은 $\int_{-\infty}^\infty -\dfrac{1}{2}y(e^{-y^2})'dy = -\dfrac{y}{2}e^{-y^2}\big|_{-\infty}^\infty + \dfrac{1}{2}\int_{-\infty}^\infty e^{-y^2}dy = \dfrac{\sqrt{\pi}}{2}$ 가 되므로

$$\Rightarrow \dfrac{L^3}{2\sqrt{2}}|A|^2\dfrac{\sqrt{\pi}}{2} = 1 \Rightarrow \therefore A = \left(\dfrac{2}{\pi}\right)^{\frac{1}{4}}\dfrac{2}{L^{\frac{3}{2}}}$$

(b) $-\dfrac{\hbar^2}{2m}\dfrac{d^2\Psi}{dx^2}+U\Psi(x) = E\Psi(x)$에서 입자의 에너지가 0이므로

$$-\dfrac{\hbar^2}{2m}\dfrac{d^2\Psi}{dx^2}+U\Psi(x) = 0 \qquad (1)$$

이 된다. 한편

$$\frac{d\Psi}{dx} = Ae^{-\frac{x^2}{L^2}} - \frac{2A}{L^2}x^2 e^{-\frac{x^2}{L^2}} \implies \frac{d^2\Psi}{dx^2} = -\frac{6A}{L^2}x e^{-\frac{x^2}{L^2}} + \frac{4A}{L^4}x^3 e^{-\frac{x^2}{L^2}}$$

이다. 이를 식 (1)에 대입하면

$$\left[-\frac{\hbar^2}{2m}\left(-\frac{6}{L^2}x + \frac{4}{L^4}x^3\right) + Ux\right]Ae^{-\frac{x^2}{L^2}} = 0 \implies -\frac{\hbar^2}{2m}\left(-\frac{6}{L^2} + \frac{4}{L^4}x^2\right) + U = 0$$

$$\therefore \quad U(x) = \frac{\hbar^2}{2m}\left(-\frac{6}{L^2} + \frac{4}{L^4}x^2\right) = \frac{\hbar^2}{2m}\frac{4x^2 - 6L^2}{L^4} = \frac{\hbar^2}{mL^4}(2x^2 - 3L^2)$$

(c) $\left.\frac{dU}{dx}\right|_{x=x_0} = 0 \implies \frac{\hbar^2}{mL^4}4x_0 = 0 \implies \therefore x_0 = 0$ (극값을 갖는 위치)

그리고 $x_0 = 0$일 때, 최소값 $U_{\min} = -3\frac{\hbar^2}{mL^2}$ 을 갖는다.

5. (a) $Hu(x) = Eu(x) \implies [\frac{p^2}{2m} + U(x)]u(x) = Eu(x)$

$$\implies [-\frac{\hbar^2}{2m}\frac{d^2}{dx^2} + U(x)]u(x) = Eu(x)$$

(b) $\frac{du(x)}{dx} = \frac{d}{dx}(e^{-Ax^2}) = -2Axe^{-Ax^2}$ 그리고

$$\frac{d^2u(x)}{dx^2} = \frac{d}{dx}\left(\frac{du(x)}{dx}\right) = -2Ae^{-Ax^2} + 4A^2x^2 e^{-Ax^2}$$

이를 (a)에 있는 원 식에 대입하면 다음과 같다.

$$(-\frac{\hbar^2}{2m}4A^2 + a)x^2 e^{-Ax^2} + \frac{\hbar^2 A}{m}e^{-Ax^2} = Ee^{-Ax^2} \tag{1}$$

에너지 E가 x의 함수가 되지 않기 위해서는 위 식의 왼편 첫 번째 항이 0이 되어야 하므로

$$-\frac{\hbar^2}{2m}4A^2 + a = 0 \implies A^2 = \frac{ma}{2\hbar^2} \implies \therefore A = \sqrt{\frac{ma}{2\hbar^2}} \quad (\because A가 양수이므로)$$

이때의 에너지는 식 (1)로부터

$$E = \frac{\hbar^2 A}{m} = \frac{\hbar^2}{m}\sqrt{\frac{ma}{2\hbar^2}}$$

6. (a) $\Psi(x,t) = \sum_{n=0}^{\infty} C_n e^{-\frac{i}{\hbar}E_n t} u_n(x)$ (1)

여기서 $E_n = (n + \frac{1}{2})\hbar\omega$

시간 $t = 0$일 때 식 (1)은

$$\Psi(x,0) = \sum_{n=0}^{\infty} C_n u_n(x) = \sqrt{\frac{1}{5}}\, u_0(x) + \sqrt{\frac{1}{2}}\, u_2(x) + \sqrt{\frac{3}{10}}\, u_3(x)$$

이므로 $C_0 = \sqrt{\frac{1}{5}}$, $C_2 = \sqrt{\frac{1}{2}}$, $C_3 = \sqrt{\frac{3}{10}}$ 을 얻어서

$$\Psi(x,t) = C_0 e^{-\frac{i}{\hbar}E_0 t} u_0(x) + C_2 e^{-\frac{i}{\hbar}E_2 t} u_2(x) + C_3 e^{-\frac{i}{\hbar}E_3 t} u_3(x)$$

$$= \sqrt{\frac{1}{5}}\, e^{-\frac{i}{\hbar}\frac{1}{2}\hbar\omega t} u_0(x) + \sqrt{\frac{1}{2}}\, e^{-\frac{i}{\hbar}\frac{5}{2}\hbar\omega t} u_2(x) + \sqrt{\frac{3}{10}}\, e^{-\frac{i}{\hbar}\frac{7}{2}\hbar\omega t} u_3(x)$$

$$= \sqrt{\frac{1}{5}}\, e^{-\frac{i}{2}\omega t} u_0(x) + \sqrt{\frac{1}{2}}\, e^{-\frac{5i}{2}\omega t} u_2(x) + \sqrt{\frac{3}{10}}\, e^{-\frac{7i}{2}\omega t} u_3(x)$$

(b) $<H> = \int_{-\infty}^{\infty} \Psi^*(x,t) H \Psi(x,t) dx$

$$= \frac{1}{5} \int_{-\infty}^{\infty} u_0 H u_0 dx + \frac{1}{2} \int_{-\infty}^{\infty} u_2 H u_2 dx + \frac{3}{10} \int_{-\infty}^{\infty} u_3 H u_3 dx$$

$$= \frac{1}{5}\left(\frac{1}{2}\hbar\omega\right) + \frac{1}{2}\left(\frac{5}{2}\hbar\omega\right) + \frac{3}{10}\left(\frac{7}{2}\hbar\omega\right) = \frac{96}{40}\hbar\omega = \frac{12}{5}\hbar\omega$$

즉 에너지는 보존되기 때문에 에너지 기댓값은 시간과 무관하다.

7. $P = |<u_0|\Psi>|^2$, 여기서 u_0은 폭이 a인 우물 포텐셜에서 입자의 바닥상태이고 Ψ은 우물 포텐셜의 폭을 두 배로 늘렸을 때 입자의 상태함수이다.

그러므로 $u_0 = \sqrt{\frac{2}{a}} \sin\frac{\pi x}{a}$ 그리고 $\Psi = \sqrt{\frac{2}{2a}} \sin\frac{\pi x}{2a}$

이때

$$<u_0|\Psi> = \int_0^a dx \left(\sqrt{\frac{2}{a}} \sin\frac{\pi x}{a}\right)\left(\sqrt{\frac{2}{2a}} \sin\frac{\pi x}{2a}\right)$$

$$= \frac{\sqrt{2}}{a} \int_0^a dx\, \sin\left(\frac{\pi x}{a}\right)\sin\left(\frac{\pi x}{2a}\right)$$

여기서 $\sin A \sin B = -\frac{1}{2}[\cos(A+B) - \cos(A-B)]$이므로 위 적분 식은 다음과 같다.

$$\frac{\sqrt{2}}{a}\int_0^a dx \ \sin(\frac{\pi x}{a})\sin(\frac{\pi x}{2a}) = \frac{\sqrt{2}}{a}(-\frac{1}{2})\int_0^a dx \left[\cos(\frac{3\pi x}{2a}) - \cos(\frac{\pi x}{a})\right]$$

$$= \frac{\sqrt{2}}{a}(-\frac{1}{2})(-\frac{2a}{3\pi}) = \frac{\sqrt{2}}{3\pi}$$

$$\therefore \ P = \frac{2}{9\pi^2}$$

Chapter 4

1. (a) 슈뢰딩거 방정식 $\frac{d^2 u(x)}{dx^2} + \frac{2m}{\hbar^2}[E - U(x)]u(x) = 0$에 이 문제를 적용해 보자.

(i) $x < 0$ 영역에서는

$$\frac{d^2 u(x)}{dx^2} + \frac{2m}{\hbar^2}Eu(x) = 0 \ \Rightarrow \ \frac{d^2 u(x)}{dx^2} + k^2 u(x) = 0, \ \text{여기서} \ k^2 = \frac{2m}{\hbar^2}E$$

$$\therefore \ u_I(x) = A_+ e^{ikx} + A_- e^{-ikx}$$

(ii) $0 < x < a$ 영역에서는 포텐셜 에너지가 $U(x) = -U_0$이므로 이때의 슈뢰딩거 방정식은

$$\frac{d^2 u(x)}{dx^2} + \frac{2m}{\hbar^2}(E + U_0)u(x) = 0 \ \Rightarrow \ \frac{d^2 u(x)}{dx^2} + \kappa^2 u(x) = 0,$$

여기서 $\kappa^2 = \frac{2m}{\hbar^2}(E + U_0)$

$$\therefore \ u_{II}(x) = B_+ e^{i\kappa x} + B_- e^{-i\kappa x}$$

(iii) $x > a$ 영역에서는 반사하는 解가 존재하지 않는다는 조건 외에는 위의 (i)의 경우와 같다. 즉

$$\Rightarrow u_{III}(x) = C_+ e^{ikx} + C_- e^{-ikx}, \ \text{여기서} \ C_- = 0$$

$$\therefore \ u_{III}(x) = C_+ e^{ikx}$$

그러므로 입사파 $u_{inc} = A_+ e^{ikx}$, 반사파 $u_{ref} = A_- e^{-ikx}$, 투과파 $u_{trans} = C_+ e^{ikx}$

(b) 경계조건을 적용하면

$$\begin{cases} u_I(0) = u_{II}(0) \\ u_I'(0) = u_{II}'(0) \\ u_{II}(a) = u_{III}(a) \\ u_{II}'(a) = u_{III}'(a) \end{cases} \Rightarrow \begin{cases} A_+ + A_- = B_+ + B_- \\ ik(A_+ - A_-) = i\kappa(B_+ - B_-) \\ B_+ e^{i\kappa a} + B_- e^{-i\kappa a} = C_+ e^{ika} \\ i\kappa(B_+ e^{i\kappa a} - B_- e^{-i\kappa a}) = ikC_+ e^{ika} \end{cases}$$

위 식의 첫 번째와 두 번째 관계식으로부터

$$\begin{pmatrix} 1 & 1 \\ k & -k \end{pmatrix}\begin{pmatrix} A_+ \\ A_- \end{pmatrix} = \begin{pmatrix} 1 & 1 \\ \kappa & -\kappa \end{pmatrix}\begin{pmatrix} B_+ \\ B_- \end{pmatrix} \tag{1}$$

그리고 세 번째와 네 번째 관계식으로부터

$$\begin{pmatrix} e^{i\kappa a} & e^{-i\kappa a} \\ \kappa e^{i\kappa a} & -\kappa e^{-i\kappa a} \end{pmatrix}\begin{pmatrix} B_+ \\ B_- \end{pmatrix} = \begin{pmatrix} e^{ika} \\ k e^{ika} \end{pmatrix} C_+ \tag{2}$$

(c) (i) $P \equiv \begin{pmatrix} 1 & 1 \\ k & -k \end{pmatrix}$ 의 역행렬을 구하자.

$$C = \begin{pmatrix} -k & -k \\ -1 & 1 \end{pmatrix} \Rightarrow C^T = \begin{pmatrix} -k & -1 \\ -k & 1 \end{pmatrix} \text{ 그리고 } |P| = \begin{vmatrix} 1 & 1 \\ k & -k \end{vmatrix} = -2k$$

$$\therefore \ P^{-1} = \frac{1}{-2k}\begin{pmatrix} -k & -1 \\ -k & 1 \end{pmatrix} = \frac{1}{2}\begin{pmatrix} 1 & \dfrac{1}{k} \\ 1 & -\dfrac{1}{k} \end{pmatrix}$$

(ii) $Q \equiv \begin{pmatrix} e^{i\kappa a} & e^{-i\kappa a} \\ \kappa e^{i\kappa a} & -\kappa e^{-i\kappa a} \end{pmatrix}$ 의 역행렬을 구하자.

$$C = \begin{pmatrix} -\kappa e^{-i\kappa a} & -\kappa e^{i\kappa a} \\ -e^{-i\kappa a} & e^{i\kappa a} \end{pmatrix} \Rightarrow C^T = \begin{pmatrix} -\kappa e^{-i\kappa a} & -e^{-i\kappa a} \\ -\kappa e^{i\kappa a} & e^{i\kappa a} \end{pmatrix}$$

그리고 $|Q| = \begin{vmatrix} e^{i\kappa a} & e^{-i\kappa a} \\ \kappa e^{i\kappa a} & -\kappa e^{-i\kappa a} \end{vmatrix} = -2\kappa$

그러므로

$$\therefore \ Q^{-1} = \frac{1}{-2\kappa}\begin{pmatrix} -\kappa e^{-i\kappa a} & -e^{-i\kappa a} \\ -\kappa e^{i\kappa a} & e^{i\kappa a} \end{pmatrix} = \frac{1}{2}\begin{pmatrix} e^{-i\kappa a} & \dfrac{1}{\kappa}e^{-i\kappa a} \\ e^{i\kappa a} & -\dfrac{1}{\kappa}e^{i\kappa a} \end{pmatrix}$$

이들 결과들을 식 (1)과 (2)에 대입하면

$$\begin{pmatrix} A_+ \\ A_- \end{pmatrix} = P^{-1}\begin{pmatrix} 1 & 1 \\ \kappa & -\kappa \end{pmatrix}Q^{-1}\begin{pmatrix} e^{ika} \\ k e^{ika} \end{pmatrix} C_+$$

$$= \frac{1}{2}\begin{pmatrix} 1 & \dfrac{1}{k} \\ 1 & -\dfrac{1}{k} \end{pmatrix}\begin{pmatrix} 1 & 1 \\ \kappa & -\kappa \end{pmatrix}\frac{1}{2}\begin{pmatrix} e^{-i\kappa a} & \dfrac{1}{\kappa}e^{-i\kappa a} \\ e^{i\kappa a} & -\dfrac{1}{\kappa}e^{i\kappa a} \end{pmatrix}\begin{pmatrix} e^{ika} \\ k e^{ika} \end{pmatrix} C_+$$

$$= \frac{1}{2}\begin{pmatrix} 1 & \dfrac{1}{k} \\ 1 & -\dfrac{1}{k} \end{pmatrix}\begin{pmatrix} 1 & 1 \\ \kappa & -\kappa \end{pmatrix}\frac{1}{2}\begin{pmatrix} e^{-i\kappa a}e^{ika} + \dfrac{k}{\kappa}e^{-i\kappa a}e^{ika} \\ e^{i\kappa a}e^{ika} - \dfrac{k}{\kappa}e^{i\kappa a}e^{ika} \end{pmatrix} C_+$$

$$= \frac{1}{2}\begin{pmatrix} 1 & \frac{1}{k} \\ 1 & -\frac{1}{k} \end{pmatrix}\frac{1}{2}\begin{pmatrix} e^{-i\kappa a}e^{ika} + \frac{k}{\kappa}e^{-i\kappa a}e^{ika} + e^{i\kappa a}e^{ika} - \frac{k}{\kappa}e^{i\kappa a}e^{ika} \\ \kappa e^{-i\kappa a}e^{ika} + k e^{-i\kappa a}e^{ika} - \kappa e^{i\kappa a}e^{ika} + k e^{i\kappa a}e^{ika} \end{pmatrix}C_+$$

$$= \frac{1}{2}\begin{pmatrix} 1 & \frac{1}{k} \\ 1 & -\frac{1}{k} \end{pmatrix}\frac{1}{2}\begin{pmatrix} e^{ika}(e^{-i\kappa a} + e^{i\kappa a}) + \frac{k}{\kappa}e^{ika}(e^{-i\kappa a} - e^{i\kappa a}) \\ \kappa e^{ika}(e^{-i\kappa a} - e^{i\kappa a}) + k e^{ika}(e^{-i\kappa a} + e^{i\kappa a}) \end{pmatrix}C_+$$

$$= \frac{1}{2}\begin{pmatrix} 1 & \frac{1}{k} \\ 1 & -\frac{1}{k} \end{pmatrix}\begin{pmatrix} e^{ika}\cos\kappa a - i\frac{k}{\kappa}e^{ika}\sin\kappa a \\ -i\kappa e^{ika}\sin\kappa a + k e^{ika}\cos\kappa a \end{pmatrix}C_+$$

$$= \frac{1}{2}\begin{pmatrix} 1 & \frac{1}{k} \\ 1 & -\frac{1}{k} \end{pmatrix}\begin{pmatrix} e^{ika}(\cos\kappa a - i\frac{k}{\kappa}\sin\kappa a) \\ e^{ika}(k\cos\kappa a - i\kappa\sin\kappa a) \end{pmatrix}C_+$$

$$= \frac{1}{2}\begin{pmatrix} 2e^{ika}\cos\kappa a - e^{ika}i(\frac{k}{\kappa} + \frac{\kappa}{k})\sin\kappa a \\ e^{ika}(-i)(\frac{k}{\kappa} - \frac{\kappa}{k})\sin\kappa a \end{pmatrix}C_+$$

$$= \begin{pmatrix} e^{ika}[\cos\kappa a - \frac{i}{2}(\frac{k}{\kappa} + \frac{\kappa}{k})\sin\kappa a] \\ e^{ika}\frac{-i}{2}(\frac{k}{\kappa} - \frac{\kappa}{k})\sin\kappa a \end{pmatrix}C_+$$

여기서 $\xi = \frac{1}{2}(\frac{\kappa}{k} + \frac{k}{\kappa})$ 그리고 $\eta = \frac{1}{2}(\frac{\kappa}{k} - \frac{k}{\kappa})$로 놓으면 위 식은 다음과 같다.

$$\therefore \begin{pmatrix} A_+ \\ A_- \end{pmatrix} = \begin{pmatrix} (\cos\kappa a - i\xi\sin\kappa a)e^{ika} \\ (-i\eta\sin\kappa a)e^{ika} \end{pmatrix}C_+$$

$$\Rightarrow A_+ = (\cos\kappa a - i\xi\sin\kappa a)e^{ika}C_+$$

투과율을 계산하기 위해 필요한 비율은

$$\therefore \frac{C_+}{A_+} = \frac{1}{\cos\kappa a - i\xi\sin\kappa a}e^{-ika}$$

그리고 투과율은 $|\frac{j_{trans}}{j_{inc}}|$이다.

여기서 $j_{inc} = \frac{\hbar}{2im}\left(u_{inc}^*\frac{du_{inc}}{dx} - u_{inc}\frac{du_{inc}^*}{dx}\right) = \frac{\hbar k}{m}|A_+|^2$

유사한 방법으로 $j_{trans} = \frac{\hbar}{2im}\left(u_{trans}^*\frac{du_{trans}}{dx} - u_{trans}\frac{du_{trans}^*}{dx}\right) = \frac{\hbar k}{m}|C_+|^2$

이므로

$$\therefore \left| \frac{j_{trans}}{j_{inc}} \right| = \left| \frac{C_+}{A_+} \right|^2 = \frac{1}{\cos^2 \kappa a + \xi^2 \sin^2 \kappa a} = \frac{4k^2 \kappa^2}{4k^2 \kappa^2 \cos^2 \kappa a + (k^2 + \kappa^2)^2 \sin^2 \kappa a}$$

(d) 투과율이 1이 되기 위해서는 위 식에서 $\kappa a = n\pi \Rightarrow \kappa^2 a^2 = n^2 \pi^2$가 되어야 하고 $\kappa^2 = \dfrac{2m}{\hbar^2}(E + U_0)$이기 때문에,

$$\therefore E = \frac{n^2 \hbar^2 \pi^2}{2ma^2} - U_0$$

2. (a) $E > 0$일 경우, $0 < x < a$ 영역에서

$$\frac{d^2 u}{dx^2} + \frac{2m}{\hbar^2}(E - U)u = 0 \Rightarrow \frac{d^2 u}{dx^2} + k^2 u = 0, \text{ 여기서 } k^2 = \frac{2mE}{\hbar^2}$$

이때 $u(0) = 0$을 만족하는 解는 $u(x) = A \sin kx$이다.

그리고 $u(a) = 0 \Rightarrow A \sin ka = 0 \Rightarrow ka = n\pi \ (n = 1, \ 2, \ \cdots\cdots) \Rightarrow k = \dfrac{n\pi}{a}$

$$\therefore u_n(x) = A \sin \frac{n\pi x}{a}$$

그리고 $\displaystyle \int_0^a u_n^*(x)u_n(x)dx = 1 \Rightarrow \frac{|A|^2}{2} \int_0^a \left(1 - \cos \frac{2n\pi}{a}x\right)dx = 1 \Rightarrow A = \sqrt{\frac{2}{a}}$

$$\therefore u_n(x) = \sqrt{\frac{2}{a}} \sin \frac{n\pi x}{a} \quad \text{그리고}$$

$$k^2 = \frac{n^2 \pi^2}{a^2} \Rightarrow \frac{2mE}{\hbar^2} = \frac{n^2 \pi^2}{a^2}$$

$$\therefore E_n = \frac{n^2 \pi^2 \hbar^2}{2ma^2}$$

(b) $\displaystyle \int_0^{\frac{a}{2}} \frac{4|b|^2}{a^2} x^2 dx + \int_{\frac{a}{2}}^a 4|b|^2 \left(1 - \frac{x}{a}\right)^2 dx = 1$

$$\Rightarrow \frac{4|b|^2}{a^2} \frac{1}{3} \frac{a^3}{8} + 4|b|^2 \left[x - \frac{1}{a}x^2 + \frac{x^3}{3a^2}\right]_{x=\frac{a}{2}}^{x=a} = 1$$

$$\Rightarrow \frac{|b|^2}{6}a + 4|b|^2 \frac{a}{24} = 1$$

$$\therefore b = \sqrt{\frac{3}{a}}$$

(c) $\Psi(x,0) = \sum_n C_n u_n(x) = C_1 \sqrt{\dfrac{2}{a}} \sin \dfrac{\pi x}{a} + C_2 \sqrt{\dfrac{2}{a}} \sin \dfrac{2\pi x}{a}$

여기서

$$C_1 = \int_0^a u_1(x)\Psi(x,0)dx = \sqrt{\dfrac{2}{a}}\left[\int_0^{\frac{a}{2}} \dfrac{2b}{a} x \sin \dfrac{\pi x}{a}dx + \int_{\frac{a}{2}}^a 2b(1-\dfrac{x}{a})\sin \dfrac{\pi x}{a}dx\right]$$

$$= \sqrt{\dfrac{2}{a}}\left[\dfrac{2b}{a}\dfrac{a^2}{\pi^2} + 2b\left\{\dfrac{a}{\pi} - \dfrac{1}{a}(\dfrac{a^2}{\pi} - \dfrac{a^2}{\pi^2})\right\}\right] = \sqrt{\dfrac{2}{a}}(\dfrac{4ab}{\pi^2}) = \dfrac{4b\sqrt{2a}}{\pi^2}$$

그리고

$$C_2 = \int_0^a u_2(x)\Psi(x,0)dx$$

$$= \sqrt{\dfrac{2}{a}}\left[\int_0^{\frac{a}{2}} \dfrac{2b}{a} x \sin \dfrac{2\pi x}{a}dx + \int_{\frac{a}{2}}^a 2b(1-\dfrac{x}{a})\sin \dfrac{2\pi x}{a}dx\right]$$

$$= \sqrt{\dfrac{2}{a}}\left[\dfrac{2b}{a}\dfrac{a^2}{4\pi} + 2b\left\{-\dfrac{a}{\pi} - \dfrac{1}{a}(-\dfrac{3a^2}{4\pi})\right\}\right] = 0$$

그러면

$$\Psi(x,t) = C_1 u_1(x)e^{-\frac{i}{\hbar}E_1 t} + C_2 u_2(x)e^{-\frac{i}{\hbar}E_2 t} = C_1 u_1(x)e^{-\frac{i}{\hbar}E_1 t}$$

$$= \dfrac{4b\sqrt{2a}}{\pi^2}\sqrt{\dfrac{2}{a}}\sin(\dfrac{\pi x}{a})e^{-\frac{i}{\hbar}(\frac{\pi^2\hbar^2}{2ma^2})t}$$

(d) 고유치 E_1을 가질 확률은 $|C_1|^2 = \left(\dfrac{4b\sqrt{2a}}{\pi^2}\right)^2 = \dfrac{96}{\pi^4}$ 그리고

고유치 E_2을 가질 확률은 $|C_2|^2 = 0$

(e) $<H> = |C_1|^2 E_1 + |C_2|^2 E_2 = |C_1|^2 E_1 = \dfrac{96}{\pi^4}\left(\dfrac{\pi^2\hbar^2}{2ma^2}\right) = \dfrac{48}{\pi^2}\dfrac{\hbar^2}{ma^2}$

3. (a) 슈뢰딩거 방정식

$$-\dfrac{\hbar^2}{2m}\dfrac{d^2 u(x)}{dx^2} + U(x)u(x) = Eu(x) \Rightarrow \dfrac{d^2 u(x)}{dx^2} + \dfrac{2m}{\hbar^2}(E-U)u(x) = 0$$

에서 아주 작은 값을 갖는 ϵ에 관해 $-\epsilon/2 \le x \le \epsilon/2$ 구간에서 적분을 취하면

$$\lim_{\epsilon \to 0}\left[\int_{-\frac{\epsilon}{2}}^{+\frac{\epsilon}{2}} dx\ \dfrac{d^2 u(x)}{dx^2} + \dfrac{2m}{\hbar^2}\int_{-\frac{\epsilon}{2}}^{+\frac{\epsilon}{2}} dx\ (E-U)u(x)\right] = 0$$

이 되고, 이 식의 첫 번째 적분에 부분적분을 적용하면 위 식은 다음과 같이 된다.

$$\lim_{\epsilon \to 0}\left[\frac{du(x)}{dx}\Big|_{-\frac{\epsilon}{2}}^{+\frac{\epsilon}{2}} + \frac{2m}{\hbar^2}E\int_{-\frac{\epsilon}{2}}^{+\frac{\epsilon}{2}}u(x)dx - \frac{2m}{\hbar^2}\int_{-\frac{\epsilon}{2}}^{+\frac{\epsilon}{2}}U(x)u(x)dx\right]=0 \qquad (1)$$

일반적으로 슈뢰딩거 방정식을 만족하는 고유함수 $u(x)$은 x 값에 따라 급격히 변하는 함수가 아닌 부드럽게 변하는 함수이므로 위 식의 두 번째 적분 항은 0이 된다. 그리고 델타 함수형의 포텐셜 $U(x) = -U_0\delta(x)$을 세 번째 적분 항에 대입하면

$$\lim_{\epsilon \to 0}\left[-\frac{2m}{\hbar^2}\int_{-\frac{\epsilon}{2}}^{+\frac{\epsilon}{2}}U(x)u(x)dx\right] = \lim_{\epsilon \to 0}\left[\frac{2m}{\hbar^2}U_0\int_{-\frac{\epsilon}{2}}^{+\frac{\epsilon}{2}}\delta(x)u(x)dx\right] = \frac{2m}{\hbar^2}U_0u(0)$$

가 되므로 식 (1)은

$$\lim_{\epsilon \to 0}\left[\frac{du(x)}{dx}\Big|_{-\frac{\epsilon}{2}}^{+\frac{\epsilon}{2}}\right] + \frac{2m}{\hbar^2}U_0u(0) = 0$$

$$\Rightarrow \frac{du_+(x)}{dx}\Big|_{x=0} - \frac{du_-(x)}{dx}\Big|_{x=0} + \frac{2m}{\hbar^2}U_0u(0) = 0$$

$$\Rightarrow \frac{du_+(x)}{dx}\Big|_{x=0} - \frac{du_-(x)}{dx}\Big|_{x=0} = -\frac{2m}{\hbar^2}U_0u(0)$$

이 된다.

그러므로 경계조건은

$$\therefore \begin{cases} u_+(0) = u_-(0) \\ u_+'(0) - u_-'(0) = -\dfrac{2m}{\hbar^2}U_0u(0) \end{cases} \qquad (2)$$

(b) 속박상태에 대한 문제이므로 $E < 0$이다.

(i) $x < 0$인 영역에서 슈뢰딩거 방정식은

$$\frac{d^2u(x)}{dx^2} - \frac{2m}{\hbar^2}|E|u(x) = 0 \Rightarrow \frac{d^2u(x)}{dx^2} - \kappa^2 u(x) = 0, \text{ 여기서 } \kappa = \sqrt{\frac{2m}{\hbar^2}|E|}$$

가 되어 解는 $u_-(x) = A_+e^{\kappa x} + A_-e^{-\kappa x}$ 되고 $x \to -\infty$에서 解가 발산하지 않기 위해서 $A_- = 0$이 되어야 한다.

$$\therefore u_-(x) = A_+e^{\kappa x}$$

(ii) $x > 0$인 영역에서 解는 위의 (i)과 같은 형태인 $u_+(x) = B_+e^{\kappa x} + B_-e^{-\kappa x}$가 되지만 $x \to \infty$에서 解가 발산하지 않기 위해서는 $B_+ = 0$이 되어야 한다.

$$\therefore u_+(x) = B_-e^{-\kappa x}$$

(i)과 (ii)에서 구한 결과에 경계조건인 식 (2)을 적용하면 다음과 같다.

$$\begin{cases} A_+ = B_- \\ -\kappa B_- - \kappa A_+ = -\dfrac{2m}{\hbar^2} U_0 B_- \end{cases}$$

$$\Rightarrow 2\kappa = \frac{2m}{\hbar^2} U_0 \Rightarrow 2\sqrt{\frac{2m}{\hbar^2}|E|} = \frac{2m}{\hbar^2} U_0 \Rightarrow |E| = \frac{m}{2\hbar^2} U_0^2$$

그러므로 속박상태의 에너지는

$$\therefore \quad E = -\frac{m U_0^2}{2\hbar^2}$$

(c) $|A_+|^2 \displaystyle\int_{-\infty}^{0} e^{2\kappa x} dx + |B_-|^2 \int_{0}^{\infty} e^{-2\kappa x} dx = 1$

$$\Rightarrow |A_+|^2 \left[\int_{-\infty}^{0} e^{2\kappa x} dx + \int_{0}^{\infty} e^{-2\kappa x} dx \right] = 1$$

$$\Rightarrow |A_+|^2 \left[\frac{e^{2\kappa x}}{2\kappa}|_{-\infty}^{0} + \frac{e^{-2\kappa x}}{-2\kappa}|_{0}^{\infty} \right] = 1 \Rightarrow |A_+|^2 \frac{1}{\kappa} = 1 \Rightarrow \therefore A_+ = \sqrt{\kappa}$$

그러므로 속박된 상태함수는

$$\therefore u(x) = \sqrt{\kappa}\, e^{-\kappa|x|} = \left(\frac{2m|E|}{\hbar^2} \right)^{\frac{1}{4}} e^{-\sqrt{\frac{2m|E|}{\hbar^2}}|x|} = \sqrt{\frac{m U_0}{\hbar^2}}\, e^{-\frac{m U_0}{\hbar^2}|x|}$$

4. (a) $<\Psi(x,0)|\Psi(x,0)> = 1 \Rightarrow |A|^2 \displaystyle\sum_{n=0}^{\infty}\sum_{m=0}^{\infty} \left(\frac{1}{\sqrt{2}} \right)^{n+m} <n|m> = 1$

$$\Rightarrow |A|^2 \sum_{n=0}^{\infty}\sum_{m=0}^{\infty} \left(\frac{1}{\sqrt{2}} \right)^{n+m} \delta_{nm} = 1$$

$$\Rightarrow |A|^2 \sum_{n=0}^{\infty} \left(\frac{1}{\sqrt{2}} \right)^{2n} = 1 \Rightarrow |A|^2 \sum_{n=0}^{\infty} \left(\frac{1}{2} \right)^{n} = 1$$

여기서 등비수열 $\displaystyle\sum_{n=0}^{\infty} \left(\frac{1}{2} \right)^{n} = \dfrac{1}{1-\dfrac{1}{2}} = 2$ 이므로 위 식은

$$2|A|^2 = 1 \Rightarrow \therefore A = \frac{1}{\sqrt{2}}$$

(b) 시간의존 슈뢰딩거 방정식은

$$i\hbar \frac{\partial \Psi(x,t)}{\partial t} = -\frac{\hbar^2}{2m} \frac{\partial^2 \Psi(x,t)}{\partial x^2} + U(x)\Psi(x,t)$$

解를 구하기 위해서 $\Psi(x,t) = \Psi(x,0)T(t)$로 놓은 뒤 위 식에 대입하면

$$i\hbar\Psi(x,0)\frac{dT(t)}{dt} = -\frac{\hbar^2}{2m}T(t)\frac{d^2\Psi(x,0)}{dx^2} + U(x)\Psi(x,0)T(t)$$

$$\Rightarrow i\hbar\frac{1}{T(t)}\frac{dT(t)}{dt} = -\frac{\hbar^2}{2m}\frac{1}{\Psi(x,0)}\frac{d^2\Psi(x,0)}{dx^2} + U(x)$$

모든 x와 t에 대해 위의 등식이 항상 성립하기 위해서는 좌우가 상수가 되어야 한다. 이 상수를 E로 놓으면

$$\Rightarrow \begin{cases} i\hbar\dfrac{1}{T(t)}\dfrac{dT(t)}{dt} = E \\ -\dfrac{\hbar^2}{2m}\dfrac{1}{\Psi(x,0)}\dfrac{d^2\Psi(x,0)}{dx^2} + U(x) = E \end{cases}$$

위 식의 첫 번째 관계식으로부터

$$\frac{dT(t)}{T(t)} = \frac{E}{i\hbar}dt \Rightarrow \ln T(t) = -\frac{i}{\hbar}Et + C_1, \text{ 여기서 } C_1\text{은 적분상수}$$

$$\therefore T(t) = Ce^{-\frac{i}{\hbar}Et}, \text{ 여기서 } C\text{은 상수}$$

그리고 두 번째 관계식은 $\left[\dfrac{p_{op}^2}{2m} + U(x)\right]\Psi(x,0) = E\Psi(x,0)$인 조화 진동자에 대한 고유치 방정식에 해당한다. 그러므로

$$\therefore \Psi(x,t) = e^{-\frac{i}{\hbar}Ht}\Psi(x,0) = \frac{1}{\sqrt{2}}\sum_{n=0}^{\infty}e^{-\frac{i}{\hbar}Ht}\left(\frac{1}{\sqrt{2}}\right)^n u_n(x)$$

$$= \sum_{n=0}^{\infty}\left(\frac{1}{\sqrt{2}}\right)^{n+1}e^{-\frac{i}{\hbar}Ht}u_n(x) = \sum_{n=0}^{\infty}\left(\frac{1}{\sqrt{2}}\right)^{n+1}e^{-\frac{i}{\hbar}E_n t}u_n(x)$$

$$= \sum_{n=0}^{\infty}\left(\frac{1}{\sqrt{2}}\right)^{n+1}e^{-i\omega(n+\frac{1}{2})t}u_n(x)$$

(c) $|\Psi(x,t)|^2 = \displaystyle\sum_{n=0}^{\infty}\sum_{m=0}^{\infty}\left(\frac{1}{\sqrt{2}}\right)^{n+1}e^{-i\omega(n+\frac{1}{2})t}u_n(x)\left(\frac{1}{\sqrt{2}}\right)^{m+1}e^{i\omega(m+\frac{1}{2})t}u_m^*(x)$

$$= \sum_{n=0}^{\infty}\sum_{m=0}^{\infty}\left(\frac{1}{\sqrt{2}}\right)^{n+m+2}e^{-i\omega(n-m)t}u_n(x)u_m^*(x)$$

이때 $e^{-i\omega(n-m)t}$은 시간에 따른 주기함수이므로 $|\Psi(x,t)|^2$은 시간에 대해 주기함수이다. 그리고 주기를 T라고 하면

$$e^{-i\omega(n-m)t} = e^{-i\omega(n-m)(t+T)} \Rightarrow 1 = e^{-i\omega(n-m)T} \Rightarrow \omega(n-m)T = 2\pi$$

$$\Rightarrow T = \frac{2\pi}{\omega(n-m)} \Rightarrow \therefore T_{\max} = \frac{2\pi}{\omega}$$

(d) $<\Psi(x,0)|H\Psi(x,0)> = \sum_{n=0}^{\infty}\sum_{m=0}^{\infty}\left(\frac{1}{2}\right)^{\frac{n+m}{2}+1}<u_m|Hu_n>$

$$= \sum_{n=0}^{\infty}\sum_{m0}^{\infty}\left(\frac{1}{2}\right)^{\frac{n+m}{2}+1}(n+\frac{1}{2})\hbar\omega\delta_{nm} = \sum_{n=0}^{\infty}\left(\frac{1}{2}\right)^{n+1}(n+\frac{1}{2})\hbar\omega$$

$$= \hbar\omega\left[\sum_{n=0}^{\infty}n\left(\frac{1}{2}\right)^{n+1} + \sum_{n=0}^{\infty}\left(\frac{1}{2}\right)^{n+2}\right] \qquad (1)$$

여기서 $\sum_{n=0}^{\infty}\frac{1}{x^n} = \frac{1}{1-\frac{1}{x}} = \frac{x}{x-1}$ 이므로 좌우를 x 로 미분하면

$$\sum_{n=0}^{\infty}\frac{n}{x^{n+1}} = \frac{1}{(x-1)^2}$$ 이므로 $\sum_{n=0}^{\infty}n\left(\frac{1}{2}\right)^{n+1} = \frac{1}{(2-1)^2} = 1$ 가 되고

$$\sum_{n=0}^{\infty}(\frac{1}{2})^{n+2} = \frac{1}{2^2}\sum_{n}\frac{1}{2^n} = \frac{1}{2^2}\frac{2}{2-1} = \frac{1}{2}$$ 이 되어 이들을 식 (1)에 대입하면

$$\therefore \ <\Psi(x,0)|H\Psi(x,0)> = \hbar\omega(1+\frac{1}{2}) = \frac{3}{2}\hbar\omega$$

5. (a) $\int_0^{\infty}\Psi(x)^*\Psi(x)dx = 1 \Rightarrow |C|^2\int dx \sum_n\sum_m(\frac{1}{3})^{\frac{n}{2}}(\frac{1}{3})^{\frac{m}{2}}u_n^*(x)u_m(x) = 1$

$$\Rightarrow |C|^2\sum_n\sum_m(\frac{1}{3})^{\frac{n}{2}}(\frac{1}{3})^{\frac{m}{2}}\delta_{nm} = 1 \Rightarrow |C|^2\sum_n(\frac{1}{3})^n = 1$$

여기서

$$\sum_{n=0}^{\infty}\frac{1}{x^n} = \frac{x}{x-1} \Rightarrow \sum_n(\frac{1}{3})^n = \sum_n\frac{1}{3^n} = \frac{3}{3-1} = \frac{3}{2}$$

이므로

$$\frac{3}{2}|C|^2 = 1 \Rightarrow \therefore \ C = \sqrt{\frac{2}{3}}$$

(b) $\int dx \ \Psi^*(x)H\Psi(x) = \frac{2}{3}\int dx \sum_n\sum_m(\frac{1}{3})^{\frac{n}{2}}(\frac{1}{3})^{\frac{m}{2}}u_n^*(x)Hu_m(x)$

$$= 2\sum_n\sum_m(\frac{1}{3})^{\frac{n+m}{2}+1}E_m\int dx\,u_n^*(x)u_m(x)$$

$$= 2\sum_n(\frac{1}{3})^{n+1}(n+\frac{1}{2})\hbar\omega$$

$$= 2\hbar\omega\left[\sum_n(\frac{1}{3})^{n+1}n + \frac{1}{2}\sum_n(\frac{1}{3})^{n+1}\right] \qquad (1)$$

여기서 $\sum_{n=0}^{\infty}\dfrac{1}{x^n}=\dfrac{x}{x-1}\xrightarrow{\text{미분하면}}\sum\dfrac{n}{x^{n+1}}=\dfrac{1}{(x-1)^2}$ 이므로

$$\sum_n(\frac{1}{3})^{n+1}n=\sum_n\frac{n}{3^{n+1}}=\frac{1}{(3-1)^2}=\frac{1}{4}\ \ \text{그리고}$$

$$\sum_n(\frac{1}{3})^{n+1}=\frac{1}{3}\sum_n\frac{1}{3^n}=\frac{1}{3}\left(\frac{3}{3-1}\right)=\frac{1}{2}$$

이들을 식 (1)에 대입하면

$$\therefore\ \int dx\ \Psi^*(x)H\Psi(x)=2\hbar\omega\left(\frac{1}{4}+\frac{1}{2}\frac{1}{2}\right)=\hbar\omega$$

(c) $\Psi(x,t)=e^{-\frac{i}{\hbar}Ht}\Psi(x)=\sqrt{\dfrac{2}{3}}\sum_{n=0}(\frac{1}{3})^{\frac{n}{2}}e^{-\frac{i}{\hbar}Ht}u_n(x)=\sqrt{\dfrac{2}{3}}\sum_{n=0}(\frac{1}{3})^{\frac{n}{2}}e^{-\frac{i}{\hbar}E_nt}u_n(x)$

$$=\sqrt{2}\sum_{n=0}(\frac{1}{\sqrt{3}})^{n+1}e^{-i(n+\frac{1}{2})\omega t}u_n(x)$$

Chapter 5

1. (a) $H=\dfrac{p^2}{2m}+\dfrac{1}{2}m\omega^2q^2$ \hfill (1)

여기서 $q|x>=x|x>$ 그리고 $[q,\ p]=i\hbar$

식 (1)에 $q=\sqrt{\dfrac{\hbar}{m\omega}}\,Q,\ p=\sqrt{m\hbar\omega}\,P$를 대입하면

$$H=\frac{1}{2m}m\hbar\omega P^2+\frac{1}{2}m\omega^2\frac{\hbar}{m\omega}Q^2=\frac{1}{2}(P^2+Q^2)\hbar\omega$$

가 되고 Q와 P의 교환관계는 다음과 같다.

$$[q,\ p]=i\hbar\ \Rightarrow\ \sqrt{\frac{\hbar}{m\omega}}\sqrt{m\hbar\omega}\,[Q,\ P]=i\hbar\ \Rightarrow\ [Q,\ P]=i$$

$$\Rightarrow\ \begin{cases}H=\dfrac{1}{2}(P^2+Q^2)\hbar\omega\\[6pt][Q,\ P]=i\end{cases}\tag{2}$$

이제 위 식의 해밀토니안을 내림연산자와 올림연산자로 나타내자.

$$aa^+=\frac{1}{2}(Q+iP)(Q-iP)=\frac{1}{2}(Q^2+P^2-iQP+iPQ)$$

$$=\frac{1}{2}(Q^2+P^2-i[Q,\ P])=\frac{1}{2}(Q^2+P^2+1)$$

유사한 방법으로

$$a^+a = \frac{1}{2}(Q^2 + P^2 - 1)$$

을 얻어 위의 두 관계식을 더 하면,

$$\Rightarrow aa^+ + a^+a = P^2 + Q^2$$

이 결과를 식 (2)의 첫 번째 관계식에 대입하면

$$\therefore \ H = \frac{1}{2}(aa^+ + a^+a)\hbar\omega \qquad (3)$$

그리고

$$[a, \ a^+] = aa^+ - a^+a = \frac{1}{2}(Q^2 + P^2 + 1) - \frac{1}{2}(Q^2 + P^2 - 1) = 1$$

$$\Rightarrow [a, \ a^+] = 1 \ \Rightarrow \ aa^+ = 1 + a^+a$$

이 관계를 식 (3)에 대입하면 해밀토니안은 다음과 같이 표현된다.

$$\therefore \ H = \frac{1}{2}(1 + 2a^+a)\hbar\omega = (a^+a + \frac{1}{2})\hbar\omega$$

(b) $[H, \ a] = \hbar\omega[a^+a + \frac{1}{2}, \ a] = \hbar\omega[a^+, \ a]a + \hbar\omega a^+[a, \ a] = -a\hbar\omega,$

$[H, \ a^+] = \hbar\omega[a^+a + \frac{1}{2}, \ a^+] = \hbar\omega[a^+, \ a^+]a + \hbar\omega a^+[a, \ a^+] = a^+\hbar\omega$

(c) 바닥상태 $u_0(x) = |0>$ 이므로 고유치 방정식으로부터

$$H|0> = (a^+a + \frac{1}{2})\hbar\omega|0> = \frac{1}{2}\hbar\omega|0> \quad \therefore \ E_0 = \frac{1}{2}\hbar\omega$$

그리고 $a = \frac{1}{\sqrt{2}}(Q + iP) = \frac{1}{\sqrt{2}}\left(\sqrt{\frac{m\omega}{\hbar}}q + i\frac{1}{\sqrt{m\hbar\omega}}p\right)$ 이므로

$$a|u_0> = 0 \ \Rightarrow \ \left(\sqrt{\frac{m\omega}{\hbar}}q + i\frac{1}{\sqrt{m\hbar\omega}}p\right)|u_0> = 0 \ \Rightarrow \ (m\omega q + ip)|u_0> = 0$$

$$\Rightarrow \ <x|(m\omega q + ip)|u_0> = 0 \ \Rightarrow \ <x|m\omega q|u_0> + i<x|p|u_0> = 0$$

$$\Rightarrow \ m\omega x<x|u_0> + i\frac{\hbar}{i}\frac{d}{dx}<x|u_0> = 0$$

여기서 $<x|u_0> = u_0(x)$ 이므로

$$\Rightarrow \ m\omega x u_0(x) + i\frac{\hbar}{i}\frac{d}{dx}u_0(x) = 0 \ \Rightarrow \ m\omega x u_0(x) + \hbar\frac{d}{dx}u_0(x) = 0$$

$$\Rightarrow \ \frac{du_0(x)}{u_0(x)} = -\frac{m\omega}{\hbar}xdx \ \Rightarrow \ \ln u_0(x) = -\frac{m\omega}{\hbar}\frac{1}{2}x^2 + c, \ \text{여기서 } c\text{은 적분상수}$$

$$\therefore \; u_0(x) = C e^{-\frac{m\omega}{2\hbar}x^2}$$

이제 규격화 상수 C을 규격화 조건으로 적용해서 구해보자.

$$\int_{-\infty}^{\infty} u_0^*(x) u_0(x) dx = 1 \;\Rightarrow\; |C|^2 \int_{-\infty}^{\infty} e^{-\frac{m\omega}{\hbar}x^2} dx = 1$$

여기서 $\sqrt{\dfrac{m\omega}{\hbar}}\, x = y$로 놓으면 위 적분 식은

$$|C|^2 \sqrt{\frac{\hbar}{m\omega}} \int_{-\infty}^{\infty} e^{-y^2} dy = 1 \;\Rightarrow\; |C|^2 \sqrt{\frac{\hbar}{m\omega}} \sqrt{\pi} = 1 \;\Rightarrow\; C = \left(\frac{m\omega}{\pi\hbar}\right)^{\frac{1}{4}}$$

$$\therefore \; u_0(x) = \left(\frac{m\omega}{\pi\hbar}\right)^{\frac{1}{4}} e^{-\frac{m\omega}{2\hbar}x^2}$$

(d) $Ha^+|u_0> = (a^+ H + a^+ \hbar\omega)|u_0> = \dfrac{1}{2}\hbar\omega a^+|u_0> + \hbar\omega a^+|u_0> = \dfrac{3}{2}\hbar\omega a^+|u_0>$

$$\therefore \; E_1 = \frac{3}{2}\hbar\omega$$

그리고 $a^+ = \dfrac{1}{\sqrt{2}}(Q - iP) = \dfrac{1}{\sqrt{2}}\left(\sqrt{\dfrac{m\omega}{\hbar}}\, q - i\dfrac{1}{\sqrt{m\hbar\omega}}p\right)$이므로

$$u_1(x) = <x|a^+|u_0> = <x|\left(\sqrt{\frac{m\omega}{2\hbar}}\, q - i\frac{1}{\sqrt{2m\hbar\omega}}p\right)|u_0>$$

$$= \left(\sqrt{\frac{m\omega}{2\hbar}}\, x - \sqrt{\frac{\hbar}{2m\omega}}\frac{d}{dx}\right)u_0(x)$$

$$= \left(\frac{m\omega}{\pi\hbar}\right)^{\frac{1}{4}}\left(\sqrt{\frac{m\omega}{2\hbar}}\, x - \sqrt{\frac{\hbar}{2m\omega}}\frac{d}{dx}\right)e^{-\frac{m\omega}{2\hbar}x^2} = \left(\frac{m\omega}{\pi\hbar}\right)^{\frac{1}{4}} 2\sqrt{\frac{m\omega}{2\hbar}}\, x e^{-\frac{m\omega}{2\hbar}x^2}$$

$$\therefore \; u_1(x) = \left(\frac{m\omega}{\pi\hbar}\right)^{\frac{1}{4}} \sqrt{\frac{2m\omega}{\hbar}}\, x e^{-\frac{m\omega}{2\hbar}x^2}$$

2. (a) $\displaystyle\int_{-\infty}^{\infty} \Psi^* \Psi dx = 1 \;\Rightarrow\; C^2 \int_{-\infty}^{\infty} e^{-2a\frac{m}{\hbar}x^2} dx = 1$ $\hfill$ (1)

여기서 $\sqrt{2a\dfrac{m}{\hbar}}\, x = y$로 놓으면 위 적분항은 $\sqrt{\dfrac{\hbar}{2ma}} \displaystyle\int_{-\infty}^{\infty} e^{-y^2} dy = \sqrt{\dfrac{\hbar\pi}{2ma}}$ 가 되어 식 (1)은

$$C^2 \sqrt{\frac{\hbar\pi}{2ma}} = 1 \;\Rightarrow\; \therefore \; C = \left(\frac{2ma}{\hbar\pi}\right)^{\frac{1}{4}}$$

(b)
$$<x>=\int_{-\infty}^{\infty}\Psi^*x\Psi dx=C^2\int_{-\infty}^{\infty}xe^{-2a\frac{m}{\hbar}x^2}dx=0$$

($\because$ 피적분함수가 우함수와 기함수의 곱이며 대칭 구간에 관한 적분이므로)

$$<x^2>=\int_{-\infty}^{\infty}\Psi^*x^2\Psi dx=C^2\int_{-\infty}^{\infty}x^2e^{-2a\frac{m}{\hbar}x^2}dx=2C^2\int_{0}^{\infty}x^2e^{-2a\frac{m}{\hbar}x^2}dx \qquad (2)$$

여기서 $\sqrt{2a\dfrac{m}{\hbar}}\,x=y$로 놓으면 위 적분항은

$$\int_{0}^{\infty}\left(\frac{\hbar}{2ma}y^2\right)e^{-y^2}\left(\sqrt{\frac{\hbar}{2ma}}\,dy\right)=\left(\frac{\hbar}{2ma}\right)^{\frac{3}{2}}\int_{0}^{\infty}y^2e^{-y^2}=\left(\frac{\hbar}{2ma}\right)^{\frac{3}{2}}\frac{1}{4}\sqrt{\pi}$$

($\because$ 4장 보충자료 (3)으로부터)

이 결과를 식 (2)에 대입하면

$$\therefore\ <x^2>=2\left(\frac{2ma}{\hbar\pi}\right)^{\frac{1}{2}}\left(\frac{\hbar}{2ma}\right)^{\frac{3}{2}}\frac{1}{4}\sqrt{\pi}=2\frac{\hbar}{2ma}\frac{1}{4}=\frac{\hbar}{4ma}$$

그리고 $<p>=m\dfrac{d<x>}{dt}=0$ $(\because\ <x>=0$이므로$)$

$$<p^2>=\int_{-\infty}^{\infty}\Psi^*\left(\frac{\hbar}{i}\frac{\partial}{\partial x}\right)^2\Psi dx=-\hbar^2\int_{-\infty}^{\infty}\Psi^*\frac{\partial^2\Psi}{\partial x^2}dx \qquad (3)$$

여기서 $\dfrac{\partial\Psi}{\partial x}=\left(\dfrac{2ma}{\hbar\pi}\right)^{\frac{1}{4}}\left(-\dfrac{2ma}{\hbar}x\right)e^{-a\left(\frac{m}{\hbar}x^2+it\right)}=-\left(\dfrac{2ma}{\hbar}\right)^{\frac{5}{4}}\left(\dfrac{1}{\pi}\right)^{\frac{1}{4}}xe^{-a\left(\frac{m}{\hbar}x^2+it\right)}$

$$\Rightarrow\ \frac{\partial^2\Psi}{\partial x^2}=-\left(\frac{2ma}{\hbar}\right)^{\frac{5}{4}}\left(\frac{1}{\pi}\right)^{\frac{1}{4}}\left[e^{-a\left(\frac{m}{\hbar}x^2+it\right)}+x^2\left(-\frac{2ma}{\hbar}\right)e^{-a\left(\frac{m}{\hbar}x^2+it\right)}\right]$$

$$=-\left(\frac{2ma}{\hbar}\right)^{\frac{5}{4}}\left(\frac{1}{\pi}\right)^{\frac{1}{4}}\left[1+x^2\left(-\frac{2ma}{\hbar}\right)\right]e^{-a\left(\frac{m}{\hbar}x^2+it\right)}$$

이 결과를 식 (3)에 대입하면

$$\therefore\ <p^2>=\hbar^2\left(\frac{2ma}{\hbar\pi}\right)^{\frac{1}{4}}\int_{-\infty}^{\infty}\left(\frac{2ma}{\hbar}\right)^{\frac{5}{4}}\left(\frac{1}{\pi}\right)^{\frac{1}{4}}\left[1+x^2\left(-\frac{2ma}{\hbar}\right)\right]e^{-\frac{2ma}{\hbar}x^2}dx$$

$$=\hbar^2\left(\frac{2ma}{\hbar}\right)^{\frac{3}{2}}\left(\frac{1}{\pi}\right)^{\frac{1}{2}}\left[\int_{-\infty}^{\infty}e^{-\frac{2ma}{\hbar}x^2}dx-\left(\frac{2ma}{\hbar}\right)\int_{-\infty}^{\infty}x^2e^{-\frac{2ma}{\hbar}x^2}dx\right]$$

$$=\hbar^2\left(\frac{2ma}{\hbar}\right)^{\frac{3}{2}}\left(\frac{1}{\pi}\right)^{\frac{1}{2}}\left[\sqrt{\frac{\hbar\pi}{2ma}}-\left(\frac{2ma}{\hbar}\right)2\left(\frac{\hbar}{2ma}\right)^{\frac{3}{2}}\frac{1}{4}\sqrt{\pi}\right]$$

$$=\hbar^2\left(\frac{2ma}{\hbar}\right)^{\frac{3}{2}}\left[\frac{1}{2}\left(\frac{\hbar}{2ma}\right)^{\frac{1}{2}}\right]=\frac{\hbar^2}{2}\frac{2ma}{\hbar}=ma\hbar$$

(c) $\qquad$ $\sigma_x^2 = <x^2> - <x>^2 = <x^2> = \dfrac{\hbar}{4ma} \Rightarrow \therefore \sigma_x = \sqrt{\dfrac{\hbar}{4ma}}$

그리고

$$\sigma_p^2 = <p^2> - <p>^2 = <p^2> = ma\hbar \Rightarrow \therefore \sigma_p = \sqrt{ma\hbar}$$

그러므로

$$\sigma_x \sigma_p = \sqrt{\dfrac{\hbar}{4ma}}\sqrt{ma\hbar} = \dfrac{\hbar}{2}$$

3. (a) $<\Psi(x,0)|p|\Psi(x,0)>$

$$= -i\sqrt{\dfrac{m\hbar\omega}{2}}\left\langle \sqrt{\dfrac{2}{3}}u_0(x) + i\sqrt{\dfrac{1}{3}}u_1(x)\Big|(a-a^+)\Big|\sqrt{\dfrac{2}{3}}u_0(x) + i\sqrt{\dfrac{1}{3}}u_1(x)\right\rangle$$

$$= -i\sqrt{\dfrac{m\hbar\omega}{2}}\left\langle \left(\sqrt{\dfrac{2}{3}}u_0(x) + i\sqrt{\dfrac{1}{3}}u_1(x)\right)\Big|\left(i\sqrt{\dfrac{1}{3}}u_0(x) - \sqrt{\dfrac{2}{3}}u_1(x) - i\sqrt{\dfrac{2}{3}}u_2(x)\right)\right\rangle$$

$$(\because a|n> = \sqrt{n}|n-1>, \quad a^+|n> = \sqrt{n+1}|n+1>)$$

$$= -i\sqrt{\dfrac{m\hbar\omega}{2}}\left(i\dfrac{\sqrt{2}}{3} + i\dfrac{\sqrt{2}}{3}\right) = -i\sqrt{\dfrac{m\hbar\omega}{2}}\left(i\dfrac{2\sqrt{2}}{3}\right) = \dfrac{2}{3}\sqrt{m\hbar\omega}$$

(b) $\Psi(x,t) = e^{-\frac{i}{\hbar}Ht}\Psi(x,0) = e^{-\frac{i}{\hbar}Ht}\left(\sqrt{\dfrac{2}{3}}u_0(x) + i\sqrt{\dfrac{1}{3}}u_1(x)\right)$

$$= \sqrt{\dfrac{2}{3}}e^{-\frac{i}{\hbar}E_0 t}u_0(x) + i\sqrt{\dfrac{1}{3}}e^{-\frac{i}{\hbar}E_1 t}u_1(x)$$

$$= \sqrt{\dfrac{2}{3}}e^{-\frac{i}{2}\omega t}u_0(x) + i\sqrt{\dfrac{1}{3}}e^{-\frac{i}{2}3\omega t}u_1(x)$$

이때

$<\Psi(x,t)|x|\Psi(x,t)>$

$$= \sqrt{\dfrac{\hbar}{2m\omega}}\left\langle \sqrt{\dfrac{2}{3}}e^{-\frac{i}{2}\omega t}u_0 + i\sqrt{\dfrac{1}{3}}e^{-\frac{i}{2}3\omega t}u_1\Big|(a+a^+)\Big|\sqrt{\dfrac{2}{3}}e^{-\frac{i}{2}\omega t}u_0 + i\sqrt{\dfrac{1}{3}}e^{-\frac{i}{2}3\omega t}u_1\right\rangle$$

$$= \sqrt{\dfrac{\hbar}{2m\omega}}\left\langle \left(\sqrt{\dfrac{2}{3}}e^{-\frac{i}{2}\omega t}u_0 + i\sqrt{\dfrac{1}{3}}e^{-\frac{i}{2}3\omega t}u_1\right)\right|$$

$$\left(i\sqrt{\dfrac{1}{3}}e^{-\frac{i}{2}3\omega t}u_0 + \sqrt{\dfrac{2}{3}}e^{-\frac{i}{2}\omega t}u_1 + i\sqrt{\dfrac{2}{3}}e^{-\frac{i}{2}3\omega t}u_2\right)\right\rangle$$

$$= \sqrt{\dfrac{\hbar}{2m\omega}}\left(i\dfrac{\sqrt{2}}{3}e^{-i\omega t} - i\dfrac{\sqrt{2}}{3}e^{i\omega t}\right) = -i\dfrac{\sqrt{2}}{3}\sqrt{\dfrac{\hbar}{2m\omega}}(e^{i\omega t} - e^{-i\omega t})$$

$$= \dfrac{2}{3}\sqrt{\dfrac{\hbar}{m\omega}}\sin\omega t$$

(c) $<\Psi(x,0)|x(t)|\Psi(x,0>$

$$= \sqrt{\frac{\hbar}{2m\omega}} \left\langle \left(\sqrt{\frac{2}{3}}\, u_0(x) + i\sqrt{\frac{1}{3}}\, u_1(x) \right) \middle| (a(t) + a^+(t)) \middle| \left(\sqrt{\frac{2}{3}}\, u_0(x) + i\sqrt{\frac{1}{3}}\, u_1(x) \right) \right\rangle$$

여기서 $\dfrac{d}{dt}a(t) = \dfrac{i}{\hbar}[H,\ a(t)] = -\hbar\omega a(t) \Rightarrow a(t) = a(0)e^{-i\omega t}$

유사하게, $a^+(t) = a(0)e^{i\omega t}$

이들을 위 식에 대입하면

$$<\Psi(x,0)|x(t)|\Psi(x,0>$$

$$= \sqrt{\frac{\hbar}{2m\omega}} \left\langle \left(\sqrt{\frac{2}{3}}\, u_0 + i\sqrt{\frac{1}{3}}\, u_1 \right) \middle| \left(i\sqrt{\frac{1}{3}}\, u_0 e^{-i\omega t} + \sqrt{\frac{2}{3}}\, u_1 e^{i\omega t} + i\sqrt{\frac{2}{3}}\, u_2 e^{i\omega t} \right) \right\rangle$$

$$= \sqrt{\frac{\hbar}{2m\omega}} \left(i\frac{\sqrt{2}}{3}e^{-i\omega t} - i\frac{\sqrt{2}}{3}e^{i\omega t} \right) = -i\sqrt{\frac{\hbar}{2m\omega}}\,\frac{\sqrt{2}}{3}(e^{i\omega t} - e^{-i\omega t})$$

$$= \frac{2}{3}\sqrt{\frac{\hbar}{m\omega}}\sin\omega t$$

그러므로 하이젠베르크 묘사에서 x의 기댓값은 슈뢰딩거 묘사의 결과와 같다.

4. (a) $aa^+|u_n> = \dfrac{1}{\sqrt{2}}(x+ip)\dfrac{1}{\sqrt{2}}(x-ip)[(2x^2-1)e^{-\frac{x^2}{2}}]$

$$= \frac{1}{2}\left(x+\frac{d}{dx}\right)\left(x-\frac{d}{dx}\right)[(2x^2-1)e^{-\frac{x^2}{2}}] = \frac{1}{2}\left(x+\frac{d}{dx}\right)(4x^3-6x)e^{-\frac{x^2}{2}}$$

$$= \frac{1}{2}(12x^2-6)e^{-\frac{x^2}{2}} = 3(2x^2-1)e^{-\frac{x^2}{2}} = 3|u_n> \qquad (1)$$

여기서 식의 왼편은

$$aa^+|u_n> = \sqrt{n+1}\,a|u_{n+1}> = (n+1)|u_n>$$

이므로 식 (1)은

$$(n+1)|u_n> = 3|u_n> \Rightarrow n=2$$

그러므로 이에 대응하는 에너지는

$$E_2 = (2+\frac{1}{2})\omega = \frac{5}{2}\omega$$

(b) $n=2$에 가장 가까운 두 고유함수는 $n=1,3$ 인 $|u_1>$과 $|u_3>$이다.

$$a|n> = \sqrt{n}|n-1> \Rightarrow a|u_2> = \sqrt{2}|u_1> \Rightarrow |u_1> = \frac{1}{\sqrt{2}}a|u_2>$$

$$\therefore \ |u_1> = \frac{1}{\sqrt{2}}(x + \frac{d}{dx})(2x^2 - 1)e^{-\frac{x^2}{2}}$$

$$= \frac{1}{\sqrt{2}}\left[(2x^3 - x) + 4x - (2x^3 - x)\right]e^{-\frac{x^2}{2}} = \frac{1}{\sqrt{2}}4xe^{-\frac{x^2}{2}}$$

그리고

$$a^+|n> = \sqrt{n+1}\,|n+1> \ \Rightarrow \ a^+|u_2> = \sqrt{3}\,|u_3>$$

$$\therefore \ |u_3> = \frac{1}{\sqrt{3}}a^+|u_2> = \frac{1}{\sqrt{3}}(x - \frac{d}{dx})(2x^2 - 1)e^{-\frac{x^2}{2}}$$

$$= \frac{1}{\sqrt{3}}\left[(2x^3 - x) - 4x + (2x^3 - x)\right]e^{-\frac{x^2}{2}} = \frac{2}{\sqrt{3}}(2x^3 - 3x)e^{-\frac{x^2}{2}}$$

Chapter 6

1. (a) (i) $<\ell,m|L_-L_+|\ell,m> = |C_1|^2 <\ell,m+1|\ell,m+1> = |C_1|^2$

등식의 왼편은

$$<\ell,m|L^2 - L_z^2 - \hbar L_z|\ell,m> = [\ell(\ell+1) - m^2 - m]\hbar^2 <\ell,m|\ell,m>$$

$$= [\ell(\ell+1) - m^2 - m]\hbar^2 = (\ell-m)(\ell+m+1)\hbar^2$$

$$\therefore \ C_1 = \sqrt{(\ell-m)(\ell+m+1)}\,\hbar$$

(ii) $<\ell,m|L_+L_-|\ell,m> = |C_2|^2 <\ell,m-1|\ell,m-1> = |C_2|^2$

등식의 왼편은

$$<\ell,m|L^2 - L_z^2 + \hbar L_z|\ell,m> = [\ell(\ell+1) - m^2 + m]\hbar^2 = (\ell+m)(\ell-m+1)\hbar^2$$

$$\therefore \ C_2 = \sqrt{(\ell+m)(\ell-m+1)}\,\hbar$$

(b) $\ell = 1$이므로 정수 m은 $-1 \le m \le 1$의 값을 갖는다.

(i) $<\ell,m'|L^2|\ell,m> = \ell(\ell+1)\hbar^2 <\ell,m'|\ell,m> = \ell(\ell+1)\hbar^2 \delta_{m'm}$

$$\Rightarrow \ (L^2)_{m'm} = \ell(\ell+1)\hbar^2 \delta_{m'm} \ \Rightarrow \ (L^2)_{mm} = j(j+1)\hbar^2$$

$$\therefore \ L^2 = \begin{pmatrix} 1(1+1) & 0 & 0 \\ 0 & 1(1+1) & 0 \\ 0 & 0 & 1(1+1) \end{pmatrix}\hbar^2 = 2\hbar^2 \begin{pmatrix} 1 & 0 & 0 \\ 0 & 1 & 0 \\ 0 & 0 & 1 \end{pmatrix}$$

(ii) $<\ell,m'|L_z|\ell,m> = m\hbar <\ell,m'|\ell,m> = m\hbar \delta_{m'm}$

$$\Rightarrow \ (L_z)_{mm} = m\hbar$$

$$\therefore \quad L_z = \begin{pmatrix} 1 & 0 & 0 \\ 0 & 0 & 0 \\ 0 & 0 & -1 \end{pmatrix} \hbar$$

(iii) $<\ell,m^{'}|L_+|\ell,m> = \sqrt{(\ell-m)(\ell+m+1)}\,\hbar <\ell,m^{'}|\ell,m+1>$

$$= \sqrt{(\ell-m)(\ell+m+1)}\,\hbar\delta_{m^{'},m+1}$$

$$\Rightarrow (L_+)_{m^{'},m} = \sqrt{(\ell-m)(\ell+m+1)}\,\hbar\delta_{m^{'},m+1}$$

$$\Rightarrow (L_+)_{m+1,m} = \sqrt{(\ell-m)(\ell+m+1)}\,\hbar$$

$$\therefore L_+ = \begin{pmatrix} 0 & \sqrt{(1-0)(1-0+1)} & 0 \\ 0 & 0 & \sqrt{(1+1)(1-1+1)} \\ 0 & 0 & 0 \end{pmatrix}\hbar = \sqrt{2}\,\hbar\begin{pmatrix} 0 & 1 & 0 \\ 0 & 0 & 1 \\ 0 & 0 & 0 \end{pmatrix}$$

(iv) $<\ell,m^{'}|L_-|\ell,m> = \sqrt{(\ell+m)(\ell-m+1)}\,\hbar <\ell,m^{'}|\ell,m-1>$

$$= \sqrt{(\ell+m)(\ell-m+1)}\,\hbar\delta_{m^{'},m-1}$$

$$\Rightarrow (L_-)_{m^{'},m} = \sqrt{(\ell+m)(\ell-m+1)}\,\hbar\delta_{m^{'},m-1}$$

$$\Rightarrow (L_-)_{m-1,m} = \sqrt{(\ell+m)(\ell-m+1)}\,\hbar$$

$$\therefore L_- = \begin{pmatrix} 0 & 0 & 0 \\ \sqrt{(1+1)(1-1+1)} & 0 & 0 \\ 0 & \sqrt{(1+0)(1-0+1)} & 0 \end{pmatrix}\hbar = \sqrt{2}\,\hbar\begin{pmatrix} 0 & 0 & 0 \\ 1 & 0 & 0 \\ 0 & 1 & 0 \end{pmatrix}$$

(c) 먼저 구면 조화함수 $Y_{\ell\ell}(\theta,\phi) = \Theta_{\ell\ell}(\theta)\Phi_\ell(\phi)$을 구해보자.

(i) $L_z|\ell,\ell> = \ell\hbar|\ell,\ell> \Rightarrow <\theta,\phi|L_z|\ell,\ell> = \ell\hbar <\theta,\phi|\ell,\ell> = \ell\hbar Y_{\ell\ell}(\theta,\phi)$

등식의 왼편에 있는 L_z에 관계식을 적용하면

$$\Rightarrow -i\hbar\frac{\partial}{\partial\phi}Y_{\ell\ell} = \ell\hbar Y_{\ell\ell} \Rightarrow -i\hbar\Theta\frac{d\Phi}{d\phi} = \ell\hbar\Theta\Phi$$

$$\Rightarrow \int\frac{d\Phi}{\Phi} = i\ell\int d\phi \Rightarrow \Phi(\phi) = Ce^{i\ell\phi}$$

이제 $\Phi(\phi)$에 있는 규격화 상수 C을 구해보면

$$\int_0^{2\pi}\Phi^*(\phi)\Phi(\phi)d\phi = 1 \Rightarrow |C|^2 2\pi = 1 \Rightarrow C = \frac{1}{\sqrt{2\pi}}$$

$$\therefore \Phi(\phi) = \frac{1}{\sqrt{2\pi}}e^{i\ell\phi}, \text{ 여기서 } \ell\text{은 정수}$$

(ii) $<\theta,\phi|L_+|\ell,\ell> = 0 \Rightarrow \hbar e^{i\phi}\left(\frac{\partial}{\partial\theta} + i\cot\theta\frac{\partial}{\partial\phi}\right)Y_{\ell\ell}(\theta,\phi) = 0$

$$\Rightarrow \Phi \frac{d\Theta}{d\theta} + i\Theta \cot\theta \frac{d\Phi}{d\phi} = 0 \Rightarrow \Phi \frac{d\Theta}{d\theta} + i\Theta \cot\theta\,(i\ell)\Phi = 0 \quad (\because \Phi = e^{i\ell\phi})$$

$$\Rightarrow \frac{d\Theta}{d\theta} + i\Theta \cot\theta\,(i\ell) = 0 \Rightarrow \int \frac{d\Theta}{\Theta} = \ell \int \cot\theta\, d\theta$$

여기서 $\displaystyle \int \cot\theta\, d\theta = \int \frac{\cos\theta}{\sin\theta} d\theta = \int \frac{\cos\theta}{x} \frac{dx}{\cos\theta} \quad (\because \sin\theta \equiv x)$

$$= \ln x = \ln(\sin\theta)$$

$$\Rightarrow \ln\Theta = \ell \ln(\sin\theta) = \ln(\sin\theta)^{\ell} \Rightarrow \Theta(\theta) = C(\sin\theta)^{\ell}$$

이제 위 함수의 규격화 상수 C을 구해보자.

$$\int_0^{\pi} \Theta^*(\theta)\Theta(\theta)\sin\theta\, d\theta = 1 \Rightarrow |C|^2 \int_0^{\pi} \sin\theta(1-\cos^2\theta)^{\ell} d\theta = 1$$

여기서 적분 $\displaystyle \int_0^{\pi} \sin\theta(1-\cos^2\theta)^{\ell} d\theta \equiv I_{\ell}$을 계산하기 위해서 $x = \cos\theta$로 놓으면

$$I_{\ell} = \int_1^{-1} [-(1-x^2)^{\ell}]dx = \int_{-1}^{1} (1-x^2)(1-x^2)^{\ell-1} dx$$

$$= \int_{-1}^{1} (1-x^2)^{\ell-1} dx - \int_{-1}^{1} x^2(1-x^2)^{\ell-1} dx$$

$$= \int_{-1}^{1} (1-x^2)^{\ell-1} dx + \int_{-1}^{1} x^2 [\frac{1}{2x\ell} \frac{d}{dx}(1-x^2)^{\ell}] dx$$

$$= I_{\ell-1} + \left[\frac{x(1-x^2)^{\ell}}{2\ell}\right]_{x=-1}^{x=1} - \frac{1}{2\ell} I_{\ell}$$

$$\Rightarrow I_{\ell} = I_{\ell-1} - \frac{1}{2\ell} I_{\ell}$$

$$\Rightarrow I_{\ell} = \frac{2\ell}{2\ell+1} I_{\ell-1} = \left[\frac{2\ell}{2\ell+1}\right]\left[\frac{2(\ell-1)}{2(\ell-1)+1}\right] I_{\ell-2}$$

$$= \frac{2\ell \cdot 2(\ell-1) \cdots \cdot 2}{(2\ell+1) \cdot (2\ell-1) \cdots 3 \cdot 1} I_0$$

$$= \frac{2^{\ell} \cdot \ell!(2\ell)(2\ell-2)\cdots 2}{(2\ell+1) \cdot (2\ell) \cdot (2\ell-1) \cdot (2\ell-2) \cdots 3 \cdot 2 \cdot 1} I_0 = \frac{2^{2\ell}(\ell!)^2}{(2\ell+1)!} I_0$$

여기서 $\displaystyle I_0 = \int_1^{-1} [-(1-x^2)^0]dx = \int_{-1}^{1} dx = 2$이므로

$$\therefore I_{\ell} = \frac{2^{2\ell}(\ell!)^2}{(2\ell+1)!} 2$$

그러므로

$$|C|^2 \frac{2^{2\ell}(\ell!)^2}{(2\ell+1)!} 2 = 1 \implies C = \frac{1}{2^\ell \ell!}\sqrt{\frac{(2\ell+1)!}{2}}$$

$$\therefore \; \Theta(\theta) = \frac{(-1)^\ell}{2^\ell \ell!}\sqrt{\frac{(2\ell+1)!}{2}}\sin^\ell\theta$$

여기서 $(-1)^\ell$은 물리적 결과에 영향을 주지 않는 관례에 따라 집어넣은 콘던-쇼틀리 위상이다.

$$\therefore \; Y_{\ell\ell} = \Theta_{\ell\ell}(\theta)\Phi_\ell(\phi) = \frac{(-1)^\ell}{2^\ell \ell!}\sqrt{\frac{(2\ell+1)!}{2}}\sin^\ell\theta\frac{1}{\sqrt{2\pi}}e^{i\ell\phi}$$

$$\implies Y_{11} = \frac{(-1)^1}{2^1 1!}\sqrt{\frac{(2\cdot1+1)!}{2}}\sin^1\theta\frac{1}{\sqrt{2\pi}}e^{i\phi} = -\sqrt{\frac{3}{8\pi}}e^{i\phi}\sin\theta$$

2. (a) 구면좌표계에서 파동함수는 다음과 같이 표현된다.

$$\Psi(r) = Ae^{-\alpha r}(r\cos\theta) = Bre^{-\alpha r}Y_{10}, \text{ 여기서 } B \text{은 상수}$$

$$\left(\because \; Y_{10} = \frac{1}{2}\sqrt{\frac{3}{\pi}}\cos\theta\right)$$

(b) 입자의 상태를 기술하는 파동함수는 $\Psi(r) = Bre^{-\alpha r}Y_{10}(\theta)$이므로 입자는 $\ell=1$, $m=0$ 상태에 있다. 그러므로

$$L^2|\ell,m> = \ell(\ell+1)\hbar^2|\ell,m> = 2\hbar^2|\ell,m> \implies L^2 = 2\hbar^2$$

그리고

$$L_z|\ell,m> = m\hbar|\ell,m> = 0 \implies L_z = 0$$

3. (a) $[L_z, \; L_x] = i\hbar L_y \implies L_y = \frac{1}{i\hbar}[L_z, \; L_x]$

$$\implies <L_y> = \frac{1}{i\hbar}<[L_z, \; L_x]> = \frac{1}{i\hbar}<L_zL_x - L_xL_z> = \frac{1}{i\hbar}<m\hbar L_x - L_x m\hbar>$$

$$\implies <L_y> = \frac{m\hbar}{i\hbar}<L_x - L_x> = 0$$

(b) $<L_y^2> = <L_x^2>$이므로

$$<L^2> = <L_x^2 + L_y^2 + L_z^2> = 2<L_y^2> + <L_z^2>$$

$$\implies <L_y^2> = \frac{1}{2}(<L^2> - <L_z^2>)$$

$$\therefore \; <L_y^2> = \frac{\hbar^2}{2}[\ell(\ell+1) - m^2]$$

1. (a) $|A|^2(4^2+3^2+2^2+1^2)=1 \implies 30|A|^2=1 \implies A=\dfrac{1}{\sqrt{30}}$

(b) $<\Psi(\vec{r},0)|H|\Psi(\vec{r},0)> = \dfrac{1}{30}\left[4^2E_1+(3^2+2^2+1^1)E_2\right]$

$$= \dfrac{1}{30}\dfrac{-1}{2}m_ec^2\alpha^2\left(4^2\dfrac{1}{1^2}+14\dfrac{1}{2^2}\right)=-\dfrac{1}{2}m_ec^2\alpha^2\left(\dfrac{13}{20}\right)$$

(c) $<\Psi(\vec{r},0)|L^2|\Psi(\vec{r},0)> = \dfrac{1}{30}\left[0(0+1)\hbar^2 4^2+1(1+1)\hbar^2(3^2+2^2+1^2)\right]=\dfrac{14}{15}\hbar^2$

$<\Psi(\vec{r},0)|L_z|\Psi(\vec{r},0)> = \dfrac{1}{30}(0\hbar 4^2+1\hbar 3^2+0\hbar 2^2-\hbar 1^2)=\dfrac{4}{15}\hbar$

그리고

$$\begin{cases} L_+ = L_x+iL_y \\ L_- = L_x-iL_y \end{cases} \implies \begin{cases} L_x = \dfrac{1}{2}(L_++L_-) \\ L_y = \dfrac{1}{2i}(L_+-L_-) \end{cases}$$

그리고

$$L_\pm|\ell,m> = \sqrt{(\ell\mp m)(\ell\pm m+1)}\,\hbar|\ell,m\pm 1>$$

이므로

$$L_+\Psi_{100}=0,\ \ L_+\Psi_{211}=0,\ \ L_+\Psi_{210}=\sqrt{2}\,\hbar\Psi_{211}$$

$$L_+\Psi_{21-1}=\sqrt{2}\,\hbar\Psi_{210},\ \ L_-\Psi_{100}=0,\ \ L_-\Psi_{211}=\sqrt{2}\,\hbar\Psi_{210}$$

$$L_-\Psi_{210}=\sqrt{2}\,\hbar\Psi_{21-1},\ \ L_-\Psi_{21-1}=0$$

그때

$$<\Psi(\vec{r},0)|L_y|\Psi(\vec{r},0)> = \dfrac{1}{2i}<\Psi(\vec{r},0)|(L_+-L_-)|\Psi(\vec{r},0)>$$

$$= \dfrac{1}{2i}\dfrac{1}{30}<4\Psi_{100}+3\Psi_{211}+2\Psi_{210}+\Psi_{21-1}|2\sqrt{2}\,\hbar\Psi_{211}$$

$$+\sqrt{2}\,\hbar\Psi_{210}-3\sqrt{2}\,\hbar\Psi_{210}-2\sqrt{2}\,\Psi_{21-1}>$$

$$= \dfrac{\hbar}{60i}(6\sqrt{2}+2\sqrt{2}-6\sqrt{2}-2\sqrt{2})=0$$

$$<\Psi(\vec{r},0)|L_x|\Psi(\vec{r},0)> = \dfrac{1}{2}<\Psi(\vec{r},0)|(L_++L_-)|\Psi(\vec{r},0)>$$

$$= \dfrac{1}{2}\dfrac{1}{30}<4\Psi_{100}+3\Psi_{211}+2\Psi_{210}+\Psi_{21-1}|2\sqrt{2}\,\hbar\Psi_{211}$$

$$+ \sqrt{2}\,\hbar\Psi_{210} + 3\sqrt{2}\,\hbar\Psi_{210} + 2\sqrt{2}\,\Psi_{21-1} >$$

$$= \frac{\hbar}{60}(6\sqrt{2} + 2\sqrt{2} + 6\sqrt{2} + 2\sqrt{2}) = \frac{4}{15}\sqrt{2}\,\hbar$$

(d) $\Psi(t) = e^{-\frac{i}{\hbar}Ht}\Psi(0) = \frac{1}{\sqrt{30}}e^{-\frac{i}{\hbar}Ht}(4\Psi_{100} + 3\Psi_{211} + 2\Psi_{210} + \Psi_{21-1})$

$$= \frac{1}{\sqrt{30}}\left(4e^{-\frac{i}{\hbar}E_1 t}\Psi_{100} + 3e^{-\frac{i}{\hbar}E_2 t}\Psi_{211} + 2e^{-\frac{i}{\hbar}E_2 t}\Psi_{210} + e^{-\frac{i}{\hbar}E_2 t}\Psi_{21-1}\right)$$

이때 양자수가 $\ell = 1,\ m = 1$일 확률진폭은

$$< \Psi_{n11}|\Psi(t) >$$

$$= \frac{1}{\sqrt{30}}\left\langle \Psi_{n11}\middle|\left(4e^{-\frac{i}{\hbar}E_1 t}\Psi_{100} + 3e^{-\frac{i}{\hbar}E_2 t}\Psi_{211} + 2e^{-\frac{i}{\hbar}E_2 t}\Psi_{210} + e^{-\frac{i}{\hbar}E_2 t}\Psi_{21-1}\right)\right\rangle$$

$$= \begin{cases} \dfrac{3}{\sqrt{30}}e^{-\frac{i}{\hbar}E_2 t}, & n = 2 \\[2mm] 0, & n \neq 2 \end{cases}$$

그러므로 확률은

$$P = |< \Psi_{n11}|\Psi(t) >|^2 = \begin{cases} \dfrac{3}{10},\ n = 2\,일\,경우 \\[2mm] 0,\ n \neq 2\,일\,경우 \end{cases}$$

2. (a) 조화 진동자 운동에 관한 라그랑젼은

$$\mathcal{L} = \frac{1}{2}m\dot{q}^2 - \frac{1}{2}kq^2$$

그리고 라그랑게 방정식

$$\frac{\partial}{\partial q}\mathcal{L} - \frac{d}{dt}\left(\frac{\partial}{\partial \dot{q}}\mathcal{L}\right) = 0 \;\Rightarrow\; m\ddot{q} + kq = 0 \;\Rightarrow\; \ddot{q} + \omega_0^2 q = 0 \quad (\text{여기서 } \omega_0 = \sqrt{\frac{k}{m}})$$

으로부터 $\sin\omega_0 t$ 또는 $\cos\omega_0 t$가 解가 될 수 있다. 초기조건으로 $x(0) = 0$일 경우 $\sin\omega_0 t$만 解가 된다.

$$\therefore \begin{cases} q(t) = A\sin\omega_0 t \\ \dot{q}(t) = A\omega_0\cos\omega_0 t \end{cases}$$

이때 조화 진동자의 에너지는

$$E = \frac{1}{2}m\dot{q}^2 + \frac{1}{2}kq^2 = \frac{1}{2}mA^2\omega_0^2\cos^2\omega t + \frac{1}{2}m\omega_0^2 A^2\sin^2\omega t = \frac{1}{2}mA^2\omega_0^2 \tag{1}$$

이제 진폭 A을 구해보자. 정준 공액 운동량은 $p = \dfrac{\partial}{\partial \dot{q}} \mathcal{L} = m\dot{q}$이므로

$$p = mA\omega_0 \cos\omega_0 t$$

그러므로 윌슨-조머펠트 양자화 조건은 다음과 같다.

$$\oint p\,dq = nh \;\Rightarrow\; \oint mA\omega_0 \cos\omega_0 t\,dq = nh \;\Rightarrow\; \oint mA\omega_0 \cos\omega_0 t\,(A\omega_0 \cos\omega t\,dt) = nh$$

$$\Rightarrow\; mA^2\omega_0^2 \oint \cos^2\omega_0 t\,dt = nh \;\Rightarrow\; \frac{1}{2}mA^2\omega_0^2 \oint (1 + \cos 2\omega_0 t)dt = nh$$

$$\Rightarrow\; \frac{1}{2}mA^2\omega_0^2 \left[t + \frac{1}{2\omega_0}\sin 2\omega_0 t \right]_0^T = nh, \quad \text{여기서 } T\text{은 주기이다.}$$

그러므로

$$\Rightarrow\; \frac{1}{2}mA^2\omega_0^2 T = nh \;\Rightarrow\; \frac{1}{2}mA^2\omega_0^2 \frac{2\pi}{\omega_0} = nh \;\Rightarrow\; \frac{1}{2}mA^2\omega_0 = n\hbar$$

$$\therefore\; A = \sqrt{\frac{2n\hbar}{m\omega_0}}$$

이 결과를 에너지에 대한 식 (1)에 대입하면

$$\therefore\; E = \frac{1}{2}m\left(\frac{2n\hbar}{m\omega_0}\right)\omega_0^2 = n\hbar\omega_0, \quad \text{여기서 } n = 1, 2, \cdots\cdots$$

그러므로 문제에 주어진 해밀토니안에 대한 에너지 준위는 다음과 같다.

$$E = E_1 + E_2 + E_3 = n_1\hbar\omega_1 + n_2\hbar\omega_2 + n_3\hbar\omega_3, \quad \text{여기서 } \omega_i = \sqrt{\frac{k_i}{m}}$$

(b) 등방성이므로 $k_1 = k_2 = k_3 \Rightarrow \omega_1 = \omega_2 = \omega_3 \equiv \omega$가 되어 에너지 준위는

$$E = (n_1 + n_2 + n_3)\hbar\omega \;\Rightarrow\; E_n \equiv n\hbar\omega, \quad \text{여기서 } n = n_1 + n_2 + n_3$$

만약 $n_1 = n - k$로 놓으면 $n_2 + n_3 = k$가 되어 n_2와 n_3은 다음과 같다.

$$\begin{cases} n_2 = k, \; n_3 = 0 \\ n_2 = k-1, \; n_3 = 1 \\ n_2 = k-2, \; n_3 = 2 \\ \quad\quad \vdots \\ n_2 = 0, \; n_3 = k \end{cases}$$

그러므로 에너지 E_n을 갖는 축퇴되어 있는 고유함수의 수는

$$\sum_{k=0}^{n} (k+1) = \frac{(n+1)(n+2)}{2}$$

이므로 $E < E_n$ 인 고유함수의 수는 다음과 같다.

$$\sum_{k=0}^{n} \frac{(k+1)(k+2)}{2} = \frac{1}{2} \sum_{k=0}^{n} (k^2 + 3k + 2)$$

$$= \frac{1}{2} \left[\frac{n(n+1)(2n+1)}{6} + 3\frac{n(n+1)}{2} + 2(n+1) \right]$$

$$= \frac{(n+1)(n+2)(n+3)}{6}$$

3. (a) $< \Psi_{100}| - \frac{e^2}{r} |\Psi_{100} > = - e^2 < \Psi_{100}| \frac{1}{r} |\Psi_{100} >,$

여기서 $< \Psi_{100}| \frac{1}{r} |\Psi_{100} > = \int_0^\infty \frac{1}{r} R_{10}^* R_{10} r^2 dr \int d\Omega\, Y_{00}^* Y_{00}$

$$= \int_0^\infty R_{10}^* R_{10} r dr = 4 \int_0^\infty r \left(\frac{1}{a_0}\right)^3 e^{-\frac{2}{a_0}r} dr$$

$$= 4 \left(\frac{1}{a_0}\right)^3 \int_0^\infty r e^{-\frac{2}{a_0}r} dr$$

여기서 $-\frac{2}{a_0}r = x$ 로 놓으면 위 식은

$$= 4 \left(\frac{1}{a_0}\right)^3 \left(\frac{a_0}{2}\right)^2 \int_0^\infty x e^{-x} dx = \frac{1}{a_0} \Gamma(2) = \frac{1}{a_0}$$

그러므로

$$< \Psi_{100}| - \frac{e^2}{r} |\Psi_{100} > = - e^2 \frac{1}{a_0} = - e^2 \left(\frac{m_e c \alpha}{\hbar}\right) = - (\alpha \hbar c) \left(\frac{m_e c \alpha}{\hbar}\right)$$

$$= - m_e c^2 \alpha^2 = 2 E_{100}$$

(b) $< \Psi_{100}| \frac{p^2}{2m_e} |\Psi_{100} > = - \frac{\hbar^2}{2m_e} < \Psi_{100}| \nabla^2 |\Psi_{100} >$

$$= - \frac{\hbar^2}{2m_e} \int_0^\infty r^2 R_{10}^* \left(\frac{d^2}{dr^2} + \frac{2}{r}\frac{d}{dr}\right) R_{10} dr \qquad (1)$$

$$(\because \text{식 (7.2.3)과} \int d\Omega\, Y_{00}^* Y_{00} = 1 \text{로부터})$$

이제 $\int_0^\infty r^2 R_{10}^* \frac{d^2 R_{10}}{dr^2} dr + 2 \int_0^\infty r^2 R_{10}^* \frac{1}{r} \frac{dR_{10}}{dr} dr$ 을 계산해보자.

첫 번째 적분은

$$\int_0^\infty r^2 \left[2\left(\frac{1}{a_0}\right)^{\frac{3}{2}} e^{-\frac{r}{a_0}}\right]\left[2\left(\frac{1}{a_0}\right)^{\frac{3}{2}}\frac{1}{a_0^2} e^{-\frac{r}{a_0}}\right] dr$$

$$= 4\left(\frac{1}{a_0}\right)^5 \int_0^\infty r^2 e^{-\frac{2r}{a_0}} dr = 4\left(\frac{1}{a_0}\right)^5\left(\frac{a_0}{2}\right)^3 \int_0^\infty x^2 e^{-x} dx$$

$$= 4\left(\frac{1}{a_0}\right)^5\left(\frac{a_0}{2}\right)^3 2! = 8\frac{1}{2^3}\left(\frac{1}{a_0}\right)^2 = \frac{1}{a_0^2}$$

그리고 두 번째 적분은

$$2\int_0^\infty r^2 \left[2\left(\frac{1}{a_0}\right)^{\frac{3}{2}} e^{-\frac{r}{a_0}}\right]\frac{1}{r}\left[2\left(\frac{1}{a_0}\right)^{\frac{3}{2}}\left(-\frac{1}{a_0}\right) e^{-\frac{r}{a_0}}\right] dr$$

$$= -8\left(\frac{1}{a_0}\right)^4 \int_0^\infty r e^{-\frac{2r}{a_0}} dr = -8\left(\frac{1}{a_0}\right)^4\left(\frac{a_0}{2}\right)^2 1! = -2\frac{1}{a_0^2}$$

이들을 식 (1)에 대입하면

$$< \Psi_{100}|\frac{p^2}{2m_e}|\Psi_{100}> = -\frac{\hbar^2}{2m_e}\frac{1}{a_0^2}(1-2) = \frac{\hbar^2}{2m_e}\frac{1}{a_0^2}$$

$$= \frac{\hbar^2}{2m_e}\frac{m_e^2 c^2 \alpha^2}{\hbar^2} = \frac{1}{2}m_e c^2 \alpha^2 = -E_{100}$$

(c) 이때 총 에너지는 $E = <K> - <U> = -E_{100} + 2E_{100} = E_{100}$ 가 된다.

$E_{100} = -\frac{1}{2}m_e c^2 \alpha^2$ 이므로 총 에너지는 음의 값을 갖고 이는 바닥상태 에너지는 구속 상태에 대한 에너지임을 의미한다.

4. (a) $2P$ 상태는 $n=2$, $\ell=1$ 이므로

$$R_{21}(\rho) = Ce^{-\frac{\rho}{2}}\rho L_0^3(\rho) = Ce^{-\frac{\rho}{2}}\rho(-1)^3\frac{d^3}{d\rho^3}L_3(\rho)$$

$$= -Ce^{-\frac{\rho}{2}}\rho\frac{d^3}{d\rho^3}\left[\frac{1}{3!}e^\rho\frac{d^3}{d\rho^3}(\rho^3 e^{-\rho})\right]$$

$$= -\frac{1}{3!}Ce^{-\frac{\rho}{2}}\rho\frac{d^3}{d\rho^3}\left[e^\rho\frac{d^3}{d\rho^3}(\rho^3 e^{-\rho})\right] \tag{1}$$

여기서 $\frac{d}{d\rho}(\rho^3 e^{-\rho}) = 3\rho^2 e^{-\rho} - \rho^3 e^{-\rho} \Rightarrow \frac{d^2}{d\rho^2}(\rho^3 e^{-\rho}) = 6\rho e^{-\rho} - 6\rho^2 e^{-\rho} + \rho^3 e^{-\rho}$

$$\Rightarrow e^\rho\frac{d^3}{d\rho^3}(\rho^3 e^{-\rho}) = 6 - 18\rho + 9\rho^2 - \rho^3$$

그리고

$$\frac{d}{d\rho}(6 - 18\rho + 9\rho^2 - \rho^3) = -18 + 18\rho - 3\rho^2$$

$$\Rightarrow \frac{d^2}{d\rho^2}(6 - 18\rho + 9\rho^2 - \rho^3) = 18 - 6\rho$$

$$\Rightarrow \frac{d^3}{d\rho^3}(6 - 18\rho + 9\rho^2 - \rho^3) = -6$$

이들을 식 (1)에 대입하면

$$\therefore\ R_{21}(\rho) = (상수)e^{-\frac{\rho}{2}}\rho$$

(b) $\rho_2 = \sqrt{\dfrac{8m|E_2|}{\hbar^2}}\, r = \dfrac{r}{a_0}$ 이므로

$$\therefore\ R_{21}(\rho) = (상수)re^{-\frac{r}{2a_0}}$$

(c) 확률밀도 분포 $P(r) = (상수)r^2 R_{21}^2 \propto r^2 r^2 e^{-\frac{r}{a_0}} = r^4 e^{-\frac{r}{a_0}}$

그때 최대 확률밀도 분포를 구하는 관계식은

$$\frac{dP(r)}{dr}\Big|_{r=r_{max}} = 0 \Rightarrow \frac{d}{dr}(r^4 e^{-\frac{r}{a_0}})\Big|_{r=r_{max}} = 0$$

(d) $\dfrac{d}{dr}(r^4 e^{-\frac{r}{a_0}})\Big|_{r=r_{max}} = 0 \Rightarrow \left[4r_{max}^3 - r_{max}^4 \dfrac{1}{a_0}\right]e^{-\frac{r_{max}}{a_0}} = 0$

$$\Rightarrow r_{max}^3\left(4 - \frac{r_{max}}{a_0}\right) = 0 \Rightarrow r_{max} = 0,\ \text{또는}\ 4a_0$$

여기서 $P(0) = 0$이므로

$$\therefore\ r_{max} = 4a_0$$

최대 확률밀도 분포 값을 주는 전자의 위치는 $\dfrac{r_{max}}{a_0} = 4$이므로 문제에서 주어진 그림과 일치한다.

Chapter 8

1. (a) $|1><2| = \begin{pmatrix} 1 \\ 0 \end{pmatrix}(0\ 1) = \begin{pmatrix} 0 & 1 \\ 0 & 0 \end{pmatrix} \Rightarrow A = (2+3i)\begin{pmatrix} 0 & 1 \\ 0 & 0 \end{pmatrix} \Rightarrow A^+ = (2-3i)\begin{pmatrix} 0 & 0 \\ 1 & 0 \end{pmatrix}$

(b) $B = A + A^+ = (2+3i)\begin{pmatrix} 0 & 1 \\ 0 & 0 \end{pmatrix} + (2-3i)\begin{pmatrix} 0 & 0 \\ 1 & 0 \end{pmatrix} = \begin{pmatrix} 0 & 2+3i \\ 2-3i & 0 \end{pmatrix}$

2. (a) 특성방정식으로부터

$$\begin{vmatrix} -\lambda & -i & 0 \\ i & -\lambda & 0 \\ 0 & 0 & -\lambda \end{vmatrix} = 0 \implies \lambda(1-\lambda^2) = 0 \implies \therefore \lambda = 0, \ \lambda = \pm 1$$

(i) $\lambda = 0$인 경우

$$\begin{pmatrix} 0 & -i & 0 \\ i & 0 & 0 \\ 0 & 0 & 0 \end{pmatrix}\begin{pmatrix} \alpha \\ \beta \\ \gamma \end{pmatrix} = 0 \implies |a>_0 = \begin{pmatrix} 0 \\ 0 \\ 1 \end{pmatrix}$$

(ii) $\lambda = +1$인 경우

$$\begin{pmatrix} -1 & -i & 0 \\ i & -1 & 0 \\ 0 & 0 & -1 \end{pmatrix}\begin{pmatrix} \alpha \\ \beta \\ \gamma \end{pmatrix} = 0 \implies |a>_+ = \frac{1}{\sqrt{2}}\begin{pmatrix} 1 \\ i \\ 0 \end{pmatrix}$$

(iii) $\lambda = -1$인 경우

$$\begin{pmatrix} 1 & -i & 0 \\ i & 1 & 0 \\ 0 & 0 & 1 \end{pmatrix}\begin{pmatrix} \alpha \\ \beta \\ \gamma \end{pmatrix} = 0 \implies |a>_- = \frac{1}{\sqrt{2}}\begin{pmatrix} 1 \\ -i \\ 0 \end{pmatrix}$$

(b) 고유치가 $0, -1, +1$에 대응하는 고유함수의 순으로 쓰면

$$U = \begin{pmatrix} 0 & \dfrac{1}{\sqrt{2}} & \dfrac{1}{\sqrt{2}} \\ 0 & -\dfrac{i}{\sqrt{2}} & \dfrac{i}{\sqrt{2}} \\ 1 & 0 & 0 \end{pmatrix} = \frac{1}{\sqrt{2}}\begin{pmatrix} 0 & 1 & 1 \\ 0 & -i & i \\ \sqrt{2} & 0 & 0 \end{pmatrix}$$

(c) 앞의 결과로부터 $U^+ = \begin{pmatrix} 0 & 0 & 1 \\ \dfrac{1}{\sqrt{2}} & \dfrac{i}{\sqrt{2}} & 0 \\ \dfrac{1}{\sqrt{2}} & -\dfrac{i}{\sqrt{2}} & 0 \end{pmatrix}$

$$\implies UU^+ = 1, \ \ \text{즉} \ \ U^+ = U^{-1}$$

$\therefore \ U$는 유니터리 행렬이고, 유니터리 변환 U^+AU을 계산해보면

$$AU = \begin{pmatrix} 0 & -i & 0 \\ i & 0 & 0 \\ 0 & 0 & 0 \end{pmatrix}\begin{pmatrix} 0 & \dfrac{1}{\sqrt{2}} & \dfrac{1}{\sqrt{2}} \\ 0 & -\dfrac{i}{\sqrt{2}} & \dfrac{i}{\sqrt{2}} \\ 1 & 0 & 0 \end{pmatrix} = \begin{pmatrix} 0 & -\dfrac{1}{\sqrt{2}} & \dfrac{1}{\sqrt{2}} \\ 0 & \dfrac{i}{\sqrt{2}} & \dfrac{i}{\sqrt{2}} \\ 0 & 0 & 0 \end{pmatrix}$$

$$\Rightarrow U^+AU = \begin{pmatrix} 0 & 0 & 1 \\ \dfrac{1}{\sqrt{2}} & \dfrac{i}{\sqrt{2}} & 0 \\ \dfrac{1}{\sqrt{2}} & -\dfrac{i}{\sqrt{2}} & 0 \end{pmatrix} \begin{pmatrix} 0 & -\dfrac{1}{\sqrt{2}} & \dfrac{1}{\sqrt{2}} \\ 0 & \dfrac{i}{\sqrt{2}} & \dfrac{i}{\sqrt{2}} \\ 0 & 0 & 0 \end{pmatrix} = \begin{pmatrix} 0 & 0 & 0 \\ 0 & -1 & 0 \\ 0 & 0 & 1 \end{pmatrix}$$

그러므로, 기대한대로 유니터리 변환은 A_D가 된다.

3. (a) 특성방정식으로부터

$$\begin{vmatrix} 1-\lambda & i & 1 \\ -i & -\lambda & 0 \\ 1 & 0 & -\lambda \end{vmatrix} = 0 \Rightarrow (1-\lambda)\lambda^2 + i(-i\lambda) + \lambda = 0$$

$$\Rightarrow \lambda^3 - \lambda^2 - 2\lambda = 0 \Rightarrow \lambda(\lambda-2)(\lambda+1) = 0$$

$$\therefore \ \lambda = 0, \ -1, \ 2$$

(b) (i) $\lambda = 0$일 때

$$\begin{pmatrix} 1 & i & 1 \\ -i & 0 & 0 \\ 1 & 0 & 0 \end{pmatrix} \begin{pmatrix} x \\ y \\ z \end{pmatrix} = 0 \Rightarrow x+iy+z=0, \ -ix=0 \Rightarrow x=0, \ y=i, \ z=1$$

그러므로 규격화된 고유함수는 $\dfrac{1}{\sqrt{2}} \begin{pmatrix} 0 \\ i \\ 1 \end{pmatrix} \equiv |\phi_1>$

(i) $\lambda = -1$일 때

$$\begin{pmatrix} 2 & i & 1 \\ -i & 1 & 0 \\ 1 & 0 & 1 \end{pmatrix} \begin{pmatrix} x \\ y \\ z \end{pmatrix} = 0 \Rightarrow -ix+y=0, \ x+z=0 \Rightarrow x=1, \ y=i, \ z=-1$$

그러므로 규격화된 고유함수는 $\dfrac{1}{\sqrt{3}} \begin{pmatrix} 1 \\ i \\ -1 \end{pmatrix} \equiv |\phi_2>$

(ii) $\lambda = 2$일 때

$$\begin{pmatrix} -1 & i & 1 \\ -i & -2 & 0 \\ 1 & 0 & -2 \end{pmatrix} \begin{pmatrix} x \\ y \\ z \end{pmatrix} = 0 \Rightarrow x-2z=0, \ -ix-2y=0 \Rightarrow x=2, \ y=-i, \ z=1$$

그러므로 규격화된 고유함수는 $\dfrac{1}{\sqrt{6}} \begin{pmatrix} 2 \\ -i \\ 1 \end{pmatrix} \equiv |\phi_3>$

(c) $P = \begin{pmatrix} 0 & \dfrac{1}{\sqrt{3}} & \dfrac{2}{\sqrt{6}} \\ i\dfrac{1}{\sqrt{2}} & i\dfrac{1}{\sqrt{3}} & -i\dfrac{1}{\sqrt{6}} \\ \dfrac{1}{\sqrt{2}} & -\dfrac{1}{\sqrt{3}} & \dfrac{1}{\sqrt{6}} \end{pmatrix} \Rightarrow P^+ = \begin{pmatrix} 0 & -i\dfrac{1}{\sqrt{2}} & \dfrac{1}{\sqrt{2}} \\ \dfrac{1}{\sqrt{3}} & -i\dfrac{1}{\sqrt{3}} & -\dfrac{1}{\sqrt{3}} \\ \dfrac{2}{\sqrt{6}} & i\dfrac{1}{\sqrt{6}} & \dfrac{1}{\sqrt{6}} \end{pmatrix}$

(d) $QP = \begin{pmatrix} 1 & i & 1 \\ -i & 0 & 0 \\ 1 & 0 & 0 \end{pmatrix} \begin{pmatrix} 0 & \dfrac{1}{\sqrt{3}} & \dfrac{2}{\sqrt{6}} \\ i\dfrac{1}{\sqrt{2}} & i\dfrac{1}{\sqrt{3}} & -i\dfrac{1}{\sqrt{6}} \\ \dfrac{1}{\sqrt{2}} & -\dfrac{1}{\sqrt{3}} & \dfrac{1}{\sqrt{6}} \end{pmatrix} = \begin{pmatrix} 0 & -\dfrac{1}{\sqrt{3}} & \dfrac{4}{\sqrt{6}} \\ 0 & -i\dfrac{1}{\sqrt{3}} & -i\dfrac{2}{\sqrt{6}} \\ 0 & \dfrac{1}{\sqrt{3}} & \dfrac{2}{\sqrt{6}} \end{pmatrix}$

$\Rightarrow P^+ QP = \begin{pmatrix} 0 & -i\dfrac{1}{\sqrt{2}} & \dfrac{1}{\sqrt{2}} \\ \dfrac{1}{\sqrt{3}} & -i\dfrac{1}{\sqrt{3}} & -\dfrac{1}{\sqrt{3}} \\ \dfrac{2}{\sqrt{6}} & i\dfrac{1}{\sqrt{6}} & \dfrac{1}{\sqrt{6}} \end{pmatrix} \begin{pmatrix} 0 & -\dfrac{1}{\sqrt{3}} & \dfrac{4}{\sqrt{6}} \\ 0 & -i\dfrac{1}{\sqrt{3}} & -i\dfrac{2}{\sqrt{6}} \\ 0 & \dfrac{1}{\sqrt{3}} & \dfrac{2}{\sqrt{6}} \end{pmatrix} = \begin{pmatrix} 0 & 0 & 0 \\ 0 & -1 & 0 \\ 0 & 0 & 2 \end{pmatrix}$

그러므로 대각화된 행렬의 행렬요소는 각 고유함수 $|\phi_1>$, $|\phi_2>$, $|\phi_3>$의 고유치에 대응한다.

4. (a) 특성방정식으로부터

$$\begin{vmatrix} 3-\lambda & 4 \\ 4 & 9-\lambda \end{vmatrix} = 0 \Rightarrow (3-\lambda)(9-\lambda) - 16 = 0 \Rightarrow (\lambda-1)(\lambda-11) = 0$$

$$\therefore \ \lambda = 1 \ \text{또는} \ 11$$

(i) $\lambda = 1$일 때

$$\begin{pmatrix} 2 & 4 \\ 4 & 8 \end{pmatrix} \begin{pmatrix} x \\ y \end{pmatrix} = 0 \Rightarrow x + 2y = 0 \Rightarrow x = 2, \ y = -1$$

그러므로 규격화된 고유함수는 $\dfrac{1}{\sqrt{5}} \begin{pmatrix} 2 \\ -1 \end{pmatrix} \equiv |\phi_1>$

(i) $\lambda = 11$일 때

$$\begin{pmatrix} -8 & 4 \\ 4 & -2 \end{pmatrix} \begin{pmatrix} x \\ y \end{pmatrix} = 0 \Rightarrow -2x + y = 0 \Rightarrow x = 1, \ y = 2$$

그러므로 규격화된 고유함수는 $\dfrac{1}{\sqrt{5}} \begin{pmatrix} 1 \\ 2 \end{pmatrix} \equiv |\phi_2>$

(b) 고유치가 1, 11에 대응하는 고유함수의 순으로 쓰면

$$P = \frac{1}{\sqrt{5}} \begin{pmatrix} 2 & 1 \\ -1 & 2 \end{pmatrix} \Rightarrow P^+ = \frac{1}{\sqrt{5}} \begin{pmatrix} 2 & -1 \\ 1 & 2 \end{pmatrix}$$

(c) $P^+ A P = \begin{pmatrix} 1 & 0 \\ 0 & 11 \end{pmatrix}$

그러므로 대각화된 행렬의 행렬요소는 각 고유함수 $|\phi_1>$, $|\phi_2>$의 고유치에 대응한다.

5. (a) $2x^2 + 4xy - y^2 = 24 \Rightarrow x(2x+2y) + y(2x-y) = 24 \Rightarrow (x \ \ y)\begin{pmatrix} 2x+2y \\ 2x-y \end{pmatrix} = 24$

$$\Rightarrow (x \ y)\begin{pmatrix} 2 & 2 \\ 2 & -1 \end{pmatrix}\begin{pmatrix} x \\ y \end{pmatrix} = 24$$

(b) $A = \begin{pmatrix} 2 & 2 \\ 2 & -1 \end{pmatrix}$ 행렬의 고유치를 특성방정식으로부터 구해보자.

$$\begin{vmatrix} 2-\lambda & 2 \\ 2 & -1-\lambda \end{vmatrix} = 0 \Rightarrow (\lambda - 3)(\lambda + 2) = 0$$

$$\therefore \ \lambda = 3 \ \text{또는} \ -2$$

(i) $\lambda = 3$일 경우

$$\begin{pmatrix} -1 & 2 \\ 2 & -4 \end{pmatrix}\begin{pmatrix} \alpha \\ \beta \end{pmatrix} = 0 \Rightarrow \alpha - 2\beta = 0 \Rightarrow \alpha = 2, \ \beta = 1$$

그러므로 규격화된 고유함수는 $\dfrac{1}{\sqrt{5}}\begin{pmatrix} 2 \\ 1 \end{pmatrix}$

(i) $\lambda = -2$일 경우

$$\begin{pmatrix} 4 & 2 \\ 2 & 1 \end{pmatrix}\begin{pmatrix} \alpha \\ \beta \end{pmatrix} = 0 \Rightarrow 2\alpha + \beta = 0 \Rightarrow \alpha = 1, \ \beta = -2$$

그러므로 규격화된 고유함수는 $\dfrac{1}{\sqrt{5}}\begin{pmatrix} 1 \\ -2 \end{pmatrix}$

그러므로 $P = \dfrac{1}{\sqrt{5}}\begin{pmatrix} 2 & 1 \\ 1 & -2 \end{pmatrix}$

(c) $P^+ AP = \begin{pmatrix} 3 & 0 \\ 0 & -2 \end{pmatrix}$, 결과적으로 $(x' \ y')\begin{pmatrix} 3 & 0 \\ 0 & -2 \end{pmatrix}\begin{pmatrix} x' \\ y' \end{pmatrix} = 24 \Rightarrow 3x'^2 - 2y'^2 = 24$

$$\Rightarrow \left(\frac{x'}{\sqrt{8}}\right)^2 - \left(\frac{y'}{\sqrt{12}}\right)^2 = 1$$

그러므로 주어진 방정식은 쌍곡선이다.

Chapter 9

1. (a) $S_n = \vec{S} \cdot \hat{n} = S_x \hat{n}_x + S_y \hat{n}_y + S_z \hat{n}_z$

$$= \frac{\hbar}{2}\left[\begin{pmatrix} 0 & 1 \\ 1 & 0 \end{pmatrix}\cos\phi\sin\theta + i\begin{pmatrix} 0 & -1 \\ 1 & 0 \end{pmatrix}\sin\phi\sin\theta + \begin{pmatrix} 1 & 0 \\ 0 & -1 \end{pmatrix}\cos\theta\right]$$

$$= \frac{\hbar}{2}\begin{pmatrix} \cos\theta & \cos\phi\sin\theta - i\sin\phi\sin\theta \\ \cos\phi\sin\theta + i\sin\phi\sin\theta & -\cos\theta \end{pmatrix} = \frac{\hbar}{2}\begin{pmatrix} \cos\theta & e^{-i\phi}\sin\theta \\ e^{i\phi}\sin\theta & -\cos\theta \end{pmatrix}$$

$$\therefore \ S_n = \frac{\hbar}{2}\begin{pmatrix} \cos\theta & e^{-i\phi}\sin\theta \\ e^{i\phi}\sin\theta & -\cos\theta \end{pmatrix}$$

(b) 특성방정식

$$\begin{vmatrix} \dfrac{\hbar}{2}\cos\theta - \lambda & \dfrac{\hbar}{2}e^{-i\phi}\sin\theta \\ \dfrac{\hbar}{2}e^{i\phi}\sin\theta & -\dfrac{\hbar}{2}\cos\theta - \lambda \end{vmatrix} = 0 \;\Rightarrow\; \left(\lambda + \dfrac{\hbar}{2}\cos\theta\right)\left(\lambda - \dfrac{\hbar}{2}\cos\theta\right) = \left(\dfrac{\hbar}{2}\right)^2 \sin^2\theta$$

$$\Rightarrow\; \lambda^2 - \left(\dfrac{\hbar}{2}\right)^2\cos^2\theta = \left(\dfrac{\hbar}{2}\right)^2\sin^2\theta \;\Rightarrow\; \lambda^2 = \left(\dfrac{\hbar}{2}\right)^2$$

$$\therefore\; \lambda = \pm\dfrac{\hbar}{2}$$

(i) $\lambda = +\dfrac{\hbar}{2}$ 일 때

$$\begin{pmatrix} \dfrac{\hbar}{2}\cos\theta - \dfrac{\hbar}{2} & \dfrac{\hbar}{2}e^{-i\phi}\sin\theta \\ \dfrac{\hbar}{2}e^{i\phi}\sin\theta & -\dfrac{\hbar}{2}\cos\theta - \dfrac{\hbar}{2} \end{pmatrix}\begin{pmatrix} x \\ y \end{pmatrix} = 0 \;\Rightarrow\; x(\cos\theta - 1) = -ye^{-i\phi}\sin\theta$$

$$\Rightarrow\; -x(1 - \cos\theta) = -ye^{-i\phi}\sin\theta \;\Rightarrow\; 2x\sin^2\dfrac{\theta}{2} = ye^{-i\phi}2\sin\dfrac{\theta}{2}\cos\dfrac{\theta}{2}$$

$$\Rightarrow\; x\sin\dfrac{\theta}{2} = ye^{-i\phi}\cos\dfrac{\theta}{2} \;\Rightarrow\; \therefore\; x = \cos\dfrac{\theta}{2},\; y = e^{i\phi}\sin\dfrac{\theta}{2}$$

그러므로 규격화된 고유벡터는

$$|+>_n = \begin{pmatrix} \cos\dfrac{\theta}{2} \\ e^{i\phi}\sin\dfrac{\theta}{2} \end{pmatrix}$$

(ii) $\lambda = -\dfrac{\hbar}{2}$ 일 때

$$\begin{pmatrix} \dfrac{\hbar}{2}\cos\theta + \dfrac{\hbar}{2} & \dfrac{\hbar}{2}e^{-i\phi}\sin\theta \\ \dfrac{\hbar}{2}e^{i\phi}\sin\theta & -\dfrac{\hbar}{2}\cos\theta + \dfrac{\hbar}{2} \end{pmatrix}\begin{pmatrix} x \\ y \end{pmatrix} = 0 \;\Rightarrow\; x(\cos\theta + 1) = -ye^{-i\phi}\sin\theta$$

$$\Rightarrow\; 2x\cos^2\dfrac{\theta}{2} = -ye^{-i\phi}2\sin\dfrac{\theta}{2}\cos\dfrac{\theta}{2}$$

$$\Rightarrow\; x\cos\dfrac{\theta}{2} = -ye^{-i\phi}\sin\dfrac{\theta}{2} \;\Rightarrow\; \therefore\; x = \sin\dfrac{\theta}{2},\; y = -e^{i\phi}\cos\dfrac{\theta}{2}$$

그러므로 규격화된 고유벡터는

$$|->_n = \begin{pmatrix} \sin\dfrac{\theta}{2} \\ -e^{i\phi}\cos\dfrac{\theta}{2} \end{pmatrix}$$

(c) S_n로 측정했을 때 고유치로 $+\dfrac{\hbar}{2}$ 을 주는 상태벡터는 $|+>_n$이다.

그리고 $S_x = \dfrac{\hbar}{2}\begin{pmatrix} 0 & 1 \\ 1 & 0 \end{pmatrix}$의 고유치와 고유벡터를 구하면, 고유치가 $+\dfrac{\hbar}{2}$ 일 때 고유벡터

는 $\dfrac{1}{\sqrt{2}}\begin{pmatrix} 1 \\ 1 \end{pmatrix} = |+>_x$이고 고유치가 $-\dfrac{\hbar}{2}$ 일 때 고유벡터는 $\dfrac{1}{\sqrt{2}}\begin{pmatrix} 1 \\ -1 \end{pmatrix} = |->_x$이다.

(i) 그러므로 스핀 S_x로 측정했을 때 고유치로 $+\dfrac{\hbar}{2}$ 을 줄 확률진폭은

$$_x<+|+>_n = \frac{1}{\sqrt{2}}(1 \ \ 1)\begin{pmatrix} \cos\dfrac{\theta}{2} \\ e^{i\phi}\sin\dfrac{\theta}{2} \end{pmatrix} = \frac{1}{\sqrt{2}}\left(\cos\frac{\theta}{2} + e^{i\phi}\sin\frac{\theta}{2}\right)$$

이 되어 이때의 확률은

$$\frac{1}{\sqrt{2}}\left(\cos\frac{\theta}{2} + e^{-i\phi}\sin\frac{\theta}{2}\right)\frac{1}{\sqrt{2}}\left(\cos\frac{\theta}{2} + e^{i\phi}\sin\frac{\theta}{2}\right)$$
$$= \frac{1}{2}\left[1 + (e^{i\phi} + e^{-i\phi})\cos\frac{\theta}{2}\sin\frac{\theta}{2}\right] = \frac{1}{2} + \cos\frac{\theta}{2}\sin\frac{\theta}{2}\cos\phi$$

(ii) 그리고 스핀 S_x로 측정했을 때 고유치로 $-\dfrac{\hbar}{2}$ 을 줄 확률진폭은

$$_x<-|+>_n = \frac{1}{\sqrt{2}}(1 \ \ -1)\begin{pmatrix} \cos\dfrac{\theta}{2} \\ e^{i\phi}\sin\dfrac{\theta}{2} \end{pmatrix} = \frac{1}{\sqrt{2}}\left[\cos\frac{\theta}{2} - e^{i\phi}\sin\frac{\theta}{2}\right]$$

이 되어 이때의 확률은

$$\frac{1}{\sqrt{2}}\left(\cos\frac{\theta}{2} - e^{-i\phi}\sin\frac{\theta}{2}\right)\frac{1}{\sqrt{2}}\left(\cos\frac{\theta}{2} - e^{i\phi}\sin\frac{\theta}{2}\right)$$
$$= \frac{1}{2}\left[1 - (e^{i\phi} + e^{-i\phi})\cos\frac{\theta}{2}\sin\frac{\theta}{2}\right] = \frac{1}{2} - \cos\frac{\theta}{2}\sin\frac{\theta}{2}\cos\phi$$

이 된다. 결과적으로 고유치로 $+\dfrac{\hbar}{2}$ 또는 $-\dfrac{\hbar}{2}$ 을 줄 확률은 위에서 구한 (i)과 (ii)의 결과를 합하면 되므로, 기대한대로 확률은 1임을 알 수 있다.

2. (a) $H = -\vec{\mu_s} \cdot \vec{B} = \dfrac{ge}{2m}\vec{S} \cdot \vec{B} = \dfrac{ge}{2m}(\dfrac{1}{2}\hbar\sigma_z)B = \dfrac{geB}{4m}\hbar\sigma_z = \dfrac{geB}{4m}\hbar\begin{pmatrix} 1 & 0 \\ 0 & -1 \end{pmatrix}$

(b) 시간의존 슈뢰딩거 방정식으로부터

$$i\hbar\frac{d\Psi}{dt} = H\Psi \ \Rightarrow \ i\hbar\frac{d}{dt}\begin{pmatrix} \alpha_+(t) \\ \alpha_-(t) \end{pmatrix} = \frac{geB}{4m}\hbar\begin{pmatrix} 1 & 0 \\ 0 & -1 \end{pmatrix}\begin{pmatrix} \alpha_+(t) \\ \alpha_-(t) \end{pmatrix}$$

$$\Rightarrow \begin{cases} i\dfrac{d}{dt}\alpha_+(t)=\omega\alpha_+(t) \\ i\dfrac{d}{dt}\alpha_-(t)=-\omega\alpha_-(t) \end{cases}, \quad \text{여기서 } \omega\equiv\dfrac{geB}{4m}$$

$$\Rightarrow \begin{cases} \alpha_+(t)=\alpha_+(0)e^{-i\omega t} \\ \alpha_-(t)=\alpha_-(0)e^{+i\omega t} \end{cases}$$

$$\therefore \ |\Psi(t)>=\begin{pmatrix}\alpha_+(t)\\ \alpha_-(t)\end{pmatrix}=\begin{pmatrix}\alpha_+(0)e^{-i\omega t}\\ \alpha_-(0)e^{+i\omega t}\end{pmatrix}$$

(c) 주어진 조건에 의해 $\alpha_+(0)=0,\ \alpha_-(0)=1\ \Rightarrow\ |\Psi(t)>=\begin{pmatrix}0\\ e^{+i\omega t}\end{pmatrix}$

$$\therefore\ <\Psi(t)|S_x|\Psi(t)>=\begin{pmatrix}0 & e^{-i\omega t}\end{pmatrix}\dfrac{\hbar}{2}\begin{pmatrix}0 & 1\\ 1 & 0\end{pmatrix}\begin{pmatrix}0\\ e^{i\omega t}\end{pmatrix}=\dfrac{\hbar}{2}\begin{pmatrix}0 & e^{-i\omega t}\end{pmatrix}\begin{pmatrix}e^{i\omega t}\\ 0\end{pmatrix}=0$$

$$\therefore\ <\Psi(t)|S_y|\Psi(t)>=\begin{pmatrix}0 & e^{-i\omega t}\end{pmatrix}\dfrac{\hbar}{2}\begin{pmatrix}0 & -i\\ i & 0\end{pmatrix}\begin{pmatrix}0\\ e^{i\omega t}\end{pmatrix}=\dfrac{\hbar}{2}\begin{pmatrix}0 & e^{-i\omega t}\end{pmatrix}\begin{pmatrix}-ie^{i\omega t}\\ 0\end{pmatrix}=0$$

$$\therefore\ <\Psi(t)|S_z|\Psi(t)>=\begin{pmatrix}0 & e^{-i\omega t}\end{pmatrix}\dfrac{\hbar}{2}\begin{pmatrix}1 & 0\\ 0 & -1\end{pmatrix}\begin{pmatrix}0\\ e^{i\omega t}\end{pmatrix}=\dfrac{\hbar}{2}\begin{pmatrix}0 & e^{-i\omega t}\end{pmatrix}\begin{pmatrix}0\\ -e^{i\omega t}\end{pmatrix}=-\dfrac{\hbar}{2}$$

3. (a) 전자가 자기장 $\vec{B}$에 놓이면 전자스핀에 의한 해밀토니안은 다음과 같다.

$$H=-\vec{\mu}_s\cdot\vec{B}=g\dfrac{e}{2m}\vec{S}\cdot\vec{B}=\dfrac{eg\hbar}{4m}\vec{\sigma}\cdot\vec{B}=\dfrac{eg\hbar}{4m}B\sigma_z=\dfrac{eg\hbar}{4m}B\begin{pmatrix}1 & 0\\ 0 & -1\end{pmatrix}$$

시간의존 슈뢰딩거 방정식은 다음과 같이 표현된다.

$$i\hbar\dfrac{d|\Psi(t)>}{dt}=H|\Psi(t)>\ \Rightarrow\ i\hbar\dfrac{d|\Psi(t)>}{dt}=\dfrac{eg\hbar}{4m}B\begin{pmatrix}1 & 0\\ 0 & -1\end{pmatrix}|\Psi(t)>$$

여기서 시간 t일 때의 스핀함수를 $|\Psi(t)>=\begin{pmatrix}\alpha_+(t)\\ \alpha_-(t)\end{pmatrix}$로 놓으면 위 식은

$$\begin{cases} i\hbar\dfrac{d\alpha_+(t)}{dt}=\dfrac{eg\hbar}{4m}B\alpha_+(t) \\ i\hbar\dfrac{d\alpha_-(t)}{dt}=-\dfrac{eg\hbar}{4m}B\alpha_-(t) \end{cases}\Rightarrow\begin{cases} \dfrac{d\alpha_+(t)}{\alpha_+(t)}=-i\dfrac{egB}{4m}dt \\ \dfrac{d\alpha_-(t)}{\alpha_-(t)}=i\dfrac{egB}{4m}dt \end{cases}\Rightarrow\begin{cases} \alpha_+(t)=\alpha_+(0)e^{-i\frac{egB}{4m}t} \\ \alpha_-(t)=\alpha_-(0)e^{+i\frac{egB}{4m}t} \end{cases}$$

이 된다. 여기서 상수 $\omega=\dfrac{egB}{4m}$로 놓으면 위 식은

$$\begin{cases} \alpha_+(t)=\alpha_+(0)e^{-i\omega t} \\ \alpha_-(t)=\alpha_-(0)e^{+i\omega t} \end{cases}$$

가 되어 시간 t일 때의 스핀함수는 $|\Psi(t)>=\begin{pmatrix}\alpha_+(0)e^{-i\omega t}\\ \alpha_-(0)e^{+i\omega t}\end{pmatrix}$로 표현된다. $t=0$일 때

전자스핀이 $-x$ 방향에 놓여 있으므로 S_x 행렬의 고유치 $\lambda = -1$에 대응하는 고유 상태에 있다는 의미이다. 이때의 고유상태는 $\dfrac{1}{\sqrt{2}}\begin{pmatrix} 1 \\ -1 \end{pmatrix}$이므로 $\alpha_+(0) = \dfrac{1}{\sqrt{2}}$와 $\alpha_-(0) = -\dfrac{1}{\sqrt{2}}$을 얻는다.

$$\therefore \ |\Psi(t)> = \frac{1}{\sqrt{2}}\begin{pmatrix} e^{-i\omega t} \\ -e^{+i\omega t} \end{pmatrix}$$

(b) 기댓값의 정의로부터 $<S_x>$, $<S_y>$, $<S_z>$을 다음과 같이 구할 수 있다.

$$<S_x> = <\Psi(t)|S_x|\Psi(t)> = \frac{1}{\sqrt{2}}(e^{i\omega t} \quad -e^{-i\omega t})\frac{1}{2}\hbar\begin{pmatrix} 0 & 1 \\ 1 & 0 \end{pmatrix}\frac{1}{\sqrt{2}}\begin{pmatrix} e^{-i\omega t} \\ -e^{+i\omega t} \end{pmatrix}$$

$$= -\frac{\hbar}{4}(e^{2i\omega t} + e^{-2i\omega t}) = -\frac{\hbar}{2}\cos 2\omega t$$

$$<S_y> = <\Psi(t)|S_y|\Psi(t)> = \frac{1}{\sqrt{2}}(e^{i\omega t} \quad -e^{-i\omega t})\frac{1}{2}\hbar\begin{pmatrix} 0 & -i \\ i & 0 \end{pmatrix}\frac{1}{\sqrt{2}}\begin{pmatrix} e^{-i\omega t} \\ -e^{+i\omega t} \end{pmatrix}$$

$$= \frac{\hbar}{4}i(e^{2i\omega t} - e^{-2i\omega t}) = -\frac{\hbar}{2}\sin 2\omega t$$

$$<S_z> = <\Psi(t)|S_z|\Psi(t)> = \frac{1}{\sqrt{2}}(e^{i\omega t} \quad -e^{-i\omega t})\frac{1}{2}\hbar\begin{pmatrix} 1 & 0 \\ 0 & -1 \end{pmatrix}\frac{1}{\sqrt{2}}\begin{pmatrix} e^{-i\omega t} \\ -e^{+i\omega t} \end{pmatrix}$$

$$= \frac{\hbar}{4}(1 - 1) = 0$$

4. (a) 스핀 $\dfrac{3}{2}$ 상태를 기술하기 위해 기저벡터를

$$|+\frac{3}{2}> = \begin{pmatrix} 1 \\ 0 \\ 0 \\ 0 \end{pmatrix}, \ |+\frac{1}{2}> = \begin{pmatrix} 0 \\ 1 \\ 0 \\ 0 \end{pmatrix}, \ |-\frac{1}{2}> = \begin{pmatrix} 0 \\ 0 \\ 1 \\ 0 \end{pmatrix}, \ |-\frac{3}{2}> = \begin{pmatrix} 0 \\ 0 \\ 0 \\ 1 \end{pmatrix}$$

로 잡는다. 이때 연산자 S_z은 고유치 방정식

$$\begin{cases} S_z|+\frac{3}{2}> = +\frac{3}{2}\hbar|+\frac{3}{2}> \\ S_z|+\frac{1}{2}> = +\frac{1}{2}\hbar|+\frac{1}{2}> \\ S_z|-\frac{1}{2}> = -\frac{1}{2}\hbar|-\frac{1}{2}> \\ S_z|-\frac{3}{2}> = -\frac{3}{2}\hbar|-\frac{3}{2}> \end{cases} \tag{1}$$

을 만족해야 하므로

$$S_z = \begin{pmatrix} a_1 & a_2 & a_3 & a_4 \\ b_1 & b_2 & b_3 & b_4 \\ c_1 & c_2 & c_3 & c_4 \\ d_1 & d_2 & d_3 & d_4 \end{pmatrix} \tag{2}$$

로 놓고 식 (2)을 식 (1)에 대입하면

$$\begin{cases} S_z \big| + \dfrac{3}{2} > = + \dfrac{3}{2}\hbar \big| + \dfrac{3}{2} > & \Rightarrow \ a_1 = \dfrac{3}{2}\hbar, \ b_1 = 0, \ c_1 = 0, \ d_1 = 0 \\[2mm] S_z \big| + \dfrac{1}{2} > = + \dfrac{1}{2}\hbar \big| + \dfrac{1}{2} > & \Rightarrow \ a_2 = 0, \ b_2 = \dfrac{1}{2}\hbar, \ c_2 = 0, \ d_2 = 0 \\[2mm] S_z \big| - \dfrac{1}{2} > = - \dfrac{1}{2}\hbar \big| - \dfrac{1}{2} > & \Rightarrow \ a_3 = 0, \ b_3 = 0, \ c_3 = -\dfrac{1}{2}\hbar, \ d_3 = 0 \\[2mm] S_z \big| - \dfrac{3}{2} > = - \dfrac{3}{2}\hbar \big| - \dfrac{3}{2} > & \Rightarrow \ a_4 = 0, \ b_4 = 0, \ c_4 = 0, \ d_4 = -\dfrac{3}{2}\hbar \end{cases}$$

가 되어 이를 식(2)에 대입하면

$$\therefore \ S_z = \frac{\hbar}{2}\begin{pmatrix} 3 & 0 & 0 & 0 \\ 0 & 1 & 0 & 0 \\ 0 & 0 & -1 & 0 \\ 0 & 0 & 0 & -3 \end{pmatrix} \tag{3}$$

을 얻는다.

(b) 그리고 $(S_+)_{S_z' S_z} = \sqrt{\dfrac{3}{2}\left(\dfrac{3}{2}+1\right) - S_z(S_z+1)}\ \hbar \delta_{S_z', S_z+1}$ 이며 S_+ 연산자를 행렬로 표

현하면

$$S_+ = \begin{pmatrix} (S_+)_{+\frac{3}{2},+\frac{3}{2}} & (S_+)_{+\frac{3}{2},+\frac{1}{2}} & (S_+)_{+\frac{3}{2},-\frac{1}{2}} & (S_+)_{+\frac{3}{2},-\frac{3}{2}} \\[1mm] (S_+)_{+\frac{1}{2},+\frac{3}{2}} & (S_+)_{+\frac{1}{2},+\frac{1}{2}} & (S_+)_{+\frac{1}{2},-\frac{1}{2}} & (S_+)_{+\frac{1}{2},-\frac{3}{2}} \\[1mm] (S_+)_{-\frac{1}{2},+\frac{3}{2}} & (S_+)_{-\frac{1}{2},+\frac{1}{2}} & (S_+)_{-\frac{1}{2},-\frac{1}{2}} & (S_+)_{-\frac{1}{2},-\frac{3}{2}} \\[1mm] (S_+)_{-\frac{3}{2},+\frac{3}{2}} & (S_+)_{-\frac{3}{2},+\frac{1}{2}} & (S_+)_{-\frac{3}{2},-\frac{1}{2}} & (S_+)_{-\frac{3}{2},-\frac{3}{2}} \end{pmatrix}$$ 이다.

행렬요소들을 계산해 보면

$$(S_+)_{+\frac{3}{2},+\frac{1}{2}} = \sqrt{\frac{3}{2}\left(\frac{3}{2}+1\right) - \frac{1}{2}\left(\frac{1}{2}+1\right)}\ \hbar = \sqrt{3}\ \hbar$$

$$(S_+)_{+\frac{1}{2},-\frac{1}{2}} = \sqrt{\frac{3}{2}\left(\frac{3}{2}+1\right) + \frac{1}{2}\left(-\frac{1}{2}+1\right)}\ \hbar = 2\hbar$$

$$(S_+)_{-\frac{1}{2},-\frac{3}{2}} = \sqrt{\frac{3}{2}\left(\frac{3}{2}+1\right) + \frac{3}{2}\left(-\frac{3}{2}+1\right)}\ \hbar = \sqrt{3}\ \hbar$$

이며 그 외의 다른 모든 행렬요소들은 0이므로

$$\therefore \ S_+ = \hbar \begin{pmatrix} 0 & \sqrt{3} & 0 & 0 \\ 0 & 0 & 2 & 0 \\ 0 & 0 & 0 & \sqrt{3} \\ 0 & 0 & 0 & 0 \end{pmatrix} \tag{4}$$

한편 $(S_-)_{S_z' S_z} = \sqrt{\dfrac{3}{2}\left(\dfrac{3}{2}+1\right) - S_z(S_z-1)}\,\hbar\delta_{S_z',S_z-1}$ 이므로 S_- 행렬의 행렬요소들을 계산해 보면

$$(S_-)_{+\frac{1}{2},+\frac{3}{2}} = \sqrt{\frac{3}{2}\left(\frac{3}{2}+1\right) - \frac{3}{2}\left(\frac{3}{2}-1\right)}\,\hbar = \sqrt{3}\,\hbar$$

$$(S_-)_{-\frac{1}{2},+\frac{1}{2}} = \sqrt{\frac{3}{2}\left(\frac{3}{2}+1\right) - \frac{1}{2}\left(\frac{1}{2}-1\right)}\,\hbar = 2\hbar$$

$$(S_-)_{-\frac{3}{2},-\frac{1}{2}} = \sqrt{\frac{3}{2}\left(\frac{3}{2}+1\right) + \frac{1}{2}\left(-\frac{1}{2}-1\right)}\,\hbar = \sqrt{3}\,\hbar$$

이고 그 외의 다른 모든 행렬요소들은 0이므로

$$\therefore \ S_- = \hbar \begin{pmatrix} 0 & 0 & 0 & 0 \\ \sqrt{3} & 0 & 0 & 0 \\ 0 & 2 & 0 & 0 \\ 0 & 0 & \sqrt{3} & 0 \end{pmatrix} \tag{5}$$

이때 $S_\pm = S_x \pm iS_y$ 로부터 스핀 $S = \dfrac{3}{2}$ 의 x 와 y 성분은 식 (4)와 (5)를 더하거나 빼면 각각 다음과 같다.

$$\therefore \ S_x = \frac{\hbar}{2} \begin{pmatrix} 0 & \sqrt{3} & 0 & 0 \\ \sqrt{3} & 0 & 2 & 0 \\ 0 & 2 & 0 & \sqrt{3} \\ 0 & 0 & \sqrt{3} & 0 \end{pmatrix} \tag{6}$$

$$S_y = \frac{\hbar}{2i} \begin{pmatrix} 0 & \sqrt{3} & 0 & 0 \\ -\sqrt{3} & 0 & 2 & 0 \\ 0 & -2 & 0 & \sqrt{3} \\ 0 & 0 & -\sqrt{3} & 0 \end{pmatrix} \tag{7}$$

(c) 스핀과 파울리 행렬의 관계식 $\vec{S} = \hbar\vec{S\sigma} = \dfrac{3}{2}\hbar\vec{\sigma}$ 에 위에서 구한 식 (3), (6), (7)의 결과 를 대입하면 $S = \dfrac{3}{2}$ 에 대한 일반화된 파울리 행렬을 다음과 같이 구할 수 있다.

$$\sigma_x = \frac{1}{3}\begin{pmatrix} 0 & \sqrt{3} & 0 & 0 \\ \sqrt{3} & 0 & 2 & 0 \\ 0 & 2 & 0 & \sqrt{3} \\ 0 & 0 & \sqrt{3} & 0 \end{pmatrix}, \ \sigma_y = \frac{1}{3i}\begin{pmatrix} 0 & \sqrt{3} & 0 & 0 \\ -\sqrt{3} & 0 & 2 & 0 \\ 0 & -2 & 0 & \sqrt{3} \\ 0 & 0 & -\sqrt{3} & 0 \end{pmatrix}$$

$$\sigma_z = \frac{1}{3}\begin{pmatrix} 3 & 0 & 0 & 0 \\ 0 & 1 & 0 & 0 \\ 0 & 0 & -1 & 0 \\ 0 & 0 & 0 & -3 \end{pmatrix}$$

5. (a) $\vec{S}_1 \cdot \vec{S}_2 = \frac{1}{2}(S_{12}^2 - S_1^2 - S_2^2)$, 여기서 $\vec{S}_{12} = \vec{S}_1 + \vec{S}_2$

그리고 $(\vec{S}_1 + \vec{S}_2) \cdot \vec{S}_3 = \vec{S}_{12} \cdot \vec{S}_3 = \frac{1}{2}(S^2 - S_{12}^2 - S_3^2)$, 여기서 $\vec{S} = \vec{S}_1 + \vec{S}_2 + \vec{S}_3$

$$\Rightarrow H = \frac{A}{2\hbar^2}(S_{12}^2 - S_1^2 - S_2^2) + \frac{B}{2\hbar^2}(S^2 - S_{12}^2 - S_3^2)$$

$$\Rightarrow E = \frac{A}{2}[s_{12}(s_{12}+1) - s_1(s_1+1) - s_2(s_2+1)]$$

$$+ \frac{B}{2}[s(s+1) - s_{12}(s_{12}+1) - s_3(s_3+1)]$$

이 식에서 $s = \frac{3}{2}$ 또는 $\frac{1}{2}$, $s_{12} = 1$ 또는 0, $s_1 = s_2 = s_3 = \frac{1}{2}$이 될 수 있다.

(i) $s = \frac{3}{2}$ 그리고 $s_{12} = 1$인 경우

$$\therefore E = \frac{A}{4} + \frac{B}{2}$$

(ii) $s = \frac{1}{2}$ 그리고 $s_{12} = 1$인 경우

$$\therefore E = \frac{A}{4} - B$$

(iii) $s = \frac{1}{2}$ 그리고 $s_{12} = 0$인 경우

$$\therefore E = -\frac{3A}{4}$$

(b) 축퇴된 상태는 다음과 같다.

(i) $s = \frac{3}{2}$인 경우, $2s+1 = 4$개의 상태가 축퇴되어 있다.

(ii) $s = \frac{1}{2}$, $s_{12} = 1$인 경우 2개의 상태가 축퇴되어 있다.

(iii) $s = \dfrac{1}{2}$, $s_{12} = 0$인 경우 2개의 상태가 축퇴되어 있다.

6. (a) 궤도 각운동량이 $\vec{L}$이고 스핀 각운동량이 $\vec{S}$라고 하면 총 각운동량 $\vec{J}$은

$$J^2 = L^2 + S^2 + 2\vec{L} \cdot \vec{S}$$

이 되어 상태벡터 $|j, m_j>$에 작용하는 스핀-궤도 상호작용은 다음과 같다.

$$\vec{L} \cdot \vec{S}|j, m_j> = \frac{J^2 - L^2 - S^2}{2}|j, m_j>$$

$$= \frac{\hbar^2}{2}[j(j+1) - \ell(\ell+1) - s(s+1)]|j, m_j> = \frac{\hbar^2}{2}[j(j+1) - \ell(\ell+1) - 2]|j, m_j>$$

$$= \frac{\hbar^2}{2} \begin{cases} [(\ell+1)(\ell+2) - \ell^2 - \ell - 2]|j, m_j> = 2\ell|j, m_j>, & j = \ell+1 \text{ 일 경우} \\ [\ell(\ell+1) - \ell(\ell+1) - 2]|j, m_j> = -2|j, m_j>, & j = \ell - 0 \text{ 일 경우} \\ [(\ell-1)\ell - \ell^2 - \ell - 2]|j, m_j> = (-2\ell - 2)|j, m_j>, & j = \ell - 1 \text{ 일 경우} \end{cases}$$

$$\therefore <A\vec{L} \cdot \vec{S}> = A\frac{\hbar^2}{2} \begin{cases} 4, & j = \ell+1 \text{ 일 경우} \\ -2, & j = \ell - 0 \text{ 일 경우} \\ -6, & j = \ell - 1 \text{ 일 경우} \end{cases}$$

(b) $j = 3$일 때 $m_j = (2j+1) = 7$개 값을 가지므로 7개의 상태가 축퇴되어 있다.

$j = 2$일 때 $m_j = (2j+1) = 5$개 값을 가지므로 5개의 상태가 축퇴되어 있다.

$j = 1$일 때 $m_j = (2j+1) = 3$개 값을 가지므로 3개의 상태가 축퇴되어 있다.

7. (a) $\vec{S} = \vec{S}_1 + \vec{S}_2 = \dfrac{\hbar}{2}(\vec{\sigma}_1 + \vec{\sigma}_2)$

$$\Rightarrow S^2 = \frac{\hbar^2}{4}(\vec{\sigma}_1 + \vec{\sigma}_2) \cdot (\vec{\sigma}_1 + \vec{\sigma}_2) = \frac{\hbar^2}{4}(\sigma_1^2 + 2\vec{\sigma}_1 \cdot \vec{\sigma}_2 + \sigma_2^2)$$

$$= \frac{\hbar^2}{4}(3 + 2\vec{\sigma}_1 \cdot \vec{\sigma}_2 + 3) = \frac{\hbar^2}{2}(3 + \vec{\sigma}_1 \cdot \vec{\sigma}_2)$$

$$\Rightarrow \vec{\sigma}_1 \cdot \vec{\sigma}_2 = \frac{2}{\hbar^2}S^2 - 3$$

그러므로

$$[A, S^2] = [a + b\vec{\sigma}_1 \cdot \vec{\sigma}_2, S^2] = b[\vec{\sigma}_1 \cdot \vec{\sigma}_2, S^2] = b[\frac{2}{\hbar^2}S^2 - 3, S^2] = 0$$

그리고

$$[A, S_z] = [a + b\vec{\sigma}_1 \cdot \vec{\sigma}_2, S_z] = b[\vec{\sigma}_1 \cdot \vec{\sigma}_2, S_z]$$

$$= b[\frac{2}{\hbar^2}S^2 - 3, S_z] = \frac{2b}{\hbar^2}[S^2, S_z] = 0$$

교환자의 관계가 0인 의미는 두 연산자가 동시 고유함수를 가질 수 있다는 뜻이므로 A, S^2, S_z은 동시 고유함수를 갖는다.

(b) $<S, S_z|A|S', S_z'> = <S, S_z|(a+b\vec{\sigma}_1 \cdot \vec{\sigma}_2)|S', S_z'>$

$$= a\delta_{ss'}\delta_{s_z s_z'} + b<S, S_z|\vec{\sigma}_1 \cdot \vec{\sigma}_2|S', S_z'>$$

$$= a\delta_{ss'}\delta_{s_z s_z'} + b<S, S_z|(\frac{2}{\hbar^2}S^2 - 3)|S', S_z'>$$

$$= a\delta_{ss'}\delta_{s_z s_z'} - 3b\delta_{ss'}\delta_{s_z s_z'} + \frac{2b}{\hbar^2}<S, S_z|S^2|S', S_z'>$$

$$= a\delta_{ss'}\delta_{s_z s_z'} - 3b\delta_{ss'}\delta_{s_z s_z'} + \frac{2b}{\hbar^2}s(s+1)\hbar^2\delta_{ss'}\delta_{s_z s_z'}$$

$$= [a - 3b + 2bs(s+1)]\delta_{ss'}\delta_{s_z s_z'} \qquad (1)$$

두 전자계의 스핀 상태 $|S, S_z>$을 기술하기 위해 기저벡터를

$$|11> = \begin{pmatrix} 1 \\ 0 \\ 0 \\ 0 \end{pmatrix}, \ |10> = \begin{pmatrix} 0 \\ 1 \\ 0 \\ 0 \end{pmatrix}, \ |1-1> = \begin{pmatrix} 0 \\ 0 \\ 1 \\ 0 \end{pmatrix}, \ |00> = \begin{pmatrix} 0 \\ 0 \\ 0 \\ 1 \end{pmatrix}$$

로 잡으면 연산자 A는 식 (1)로부터 다음과 같이 행렬표현으로 주어진다.

$$\therefore \ A = \begin{pmatrix} a+b & 0 & 0 & 0 \\ 0 & a+b & 0 & 0 \\ 0 & 0 & a+b & 0 \\ 0 & 0 & 0 & a-3b \end{pmatrix}$$

Chapter 10

1. (a) $H|\Psi_n> = E_n|\Psi_n>$, 여기서 고유치 E_n과 고유벡터 Ψ_n은 각각 다음과 같이 정의한다.

$$\begin{cases} E_n = E_n^0 + \lambda E_n^{(1)} + \lambda^2 E_n^{(2)} + \cdots\cdots \\ |\Psi_n> = |\phi_n^0> + \lambda|\phi_n^{(1)}> + \lambda^2|\phi_n^{(2)}> + \cdots\cdots \end{cases}$$

이를 원 식에 대입한 후 등식의 왼편과 오른편에 있는 λ^1의 계수를 비교하면

$$\lambda^1: H_0|\phi_n^{(1)}> + H_1|\phi_n^0> = E_n^0|\phi_n^{(1)}> + E_n^{(1)}|\phi_n^0>$$

$$\Rightarrow (H_0 - E_n^0)|\phi_n^{(1)}> + (H_1 - E_n^{(1)})|\phi_n^0> = 0$$

을 얻는다. 이 식에 $<\phi_n^0|$을 곱하면

$$<\phi_n^0|(H_0 - E_n^0)|\phi_n^{(1)}> + <\phi_n^0|(H_1 - E_n^{(1)})|\phi_n^0> = 0$$

이 되는데 이 식의 첫 항은 0이기 때문에 두 번째 항으로부터

$$< \phi_n^0|H_1|\phi_n^0 > - E_n^{(1)} < \phi_n^0|\phi_n^0 > = 0 \Rightarrow < \phi_n^0|H_1|\phi_n^0 > - E_n^{(1)} = 0$$

가 되어 섭동에 의한 1차 에너지 보정 값은 다음과 같다.

$$\therefore \ \lambda E_n^{(1)} = < \phi_n^0|\lambda H_1|\phi_n^0 >$$

(b) $\lambda E_n^{(1)} = < 0|\lambda x^3|0 > = \lambda \left(\dfrac{\hbar}{2m\omega}\right)^{\frac{3}{2}} < 0|(a + a^+)^3|0 >$

여기서 $< 0|(a + a^+)^3|0 >$

$= < 0|((a^+)^3 + (a^+)^2 a + a^+ a a^+ + a^+ a^2 + a(a^+)^2 + a a^+ a + a^2 a^+ + a^3)|0 >$

$= < 0|(a^+)^3 + a^+ a a^+ + a(a^+)^2 + a^2 a^+)|0 > = < 0|a^+(1 + a^+ a)|0 >$

$= < 0|a^+ a^+ a|0 > = 0$

2. $\Psi_0(x,y,z) = \phi_0(x)\phi_0(y)\phi_0(z) = \left(\dfrac{m\omega}{\pi\hbar}\right)^{\frac{3}{4}} e^{-\frac{m\omega}{2\hbar}x^2} e^{-\frac{m\omega}{2\hbar}y^2} e^{-\frac{m\omega}{2\hbar}z^2}$

$\qquad = \left(\dfrac{m\omega}{\pi\hbar}\right)^{\frac{3}{4}} e^{-\frac{m\omega}{2\hbar}(x^2 + y^2 + z^2)}$

$\Rightarrow \lambda E^{(1)} = < \Psi_0(x,y,z)|\lambda H_1|\Psi_0(x,y,z) >$

$$= \left(\dfrac{m\omega}{\pi\hbar}\right)^{\frac{3}{2}} \int_{-\infty}^{\infty} \int_{-\infty}^{\infty} \int_{-\infty}^{\infty} dx\,dy\,dz\,(axyz + bx^2 y^2 z^2) e^{-\frac{m\omega}{\hbar}(x^2 + y^2 + z^2)} \tag{1}$$

여기서 기함수 곱하기 우함수인 피적분함수에 관한 대칭 구간의 적분 값은 0이고

$\int x^2 e^{-\frac{m\omega}{\hbar}x^2} dx = \int y^2 e^{-\frac{m\omega}{\hbar}y^2} dy = \int z^2 e^{-\frac{m\omega}{\hbar}z^2} dz$ 이므로 식 (1)은 다음과 같다.

$\Rightarrow \lambda E^{(1)} = \left(\dfrac{m\omega}{\pi\hbar}\right)^{\frac{3}{2}} b \left(\int_{-\infty}^{\infty} x^2 e^{-\frac{m\omega}{\hbar}x^2} dx\right)^3$

여기서 $\sqrt{\dfrac{m\omega}{\hbar}} = t$ 로 놓으면 위 식은

$$\lambda E^{(1)} = \left(\dfrac{m\omega}{\pi\hbar}\right)^{\frac{3}{2}} b \left[\left(\dfrac{\hbar}{m\omega}\right)^{\frac{3}{2}} 2 \int_0^{\infty} t^2 e^{-t^2} dt\right]^3 = \left(\dfrac{m\omega}{\pi\hbar}\right)^{\frac{3}{2}} b \left[\left(\dfrac{\hbar}{m\omega}\right)^{\frac{3}{2}} 2 \left(\dfrac{1}{4}\sqrt{\pi}\right)\right]^3$$

$$(\because \ 4장 \ 보충자료 \ (3)으로부터)$$

$$= \left(\dfrac{m\omega}{\pi\hbar}\right)^{\frac{3}{2}} b \left(\dfrac{\hbar}{m\omega}\right)^{\frac{9}{2}} \pi^{\frac{3}{2}} \left(\dfrac{1}{2}\right)^3 = \left(\dfrac{\hbar}{2m\omega}\right)^3 b$$

3. 섭동 항은 $\lambda H_1 = \dfrac{U_0}{a}x \ (0 \le x \le a)$이다. 비섭동에 대한 첫 세 고유함수와 이에 대응하는 고유치는 다음과 같다.

$$\begin{cases} \Psi_1(x) = \sqrt{\dfrac{2}{a}}\sin\dfrac{\pi}{a}x, \ E_1 = \dfrac{\pi^2\hbar^2}{2ma^2} \\[2mm] \Psi_2(x) = \sqrt{\dfrac{2}{a}}\sin\dfrac{2\pi}{a}x, \ E_2 = \dfrac{4\pi^2\hbar^2}{2ma^2} \\[2mm] \Psi_3(x) = \sqrt{\dfrac{2}{a}}\sin\dfrac{3\pi}{a}x, \ E_3 = \dfrac{9\pi^2\hbar^2}{2ma^2} \end{cases},$$

$$<\Psi_1|\lambda H_1|\Psi_1> = <\Psi_1|\dfrac{U_0}{a}x|\Psi_1> = \dfrac{U_0}{a}\dfrac{2}{a}\int_0^a x\sin^2\left(\dfrac{\pi}{a}x\right)dx$$

$$= \dfrac{U_0}{a}\dfrac{2}{a}\dfrac{1}{2}\int_0^a x\left(1-\cos\dfrac{2\pi}{a}x\right)dx = \dfrac{U_0}{a}\dfrac{2}{a}\dfrac{1}{2}\dfrac{1}{2}a^2 = \dfrac{U_0}{2}$$

유사한 방법으로 $<\Psi_2|\dfrac{U_0}{a}x|\Psi_2> = <\Psi_3|\dfrac{U_0}{a}x|\Psi_3> = \dfrac{U_0}{2}$

그러므로 1차 에너지 보정은

$$\lambda E^{(1)} = <\Psi_1|\lambda H_1|\Psi_1> = <\Psi_2|\lambda H_1|\Psi_2> = <\Psi_3|\lambda H_1|\Psi_3> = \dfrac{U_0}{2}$$

이 되어서 무한 우물 포텐셜이 그림과 같이 약간 변형이 되었을 때의 첫 세 상태의 에너지는 다음과 같다.

$$\dfrac{\pi^2\hbar^2}{2ma^2}+\dfrac{U_0}{2}, \ \dfrac{4\pi^2\hbar^2}{2ma^2}+\dfrac{U_0}{2}, \ \dfrac{9\pi^2\hbar^2}{2ma^2}+\dfrac{U_0}{2}$$

4. (a) 폭이 a인 1차원 우물 포텐셜에 있는 두 입자의 고유함수는

$$\phi(x_1) = \sqrt{\dfrac{2}{a}}\sin\dfrac{n_1\pi}{a}x_1, \ \phi(x_2) = \sqrt{\dfrac{2}{a}}\sin\dfrac{n_2\pi}{a}x_2, \ \text{여기서 } n_1 \text{과 } n_2 = 1,2,\cdots\cdots$$

이고 이에 대응하는 고유치는 각각 $E_{n_1} = \dfrac{\pi^2 n_1^2\hbar^2}{2ma^2}, \ E_{n_2} = \dfrac{\pi^2 n_2^2\hbar^2}{2ma^2}$

그러므로 두 입자계의 고유함수는

$$\Psi_{n_1 n_2}(x_1, x_2) = \phi(x_1)\phi(x_2) = \dfrac{2}{a}\sin\left(\dfrac{n_1\pi x_1}{a}\right)\sin\left(\dfrac{n_2\pi x_2}{a}\right)\text{이고}$$

고유치는 $E_{n_1 n_2} = \dfrac{\pi^2\hbar^2}{2ma^2}(n_1^2 + n_2^2)$이다.

(b) 바닥상태는 $\Psi_{11}(x_1, x_2) = \dfrac{2}{a} \sin\left(\dfrac{\pi x_1}{a}\right) \sin\left(\dfrac{\pi x_2}{a}\right)$

이때 바닥상태의 1차 에너지 보정은 다음과 같다.

$$\lambda E^{(1)} = <\Psi_{11}(x_1, x_2)|\lambda H_1|\Psi_{11}(x_1, x_2)> = <\Psi_{11}(x_1, x_2)|A\delta(x_1 - x_2)|\Psi_{11}(x_1, x_2)>$$

$$= \int_0^a \int_0^a dx_1 dx_2 \, A\delta(x_1 - x_2)\left(\dfrac{2}{a}\right)^2 \sin^2\left(\dfrac{\pi x_1}{a}\right)\sin^2\left(\dfrac{\pi x_2}{a}\right)$$

$$= A\left(\dfrac{2}{a}\right)^2 \int_0^a dx_1 \sin^4\left(\dfrac{\pi x_1}{a}\right) = A\left(\dfrac{2}{a}\right)^2\left(\dfrac{1}{4}\dfrac{3}{2}a\right) = \dfrac{3A}{2a}$$

Chapter 11

1. (a) $^{2s+1}L_j = {}^2P_{1/2} \Rightarrow \ell = 1, \; s = \dfrac{1}{2}, \; j = \dfrac{1}{2}, \; j_z = \dfrac{1}{2}$

(b) 상태벡터 표현에서 등식의 왼편을 $|j, j_z>$로 오른편을 $|\ell, m_\ell>|s, s_z>$로 나타내면

상태벡터 $|\dfrac{3}{2}, \dfrac{3}{2}> = |1,1>|\dfrac{1}{2}, \dfrac{1}{2}>$이므로 관계식의 좌우에 내림 연산자를 걸어주면

다음과 같다.

$$\sqrt{3}|\dfrac{3}{2}, \dfrac{1}{2}> = \sqrt{2}|1,0>|\dfrac{1}{2}, \dfrac{1}{2}> + |1,1>|\dfrac{1}{2}, -\dfrac{1}{2}>$$

$$\Rightarrow |\dfrac{3}{2}, \dfrac{1}{2}> = \sqrt{\dfrac{2}{3}}|1,0>|\dfrac{1}{2}, \dfrac{1}{2}> + \sqrt{\dfrac{1}{3}}|1,1>|\dfrac{1}{2}, -\dfrac{1}{2}>$$

위 관계식에 상태벡터의 직교성을 적용하면 다음의 관계식을 얻는다.

$$|\dfrac{1}{2}, \dfrac{1}{2}> = -\sqrt{\dfrac{1}{3}}|1,0>|\dfrac{1}{2}, \dfrac{1}{2}> + \sqrt{\dfrac{2}{3}}|1,1>|\dfrac{1}{2}, -\dfrac{1}{2}>$$

∴ 총 각운동량 양자수 $j = 1/2$인 수소원자에서 전자의 스핀이 업으로 있을 확률은

$$\left(-\sqrt{\dfrac{1}{3}}\right)^2 = \dfrac{1}{3}$$

(c) $|\dfrac{1}{2}, \dfrac{1}{2}> = -\sqrt{\dfrac{1}{3}}|1,0>|\dfrac{1}{2}, \dfrac{1}{2}> + \sqrt{\dfrac{2}{3}}|1,1>|\dfrac{1}{2}, -\dfrac{1}{2}> = \sqrt{\dfrac{2}{3}}Y_{11} - \sqrt{\dfrac{1}{3}}Y_{10}$

$$\Rightarrow P(\theta, \phi)d\Omega = \left(\dfrac{2}{3}Y_{11}^* Y_{11} + \dfrac{1}{3}Y_{10}^* Y_{10}\right)d\Omega = \left(\dfrac{2}{3}\dfrac{1}{4}\dfrac{3}{2\pi}\sin^2\theta + \dfrac{1}{3}\dfrac{1}{4}\dfrac{3}{\pi}\cos^2\theta\right)d\Omega$$

$$= \left(\dfrac{\sin^2\theta}{4\pi} + \dfrac{\cos^2\theta}{4\pi}\right)d\Omega = \dfrac{1}{4\pi}d\Omega$$

∴ $P(\theta, \phi) = \dfrac{1}{4\pi}$

(d) $H_B = \dfrac{e}{2m_e}(\vec{L} + 2\vec{S}) \cdot \vec{B} = \dfrac{eB}{2m_e}(L_z + 2S_z) = \dfrac{eB}{2m_e}(J_z + S_z)$

$$\Rightarrow \ \Delta E_B = <\tfrac{1}{2}, \tfrac{1}{2}|H_B|\tfrac{1}{2}, \tfrac{1}{2}> = \dfrac{eB}{2m_e} <\tfrac{1}{2}, \tfrac{1}{2}|(J_z + S_z)|\tfrac{1}{2}, \tfrac{1}{2}> \qquad (1)$$

여기서 $<\tfrac{1}{2}, \tfrac{1}{2}|J_z|\tfrac{1}{2}, \tfrac{1}{2}> = \tfrac{1}{2}\hbar$ 그리고 투영정리로부터

$$<\tfrac{1}{2}, \tfrac{1}{2}|S_z|\tfrac{1}{2}, \tfrac{1}{2}> = <J_z> \dfrac{j(j+1) - \ell(\ell+1) + s(s+1)}{2j(j+1)}$$

$$= \dfrac{1}{2}\hbar \dfrac{\tfrac{1}{2}\tfrac{3}{2} - 1(1+1) + \tfrac{1}{2}\tfrac{3}{2}}{2\tfrac{1}{2}\tfrac{3}{2}} = -\dfrac{1}{6}\hbar$$

이들을 식 (1)에 대입하면 다음과 같은 에너지변동 값을 얻는다.

$$\Delta E_B = \dfrac{eB}{2m_e}\left(\dfrac{1}{2} - \dfrac{1}{6}\right)\hbar = \dfrac{eB}{6m_e}\hbar$$

2. (a) $\vec{F} = \vec{S} + \vec{I} \ \Rightarrow \ \vec{I} \cdot \vec{S} = \dfrac{1}{2}(F^2 - S^2 - I^2)$

$$\Rightarrow \ <\vec{I} \cdot \vec{S}> = \dfrac{1}{2}\left[F(F+1) - s(s+1) - I(I+1)\right]\hbar^2$$

$$= \dfrac{1}{2}[F(F+1) - \dfrac{3}{4} - \dfrac{3}{4}]\hbar^2 = \dfrac{1}{2}\hbar^2 \begin{cases} \dfrac{1}{2}, & F = 1 \text{일 경우} \\ -\dfrac{3}{2}, & F = 0 \text{일 경우} \end{cases}$$

(b) $\lambda E^{(1)} = <\Psi_{100}(\vec{r})|\lambda H_1|\Psi_{100}(\vec{r})>$

$$= C <R_{10}(0)|\vec{I} \cdot \vec{S}|R_{10}(0)> \int d\Omega \, Y_{00}^*(\theta, \phi) Y_{00}(\theta, \phi)$$

$$= \dfrac{1}{\pi}\left(\dfrac{1}{a_0}\right)^3 C\dfrac{1}{2}\hbar^2 \begin{cases} \dfrac{1}{2}, & F = 1 \text{일 경우} \\ -\dfrac{3}{2}, & F = 0 \text{일 경우} \end{cases}$$

(c) $F = 1$일 때가 양성자의 스핀과 전자의 스핀이 같은 방향일 때에 해당하고 $F = 0$일 때가 양성자의 스핀과 전자의 스핀이 반대 방향일 때에 해당한다. 그리고 에너지 차이는

$$\Delta E = \dfrac{1}{\pi}\left(\dfrac{1}{a_0}\right)^3 C\dfrac{1}{2}\hbar^2 \left[\dfrac{1}{2} - \left(-\dfrac{3}{2}\right)\right] = \dfrac{1}{\pi}\left(\dfrac{1}{a_0}\right)^3 C\hbar^2$$

(d) 에너지 $E = -\vec{\mu_e} \cdot \vec{B}$이므로 양성자의 스핀 방향과 전자의 스핀 방향이 같을 때 $\vec{\mu_e} \cdot \vec{B} < 0$이 되어 에너지는 양수가 된다. 반면에 양성자의 스핀 방향과 전자의 스핀

방향이 다를 때 $\mu_e \cdot \vec{B} > 0$이 되어 에너지는 음수가 된다. 그러므로 $F = 1$일 때의 에너지가 아래 그림과 같이 $F = 0$일 때 보다 높다.

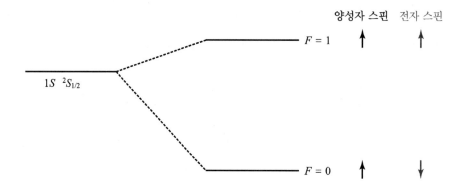

Chapter 12

1. (a) 해밀토니안 H는

$$H = -\frac{\hbar^2}{2m_1}\frac{\partial^2}{\partial x_1^2} + \frac{1}{2}m_1\omega^2 x_1^2 - \frac{\hbar^2}{2m_2}\frac{\partial^2}{\partial x_2^2} + \frac{1}{2}m_2\omega^2 x_2^2 + \frac{1}{2}k'(x_1 - x_2)^2 \qquad (1)$$

으로 나타낼 수 있다. 해밀토니안을 상대좌표$(x = x_1 - x_2)$와 질량중심좌표 $(X = \dfrac{m_1 x_1 + m_2 x_2}{m_1 + m_2})$로 나타내자.

$$\Rightarrow \begin{cases} x_1 = \dfrac{m_2}{m_1 + m_2}x + X \\[2mm] x_2 = -\dfrac{m_1}{m_1 + m_2}x + X \end{cases} \qquad (2)$$

그리고

$$\frac{\partial}{\partial x_1} = \frac{\partial x}{\partial x_1}\frac{\partial}{\partial x} + \frac{\partial X}{\partial x_1}\frac{\partial}{\partial X} = \frac{\partial}{\partial x} + \frac{m_1}{m_1 + m_2}\frac{\partial}{\partial X}$$

$$\Rightarrow \frac{\partial^2}{\partial x_1^2} = \frac{\partial^2}{\partial x^2} + 2\frac{m_1}{m_1 + m_2}\frac{\partial^2}{\partial x \partial X} + \left(\frac{m_1}{m_1 + m_2}\right)^2\frac{\partial^2}{\partial X^2} \qquad (3)$$

유사한 방법으로

$$\frac{\partial}{\partial x_2} = -\frac{\partial}{\partial x} + \frac{m_2}{m_1 + m_2}\frac{\partial}{\partial X}$$

$$\Rightarrow \frac{\partial^2}{\partial x_2^2} = \frac{\partial^2}{\partial x^2} - 2\frac{m_2}{m_1+m_2}\frac{\partial^2}{\partial x \partial X} + \left(\frac{m_2}{m_1+m_2}\right)^2\frac{\partial^2}{\partial X^2} \tag{4}$$

식 (2)는 다음과 같다.

$$\begin{cases} x_1^2 = \left(\dfrac{m_2}{m_1+m_2}\right)^2 x^2 + 2\dfrac{m_2}{m_1+m_2}xX + X^2 \\[2mm] x_2^2 = \left(\dfrac{m_1}{m_1+m_2}\right)^2 x^2 - 2\dfrac{m_1}{m_1+m_2}xX + X^2 \end{cases} \tag{5}$$

식 (3)~(5)를 식 (1)에 대입하면 다음과 같다.

$$\begin{aligned} H = & -\frac{\hbar^2}{2(m_1+m_2)}\frac{\partial^2}{\partial X^2} - \frac{\hbar^2}{2}\frac{m_1+m_2}{m_1 m_2}\frac{\partial^2}{\partial x^2} \\ & + \frac{1}{2}(m_1+m_2)\omega^2 X^2 + \frac{1}{2}\frac{m_1 m_2}{m_1+m_2}\omega^2 x^2 + \frac{1}{2}k' x^2 \\ = & -\frac{\hbar^2}{2M}\frac{\partial^2}{\partial X^2} + \frac{1}{2}M\omega^2 X^2 - \frac{\hbar^2}{2\mu}\frac{\partial^2}{\partial x^2} + \frac{1}{2}\mu\omega^2 x^2 + \frac{1}{2}k' x^2, \end{aligned}$$

$$\text{여기서 } M = m_1 + m_2$$

이때 고유치 방정식은

$$\left[-\frac{\hbar^2}{2M}\frac{\partial^2}{\partial X^2} + \frac{1}{2}M\omega^2 X^2 - \frac{\hbar^2}{2\mu}\frac{\partial^2}{\partial x^2} + \frac{1}{2}(\mu\omega^2 + k')x^2\right]\phi(X)\phi(x)$$
$$= (E_X + E_x)\phi(X)\phi(x)$$

이 되어

$$\Rightarrow \begin{cases} \left[-\dfrac{\hbar^2}{2M}\dfrac{d^2}{dX^2} + \dfrac{1}{2}M\omega^2 X^2\right]\phi(X) = E_X\phi(X) \Rightarrow \therefore E_X = \left(n_X + \dfrac{1}{2}\right)\hbar\omega \\[3mm] \left[-\dfrac{\hbar^2}{2\mu}\dfrac{d^2}{dx^2} + \dfrac{1}{2}(\mu\omega^2 + k')x^2\right]\phi(x) = E_x\phi(x) \Rightarrow \therefore E_x = \left(n_x + \dfrac{1}{2}\right)\hbar\sqrt{\omega^2 + \dfrac{k'}{\mu}} \end{cases}$$

(b) $k' \ll \mu\omega^2$인 경우

$$\sqrt{\omega^2 + \frac{k'}{\mu}} = \omega\left(1 + \frac{k'}{\mu\omega^2}\right)^{\frac{1}{2}} = \omega\left(1 + \frac{k'}{2\mu\omega^2} + \cdots\cdots\right) \approx \omega\left(1 + \frac{k'}{2\mu\omega^2}\right)$$

이므로

$$E_X + E_x \approx \left(n_X + \frac{1}{2}\right)\hbar\omega + \left(n_x + \frac{1}{2}\right)\hbar\omega$$

로부터 에너지 준위가 $\left(n_x + \dfrac{1}{2}\right)\hbar\omega\left(\dfrac{k'}{2\mu\omega^2}\right)$ 만큼 증가된다.

2. 보존의 경우, 두 입자의 교환 시에 전체 파동함수는 대칭이어야 한다. 바닥상태는 $\ell = 0$ 이기 때문에 두 입자의 교환 시에 파동함수는 대칭이다. 그러므로 전체 파동함수가 대칭이기 위해서는 스핀 파동함수는 반드시 대칭이어야 한다. 총 스핀 값이 2 이기 때문에 $S = 2, 1, 0$이 가능하다.

$S = 2$일 때, 스핀 파동함수는 대칭이며 축퇴된 상태 수는 $2S+1 = 5$이며

$S = 1$일 때, 스핀 파동함수는 비대칭이며 축퇴된 상태 수는 $2S+1 = 3$이며

$S = 0$일 때, 스핀 파동함수는 대칭이며 축퇴된 상태 수는 $2S+1 = 1$이므로

스핀 파동함수가 대칭인 경우만 고려하면, 총 $5+1 = 6$개 상태가 축퇴되어 있다.

3. $E_F = \dfrac{\hbar^2 \pi^2}{2ma^2} n_{\max}^2 = \dfrac{\hbar^2 \pi^2}{2ma^2}(n_x^2 + n_y^2 + n_z^2)_{\max},$

여기서 n_x, n_y, n_z은 양의 정수이므로 구 안에 있는 n_x, n_y, n_z의 개수 N은

$$N = \frac{1}{2^3}\frac{4\pi}{3}R^3 = \frac{1}{8}\frac{4\pi}{3}\big(n_x^2+n_y^2+n_z^2\big)_{\max}^{\frac{3}{2}} \Rightarrow \big(n_x^2+n_y^2+n_z^2\big)_{\max}^{\frac{3}{2}} = \frac{6N}{\pi}$$

$$\therefore\; E_F = \frac{\hbar^2\pi^2}{2ma^2}\big(n_x^2+n_y^2+n_z^2\big)_{\max}^2 = \frac{\hbar^2\pi^2}{2ma^2}\left(\frac{6N}{\pi}\right)^{\frac{2}{3}}$$

4. $dE = \vec{F}\cdot\vec{ds} = PAds = PdV$

여기서 부피가 줄어들면 에너지는 증가하기 때문에 $P = -\dfrac{\partial E}{\partial V}$로 표현된다.

$$E_{tot} = \frac{\hbar^2}{2m}\left(\frac{3\pi^2}{V}\right)^{\frac{2}{3}}\frac{3}{5}N^{\frac{5}{3}} = \frac{\hbar^2}{2m}\big(3\pi^2\big)^{\frac{2}{3}}\frac{3}{5}N^{\frac{5}{3}}V^{-\frac{2}{3}}$$

$$\Rightarrow \therefore\; P = -\frac{\partial E}{\partial V} = \frac{2}{3}\frac{\hbar^2}{2m}\big(3\pi^2\big)^{\frac{2}{3}}\frac{3}{5}N^{\frac{5}{3}}V^{-\frac{5}{3}} = \frac{2}{3}\frac{\hbar^2}{2m}\big(3\pi^2\big)^{\frac{2}{3}}\frac{3}{5}n^{\frac{5}{3}}$$

Chapter 13

1. 전이확률은 $P_1(\infty) = \dfrac{q^2\epsilon^2\tau^2\pi}{\hbar}\dfrac{1}{2m_q\omega}e^{-\frac{\omega^2}{2}\tau^2}$이므로

$$\left.\frac{dP_1}{d\tau}\right|_{\tau_{\max}} = 0 \Rightarrow \frac{\pi q^2\epsilon^2}{2m_q\hbar\omega}(2 - \tau_{\max}^2\omega^2)\tau_{\max}e^{-\frac{\omega^2\tau_{\max}^2}{2}} = 0$$

(i) $\tau_{\max} = 0$일 경우, 즉 무한히 짧은 펄스의 경우에는 $P_1 = 0$이므로 전이확률은 최소인 0 이다.

(ii) $\tau_{\max}^2 \omega^2 = 2 \Rightarrow \tau_{\max} = \pm \dfrac{\sqrt{2}}{\omega}$ 에서 음의 解는 물리적으로 타당하지 않기 때문에

$\tau_{\max} = \dfrac{\sqrt{2}}{\omega}$ 만이 解가 된다. 이 값을 전이확률에 대입하면

$$P_1(\tau_{\max} = \sqrt{2}/\omega) = \frac{\pi}{2} \frac{q^2 \epsilon^2}{m_q \hbar \omega} \frac{2}{\omega^2} e^{-\frac{\omega^2}{2}\frac{2}{\omega^2}} = \frac{\pi q^2 \epsilon^2}{m_q \hbar \omega^3} e^{-1}$$

즉 최대 전이확률은 $P_1(\tau = \sqrt{2}/\omega) = \dfrac{\pi q^2 \epsilon^2}{m_q \hbar \omega^3} e^{-1}$ 이다.

2. (a) 전기장의 크기가 작아서 이를 섭동 항으로 간주할 수 있어서

$$\lambda U(t) = e \varepsilon x = e \varepsilon \sqrt{\frac{\hbar}{2m\omega}} (a + a^+)$$

(b) $|\phi_k^0\rangle \rightarrow |\phi_m^0\rangle$ 에 대한 전이진폭은 $a_m(t) = -\dfrac{i}{\hbar} \displaystyle\int_{t_0}^{t} e^{i\omega_{mk}t} \langle \phi_m^0 | \lambda U(t) | \phi_k^0 \rangle \, dt$ 이므

로 바닥상태에서 첫 번째 들뜬 상태로 전이할 전이진폭은

$$a_1(t) = -\frac{i}{\hbar} e \varepsilon \sqrt{\frac{\hbar}{2m\omega}} \int_0^T e^{i\omega_{10}t} \langle 1 | (a + a^+) | 0 \rangle \, dt,$$

여기서 $\omega_{10} = \dfrac{1}{\hbar}(E_1 - E_0) = \omega$

$$\Rightarrow a_1(t) = -\frac{i}{\hbar} e \varepsilon \sqrt{\frac{\hbar}{2m\omega}} \int_0^T e^{i\omega t} \, dt = -\frac{i}{\hbar} e \varepsilon \sqrt{\frac{\hbar}{2m\omega}} \frac{1}{i\omega} e^{i\omega t} \big|_0^T$$

$$= -\frac{1}{\hbar} e \varepsilon \sqrt{\frac{\hbar}{2m\omega}} \frac{1}{\omega} (e^{i\omega T} - 1)$$

$$= -\frac{e \varepsilon}{\hbar \omega} \sqrt{\frac{\hbar}{2m\omega}} e^{\frac{i\omega T}{2}} (e^{\frac{i\omega T}{2}} - e^{-\frac{i\omega T}{2}})$$

$$= -\frac{e \varepsilon}{\hbar \omega} \sqrt{\frac{\hbar}{2m\omega}} e^{\frac{i\omega T}{2}} 2i \sin \frac{\omega T}{2}$$

$$= -i \frac{2 e \varepsilon}{\hbar \omega} \sqrt{\frac{\hbar}{2m\omega}} e^{\frac{i\omega T}{2}} \sin \frac{\omega T}{2}$$

그러므로 전이확률은

$$P_1 = |a_1(t)|^2 = \left(\frac{2 e \varepsilon}{\hbar \omega}\right)^2 \frac{\hbar}{2m\omega} \sin^2 \frac{\omega T}{2} = \frac{2 e^2 \varepsilon^2}{m \hbar \omega^3} \sin^2 \frac{\omega T}{2}$$

(c) $\sin^2 \dfrac{\omega T}{2} = 1 \Rightarrow \dfrac{\omega T}{2} = \dfrac{\pi}{2} \Rightarrow \therefore T = \dfrac{\pi}{\omega}$

이때 $P_{1\max} = \dfrac{2e^2\varepsilon^2}{m\hbar\omega^3}$

3. $|\phi_k^0> \rightarrow |\phi_m^0>$에 대한 전이진폭은 다음과 같다.

$$a_m(t) = -\frac{i}{\hbar}\int_{-\infty}^t e^{i\omega_{mk}t} <\phi_m^0|U(t)|\phi_k^0> dt$$

$$= -\frac{i}{\hbar}\int_{-\infty}^t e^{at}e^{-i\omega t}e^{i\omega_{mk}t} <\phi_m^0|U|\phi_k^0> dt$$

$$= -\frac{i}{\hbar} <\phi_m^0|U|\phi_k^0> \int_{-\infty}^t e^{i(\omega_{mk} - \omega - ia)t}dt$$

$$= -\frac{i}{\hbar} <\phi_m^0|U|\phi_k^0> \frac{1}{i(\omega_{mk} - \omega - ia)} e^{i(\omega_{mk} - \omega - ia)t}|_{-\infty}^t$$

$$= -\frac{1}{\hbar} <\phi_m^0|U|\phi_k^0> \frac{e^{i(\omega_{mk} - \omega - ia)t}}{\omega_{mk} - \omega - ia}$$

그러므로 전이확률은

$$|a_m(t)|^2 = \frac{1}{\hbar^2}|<\phi_m^0|U|\phi_k^0>|^2\frac{e^{2at}}{(\omega_{mk} - \omega)^2 + a^2}$$

그리고

$$\frac{d}{dt}|a_m(t)|^2 = \frac{1}{\hbar^2}|<\phi_m^0|U|\phi_k^0>|^2\frac{2ae^{2at}}{(\omega_{mk} - \omega)^2 + a^2}$$

이때 $a \rightarrow 0$이면 전이확률은 $\dfrac{1}{\hbar^2}|<\phi_m^0|U|\phi_k^0>|^2 2\pi\delta(\omega_{mk} - \omega)$인 황금률 결과를 얻는다.

4. 길이가 a인 정육면체의 고유치와 고유함수는 각각 $E_n = \dfrac{n^2\pi^2\hbar^2}{2ma^2}$과

$\Psi_n(x) = \sqrt{\dfrac{2}{a}}\sin\dfrac{n\pi}{a}x$이다. (여기서 $n = 1,\ 2,\ \cdots\cdots$ 인 정수)
그러므로 3차원에서 상태함수는

$$\Psi_{n_x n_y n_z}(x,y,z) = \left(\frac{2}{a}\right)^{\frac{3}{2}}\sin\left(\frac{n_x\pi x}{a}\right)\sin\left(\frac{n_y\pi y}{a}\right)\sin\left(\frac{n_z\pi z}{a}\right) \equiv |n_x n_y n_z>$$

이때 바닥상태는 $|111>$로 표시되며 첫 번째 들뜬 상태는 $|211>$ 또는 $|121>$ 또는 $|112>$이다.

섭동항은 $H_1 = -e\vec{r}\cdot\vec{E} = -eE_0 x e^{-\alpha t}$이므로 바닥상태에 있는 입자가 $t = \infty$에서 첫 번째 들뜬 상태로 전이할 진폭을 구하기 위해서 다음을 계산하자.

$$< 111|x|211 > = \left(\frac{2}{a}\right)^3 \int_0^a x\sin\left(\frac{\pi x}{a}\right)\sin\left(\frac{2\pi x}{a}\right)dx = -\frac{32}{9\pi^2}\frac{a}{2}$$

다른 적분 항에 있는 피적분 함수는 $\sin\left(\frac{\pi y}{a}\right)\sin\left(\frac{2\pi y}{a}\right) = \frac{1}{2}\left[\cos\left(\frac{\pi y}{a}\right) - \cos\left(\frac{3\pi y}{a}\right)\right]$ 이므로 이 피적분함수를 구간 $[0, a]$에 관해서 적분을 하면 0이 된다. z에 대한 적분 항도 유사하게 0이 된다.

이때 전이확률은

$$P = \frac{1}{\hbar^2}\left|\int_0^\infty < 111|H_1|211 > e^{\frac{i}{\hbar}(E_{211} - E_{111})t}dt\right|^2$$

이므로

$$P = \left(\frac{16a}{9\hbar\pi^2}eE_0\right)^2\left|\int_0^\infty e^{\left(-\alpha + i\frac{\triangle E}{\hbar}\right)t}dt\right|^2 = \left(\frac{16a}{9\hbar\pi^2}eE_0\right)^2\frac{\hbar^2}{\alpha^2\hbar^2 + (\triangle E)^2}$$

여기서 $\triangle E = E_{211} - E_{111} = \frac{\pi^2\hbar^2}{2ma^2}(2^2 + 1^2 + 1^2 - 1^1 - 1^2 - 1^2) = \frac{3\pi^2\hbar^2}{2ma^2}$

5. 시간의존 슈뢰딩거 방정식은

$$i\hbar\frac{\partial}{\partial t}|\Psi(t) > = H|\Psi(t) > \tag{1}$$

이다. 여기서 해밀토니안은 비섭동항과 섭동항의 합인 $H = H_0 + H'$이다.

$$|\Psi(t) > = c_1(t)e^{-i\omega_1 t}|\Psi_1 > + c_2(t)e^{-i\omega t}|\Psi_2 >$$

라 놓으면, $c_2(t)$을 구해야 시간 t에서 원자가 $|\Psi_2 >$에 있을 확률을 구할 수 있다.

시간 $t = 0$에서 위 식은 $|\Psi(0) > = c_1(0)|\Psi_1 > + c_2(0)|\Psi_2 > = |\Psi_1 >$이므로 $c_1(0) = 1$, $c_2(0) = 0$을 얻는다. $H = H_0 + H'$와 $|\Psi(t) >$을 식 (1)에 대입하면

$$i\hbar\left[\dot{c_1}e^{-i\omega_1 t}|\Psi_1 > -i\omega_1 c_1 e^{-i\omega_1 t}|\Psi_1 > + \dot{c_2}e^{-i\omega_2 t}|\Psi_2 > -i\omega_2 c_2 e^{-i\omega_2 t}|\Psi_2 >\right]$$

$$= c_1 e^{-i\omega_1 t}H_0|\Psi_1 > + c_2 e^{-i\omega_2 t}H_0|\Psi_2 > + c_1 e^{-i\omega_1 t}H'|\Psi_1 > + c_2 e^{-i\omega_2 t}H'|\Psi_2 >$$

$$= \hbar\omega_1 c_1 e^{-i\omega_1 t}|\Psi_1 > + \hbar\omega_2 c_2 e^{-i\omega_2 t}|\Psi_2 > + c_1 e^{-i\omega_1 t}H'|\Psi_1 > + c_2 e^{-i\omega_2 t}H'|\Psi_2 >$$

$$\Rightarrow i\hbar\left[\dot{c_1}e^{-i\omega_1 t}|\Psi_1 > + \dot{c_2}e^{-i\omega_2 t}|\Psi_2 >\right] = c_1 e^{-i\omega_1 t}H'|\Psi_1 > + c_2 e^{-i\omega_2 t}H'|\Psi_2 > \tag{2}$$

위 식의 좌·우에 $< \Psi_1|$을 곱해주면

$$i\hbar\dot{c_1}e^{-i\omega_1 t} = c_1 e^{-i\omega_1 t} < \Psi_1|H'|\Psi_1 > + c_2 e^{-i\omega_2 t} < \Psi_1|H'|\Psi_2 > \tag{3}$$

식 (2)의 좌우에 $<\Psi_2|$을 곱해주면

$$i\hbar\dot{c_2}e^{-i\omega_2 t} = c_1 e^{-i\omega_1 t} <\Psi_2|H'|\Psi_1> + c_2 e^{-i\omega_2 t} <\Psi_2|H'|\Psi_2> \tag{4}$$

이제 $H' = -e\vec{r}\cdot\vec{E} = -ezE_0(e^{i\omega t} + e^{-i\omega t})$이므로

$$<\Psi_1|H'|\Psi_1> = -eE_0(e^{i\omega t} + e^{-i\omega t})<\Psi_1|z|\Psi_1> \equiv \hbar(e^{i\omega t} + e^{-i\omega t})h_{11}$$

유사한 방법으로 $<\Psi_1|H'|\Psi_2> = \hbar(e^{i\omega t} + e^{-i\omega t})h_{12}$, $<\Psi_2|H'|\Psi_1> = \hbar(e^{i\omega t} + e^{-i\omega t})h_{21}$,

$$<\Psi_2|H'|\Psi_2> = \hbar(e^{i\omega t} + e^{-i\omega t})h_{22}$$

이들을 식 (3)과 (4)에 대입하면

$$\begin{cases} i\hbar\dot{c_1} = \hbar(e^{i\omega t} + e^{-i\omega t})\left[c_1 h_{11} + c_2 e^{-i(\omega_2-\omega_1)t}h_{12}\right] \\ i\hbar\dot{c_2} = \hbar(e^{i\omega t} + e^{-i\omega t})\left[c_1 e^{i(\omega_2-\omega_1)t}h_{21} + c_2 h_{22}\right] \end{cases}$$

$$\Rightarrow \begin{cases} i\dot{c_1} = c_1(e^{i\omega t} + e^{-i\omega t})h_{11} + c_2\left[e^{i(\omega-\omega_{21})t} + e^{-i(\omega+\omega_{21})t}\right]h_{12} \\ i\dot{c_2} = c_1\left[e^{i(\omega+\omega_{21})t} + e^{-i(\omega-\omega_{21})t}\right]h_{21} + c_2(e^{i\omega t} + e^{-i\omega t})h_{22} \end{cases}, \text{ 여기서 } \omega_{21} = \omega_2 - \omega_1$$

여기서 큰 진동수를 갖는 항은 무시할 수 있으므로

$$\Rightarrow \begin{cases} i\dot{c_1} = c_2 e^{i(\omega-\omega_{21})t}h_{12} \\ i\dot{c_2} = c_1 e^{-i(\omega-\omega_{21})t}h_{21} \end{cases} \tag{5}$$

위 식의 두 번째 관계식으로부터

$$i\ddot{c_2} = \dot{c_1}e^{-i(\omega-\omega_{21})t}h_{21} - i(\omega-\omega_{21})c_1 e^{-i(\omega-\omega_{21})t}h_{21}$$

$$\Rightarrow \dot{c_1}e^{-i(\omega-\omega_{21})t}h_{21} = i\ddot{c_2} + i(\omega-\omega_{21})c_1 e^{-i(\omega-\omega_{21})t}h_{21}$$

$$\Rightarrow \dot{c_1} = \frac{i}{h_{21}}\ddot{c_2}e^{i(\omega-\omega_{21})t} + i(\omega-\omega_{21})c_1 \tag{6}$$

이를 식(5)의 첫 번째 관계식에 대입하면 다음과 같다.

$$-\frac{1}{h_{21}}\ddot{c_2}e^{i(\omega-\omega_{21})t} - (\omega-\omega_{21})c_1 = c_2 e^{i(\omega-\omega_{21})t}h_{12}$$

$$\Rightarrow \frac{1}{h_{21}}\ddot{c_2}e^{i(\omega-\omega_{21})t} + (\omega-\omega_{21})\left[i\frac{e^{i(\omega-\omega_{21})t}}{h_{21}}\dot{c_2}\right] = -c_2 e^{i(\omega-\omega_{21})t}h_{12}$$

$$(\because \text{ 식 (5)의 두 번째 관계식으로부터})$$

$$\Rightarrow \frac{1}{h_{21}}\ddot{c_2}e^{i(\omega-\omega_{21})t} + \frac{i}{h_{21}}(\omega-\omega_{21})\dot{c_2}e^{i(\omega-\omega_{21})t} = -c_2 e^{i(\omega-\omega_{21})t}h_{12}$$

$$\therefore \ddot{c_2} - i(\omega_{21}-\omega)\dot{c_2} + h_{12}h_{21}c_2 = 0 \tag{7}$$

(a) $\omega = \omega_2 - \omega_1 = \omega_{21}$일 때, 식 (7)은 다음과 같다.

$$\ddot{c}_2 + h_{12}h_{21}c_2 = 0 \Rightarrow \ddot{c}_2 + |h_{12}|^2 c_2 = 0 \Rightarrow c_2(t) = A_1 e^{ih_{12}t} + A_2 e^{-ih_{12}t}$$

초기조건으로부터 $c_2(0) = 0$이므로 $c_2(0) = A_1 + A_2 = 0 \Rightarrow A_2 = -A_1$

이제 A_1을 구하자. 식 (5)의 두 번째 식으로부터

$$i\dot{c}_2 = c_1 h_{21} \Rightarrow c_1(t) = \frac{i}{h_{21}}\dot{c}_2 = -\frac{h_{12}}{h_{21}}A_1\left(e^{ih_{12}t} + e^{-ih_{12}t}\right)$$

초기조건으로부터 $c_1(0) = 1$이므로 $c_1(0) = -\frac{h_{12}}{h_{21}}2A_1 = 1 \Rightarrow A_1 = -\frac{h_{21}}{2h_{12}}$

$$\therefore \; c_2(t) = A\left(e^{ih_{12}t} - e^{-ih_{12}t}\right) = -\frac{h_{21}}{2h_{12}}\left(e^{ih_{12}t} - e^{-ih_{12}t}\right) = -\frac{h_{21}}{h_{12}}i\sin(h_{12}t)$$

그러므로 시간 t에서 원자가 $|\Psi_2>$에 있을 확률은 다음과 같다.

$$|c_2(t)|^2 = \left|\frac{h_{21}}{h_{12}}\right|^2 \sin^2(h_{12}t)$$

(b) $\omega \approx \omega_2 - \omega_1$인 경우

시도解로 $c_2(t) = e^{i\Omega t}$로 놓고 식 (7)에 대입하면

$$[-\Omega^2 - i(\omega_{21} - \omega)i\Omega + h_{12}h_{21}]e^{i\Omega t} = 0$$

$$\Rightarrow \Omega^2 - (\omega_{21} - \omega)\Omega - h_{12}h_{21} = 0$$

$$\Rightarrow \Omega_{\pm} = \frac{(\omega_{21} - \omega) \pm \sqrt{(\omega_{21} - \omega)^2 + 4h_{12}h_{21}}}{2}$$

그러므로 $c_2(t) = A_1 e^{i\Omega_+ t} + A_2 e^{i\Omega_- t}$

초기조건으로부터 $c_2(0) = 0$이므로 $c_2(0) = A_1 + A_2 = 0 \Rightarrow A_2 = -A_1$

$$c_1(t) = \frac{i}{h_{21}}e^{i(\omega - \omega_{21})t}\dot{c}_2 = \frac{i}{h_{21}}e^{i(\omega - \omega_{21})t}A_1\left[i\Omega_+ e^{i\Omega_+ t} - i\Omega_- e^{i\Omega_- t}\right]$$

$$= -\frac{1}{h_{21}}e^{i(\omega - \omega_{21})t}A_1\left[\Omega_+ e^{i\Omega_+ t} - \Omega_- e^{i\Omega_- t}\right]$$

초기조건으로부터 $c_1(0) = 1$이므로

$$c_1(0) = -\frac{1}{h_{21}}A_1(\Omega_+ - \Omega_-) = 1 \Rightarrow A_1 = \frac{-h_{21}}{\Omega_+ - \Omega_-}$$

그러므로

$$c_2(t) = A_1(e^{i\Omega_+ t} - e^{i\Omega_- t}) = \frac{-h_{21}}{\Omega_+ - \Omega_-}(e^{i\Omega_+ t} - e^{i\Omega_- t})$$

이때 시간 t에서 원자가 $|\Psi_2>$에 있을 확률은 다음과 같다.

$$\begin{aligned}
|c_2(t)|^2 &= \frac{|h_{21}|^2}{(\Omega_+ - \Omega_-)^2}\left[e^{i\Omega_+ t} - e^{i\Omega_- t}\right]\left[e^{-i\Omega_+ t} - e^{-i\Omega_- t}\right] \\
&= \frac{|h_{21}|^2}{(\Omega_+ - \Omega_-)^2}\left[2 - 2\cos(\Omega_+ - \Omega_-)t\right] \\
&= \frac{4|h_{21}|^2}{(\Omega_+ - \Omega_-)^2}\sin^2\left(\frac{(\Omega_+ - \Omega_-)}{2}t\right)
\end{aligned}$$

여기서

$$\begin{aligned}
\Omega_+ - \Omega_- &= \frac{(\omega_{21} - \omega) + \sqrt{(\omega_{21} - \omega)^2 + 4h_{12}h_{21}}}{2} \\
&\quad - \frac{(\omega_{21} - \omega) - \sqrt{(\omega_{21} - \omega)^2 + 4h_{12}h_{21}}}{2} \\
&= \sqrt{(\omega_{21} - \omega)^2 + 4h_{12}h_{21}}
\end{aligned}$$

6. (a) $a_m(t) = -\dfrac{i}{\hbar}\displaystyle\int_{t_0}^t e^{i\omega_{m0}t}<m|U(t)|0>dt = -\dfrac{i}{\hbar}U_0\displaystyle\int_{-\infty}^{\infty}<m|e^{i\omega_{m0}t}\delta(x-ct)|0>dt$

$\qquad = -\dfrac{i}{\hbar}\dfrac{U_0}{c}\displaystyle\int_{-\infty}^{\infty}<m|e^{i\omega_{m0}t}\delta(x/c-t)|0>dt = -\dfrac{i}{\hbar}\dfrac{U_0}{c}<m|e^{i\frac{\omega_{m0}x}{c}}|0>$

$\qquad \Rightarrow |a_m(t)|^2 = \dfrac{1}{\hbar^2}\dfrac{U_0^2}{c^2}|<m|e^{i\frac{\omega_{m0}x}{c}}|0>|^2$

(b) $|a_1(t)|^2 = \dfrac{1}{\hbar^2}\dfrac{U_0^2}{c^2}|<1|e^{i\frac{\omega_{10}x}{c}}|0>|^2$

여기서

$$<1|e^{i\frac{\omega_{m0}x}{c}}|0> = <1|(1 + i\frac{\omega_{10}x}{c} + \cdots\cdots)|0> = <1|(1 + i\frac{\omega x}{c} + \cdots\cdots)|0>$$

$$= i\frac{\omega}{c}<1|x|0> \;\; + \cdots\cdots \approx i\frac{\omega}{c}\sqrt{\frac{\hbar}{2m\omega}} = i\sqrt{\frac{\hbar\omega}{2mc^2}}$$

$$\therefore \;\; |a_1(t)|^2 = \frac{1}{\hbar^2}\frac{U_0^2}{c^2}\frac{\hbar\omega}{2mc^2}$$

Chapter 14

1.

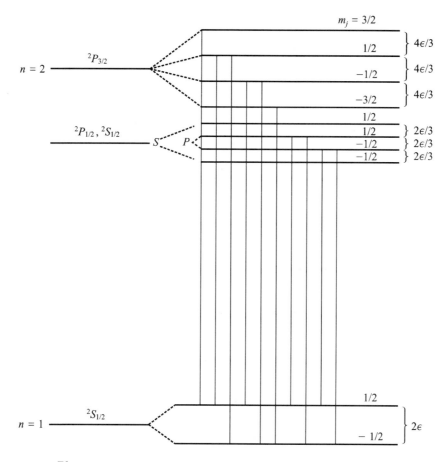

여기서 $\epsilon = \dfrac{eB\hbar}{2m_e}$

Chapter 15

1. (a) $-a < x < a$ 영역에서 슈뢰딩거 방정식은

$$-\frac{\hbar^2}{2m}\frac{d^2\Psi(x)}{dx^2} = E\Psi(x) \;\Rightarrow\; \frac{d^2\Psi}{dx^2} + \frac{2mE}{\hbar^2}\Psi(x) = 0 \;\Rightarrow\; \frac{d^2\Psi}{dx^2} + k^2\Psi(x) = 0$$

$$\therefore \;\Psi(x) = A\sin kx + B\cos kx, \;\; 여기서 \;\; k = \sqrt{\frac{2mE}{\hbar^2}}$$

경계조건 $\Psi(-a) = \Psi(a) = 0$ 으로부터

$$\begin{cases} A\sin ka + B\cos ka = 0 \\ -A\sin ka + B\cos ka = 0 \end{cases} \Rightarrow \begin{cases} B\cos ka = 0 \\ A\sin ka = 0 \end{cases} \Rightarrow A = 0 \;\; 또는 \;\; B = 0$$

(i) $A = 0$일 때

$$\Psi_+(x) = B\cos kx \Rightarrow \Psi_+(a) = B\cos ka = 0 \Rightarrow k_n a = (n - \tfrac{1}{2})\pi,\ n = 1, 2, \cdots\cdots$$

그리고 규격화 조건으로부터

$$|B|^2 \int_{-a}^{a} dx\ \cos^2 kx = 1 \Rightarrow |B|^2 a = 1 \Rightarrow B = \frac{1}{\sqrt{a}}$$

그러므로 고유함수는 $\Psi_+(x) = \dfrac{1}{\sqrt{a}}\cos\left[\left(n - \dfrac{1}{2}\right)\dfrac{\pi}{a}x\right],\ n = 1, 2, \cdots\cdots$ 인 정수

이에 대응하는 고유치는 $E_+ = \dfrac{\hbar^2 k^2}{2m} = \dfrac{\hbar^2 \pi^2}{2ma^2}(n - \tfrac{1}{2})^2$

(ii) $B = 0$일 때

$$\Psi_-(x) = A\sin kx \Rightarrow \Psi_-(a) = B\sin ka = 0 \Rightarrow k_n a = n\pi,\ n = 1, 2, \cdots\cdots$$

그리고 규격화 조건으로부터

$$|A|^2 \int_{-a}^{a} dx\ \sin^2 kx = 1 \Rightarrow A = \frac{1}{\sqrt{a}}$$

그러므로 고유함수는 $\Psi_-(x) = \dfrac{1}{\sqrt{a}}\sin\left(\dfrac{n\pi}{a}x\right),\ n = 1, 2, \cdots\cdots$ 인 정수

이에 대응하는 고유치는 $E_- = \dfrac{\hbar^2 k^2}{2m} = \dfrac{\hbar^2 \pi^2}{2ma^2}n^2$

(b) $\lambda E_n^{(1)} = <\Psi_n(x)|\lambda H_1|\Psi_n(x)> = k <\Psi_n(x)|x|\Psi_n(x)>$

(a)에서 구한 것과 같이 고유함수 $|\Psi_n(x)|^2$은 우함수이고 x은 기함수이므로 대칭 구간에서 기함수와 우함수 곱의 적분은 0이다. 그러므로 $\lambda E_n^{(1)} = 0$
즉 1차 에너지 변동은 없다.

(c) $k <\Psi_m(x)|x|\Psi_n(x)> \propto <\Psi_m|(a^+ + a)|\Psi_n> = \sqrt{n+1}\,\delta_{m',n+1} + \sqrt{n}\,\delta_{m',n-1}$

그러므로 선택률은 $\triangle n = \pm 1$

Chapter 16

1. $\sigma_0 = \dfrac{4\pi}{k^2}\sin^2\delta_0 = \dfrac{4\pi}{k^2}\dfrac{\sin^2\delta_0}{\cos^2\delta_0 + \sin^2\delta_0} = \dfrac{4\pi}{k^2}\dfrac{1}{1 + \cot^2\delta_0} = 4\pi\dfrac{1}{k^2 + (k\cot\delta_0)^2}$

식 (16.3.21)과 (16.3.23)으로부터 다음과 같다.

$$\sigma_0 = 4\pi \frac{1}{k^2 + \left[-\dfrac{1}{a(k)}\right]^2} = 4\pi \frac{1}{k^2 + \left(\dfrac{1}{a} - \dfrac{1}{2}k^2 r_{eff}\right)^2}$$

낮은 에너지에서의 산란이므로 위 식의 분모는

$$k^2 + \left(\frac{1}{a} - \frac{1}{2}k^2 r_{eff}\right)^2 = k^2 + \frac{1}{a^2}\left(1 - \frac{k^2 a}{2}r_{eff}\right)^2$$

$$\approx k^2 + \frac{1}{a^2}(1 - k^2 a r_{eff}) = \frac{1}{a^2} + k^2\left(1 - \frac{r_{eff}}{a}\right)$$

$$= \frac{1}{a^2}\left[1 + k^2 a^2\left(1 - \frac{r_{eff}}{a}\right)\right]$$

가 되어 산란단면적은 다음과 같다.

$$\sigma_0 = \frac{4\pi a^2}{1 + k^2 a^2\left(1 - \dfrac{r_{eff}}{a}\right)} \approx 4\pi a^2\left[1 - k^2 a^2\left(1 - \frac{r_{eff}}{a}\right)\right] = 4\pi a^2[1 - k^2 a(a - r_{eff})]$$

2. (a) 주어진 포텐셜에 대한 슈뢰딩거 방정식의 解는

$$R(r) = \begin{cases} 0, & r < r_0 \\ A j_\ell(kr) + B\eta_\ell(kr), & r > r_0 \end{cases}, \quad \text{여기서 } k = \sqrt{\frac{2mE}{\hbar^2}} \quad \text{그리고 } E > 0$$

(b) 큰 r에서

$$R(r) = A\left[\frac{\sin\left(kr - \dfrac{\ell\pi}{2}\right)}{kr}\right] - B\left[\frac{\cos\left(kr - \dfrac{\ell\pi}{2}\right)}{kr}\right]$$

$$= \frac{1}{kr}\left[A\sin\left(kr - \frac{\ell\pi}{2}\right) - B\cos\left(kr - \frac{\ell\pi}{2}\right)\right]$$

$$= \frac{1}{kr}\sin\left(kr - \frac{\ell\pi}{2} + \delta_\ell\right)$$

그러므로 $\cos\delta_\ell = A$ 그리고 $\sin\delta_\ell = -B$

$$\Rightarrow \tan\delta_\ell = \frac{\sin\delta_\ell}{\cos\delta_\ell} = -\frac{B}{A} \Rightarrow \therefore \delta_\ell(k) = -\tan^{-1}\frac{B}{A}$$

$r = r_0$에서 解가 연속인 경계조건을 적용하면

$$\frac{1}{kr_0}\sin\left(kr_0 - \frac{\ell\pi}{2} + \delta_\ell\right) = 0 \Rightarrow \sin\left(kr_0 - \frac{\ell\pi}{2} + \delta_\ell\right) = 0$$

$$\Rightarrow \sin\left(kr_0 - \frac{\ell\pi}{2}\right)\cos\delta_\ell + \cos\left(kr_0 - \frac{\ell\pi}{2}\right)\sin\delta_\ell = 0$$

$$\Rightarrow \sin\left(kr_0 - \frac{\ell\pi}{2}\right)\cos\delta_\ell = -\cos\left(kr_0 - \frac{\ell\pi}{2}\right)\sin\delta_\ell$$

$$\therefore \ \tan\delta_\ell = \frac{\sin\delta_\ell}{\cos\delta_\ell} = -\frac{\sin\left(kr_0 - \frac{\ell\pi}{2}\right)}{\cos\left(kr_0 - \frac{\ell\pi}{2}\right)} = \frac{j_\ell(kr_0)}{\eta_\ell(kr_0)}$$

$$\left(\because \ R(r_0) = 0 \ \Rightarrow \ Aj_\ell(kr_0) + B\eta_\ell(kr_0) = 0 \ \Rightarrow \ -\frac{B}{A} = \frac{j_\ell(kr_0)}{\eta_\ell(kr_0)} = \tan\delta_\ell\right)$$

(c) 에너지가 작은 경우 위 식에서 $kr_0 \ll 1$에 대한 구형 베셀함수와 구형 노이만함수의 근사식을 사용하면 되므로

$$\tan\delta_\ell = \frac{j_\ell(kr_0)}{\eta_\ell(kr_0)} \ \rightarrow \ \frac{\dfrac{1}{(2\ell+1)!!}(kr_0)^\ell}{-\dfrac{(2\ell-1)!!}{(kr_0)^{\ell+1}}} = -\frac{(kr_0)^{2\ell+1}}{(2\ell+1)!!(2\ell-1)!!}$$

여기서 $(2\ell-1)!! = \dfrac{(2\ell+1)!!}{2\ell+1}$ 이므로 위 식은

$$\tan\delta_\ell = -\frac{2\ell+1}{[(2\ell+1)!!]^2}(kr_0)^{2\ell+1}$$

작은 k 값이기 때문에 ℓ 값이 커짐에 따라 위 식의 오른편 값은 급격히 작아지므로 왼편의 δ_ℓ 값도 작아지게 된다. 즉 위상 이동량에 $\ell = 0$의 기여도가 가장 크게 된다.

(d) $\tan\delta_\ell = -\dfrac{2\ell+1}{[(2\ell+1)!!]^2}(kr_0)^{2\ell+1} \ \rightarrow \ \delta_0 = -kr_0$

$$\therefore \ \sigma_{tot} = \frac{4\pi}{k^2}\sin^2\delta_0 = \frac{4\pi}{k^2}\delta_0^2 = \frac{4\pi}{k^2}k^2r_0^2 = 4\pi r_0^2$$

3. (a) 구면좌표계에서 지름성분에 대한 슈뢰딩거 방정식은

$$-\frac{\hbar^2}{2m}\frac{1}{r^2}\frac{d}{dr}\left(r^2\frac{dR(r)}{dr}\right) + U(r)R(r) = ER(r)$$

$$\Rightarrow -\frac{\hbar^2}{2m}\frac{1}{r^2}\frac{d}{dr}\left(r^2\frac{dR(r)}{dr}\right) + \frac{\hbar^2 a}{2m}\delta(r - r_0)R(r) = ER(r)$$

$$\Rightarrow \frac{d^2R}{dr^2} + \frac{2}{r}\frac{dR}{dr} + k^2R(r) = a\delta(r - r_0)R(r), \ \text{여기서} \ k = \sqrt{\frac{2mE}{\hbar^2}} \ \text{그리고} \ E > 0$$

여기서 $R(r) = \dfrac{u(r)}{r}$ 로 놓으면 $\dfrac{dR}{dr} = \dfrac{u'}{r} - \dfrac{u}{r^2}$, $\dfrac{d^2R}{dr^2} = \dfrac{u''}{r} - 2\dfrac{u'}{r^2} + 2\dfrac{u}{r^3}$ 이 되어 위 식은

$$\frac{d^2 u(r)}{dr^2} + k^2 u(r) = a\delta(r-r_0)u(r) \tag{1}$$

이 된다. 이 경우 解는 $e^{\pm ikr}$인데, $r < r_0$ 영역일 경우 $r=0$ 에서 $u(0)=0$ 이고 $r > r_0$ 영역에서 解가 유한한 값을 갖기 위해서는

$$u(r) = \begin{cases} \sin kr, & r < r_0 \\ A\sin(kr+\delta_\ell), & r > r_0 \end{cases}$$

(b) 델타함수의 경우에 대한 경계조건은 $\dfrac{du}{dx}\big|_{r_0^+} - \dfrac{du}{dx}\big|_{r_0^-} = au(r_0)$이므로, 위의 解를 대입하면

$$Ak\cos(kr_0+\delta_\ell) - k\cos kr_0 = a\sin kr_0 \tag{2}$$

그리고 경계에서 연속인 조건으로부터

$$\sin kr_0 = A\sin(kr_0+\delta_\ell) \tag{3}$$

을 얻는다. 식 (2)로부터

$$A^2 k^2 [\cos^2(kr_0+\delta_\ell) + \sin^2(kr_0+\delta_\ell)]$$
$$= (k\cos kr_0 + a\sin kr_0)^2 + A^2 k^2 \sin^2(kr_0+\delta_\ell)$$
$$= (k\cos kr_0 + a\sin kr_0)^2 + k^2 \sin^2 kr_0 \qquad (\because \text{식 (3)로부터})$$
$$= k^2 + 2ka\sin kr_0 \cos kr_0 + a^2 \sin^2 kr_0$$
$$\therefore \ A = 1 + \frac{2a}{k}\sin kr_0 \cos kr_0 + \frac{a^2}{k^2}\sin^2 kr_0$$

그리고

$$\tan(kr_0+\delta_\ell) = \frac{\sin(kr_0+\delta_\ell)}{\cos(kr_0+\delta_\ell)} = \frac{\sin kr_0}{\cos kr_0 + \dfrac{a}{k}\sin kr_0} \qquad (\because \text{식 (3)과 (2)로부터})$$

$$= \frac{\tan kr_0}{1 + \dfrac{a}{k}\tan kr_0} \xrightarrow{k \to 0} \frac{kr_0}{1 + ar_0}$$

(c) 위 식의 왼편은 $\tan(kr_0+\delta_\ell) = \dfrac{\sin kr_0 \cos\delta + \cos kr_0 \sin\delta}{\cos kr_0 \cos\delta - \sin kr_0 \sin\delta} = \dfrac{\sin kr_0 + \cos kr_0 \tan\delta}{\cos kr_0 - \sin kr_0 \tan\delta}$ 이

므로 위 식은 $\dfrac{\sin kr_0 + \cos kr_0 \tan\delta}{\cos kr_0 - \sin kr_0 \tan\delta} = \dfrac{kr_0}{1 + ar_0}$ 이 되어

$$\Rightarrow \tan\delta_\ell = \frac{(1+ar_0)\sin kr_0 - kr_0 \cos kr_0}{(1+ar_0)\cos kr_0 + kr_0 \sin kr_0}$$

(d) $\ell = 0$인 경우 위 식은 다음과 같다.

$$\tan\delta_0 \approx \frac{(1+ar_0)kr_0 - kr_0}{1+ar_0+k^2r_0^2} \approx \frac{akr_0^2}{1+ar_0} \Rightarrow \therefore \delta_0 = \tan^{-1}\left(\frac{akr_0^2}{1+ar_0}\right)$$

(e) 구속상태, 즉 $E < 0$인 경우 식 (1)은 다음과 같다.

$$\frac{d^2u(r)}{dr^2} - k^2u(r) = a\delta(r-r_0)u(r)$$

이 경우 解는 $e^{\pm kr}$인데, $r < r_0$ 영역일 경우 $r = 0$에서 $u(0) = 0$이고
$r > r_0$ 영역에서 解가 유한한 값을 갖기 위해서는 解는 다음과 같다.

$$u(r) = \begin{cases} \sinh kr, & r < r_0 \\ Ae^{-kr}, & r > r_0 \end{cases}$$

경계에서 연속인 조건과 델타함수의 경우에 대한 경계조건은 $\frac{du}{dx}\big|_{r_0^+} - \frac{du}{dx}\big|_{r_0^-} = au(r_0)$
로부터

$$\begin{cases} \sinh kr_0 = Ae^{-kr_0} \\ -kAe^{-kr_0} - k\cosh kr_0 = aAe^{-kr_0} \end{cases} \tag{4}$$

을 얻는다.

위 식의 두 번째 관계식으로부터

$$Ae^{-kr_0}(a+k) = -k\cosh kr_0 \Rightarrow (\sinh kr_0)(a+k) = -k\cosh kr_0$$

$$(\because \text{식 (4)의 첫 번째 관계식으로부터})$$

$$\Rightarrow (a+k)\left(\frac{e^{kr_0}-e^{-kr_0}}{2}\right) = -k\left(\frac{e^{kr_0}+e^{-kr_0}}{2}\right)$$

$$\Rightarrow (a+k)(1-e^{-2kr_0}) = -k(1+e^{-2kr_0}) \Rightarrow e^{-2kr_0}a = a+2k$$

$$\therefore e^{-2kr_0} = \frac{a+2k}{a} = 1 + \frac{2kr_0}{ar_0}$$

위 식의 왼편과 오른편 함수를 $x-$축이 kr_0인 그래프로 그려서 교차점이 解가 된다.
그려보면 1개의 교차점이 있어 1개의 구속상태가 존재한다.

4. (a) 총 스핀은

$$\vec{S} = \vec{S}_1 + \vec{S}_2 = \frac{1}{2}\vec{\sigma}_1 + \frac{1}{2}\vec{\sigma}_2 = \frac{1}{2}(\vec{\sigma}_1 + \vec{\sigma}_2)$$

$$\Rightarrow S^2 = \frac{1}{4}(\sigma_1^2 + \sigma_2^2 + 2\vec{\sigma}_1 \cdot \vec{\sigma}_2)$$

$$\Rightarrow \vec{\sigma}_1 \cdot \vec{\sigma}_2 = \frac{1}{2}(4S^2 - \sigma_1^2 - \sigma_2^2)$$

$$= \frac{1}{2}[4S(S+1) - 3 - 3] = \frac{1}{2}[4S(S+1) - 6]$$

$$= 2S(S+1) - 3$$

두 페르미온이므로 $S = 1,\ 0$이 될 수 있다. s파 산란의 경우 $\ell = 0$이므로 두 입자교환 시 공간함수는 대칭이다. 그러므로 두 입자계의 함수가 입자교환 시에 비대칭이기 위해서는 스핀함수는 $S = 0$이어야 한다.

(b) 스핀이 0이므로 $\vec{\sigma}_1 \cdot \vec{\sigma}_2 = -3$이 된다.

$$\therefore \begin{cases} U(r) = -3U_0, \ r \le r_0 \ \text{일 때} \\ 0, \ r > r_0 \ \text{일 때} \end{cases}$$

(c) (i) $r \le r_0$에서 解는

$$u_I(r) = A \sin \kappa r, \ \text{여기서} \ \kappa = \sqrt{\frac{6m}{\hbar^2}U_0}$$

(ii) $r > r_0$에서 解는

$$u_{II}(r) = \sin(kr + \delta_0), \ \text{여기서} \ k = \sqrt{\frac{2m}{\hbar^2}E}$$

(d) 경계조건을 적용하면

$$\begin{cases} A \sin \kappa r_0 = \sin(kr_0 + \delta_0) \\ A\kappa \cos \kappa r_0 = k \cos(kr_0 + \delta_0) \end{cases} \Rightarrow \frac{1}{\kappa}\tan \kappa r_0 = \frac{1}{k}\tan(kr_0 + \delta_0) \tag{1}$$

그리고

$$\tan(kr_0 + \delta_0) = \frac{\sin(kr_0 + \delta_0)}{\cos(kr_0 + \delta_0)} = \frac{\sin kr_0 \cos \delta_0 + \cos kr_0 \sin \delta_0}{\cos kr_0 \cos \delta_0 - \sin kr_0 \sin \delta_0}$$

$$\approx \frac{kr_0 \cos \delta_0 + \sin \delta_0}{\cos \delta_0 - kr_0 \sin \delta_0} = \frac{kr_0 + \tan \delta_0}{1 - kr_0 \tan \delta_0}$$

이를 식 (1)에 대입하면 다음과 같다.

$$\frac{k}{\kappa}\tan \kappa r_0 = \frac{kr_0 + \tan \delta_0}{1 - kr_0 \tan \delta_0} \approx kr_0 + \tan \delta_0 \approx kr_0 + \delta_0$$

$$\therefore \delta_0 = \frac{k}{\kappa}\tan \kappa r_0 - kr_0 = kr_0\left(\frac{\tan \kappa r_0}{\kappa r_0} - 1\right)$$

(e) $\sigma_0 = \dfrac{4\pi}{k^2}\sin^2\delta_0 \approx \dfrac{4\pi}{k^2}\delta_0^2 = \dfrac{4\pi}{k^2}\left[kr_0\left(\dfrac{\tan\kappa r_0}{\kappa r_0}-1\right)\right]^2 = 4\pi r_0^2\left(\dfrac{\tan\kappa r_0}{\kappa r_0}-1\right)^2$

(i) U_0 값이 작을 경우

$$\sigma_0 = 4\pi r_0^2\left(\dfrac{\tan\kappa r_0}{\kappa r_0}-1\right)^2 \approx 4\pi r_0^2\left(\dfrac{\kappa r_0}{\kappa r_0}-1\right)^2 = 0$$

이 되어 산란이 일어나지 않는다.

(ii) U_0 값이 클 경우

$$\sigma_0 = 4\pi r_0^2\left(\dfrac{\tan\kappa r_0}{\kappa r_0}-1\right)^2 \approx 4\pi r_0^2(-1)^2 = 4\pi r_0^2$$

(f) $\sigma_{tot} = 4\sigma_0 = 16\pi r_0^2\left(\dfrac{\tan\kappa r_0}{\kappa r_0}-1\right)^2$

(g) 두 전자가 비편광일 때, $S=0$인 확률은 $\dfrac{1}{4}$이므로

$$\sigma_t = \dfrac{1}{4}4\sigma_0 = 4\pi r_0^2\left(\dfrac{\tan\kappa r_0}{\kappa r_0}-1\right)^2$$

찾아보기

양자역학 증보판

초판 1쇄 발행 | 2019년 3월 05일
증보판 3쇄 발행 | 2024년 2월 15일

지은이 | 박환배
펴낸이 | 조승식
펴낸곳 | (주)도서출판 북스힐

등 록 | 1998년 7월 28일 제22-457호
주 소 | 서울시 강북구 한천로 153길 17
전 화 | (02) 994-0071
팩 스 | (02) 994-0073

홈페이지 | www.bookshill.com
이메일 | bookshill@bookshill.com

정가 25,000원

ISBN 979-11-5971-337-8